全国计算机技术与软件专业技术资格(水平)考试指定用书

信息安全工程师教程

第2版

蒋建春 主编　文伟平 焦健 副主编

清華大學出版社
北京

内 容 简 介

全国计算机技术与软件专业技术资格（水平）考试（以下简称“计算机软件考试”）是由人力资源和社会保障部、工业和信息化部领导的专业技术资格考试，纳入全国专业技术人员职业资格证书制度统一规划。根据人力资源和社会保障部办公厅《关于 2016 年度专业技术人员资格考试计划及有关问题的通知》（人社厅发〔2015〕182 号），在计算机技术与软件专业技术资格（水平）考试中开考信息安全工程师（中级）。信息安全工程师岗位的人才评价工作的实施，将成为科学评价我国信息安全专业技术人员的重要手段，也将为我国培养和选拔信息安全专业技术人才发挥重要作用。

本书依据信息安全工程师考试大纲编写，由 26 章组成，主要内容包括网络信息安全基础、网络信息安全体系、网络信息安全技术、网络信息安全工程等。本书针对常见的网络信息安全问题，给出了切合实际的网络信息安全方法、网络信息安全机制和常用的安全工具；汇聚了国家网络信息安全法律法规及政策与标准规范、工业界网络信息安全产品技术与服务、学术界网络信息安全前沿技术研究成果、用户网络信息安全最佳实践经验和案例。

本书是计算机软件考试中信息安全工程师岗位的考试用书，也可作为各类高校网络信息安全相关专业的教材，还可用作信息技术相关领域从业人员的技术参考书。

图书在版编目（CIP）数据

信息安全工程师教程/蒋建春主编. —2 版. —北京：清华大学出版社，2020.8（2024.6 重印）
全国计算机技术与软件专业技术资格（水平）考试指定用书
ISBN 978-7-302-55934-4

Ⅰ. ①信…　Ⅱ. ①蒋…　Ⅲ. ①信息安全－安全技术－资格考试－教材　Ⅳ. ①TP309

中国版本图书馆 CIP 数据核字（2020）第 115882 号

责任编辑： 杨如林
封面设计： 常雪影
责任校对： 白　蕾
责任印制： 曹婉颖

出版发行： 清华大学出版社
网　　址： https://www.tup.com.cn, https://www.wqxuetang.com
地　　址： 北京清华大学学研大厦 A 座　　**邮　　编：** 100084
社 总 机： 010-83470000　　**邮　　购：** 010-62786544
投稿与读者服务： 010-62776969，c-service@tup.tsinghua.edu.cn
质 量 反 馈： 010-62772015，zhiliang@tup.tsinghua.edu.cn
印 装 者： 三河市龙大印装有限公司
经　　销： 全国新华书店
开　　本： 185mm×230mm　　**印　　张：** 37.25　　**防伪页：** 1　　**字　　数：** 886 千字
版　　次： 2016 年 7 月第 1 版　　2020 年 9 月第 2 版　　**印　　次：** 2024 年 6 月第 9 次印刷
定　　价： 118.00 元

产品编号：079223-01

前　言

网络空间已成为国家继陆、海、空、天四个疆域之后的第五疆域，正如《国家网络空间安全战略》所指出，网络空间已成为信息传播的新渠道、生产生活的新空间、经济发展的新引擎、文化繁荣的新载体、社会治理的新平台、交流合作的新纽带、国家主权的新疆域。与此同时，网络安全问题也逐渐凸显。目前，网络安全形势日益严峻，网络安全新型威胁不断出现，国家政治、经济、文化、社会、国防安全及公民在网络空间的合法权益面临多种风险与挑战。国际上争夺和控制网络空间战略资源，抢占规则制定权和战略制高点，谋求战略主动权的竞争日趋激烈。2014 年，习近平总书记在中央网络安全与信息化领导小组会议上指出，没有网络安全就没有国家安全，没有信息化就没有现代化。网络安全为人民，网络安全靠人民。为此，全国计算机技术与软件专业技术资格（水平）考试办公室决定开展“信息安全工程师”岗位的人才评价工作，以加快推进国家网络信息安全人才队伍建设。

为配合“信息安全工程师”考试工作的开展，给准备参加考试的技术人员提供一本合适的教材，我们受全国计算机专业技术资格考试办公室的委托，编写了这本《信息安全工程师教程》（第 2 版）。全书共 26 章，主要内容包括网络信息安全基础知识、网络信息安全主流技术、网络信息安全风险评估和测评、网络信息安全工程、网络信息安全管理、网络信息安全应用案例。书中汇聚了国家网络安全法律法规及政策与标准规范、学术界网络安全前沿技术研究成果、工业界网络安全产品技术与服务、用户网络安全最佳实践经验和案例。

本书由蒋建春任主编，文伟平、焦健任副主编。参加编写的人员还有梅瑞、杨海、胡振宇、李经纬、刘洪毅、兰阳、方宇彤、贾云龙、蒋时雨、魏柳、张逸然、王林飞、杜笑宇、赵国梁、刘宇航、叶何、陈夏润、陈勇龙、王小育等。此外，本书还直接引用了网络信息安全标准成果，并参考了网络上与信息安全相关的文章，因受篇幅限制，不便一一列举，在此表示感谢。书中若有涉及知识产权不当之处，敬请联系作者加以修订。

本书的编写参考和引用了政府部门、学术界、工业界、用户以及行业机构等单位的网络信息安全资料，特此表示感谢。相关单位主要有：国家网络安全职能部门、国家互联网应急中心（CNCERT）、全国信息安全标准化技术委员会、中国科学院软件研究所、中国信息安全测评中心、北京大学软件安全研究小组、北京信息安全测评中心，以及华为技术有限公司、阿里巴巴网络技术有限公司、深圳市腾讯计算机系统有限公司、北京奇虎科技有限公司、北京安天网络安全技术有限公司、北京天融信网络安全技术有限公司、绿盟科技集团股份有限公司、启明星辰信息技术集团股份有限公司、杭州安恒信息技术股份有限公司、北京安华金和科技有限公司、成都科来软件有限公司、北京数字证书认证中心、广东南电智控系统有限公司等。

非常感谢工业和信息化部教育与考试中心领导的信任和指导，尽管本书在编写过程中受到诸多因素的影响，但他们一直保持足够的耐心支持本书撰写完稿。

在本书历经两年多的编写过程中，尽管做了不少努力，力图使本书完美无缺，将理论联系实际，做到通俗易懂，但受作者水平和经验所限，书中难免出现不妥和错误之处，敬请读者批评指正，并在此表示感谢。

编者

2020年于北京

目录

第 1 章　网络信息安全概述

1.1　网络发展现状与重要性认识

信息传递和安全的重要性自古以来都得到人们的认可。早在中国古代就建立了烽火台、驿站以快速传递军事信息，可见人们对信息重要价值的认同和重视。随着网络信息科技和应用的发展，数字化信息的传递日益快速和普及，全球变成了一个“地球村”，神话传说中的“顺风耳”和“千里眼”成为现实。数字化、网络化、智能化成为信息社会的主要特征，“万物互联”时代已经来临。基于 TCP/IP 协议的互联技术理念已广泛、深入地应用到工业生产、商业服务、社会生活等各个领域，形成各种各样的网络，如工业互联网、车联网、社交网、产业互联网等，这些网络不断推动各个领域的变革。计算机网络演变成人类活动的新空间，即网络空间，它是国家继陆、海、空、天四个疆域之后的第五疆域。与此同时，网络空间信息安全（通称为网络信息安全）问题也日益凸显，网络信息安全的影响越来越大。本节主要讲述网络空间的相关概念，简要给出了网络信息安全的演变过程，同时阐述了国内外对于网络信息安全重要性的认识和采取的战略措施。

1.1.1　网络信息安全相关概念

网络信息安全的发展历经了通信保密、计算机安全、信息保障、可信计算等阶段。狭义上的网络信息安全特指网络信息系统的各组成要素符合安全属性的要求，即机密性、完整性、可用性、抗抵赖性、可控性。广义上的网络信息安全是涉及国家安全、城市安全、经济安全、社会安全、生产安全、人身安全等在内的“大安全”。网络信息安全通常简称为网络安全。根据《中华人民共和国网络安全法》中的用语含义， 网络安全是指通过采取必要措施，防范对网络的攻击、侵入、干扰、破坏和非法使用以及意外事故，使网络处于稳定可靠运行的状态，以及保障网络数据的完整性、保密性、可用性的能力。

围绕网络安全问题，保障网络信息安全的对象内容、理念方法、持续时间都在不断演变，其新的变化表现为三个方面：一是保障内容从单维度向多维度转变，保障的维度包含网络空间域、物理空间域、社会空间域；二是网络信息安全保障措施从单一性（技术）向综合性（法律、政策、技术、管理、产业、教育）演变；三是保障时间维度要求涵盖网络系统的整个生命周期，保障响应速度要求不断缩短，网络信息安全没有战时、平时之分，而是时时刻刻。

1.1.2　网络信息安全重要性认识

正如《国家网络空间安全战略》所指出，网络空间已成为信息传播的新渠道、生产生活的新空间、经济发展的新引擎、文化繁荣的新载体、社会治理的新平台、交流合作的新纽带、国家主权的新疆域。网络空间正在全面改变人们的生产生活方式，深刻影响人类社会历史的发展进程。

随着网络信息化应用的深入进展，网络空间已经成为支撑关键行业开展业务的基础平台，网络信息安全将直接影响业务的正常运转，关系国家安全、社会稳定和数字经济的发展。目前，网络信息安全形势日益严峻，网络信息安全新型威胁不断出现，国家政治、经济、文化、社会、国防安全及公民在网络空间的合法权益面临多种风险与挑战。国际上争夺和控制网络空间战略资源，抢占规则制定权和战略制高点，谋求战略主动权的竞争日趋激烈。

网络空间是不同于陆、海、空、天的虚拟数字空间，人们常常难以直接感受到其存在。因而，网络空间信息安全与传统安全有着明显差异，其具有网络安全威胁高隐蔽性、网络安全技术高密集性、网络安全控制地理区域不可限制性、网络安全防护时间不可区分性、网络攻防严重非对称性等特点。2016 年国家发布了《国家网络空间安全战略》，相关的网络安全法律法规政策也相继出台。《中华人民共和国网络安全法》已于 2017 年 6 月 1 日起实施。为加强网络安全教育，网络空间安全已被增设为一级学科。自 2014 年起，全国各地政府部门定期组织举办“国家网络安全宣传周”，以提升全民的网络安全意识。国家网络安全工作坚持网络安全为人民，网络安全靠人民，让“没有网络安全就没有国家安全”成为全社会的共识。

1.2 网络信息安全现状与问题

本节主要阐述网络信息安全的基本状况，分析网络信息安全存在的主要问题。

1.2.1 网络信息安全状况

目前，网络面临着不同动机的威胁，要承受不同类型的攻击。网络信息泄露、恶意代码、垃圾邮件、网络恐怖主义等都会影响网络安全。多协议、多系统、多应用、多用户组成的网络环境，复杂性高，存在难以避免的安全漏洞。网络安全事件时有发生，如震网病毒、乌克兰大停电事件、多国银行 SWIFT 系统被攻击事件、物联网恶意程序导致美国断网事件、域名劫持事件、永恒之蓝网络蠕虫事件等[①]。2018 年，CNCERT 协调处置网络安全事件约 10.6 万起，其中网页仿冒事件最多，其次是安全漏洞、恶意程序、网页篡改、网站后门、DDoS 攻击等事件。国内外研究表明，针对关键信息基础设施的高级持续威胁（简称 APT）日趋常态化。2018 年，全球专业网络安全机构发布了各类高级威胁研究报告 478 份，同比增长了约 3.6 倍，这些报告涉及已被确认的 APT 攻击组织包括 APT28、Lazarus、Group 123、海莲花、MuddyWater 等 53 个[①]。网络安全相关研究工作表明，国外 APT 组织已经针对国内的金融、政府、教育、科研等目标系统持续发动攻击。

---

① 相关信息来源于 360 威胁情报中心《全球关键信息基础设施网络安全状况分析报告》、CNCERT《2018 年我国互联网网络安全态势综述》。

1.2.2　网络信息安全问题

网络信息安全是网络信息化不可回避的重要工作，主要有十二个方面的问题亟须解决，分别叙述如下。

1. 网络强依赖性及网络安全关联风险凸显

随着网络信息技术的发展，社会各个方面对网络信息系统的依赖性增强，且各种关键信息基础设施相互关联，因而对网络安全的影响范围日益扩大，产生级联反应、蝴蝶效应，建立可信的网络信息环境成为迫切的需求。

2. 网络信息产品供应链与安全质量风险

国内网信核心技术欠缺，许多关键产品和服务对国外的依赖度仍然较高，从硬件到软件都不同程度地受制于人，网络安全基础仍然不牢靠。同时，网络信息产品技术的安全质量问题具有普遍性，网络安全漏洞时有出现，即使知名 IT 厂商的产品也或多或少存在安全漏洞，网络安全漏洞的发现与管理任务仍然艰巨。根据国家信息安全漏洞共享平台统计（截至 2020 年 5 月），操作系统漏洞条目已达到上万条，网络设备漏洞条目有七千多条，数据库漏洞条目有两千多条。2018 年，CNCERT 使用工业互联网安全测试平台 Acheron，对主流工业控制设备、网络安全专用产品进行了安全入网抽检，并对电力二次设备进行了专项安全测试，在所涉及的产品中共发现两百多个高危漏洞，这些漏洞可能产生的风险有拒绝服务攻击、远程命令执行、信息泄露等。

3. 网络信息产品技术同质性与技术滥用风险

网络信息系统软硬件产品技术具有高度同质性，缺少技术多样性，极易构成大规模网络安全事件触发条件，特别是网络蠕虫安全事件。同时，网络信息技术滥用容易导致网络安全事件发生，如大规模隐私数据泄露，内部人员滥用网络信息技术特权构成网络安全威胁。网络安全威胁技术的工具化，让攻击操作易于实现，使网络攻击活动日益频繁和广泛流行。

4. 网络安全建设与管理发展不平衡、不充分风险

网络安全建设缺乏总体设计，常常采取“亡羊补牢”的方式构建网络安全机制，从而导致网络信息安全隐患。“重技术，轻管理；重建设，轻运营；重硬件，轻软件”的网络安全认识偏差，使得网络安全机制难以有效运行，导致网络安全建设不全面。例如，网络设备的口令直接用厂家默认配置，认证访问控制机制形同虚设。2018 年 CNCERT 开展的远程安全巡检工作发现，电力行业暴露相关监控管理系统 532 个，涉及政府监管、电企管理、用电管理和云平台 4 大类；城市公用工程行业暴露相关监控管理系统 1015 个，涉及供水、供暖和燃气 3 大类；石油天然气行业暴露相关监控管理系统 298 个，涉及油气开采、油气运输、油气存储、油品销售、

化工生产和政府监管6大类[①]。

5. 网络数据安全风险

网络中大量数据不断地生成、传输、存储、加工、分发、共享，支撑着许多关系国计民生的关键信息系统运营。由于数据处理复杂，涉及多个要素，数据安全风险控制是一个难题。若关键系统的某些重要的数据失去安全控制，就会导致系统运行中断，引发社会信任危机，甚至危及人身安全。例如，电力控制系统指令的安全关系电网的正常运行，生产经营数据的失真影响企业决策，电子病历的安全影响个人健康和隐私。

6. 高级持续威胁风险

APT攻击威胁活动日益频繁，包括对目标对象采用鱼叉邮件攻击、水坑攻击、网络流量劫持、中间人攻击等，综合利用多种技术以实现攻击意图，规避网络安全监测。APT攻击目标总体呈现出与地缘政治紧密相关的特性，受攻击的领域主要包括国防、政府、金融、外交和能源等。此外，医疗、传媒、电信等国家服务性行业领域也正面临越来越多的APT攻击风险。

7. 恶意代码风险

网络时刻面临计算机病毒、网络蠕虫、特洛伊木马、僵尸网络、逻辑炸弹、Rootkit、勒索软件等恶意代码的威胁。2018年，CNCERT捕获勒索软件数量达到十万以上，全年总体呈现增长趋势。

8. 软件代码和安全漏洞风险

由于软件工程和管理等问题，新的软件代码安全漏洞仍然不断地输入网络信息环境中，这些安全漏洞都可能成为攻击切入点，攻击者利用安全漏洞入侵系统，窃取信息和破坏系统。2018年，国家信息安全漏洞共享平台收集新增漏洞14 201个，其中，高危漏洞4898个。

9. 人员的网络安全意识风险

网络信息系统是人、机、物融合而成的复杂系统，而实际工作过程中容易忽略人的关键安全作用。研究表明，网络用户人员选择弱口令的比例仍然较大；利用网络用户U盘是实施网络物理隔离摆渡攻击的重要环节。

10. 网络信息技术复杂性和运营安全风险

随着云计算、大数据、人工智能、移动互联网、物联网等新一代信息技术的普及应用，网络信息系统的开放性、智能性等不断提升，网络安全运营的复杂性更高，其安全风险加大。云计算使得网络安全边界模糊化，网络安全防护难度增加，云平台的安全运维水平要求更高。业务连续性高的要求使得网络信息系统的安全补丁维护管理成本提升。物联网的开放性扩大了网

---

① 相关数据来源于CNCERT《2018年我国互联网网络安全态势综述》。

络信息系统的安全威胁途径。

11. 网络地下黑产经济风险

网络地下黑产组织利用攻击技术，建立“僵尸网络”，提供 DDoS 服务。根据 CNCERT 网络安全数据报告，2018 年以来利用“肉鸡”发起 DDoS 攻击的控制端有两千多个。随着“勒索软件即服务”的黑产兴起，活跃勒索软件的数量呈现快速增长势头，且更新频率加快。例如，某勒索软件一年出现了约 19 个版本，快速更新迭代以躲避安全查杀。受到加密货币利益驱动，挖矿团伙利用安全漏洞、僵尸网络、网盘等进行快速扩散传播挖矿木马。其中，WannaMine、Xmrig、CoinMiner 等是 2019 年流行的挖矿木马家族①。

12. 网络间谍与网络战风险

根据公开信息，某国大批量的网络武器被曝光。网络空间并非天下太平，一些国家建立起网军，网络战威胁时隐时现。2019 年 6 月，《纽约时报》称俄罗斯电网被植入后门程序。北约举行全球网络安全演习——“锁盾 2019”，来应对网络战，如图 1-1 所示②。

图 1-1　北约“锁盾 2019”示意图

1.3　网络信息安全基本属性

常见的网络信息安全基本属性主要有机密性、完整性、可用性、抗抵赖性和可控性等，此外还有真实性、时效性、合规性、隐私性等。

1.3.1　机密性

机密性（Confidentiality）是指网络信息不泄露给非授权的用户、实体或程序，能够防止非授权者获取信息。例如，网络信息系统上传递口令敏感信息，若一旦攻击者通过监听手段获取

① 相关信息来源于 CNCERT《2018 年我国互联网网络安全态势综述》《2019 年我国互联网网络安全态势综述》。

② 摘编自第七届互联网安全大会（简称“ISC 2019”）演讲 PPT。

到，就有可能危及网络系统的整体安全，如网络管理账号口令信息泄露将会导致网络设备失控。机密性通常被称为网络信息系统CIA三性之一，其中C代表机密性（Confidentiality）。机密性是军事信息系统、电子政务信息系统、商业信息系统等的重点要求，一旦信息泄密，所造成的影响难以计算。

1.3.2 完整性

完整性（Integrity）是指网络信息或系统未经授权不能进行更改的特性。例如，电子邮件在存储或传输过程中保持不被删除、修改、伪造、插入等。完整性也被称为网络信息系统CIA三性之一，其中I代表Integrity。完整性对于金融信息系统、工业控制系统非常重要，可谓“失之毫厘，差之千里”。

1.3.3 可用性

可用性（Availability）是指合法许可的用户能够及时获取网络信息或服务的特性。例如，网站能够给用户提供正常的网页访问服务，防止拒绝服务攻击。可用性是常受关注的网络信息系统CIA三性之一，其中A代表可用性（Availability）。对于国家关键信息基础设施而言，可用性至关重要，如电力信息系统、电信信息系统等，要求保持业务连续性运行，尽可能避免中断服务。

1.3.4 抗抵赖性

抗抵赖性是指防止网络信息系统相关用户否认其活动行为的特性。例如，通过网络审计和数字签名，可以记录和追溯访问者在网络系统中的活动。抗抵赖性也称为非否认性（Non-Repudiation），不可否认的目的是防止参与方对其行为的否认。该安全特性常用于电子合同、数字签名、电子取证等应用中。

1.3.5 可控性

可控性是指网络信息系统责任主体对其具有管理、支配能力的属性，能够根据授权规则对系统进行有效掌握和控制，使得管理者有效地控制系统的行为和信息的使用，符合系统运行目标。

1.3.6 其他

除了常见的网络信息系统安全特性，还有真实性、时效性、合规性、公平性、可靠性、可生存性和隐私性等，这些安全特性适用于不同类型的网络信息系统，其要求程度有所差异。

1. 真实性

真实性是指网络空间信息与实际物理空间、社会空间的客观事实保持一致性。例如，网络谣言信息不符合真实情况，违背了客观事实。

2. 时效性

时效性是指网络空间信息、服务及系统能够满足时间约束要求。例如，汽车安全驾驶的智能控制系统要求信息具有实时性，信息在规定时间范围内才有效。

3. 合规性

合规性是指网络信息、服务及系统符合法律法规政策、标准规范等要求。例如，网络内容符合法律法规政策要求。

4. 公平性

公平性是指网络信息系统相关主体处于同等地位处理相关任务，任何一方不占据优势的特性要求。例如，电子合同签订双方符合公平性要求，在同一时间签订合同。

5. 可靠性

可靠性是指网络信息系统在规定条件及时间下，能够有效完成预定的系统功能的特性。

6. 可生存性

可生存性是指网络信息系统在安全受损的情形下，提供最小化、必要的服务功能，能够支撑业务继续运行的安全特性。

7. 隐私性

隐私性是指有关个人的敏感信息不对外公开的安全属性，如个人的身份证号码、住址、电话号码、工资收入、疾病状况、社交关系等。

1.4　网络信息安全目标与功能

网络安全目标可以分成宏观的网络安全目标和微观的网络安全目标。通常来说，宏观的网络安全目标是指网络信息系统满足国家安全需求特性，符合国家法律法规政策要求，如网络主权、网络合规等；而微观的网络安全目标则指网络信息系统的具体安全要求。围绕网络安全目标，通过设置合适的网络安全机制，以实现网络安全功能。

1.4.1　网络信息安全基本目标

根据《国家网络空间安全战略》，宏观的网络安全目标是以总体国家安全观为指导，贯彻落实创新、协调、绿色、开放、共享的发展理念，增强风险意识和危机意识，统筹国内国际两个大局，统筹发展安全两件大事，积极防御、有效应对，推进网络空间和平、安全、开放、合作、有序，维护国家主权、安全、发展利益，实现建设网络强国的战略目标。

网络安全的具体目标是保障网络信息及相关信息系统免受网络安全威胁，相关保护对象满足网络安全基本属性要求，用户网络行为符合国家法律法规要求，网络信息系统能够支撑业务安全持续运营，数据安全得到有效保护。

1.4.2 网络信息安全基本功能

要实现网络信息安全基本目标，网络应具备防御、监测、应急和恢复等基本功能，下面分别简要叙述。

1. 网络信息安全防御

网络信息安全防御是指采取各种手段和措施，使得网络系统具备阻止、抵御各种已知网络安全威胁的功能。

2. 网络信息安全监测

网络信息安全监测是指采取各种手段和措施，检测、发现各种已知或未知的网络安全威胁的功能。

3. 网络信息安全应急

网络信息安全应急是指采取各种手段和措施，针对网络系统中的突发事件，具备及时响应和处置网络攻击的功能。

4. 网络信息安全恢复

网络信息安全恢复是指采取各种手段和措施，针对已经发生的网络灾害事件，具备恢复网络系统运行的功能。

1.5 网络信息安全基本技术需求

网络信息安全基本技术需求主要有网络物理环境安全、网络信息安全认证、访问控制、安全保密、漏洞扫描、恶意代码防护、网络信息内容安全、安全监测与预警、应急响应等，下面分别进行阐述。

1.5.1 物理环境安全

物理环境安全是指包括环境、设备和记录介质在内的所有支持网络系统运行的硬件的总体安全，是网络系统安全、可靠、不间断运行的基本保证。物理安全需求主要包括环境安全、设备安全、存储介质安全。

1.5.2　网络信息安全认证

网络信息安全认证是实现网络资源访问控制的前提和依据，是有效保护网络管理对象的重要技术方法。网络认证的作用是标识鉴别网络资源访问者的身份的真实性，防止用户假冒身份访问网络资源。

1.5.3　网络信息访问控制

网络信息访问控制是有效保护网络管理对象，使其免受威胁的关键技术方法，其目标主要有两个：

（1）限制非法用户获取或使用网络资源；

（2）防止合法用户滥用权限，越权访问网络资源。

在网络系统中存在各种价值的网络资源，这些网络资源一旦受到危害，都将不同程度地影响网络系统安全。通过对这些网上资源进行访问控制，可以限制其所受到的威胁，从而保障网络正常运行。例如，采用防火墙可以阻止来自外部网的不必要的访问请求，从而避免内部网受到潜在的攻击威胁。

1.5.4　网络信息安全保密

在网络系统中，承载着各种各样的信息，这些信息的泄露将会造成不同程度的安全影响，特别是网络用户的个人信息和网络管理控制信息。网络安全保密的目的就是防止非授权的用户访问网上信息或网络设备。为此，重要的网络物理实体可以采用辐射干扰技术，防止电磁辐射泄漏机密信息。对网络重要的核心信息和敏感数据采用加密技术保护，防止非授权查看和泄露。重要网络信息系统采用安全分区、数据防泄露技术（简称 DLP 技术）、物理隔离技术等，确保与非可信的网络进行安全隔离，防止敏感信息泄露及外部攻击。

1.5.5　网络信息安全漏洞扫描

网络系统、操作系统等存在安全漏洞，是黑客等入侵者的攻击屡屡得手的重要原因。入侵者通常都是通过一些程序来探测网络系统中存在的安全漏洞，然后通过所发现的安全漏洞，采取相应技术进行攻击。因此，网络系统中需配备弱点或漏洞扫描系统，用以检测网络中是否存在安全漏洞，以便网络安全管理员根据漏洞检测报告，制定合适的漏洞管理方法。

1.5.6　恶意代码防护

网络是病毒、蠕虫、特洛伊木马等恶意代码最好、最快的传播途径之一。恶意代码可以通过网上文件下载、电子邮件、网页、文件共享等传播方式进入个人计算机或服务器。由于恶意代码危害性极大并且传播极为迅速，网络中一旦有一台主机感染了恶意代码，则恶意代码就完全有可能在极短的时间内迅速扩散，传播到网络上的其他主机，可能造成信息泄露、文件丢失、机器死机等严重后果。因此，防范恶意代码是网络系统必不可少的安全需求。

1.5.7 网络信息内容安全

网络信息内容安全是指相关网络信息系统承载的信息及数据符合法律法规要求，防止不良信息及垃圾信息传播。相关网络信息内容安全技术主要有垃圾邮件过滤、IP 地址/URL 过滤、自然语言分析处理等。

1.5.8 网络信息安全监测与预警

网络系统面临着不同级别的威胁，网络安全运行是一件复杂的工作。网络安全监测的作用在于发现综合网系统入侵活动和检查安全保护措施的有效性，以便及时报警给网络安全管理员，对入侵者采取有效措施，阻止危害扩散并调整安全策略。

1.5.9 网络信息安全应急响应

网络系统所遇到的安全威胁往往难以预测，虽然采取了一些网络安全防范措施，但是由于人为或技术上的缺陷，网络信息安全事件仍然不可避免地会发生。既然网络信息安全事件不能完全消除，则必须采取一些措施来保障在出现意外的情况下，恢复网络系统的正常运转。同时，对于网络攻击行为进行电子取证，打击网络犯罪活动。

1.6 网络信息安全管理内容与方法

网络信息安全管理主要包括网络信息安全管理概念、网络信息安全管理方法、网络信息安全管理依据、网络信息安全管理要素、网络信息安全管理流程、网络信息安全管理工具、网络信息安全管理评估等方面。

1.6.1 网络信息安全管理概念

网络信息安全管理是指对网络资产采取合适的安全措施，以确保网络资产的可用性、完整性、可控制性和抗抵赖性等，不致因网络设备、网络通信协议、网络服务、网络管理受到人为和自然因素的危害，而导致网络中断、信息泄露或破坏。网络信息安全管理对象主要包括网络设备、网络通信协议、网络操作系统、网络服务、安全网络管理等在内的所有支持网络系统运行的软、硬件总和。网络信息安全涉及内容有物理安全、网络通信安全、操作系统安全、网络服务安全、网络操作安全以及人员安全。与网络信息安全管理相关的技术主要有风险分析、密码算法、身份认证、访问控制、安全审计、漏洞扫描、防火墙、入侵检测和应急响应等。

网络信息安全管理的目标就是通过适当的安全防范措施，保障网络的运行安全和信息安全，满足网上业务开展的安全要求。

1.6.2 网络信息安全管理方法

网络信息安全管理是一个复杂的活动，涉及法律法规、技术、协议、产品、标准规范、文化、隐私保护等，同时涉及多个网络安全风险相关责任体。网络安全管理方法主要有风险管理、等级保护、纵深防御、层次化保护、应急响应以及 PDCA（Plan–Do–Check–Act）方法等。

1.6.3　网络信息安全管理依据

网络信息安全管理依据主要包括网络安全法律法规、网络安全相关政策文件、网络安全技术标准规范、网络安全管理标准规范等。各个国家都有其相应的网络安全法律法规政策来约束网络安全管理活动。国际上网络安全管理的参考依据主要是 ISO/IEC27001、欧盟通用数据保护条例（General Data Protection Regulation，GDPR）、信息技术安全性评估通用准则（Common Criteria，CC）。国内网络安全管理的参考依据主要是《中华人民共和国网络安全法》《中华人民共和国密码法》以及 GB17859、GB/T22080、网络安全等级保护相关条例与标准规范。

1.6.4　网络信息安全管理要素

网络信息安全管理要素由网络管理对象、网络威胁、网络脆弱性、网络风险、网络保护措施组成。由于网络管理对象自身的脆弱性，使得威胁的发生成为可能，从而造成了不同的影响，形成了风险。网络安全管理实际上就是风险控制，其基本过程是通过对网络管理对象的威胁和脆弱性进行分析，确定网络管理对象的价值、网络管理对象威胁发生的可能性、网络管理对象的脆弱程度，从而确定网络管理对象的风险等级，然后据此选取合适的安全保护措施，降低网络管理对象的风险。网络安全管理主要要素之间的相互关系如图 1-2 所示。

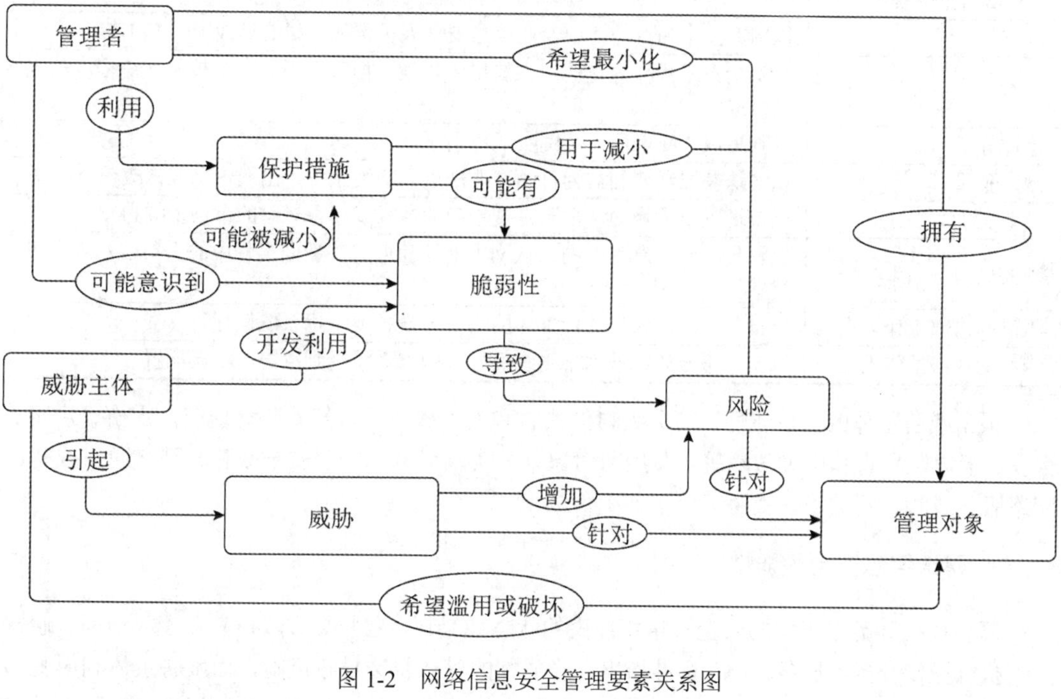

图 1-2　网络信息安全管理要素关系图

1. 管理对象

网络信息安全管理对象是企业、机构直接赋予了价值而需要保护的资产。它的存在形式包括有形的和无形的，如网络设备硬件、软件文档是有形的，而服务质量、网络带宽则是无形的。表 1-1 是常见网络信息安全管理对象分类。

表 1-1　常见网络信息安全管理对象分类

对象类型	范　例
硬件	计算机、网络设备、传输介质及转换器、输入输出设备、监控设备
软件	网络操作系统、网络通信软件、网络管理软件
存储介质	光盘、硬盘、软盘、磁带、移动存储器
网络信息资产	网络 IP 地址、网络物理地址、网络用户账号/口令、网络拓扑结构图
支持保障系统	消防、保安系统、动力、空调、通信系统、厂商服务系统

2. 网络信息安全威胁

网络系统包含各类不同资产，由于其所具有的价值，将会受到不同类型的威胁。表 1-2 列举了网络系统受到的非自然的威胁主体类型。

表 1-2　非自然的威胁主体类型实例

威胁主体类型	描　述
国家	以国家安全为目的，由专业信息安全人员实现，如信息战士
黑客	以安全技术挑战为目的，主要出于兴趣，由具有不同安全技术熟练程度的人员组成
恐怖分子	以强迫或恐吓手段，企图实现不当愿望
网络犯罪	以非法获取经济利益为目的，非法进入网络系统，出卖信息或修改信息记录
商业竞争对手	以市场竞争为目的，主要是搜集商业情报或损害对手的市场影响力
新闻机构	以收集新闻信息为目的，从网上非法获取有关新闻事件中的人员信息或背景材料
不满的内部工作人员	以报复、泄愤为目的，破坏网络安全设备或干扰系统运行
粗心的内部工作人员	因工作不专心或技术不熟练而导致网络系统受到危害，如误配置

根据威胁主体的自然属性，可分为自然威胁和人为威胁。自然威胁有地震、雷击、洪水、火灾、静电、鼠害和电力故障等。从威胁对象来分类，可分为物理安全威胁、网络通信威胁、网络服务威胁、网络管理威胁。

3. 网络信息安全脆弱性

脆弱性指计算系统中与安全策略相冲突的状态或错误，它将导致攻击者非授权访问、假冒用户执行操作及拒绝服务。CC 标准指出，脆弱性的存在将会导致风险，而威胁主体利用脆弱性产生风险。网络攻击主要利用了系统的脆弱性，如拒绝服务攻击主要是利用资源有限性的特点，攻击进程长期占用资源不释放，造成其他用户得不到应得的服务，使该服务瘫痪。

4. 网络信息安全风险

网络信息安全风险是指特定的威胁利用网络管理对象所存在的脆弱性，导致网络管理对象的价值受到损害或丢失的可能性。简单地说，网络风险就是网络威胁发生的概率和所造成影响的乘积。网络安全管理实际上是对网络系统中网管对象的风险进行控制，其方法如下：

- 避免风险。例如，通过物理隔离设备将内部网和外部网分开，避免受到外部网的攻击。
- 转移风险。例如，购买商业保险计划或安全外包。
- 减少威胁。例如，安装防病毒软件包，防止病毒攻击。
- 消除脆弱点。例如，给操作系统打补丁或强化工作人员的安全意识。
- 减少威胁的影响。例如，采取多条通信线路进行备份或制定应急预案。
- 风险监测。例如，定期对网络系统中的安全状况进行风险分析，监测潜在的威胁行为。

5. 网络信息安全保护措施

保护措施是指为对付网络安全威胁，减少脆弱性，限制意外事件的影响，检测意外事件并促进灾难恢复而实施的各种实践、规程和机制的总称。其目的是对网络管理对象进行风险控制。保护措施可由多个安全机制组成，如访问控制机制、抗病毒软件、加密机制、安全审计机制、应急响应机制（如备用电源以及系统热备份）等。在网络系统中，保护措施一般实现一种或多种安全功能，包括预防、延缓、阻止、检测、限制、修正、恢复、监控以及意识性提示或强化。例如，安装网络入侵检测系统设备可以发现入侵行为。

1.6.5　网络信息安全管理流程

网络信息安全管理一般遵循如下工作流程：

步骤1，确定网络信息安全管理对象；

步骤2，评估网络信息安全管理对象的价值；

步骤3，识别网络信息安全管理对象的威胁；

步骤4，识别网络信息安全管理对象的脆弱性；

步骤5，确定网络信息安全管理对象的风险级别；

步骤6，制定网络信息安全防范体系及防范措施；

步骤7，实施和落实网络信息安全防范措施；

步骤8，运行/维护网络信息安全设备、配置。

上述网络信息安全管理工作流程是大致应当遵循的和不断重复循环的过程，也是安全需求不断提炼的过程。在实施网络信息安全管理中，根据不同级别的网络风险进行分级管理，选择适合级别的安全防范措施，然后贯彻落实安全管理相关的工作，如安全策略执行、安全设备运行、安全配置更新、资源访问与授权、安全事件应急处理等。网络信息安全管理重在过程，若将网络信息系统比喻成一个生命系统，则网络信息安全管理应该贯穿于网络信息系统的整个生命周期，如表1-3所示。

表1-3 网络信息安全管理系统在生命周期中提供的支持

生命周期阶段序号	生命周期阶段名称	网络安全管理活动
阶段1	网络信息系统规划	● 网络信息安全风险评估 ● 标识网络信息安全目标 ● 标识网络信息安全需求
阶段2	网络信息系统设计	● 标识信息安全风险控制方法 ● 权衡网络信息安全解决方案 ● 设计网络信息安全体系结构
阶段3	网络信息系统集成实现	● 购买和部署安全设备或产品 ● 网络信息系统的安全特性应该被配置、激活 ● 网络安全系统实现效果的评价 ● 验证是否能满足安全需求 ● 检查系统所运行的环境是否符合设计
阶段4	网络信息系统运行和维护	● 建立网络信息安全管理组织 ● 制定网络信息安全规章制度 ● 定期重新评估网络信息管理对象 ● 适时调整安全配置或设备 ● 发现并修补网络信息系统的漏洞 ● 威胁监测与应急处理
阶段5	网络信息系统废弃	● 对要替换或废弃的网络系统组件进行风险评估 ● 废弃的网络信息系统组件安全处理 ● 网络信息系统组件的安全更新

1.6.6 网络信息安全管理工具

网络信息安全管理涉及的管理要素繁多，单独依赖人工难以满足网络信息系统的安全保障要求。为此，网络信息安全管理人员通常会借助相应的工具对目标系统进行有效地管理。常见的网络安全管理工具有网络安全管理平台（简称SOC）、IT资产管理系统、网络安全态势感知系统、网络安全漏洞扫描器、网络安全协议分析器、上网行为管理等各种类型。

1.6.7 网络信息安全管理评估

网络信息安全管理评估是指对网络信息安全管理能力及管理工作是否符合规范进行评价。常见的网络信息安全管理评估有网络安全等级保护测评、信息安全管理体系认证（简称ISMS）、系统安全工程能力成熟度模型（简称SSE-CMM）等。其中，网络安全等级保护测评依据网络安全等级保护规范对相应级别的系统进行测评；信息安全管理体系认证主要依据GB/T22080、ISO/IEC27001标准，通过应用风险管理过程来保持信息的保密性、完整性和可用性，并为相关方树立风险得到充分管理的信心；SSE-CMM 主要通过组织过程、工程过程、项目过程等来实现对系统安全能力的评价。

1.7　网络信息安全法律与政策文件

网络信息安全法律与政策主要有国家安全、网络安全战略、网络安全保护制度、密码管理、技术产品、域名服务、数据保护、安全测评等各个方面。

1.7.1　网络信息安全基本法律与国家战略

网络信息安全基本法律与国家战略主要有《中华人民共和国国家安全法》、《中华人民共和国网络安全法》（以下简称网络安全法）、《全国人民代表大会常务委员会关于加强网络信息保护的决定》、《国家网络空间安全战略》、《网络空间国际合作战略》等。其中，网络安全法是国家网络空间安全管理的基本法律，框架性地构建了许多法律制度和要求，重点包括网络信息内容管理制度、网络安全等级保护制度、关键信息基础设施安全保护制度、网络安全审查、个人信息和重要数据保护制度、数据出境安全评估、网络关键设备和网络安全专用产品安全管理制度、网络安全事件应对制度等。

与网络安全法配套的一系列法律也相继出台，《关键信息基础设施保护条例（征求意见稿）》《网络安全等级保护条例（征求意见稿）》都已经发布。《中华人民共和国密码法》（以下简称密码法）也于 2020 年 1 月 1 日起实施。

1.7.2　网络安全等级保护

网络安全法第二十一条规定，国家实行网络安全等级保护制度。按照规定要求，网络运营者应当按照网络安全等级保护制度的要求，履行下列安全保护义务，保障网络免受干扰、破坏或者未经授权的访问，防止网络数据泄露或者被窃取、篡改。其中，所规定的网络安全保护义务如下：

- 制定内部安全管理制度和操作规程，确定网络安全负责人，落实网络安全保护责任；
- 采取防范计算机病毒和网络攻击、网络侵入等危害网络安全行为的技术措施；
- 采取监测、记录网络运行状态、网络安全事件的技术措施，并按照规定留存相关的网络日志不少于六个月；
- 采取数据分类、重要数据备份和加密等措施；
- 法律、行政法规规定的其他义务。

网络安全等级保护的主要工作可以概括为定级、备案、建设整改、等级测评、运营维护。其中，定级工作是确认定级对象，确定合适级别，通过专家评审和主管部门审核；备案工作是按等级保护管理规定准备备案材料，到当地公安机关备案和审核；建设整改工作是指依据相应等级要求对当前保护对象的实际情况进行差距分析，针对不符合项结合行业要求对保护对象进行整改，建设符合等级要求的安全技术和管理体系；等级测评工作是指等级保护测评机构依据相应等级要求，对定级的保护对象进行测评，并出具相应的等级保护测评报告；运营维护工作是指等级保护运营主体按照相应等级要求，对保护对象的安全相关事宜进行监督管理。

网络安全等级保护主要技术标准规范如下：

- 《信息安全技术 网络安全等级保护基本要求》；
- 《信息安全技术 网络安全等级保护安全设计技术要求》；
- 《信息安全技术 网络安全等级保护实施指南》；
- 《信息安全技术 网络安全等级保护测评过程指南》；
- 《信息安全技术 网络安全等级保护测试评估技术指南》；
- 《信息安全技术 网络安全等级保护测评要求》。

1.7.3 国家密码管理制度

根据密码法，国家密码管理部门负责管理全国的密码工作，县级以上地方各级密码管理部门负责管理本行政区域的密码工作。国家密码管理相关法律政策如表1-4所示。

表1-4 国家密码管理相关法律政策

序号	文件名称	发布机构	生效时间	法律状态
1	《中华人民共和国密码法》	全国人民代表大会常务委员会	2020-1-1	现行有效
2	《商用密码管理条例》	中华人民共和国国务院	1999-10-7	现行有效
3	《商用密码科研管理规定》	国家密码管理局	2006-1-1	现行有效
4	《商用密码产品生产管理规定》	国家密码管理局	2006-1-1	现行有效
5	《商用密码产品销售管理规定》	国家密码管理局	2006-1-1	现行有效
6	《商用密码产品使用管理规定》	国家密码管理局	2007-5-1	现行有效
7	《境外组织和个人在华使用密码产品管理办法》	国家密码管理局	2007-5-1	现行有效
8	《信息安全等级保护商用密码管理办法》	国家密码管理局	2008-1-1	现行有效
9	《信息安全等级保护商用密码管理办法实施意见》	国家密码管理局	2009-12-15	现行有效
10	《信息安全等级保护商用密码技术实施要求》	国家密码管理局	2009-12-15	现行有效

1.7.4 网络产品和服务审查

为提高网络产品和服务的安全可控水平，防范网络安全风险，维护国家安全，依据《中华人民共和国国家安全法》《中华人民共和国网络安全法》等法律法规，有关部门制定了《网络产品和服务安全审查办法》。其中，网络安全审查重点评估采购网络产品和服务可能带来的国家安全风险，主要包括：

- 产品和服务使用后带来的关键信息基础设施被非法控制、遭受干扰或破坏，以及重要数据被窃取、泄露、毁损的风险；
- 产品和服务供应中断对关键信息基础设施业务连续性的危害；
- 产品和服务的安全性、开放性、透明性、来源的多样性，供应渠道的可靠性以及因为政治、外交、贸易等因素导致供应中断的风险；
- 产品和服务提供者遵守中国法律、行政法规、部门规章情况；
- 其他可能危害关键信息基础设施安全和国家安全的因素。

中国网络安全审查技术与认证中心（CCRC，原中国信息安全认证中心）是负责实施网络安全审查和认证的专门机构。网络产品和服务安全相关标准规范主要有《信息安全技术 网络产品和服务安全通用要求（征求意见稿）》《信息安全技术 信息技术产品安全检测机构条件和行为准则》《信息安全技术 信息技术产品安全可控评价指标（第 1～5 部分）》。目前，中国网络安全审查技术与认证中心已经发布了《网络关键设备和网络安全专用产品目录》，主要包括网络关键设备和网络安全专用产品。其中，网络关键设备有路由器、交换机、服务器（机架式）、可编程逻辑控制器（PLC 设备）等；网络安全专用产品有数据备份一体机、防火墙（硬件）、WEB 应用防火墙（WAF）、入侵检测系统（IDS）、入侵防御系统（IPS）、安全隔离与信息交换产品（网闸）、反垃圾邮件产品、网络综合审计系统、网络脆弱性扫描产品、安全数据库系统、网站恢复产品（硬件）。

1.7.5 网络安全产品管理

网络安全产品管理主要是由测评机构按照相关标准对网络安全产品进行测评，达到测评要求后，给出产品合格证书。目前，国内网络安全产品测评机构主要有国家保密科技测评中心、中国信息安全认证中心、国家网络与信息系统安全产品质量监督检验中心、公安部计算机信息系统安全产品质量监督检验中心等。网络安全产品测评相关标准参见附录 A。国际上的网络安全产品测评标准主要有 ISO/IEC 15408。

1.7.6 互联网域名安全管理

域名服务是网络基础服务。该服务主要是指从事域名根服务器运行和管理、顶级域名运行和管理、域名注册、域名解析等活动。《互联网域名管理办法》第四十一条规定，域名根服务器运行机构、域名注册管理机构和域名注册服务机构应当遵守国家相关法律、法规和标准，落实网络与信息安全保障措施，配置必要的网络通信应急设备，建立健全网络与信息安全监测技术手段和应急制度。域名系统出现网络与信息安全事件时，应当在 24 小时内向电信管理机构报告。

域名是政府网站的基本组成部分和重要身份标识。《国务院办公厅关于加强政府网站域名管理的通知》（国办函〔2018〕55 号）要求加强域名解析安全防护和域名监测处置。要积极采取域名系统（DNS）安全协议技术、抗攻击技术等措施，防止域名被劫持、被冒用，确保域名解析安全。应委托具有应急灾备、抗攻击等能力的域名解析服务提供商进行域名解析，鼓励对政府网站域名进行集中解析。自行建设运维的政府网站服务器不得放在境外；租用网络虚拟空间的，所租用的空间应当位于服务商的境内节点。使用内容分发网络（CDN）服务的，应当要求服务商将境内用户的域名解析地址指向其境内节点，不得指向境外节点。

1.7.7 工业控制信息安全制度

针对工业控制信息安全，国家相关部门出台了一系列相关的法规和标准来指导和规范工控信息安全，如表1-5所示。

表1-5 工业控制信息安全相关政策文件及标准规范

编号	文件名称	发布机构及文件编号
1	《关于加强工业控制系统信息安全管理的通知》	工信部协〔2011〕451号
2	《工业控制系统信息安全防护指南》	工信部信软〔2016〕338号
3	《工业控制系统信息安全事件应急管理工作指南》	工信部信软〔2017〕122号
4	《工业控制系统信息安全防护能力评估工作管理办法》	工信部信软〔2017〕188号
5	《电力监控系统安全防护规定》	中华人民共和国国家发展和改革委员会令 第14号
6	《电力监控系统安全防护总体方案》	国能安全〔2015〕36号
7	《电力二次系统安全防护规定》	国家电力监管委员会令 第5号
8	《电力信息系统安全检查规范》	全国电力监管标准化技术委员会
9	《电力信息安全水平评价指标》	全国电力监管标准化技术委员会
10	《烟草工业企业生产网与管理网网络互联安全规范》	全国烟草标准化技术委员会信息分技术委员会

1.7.8 个人信息和重要数据保护制度

国家针对个人信息和重要数据保护的相关政策文件及标准规范，如表1-6所示。

表1-6 个人信息和重要数据保护政策文件及标准规范

编号	文件名称	发布机构
1	《个人信息和重要数据出境安全评估办法（征求意见稿）》	国家互联网信息办公室
2	《信息安全技术 个人信息安全规范》	全国信息安全标准化技术委员会
3	《信息安全技术 个人信息去标识化指南》	全国信息安全标准化技术委员会
4	《信息安全技术 公共及商用服务信息系统个人信息保护指南》	全国信息安全标准化技术委员会
5	《信息安全技术 数据出境安全评估指南（征求意见稿）》	全国信息安全标准化技术委员会
6	《科学数据管理办法》	国办发〔2018〕17号
7	《数据安全管理办法（征求意见稿）》	国家互联网信息办公室

1.7.9　网络安全标准规范与测评

全国信息安全标准化技术委员会是从事信息安全标准化工作的技术工作组织。委员会负责组织开展国内信息安全有关的标准化技术工作，技术委员会主要工作范围包括安全技术、安全机制、安全服务、安全管理、安全评估等领域的标准化技术工作。全国信息安全标准化技术委员会的网址是 www.tc260.org.cn。

1.7.10　网络安全事件与应急响应制度

网络安全事件相关政策文件及标准规范主要如下：

- 《国家网络安全事件应急预案》；
- 《工业控制系统信息安全事件应急管理工作指南》；
- 《信息安全技术　网络攻击定义及描述规范》；
- 《信息安全技术　网络安全事件应急演练通用指南》；
- 《信息安全技术　网络安全威胁信息格式规范》。

国家计算机网络应急技术处理协调中心（简称“国家互联网应急中心”，英文缩写为 CNCERT 或 CNCERT/CC）是中国计算机网络应急处理体系中的牵头单位，是国家级应急中心。CNCERT 的主要职责是：按照“积极预防、及时发现、快速响应、力保恢复”的方针，开展互联网网络安全事件的预防、发现、预警和协调处置等工作，维护公共互联网安全，保障关键信息基础设施的安全运行。

1.8　网络信息安全科技信息获取

网络信息安全科技信息获取来源主要有网络安全会议、网络安全期刊、网络安全网站、网络安全术语等。下面分别阐述常见的网络信息安全科技信息来源。

1.8.1　网络信息安全会议

网络信息安全领域“四大”顶级学术会议是 S&P、CCS、NDSS、USENIX Security。其中 USENIX Security 被中国计算机学会（CCF）归为“网络与信息安全”A 类会议（共分为 A、B、C 三类，A 类最佳）。除此之外，CCF 推荐的“网络与信息安全” B 类会议有 Annual Computer Security Applications Conference、International Symposium on Recent Advances in Intrusion Detection 等。

国外知名的网络安全会议主要有 RSA Conference、DEF CON、Black Hat。其中，RSA Conference 已经创办了 30 年。

国内知名的网络安全会议主要有中国网络安全年会、互联网安全大会（简称 ISC）、信息安全漏洞分析与风险评估大会。其中，ISC 创办于 2013 年， 其议题主要有网络安全治理政策、网络安全法律、工业控制安全、漏洞挖掘、人工智能安全、安全大数据、关键信息基础设施保护、电子取证等各个方面。

1.8.2 网络信息安全期刊

网络信息安全国际期刊主要有 IEEE Transactions on Dependable and Secure Computing、IEEE Transactions on Information Forensics and Security、Journal of Cryptology、ACM Transactions on Privacy and Security、Computers & Security 等。

国内网络信息安全相关期刊主要有《软件学报》《计算机研究与发展》《中国科学：信息科学》《电子学报》《自动化学报》《通信学报》《信息安全学报》《密码学报》《网络与信息安全学报》等。

1.8.3 网络信息安全网站

网络信息安全网站的主要类型有网络安全政府职能部门、网络安全应急响应组织、网络安全公司、网络安全技术组织等。计算机安全应急响应组（CERT）、开放 Web 应用程序安全项目（OWASP）、网络安全会议 Black Hat 等国际组织的网站上会提供各种类型的网络信息安全服务。国内网络安全网址主要有网络安全政府部门网站、网络安全厂商网站、网络安全标准化组织网站等。

1.8.4 网络信息安全术语

网络信息安全术语是获取网络安全知识和技术的重要途径，常见的网络安全术语可以分成基础技术类、风险评估技术类、防护技术类、检测技术类、响应/恢复技术类、测评技术类等。下面主要介绍常见的网络安全技术方面的术语及其对应的英文。

1. 基础技术类

基础技术类术语常见的是密码。国家密码管理局发布 GM/Z0001—2013《密码术语》。常见的密码术语如加密（encryption）、解密（decryption）、非对称加密算法（asymmetric cryptographic algorithm）、公钥加密算法（public key cryptographic algorithm）、公钥（public key）等。

2. 风险评估技术类

风险评估技术类术语包括拒绝服务（Denial of Service）、分布式拒绝服务（Distributed Denial of Service）、网页篡改（Website Distortion）、网页仿冒（Phishing）、网页挂马（Website Malicious Code）、域名劫持（DNS Hijack）、路由劫持（Routing Hijack）、垃圾邮件（Spam）、恶意代码（Malicious Code）、特洛伊木马（Trojan Horse）、网络蠕虫（Network Worm）、僵尸网络（Bot Net）等。

3. 防护技术类

防护技术类术语包括访问控制（Access Control）、防火墙（Firewall）、入侵防御系统（Intrusion Prevention System）等。

4. 检测技术类

检测技术类术语包括入侵检测（Intrusion Detection）、漏洞扫描 （Vulnerability Scanning）等。

5. 响应/恢复技术类

响应/恢复技术类术语包括应急响应（Emergency Response）、灾难恢复（Disaster Recovery）、备份（Backup）等。

6. 测评技术类

测评技术类术语包括黑盒测试（Black Box Testing）、白盒测试（White Box Testing）、灰盒测试（Gray Box Testing）、渗透测试（Penetration Testing）、模糊测试（Fuzz Testing）。

1.9　本章小结

本章内容主要包括：第一，阐述了网络空间以及网络信息安全的基本概念，分析了网络信息安全的现状和问题；第二，讲述了网络信息安全基本属性、网络信息安全基本目标、网络信息安全基本功能等相关内容；第三，分析了网络信息安全基本技术需求，给出了网络信息安全管理概念、要素、流程、方法等；第四，介绍了网络信息安全法律与政策文件，主要包括网络信息安全基本法律、网络安全等级保护、国家密码管理制度、网络产品和服务审查、互联网域名安全管理、工业控制信息安全制度、个人信息和重要数据保护制度等；第五，给出网络信息安全科技信息获取来源，介绍网络安全会议、期刊、网络及相关术语等。

第2章　网络攻击原理与常用方法

2.1　网络攻击概述

《孙子兵法》曰："知己知彼，百战不殆。"网络攻击活动日益频繁，要掌握网络信息安全主动权，应先了解网络威胁者的策略方法。本节主要阐述网络攻击概念，分析网络攻击发展趋势。

2.1.1　网络攻击概念

网络攻击是指损害网络系统安全属性的危害行为。危害行为导致网络系统的机密性、完整性、可用性、可控性、真实性、抗抵赖性等受到不同程度的破坏。常见的危害行为有四个基本类型：

（1）信息泄露攻击；

（2）完整性破坏攻击；

（3）拒绝服务攻击；

（4）非法使用攻击。

网络攻击由攻击者发起，攻击者应用一定的攻击工具（包括攻击策略与方法），对目标网络系统进行（合法与非法的）攻击操作，达到一定的攻击效果，实现攻击者预定的攻击意图，如表2-1所示。

表2-1　网络攻击原理表

攻击者	攻击工具	攻击访问	攻击效果	攻击意图
黑客 间谍 恐怖主义者 公司职员 职业犯罪分子 破坏者	用户命令 脚本或程序 自治主体 电磁泄露	本地访问 远程访问	破坏信息 信息泄密 窃取服务 拒绝服务	挑战 好奇 获取情报 经济利益 恐怖事件 报复

1. 攻击者

根据网络攻击来源，攻击者可分成两大类：内部人员和外部人员。根据网络攻击的动机与目的，常见的攻击者可以分为六种：间谍、恐怖主义者、黑客、职业犯罪分子、公司职员和破坏者。

2. 攻击工具

攻击者通过一系列攻击工具，对目标网络实施攻击，具体包括：

- 用户命令：攻击者在命令行状态下或者以图形用户接口方式输入攻击命令；
- 脚本或程序：利用脚本和程序挖掘弱点；
- 自治主体：攻击者初始化一个程序或者程序片断，独立执行漏洞挖掘；
- 电磁泄漏：通过电子信号分析方法，实施电磁泄漏攻击。

3. 攻击访问

攻击者为了达到攻击目的，一定要访问目标网络系统，包括合法和非法的访问。但是，攻击过程主要依赖于非法访问和目标网络资源的使用，即未授权访问或未授权使用目标系统的资源。攻击者能够进行未授权访问和系统资源使用的前提是，目标网络和系统存在安全弱点，包括设计弱点、实现弱点和配置弱点。进入目标系统之后，攻击者就开始执行相关命令，如修改文件、传送数据等，实施各类不同的攻击。

4. 攻击效果

攻击效果包括以下几种：

- 破坏信息：删除或修改系统中存储的信息或者网络中传送的信息；
- 信息泄密：窃取或公布敏感信息；
- 窃取服务：未授权使用计算机或网络服务；
- 拒绝服务：干扰系统和网络的正常服务，降低系统和网络性能，甚至使系统和网络崩溃。

5. 攻击意图

攻击者的意图可分为以下六类：

- 黑客：攻击的动机与目的是表现自己或技术挑战；
- 间谍：攻击的动机与目的是获取情报信息；
- 恐怖主义者：攻击的动机与目的是获取恐怖主义集团的利益；
- 公司职员：攻击的动机与目的是好奇，显示才干；
- 职业犯罪分子：攻击的动机与目的是获取经济利益；
- 破坏者：攻击的动机与目的是报复或发泄不满情绪。

2.1.2　网络攻击模型

掌握网络攻击模型有助于更好地理解分析网络攻击活动，以便对目标系统的抗攻击能力进行测评。目前，常见的网络攻击模型主要如下。

1. 攻击树模型

攻击树方法起源于故障树分析方法。故障树分析方法主要用于系统风险分析和系统可靠性分析，后扩展为软件故障树，用于辅助识别软件设计和实现中的错误。Schneier 首先基于软件故障树方法提出了攻击树的概念，用 AND-OR 形式的树结构对目标对象进行网络安全威胁分析。例如，侵害路由器攻击树描述如下。

```
Attack:
OR  1. Gain physical access to router
    AND 1. Gain physical access to data center
         2. Guess passwords
    OR   3. Perform password recovery
    2. Gain logical access to router
    OR  1. Compromise network manager system
        OR 1. Exploit application layer vulnerability in server
           2. Hijack management traffic
        2. Login to router
        OR 1. Guess password
           2. Sniff password
           3. Hijack management session
           OR 1. Telnet
              2. SSH
              3. SNMP
              4. Social engineering
        3. Exploit implementation flaw in protocol/application in router
        OR 1. Telnet
           2. SSH
           3. SNMP
           4. Proprietary management protocol
```

攻击树方法可以被 Red Team 用来进行渗透测试，同时也可以被 Blue Team 用来研究防御机制。攻击树的优点：能够采取专家头脑风暴法，并且将这些意见融合到攻击树中去；能够进行费效分析或者概率分析；能够建模非常复杂的攻击场景。攻击树的缺点：由于树结构的内在限制，攻击树不能用来建模多重尝试攻击、时间依赖及访问控制等场景；不能用来建模循环事件；对于现实中的大规模网络，攻击树方法处理起来将会特别复杂。

2. MITRE ATT&CK 模型

MITRE 根据真实观察到的网络攻击数据提炼形成攻击矩阵模型 MITRE　ATT&CK，该模型把攻击活动抽象为初始访问（Initial Access）、执行（Execution）、持久化（Persistence）、特权提升（Privilege Escalation）、躲避防御（Defense Evasion）、凭据访问（Credential Access）、发现（Discovery）、横向移动（Lateral Movement）、收集（Collection）、指挥和控制（Command and Control）、外泄（Exfiltration）、影响（Impact），然后给出攻击活动的具体实现方式，详见 MITRE 官方地址链接。基于 MITRE ATT＆CK 常见的应用场景主要有网络红蓝对抗模拟、网络安全渗透测试、网络防御差距评估、网络威胁情报收集等。

3. 网络杀伤链（Kill Chain）模型

洛克希德·马丁公司提出的网络杀伤链模型（简称 Kill Chain 模型），该模型将网络攻击活动分成目标侦察（Reconnaissance）、武器构造（Weaponization）、载荷投送（Delivery）、漏洞利用（Exploitation）、安装植入（Installation）、指挥和控制（Command and Control）、目标行动（Actions on Objectives）等七个阶段。

（1）目标侦察。研究、辨认和选择目标，通常利用爬虫获取网站信息，例如会议记录、电子邮件地址、社交关系或有关特定技术的信息。

（2）武器构造。将远程访问的特洛伊木马程序与可利用的有效载荷结合在一起。例如，利用 Adobe PDF 或 Microsoft Office 文档用作恶意代码载体。

（3）载荷投送。把武器化有效载荷投送到目标环境，常见的投送方式包括利用电子邮件附件、网站和 USB 可移动介质。

（4）漏洞利用。将攻击载荷投送到受害者主机后，漏洞利用通常针对应用程序或操作系统漏洞，会触发恶意代码功能。

（5）安装植入。在受害目标系统上安装远程访问的特洛伊木马或后门程序,以持久性地控制目标系统。

（6）指挥与控制。构建对目标系统的远程控制通道，实施远程指挥和操作。通常目标系统与互联网控制端服务器建立 C2 通道。

（7）目标行动。采取行动执行攻击目标的任务，如从受害目标系统中收集、加密、提取信息并将其送到目标网络外；或者破坏数据完整性以危害目标系统；或者以目标系统为“跳板”进行横向扩展渗透内部网络。

2.1.3　网络攻击发展

随着网络信息技术的普及与应用发展，越来越多的人能够使用和接触网络，网民可从因特网上学习攻击方法并下载黑客工具。网络信息环境受到不同类别的攻击者的威胁，如黑客、犯罪、工业间谍、普通用户、超级用户、管理员、恐怖组织等。攻击者从以前的单机系统为主转变到以网络及信息运行环境为主的攻击。攻击者通过制定攻击策略，使用各种各样的工具组合，甚至由软件程序自动完成目标攻击。攻击方法多种多样，如网络侦听获取网上用户的账号和密码、利用操作系统漏洞攻击、使用某些网络服务泄露敏感信息攻击、强力破解口令、认证协议攻击、创建网络隐蔽信道、安装特洛伊木马程序、拒绝服务攻击、分布式攻击等。归纳起来，网络攻击具有以下变化趋势。

1. 网络攻击工具智能化、自动化

网络攻击者利用已有的攻击技术编制能够自动攻击的工具软件，网络攻击软件集成多种攻击功能，具有信息搜集、漏洞利用、复制传播、目标选择等能力。“红色代码”“冲击波”“永恒之蓝”等网络蠕虫可在网络信息系统中自动扩散，导致网络瘫痪、服务及数据不可用等严重安全问题。

2. 网络攻击者群体普适化

由于自动化网络攻击软件的出现，网络攻击者可利用软件工具完成复杂攻击。网络攻击者由技术人员向非技术人员变化。非技术人员通过使用工具实施对网络目标系统的攻击，极易导致网络攻击技术的滥用。

3. 网络攻击目标多样化和隐蔽性

网络攻击目标日趋多样性，网络攻击对象以操作系统为主转向网络的各个层面，包括网络通信协议、安全协议、域名服务器、路由设备、网络应用服务，甚至网络安全设备等，均成为攻击目标。除此之外，网络攻击目标的隐蔽性增强，网络内容、网络业务系统、网络物理环境以及网络关联对象也成为攻击对象之一，网络攻击对象扩展到物理空间和社会空间。

4. 网络攻击计算资源获取方便

攻击者利用因特网巨大的计算资源，开发特殊的程序将分布在不同地域的计算机协同起来，向特定的目标发起攻击。例如，基于僵尸网络发起DDoS攻击。另外，网络攻击者利用云计算、高性能计算以提高攻击计算能力。例如，基于GPU计算加速口令破解速度。

5. 网络攻击活动持续性强化

高级持续威胁（简称APT）日趋常态化，国外APT组织对国内的金融、政府、教育、科研等目标系统持续发动攻击。网上已发现和公布的高级网络安全威胁行为主体主要有“方程式”“白象”“海莲花”“绿斑”“蔓灵花”等。某些网络攻击活动持续长达十年以上，直到被发现。

6. 网络攻击速度加快

网络中的漏洞往往是攻击者先发现、先利用，网络安全防御处于被动局面。如果网络安全防御者未补上新公布的漏洞，网络攻击者就有机可乘。网络攻击者掌握主动权，而防御者被动应付。

7. 网络攻击影响扩大

网络信息安全攻击的影响日益增大，其影响可延伸到物理空间、社会空间，严重时可导致城市停电停水停气、交通瘫痪、工厂停产、社会混乱等。

8. 网络攻击主体组织化

早期的网络攻击通常由技术爱好者发起，其目的在于炫耀技术。而目前的网络攻击主体日益复杂化，各种利益团体参与网络攻击活动。例如，通过“震网”病毒的网络攻击能力显示国家力量的存在。网络空间成为各个国家的重要保护领域，一些网络信息科技发达的国家已经建立起网军，并研制系列化网络武器。

总而言之，网络信息系统面临日益严重的安全威胁，网络安全问题全面影响社会的各个领域，威胁着社会安全和国家安全。

2.2　网络攻击一般过程

了解网络攻击过程模型有利于“知彼”，能更好地指导网络安全防范工作。本文把网络攻击过程归纳为下面几个步骤：

（1）隐藏攻击源。隐藏黑客主机位置使得系统管理无法追踪。

（2）收集攻击目标信息。确定攻击目标并收集目标系统的有关信息。

（3）挖掘漏洞信息。从收集到的目标信息中提取可使用的漏洞信息。

（4）获取目标访问权限。获取目标系统的普通或特权账户的权限。

（5）隐蔽攻击行为。隐蔽在目标系统中的操作，防止入侵行为被发现。

（6）实施攻击。进行破坏活动或者以目标系统为跳板向其他系统发起新的攻击。

（7）开辟后门。在目标系统中开辟后门，方便以后入侵。

（8）清除攻击痕迹。避免安全管理员的发现、追踪以及法律部门取证。

下面分别进行阐述。

2.2.1　隐藏攻击源

隐藏位置就是有效地保护自己，在因特网上的网络主机均有自己的网络地址，根据 TCP/IP 协议的规定，若没有采取保护措施，攻击主机很容易被反查到位置，如 IP 地址和域名。因此，有经验的黑客在实施攻击活动时的首要步骤是设法隐藏自己所在的网络位置，包括自己的网络域及 IP 地址，使调查者难以发现真正的攻击者来源。攻击者常用如下技术隐藏他们真实的 IP 地址或者域名：

- 利用被侵入的主机作为跳板；
- 免费代理网关；

- 伪造IP地址；
- 假冒用户账号。

2.2.2 收集攻击目标信息

在发动一些攻击之前，攻击者一般要先确定攻击目标并收集目标系统的相关信息。他可能在一开始就确定了攻击目标，然后专门收集该目标的信息；也可能先大量地收集网上主机的信息，然后根据各系统的安全性强弱来确定最后的目标。攻击者常常收集的目标系统信息如下：

- 目标系统一般信息，主要有目标系统的IP地址、DNS服务器、邮件服务器、网站服务器、操作系统软件类型及版本号、数据库软件类型及版本号、应用软件类型及版本号、系统开发商等；
- 目标系统配置信息，主要有系统是否禁止root远程登录、缺省用户名/默认口令等；
- 目标系统的安全漏洞信息，主要是目标系统的有漏洞的软件及服务；
- 目标系统的安全措施信息，主要是目标系统的安全厂商、安全产品等；
- 目标系统的用户信息，主要是目标系统用户的邮件账号、社交网账号、手机号、固定电话号码、照片、爱好等个人信息。

2.2.3 挖掘漏洞信息

系统中漏洞的存在是系统受到各种安全威胁的根本原因。外部攻击者的攻击主要利用了系统网络服务中的漏洞，内部人员则利用了系统内部服务及其配置上的漏洞。而拒绝服务攻击主要是利用资源的有限性及分配策略的漏洞，长期占用有限资源不释放，使其他用户得不到应得的服务；或者是利用服务处理中的漏洞，使该服务程序崩溃。攻击者攻击的重要步骤就是尽量挖掘出系统的漏洞，并针对具体的漏洞研究相应的攻击方法。常用的漏洞挖掘技术方法有如下内容。

1. 系统或应用服务软件漏洞

攻击者可以根据目标系统提供的不同服务，使用不同的方法以获取系统的访问权限。如系统提供了finger服务，攻击者就能因此得到系统用户信息，进而通过猜测用户口令获取系统的访问权；如果系统还提供其他的一些远程网络服务，如邮件服务、WWW服务、匿名FTP服务、TFTP服务，攻击者就可以使用这些远程服务中的漏洞获取系统的访问权。

2. 主机信任关系漏洞

攻击者寻找那些被信任的主机，通常这些主机可能是管理员使用的机器，或是一台被认为很安全的服务器。比如，攻击者可以利CGI 的漏洞，读取/etc/hosts.allow文件等。通过这个文件，就可以大致了解主机间的信任关系。下一步，就是探测这些被信任的主机中哪些存在漏洞。

3. 目标网络的使用者漏洞

尽量去发现有漏洞的网络使用者，这对攻击者来说往往能起到事半功倍的效果，堡垒最容易从内部攻破就是这个缘故。常见的攻击方法主要有网络邮件钓鱼、用户弱口令破解、U 盘摆渡攻击、网页恶意代码等。

4. 通信协议漏洞

通过分析目标网络所采用的协议信息寻找漏洞，如 IP 协议中的地址伪造漏洞、Telnet/Http/Ftp/POP3/SMTP 等协议的明文传输信息漏洞。

5. 网络业务系统漏洞

通过掌握目标网络的业务信息发现漏洞，如业务服务申请登记非实名漏洞。

2.2.4　获取目标访问权限

一般账户对目标系统只有有限的访问权限，要达到某些目的，攻击者必须拿到更多的权限。因此在获得一般账户之后，攻击者经常会试图去获得更高的权限，如系统管理账户的权限。获取系统管理权限通常有以下途径：

- 获得系统管理员的口令，如专门针对 root 用户的口令攻击；
- 利用系统管理上的漏洞，如错误的文件许可权，错误的系统配置，某些 SUID 程序中存在的缓冲区溢出问题等；
- 让系统管理员运行一些特洛伊木马，如经篡改之后的 LOGIN 程序等；
- 窃听管理员口令。

2.2.5　隐蔽攻击行为

作为一个入侵者，攻击者总是唯恐自己的行踪被发现，所以在进入系统之后，聪明的攻击者要做的第一件事就是隐藏自己的行踪，攻击者隐藏自己的行踪通常要用到下面这些技术：

- 连接隐藏，如冒充其他用户、修改 LOGNAME 环境变量、修改 utmp 日志文件、使用 IP SPOOF 技术等。
- 进程隐藏，如使用重定向技术减少 ps 给出的信息量、用特洛伊木马代替 ps 程序等。
- 文件隐蔽，如利用字符串相似麻痹系统管理员，或修改文件属性使得普通显示方法无法看到；利用操作系统可加载模块特性，隐瞒攻击时所产生的信息。

2.2.6　实施攻击

不同的攻击者有不同的攻击目的，可能是为了获得机密文件的访问权，也可能是为了破坏系统数据的完整性，还可能是为了获得整个系统的控制权（系统管理权限）以及其他目的等。

一般来说，实施攻击的目标可归结为以下几种：

- 攻击其他被信任的主机和网络；
- 修改或删除重要数据；
- 窃听敏感数据；
- 停止网络服务；
- 下载敏感数据；
- 删除数据账号；
- 修改数据记录。

2.2.7 开辟后门

一次成功的入侵通常要耗费攻击者大量的时间与精力，所以精于算计的攻击者在退出系统之前会在系统中制造一些后门，以方便自己下次入侵，攻击者设计后门时通常会考虑以下方法：

- 放宽文件许可权；
- 重新开放不安全的服务，如 REXD、TFTP 等；
- 修改系统的配置，如系统启动文件、网络服务配置文件等；
- 替换系统本身的共享库文件；
- 修改系统的源代码，安装各种特洛伊木马；
- 安装嗅探器；
- 建立隐蔽信道。

2.2.8 清除攻击痕迹

攻击者为了避免系统安全管理员追踪，攻击时常会消除攻击痕迹，避免安全管理员或 IDS 发现，常用的方法有：

- 篡改日志文件中的审计信息；
- 改变系统时间造成日志文件数据紊乱以迷惑系统管理员；
- 删除或停止审计服务进程；
- 干扰入侵检测系统的正常运行；
- 修改完整性检测标签。

2.3 网络攻击常见技术方法

本节主要介绍常见的网络攻击技术方法。

2.3.1 端口扫描

端口扫描的目的是找出目标系统上提供的服务列表。端口扫描程序挨个尝试与 TCP/UDP

端口连接，然后根据端口与服务的对应关系，结合服务器端的反应推断目标系统上是否运行了某项服务，攻击者通过这些服务可能获得关于目标系统的进一步的知识或通往目标系统的途径。根据端口扫描利用的技术，扫描可以分成多种类型，下面分别叙述。

1. 完全连接扫描

完全连接扫描利用 TCP/IP 协议的三次握手连接机制，使源主机和目的主机的某个端口建立一次完整的连接。如果建立成功，则表明该端口开放。否则，表明该端口关闭。

2. 半连接扫描

半连接扫描是指在源主机和目的主机的三次握手连接过程中，只完成前两次握手，不建立一次完整的连接。

3. SYN 扫描

首先向目标主机发送连接请求，当目标主机返回响应后，立即切断连接过程，并查看响应情况。如果目标主机返回 ACK 信息，表示目标主机的该端口开放。如果目标主机返回 RESET 信息，表示该端口没有开放。

4. ID 头信息扫描

这种扫描方法需要用一台第三方机器配合扫描，并且这台机器的网络通信量要非常少，即 dumb 主机。

首先由源主机 A 向 dumb 主机 B 发出连续的 PING 数据包，并且查看主机 B 返回的数据包的 ID 头信息。一般而言，每个顺序数据包的 ID 头的值会增加 1。然后由源主机 A 假冒主机 B 的地址向目的主机 C 的任意端口（1～65535）发送 SYN 数据包。这时，主机 C 向主机 B 发送的数据包有两种可能的结果：

- SYN|ACK　表示该端口处于监听状态。
- RST|ACK　表示该端口处于非监听状态。

那么，由后续 PING 数据包的响应信息的 ID 头信息可以看出，如果主机 C 的某个端口是开放的，则主机 B 返回 A 的数据包中，ID 头的值不是递增 1，而是大于 1。如果主机 C 的某个端口是非开放的，则主机 B 返回 A 的数据包中，ID 头的值递增 1，非常规律。

5. 隐蔽扫描

隐蔽扫描是指能够成功地绕过 IDS、防火墙和监视系统等安全机制，取得目标主机端口信息的一种扫描方式。

6. SYN|ACK 扫描

由源主机向目标主机的某个端口直接发送 SYN|ACK 数据包，而不是先发送 SYN 数据包。

由于这种方法不发送 SYN 数据包，目标主机会认为这是一次错误的连接，从而会报错。

如果目标主机的该端口没有开放，则会返回 RST 信息。如果目标主机的该端口处于开放状态（LISTENING），则不会返回任何信息，而是直接将这个数据包抛弃掉。

7. FIN 扫描

源主机 A 向目标主机 B 发送 FIN 数据包，然后查看反馈信息。如果端口返回 RESET 信息，则说明该端口关闭。如果端口没有返回任何信息，则说明该端口开放。

8. ACK 扫描

首先由主机 A 向目标主机 B 发送 FIN 数据包，然后查看反馈数据包的 TTL 值和 WIN 值。开放端口所返回的数据包的 TTL 值一般小于 64，而关闭端口的返回值一般大于 64。开放端口所返回的数据包的 WIN 值一般大于 0，而关闭端口的返回值一般等于 0。

9. NULL 扫描

将源主机发送的数据包中的 ACK、FIN、RST、SYN、URG、PSH 等标志位全部置空。如果目标主机没有返回任何信息，则表明该端口是开放的。如果返回 RST 信息，则表明该端口是关闭的。

10. XMAS 扫描

XMAS 扫描的原理和 NULL 扫描相同，只是将要发送的数据包中的 ACK、FIN、RST、SYN、URG、PSH 等头标志位全部置成 1。如果目标主机没有返回任何信息，则表明该端口是开放的。如果返回 RST 信息，则表明该端口是关闭的。

网络端口扫描是攻击者必备的技术，通过扫描可以掌握攻击目标的开放服务，根据扫描所获得的信息，为下一步的攻击做准备。

2.3.2 口令破解

口令机制是资源访问控制的第一道屏障。网络攻击者常常以破解用户的弱口令为突破口，获取系统的访问权限。随着计算机硬件和软件技术的发展，口令破解更为有效。攻击者可将千倍于 10 年前的计算能力用于口令攻击。在一台工作站上，对包含 250 000 个词条的字典搜索一遍的时间可降至 5 分钟。据调查研究，普通用户在口令字符的选择上，仅含小写字母的占 28.9%，部分含有大写字母的占 40.9%，含有控制字符的仅占 1.4%，含有标点字号的仅占 12.4%，含有非字母数字的仅占 1.7%。直接选用注册时的用户信息（如用户名、电话及用户 ID）做密码的占 3.9%。总地来说，20%到 30%的口令可通过对字典或常用字符表进行搜索或经过简单的置换发现。目前，有专用的口令攻击软件，这些软件能够针对不同的系统进行攻击。此外，一些远程网络服务的口令破解软件也开始出现，攻击者利用这些软件工具，进行远程猜测网络服务口令，其主要工作流程如下：

第一步，建立与目标网络服务的网络连接；

第二步，选取一个用户列表文件及字典文件；

第三步，在用户列表文件及字典文件中，选取一组用户和口令，按网络服务协议规定，将用户名及口令发送给目标网络服务端口；

第四步，检测远程服务返回信息，确定口令尝试是否成功；

第五步，再取另一组用户和口令，重复循环试验，直至口令用户列表文件及字典文件选取完毕。

2.3.3 缓冲区溢出

缓冲区溢出攻击可以使攻击者有机会获得一台主机的部分或全部的控制权。据统计，缓冲区溢出攻击占远程网络攻击的绝大多数。缓冲区溢出成为远程攻击主要方式的原因是，缓冲区溢出漏洞会给予攻击者控制程序执行流程的机会。攻击者将特意构造的攻击代码植入有缓冲区溢出漏洞的程序之中，改变漏洞程序的执行过程，就可以得到被攻击主机的控制权，如图 2-1 所示。

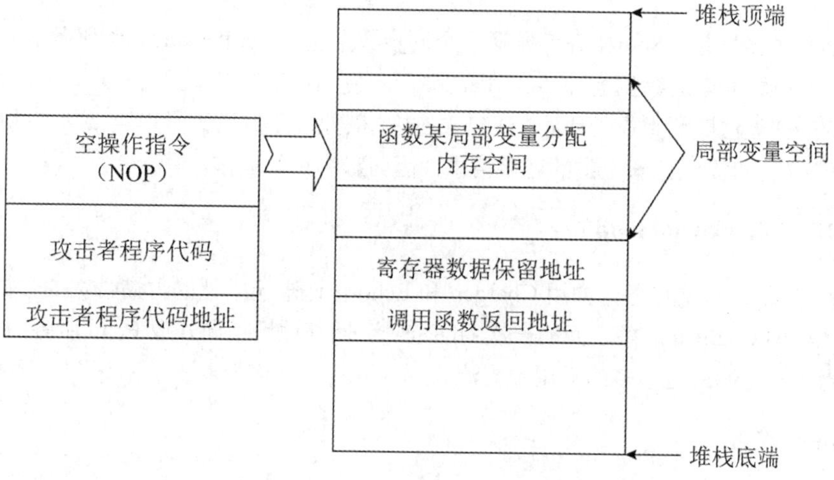

图 2-1　通过缓冲区溢出获取主机的控制权

2.3.4 恶意代码

恶意代码是网络攻击常见的攻击手段。常见的恶意代码类型有计算机病毒、网络蠕虫、特洛伊木马、后门、逻辑炸弹、僵尸网络等。其中，网络蠕虫程序是 1988 年由小莫里斯编制的，该程序具有复制传播功能，可以感染 UNIX 系统主机，使网上 6000 多台主机无法运行；2001 年 8 月，红色代码蠕虫病毒利用微软 Web 服务器 IIS4.0 或 5.0 中 index 服务的安全缺陷，通过自动扫描感染方式传播蠕虫；2010 年“震网”网络蠕虫是首个专门用于定向攻击真实世界中基础（能源）设施的恶意代码。

2.3.5 拒绝服务

拒绝服务攻击是指攻击者利用系统的缺陷，执行一些恶意的操作，使得合法的系统用户不能及时得到应得的服务或系统资源，如CPU处理时间、存储器、网络带宽等。拒绝服务攻击往往造成计算机或网络无法正常工作，进而会使一个依赖于计算机或网络服务的企业不能正常运转。拒绝服务攻击最本质的特征是延长服务等待时间。当服务等待时间超过某个阈值时，用户因无法忍耐而放弃服务。拒绝服务攻击延迟或者阻碍合法的用户使用系统提供的服务，对关键性和实时性服务造成的影响最大。拒绝服务攻击与其他的攻击方法相比较，具有以下特点：①难确认性，拒绝服务攻击很难判断，用户在自己的服务得不到及时响应时，并不认为自己（或者系统）受到攻击，反而可能认为是系统故障造成一时的服务失效。②隐蔽性，正常请求服务隐藏拒绝服务攻击的过程。③资源有限性，由于计算机资源有限，容易实现拒绝服务攻击。④软件复杂性，由于软件所固有的复杂性，设计实现难以确保软件没有缺陷。因而攻击者有机可乘，可以直接利用软件缺陷进行拒绝服务攻击，例如泪滴攻击。

1. 同步包风暴（SYN Flood）

攻击者假造源网址（Source IP）发送多个同步数据包（Syn Packet）给服务器（Server），服务器因无法收到确认数据包（Ack Packet），使TCP/IP协议的三次握手（Three-Way Hand-Shacking）无法顺利完成，因而无法建立连接。其原理是发送大量半连接状态的服务请求，使Unix等服务主机无法处理正常的连接请求，因而影响正常运作。

2. UDP 洪水（UDP Flood）

利用简单的TCP/IP服务，如用Chargen和Echo传送毫无用处的占满带宽的数据。通过伪造与某一主机的Chargen服务之间的一次UDP连接，回复地址指向开放Echo服务的一台主机，生成在两台主机之间的足够多的无用数据流。

3. Smurf 攻击

一种简单的Smurf攻击是将回复地址设置成目标网络广播地址的ICMP应答请求数据包，使该网络的所有主机都对此ICMP应答请求作出应答，导致网络阻塞，比ping of death洪水的流量高出一或两个数量级。更加复杂的Smurf攻击是将源地址改为第三方的目标网络，最终导致第三方网络阻塞。

4. 垃圾邮件

攻击者利用邮件系统制造垃圾信息，甚至通过专门的邮件炸弹（mail bomb）程序给受害用户的信箱发送垃圾信息，耗尽用户信箱的磁盘空间，使用户无法应用这个信箱。

5. 消耗 CPU 和内存资源的拒绝服务攻击

利用目标系统的计算算法漏洞，构造恶意输入数据集，导致目标系统的 CPU 或内存资源耗尽，从而使目标系统瘫痪，如 Hash DoS。

6. 死亡之 ping（ping of death）

早期，路由器对包的最大尺寸都有限制，许多操作系统在实现 TCP/IP 堆栈时，规定 ICMP 包小于等于 64KB，并且在对包的标题头进行读取之后，要根据该标题头中包含的信息为有效载荷生成缓冲区。当产生畸形的、尺寸超过 ICMP 上限的包，即加载的尺寸超过 64KB 上限时，就会出现内存分配错误，导致 TCP/IP 堆栈崩溃，使接收方停机。

7. 泪滴攻击（Teardrop Attack）

泪滴攻击暴露出 IP 数据包分解与重组的弱点。当 IP 数据包在网络中传输时，会被分解成许多不同的片传送，并借由偏移量字段（Offset Field）作为重组的依据。泪滴攻击通过加入过多或不必要的偏移量字段，使计算机系统重组错乱，产生不可预期的后果。

8. 分布式拒绝服务攻击（Distributed Denial of Service Attack）

分布式拒绝服务攻击是指植入后门程序从远程遥控攻击，攻击者从多个已入侵的跳板主机控制数个代理攻击主机，所以攻击者可同时对已控制的代理攻击主机激活干扰命令，对受害主机大量攻击。分布式拒绝服务攻击程序，最著名的有 Trinoo、TFN、TFN2K 和 Stacheldraht 四种。

2.3.6　网络钓鱼

网络钓鱼（Phishing）是一种通过假冒可信方（知名银行、在线零售商和信用卡公司等可信的品牌）提供网上服务，以欺骗手段获取敏感个人信息（如口令、信用卡详细信息等）的攻击方式。目前，网络钓鱼综合利用社会工程攻击技巧和现代多种网络攻击手段，以达到欺骗意图。最典型的网络钓鱼方法是，网络钓鱼者利用欺骗性的电子邮件和伪造的网站来进行诈骗活动，诱骗访问者提供一些个人信息，如信用卡号、账户和口令、社保编号等内容，以谋求不正当利益。例如，网络钓鱼攻击者构造一封所谓“安全提醒”邮件发给客户，然后让客户点击虚假网站，填写敏感的个人信息，这样网络钓鱼攻击者就能获取受害者的个人信息，并非法利用，如图 2-2 所示。

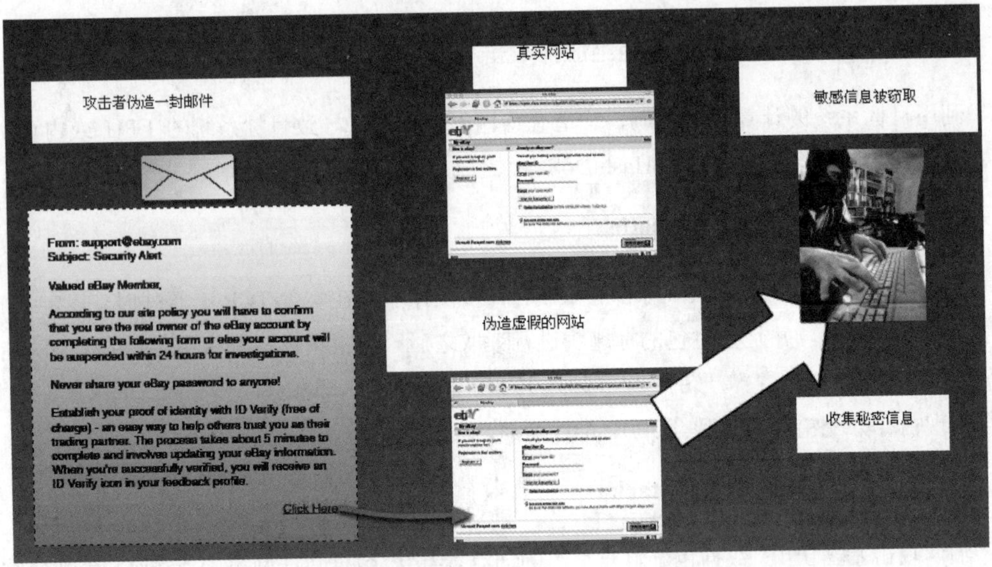

图 2-2　利用邮件进行网络钓鱼攻击示意图

2.3.7　网络窃听

网络窃听是指利用网络通信技术缺陷，使得攻击者能够获取到其他人的网络通信信息。常见的网络窃听技术手段主要有网络嗅探、中间人攻击。一般的计算机系统通常只接收目的地址指向自己的网络包，而忽略其他的包。但在很多情况下，一台计算机的网络接口可能收到目的地址并非指向自身的网络包，在完全的广播子网中，所有涉及局域网中任何一台主机的网络通信内容均可被局域网中所有的主机接收到，这就使得网络窃听变得十分容易。网络攻击者将主机网络接口的方式设成“杂乱”模式，就可以接收整个网络上的信息包，从而可以获取敏感的口令，甚至将其重组，还原为用户传递的文件。

2.3.8　SQL 注入

在 Web 服务中，一般采用三层架构模式：浏览器+Web 服务器+数据库。其中，Web 脚本程序负责处理来自浏览器端提交的信息，如用户登录名和密码、查询请求等。但是，由于 Web 脚本程序的编程漏洞，对来自浏览器端的信息缺少输入安全合法性检查，网络攻击者利用这种类型的漏洞，把 SQL 命令插入 Web 表单的输入域或页面的请求查找字符串，欺骗服务器执行恶意的 SQL 命令。

2.3.9　社交工程

网络攻击者通过一系列的社交活动，获取需要的信息。例如伪造系统管理员的身份，给特定的用户发电子邮件骗取他的密码口令。有的攻击者会给用户送免费实用程序，不过该程序除了完成用户所需的功能外，还隐藏了一个将用户的计算机信息发送给攻击者的功能。很多时候，没有经验的网络用户容易被攻击者欺骗，泄露相关信息。例如，攻击者打电话给公司职员，自称是网络安全管理成员，并且要求获得用户口令。攻击者得到用户口令后，就能够滥用合法用户的权利。

2.3.10　电子监听

网络攻击者采用电子设备远距离地监视电磁波的传送过程。灵敏的无线电接收装置能够在远处看到计算机操作者输入的字符或屏幕显示的内容。

2.3.11　会话劫持

会话劫持是指攻击者在初始授权之后建立一个连接，在会话劫持以后，攻击者具有合法用户的特权权限。例如，一个合法用户登录一台主机，当工作完成后，没有切断主机。然后，攻击者乘机接管，因为主机并不知道合法用户的连接已经断开。于是，攻击者能够使用合法用户的所有权限。典型的实例是“TCP 会话劫持”。

2.3.12　漏洞扫描

漏洞扫描是一种自动检测远程或本地主机安全漏洞的软件，通过漏洞扫描器可以自动发现系统的安全漏洞。网络攻击者利用漏洞扫描来搜集目标系统的漏洞信息，为下一步的攻击做准备。常见的漏洞扫描技术有 CGI 漏洞扫描、弱口令扫描、操作系统漏洞扫描、数据库漏洞扫描等。一些黑客或安全人员为了更快速地查找网络系统中的漏洞，会针对某个漏洞开发专用的漏洞扫描工具，例如 RPC 漏洞扫描器。

2.3.13　代理技术

网络攻击者通过免费代理服务器进行攻击，其目的是以代理服务器为“攻击跳板”，即使攻击目标的网络管理员发现了，也难以追踪到网络攻击者的真实身份或 IP 地址，如图 2-3 所示。为了增加追踪的难度，网络攻击者还会用多级代理服务器或者“跳板主机”来攻击目标。在黑客中，代理服务器被叫作“肉鸡”，黑客常利用所控制的机器进行攻击活动，例如 DDoS 攻击。

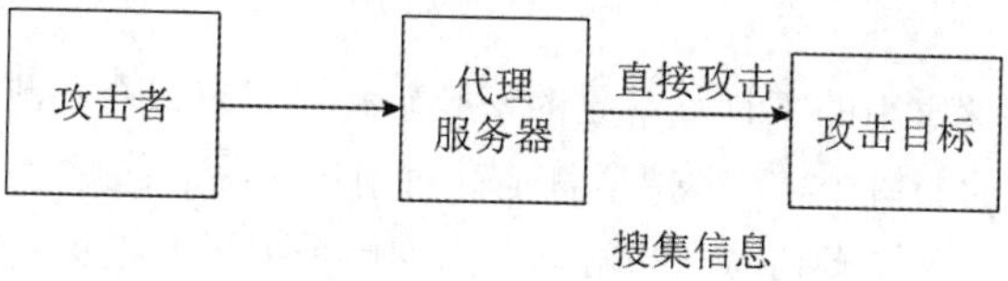

图 2-3　基于代理服务器的攻击身份隐藏示意图

2.3.14　数据加密

网络攻击者常常采用数据加密技术来逃避网络安全管理人员的追踪。加密使网络攻击者的数据得到有效保护，即使网络安全管理人员得到这些加密的数据，没有密钥也无法读懂，这样就实现了攻击者的自身保护。攻击者的安全原则是，任何与攻击有关的内容都必须加密或者立刻销毁。

2.4 黑客常用工具

本节主要介绍网络攻击者常常采用的工具，主要包括扫描器、远程监控、密码破解、网络嗅探器、安全渗透工具箱等。

2.4.1 扫描器

扫描器正如黑客的眼睛，通过扫描程序，黑客可以找到攻击目标的 IP 地址、开放的端口号、服务器运行的版本、程序中可能存在的漏洞等。现在网络上很多扫描器在功能上都设计得非常强大，并且综合了各种扫描需要，将各种功能集于一身。根据不同的扫描目的，扫描类软件又分为地址扫描器、端口扫描器、漏洞扫描器三个类别。利用扫描器，黑客收集目标信息的工作可轻松完成，从而可以让黑客清楚地了解目标，将目标“摸得一清二楚”，这对于攻击来说是至关重要的。下面列出几种经典的扫描软件：

- **NMAP** NMap（Network Map）即网络地图 ，通过 NMap 可以检测网络上主机的开放端口号、主机的操作系统类型以及提供的网络服务。
- **Nessus** Nessus 早期是免费的、开放源代码的远程安全扫描器，可运行在 Linux 操作系统平台上，支持多线程和插件。目前，该工具已商业化。
- **SuperScan** SuperScan 是一款具有 TCP connect 端口扫描、Ping 和域名解析等功能的工具，能较容易地对指定范围内的 IP 地址进行 Ping 和端口扫描。

2.4.2 远程监控

远程监控实际上是在受害机器上运行一个代理软件，而在黑客的电脑中运行管理软件，受害机器受控于黑客的管理端。受害机器通常被称为“肉鸡”，其经常被用于发起 DDoS 拒绝服务攻击或作为攻击跳板。常见的远程监控工具有冰河、网络精灵、Netcat 。

2.4.3 密码破解

密码破解是安全渗透常用的工具，常见的密码破解方式有口令猜测、穷举搜索、撞库等。口令猜测主要针对用户的弱口令。穷举搜索就是针对用户密码的选择空间，使用高性能计算机，逐个尝试可能的密码，直至搜索到用户的密码。撞库则根据已经收集到的用户密码的相关数据集，通过用户关键词搜索匹配，与目标系统的用户信息进行碰撞，以获取用户的密码。密码破解工具大多数是由高级黑客编写出来的，供初级黑客使用的现成软件，使用者只要按照软件的说明操作就可以达到软件的预期目的。密码破解的常见工具如下。

- **John the Ripper** John the Ripper 用于检查 Unix/Linux 系统的弱口令，支持几乎所有 Unix 平台上经 crypt 函数加密后的口令哈希类型。

- **LOphtCrack**　LOphtCrack 常用于破解 Windows 系统口令，含有词典攻击、组合攻击、强行攻击等多种口令猜解方法。

2.4.4　网络嗅探器

网络嗅探器（Network Sniffer）是一种黑客攻击工具，通过网络嗅探，黑客可以截获网络的信息包，之后对加密的信息包进行破解，进而分析包内的数据，获得有关系统的信息。如可以截获个人上网的信息包，分析上网账号、系统账号、电子邮件账号等个人隐私资料。网络嗅探类软件已经成为黑客获取秘密信息的重要手段，常见的网络嗅探器工具有 Tcpdump、DSniff、WireShark 等。

- **Tcpdump/WireShark**　Tcpdump 是基于命令行的网络数据包分析软件，可以作为网络嗅探工具，能把匹配规则的数据包内容显示出来。而 WireShark 则提供图形化的网络数据包分析功能，可视化地展示网络数据包的内容。
- **DSniff**　DSniff 是由 Dug Song 开发的一套包含多个工具的软件套件，包括 dsniff、filesnarf、mailsnarf、msgsnarf、rlsnarf 和 webspy。使用 DSniff 可以获取口令、邮件、文件等信息。

2.4.5　安全渗透工具箱

1. Metasploit

Metasploit 是一个开源渗透测试工具，提供漏洞查找、漏洞利用、漏洞验证等服务功能。Metasploit 支持 1500 多个漏洞挖掘利用，提供 OWASP TOP10 漏洞测试。

2. BackTrack5

BackTrack 集成了大量的安全工具软件，支持信息收集、漏洞评估、漏洞利用、特权提升、保持访问、逆向工程、压力测试。

2.5　网络攻击案例分析

吃一堑，长一智。本节主要分析已发生的网络攻击案例，以便大家掌握网络攻击的活动规律，更好地开展网络安全防御工作。

2.5.1　DDoS 攻击

DDoS 是分布式拒绝服务攻击的简称。2000 年春季黑客利用分布式拒绝服务攻击（DDoS）大型网站，导致大型 ISP 服务机构 Yahoo 的网络服务瘫痪。攻击者为了提高拒绝服务攻击的成功率，需要控制成百上千的被入侵主机。DDoS 的整个攻击过程可以分为以下五个步骤：

第一步，通过探测扫描大量主机，寻找可以进行攻击的目标；

第二步，攻击有安全漏洞的主机，并设法获取控制权；

第三步，在已攻击成功的主机中安装客户端攻击程序；

第四步，利用已攻击成功的主机继续进行扫描和攻击；

第五步，当攻击客户端达到一定的数目后，攻击者在主控端给客户端攻击程序发布向特定目标进行攻击的命令。

从分布式拒绝服务攻击的案例来看，攻击者进行大型或复杂的攻击之前，需要利用已攻击成功的主机，时机成熟后再向最终的目标发起攻击。从这一点上来说，大型或复杂的攻击并不能一步到位，而是经过若干个攻击操作步骤后，才能实现最终的攻击意图。DDoS 常用的攻击技术手段有 HTTP Flood 攻击、SYN Flood 攻击、DNS 放大攻击等。其中，HTTP Flood 攻击是利用僵尸主机向特定目标网站发送大量的 HTTP GET 请求，以导致网站瘫痪，如图 2-4 所示。

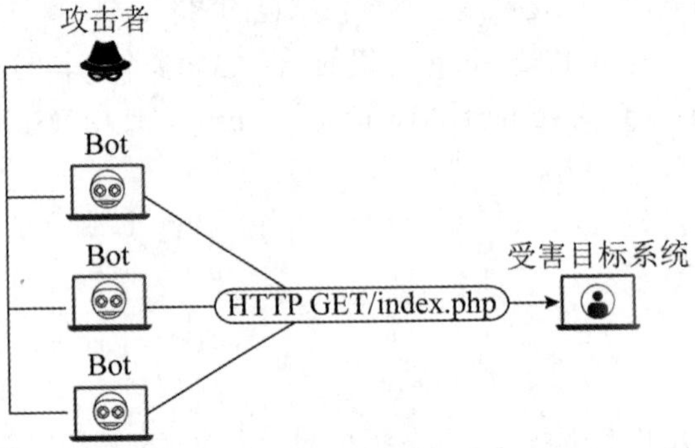

图 2-4 HTTP Flood 攻击示意图

SYN Flood 攻击利用 TCP/IP 协议的安全缺陷，伪造主机发送大量的 SYN 包到目标系统，导致目标系统的计算机网络瘫痪，如图 2-5 所示。

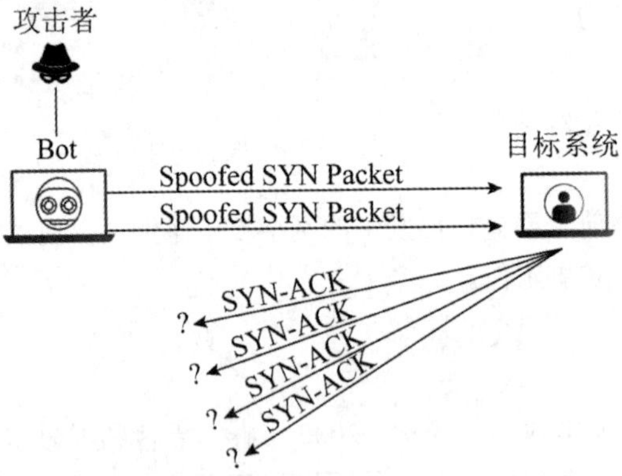

图 2-5 SYN Flood 攻击示意图

DNS 放大攻击是攻击者假冒目标系统向多个 DNS 解析服务器发送大量请求，而导致 DNS 解析服务器同时应答目标系统，产生大量网络流量，形成拒绝服务，如图 2-6 所示。

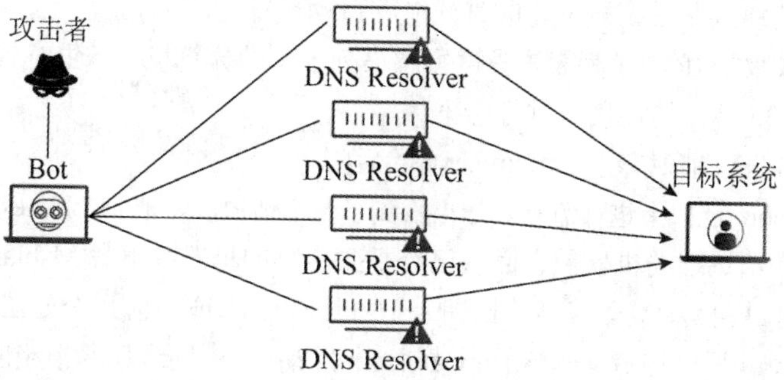

图 2-6　DNS 放大攻击示意图

2.5.2　W32.Blaster.Worm

W32.Blaster.Worm 是一种利用 DCOM RPC 漏洞进行传播的网络蠕虫，其传播能力很强。感染蠕虫的计算机系统运行不稳定，系统会不断重启。并且该蠕虫还将对 windowsupdate.com 进行拒绝服务攻击，使得受害用户不能及时地得到这个漏洞的补丁。如图 2-7 所示，当 W32.Blaster.Worm 运行时，会进行以下操作。

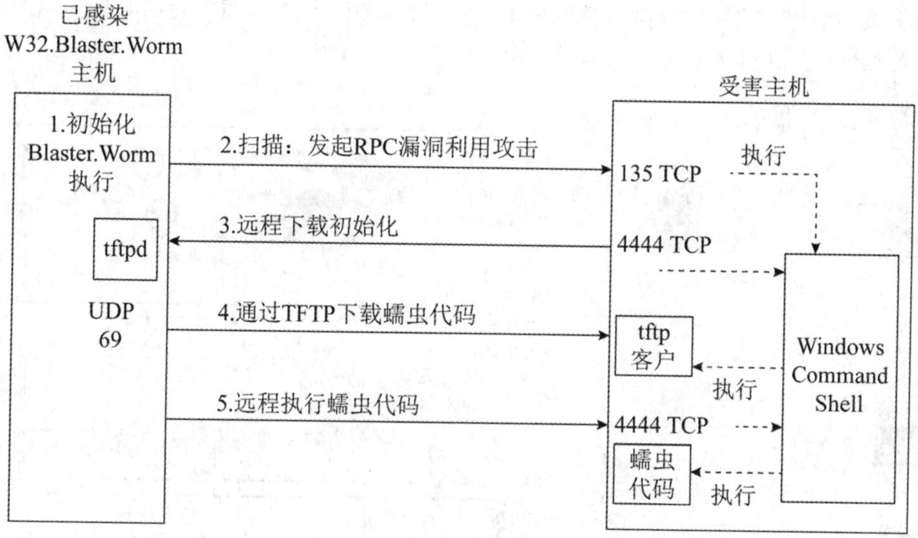

图 2-7　W32.Blaster.Worm 网络攻击示意图

（1）创建一个名为 BILLY 的互斥体。如果这个互斥体存在，蠕虫将放弃感染并退出。

（2）在注册表中添加下列键值：

"windows auto update"="msblast.exe"

并且将其添加至：

HKEY_LOCAL_MACHINE\SOFTWARE\Microsoft\Windows\CurrentVersion\Run

这样就可以使蠕虫在系统被重起的时候能够自动运行。

（3）蠕虫生成攻击 IP 地址列表，尝试去感染列表中的计算机，蠕虫对有 DCOM RPC 漏洞的机器发起 TCP 135 端口的连接，进行感染。

（4）在 TCP 4444 端口绑定一个 cmd.exe 的后门。

（5）在 UDP port 69 口上进行监听。如果收到了一个请求，将把 Msblast.exe 发送给目标机器。

（6）发送命令给远端的机器使它回联已经受到感染的机器并下载 Msblast.exe。

（7）检查当前日期及月份，若当前日期为 16 日或以后，或当前月份处在 9 月到 12 月之间，则 W32.Blaster.Worm 蠕虫将对 windowsupdate.com 发动 TCP 同步风暴拒绝服务攻击。

2.5.3 网络安全导致停电事件

本网络安全事件材料来源于北京安天网络安全技术有限公司（以下简称安天公司）发布的《乌克兰电力系统遭受攻击事件综合分析报告》及相关网络信息。2015 年 12 月 23 日，乌克兰多地区发生同时停电的事件。调查显示，乌克兰电厂停电是因网络攻击导致电力基础设施被破坏。如图 2-8 所示，根据安天公司的分析报告，黑客首先利用钓鱼邮件，欺骗电力公司员工下载了带有 BlackEnergy 的恶意代码文件，然后诱导用户打开这个文件，激活木马，安装 SSH 后门和系统自毁工具 Killdisk，致使黑客最终获得了主控电脑的控制权。最后，黑客远程操作恶意代码将电力公司的主控计算机与变电站断连并切断电源；同时，黑客发动 DDoS 攻击电力客服中心，致使电厂工作人员无法立即进行电力维修工作。

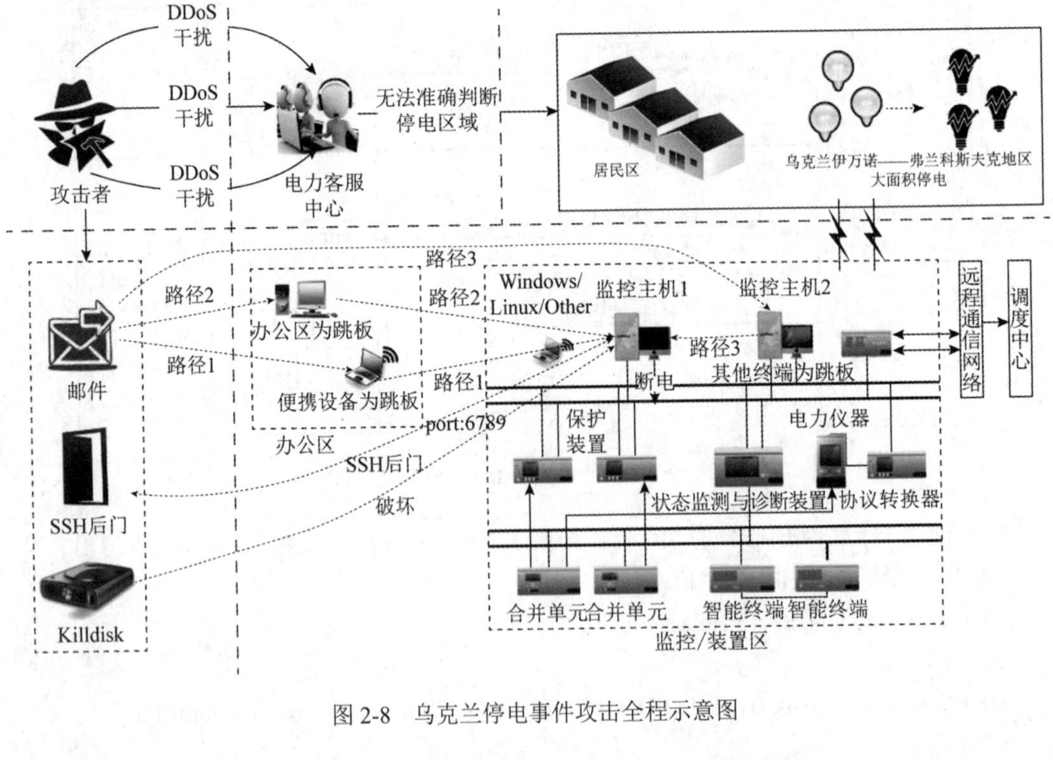

图 2-8 乌克兰停电事件攻击全程示意图

2.6 本章小结

本章首先给出网络攻击相关概念，总结了网络攻击的技术特点、发展趋势和网络攻击的一般过程；然后，还系统地给出了网络攻击的常见技术方法和黑客常用的软件工具；最后分析了分布式拒绝服务攻击、网络蠕虫、网络安全导致停电事件等典型的网络攻击案例。

第3章 密码学基本理论

3.1 密码学概况

密码技术是保障网络与信息安全的核心技术和基础支撑。本节主要介绍密码学的发展简况、密码学的基本概念以及密码系统的安全性分析方法。

3.1.1 密码学发展简况

密码学是一门研究信息安全保护的科学，以实现信息的保密性、完整性、可用性及抗抵赖性。密码学主要由密码编码和密码分析两个部分组成。其中，密码编码学研究信息的变换处理以实现信息的安全保护，而密码分析学则研究通过密文获取对应的明文信息。早期的密码学主要用于军事和外交通信。密码技术经历了由传统密码学到现代密码学的发展。传统密码学中的技术主要是换位和置换，这种加密方式易遭到统计分析破译，如字母的频率、字母的组合关系是分析传统密码的基本方法。1949 年，香农发表了著名的论文《保密系统的通信理论》，提出交替使用换位和置换以抵御统计分析，增加了混乱（Confusion）和扩散（Diffusion）的密码技术新方法。20 世纪 70 年代，密码技术出现重大创新变化，一是 Diffie-Hellman 算法、RSA 算法的提出开辟了公钥密码学的新纪元；二是美国政府正式发布了数据加密标准（DES），以提供给商业公司和非国防政府部门使用。这些研究成果的出现标志着现代密码学的诞生。之后其他的公钥密码相关方案相继出现，如 Rabin 体制、ElGamal 公钥体制、椭圆曲线密码公钥体制以及基于代理编码理论的 MeEliece 体制和基于有限自动机理论的公钥密码体制等。1984 年，针对传统公钥认证和证书管理的问题，Shamir 提出了基于身份的公钥密码系统的思想，简化了证书管理。在这种公钥密码体制的密钥生成过程中，公钥直接为实体的身份信息，例如唯一的身份证号码、电子邮件地址等，因而基于身份的公钥密码体制可以很自然地解决公钥与实体的绑定问题。RSA 算法及 Diffie-Hellman 算法的发明者都相继获得了计算机领域的图灵奖。

密码算法的安全性不是一成不变的，随着量子计算技术日渐成熟，RSA 算法的安全性受到挑战，抵抗量子计算的密码算法成为新的需求。后量子时代密码（Post-Quantum Cryptography）研究工作是当前密码学的研究热点。

网络与信息技术的发展极大地带动了密码学的应用需求，电子政务、电子商务、网络银行、个人信息等领域的安全保护都普遍使用了密码技术。密码工作直接影响国家安全，关系公民、法人和其他组织机构的切身利益。目前，密码成为网络与信息安全的核心技术和基础支撑，密码学的应用得到社会广泛认同，正影响着网络与信息技术的发展。2005 年 4 月 1 日起国家施行《中华人民共和国电子签名法》。2006 年我国政府公布了自己的商用密码算法，成为我国密码发展史上的一件大事。2019 年《中华人民共和国密码法》草案已经发布。

3.1.2　密码学基本概念

密码学的主要目的是保持明文的秘密以防止攻击者获知，而密码分析学则是在不知道密钥的情况下，识别出明文的科学。所谓明文是指需要采用密码技术进行保护的消息。而密文则是指用密码技术处理过明文的结果，通常称为加密消息。将明文变换成密文的过程称作加密，其逆过程，即由密文恢复出原明文的过程称作解密。加密过程所使用的一组操作运算规则称作加密算法，而解密过程所使用的一组操作运算规则称作解密算法。加密和解密算法的操作通常都是在密钥控制下进行的，分别称为加密密钥和解密密钥。

3.1.3　密码安全性分析

根据密码分析者在破译时已具备的前提条件，人们通常将密码分析攻击类型分为五种，分别叙述如下。

（1）**唯密文攻击（ciphertext-only attack）**。密码分析者只拥有一个或多个用同一个密钥加密的密文，没有其他可利用的信息。

（2）**已知明文攻击（known-plaintext attack）**。密码分析者仅知道当前密钥下的一些明文及所对应的密文。

（3）**选择明文攻击（chosen-plaintext attack）**。密码分析者能够得到当前密钥下自己选定的明文所对应的密文。

（4）**密文验证攻击（ciphertext verification attack）**。密码分析者对于任何选定的密文，能够得到该密文“是否合法”的判断。

（5）**选择密文攻击（chosen-ciphertext attack）**。除了挑战密文外，密码分析者能够得到任何选定的密文所对应的明文。

3.2　密码体制分类

根据密钥的特点，密码体制分为私钥和公钥密码体制两种，而介于私钥和公钥之间的密码体制称为混合密码体制。

3.2.1　私钥密码体制

私钥密码体制又称为对称密码体制，指广泛应用的普通密码体制，该体制的特点是加密和解密使用相同的密钥，如图 3-1 所示。私钥密码体制可看成保险柜，密钥就是保险柜的号码。持有号码的人能够打开保险柜，放入文件，然后再关闭它。获取到号码的其他人可以打开保险柜，取出文件，而没有号码的人就必须摸索保险柜的打开方法。当用户应用这种体制时，消息的发送者和接收者必须事先通过安全渠道交换密钥，以保证发送消息或接收消息时能够有供使用的密钥。

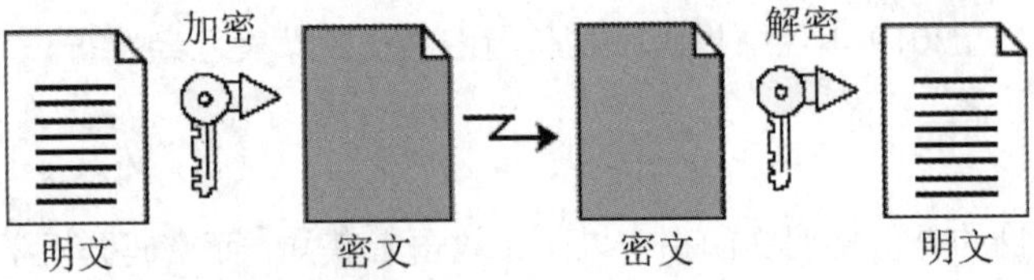

图3-1 私钥密码体制原理示意图

显而易见，私钥密码体制的密钥分配和管理极为重要。为了保证加密消息的安全，密钥分配必须使用安全途径，例如由专门人员负责护送密钥给接收者。同时，消息发送方和接收方都需要安全保管密钥，防止非法用户读取。除了密钥的安全分配和管理外，私钥密码体制的另外一个问题是密钥量的管理，由于加密和解密使用同一个密钥，因此，在不同的接收者分别进行加密通信或信息交换时，则需要有几个不同的密钥。假设网络中有 n 个使用者，使用者之间共享一个密钥，则共有 $n(n-1)/2$ 个密钥。如果 n 很大，密钥将多得无法处理。在私钥密码体制中，使用者A和B具有相同的加、解密能力，因此使用者B无法证实收到的A发来的消息是否确实来自A。私钥密码体制的缺陷可归结为三点：密钥分配问题、密钥管理问题以及无法认证源。虽然私钥密码体制有不足之处，但私钥密码算法处理速度快，人们常常将其用作数据加密处理。目前，私钥密码典型算法有DES、IDEA、AES等，其中DES是美国早期数据加密标准，现在已经被AES取代。

3.2.2 公钥密码体制

1976年，W.Diffie和M.E.Hellman发表了《密码学的新方向》一文，提出了公钥密码体制的思想。公钥密码体制又称为非对称密码体制，其基本原理是在加密和解密的过程中使用不同的密钥处理方式，其中，加密密钥可以公开，而只需要把解密密钥安全存放即可。在安全性方面，密码算法即使公开，由加密密钥推知解密密钥也是计算不可行的。公钥密码体制原理如图3-2所示。

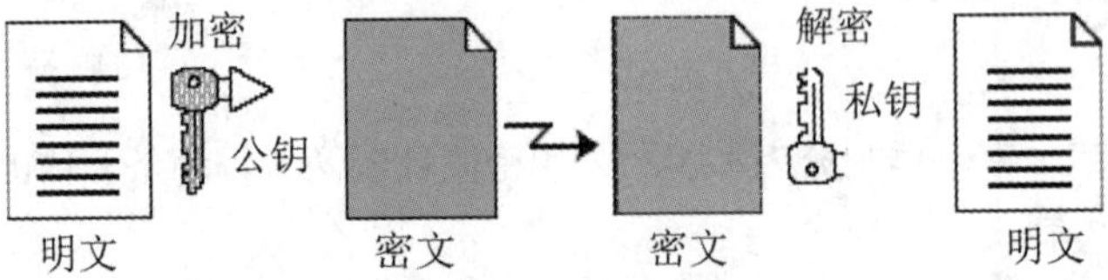

图3-2 公钥密码体制原理示意图

公钥密码体制可看成邮局的邮筒，任何人都能轻易地把邮件放进邮筒，只要从邮筒口投进去就行了。把邮件放进邮筒是一件公开的事情，但打开邮筒却是很难的。如果持有秘密信息（钥匙或组合密码），就能很容易地打开邮筒的门锁了。与私钥密码体制相比较，公钥密码体制有以下优点。

（1）密钥分发方便，能以公开方式分配加密密钥。例如，因特网中个人安全通信常将自己的公钥公布在网页中，方便其他人用它进行安全加密。

(2) 密钥保管量少。网络中的消息发送方可以共用一个公开加密密钥，从而减少密钥数量。只要接收方的解密密钥保密，就能实现消息的安全性。

(3) 支持数字签名。

目前，有三种公钥密码体制类型被证明是安全和有效的，即 RSA 体制、ELGamal 体制及椭圆曲线密码体制。

3.2.3　混合密码体制

混合密码体制利用公钥密码体制分配私钥密码体制的密钥，消息的收发双方共用这个密钥，然后按照私钥密码体制的方式，进行加密和解密运算。混合密码体制的工作原理如图 3-3 所示。第一步，消息发送者 Alice 用对称密钥把需要发送的消息加密。第二步，Alice 用 Bob 的公开密钥将对称密钥加密，形成数字信封。然后，一起把加密消息和数字信封传送给 Bob。第三步，Bob 收到 Alice 的加密消息和数字信封后，用自己的私钥将数字信封解密，获取 Alice 加密消息时的对称密钥。第四步，Bob 使用 Alice 加密的对称密钥把收到的加密消息解开。

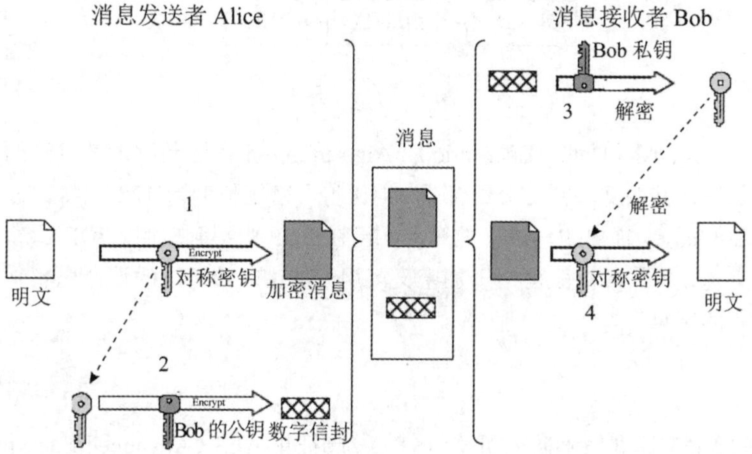

图 3-3　混合密码体制原理示意图

3.3　常见密码算法

本节主要介绍国际上常见的密码算法以及国产密码算法。

3.3.1　DES

DES（Data Encryption Standard）是数据加密标准的简称，由 IBM 公司研制。DES 是一个分组加密算法，能够支持 64 比特的明文块加密，其密钥长度为 56 比特。DES 是世界上应用最广泛的密码算法。但是，随着计算机系统运算速度的增加和网络计算的进行，在有限的时间内进行大量的运算将变得更可行。1997 年，RSA 实验室发出了破解 DES 密文的挑战。由 Roche Verse 牵头的一个工程小组动用了 70 000 多台通过互联网连接起来的计算机，使用暴力攻击程序，大约花费 96 天的时间找到了正确的 DES 密钥。1998 年 7 月，电子前沿基金会（EFF）花费了 250 000 美元制造的一台机器在不到 3 天的时间里攻破了 DES。因此，DES56 比特的密钥长度已不足以保证密码系统的安全。NIST 于 1999 年 10 月 25 日采用三重 DES（Triple Data Encryption Algorithm， TDEA）作为过渡期间的国家标准，以增强 DES 的安全性，并开始征集 AES（Advanced Encryption Standard）算法。其中， TDEA 算法的工作机制是使用 DES 对明文进行“加密→解密→加密”操作，即对 DES 加密后的密文进行解密再加密，而解密则相反。设 E_K（ ）和 D_K（ ）代表 DES 算法的加密和解密过程，K 代表 DES 算法使用的密钥，I 代表明文输入，O 代表密文输出，则 TDEA 的加密操作过程如下：

$$I \rightarrow \boxed{\text{DES } E_{K1}} \rightarrow \boxed{\text{DES } D_{K2}} \rightarrow \boxed{\text{DES } E_{K3}} \rightarrow O$$

TDEA 的解密操作过程如下：

$$I \rightarrow \boxed{\text{DES } D_{K3}} \rightarrow \boxed{\text{DES } E_{K2}} \rightarrow \boxed{\text{DES } D_{K1}} \rightarrow O$$

3.3.2 IDEA

IDEA（International Data Encryption Algorithm）是国际数据加密算法的简记，是一个分组加密处理算法，其明文和密文分组都是 64 比特，密钥长度为 128 比特。该算法是由来学嘉（X.J.Lai）和 Massey 提出的建议标准算法，已在 PGP 中得到应用。IDEA 算法能够接受 64 比特分组加密处理，同一算法既可用于加密又可用于解密，该算法的设计思想是“混合使用来自不同代数群中的运算”。

3.3.3 AES

1997 年美国国家标准技术研究所（NIST）发起征集 AES（Advanced Encryption Standard）算法的活动，并专门成立了 AES 工作组，其目的是确定一个非保密的、公开的、全球免费使用的分组密码算法，用于保护下一世纪政府的敏感信息。NIST 规定候选算法必须满足下面的要求：

- 密码必须是没有密级的，绝不能像商业秘密那样来保护它；
- 算法的全部描述必须公开披露；
- 密码必须可以在世界范围内免费使用；
- 密码系统支持至少 128 比特长的分组；
- 密码支持的密钥长度至少为 128、192 和 256 比特。

参与 AES 的候选算法中，Rijndael 提供了安全性、软件和硬件性能、低内存需求以及灵活性的最好的组合，因此 NIST 确定选择 Rijndael 作为 AES。

3.3.4 RSA

RSA 算法是非对称算法，由 Ronald Rivest 、Adi Shamir、Leonard Adleman 三人共同在 1977 年公开发表。在 RSA 加密算法中，公钥和私钥都可以用于加密消息，用于加密消息的密钥与用于解密消息的密钥相反。RSA 算法提供了一种保护网络通信和数据存储的机密性、完整性、真实性和不可否认性的方法。目前，SSH、OpenPGP、S/MIME 和 SSL/TLS 都依赖于 RSA 进行加密和数字签名功能。RSA 算法在浏览器中使用，能够在不可信任的互联网中建立安全连接。RSA 签名验证是网络连接系统中最常见的执行操作之一。

RSA 算法基于大整数因子分解的困难性，该算法的步骤如下：

第一步，生成两个大素数 p 和 q 。

第二步，计算这两个素数的乘积 $n=pq$。

第三步，计算小于 n 并且与 n 互素的整数的个数，即欧拉函数 $\varphi(n)=(p-1)(q-1)$ 。

第四步，选取一个随机数 e，且满足 $1<e<\varphi(n)$，并且 e 和 $\varphi(n)$ 互素，即 $\gcd(e,\varphi(n))=1$ 。

第五步，计算 $d=e^{-1}\bmod\varphi(n)$ 。

第六步，保密 d、p 和 q，而公开 n 和 e，即 d 作为私钥，而 n 和 e 作为公钥。

下面，举一个 RSA 加密的具体实例。设素数 $p=3$，$q=17$，并令 $e=13$，则 RSA 的加密操作如下：

第一步，计算 n，$n=pq=3\times17=51$，得出公钥 $n=51$，$e=13$。

第二步，计算 $\varphi(n)$ 和 d，$\varphi(n)=(p-1)(q-1)=2\times16=32$ 。因为 $d=e^{-1}\bmod\varphi(n)$，所以 $d=\dfrac{k\varphi(n)+1}{e}$，其中 k 是 $p-1$ 和 $q-1$ 的最大公约数。由此算出 $d=(2\times32+1)/13=5$，即解密密钥 $d=5$。

第三步，加密和解密处理计算。假设 Bob 的公开密钥是 $e=13$、$n=51$，Alice 需要将明文“2”发送给 Bob，则 Alice 首先用 Bob 的公开密钥加密明文，即：

$$C=M^e\bmod n=2^{13}\bmod 51=8192\bmod 51=32$$

然后，Bob 收到 Alice 发来的密文 C 后，用自己的私钥 d 解密密文 C，即：

$$M=C^d\bmod n=32^5\bmod 51=1024\times1024\times32\bmod 51=512\bmod 51=2$$

RSA 安全性保证要做到选取的素数 p 和 q 足够大，使得给定了它们的乘积 n 后，在事先不知道 p 或 q 的情况下分解 n 是计算上不可行的。因此，破译 RSA 密码体制基本上等价于分解 n。基于安全性考虑，要求 n 长度至少应为 1024 比特，然而从长期的安全性来看，n 的长度至少应为 2048 比特，或者是 616 位的十进制数。

3.3.5 国产密码算法

国产密码算法是指由国家密码研究相关机构自主研发，具有相关知识产权的商用密码算法。1999 年国务院发布实施的《商用密码管理条例》第一章第二条规定：“本条例所称商用密码，是指对不涉及国家秘密内容的信息进行加密保护或者安全认证所使用的密码技术和密码产品。”目前，已经公布的国产密码算法主要有 SM1 分组密码算法、SM2 椭圆曲线公钥密码算法、SM3 密码杂凑算法、SM4 分组算法、SM9 标识密码算法。各国产商用密码算法的特性统计如表 3-1 所示。

表 3-1 国产商用密码算法特性统计表

算法名称	算法特性描述	备　注
SM1	对称加密，分组长度和密钥长度都为 128 比特	
SM2	非对称加密，用于公钥加密算法、密钥交换协议、数字签名算法	国家标准推荐使用素数域256位椭圆曲线
SM3	杂凑算法，杂凑值长度为256 比特	
SM4	对称加密，分组长度和密钥长度都为 128 比特	
SM9	标识密码算法	

其中，SM1 算法是一种对称加密算法，分组长度为128 比特，密钥长度为128 比特。

SM2 算法基于椭圆曲线，应用于公钥密码系统。对于一般椭圆曲线的离散对数问题，目前只存在指数级计算复杂度的求解方法。与大数分解问题及有限域上离散对数问题相比，椭圆曲线离散对数问题的求解难度要大得多。因此，在相同安全程度的要求下，椭圆曲线密码较其他公钥密码所需的密钥规模要小得多。SM2 算法可以用于数字签名、密钥交换、公钥加密。详见 GM/T 0009—2012《SM2 密码算法使用规范》。

SM3 杂凑算法对长度为l ($l<2^{64}$) 比特的消息 m，经过填充、迭代压缩，生成杂凑值，杂凑值输出长度为256 比特。详见 GM/T0004—2012《SM3 密码杂凑算法》。

SM4 密码算法是一个分组算法。该算法的分组长度为128 比特，密钥长度为128 比特。加密算法与密钥扩展算法都采用 32 轮非线性迭代结构。数据解密和数据加密的算法结构相同，只是轮密钥的使用顺序相反，解密轮密钥是加密轮密钥的逆序。详见 GM/T0002—2012《SM4 分组密码算法》。

SM9 是标识密码算法。在标识密码系统中，用户的私钥由密钥生成中心（KGC）根据主密钥和用户标识计算得出，用户的公钥由用户标识唯一确定，因而用户不需要通过第三方保证其公钥的真实性。与基于证书的公钥密码系统相比较，标识密码系统中的密钥管理环节可以得到简化。SM9 可支持实现公钥加密、密钥交换、数字签名等安全功能，详见 GM/T0044—2016《SM9 标识密码算法》。

3.4 Hash 函数与数字签名

本节主要介绍 Hash 函数的特性以及常用的 Hash 算法，同时给出 Hash 算法在数字签名中的应用。

3.4.1 Hash 函数

杂凑函数简称 Hash 函数，它能够将任意长度的信息转换成固定长度的哈希值（又称数字摘要或消息摘要），并且任意不同消息或文件所生成的哈希值是不一样的。令 h 表示 Hash 函数，则 h 满足下列条件：

（1）h 的输入可以是任意长度的消息或文件 M；

（2）h 的输出的长度是固定的；

（3）给定 h 和 M，计算 $h(M)$ 是容易的；

（4）给定 h 的描述，找两个不同的消息 M_1 和 M_2，使得 $h(M_1)=h(M_2)$ 是计算上不可行的。

Hash 函数的安全性，是指在现有的计算资源下，找到一个碰撞是不可能的。Hash 函数在网络安全应用中，不仅能用于保护消息或文件的完整性，而且也能用作密码信息的安全存储。例如，网页防篡改应用。网页文件管理者首先用网页文件生成系列 Hash 值，并将 Hash 值备份存放在安全的地方。然后定时再计算这些网页文件的 Hash 值，如果新产生的 Hash 值与备份的 Hash 值不一样，则说明网页文件被篡改了。

3.4.2 Hash 算法

Hash 算法是指有关产生哈希值或杂凑值的计算方法。Hash 算法又称为杂凑算法、散列算法、哈希算法或数据摘要算法，其能够将一个任意长的比特串映射到一个固定长的比特串。常见的 Hash 算法有 MD5、SHA 和 SM3。

1. MD5 算法

MD5（Message Digest Algorithm—5）算法是由 Rivest 设计的，于 1992 年公开，RFC 1321 对其进行了详细描述。MD5 以 512 位数据块为单位来处理输入，产生 128 位的消息摘要，即 MD5 能产生 128 比特长度的哈希值。MD5 使用广泛，常用在文件完整性检查。但是，据最新研究表明，MD5 的安全性受到挑战，王小云教授及其研究团队提出了 Hash 函数快速寻找碰撞攻击的方法，相关研究工作表明 MD5 的安全性已经不足。

2. SHA 算法

SHA（Secure Hash Algorithm）算法由 NIST 开发，并在 1993 年作为联邦信息处理标准公布。SHA-1 与 MD5 的设计原理类似，同样也以 512 位数据块为单位来处理输入，产生 160 位的哈希值，具有比 MD5 更强的安全性。SHA 算法的安全性不断改进，已发布的版本有 SHA-2、SHA-3。SHA 算法产生的哈希值长度有 SHA-224、SHA-256、SHA-384、 SHA-512 等。

3. SM3 国产算法

SM3 是国家密码管理局于 2010 年公布的商用密码杂凑算法标准。该算法消息分组长度为 512 比特，输出杂凑值长度为 256 比特，采用 Merkle-Damgard 结构。

3.4.3 数字签名

数字签名（Digital Signature）是指签名者使用私钥对待签名数据的杂凑值做密码运算得到的结果。该结果只能用签名者的公钥进行验证，用于确认待签名数据的完整性、签名者身份的真实性和签名行为的抗抵赖性。数字签名的目的是通过网络信息安全技术手段实现传统的纸面签字或者盖章的功能，以确认交易当事人的真实身份，保证交易的安全性、真实性和不可抵赖性。数字签名具有与手写签名一样的特点，是可信的、不可伪造的、不可重用的、不可抵赖的以及不可修改的。数字签名至少应满足以下三个条件：

（1）非否认。签名者事后不能否认自己的签名。

（2）真实性。接收者能验证签名，而任何其他人都不能伪造签名。

（3）可鉴别性。当双方关于签名的真伪发生争执时，第三方能解决双方之间发生的争执。

一个数字签名方案一般由签名算法和验证算法组成。签名算法密钥是秘密的，只有签名的人掌握；而验证算法则是公开的，以便他人验证。典型的数字签名方案有RSA签名体制、Rabin签名体制、ElGamal签名体制和DSS（Data Signature Standard）标准。签名与加密很相似，一般是签名者利用秘密密钥（私钥）对需签名的数据进行加密，验证方利用签名者的公开密钥（公钥）对签名数据做解密运算。签名与加密的不同之处在于，加密的目的是保护信息不被非授权用户访问，而签名是使消息接收者确信信息的发送者是谁，信息是否被他人篡改。

下面我们给出数字签名工作的基本流程，假设Alice需要签名发送一份电子合同文件给Bob。Alice的签名步骤如下：

第一步，Alice使用Hash函数将电子合同文件生成一个消息摘要；

第二步，Alice使用自己的私钥，把消息摘要加密处理，形成一个数字签名；

第三步，Alice把电子合同文件和数字签名一同发送给Bob。Alice的签名过程如图3-4所示。

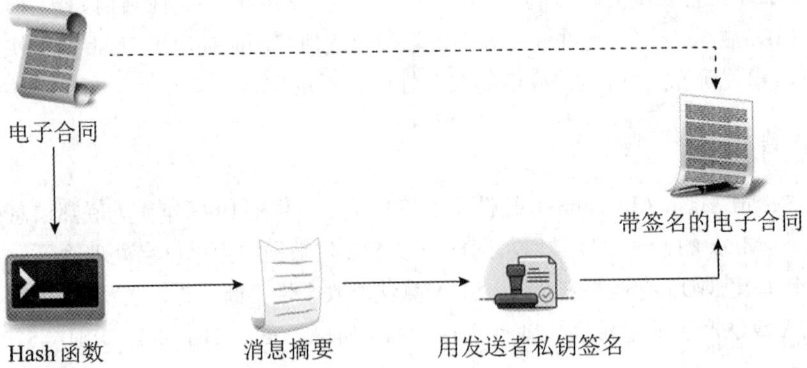

图3-4 数字签名过程示意图

Bob 收到 Alice 发送的电子合同文件及数字签名后，为确信电子合同文件是 Alice 所认可的，验证步骤如下：

第一步，Bob 使用与 Alice 相同的 Hash 算法，计算所收到的电子合同文件的消息摘要；

第二步，Bob 使用 Alice 的公钥，解密来自 Alice 的加密消息摘要，恢复 Alice 原来的消息摘要；

第三步，Bob 比较自己产生的消息摘要和恢复出来的消息摘要之间的异同。若两个消息摘要相同，则表明电子合同文件来自 Alice。如果两个消息摘要的比较结果不一致，则表明电子合同文件已被篡改。

Bob 验证数字签名的过程如图 3-5 所示。

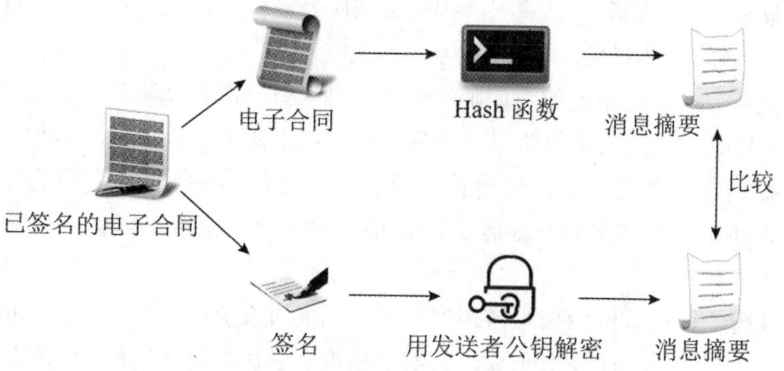

图 3-5　验证数字签名过程示意图

3.5　密码管理与数字证书

本节首先介绍密码管理，包括密钥管理、密码管理政策、密码测评，然后给出数字证书的概念以及 CA 的基本功能、数字证书认证系统组成。

3.5.1　密码管理

密码系统的安全性依赖于密码管理。密码管理主要可以分成三个方面的内容，即密钥管理、密码管理政策、密码测评。

1. 密钥管理

密钥管理主要围绕密钥的生命周期进行，包括密钥生成、密钥存储、密钥分发、密钥使用、密钥更新、密钥撤销、密钥备份、密钥恢复、密钥销毁、密钥审计。

（1）**密钥生成**。密钥应由密码相关产品或工具按照一定标准产生，通常包括密码算法选择、密钥长度等。密钥生成时要同步记录密钥的关联信息，如拥有者、密钥使用起始时间、密钥使用终止时间等。

（2）**密钥存储**。一般来说密钥不应以明文方式存储保管，应采取严格的安全防护措施，防止密钥被非授权的访问或篡改。

（3）**密钥分发**。密钥分发工作是指通过安全通道，把密钥安全地传递给相关接收者，防止密钥遭受截取、篡改、假冒等攻击，保证密钥机密性、完整性以及分发者、接收者身份的真实性。目前，密钥分发的方式主要有人工、自动化和半自动化。其中，自动化主要通过密钥交换协议进行。

（4）**密钥使用**。密钥使用要根据不同的用途而选择正确的使用方式。密钥使用和密码产品保持一致性，密码算法、密钥长度、密码产品都要符合相关管理政策，即安全合规。使用密钥前，要验证密钥的有效性，如公钥证书是否有效。密钥使用过程中要防止密钥的泄露和替换，按照密钥安全策略及时更换密钥。建立密钥应急响应处理机制，以应对突发事件，如密钥丢失事件、密钥泄密事件、密钥算法缺陷公布等。

（5）**密钥更新**。当密钥超过使用期限、密钥信息泄露、密码算法存在安全缺陷等情况发生时，相关密钥应根据相应的安全策略进行更新操作，以保障密码系统的有效性。

（6）**密钥撤销**。当密钥到期、密钥长度增强或密码安全应急事件出现的时候，则需要进行撤销密钥，更换密码系统参数。撤销后的密钥一般不重复使用，以免密码系统的安全性受到损害。

（7）**密钥备份**。密钥备份应按照密钥安全策略，采用安全可靠的密钥备份机制对密钥进行备份。备份的密钥与密钥存储要求一致，其安全措施要求保障备份的密钥的机密性、完整性、可用性。

（8）**密钥恢复**。密钥恢复是在密钥丢失或损毁的情形下，通过密钥备份机制，能够恢复密码系统的正常运行。

（9）**密钥销毁**。根据密钥管理策略，可以对密钥进行销毁。一般来说销毁过程应不可逆，无法从销毁结果中恢复原密钥。特殊的情况下，密钥管理支持用户密钥恢复和司法密钥恢复。

（10）**密钥审计**。密钥审计是对密钥生命周期的相关活动进行记录，以确保密钥安全合规，违规情况可查可追溯。

2. 密码管理政策

密码管理政策是指国家对密码进行管理的有关法律政策文件、标准规范、安全质量测评等。目前，国家已经颁布了《商用密码管理条例》，内容主要有商用密码的科研生产管理、销售管理、使用管理、安全保密管理。《中华人民共和国密码法》也已颁布实施，相关工作正在推进。《中华人民共和国密码法》明确规定，密码分为核心密码、普通密码和商用密码，实行分类管理。核心密码、普通密码用于保护国家秘密信息，属于国家秘密，由密码管理部门依法实行严格统一管理。商用密码用于保护不属于国家秘密的信息，公民、法人和其他组织均可依法使用商用密码保护网络与信息安全。

为规范商用密码产品的设计、实现和应用，国家密码管理局发布了一系列密码行业标准，主要有《电子政务电子认证服务管理办法》《电子政务电子认证服务业务规则规范》《密码模块安全检测要求》《安全数据库产品密码检测准则》《安全隔离与信息交换产品密码检测指南》《安全操作系统产品密码检测准则》《防火墙产品密码检测准则》等。

3. 密码测评

密码测评是指对相关密码产品及系统进行安全性、合规性评估，以确保相关对象的密码安全有效，保障密码系统的安全运行。目前，国家设立了商用密码检测中心，其主要职责包括：商用密码产品密码检测、信息安全产品认证密码检测、含有密码技术的产品密码检测、信息安全等级保护商用密码测评、商用密码行政执法密码鉴定、国家电子认证根 CA 建设和运行维护、密码技术服务、商用密码检测标准规范制订等。

3.5.2 数字证书

数字证书（Digital Certificate）也称公钥证书，是由证书认证机构（CA）签名的包含公开密钥拥有者信息、公开密钥、签发者信息、有效期以及扩展信息的一种数据结构。如图 3-6 所示是一个国外机构颁发的数字证书样式。

```
Data:
    Version: v1 (0x0)
    Serial Number: 91 (0x5b)
    Signature Algorithm: PKCS #1 MD5 With RSA Encryption
    Issuer: CN=Chini Krishnan, OU=Network Systems Division, O=ValiCert
Incorporated, C=US
    Validity:
      Not Before: Tue Oct 28 12:08:20 1997
      Not After: Wed Oct 28 12:08:20 1998
    Subject: CN=Brian Tretick, OU=ISS, O=Ernst & Young, C=US
    Subject Public Key Info:
      Algorithm: PKCS #1 RSA Encryption
      Public Key:
        Modulus:
          00:b8:78:74:04:ca:b4:68:83:6d:61:48:1e:22:40:31:5a:c2:
          1f:2e:aa:9b:b4:9d:7d:4d:2e:65:77:89:c6:5b:bb:5a:50:69:
          e4:36:f0:73:d1:82:24:e4:3d:4e:93:c8:9f:17:eb:0b:2a:2e:
          30:2e:30:58:44:49:b5:49:26:de:f1
        Public Exponent: 65537 (0x10001)
  Signature:
      Algorithm: PKCS #1 MD5 With RSA Encryption
      Signature:
        55:c1:30:30:b1:d4:d4:a4:f2:24:10:45:0c:ec:26:66:8a:11:a4:e3:3c:
        b0:25:cd:d3:dc:09:a7:36:d5:10:2e:43:90:67:c5:f4:b5:fe:45:69:27:
        d7:06:14:cb:84:68:c1:7e:fc:b2:e3:2c:93:95:1b:02:ee:06:3e:4a:50:
        46:4f:7f:07:66:12:b6:b0:06:90:28:46:6d:8c:f1:e4:7d:f7:b8:d2:cb:
        29:cd:34:8a:d1:00:aa:44:57:49:10:28:2e:04:4a:67:55:92:37:5a:29:
        5f:da:d5:b5:d9:8a:26:c0:6a:a5:58:d8:df:65:b3:7f:18:a6:1c:ea:11:
        3e:9c
```

图 3-6　数字证书示意图

为规范数字证书的格式，国家制定了《信息安全技术 公钥基础设施 数字证书格式》（征求意见稿）。其中，数字证书的基本信息域格式要求如表 3-2 所示。

表 3-2 数字证书基本信息域

序号	项名称	描　述
1	version	版本号
2	serialNumber	序列号
3	signature	签名算法
4	issuer	颁发者
5	validity	有效日期
6	subject	主体
7	subjectPublicKeyInfo	主体公钥信息
8	issuerUniqueID	颁发者唯一标识符
9	subjectUniqueID	主体唯一标识符
10	extensions	扩展项

用户证书的结构实例如表 3-3 所示。

表 3-3 用户证书的结构实例

<table>
<tr><td colspan="2">版本号（version）</td></tr>
<tr><td colspan="2">证书序列号（serialNumber）</td></tr>
<tr><td colspan="2">签名算法标识符（signature）</td></tr>
<tr><td colspan="2">颁发者名称（issuer）</td></tr>
<tr><td rowspan="2">有效期（validity）</td><td>起始有效期</td></tr>
<tr><td>终止有效期</td></tr>
<tr><td rowspan="6">主体名称（subject）</td><td>countryName（国家）</td></tr>
<tr><td>stateOrProvinceName（省份）</td></tr>
<tr><td>localityName（地市）</td></tr>
<tr><td>organizationName（组织名称）</td></tr>
<tr><td>organizationalUnitName（机构名称）</td></tr>
<tr><td>CommanName （用户名称）</td></tr>
<tr><td colspan="2">主体公钥信息（subjectPublicKeyInfo）</td></tr>
<tr><td colspan="2">颁发机构的密钥标识符 authorityKeyIdentifier</td></tr>
<tr><td colspan="2">主体密钥标识符 subjectKeyIdentifier</td></tr>
<tr><td colspan="2">CRL 分发点 CRLDistributionPoints</td></tr>
</table>

数字证书按类别可分为个人证书、机构证书和设备证书，按用途可分为签名证书和加密证书。其中，签名证书是用于证明签名公钥的数字证书。加密证书是用于证明加密公钥的数字证书。

当前，为更好地管理数字证书，一般是基于 PKI 技术建立数字证书认证系统（简称为 CA）。CA 提供数字证书的申请、审核、签发、查询、发布以及证书吊销等全生命周期的管理服务。数字证书认证系统的构成及部署如图 3-7 所示，主要有目录服务器、OCSP 服务器、注册服务器、签发服务器等。

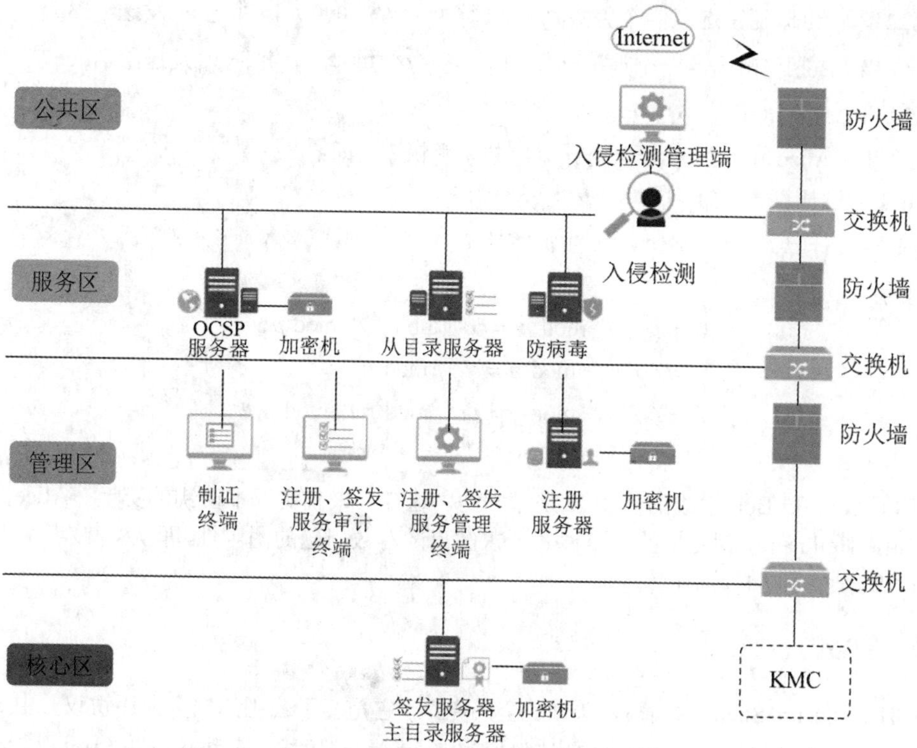

图 3-7　数字证书认证系统构成及部署

3.6　安全协议

本节介绍常见的密钥交换协议及 SSH。

3.6.1　Diffie-Hellman 密钥交换协议

W.Diffie 和 M.E. Hellman 于 1976 年首次提出一种共享秘密的方案，简称 Diffie-Hellman 密钥交换协议。Diffie-Hellman 密钥交换协议基于求解离散对数问题的困难性，即对于下述等式：

$$C^d = M \bmod P$$

其中，d 称为模 P 的以 C 为底数的 M 的对数，在已知 C 和 P 的前提下，由 d 求 M 很容易，只相当于进行一次指数计算。而再由 M 反过来求 d，则需要指数级次计算。随着 P 取得足够大，就能实现足够的安全强度。现在假设 Alice 和 Bob 使用 Diffie-Hellman 密钥交换协议，在一个不安全的信道上交换密钥，则其操作步骤如下：

第一步，Alice 和 Bob 确定一个适当的素数 p 和整数 α，并使得 α 是 p 的原根，其中 α 和 p 可以公开。

第二步，Alice 秘密选取一个整数 a_A，计算 $y_A = \alpha^{a_A} \bmod p$，并把 y_A 发送给 Bob。

第三步，Bob 秘密选取一个整数 a_B，计算 $y_B = \alpha^{a_B} \bmod p$，并把 y_B 发送给 Alice。y_A 和 y_B 就是所说的 Diffie-Hellman 公开值。

第四步，Alice 和 Bob 双方分别计算出共享密钥 K，即：

Alice 通过计算 $K = (y_B)^{a_A} \bmod p$ 生成密钥 K；

Bob 通过计算 $K = (y_A)^{a_B} \bmod p$ 生成密钥 K。

因为：

$$
\begin{aligned}
K &= (y_B)^{a_A} \bmod p = (\alpha^{a_B} \bmod p)^{a_A} \bmod p \\
&= (\alpha^{a_B})^{a_A} \bmod p = \alpha^{a_B a_A} \bmod p \\
&= (\alpha^{a_A})^{a_B} \bmod p = (\alpha^{a_A} \bmod p)^{a_B} \bmod p \\
&= (y_A)^{a_B} \bmod p
\end{aligned}
$$

所以 Alice 和 Bob 生成的密钥 K 是相同的，这样一来就实现了密钥的交换。Alice 和 Bob 采用 Diffie-Hellman 密钥交换的安全性基于求解离散对数问题的困难性，即从 y_A 或者 y_B 以及 α 计算 a_A 或 a_B 在计算上是不可行的。

3.6.2 SSH

SSH 是 Secure Shell 的缩写，即“安全外壳”，它是基于公钥的安全应用协议，由 SSH 传输层协议、SSH 用户认证协议和 SSH 连接协议三个子协议组成，各协议分工合作，实现加密、认证、完整性检查等多种安全服务。SSH 最初是芬兰的学术研究项目，1998 年开始商业化。SSH 研究开发的目的是以一种渐进的方式来增强网络安全，通过利用现代密码技术，增强网络中非安全的服务。例如 Telnet、Rlogin、FTP 等，实现服务器认证、用户认证及安全加密网络连接服务。目前，SSH 已有两个版本 SSH1 和 SSH2，其中 SSH1 因存在漏洞而被停用，现在用户使用的是 SSH2。SSH2 的协议结构如图 3-8 所示。

SSH 传输层协议提供算法协商和密钥交换，并实现服务器的认证，最终形成一个加密的安全连接，该安全连接提供完整性、保密性和压缩选项服务。SSH 用户认证协议则利用传输层的服务来建立连接，使用传统的口令认证、公钥认证、主机认证等多种机制认证用户。SSH 连接协议在前面两个协议的基础上，利用已建立的认证连接，并将其分解为多种不同的并发逻辑通道，支持注册会话隧道和 TCP 转发（TCP-forwarding），而且能为这些通道提供流控服务以及通道参数协商机制。SSH 的工作机制共分 7 个步骤，如图 3-9 所示。目前，用户为了认证服务器的公钥真实性，有三种方法来实现。第一种，用户直接随身携带含有服务器公钥的拷贝，在进行密钥交换协议前，读入客户计算机；第二种，从公开信道下载服务器的公钥和它对应的指纹后，先通过电话验证服务器的公钥指纹的真实性，然后用 HASH 软件生成服务器的公钥新指纹，比较下载的指纹和新生成的指纹，若比较结果相同，则表明服务器的公钥是真实的，否则服务器的公钥是虚假的；第三种，通过 PKI 技术来验证服务器。

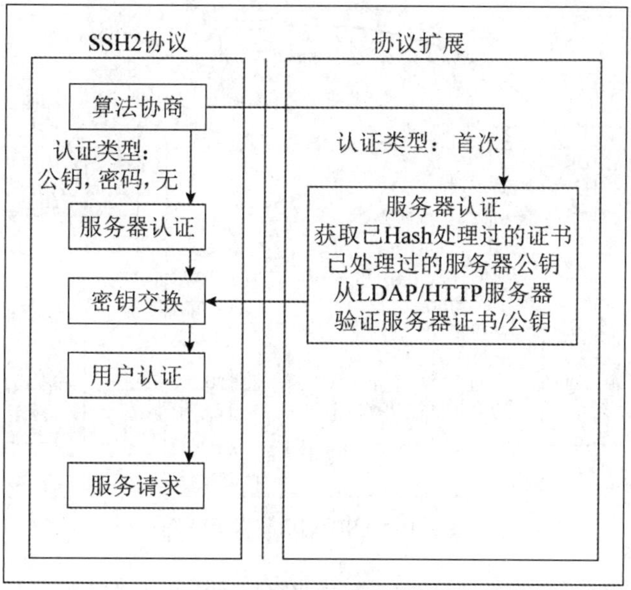

图 3-8　SSH2 协议结构示意图

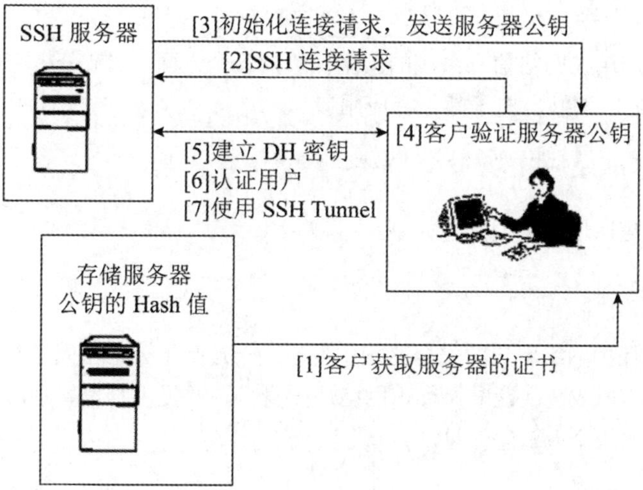

图 3-9　SSH 工作流程图

在实际的应用中，SSH 在端口转发技术（如图 3-10 所示）的基础上，能够支持远程登录（Telnet）、rsh、rlogin、文件传输（scp）等多种安全服务。Linux 系统一般提供 SSH 服务，SSH 的服务进程端口通常为 22。

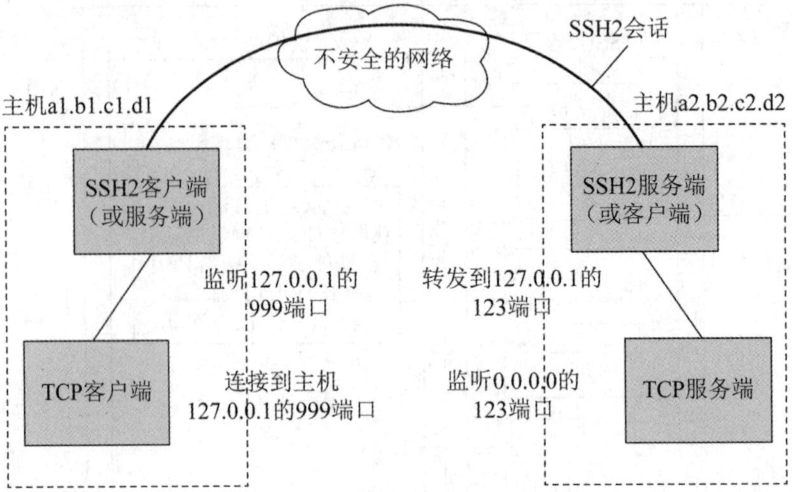

图 3-10　SSH 端口转发示意图

虽然 SSH 是一个安全协议，但是也有可能受到中间人攻击和拒绝服务攻击。

3.7　密码学网络安全应用

密码技术广泛应用在网络信息系统的安全保障的各个方面，本节分析密码技术的应用场景类型，给出了路由器、网站、电子邮件等应用参考。

3.7.1　密码技术常见应用场景类型

密码技术主要应用场景类型阐述如下。

1. 网络用户安全

采用密码技术保护网络用户的安全措施主要有：一是基于公钥密码学技术，把用户实体信息与密码数据绑定，形成数字证书，标识网络用户身份，并提供身份鉴别服务；二是使用加密技术，保护网络用户的个人敏感信息。

2. 物理和环境安全

采用密码技术保护物理和环境的安全措施主要有：一是对物理区域访问者的身份进行鉴别，保证来访人员的身份真实性；二是保护电子门禁系统进出记录的存储完整性和机密性；三是保证视频监控音像记录的存储完整性和机密性。

3. 网络和通信安全

采用密码技术保护网络和通信的安全措施主要有：一是对通信实体进行双向身份鉴别，保证通信实体身份的真实性；二是使用数字签名保证通信过程中数据的完整性；三是对通信过程中进出的敏感字段或通信报文进行加密；四是使用密码安全认证协议对网络设备进行接入认证，确保接入的设备身份的真实性。

4. 设备和计算安全

采用密码技术保护设备和计算的安全措施主要有：一是使用密码安全认证协议对登录设备用户的身份进行鉴别；二是使用 Hash 函数及密码算法建立可信的计算环境；三是使用数字签名验证重要可执行程序来源的真实性；四是使用加密措施保护设备的重要信息资源，如口令文件；五是使用 SSH 及 SSL 等密码技术，建立设备远程管理安全信息传输通道。

5. 应用和数据安全

采用密码技术保护应用和数据的安全措施主要有：一是使用安全协议及数字证书对登录用户进行身份鉴别，保证应用系统用户身份的真实性；二是加密应用系统访问控制信息；三是应用 SSH 及 SSL 等密码技术，传输重要数据，保护重要数据的机密性和完整性；四是加密存储重要数据，防止敏感数据泄密；五是使用 Hash 函数、数字签名等密码技术，保护应用系统的完整性，防止黑客攻击篡改。

6. 业务应用创新

采用密码技术进行业务应用创新的措施主要有：一是利用数字证书和数字签名等密码技术，构建网络发票；二是使用 Hash 函数等密码技术，构建区块链；三是利用密码技术，建立电子证照。

3.7.2　路由器安全应用参考

路由器是网络系统中的核心设备，其安全性直接影响着整个网络。目前，路由器面临的威胁有路由信息交换的篡改和伪造、路由器管理信息泄露、路由器非法访问等。为了解决路由器的安全问题，密码学现已被广泛应用到路由器的安全防范工作中，其主要用途如下。

1. 路由器口令管理

为了路由器口令的安全存储，路由器先用 MD5 对管理员口令信息进行 Hash 计算，然后再保存到路由器配置文件中。

2. 远程安全访问路由器

远程访问路由器常用 Telnet，但 Telnet 容易泄露敏感的口令信息，因此，管理员为增强路由器的安全管理，使用 SSH 替换 Telnet。

3. 路由信息交换认证

路由器之间需要进行路由信息的交换，以保证网络路由正常进行，因此需要路由器之间发送路由更新包。为了防止路由欺诈，路由器之间对路由更新包都进行完整性检查，以保证路由完整性。目前，路由器常用 MD5-HMAC 来实现。如果路由信息在传输过程中被篡改了，接收路由器通过重新计算收到路由信息的 Hash 值，然后与发送路由器的路由信息的 Hash 值进行比较，如果两个 Hash 值不相同，则接收路由器拒绝路由更新包，如图 3-11 所示。

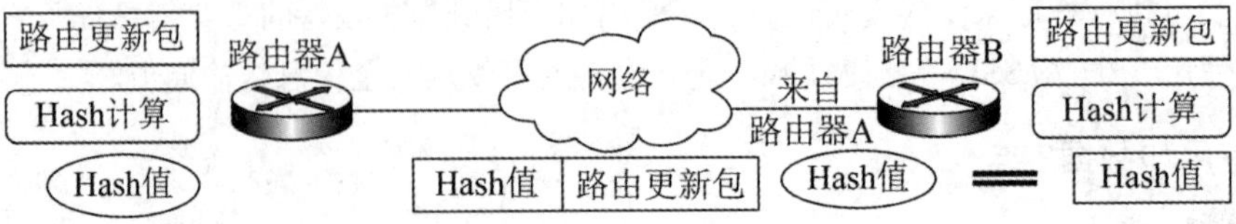

图 3-11　路由器信息交换认证示意图

3.7.3　Web 网站安全应用参考

Web 网站是网络应用的重要组成部分，许多重要的网络应用业务如网络银行、新闻发布、电子商务等都基于 Web 服务开展，其安全性变得日益重要。Web 网站已成为黑客攻击的重点目标，其安全威胁主要有信息泄露、非授权访问、网站假冒、拒绝服务等。密码学在 Web 方面的安全应用有许多，包括 Web 用户身份认证、Web 服务信息加密处理以及 Web 信息完整性检查等。目前，重要信息网站通过数字证书和 SSL 共同保护 Web 服务的安全。利用 SSL 和数字证书，可以防止浏览器和 Web 服务器间的通信信息泄密或被篡改和伪造。

3.7.4　电子邮件安全应用参考

电子邮件是最常见的网络应用，但是普通的电子邮件是明文传递的，电子邮件的保密性难以得到保证，同时电子邮件的完整性也存在安全问题。针对电子邮件的安全问题，人们利用 PGP（Pretty Good Privacy）来保护电子邮件的安全。PGP 是一种加密软件，目前最广泛地用于电子邮件安全。它能够防止非授权者阅读邮件，并能对用户的邮件加上数字签名，从而使收信人可以确信发信人的身份。PGP 应用了多种密码技术，其中密钥管理算法选用 RSA、数据加密算法 IDEA、完整性检测和数字签名算法，采用了 MD5 和 RSA 以及随机数生成器，PGP 将这些密码技术有机集成在一起，利用对称和非对称加密算法的各自优点，实现了一个比较完善的密码系统。

3.8　本章小结

本章讲述了密码学的基本概念以及常见的密码体制、密码算法，分析了杂凑函数、数字签名、国产密码算法、安全协议等的工作原理。同时，本章还分析了密码在网络安全方面的常见应用场景类型，并以路由器、Web 服务、电子邮件等为例，给出安全应用参考。

第 4 章　网络安全体系与网络安全模型

4.1　网络安全体系概述

网络安全保障是一项复杂的系统工程，是安全策略、多种技术、管理方法和人员安全素质的综合。本节从网络安全体系的角度探讨网络安全保障建设，其主要内容包括网络安全体系的概念、特征和用途。

4.1.1　网络安全体系概念

现代的网络安全问题变化莫测，要保障网络系统的安全，应当把相应的安全策略、各种安全技术和安全管理融合在一起，建立网络安全防御体系，使之成为一个有机的整体安全屏障。

一般而言，网络安全体系是网络安全保障系统的最高层概念抽象，是由各种网络安全单元按照一定的规则组成的，共同实现网络安全的目标。网络安全体系包括法律法规政策文件、安全策略、组织管理、技术措施、标准规范、安全建设与运营、人员队伍、教育培训、产业生态、安全投入等多种要素。网络安全体系构建已成为一种解决网络安全问题的有效方法，是提升网络安全整体保障能力的高级解决方案。

4.1.2　网络安全体系特征

一般来说，网络安全体系的主要特征如下：

（1）**整体性**。网络安全体系从全局、长远的角度实现安全保障，网络安全单元按照一定的规则，相互依赖、相互约束、相互作用而形成人机物一体化的网络安全保护方式。

（2）**协同性**。网络安全体系依赖于多种安全机制，通过各种安全机制的相互协作，构建系统性的网络安全保护方案。

（3）**过程性**。针对保护对象，网络安全体系提供一种过程式的网络安全保护机制，覆盖保护对象的全生命周期。

（4）**全面性**。网络安全体系基于多个维度、多个层面对安全威胁进行管控，构建防护、检测、响应、恢复等网络安全功能。

（5）**适应性**。网络安全体系具有动态演变机制，能够适应网络安全威胁的变化和需求。

4.1.3 网络安全体系用途

网络安全体系的建立是一个复杂持续建设和迭代演进的过程，但是网络安全体系对于一个组织有重大意义，主要体现为：

（1）有利于系统性化解网络安全风险，确保业务持续开展并将损失降到最低限度；

（2）有利于强化工作人员的网络安全意识，规范组织、个人的网络安全行为；

（3）有利于对组织的网络资产进行全面系统的保护，维持竞争优势；

（4）有利于组织的商业合作；

（5）有利于组织的网络安全管理体系认证，证明组织有能力保障重要信息，能提高组织的知名度与信任度。

4.2 网络安全体系相关安全模型

本节主要讲述 BLP 机密性模型、BiBa 完整性模型、信息流模型、信息保障模型、能力成熟度模型、纵深防御模型、分层防护模型、等级保护模型、网络生存模型。

4.2.1 BLP 机密性模型

Bell-LaPadula 模型是由 David Bell 和 Leonard LaPadula 提出的符合军事安全策略的计算机安全模型，简称 BLP 模型。该模型用于防止非授权信息的扩散，从而保证系统的安全。BLP 模型有两个特性：简单安全特性、*特性。

（1）简单安全特性。主体对客体进行读访问的必要条件是主体的安全级别不小于客体的安全级别，主体的范畴集合包含客体的全部范畴，即主体只能向下读，不能向上读。

（2）*特性。一个主体对客体进行写访问的必要条件是客体的安全级支配主体的安全级，即客体的保密级别不小于主体的保密级别，客体的范畴集合包含主体的全部范畴，即主体只能向上写，不能向下写。

如图 4-1 所示，信息流只向高级别的客体方向流动，而高级别的主体可以读取低级别的主体信息。

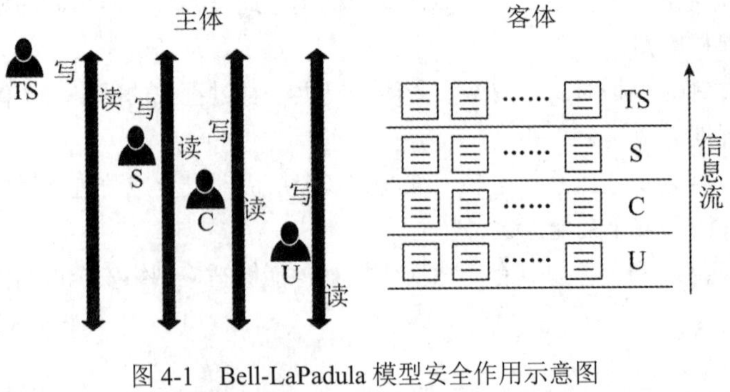

图 4-1 Bell-LaPadula 模型安全作用示意图

BLP 机密性模型可用于实现军事安全策略（Miliary Security Policy）。该策略最早是美国国防部为了保护计算机系统中的机密信息而提出的一种限制策略。其策略规定，用户要合法读取某信息，当且仅当用户的安全级大于或等于该信息的安全级，并且用户的访问范畴包含该信息范畴时。为了实现军事安全策略，计算机系统中的信息和用户都分配了一个访问类，它由两部分组成：

- 安全级：安全级别对应诸如公开、秘密、机密和绝密等名称；
- 范畴集：指安全级的有效领域或信息所归属的领域，如人事处、财务处等。

安全级的顺序一般规定为：公开＜秘密＜机密＜绝密。两个范畴集之间的关系是包含、被包含或无关。在一个访问类中，仅有单一的安全级，而范畴可以包含多个。下面给出系统访问类例子：

- 文件 F 访问类：{机密：人事处，财务处}；
- 用户 A 访问类：{绝密：人事处}；
- 用户 B 访问类：{绝密：人事处，财务处，科技处}。

按照军事安全策略规定，用户 B 可以阅读文件 F，因为用户 B 的级别高，涵盖了文件的范畴。而用户 A 的安全级虽然高，但不能读文件 F，因为用户 A 缺少了“财务处”范畴。

4.2.2　BiBa 完整性模型

BiBa 模型主要用于防止非授权修改系统信息，以保护系统的信息完整性。该模型同 BLP 模型类似，采用主体、客体、完整性级别描述安全策略要求。BiBa 具有三个安全特性：简单安全特性、*特性、调用特性。模型的特性阐述如下。

（1）**简单安全特性**。主体对客体进行修改访问的必要条件是主体的完整性级别不小于客体的完整性级别，主体的范畴集合包含客体的全部范畴，即主体不能向下读，如图 4-2 所示。

（2）*** 特性**。主体的完整性级别小于客体的完整性级别，不能修改客体，即**主体不能向上写**，如图 4-3 所示。

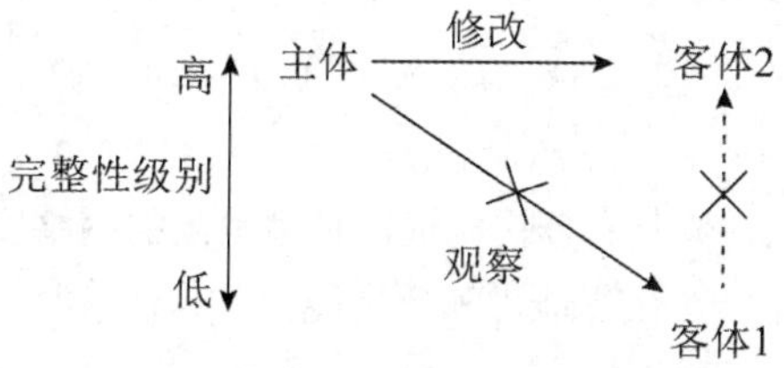

图 4-2　BiBa 模型简单安全特性示意图

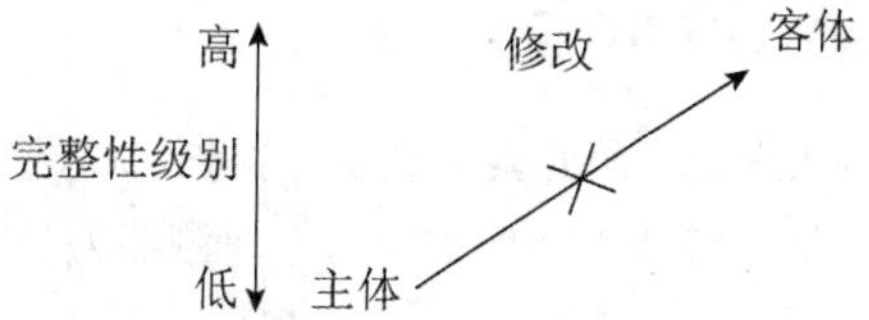

图 4-3　BiBa 模型*特性示意图

（3）**调用特性**。主体的完整性级别小于另一个主体的完整性级别，不能调用另一个主体，如图 4-4 所示。

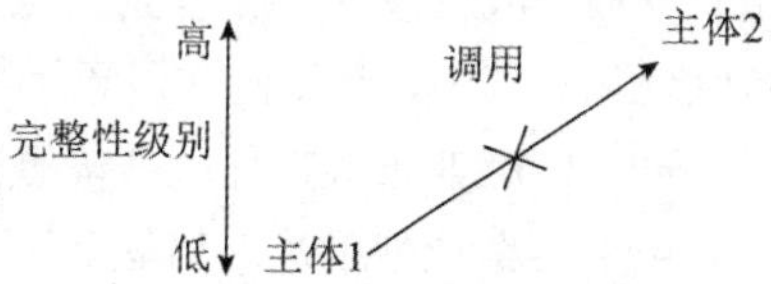

图 4-4　BiBa 模型调用特性示意图

4.2.3　信息流模型

信息流模型是访问控制模型的一种变形，简称 FM 。该模型不检查主体对客体的存取，而是根据两个客体的安全属性来控制从一个客体到另一个客体的信息传输。一般情况下，信息流模型可表示为 FM =（N，P，SC,⊗,→），其中，N 表示客体集，P 表示进程集，SC 表示安全类型集，⊗表示支持结合、交换的二进制运算符，→表示流关系。一个安全的 FM 当且仅当执行系列操作后，不会导致流与流关系 → 产生冲突。

信息流模型可以用于分析系统的隐蔽通道，防止敏感信息通过隐蔽通道泄露。隐蔽通道通常表现为低安全等级主体对于高安全等级主体所产生信息的间接读取，通过信息流分析以发现隐蔽通道，阻止信息泄露途径。

4.2.4 信息保障模型

1. PDRR 模型

美国国防部提出了 PDRR 模型，其中 PDRR 是 Protection、Detection、Recovery、Response 英文单词的缩写。PDRR 改进了传统的只有保护的单一安全防御思想，强调信息安全保障的四个重要环节。保护（Protection）的内容主要有加密机制、数据签名机制、访问控制机制、认证机制、信息隐藏、防火墙技术等。检测（Detection）的内容主要有入侵检测、系统脆弱性检测、数据完整性检测、攻击性检测等。恢复（Recovery）的内容主要有数据备份、数据修复、系统恢复等。响应（Response）的内容主要有应急策略、应急机制、应急手段、入侵过程分析及安全状态评估等。

2. P2DR 模型

P2DR 模型的要素由策略（Policy）、防护（Protection）、检测（Detection）、响应（Response）构成。其中，安全策略描述系统的安全需求，以及如何组织各种安全机制实现系统的安全需求。

3. WPDRRC 模型

WPDRRC 的要素由预警、保护、检测、响应、恢复和反击构成。模型蕴涵的网络安全能力主要是预警能力、保护能力、检测能力、响应能力、恢复能力和反击能力。

4.2.5 能力成熟度模型

能力成熟度模型（简称 CMM）是对一个组织机构的能力进行成熟度评估的模型。成熟度级别一般分成五级：1 级-非正式执行、2 级-计划跟踪、3 级-充分定义、4 级-量化控制、5 级-持续优化。其中，级别越大，表示能力成熟度越高，各级别定义如下：

- 1 级-非正式执行：具备随机、无序、被动的过程；
- 2 级-计划跟踪：具备主动、非体系化的过程；
- 3 级-充分定义：具备正式的、规范的过程；

- 4 级-量化控制：具备可量化的过程；
- 5 级-持续优化：具备可持续优化的过程。

目前，网络安全方面的成熟度模型主要有 SSE-CMM、数据安全能力成熟度模型、软件安全能力成熟度模型等。

1. SSE-CMM

SSE-CMM （Systems Security Engineering Capability Maturity Model） 是系统安全工程能力成熟度模型。SSE-CMM 包括工程过程类（Engineering）、组织过程类（Organization）、项目过程类（Project）。各过程类包括的过程内容如表 4-1 所示。

表 4-1　SSE-CMM 系统安全工程能力成熟度模型过程清单

过程类型	过程列表	备　注
工程过程类（Engineering）	PA01-管理安全控制	工程过程
	PA02-评估影响 PA03-评估安全风险 PA04-评估威胁 PA05-评估脆弱性	风险过程
	PA06-建立保证论据	保证过程
	PA07-协调安全 PA08-监控安全态势 PA09-提供安全输入 PA10-明确安全需求	工程过程
	PA11-核实和确认安全	保证过程
项目过程类（Project）	PA12-保证质量 PA13-管理配置 PA14-管理项目风险 PA15-监视和控制技术活动 PA16-计划技术活动	
组织过程类（Organization）	PA17-定义组织的系统工程过程 PA18-改进组织的系统工程过程 PA19-管理产品系列进化 PA20-管理系统工程支持环境 PA21-提供持续发展的技能和知识 PA22-与供应商协调	

SSE-CMM 的工程过程、风险过程、保证过程的相互关系如图 4-5 所示。

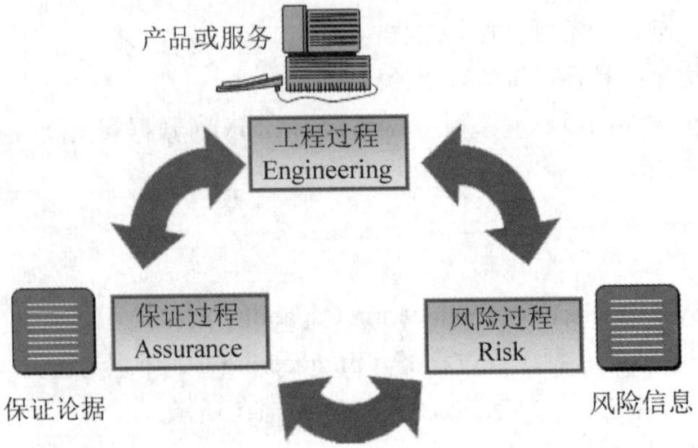

图 4-5 SSE-CMM 的工程过程、风险过程、保证过程关联图

SSE-CMM 的工程过程关系如图 4-6 所示。

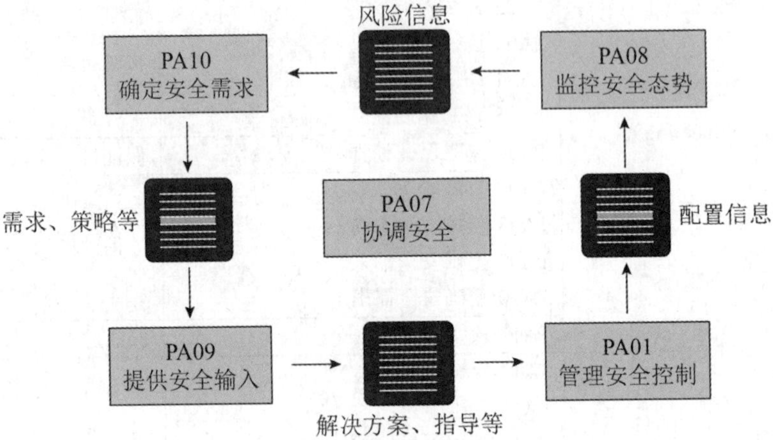

图 4-6 SSE-CMM 的工程过程关联图

SSE-CMM 的工程质量来自保证过程，如图 4-7 所示。

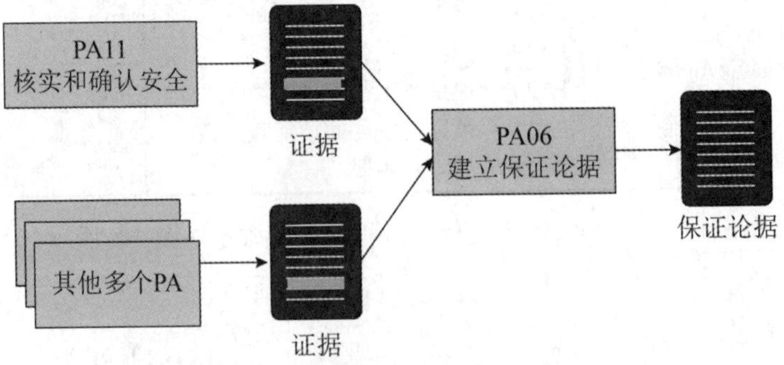

图 4-7 SSE-CMM 的保证过程图

2. 数据安全能力成熟度模型

根据《信息安全技术　数据安全能力成熟度模型》，数据安全能力成熟度模型架构如图 4-8 所示。

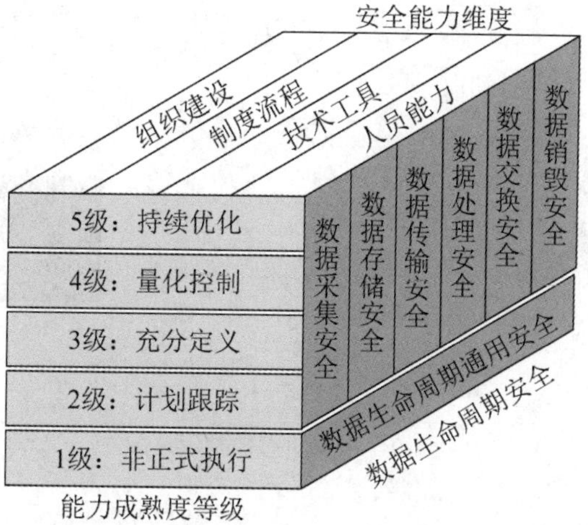

图 4-8　数据安全能力成熟度模型架构

数据安全能力从组织建设、制度流程、技术工具及人员能力四个维度评估：

- **组织建设**——数据安全组织机构的架构建立、职责分配和沟通协作；
- **制度流程**——组织机构关键数据安全领域的制度规范和流程落地建设；
- **技术工具**——通过技术手段和产品工具固化安全要求或自动化实现安全工作；
- **人员能力**——执行数据安全工作的人员的意识及专业能力。

详细情况参考标准。

3. 软件安全能力成熟度模型

软件安全能力成熟度模型分成五级，各级别的主要过程如下：

- CMM1 级——补丁修补；
- CMM2 级——渗透测试、安全代码评审；
- CMM3 级——漏洞评估、代码分析、安全编码标准；
- CMM4 级——软件安全风险识别、SDLC 实施不同安全检查点；
- CMM5 级——改进软件安全风险覆盖率、评估安全差距。

4.2.6　纵深防御模型

纵深防御模型的基本思路就是将信息网络安全防护措施有机组合起来，针对保护对象，部署合适的安全措施，形成多道保护线，各安全防护措施能够互相支持和补救，尽可能地阻断攻击者的威胁。目前，安全业界认为网络需要建立四道防线：安全保护是网络的第一道防线，能够阻止对网络的入侵和危害；安全监测是网络的第二道防线，可以及时发现入侵和破坏；实时响应是网络的第三道防线，当攻击发生时维持网络“打不垮”；恢复是网络的第四道防线，使网络在遭受攻击后能以最快的速度“起死回生”，最大限度地降低安全事件带来的损失，如图4-9所示。

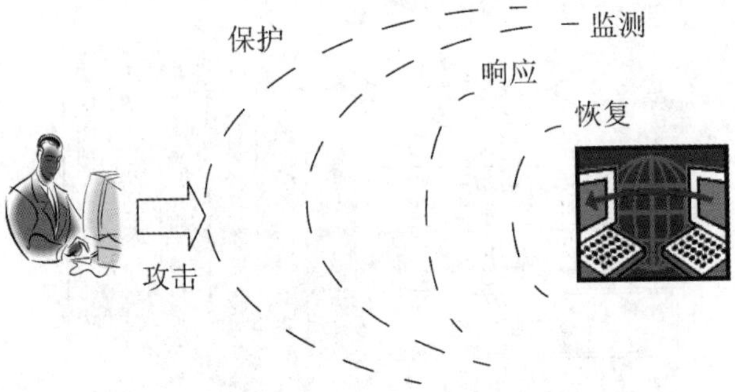

图4-9　纵深防御模型示意图

4.2.7　分层防护模型

分层防护模型针对单独保护节点，以OSI 7层模型为参考，对保护对象进行层次化保护，典型保护层次分为物理层、网络层、系统层、应用层、用户层、管理层，然后针对每层的安全威胁，部署合适的安全措施，进行分层防护，如图4-10所示。

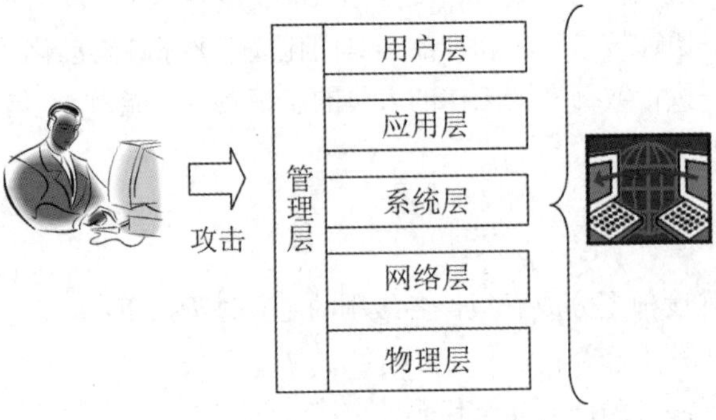

图4-10　分层防护模型示意图

4.2.8　等级保护模型

等级保护模型是根据网络信息系统在国家安全、经济安全、社会稳定和保护公共利益等方面的重要程度，结合系统面临的风险、系统特定的安全保护要求和成本开销等因素，将其划分成不同的安全保护等级，采取相应的安全保护措施，以保障信息和信息系统的安全。以电子政务等级保护为实例，具体过程为：首先，依据电子政务安全等级的定级规则，确定电子政务系统的安全等级。其次，按照电子政务等级保护要求，确定与系统安全等级相对应的基本安全要求。最后，依据系统基本安全要求，并综合平衡系统的安全保护要求、系统所面临的风险和实施安全保护措施的成本，进行安全保护措施的定制，确定适用于特定电子政务系统的安全保护措施，并依照本指南相关要求完成规划、设计、实施和验收。对电子政务系统实施等级保护的过程如图 4-11 所示。

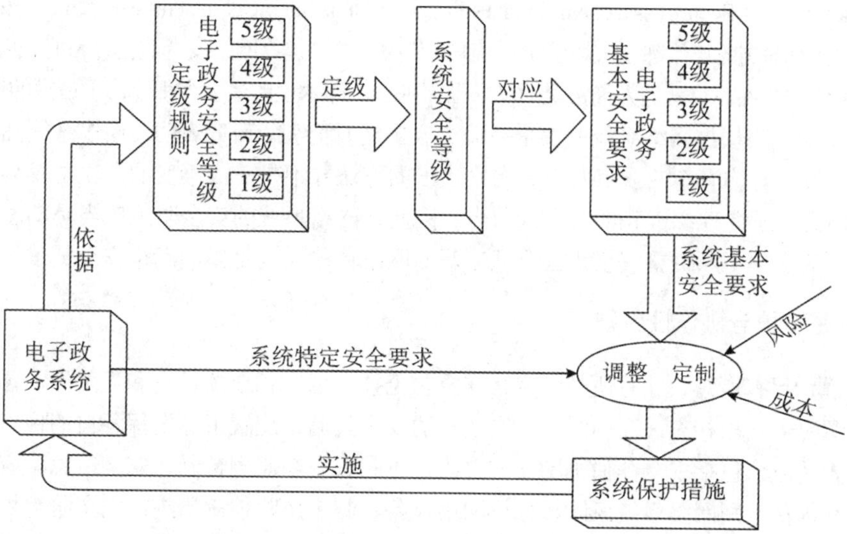

图 4-11 电子政务等级保护示意图

4.2.9 网络生存模型

网络生存性是指在网络信息系统遭受入侵的情形下，网络信息系统仍然能够持续提供必要服务的能力。目前，国际上的网络信息生存模型遵循“3R”的建立方法。首先将系统划分成不可攻破的安全核和可恢复部分。然后对一定的攻击模式，给出相应的 3R 策略，即抵抗（Resistance）、识别（Recognition）和恢复（Recovery）。最后，定义网络信息系统应具备的正常服务模式和可能被黑客利用的入侵模式，给出系统需要重点保护的基本功能服务和关键信息等。在对网络生存模型支撑技术的研究方面，马里兰大学结合入侵检测提出了生存性的屏蔽、隔离和重放等方法，对防止攻击危害的传播和干净的数据备份等方面进行了有益的探讨。美国 CERT、DoD 等组织都开展了有关研究项目，如 DARPA 已启动容错网络（Fault Tolerant Network）研究计划。

4.3 网络安全体系建设原则与安全策略

本节给出网络安全体系建设过程一般要遵循的安全原则以及所采用的网络安全策略。

4.3.1 网络安全原则

网络安全体系在建立过程中主要应遵循以下原则。

1. 系统性和动态性原则

网络系统是一个复杂的计算机系统，攻击者往往从系统最薄弱点切入，正如著名的密码学专家Bruce Schneier说："Security is a chain，and a single weak link can break the entire system.（安全如同一根链条，任何有漏洞的连接都会破坏整个系统。）"因此，在建立网络安全防范体系时，应当特别强调系统的整体安全性，也就是人们常说的"木桶原则"，即木桶的最大容积取决于最短的一块木板。

网络安全策略根据网络系统的安全环境和攻击适时而变。研究表明，操作系统几乎都存在弱点，而且每个月均有新的弱点发现。网络攻击的方法并不是一成不变的，攻击者会根据搜集到的目标信息，不断地探索新的攻击入口点。因此，网络系统的安全防范应当是动态的，要根据网络安全的变化不断调整安全措施，适应新的网络环境，满足新的网络安全需求。

2. 纵深防护与协作性原则

俗话说，尺有所短，寸有所长。网络安全防范技术都有各自的优点和局限性，各种网络安全技术之间应当互相补充，互相配合，在统一的安全策略与配置下，发挥各自的优点。因此，网络安全体系应该包括安全评估机制、安全防护机制、安全监测机制、安全应急响应机制。安全评估机制包括识别网络系统风险，分析网络风险，制定风险控制措施。安全防护机制是根据具体系统存在的各种安全威胁采取相应的防护措施，避免非法攻击的进行。安全监测机制是获取系统的运行情况，及时发现和制止对系统进行的各种攻击。安全应急响应机制是在安全防护机制失效的情况下，进行应急处理和及时地恢复信息，降低攻击的破坏程度。

3. 网络安全风险和分级保护原则

网络安全不是绝对的，网络安全体系要正确处理需求、风险与代价的关系，做到安全性与可用性相容，做到组织上可执行。

分级保护原则是指根据网络资产的安全级别，采用合适的网络防范措施来保护网络资产，做到适度防护。

4. 标准化与一致性原则

网络系统是一个庞大的系统工程，其安全体系的设计必须遵循一系列的标准，这样才能确保各个分系统的一致性，使整个系统安全地互联、互通、互操作。

5. 技术与管理相结合原则

网络安全体系是一个复杂的系统工程，涉及人、技术、操作等要素，单靠技术或单靠管理都不可能实现。因此，必须将各种安全技术与运行管理机制、人员思想教育和技术培训、安全规章制度的建设相结合。

6. 安全第一，预防为主原则

网络安全应以预防为主，否则亡羊补牢，为之晚矣。特别是大型的网络，一旦攻击者进入系统后，就难以控制网络安全局面。因此，我们应当遵循“安全第一，预防为主”的原则。

7. 安全与发展同步，业务与安全等同

网络安全的建设要实现和信息化统一谋划、统一部署、统一推进、统一实施，确保三同步——同步规划、同步建设、同步运行，做到安全与发展协调一致、齐头并进，以安全保发展、以发展促安全，安全与发展同步，业务与安全等同。

8. 人机物融合和产业发展原则

人是网络信息系统最为活跃的要素，网络安全体系的建设要分析人在网络信息系统中的安全保障需求，避免单纯的网络安全产品导向，要构建“网络安全人力防火墙”，发挥人的主动性，实现“网络安全为人民，网络安全靠人民”。

网络安全体系建设要依托网络信息产业的发展，做到自主可控，安全可信，建立持续稳定发展的网络安全生态，支撑网络安全体系的关键要素可控。

4.3.2 网络安全策略

网络安全策略是有关保护对象的网络安全规则及要求，其主要依据网络安全法律法规和网络安全风险。制定网络安全策略是一件细致而又复杂的工作，针对具体保护对象的网络安全需求，网络安全策略包含不同的内容，但通常情况下，一个网络安全策略文件应具备以下内容：

- 涉及范围：该文件内容涉及的主题、组织区域、技术系统；
- 有效期：策略文件适用期限；
- 所有者：规定本策略文件的所有者，由其负责维护策略文件，以及保证文件的完整性，策略文件由所有者签署而正式生效；
- 责任：在本策略文件覆盖的范围内，确定每个安全单元的责任人；
- 参考文件：引用的参考文件，比如安全计划；
- 策略主体内容：这是策略文件中最重要的部分，规定具体的策略内容；
- 复查：规定对本策略文件的复查事宜，包括是否进行复查、具体复查时间、复查方式等；
- 违规处理：对于不遵守本策略文件条款内容的处理办法。

4.4 网络安全体系框架主要组成和建设内容

本节主要讲述网络安全体系框架的组成部件以及建设内容。

4.4.1 网络安全体系组成框架

一般来说，网络安全体系框架包括网络安全法律法规、网络安全策略、网络安全组织、网络安全管理、网络安全基础设施及网络安全服务、网络安全技术、网络信息科技与产业生态、网络安全教育与培训、网络安全标准与规范、网络安全运营与应急响应、网络安全投入与建设等多种要素，如图4-12所示。

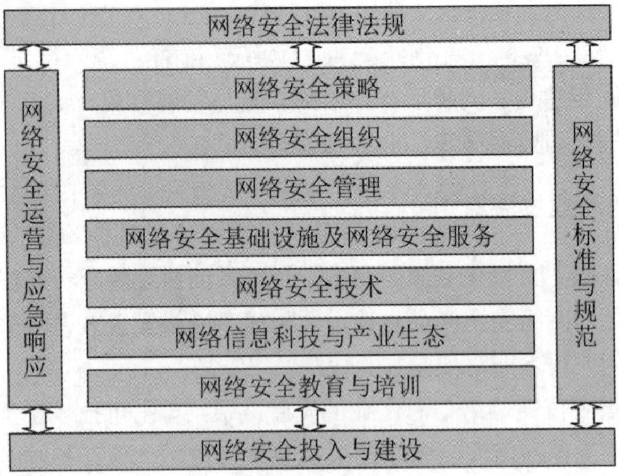

图4-12 网络安全体系框架示意图

网络安全体系的各要素分析阐述如下。

1. 网络安全法律法规

网络安全法律法规用于指导网络安全体系的建设，使相关机构的网络安全行为符合当地的法律规定要求。

2. 网络安全策略

网络安全策略是指为了更好地保护网络信息系统，而给出保护对象所采用的网络安全原则、网络安全方法、网络安全过程、网络安全措施。

3. 网络安全组织

网络安全组织是为实现网络安全目标而组建的单位机构、岗位人员编制以及所规定的网络安全工作职能及工作办法。国家级网络安全组织通常涉及多个网络安全职能部门，这些部门负责网络安全技术和管理资源的整合和使用，按照规定要求完成网络安全职能。在大型的网络信息系统中，网络安全组织体系由各种不同的职能部门组成，而在小型的网络信息系统中，则由若干个人或工作组构成。

4. 网络安全管理

网络安全管理是指为满足网络信息系统的网络安全要求，而采取的管理方法、管理制度、管理流程、管理措施以及所开展的管理活动。

5. 网络安全基础设施及网络安全服务

网络安全基础设施是指提供基础性的网络安全服务设施，支撑网络信息系统的安全建设。网络安全服务是指为网络信息系统的安全保障所提供的服务，如网络用户实名认证服务、安全域名解析服务、网络安全通信加密服务、网络攻击溯源服务等。

6. 网络安全技术

网络安全技术是为实现网络安全策略，构建网络安全机制，满足网络安全要求而采取的非人工的网络安全措施。

7. 网络信息科技与产业生态

网络信息科技与产业生态是为支撑网络安全体系的建设而采取的相关措施，主要包括网络安全基础研究、网络安全核心技术创新研究、网络安全核心产品研发、网络信息产品生态圈建设等。

8. 网络安全教育与培训

网络安全教育与培训是指为提升网络安全相关责任主体的网络安全意识及能力，而开展的网络安全相关教学活动。

9. 网络安全标准与规范

网络安全标准与规范是指为实现网络安全项目建设、网络安全系统运营、网络安全服务、网络安全应急响应、网络安全产品研发、系统安全互联等工作，而提出的相关具体要求，如网络安全功能指标要求、网络安全技术指标要求、网络安全性能要求、安全开发过程要求、网络安全系统接口要求、网络安全协议格式要求、软件代码编写要求、网络安全测试保障要求、密码算法要求、网络安全产品认证要求等。

10. 网络安全运营与应急响应

网络安全运营与应急响应是指为维护和实施网络信息系统的各种安全措施，而采取相关的网络安全工作机制。

11. 网络安全投入与建设

网络安全投入与建设是指为落地实现网络信息系统的各种网络安全措施，而进行的相关投入及开展的建设活动。

4.4.2 网络安全策略建设内容

一般来说，网络安全策略的相关工作主要如下：

- 调查网络安全策略需求，明确其作用范围；
- 网络安全策略实施影响分析；
- 获准上级领导支持网络安全策略工作；
- 制订网络安全策略草案；
- 征求网络安全策略有关意见；
- 网络安全策略风险承担者评估；
- 上级领导审批网络安全策略；
- 网络安全策略发布；
- 网络安全策略效果评估和修订。

一般企事业单位的网络信息系统中，网络安全策略主要有网络资产分级策略、密码管理策略、互联网使用安全策略、网络通信安全策略、远程访问策略、桌面安全策略、服务器安全策略、应用程序安全策略等八类。网络安全策略表现形式通常通过规章制度、操作流程及技术规范体现。

4.4.3 网络安全组织体系构建内容

网络安全组织建设内容主要包括网络安全机构设置、网络安全岗位编制、网络安全人才队伍建设、网络安全岗位培训、网络安全资源协同。网络安全组织的建立是网络安全管理工作开展的前提条件，通过建立合适的安全组织机构和组织形式，明确各组织单元在安全方面的工作职责以及组织之间的工作流程，才能确保网络系统安全保障工作健康有序地进行。网络安全组织结构主要包括领导层、管理层、执行层以及外部协作层等。网络安全组织各组成单元的工作分别说明如下。

1. 网络安全组织的领导层

网络安全组织的领导层由各部门的领导组成，其职责主要有：

- 协调各部门的工作；
- 审查与批准网络系统安全策略；
- 审查与批准网络安全项目实施计划与预算；
- 网络安全工作人员考察和录用。

2. 网络安全组织的管理层

网络安全组织的管理层由组织中的安全负责人和中层管理人员组成，其职责主要有：

- 制订网络系统安全策略；
- 制订安全项目实施计划与预算；

- 制订安全工作的工作流程；
- 监督安全项目的实施；
- 监督日常维护中的安全；
- 监督安全事件的应急处理。

3. 网络安全组织的执行层

网络安全组织的执行层由业务人员、技术人员、系统管理员、项目工程人员等组成，其职责主要有：

- 实现网络系统安全策略；
- 执行网络系统安全规章制度；
- 遵循安全工作的工作流程；
- 负责各个系统或网络设备的安全运行；
- 负责系统的日常安全维护。

4. 网络安全组织的外部协作层

网络安全组织的外部协作层由组织外的安全专家或合作伙伴组成，其职责主要有：

- 定期介绍计算机系统和信息安全的最新发展趋势；
- 计算机系统和信息安全的管理培训；
- 新的信息技术安全风险分析；
- 网络系统建设和改造安全建议；
- 网络安全事件协调。

4.4.4　网络安全管理体系构建内容

网络安全管理体系涉及五个方面的内容：管理目标、管理手段、管理主体、管理依据、管理资源。管理目标大的方面包括政治安全、经济安全、文化安全、国防安全等，小的方面则是网络系统的保密、可用、可控等；管理手段包括安全评估、安全监管、应急响应、安全协调、安全标准和规范、保密检查、认证和访问控制等；管理主体大的方面包括国家网络安全职能部门，小的方面主要是网络管理员、单位负责人等；管理依据有行政法规、法律、部门规章制度、技术规范等；管理资源包括安全设备、管理人员、安全经费、时间等。

网络安全管理体系的构建涉及多个方面，具体来说包括网络安全管理策略、第三方安全管理、网络系统资产分类与控制、人员安全、网络物理与环境安全、网络通信与运行、网络访问控制、网络应用系统开发与维护、网络系统可持续性运营、网络安全合规性管理十个方面。下面分别给出这些方面的具体内容。

1. 网络安全管理策略

网络安全管理策略通常由管理者根据业务要求和相关法律法规制定、评审、批准、发布、修订，并将其传达给所有员工和外部相关方，同时根据网络安全情况，定期或不定期评审网络安全策略，以确保其持续的适宜性、充分性和有效性。网络安全管理策略给网络信息系统的保护目标提供了具体安全措施要求和保护方法。常见的网络安全管理策略有服务器安全策略、终端安全策略、网络通信安全策略、远程访问安全策略 、电子邮件安全策略、互联网络使用策略、恶意代码防护策略等。

2. 第三方安全管理

第三方安全管理的目标是维护第三方访问的组织的信息处理设施和网络资产的安全性，要严格控制第三方对组织的信息及网络处理设备的使用，同时又能支持组织开展网络业务需要。第三方安全管理的主要工作有：

- 根据第三方访问的业务需求，必须进行风险评估，明确所涉及的安全问题和安全控制措施；
- 与第三方签定安全协议或合同，明确安全控制措施，规定双方的安全责任；
- 对第三方访问人员的身份进行识别和授权。

3. 网络系统资产分类与控制

网络系统资产的清单列表和分类是管理的最基本工作，它有助于明确安全管理对象，组织可以根据资产的重要性和价值提供相应级别的保护。与网络系统相关联的资产示例有：

- 硬件资产：包括计算机、网络设备、传输介质及转换器、输入输出设备、监控设备和安全辅助设备；
- 软件资产：包括操作系统、网络通信软件、数据库软件、通用应用软件、委托开发和自主开发的应用系统及网络管理软件；
- 存储介质：包括光盘、硬盘、软盘、磁带、移动存储器；
- 信息资产：包括文字信息、数字信息、声音信息、图像信息、系统文档、用户手册、培训材料、操作或支持步骤、连续性计划、退守计划、归档信息；
- 网络服务及业务系统：包括电子邮件、Web 服务、文件服务等；
- 支持保障系统：包括消防、保安系统、动力、空调、后勤支持系统、电话通信系统、厂商服务系统等。

网络系统的安全管理部门给出资产清单列表后，另外一项工作就是划分资产的安全级别。安全管理部门根据组织的安全策略和资产的重要程度，给定资产的级别。例如，在企业网络中，一般可以把资产分成四个级别：公开、内部、机密、限制，各级别的划分依据如表 4-2 所示。

表 4-2　企业网络中的资产分级定义

资产级别	级别描述
公开	允许企业外界人员访问
内部	局限于企业内部人员访问
机密	资产的受损会给企业带来不利影响
限制	资产的受损会给企业带来严重影响

4. 人员安全

人是网络系统中最薄弱的环节，人员安全的管理目标是降低误操作、偷窃、诈骗或滥用等人为造成的网络安全风险。人员安全通过采取合适的人事管理制度、保密协议、教育培训、业务考核、人员审查、奖惩等多种防范措施，来消除人员方面的安全隐患。下面举例说明人员安全措施，如在人员录用方面应该做到：

- 是否有令人满意的个人介绍信，由某个组织或个人出具；
- 对申请人简历的完整性和准确性进行检查；
- 对申请人声明的学术和专业资格进行证实；
- 进行独立的身份检查（护照或类似文件）。

在人员安全的工作安排方面，应遵守以下三个原则。

1）多人负责原则

每一项与安全有关的活动，都必须有两人或多人在场。要求相关人员忠诚可靠，能胜任此项工作，并签署工作情况记录以证明安全工作已得到保障。一般以下各项安全工作应由多人负责处理：

- 访问控制使用证件的发放与回收；
- 信息处理系统使用的媒介发放与回收；
- 处理保密信息；
- 硬件和软件的维护；
- 系统软件的设计、实现和修改；
- 重要程序和数据的删除和销毁等。

2）任期有限原则

一般来讲，任何人不能长期担任与安全有关的职务，工作人员应不定期地循环任职，强制实行休假制度，并规定对工作人员进行轮流培训，以使任期有限原则切实可行。

3）职责分离原则

工作人员各司其职，不要打听、了解或参与职责以外的任何与安全有关的事情，除非系统主管领导批准。出于对安全的考虑，下面各项工作应当职责分开：

- 计算机操作与计算机编程；
- 机密资料的接收和传送；
- 安全管理和系统管理；

- 应用程序和系统程序的编制；
- 访问证件的管理与其他工作；
- 计算机操作与信息处理系统使用媒介的保管等。

5. 网络物理与环境安全

网络物理与环境安全的管理目标是防止对组织工作场所和网络资产的非法物理临近访问、破坏和干扰。例如针对网络机房，限制工作人员出入与己无关的区域。出入管理可采用证件识别或安装自动识别登记系统，对人员的出入进行登记管理。

6. 网络通信与运行

网络通信与运行的管理目标是保证网络信息处理设施的操作安全无误，满足组织业务开展的安全需求。

7. 网络访问控制

网络访问控制的管理目标是保护网络化服务，应该控制对内外网络服务的访问，确保访问网络和网络服务的用户不会破坏这些网络服务的安全，要求做到：

- 组织网络与其他组织网络或公用网之间正确连接；
- 用户和设备都具有适当的身份验证机制；
- 在用户访问信息服务时进行控制。

与网络访问控制相关的工作主要有：网络服务的使用策略、网络路径控制、外部连接的用户身份验证、网络节点验证、远程网络设备诊断端口的保护、网络子网划分、网络连接控制、网络路由控制、网络服务安全、网络恶意代码防范。

8. 网络应用系统开发与维护

网络应用系统开发与维护的管理目标是防止应用系统中用户数据的丢失、修改或滥用。网络应用系统设计必须包含适当的安全控制措施、审计追踪或活动日志记录。与网络应用系统开发与维护相关的工作主要有：

- 网络应用系统风险评估；
- 网络应用输入输出数据验证；
- 网络应用内部处理授权；
- 网络消息验证；
- 操作系统的安全增强；
- 网络应用软件包变更的限制；
- 隐蔽通道和特洛伊代码的分析；
- 外包的软件开发安全控制；

- 网络应用数据加密；
- 网络应用系统密钥管理。

9. 网络系统可持续性运营

网络系统可持续性运营的管理目标是防止网络业务活动中断，保证重要业务流程不受重大故障和灾难的影响，要求达到：

- 实施业务连续性管理程序，预防和恢复控制相结合，要将由于自然灾害、事故、设备故障和蓄意破坏等引起的灾难和安全故障造成的影响降低到可以接受的水平；
- 分析灾难、安全故障和服务损失的后果，制订和实施应急计划，确保能够在要求的时间内恢复业务流程；
- 采用安全控制措施，确定和降低风险，限制破坏性事件造成的后果，确保重要操作及时恢复。

与网络系统可持续性运营相关的工作主要有：

- 网络运营持续性管理程序和网络运营制度；
- 网络运营持续性和影响分析；
- 网络运营持续性应急方案；
- 网络运营持续性计划的检查、维护和重新分析；
- 网络运营状态监测。

10. 网络安全合规性管理

网络安全合规性管理的目标是：

- 网络系统的设计、操作、使用和管理要依据成文法、法规或合同安全的要求；
- 不违反刑法、民法、成文法、法规或合约义务以及任何安全要求。

与网络安全合规性管理相关的工作主要有：

- 确定适用于网络管理的法律；
- 网络管理知识产权（IPR）保护；
- 组织记录的安全保障；
- 网络系统中个人信息的数据安全保护；
- 防止网络系统的滥用；
- 评审网络安全策略和技术符合性；
- 网络系统审计。

4.4.5　网络安全基础设施及网络安全服务构建内容

网络安全基础设施主要包括网络安全数字认证服务中心、网络安全运营中心、网络安全测评认证中心。

网络安全服务的目标是通过网络安全服务以保障业务运营和数据安全。其中，网络安全服务输出的网络安全保障能力主要有：预警、评估、防护、监测、应急、恢复、测试、追溯等。网络安全服务类型主要包括网络安全监测预警、网络安全风险评估、网络安全数字认证、网络安全保护、网络安全检查、网络安全审计、网络安全应急响应、网络安全容灾备份、网络安全测评认证、网络安全电子取证等。

4.4.6 网络安全技术体系构建内容

一般来说，网络安全技术的目标是通过多种网络安全技术的使用，实现网络用户认证、网络访问授权、网络安全审计、网络安全容灾恢复等网络安全机制，以满足网络信息系统的业务安全、数据安全的保护需求。对于一个国家而言，网络安全核心技术的目标则是要做到自主可控、安全可信，确保网络信息科技的技术安全风险可控，避免技术安全隐患危及国家安全。网络安全技术类型可分为保护类技术、监测类技术、恢复类技术、响应类技术。

4.4.7 网络信息科技与产业生态构建内容

网络信息科技与产业生态构建的主要目标是确保网络安全体系能够做到安全自主可控，相关的技术和产品安全可信。其主要内容包括网络信息科技基础性研究、IT产品研发和供应链安全确保、网络信息科技产品及系统安全测评、有关网络信息科技的法律法规政策、网络信息科技人才队伍建设等。

4.4.8 网络安全教育与培训构建内容

网络安全教育与培训是构建网络安全体系的基础性工作，是网络安全科技创新的源泉。国际上网络信息科技发达的国家都十分注重网络安全教育和培训。美国、加拿大等国家都积极推进和实施“国家网络安全意识月”（NCSAM），以提升全民的网络安全意识和网络安全资源普惠化，并开展 Stop.Think.Connect 网络安全技能提升活动。《中华人民共和国网络安全法》第三十四条规定，关键信息基础设施的运营者有义务定期对从业人员进行网络安全教育、技术培训和技能考核。此外，第二十条要求，国家支持企业和高等学校、职业学校等教育培训机构开展网络安全相关教育与培训，采取多种方式培养网络安全人才，促进网络安全人才交流。第十九条要求，各级人民政府及其有关部门应当组织开展经常性的网络安全宣传教育，并指导、督促有关单位做好网络安全宣传教育工作。

一般企事业单位的网络安全教育与培训的工作目标是宣教本机构的网络安全管理规章制度，形成本机构的网络安全文化，提升本机构工作人员的网络安全意识水平及网络安全技能，满足岗位的网络安全能力要求。其主要的工作内容如下：

- 网络安全信息安全培训师资力量建设；
- 网络安全信息安全培训教材开发/选购；
- 网络安全信息安全培训环境建立；

- 网络安全信息安全意识培训；
- 网络安全信息安全技能培训。

4.4.9　网络安全标准与规范构建内容

网络信息安全标准规范有利于提升网络安全保障能力，促进网络信息安全科学化管理。目前，国际上各个国家和相关组织都很重视网络信息安全标准规范的研制和推广。国际上的相关组织机构主要有 ISO、美国 NIST、OWASP、PCI（ Payment Card Industry）、MITRE 等。比较知名的网络安全标准规范主要有 RFC、DES、 MD5、 AES、OWASP TOP10、PCI DSS、CVE、CVSS 等。

一般企事业单位的网络安全标准与规范的工作目标是确保本机构的网络安全工作符合网络安全标准规范要求，避免网络安全合规风险。其主要的工作内容如下：

- 网络安全标准规范信息获知；
- 网络安全标准规范制定参与；
- 网络安全标准规范推广应用；
- 网络安全标准规范合规检查。

企事业单位常用的网络安全标准与规范主要如下：

- 网络安全等级保护标准和规范；
- 网络设备安全配置基准规范；
- 操作系统安全配置基准规范；
- Web 网站安全配置基准规范；
- 数据库安全配置基准规范；
- 代码编写安全规范。

4.4.10　网络安全运营与应急响应构建内容

网络安全运营与应急响应的目标是监测和维护网络信息系统的网络安全状况，使其处于可接受的风险级别。其主要的工作内容如下：

- 网络信息安全策略修订和执行；
- 网络信息安全态势监测和预警；
- 网络信息系统配置检查和维护；
- 网络信息安全设备部署和维护；
- 网络信息安全服务设立和实施；
- 网络信息安全应急预案制定和演练；
- 网络信息安全事件响应和处置；
- 网络安全运营与应急响应支撑平台维护和使用。

网络安全运营与应急响应平台如图 4-13 所示。一般企事业单位要建立网络安全集中运维管理服务平台，构建网络安全运维服务流程和操作规范，确保安全操作工作按照规范执行。同时，建立网络安全应急响应预案库和网络安全应急响应协同机制，实现网络安全事件的积极预防、及时发现、快速响应、有效处置。

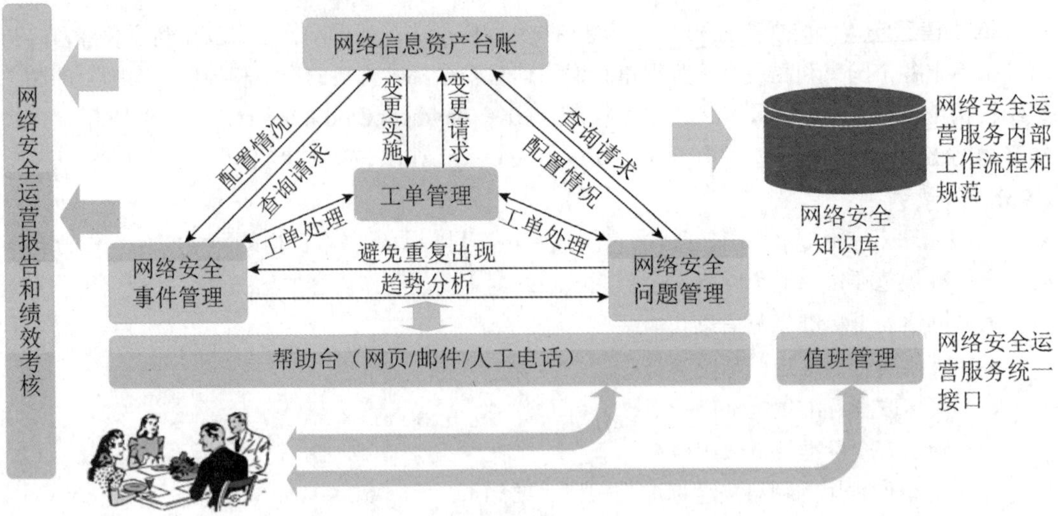

图4-13 网络安全运营与应急响应平台示意图

4.4.11 网络安全投入与建设构建内容

一般企事业单位的网络安全投入主要包括网络安全专家咨询、网络安全测评、网络安全系统研发、网络安全产品购买、网络安全服务外包、网络安全相关人员培训、网络安全资料购买、网络安全应急响应、网络安全岗位人员的人力成本等。

网络安全建设主要的工作内容如下：

- 网络安全策略及标准规范制定和实施；
- 网络安全组织管理机构的设置和岗位人员配备；
- 网络安全项目规划、设计、实施；
- 网络安全方案设计和部署；
- 网络安全工程项目验收测评和交付使用。

4.5 网络安全体系建设参考案例

本节给出网络安全体系建设的参考案例，主要包括网络安全等级保护体系、智慧城市安全体系框架、智能交通网络安全体系、ISO 27000信息安全管理体系、美国NIST发布的《提升关键基础设施网络安全的框架》等。

4.5.1　网络安全等级保护体系应用参考

已颁布实施的《中华人民共和国网络安全法》第二十一条规定，国家实行网络安全等级保护制度。等级保护制度是中国网络安全保障的特色和基石。目前，相关部门正在积极推进国家等级保护制度 2.0 标准的制定、发布和宣贯。国家网络安全等级保护制度 2.0 框架如图 4-14 所示，体系框架包括风险管理体系、安全管理体系、安全技术体系、网络信任体系、法律法规体系、政策标准体系等。

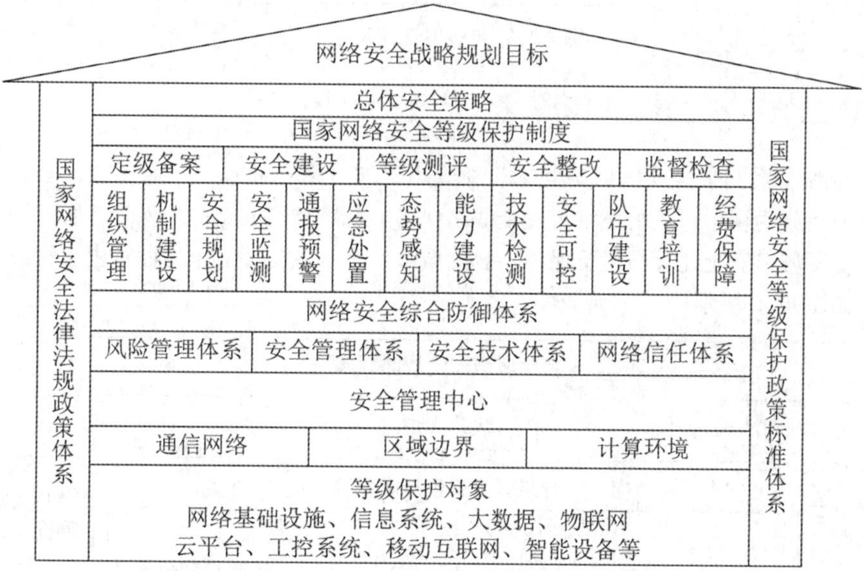

图 4-14　网络安全等级保护制度 2.0 框架

网络安全等级保护工作主要包括定级、备案、建设整改、等级测评、监督检查五个阶段。定级对象建设完成后，运营、使用单位或者其主管部门选择符合国家要求的测评机构，依据《信息安全技术　网络安全等级保护测评要求》等技术标准，定期对定级对象的安全等级状况开展等级测评。其中，定级对象的安全保护等级分为五个，即第一级（用户自主保护级）、第二级（系统审计保护级）、第三级（安全标记保护级）、第四级（结构化保护级）、第五级（访问验证保护级）。定级方法如图 4-15 所示。

网络安全等级保护 2.0 的主要变化包括：一是扩大了对象范围，将云计算、移动互联、物联网、工业控制系统等列入标准范围，构成了“网络安全通用要求+新型应用的网络安全扩展要求”的要求内容。二是提出了在“安全通信网络”“安全区域边界”“安全计算环境”和“安全管理中心”支持下的三重防护体系架构。三是等级保护 2.0 新标准强化了可信计算技术使用的要求，各级增加了“可信验证”控制点。其中，一级要求设备的系统引导程序、系统程序等进行可信验证；二级增加重要配置参数和应用程序进行可信验证，并将验证结果形成审计记录送至安全管理中心；三级增加应用程序的关键执行环节进行动态可信验证；四级增加应用程序的所有执行环节进行动态可信验证。

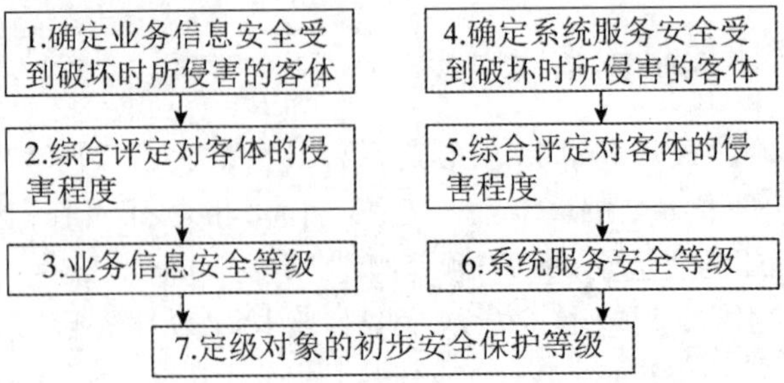

图 4-15 定级方法流程示意图

4.5.2 智慧城市安全体系应用参考

本应用参考案例来自《信息安全技术 智慧城市安全体系框架》。智慧城市安全体系框架以安全保障措施为视角，从智慧城市安全战略保障、智慧城市安全技术保障、智慧城市安全管理保障、智慧城市安全建设与运营保障、智慧城市安全基础支撑五个方面给出了智慧城市的安全要素，如图 4-16 所示。

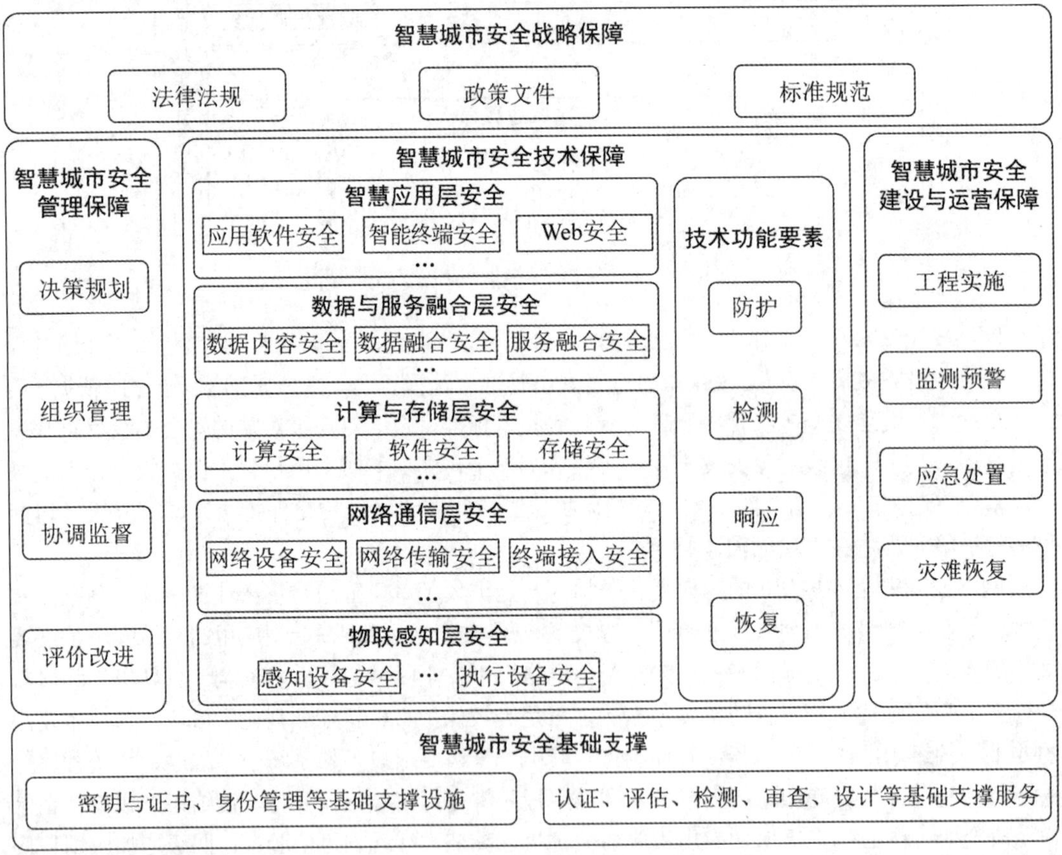

图 4-16 智慧城市安全体系框架

智慧城市安全体系的各要素阐述如下。

1. 智慧城市安全战略保障

明确国家智慧城市安全建设总体方针，按要求约束智慧城市安全管理、技术以及建设与运营活动。智慧城市安全战略保障要素包括法律法规、政策文件及标准规范。

2. 智慧城市安全管理保障

智慧城市安全管理保障要素包括决策规划、组织管理、协调监督、评价改进。

3. 智慧城市安全技术保障

以建立城市纵深防御体系为目标，从物联感知层、网络通信层、计算与存储层、数据及服务融合层以及智慧应用层五个层次分别采用多种安全防御手段，动态应对智慧城市安全技术风险。智慧城市安全技术保障的功能要素包括防护、检测、响应和恢复。

4. 智慧城市安全建设与运营保障

智慧城市信息安全工程的实施包括对智慧城市整体信息安全系统的开发、采购、集成、组装、配置及测试。智慧城市安全运行维护包括对智慧城市信息系统运行状态的监测、维护、应急处置与恢复，确保并维持智慧城市信息系统和智慧城市中的各项业务安全有序地运行。智慧城市安全建设与运营保障要素包含工程实施、监测预警、应急处置和灾难恢复。

5. 智慧城市安全基础支撑

智慧城市安全基础支撑设施包括密钥与证书管理基础设施、身份管理基础设施、监测预警与通报基础设施、容灾备份基础设施和时间同步等基础设施。基础服务支撑包括产品和服务的资质认证、安全评估、安全检测、安全审查以及咨询服务等。

4.5.3　智能交通网络安全体系应用参考

本应用参考案例来自《智能交通网络安全实践指南》。智能交通系统是集成先进的信息技术、数据通信技术、计算机处理技术和电子自动控制技术而形成的复杂系统，其潜在的网络安全风险可能危及车主的财产和生命安全。按照“识别风险、设计规划、指导落实、持续改进”的体系架构设计方法论，北航-梆梆车联网安全研究院、交通运输部公路科学研究院、普华永道等联合发布了智能交通网络安全体系建议，如图 4-17 所示。智能交通网络安全体系主要包括智能交通网络安全管理体系、智能交通网络安全技术体系、智能交通网络安全运营体系、智能交通网络安全评价体系。

智能交通网络安全管理体系架构由智能交通网络安全职能整体架构、智能交通产业内网络安全管理框架两个方面组成，如图 4-18 所示。智能交通网络安全职能整体架构负责处理产业链中各层级的管理职能分配以及各层级的管理、汇报和协作关系；智能交通产业内网络安全管理框架则负责处理在产业内具体组织和机构的安全管理，具体包括安全治理、安全管理等。

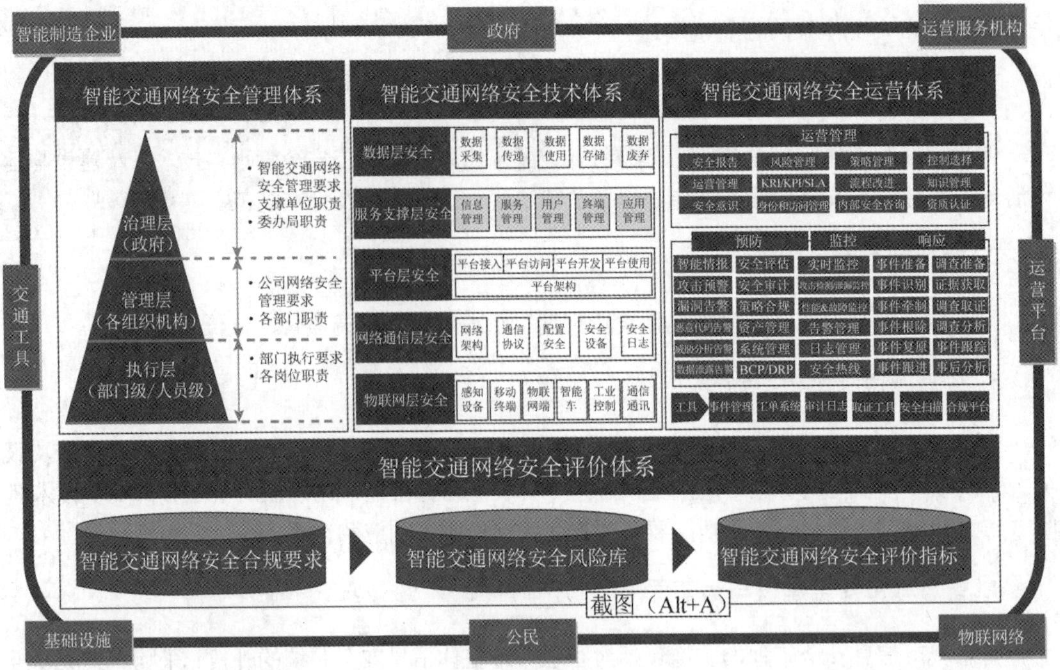

图 4-17 智能交通网络安全体系架构

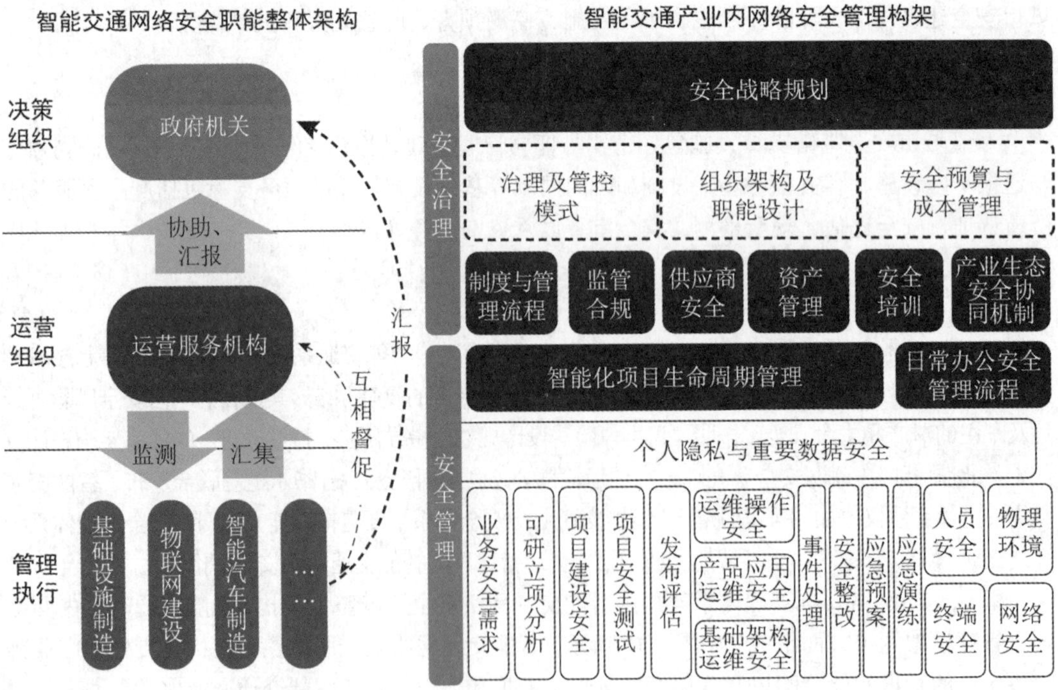

图 4-18 智能交通网络安全管理体系

智能交通网络安全技术体系参考我国 WPDRRC 信息安全模型和国内外最佳实践，明确以“数据层、服务支撑层、平台层、物联网通信层、物联网智能终端”为保护对象的框架，构建智能情报、身份认证、访问控制、加密、防泄漏、防恶意代码、安全加固、安全监控、安全审计和可用性设计等安全技术框架，如图 4-19 所示。

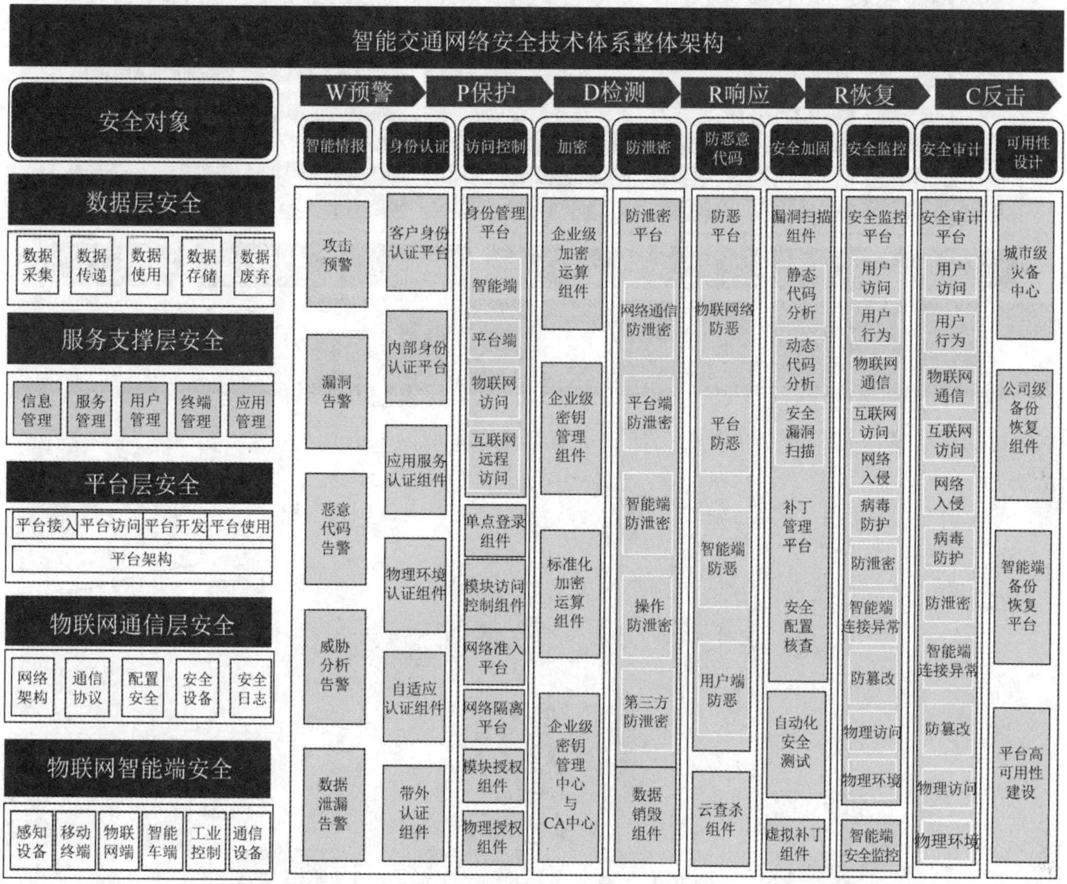

图 4-19　智能交通网络安全技术体系

智能交通网络安全运营体系如图 4-20 所示，由三个要素组成:运营管理、网络安全事件周期性管理、工具。其中，运营管理的作用是有效衔接安全管理体系和安全技术体系，通过其有效运转实现安全管理体系、安全技术体系的不断优化提升；网络安全事件周期性管理覆盖预防（事前）、监控（事中）、响应（事后），形成自主有效的闭环；工具主要包括事件管理、工单系统、审计日志、取证工具、安全扫描和合规平台等。

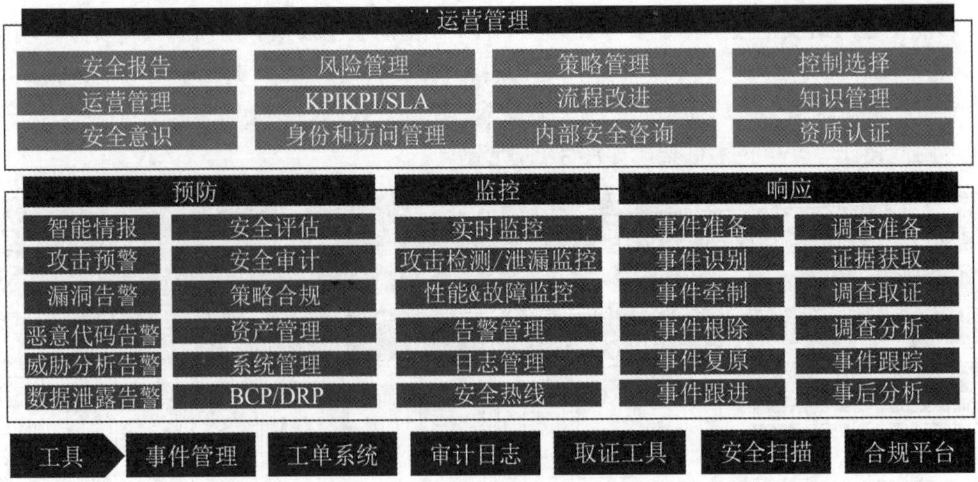

图 4-20　智能交通网络安全运营体系

智能交通网络安全评价体系如图 4-21 所示，其目标是建立有效的评价体系，推动整体体系的持续优化和改进，使整个智能交通网络安全体系形成有效的闭环。

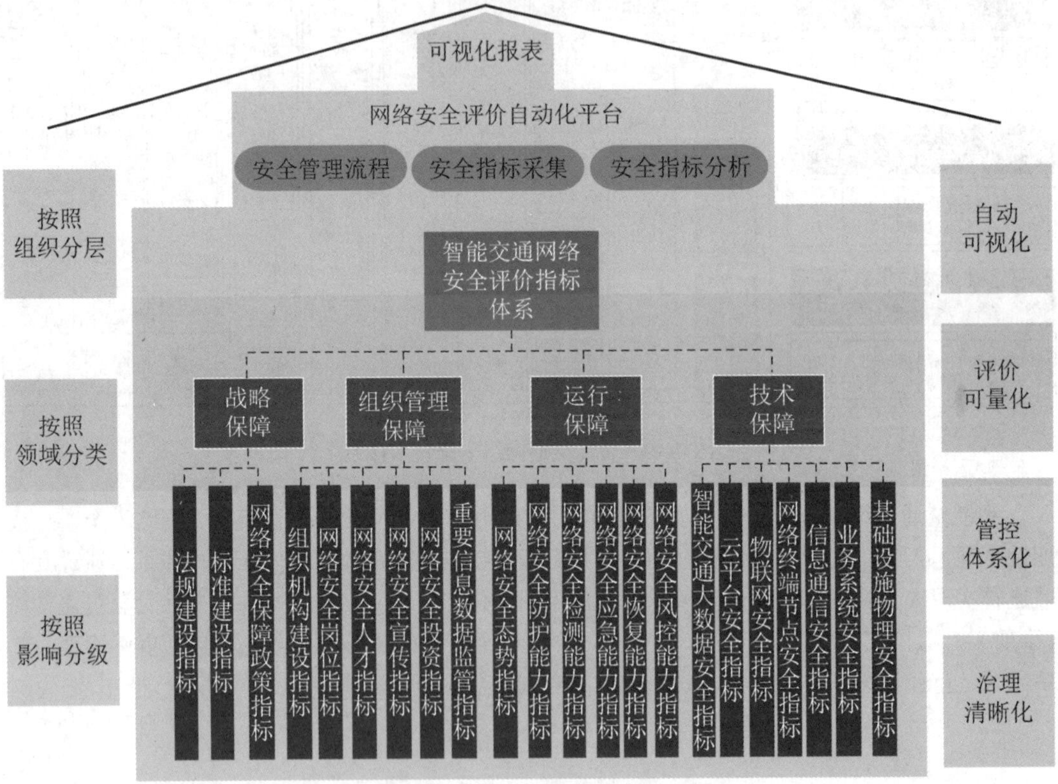

图 4-21　智能交通网络安全评价体系

4.5.4　ISO 27000 信息安全管理体系应用参考

ISO 27000 信息安全管理标准最初起源于英国的 BS7799，其发展演变过程如图 4-22 所示。

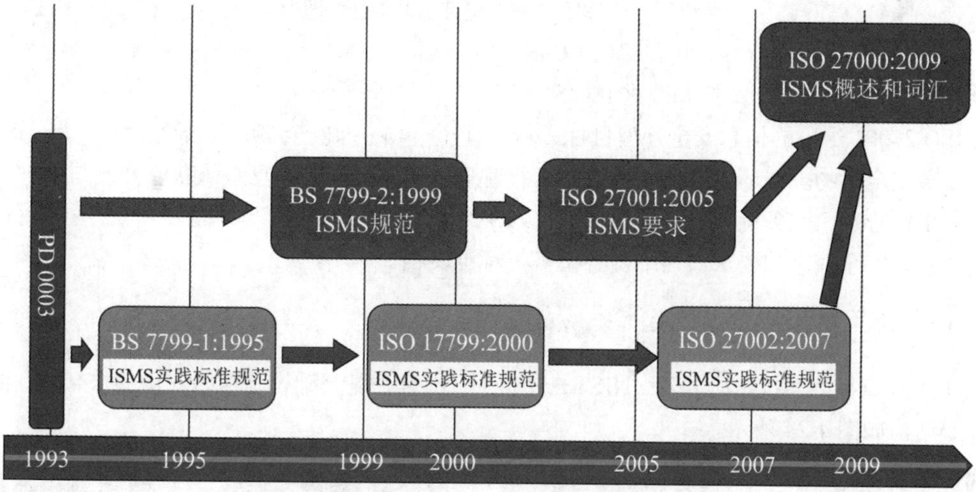

图 4-22　ISO 27000 标准发展演变过程图

信息安全管理系统（ISMS）按照 PDCA 不断循环改进，如图 4-23 所示。

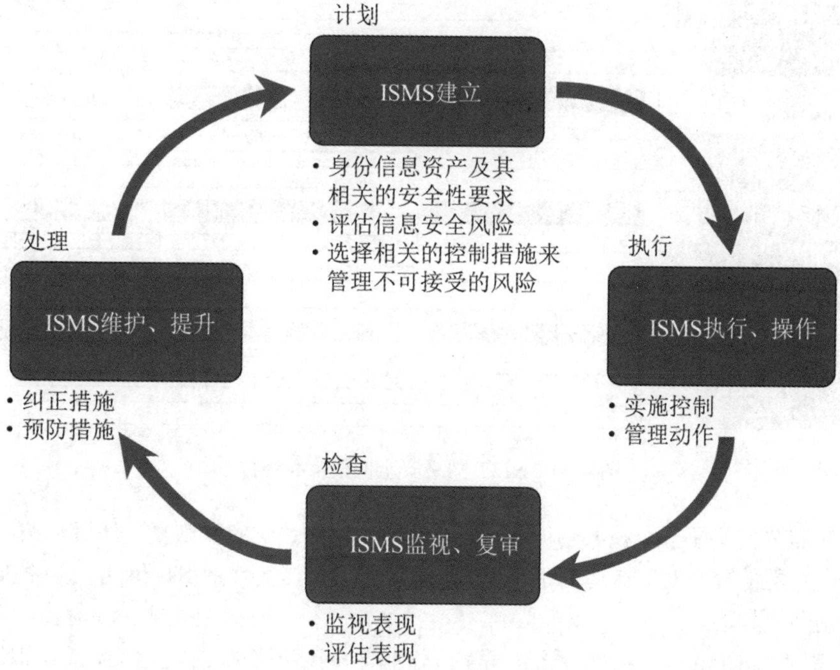

图 4-23　ISO 27000 中的 PDCA 示意图

其主要步骤阐述如下：

（1）计划（Plan）。建立ISMS，识别信息资产及其相关的安全需求；评估信息安全风险；选择合适的安全控制措施，管理不可接受的风险。

（2）执行（Do）。实现和运行ISMS，实施控制和运维管理。

（3）检查（Check）。监测和评估ISMS。

（4）处理（Act）。维持和改进ISMS。

ISO 27001给出的信息安全管理目标领域共计十一项，即安全策略、安全组织、资产管理、人力资源安全、物理与环境安全、通信与运行管理、访问控制、信息系统获取开发与维护、信息安全事件管理、业务持续运行、符合性。ISO 27002则根据ISO 27001的三十九个控制目标，给出了实施安全控制的要求。详细内容请参见标准文档。

4.5.5 NIST 网络安全框架体系应用参考

美国国家标准与技术研究院（NIST）发布了《提升关键基础设施网络安全的框架》，框架的核心结构如图4-24所示。

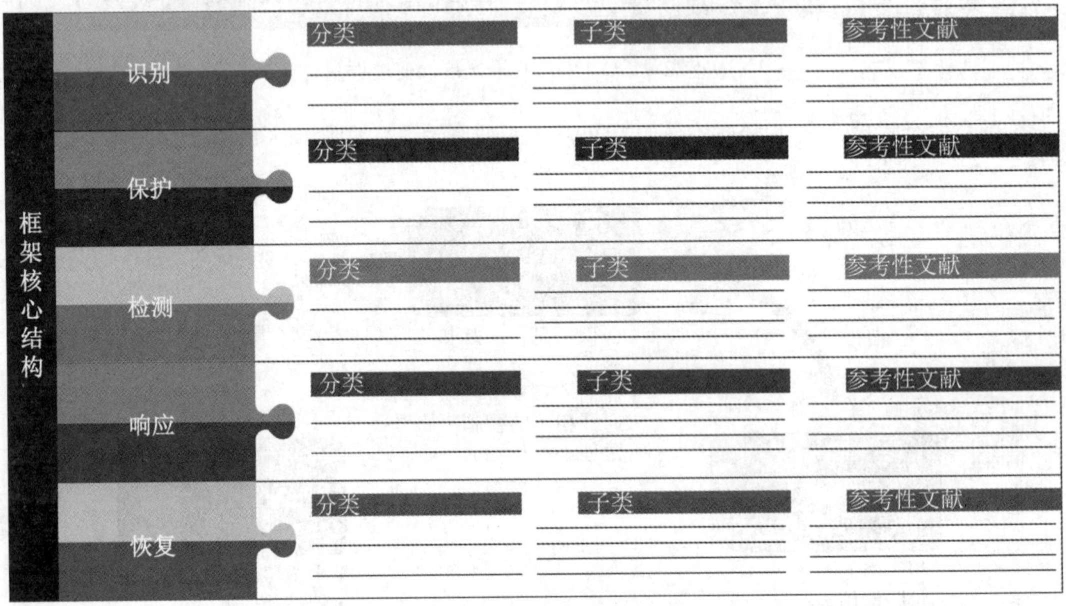

图4-24 NIST网络安全框架核心结构图

该框架首先定义了五个核心功能：识别、保护、检测、响应和恢复。然后，按照功能进行分类，每个功能的分数对应具体的子类，最后给出参考性文献。NIST 网络安全框架的五个核心功能分别阐述如下。

（1）识别（Identify）是指对系统、资产、数据和网络所面临的安全风险的认识以及确认。NIST网络安全框架识别功能对应分类如表4-3所示。

表 4-3　NIST 网络安全框架识别功能对应分类表

功能唯一识别标志（Function Unique Identifier）	功　能（Function）	类型唯一识别标志（Category Unique Identifier）	类　型（Category）
ID	Identify	ID.AM	Asset Management 资产管理
		ID.BE	Business Environment 商业环境
		ID.GV	Governance 治理
		ID.RA	Risk Assessment 风险评估
		ID.RM	Risk Management Strategy 风险管理策略

（2）保护（Protect）是指制定和实施合适的安全措施，确保能够提供关键基础设施服务。NIST 网络安全框架保护功能对应分类如表 4-4 所示。

表 4-4　NIST 网络安全框架保护功能对应分类表

功能唯一识别标志（Function Unique Identifier）	功　能（Function）	类型唯一识别标志（Category Unique Identifier）	类　型（Category）
PR	Protect	PR.AC	Access Control 访问控制
		PR.AT	Awareness and Training 意识和培训
		PR.DS	Data Security 数据安全
		PR.IP	Information Protection Processes and Procedures 信息保护流程和规程
		PR.MA	Maintenance 维护
		PR.PT	Protective Technology 保护技术

（3）检测（Detect）是指制定和实施恰当的行动以发现网络安全事件。NIST 网络安全框架检测功能对应分类如表 4-5 所示。

表 4-5　NIST 网络安全框架检测功能对应分类表

功能唯一识别标志（Function Unique Identifier）	功　能（Function）	类型唯一识别标志（Category Unique Identifier）	类　型（Category）
DE	Detect	DE.AE	Anomalies and Events 异常和事件
		DE.CM	Security Continuous Monitoring 安全持续监测
		DE.DP	Detection Processes 检测处理

（4）响应（Respond）是指对已经发现的网络安全事件采取合适的行动。NIST 网络安全框架响应功能对应分类如表 4-6 所示。

表 4-6　NIST 网络安全框架响应功能对应分类表

功能唯一识别标志（Function Unique Identifier）	功　能（Function）	类型唯一识别标志（Category Unique Identifier）	类　型（Category）
RS	Respond	RS.RP	Response Planning 响应计划
		RS.CO	Communications 通信
		RS.AN	Analysis 分析
		RS.MI	Mitigation 缓解
		RS.IM	Improvements 改进

（5）恢复（Recover）是指制定和实施适当的行动，以弹性容忍安全事件出现并修复受损的功能或服务。NIST 网络安全框架恢复功能对应分类如表 4-7 所示。

表 4-7　NIST 网络安全框架恢复功能对应分类表

功能唯一识别标志（Function Unique Identifier）	功　能（Function）	类型唯一识别标志（Category Unique Identifier）	类　型（Category）
RC	Recover	RC.RP	Recovery Planning 恢复计划
		RC.IM	Improvements 改进
		RC.CO	Communications 通信

4.6　本章小结

本章内容主要包括：第一，讲述了网络安全体系的基本概念以及相关安全模型，主要包括机密性模型、完整性模型、信息流模型、信息保障模型、能力成熟度模型、纵深防御模型、分层防护模型、等级保护模型和网络生存模型；第二，归纳了网络安全体系的建立应该遵循的原则和网络安全策略；第三，详细分析了网络安全体系建设框架及相关组成要素的构建内容；第四，给出了网络安全等级保护、智慧城市和智能交通等网络安全体系建设参考案例。

第5章 物理与环境安全技术

5.1 物理安全概念与要求

物理安全是网络安全的基础，本节首先阐述物理安全的基本概念，然后分析物理安全的威胁类型，并给出了物理安全保护及安全规范的相关内容。

5.1.1 物理安全概念

传统上的物理安全也称为实体安全，是指包括环境、设备和记录介质在内的所有支持网络信息系统运行的硬件的总体安全，是网络信息系统安全、可靠、不间断运行的基本保证，并且确保在信息进行加工处理、服务、决策支持的过程中，不致因设备、介质和环境条件受到人为和自然因素的危害，而引起信息丢失、泄露或破坏以及干扰网络服务的正常运行。

广义的物理安全则指由硬件，软件，操作人员，环境组成的人、机、物融合的网络信息物理系统的安全。

5.1.2 物理安全威胁

物理安全是网络信息系统安全运行、可信控制的基础。随着云计算、大数据、物联网等新兴网络信息科技应用的兴起，数据中心、智能设备、服务器、通信线路等的物理安全日益重要，物理安全直接影响业务的正常运转，甚至一个城市的运行和人们的生命安全。物理安全方面的安全事件也时有发生，2008 年由于连接欧洲和中东的三条海底光缆损坏，埃及互联网和国际电话服务瘫痪。2012 年 12306 因机房空调系统故障，暂停互联网售票服务。2015 年支付宝因“光纤被挖断”而出现大规模服务中断，之后携程网也因故障“瘫痪”。常见的物理安全威胁如图 5-1 所示。

随着网络攻击技术的发展，物理系统安全面临硬件攻击的威胁，与传统的物理安全威胁比较，新的硬件威胁更具有隐蔽性、危害性，攻击具有主动性和非临近性。下面给出常见的硬件攻击技术与相关实例。

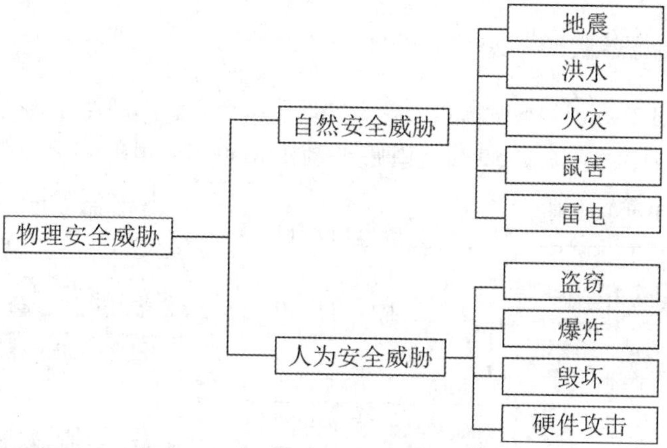

图 5-1　物理安全威胁示意图

1. 硬件木马

硬件木马通常是指在集成电路芯片（IC）中被植入的恶意电路，当其被某种方式激活后，会改变 IC 的原有功能和规格，导致信息泄露或失去控制，带来非预期的行为后果，造成不可逆的重大危害。IC 整个生命周期内的研发设计、生产制造、封装测试以及应用都有可能被植入恶意硬件逻辑，形成硬件木马，如图 5-2 所示。

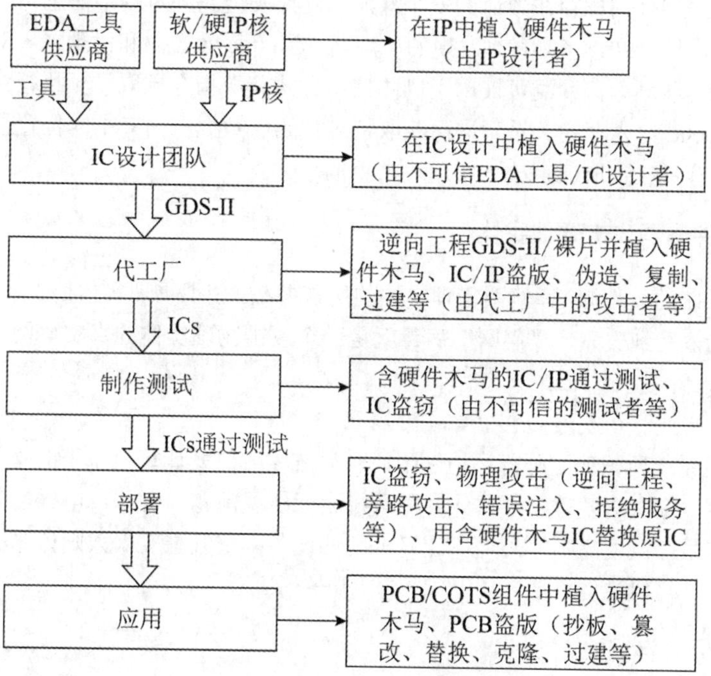

图 5-2　IC 硬件木马攻击示意图

2. 硬件协同的恶意代码

2008年Samuel T.King等研究人员设计和实现了一个恶意的硬件，该硬件可以使得非特权的软件访问特权的内存区域。Cloaker是硬件支持的Rootkit，如图5-3所示。

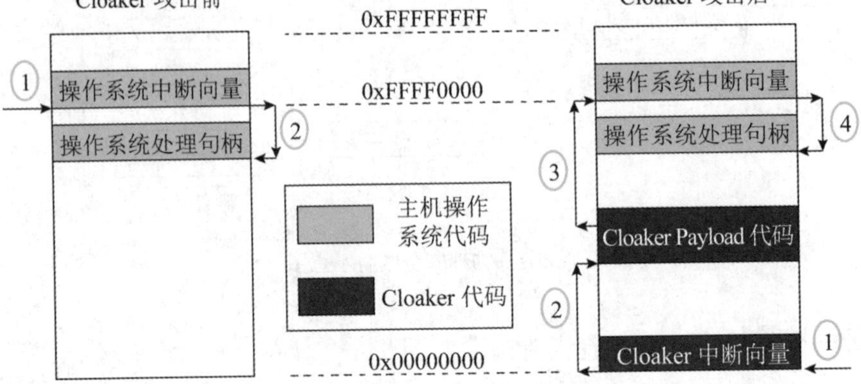

图5-3　Cloaker恶意代码攻击示意图

3. 硬件安全漏洞利用

同软件类似，硬件同样存在致命的安全漏洞。硬件安全漏洞对网络信息系统安全的影响更具有持久性和破坏性。2018年1月发现的“熔断（Meltdown）”和“幽灵（Spectre）”CPU漏洞属于硬件安全漏洞。该漏洞可被用于以侧信道方式获取指令预取、预执行对cache的影响等信息，通过cache与内存的关系，进而获取特定代码、数据在内存中的位置信息，从而利用其他漏洞对该内存进行读取或篡改，实现攻击目的。

4. 基于软件漏洞攻击硬件实体

利用控制系统的软件漏洞，修改物理实体的配置参数，使得物理实体处于非正常运行状态，从而导致物理实体受到破坏。“震网”病毒就是一个攻击物理实体的真实案例。

5. 基于环境攻击计算机实体

利用计算机系统所依赖的外部环境缺陷，恶意破坏或改变计算机系统的外部环境，如电磁波、磁场、温度、空气湿度等，导致计算机系统运行出现问题。例如，电磁场太强则容易干扰网络通信传输信号；温度高则容易烧坏计算机硬件设备；空气湿度太大则计算机硬件容易吸附灰尘，进而影响计算机性能。

5.1.3 物理安全保护

一般来说，物理安全保护主要从以下方面采取安全保护措施，防范物理安全威胁。

1. 设备物理安全

设备物理安全的安全技术要素主要有设备的标志和标记、防止电磁信息泄露、抗电磁干扰、电源保护以及设备振动、碰撞、冲击适应性等方面。除此之外，还要确保设备供应链的安全及产品的安全质量，防止设备其他相关方面存在硬件木马和硬件安全漏洞。智能设备还要确保嵌入的软件是安全可信的。

2. 环境物理安全

环境物理安全的安全技术要素主要有机房场地选择、机房屏蔽、防火、防水、防雷、防鼠、防盗、防毁、供配电系统、空调系统、综合布线和区域防护等方面。

3. 系统物理安全

系统物理安全的安全技术要素主要有存储介质安全、灾难备份与恢复、物理设备访问、设备管理和保护、资源利用等。

物理安全保护的方法主要是安全合规、访问控制、安全屏蔽、故障容错、安全监测与预警、供应链安全管理和容灾备份等。

5.1.4 物理安全规范

为更好地指导物理安全保障建设，国家有关部门相继制定了物理安全方面的标准规范，主要列举如下：

- 《计算机场地通用规范（GB/T 2887—2011）》；
- 《计算机场地安全要求（GB/T 9361—2011）》；
- 《数据中心设计规范（GB 50174—2017）》；
- 《数据中心基础设施施工及验收规范（GB 50462—2015）》；
- 《互联网数据中心工程技术规范（GB 51195—2016）》；
- 《数据中心基础设施运行维护标准（GB/T 51314—2018）》；
- 《信息安全技术　信息系统物理安全技术要求（GB/T 21052—2007）》。

以上所列出的技术规范对网络信息系统的物理安全从环境选择、安全工作区域划分、物理访问控制、防火设施、供电系统、防水、防潮、防静电、防雷、防电磁、通信线路防护、保安监控、设备防护、介质媒体防护和机房管理等方面提出规范要求。

其中，《信息系统物理安全技术要求（GB/T 21052—2007）》则将信息系统的物理安全进行了分级，并给出设备物理安全、环境物理安全、系统物理安全的各级对应的保护要求，具体要求目标如下：

- 第一级物理安全平台为第一级用户自主保护级提供基本的物理安全保护；
- 第二级物理安全平台为第二级系统审计保护级提供适当的物理安全保护；

- 第三级物理安全平台为第三级安全标记保护级提供较高程度的物理安全保护；
- 第四级物理安全平台为第四级结构化保护级提供更高程度的物理安全保护。

有关物理安全保护的详细要求可参看标准。

5.2 物理环境安全分析与防护

物理环境安全是计算机设备、网络设备正常运行的保障。本节内容是物理环境安全防护，主要包括防火、防水、防震、防盗、防鼠虫害、防雷、防电磁、防静电和安全供电。

5.2.1 防火

火灾是网络机房比较普遍的、危害较大的灾害之一。火灾的原因主要有：电线破损、电气短路、抽烟失误、蓄意放火、接线错误、外部火情蔓延到机房内以及技术上或管理上的原因等。为了避免火灾的发生或在发生火灾时使损失降到最小限度，通常应采取以下的防火措施。

（1）消除火灾隐患。机房的构件，如墙壁、地板、屋顶、隔断、吸热、消音材料都应采用阻燃或不燃材料。同时，安装保护装置避免电源及导线引起火灾，禁止在机房内放置易燃物品。

（2）设置火灾报警系统。为了尽早发现火灾，必须在安全机房、媒体存放库内、活动地板下、吊顶里、空调管道内、易燃物附近部位以及其他人员不经常出入或视线达不到的地方，安装探测器等火灾报警系统。

（3）配置灭火设备。在网络系统关键区域中安放灭火设备以备发生火灾时急用。灭火剂有四种类型：水、二氧化碳、固态化学品和卤代烷 1211（Halonl211）或 1301。二氧化碳灭火剂是一种应用较早的灭火剂。卤代烷 1211 和 1301 灭火剂是近几年发展起来的、以安全洁净著称的化学灭火剂，其特点是灭火效率高，毒性小，不污染计算机设备和记录介质，因此是比较理想的灭火材料。

（4）加强防火管理和操作规范。为了确保防火，应加强防火管理，并经常对机房人员进行消防教育和训练，定期维护保养灭火装置和报警系统。

5.2.2 防水

水灾不仅会浸泡电缆，破坏绝缘，甚至会导致计算机设备短路或损坏，为此应采取一定的防护措施。

（1）机房内不得铺设水管和蒸汽管道。若非铺设不可，则必须采取防渗漏措施。

（2）机房墙壁、天花板、地面应有防水、防潮性能。

（3）通有水管的地方应设置止水阀和排水沟。

（4）不要把机房设置在楼房底层或地下室，以防水侵蚀或受潮。

（5）如有通往机房的电缆沟，要防止下雨时电缆沟进水漫到机房。通往机房地沟的墙壁和地面应能防水渗透。

5.2.3　防震

震动会对网络设备造成不同程度的损坏，特别是一些高速运转的设备。防震是保护网络设备的重要措施之一。通常采取的防震措施有：

（1）网络机房所在的建筑物应具有抗地震能力；

（2）网络机柜和设备要固定牢靠，并安装防震装置；

（3）加强安全操作管理，例如禁止搬动在线运行的网络设备。

5.2.4　防盗

当网络设备被盗时，损失难以估计，重则造成系统瘫痪。因此，防盗是物理安全防护的重要内容。通常采取的防盗措施主要有：

（1）设置报警器：在网络系统周围放置报警器，当有人进入时，会发出报警声音；

（2）锁定装置：在网络系统中，特别是在个人计算机中设置锁定装置，以防犯罪盗窃；

（3）摄像监控：在重要网络区域中，安装摄像头，实时监控重点区域的人员活动情况；

（4）严格物理访问控制：划定安全区域，限制无关人员进入。例如通过刷卡才能进入安全区域；

（5）安全监控：采用人脸识别技术，防止非授权人员进入重要的物理区域。

5.2.5　防鼠虫害

鼠虫害也是造成设备故障的因素之一，其主要危害是窜入机房内的鼠虫咬坏电缆或引起电源短路。鼠虫害的安全影响主要有：

（1）啃食电缆：造成漏电、电源短路；

（2）筑窝、排粪：造成断线、短路，部件腐蚀，接触不良。

解决鼠虫害的办法有：

（1）尽量减少不必要的洞口或用后予以堵塞，封堵鼠虫出口洞口；

（2）在机房中可利用超声波驱鼠，或设置一些捕鼠器械；

（3）投放杀鼠药物，或在电缆上涂上环己基类防鼠剂；

（4）在电缆外施加毒饵，以消灭鼠虫，或利用搜鼠工具捕鼠。

5.2.6　防雷

雷击对网络设备以及网络运行有着直接的影响，雷击有时会损害网络设备，中断网络通信。因此，防雷是网络物理安全的重要内容之一，常见的防雷措施有：

（1）在网络设备所处的环境中安装避雷针；

（2）网络设备安全接地，并将该“地线”连通机房的地线网，以确保其安全保护作用；

（3）对重要网络设备安装专用防雷设施。

5.2.7 防电磁

电磁辐射危险不仅会影响设备运行，而且也会引起信息的泄露。因此，电磁防护包含两个方面内容：一是防止电磁干扰网络设备的正常运行；二是防止信息通过电磁泄漏。一般电磁防护的安全措施有：

（1）采用接地的方法：防止外界电磁干扰和设备寄生耦合干扰；

（2）采用屏蔽方法：对信号线、重要设备进行电磁屏蔽，减少外部电器设备的瞬间干扰以及防止电磁信号的泄漏；

（3）选择合适的场地：远离电磁干扰源。

5.2.8 防静电

静电也会影响网络系统运转，因此重要的核心设备的静电防护至关重要。为了防止静电损坏网络设备，通常采取的安全措施有：

（1）人员服装采用不易产生静电的衣料，工作鞋选用低阻值材料制作；

（2）控制机房温、湿度，使其保持在不易产生静电的范围内；

（3）机房地板从地板表面到接地系统的阻值，应能保证防止人身触电和产生静电；

（4）机房中使用的各种工作台、柜等，应选择产生静电小的材料；

（5）在进行网络设备操作时，应戴防静电手套。

5.2.9 安全供电

电源直接影响网络系统的可靠运转，造成电源不可靠的因素有电压瞬变、瞬时停电和电压不足等。为了确保网络不间断运行，通常采取以下安全措施：

（1）专用供电线路：重要的网络设备、服务器使用专用供电线路，避免干扰；

（2）不间断电源（UPS）：使用UPS为网络中的重要设备供电，不仅能解决停电问题，而且能应对各种瞬变、噪声、电压下降。但是，UPS蓄电池的供电时间有限，不能长时间供电；

（3）备用发电机：在发生长时间的断电，而网络必须运转时，启动备用发电机。

5.3 机房安全分析与防护

机房是网络信息系统的重要设备的承载场所。本节内容是机房安全防护，主要包括机房功能区域组成、机房安全等级划分、机房场地选择要求、数据中心建设与设计要求、互联网数据中心、CA机房物理安全控制。

5.3.1 机房功能区域组成

一般来说，机房的组成是根据计算机系统的性质、任务、业务量大小、所选用计算机设备的类型以及计算机对供电、空调、空间等方面的要求和管理体制而确定的。按照《计算机场地通用规范（GB/T 2887—2011）》的规定，计算机机房可选用下列房间（允许一室多用或酌情增减）：

（1）主要工作房间：主机房、终端室等；

（2）第一类辅助房间：低压配电间、不间断电源室、蓄电池室、空调机室、发电机室、气体钢瓶室、监控室等；

（3）第二类辅助房间：资料室、维修室、技术人员办公室；

（4）第三类辅助房间：储藏室、缓冲间、技术人员休息室、盥洗室等。

5.3.2　机房安全等级划分

机房中的实体是由电子设备、机电设备和光磁材料组成的复杂的系统。这些设备的可靠性和安全性与环境条件有着密切的关系。如果环境条件不能满足设备对环境的使用要求，就会降低计算机、网络设备的可靠性和安全性，轻则造成数据或程序出错、破坏，重则加速元器件老化，缩短机器寿命，或发生故障使系统不能正常运行，严重时还会危害设备和人员的安全。根据《计算机场地安全要求（GB/T 9361—2011）》，计算机机房的安全等级分为 A 级、B 级、C 级三个基本级别，下面分别介绍各级的特点：

- A 级：计算机系统运行中断后，会对国家安全、社会秩序、公共利益造成严重损害的；对计算机机房的安全有严格的要求，有完善的计算机机房安全措施。
- B 级：计算机系统运行中断后，会对国家安全、社会秩序、公共利益造成较大损害的；对计算机机房的安全有较严格的要求，有较完善的计算机机房安全措施。
- C 级：不属于 A、B 级的情况；对计算机机房的安全有基本的要求，有基本的计算机机房安全措施。

根据计算机系统的规模、用途，计算机机房安全可按某一级执行，也可按某些级综合执行。综合执行是指计算机机房可按某些级执行，如某计算机机房按照安全要求可选：电磁干扰 A 级，火灾报警及灭火 C 级。

计算机机房不同等级的安全级别要求如表 5-1 所示。

表 5-1　安全级别要求

项　目	级　别		
	A 级	B 级	C 级
场地选址	○	□	—
防火	○	□	□
火灾自动报警系统	○	□	—
自动灭火系统	○	□	—
灭火器	□	□	□
内部装修	○	□	—
供配电系统	○	□	—
空气调节系统	○	□	—
防水	○	□	□

续表

项　目	级　别		
	A级	B级	C级
防静电	○	□	—
防雷	○	□	□
防电磁干扰	○	□	□
防噪声	□	□	□
防鼠害	○	□	□
入侵报警系统	□	—	—
视频监控系统	□	—	—
出入口控制系统	○	□	—
集中监控系统	□	—	—

注：○：表示要求并可有附加要求；□：表示要求；—：表示无需要求。

5.3.3 机房场地选择要求

计算机、网络设备等极易受到外界的影响，振动、冲击、电磁干扰、电压变化、机房温度和湿度变化等都会影响计算机、网络设备的可靠性、安全性，轻则造成工作不稳定，性能降低，重则造成网络故障，甚至损坏硬件。因此，机房场地的选择至关重要，具体要求可从以下几个方面考虑。

1. 环境安全性

（1）应避开危险来源区。为了防止计算机机房遭到周围不利环境的意外侵害，应尽量避免将机房建在易燃易爆的场所，如化工库、油料库、液化气站或煤气站等火源附近。

（2）应避开环境污染区，如化工污染区和有毒气体、腐蚀性气体污染区及尘埃较多的区域，如石灰厂、水泥厂和矿山等附近。

（3）应避开盐雾区，如靠近海的区域或产盐区。

（4）应避开落雷区域。

2. 地质可靠性

（1）不要建在杂填土、淤泥、流砂层以及地层断裂的地质区域上。

（2）建在山区的计算机房，应避开滑坡、泥石流、雪崩和溶洞等地质不牢靠的区域。

（3）建在矿区的计算机房，应避开采矿崩落区地段，也应避开有开采价值的矿区。

（4）应避开低洼、潮湿区域。

3. 场地抗电磁干扰性

（1）应避开或远离无线电干扰源和微波线路的强电磁场干扰场所，如广播电视发射台、雷达站。根据《计算机场地通用规范（GB/T 2887—2011）》，机房内无线电干扰场强，在频率范围0.15MHz～1000MHz时不大于126dBμV，磁场干扰场强不大于800A/m（相当于高斯单位制的10Oe）。

（2）应避开强电流冲击和强电磁干扰的场所，如距离电气化铁路、高压传输线、高频炉、大电机、大功率开关等设备 200m 以上。

4. 应避开强振动源和强噪声源

（1）应避开振动源，如冲床、锻床、爆炸成形的场所。

（2）应避开机场、火车站和车辆往来比较频繁的区域以及建筑工地、影剧院及其他噪声区。

（3）应远离主要通道，并避免机房窗户直接临街。

5. 应避免设在建筑物的高层以及用水设备的下层或隔壁

计算机机房应选用专用的建筑物。如果机房是大楼的一部分，应选用二层为宜，一层作为动力、配电、空调间等。同时，应尽量选择电力、水源充足，环境清洁，交通和通信方便的地方。此外，在进行机房场地的选择时，还要同时考虑计算机的功能与要求。对于机要部门信息系统的机房，还应考虑机房中的信息射频不易泄漏和被窃取。

在机房场地的选择中，如果不能避开上述不利因素，则应采取相应的防护措施。

5.3.4　数据中心建设与设计要求

数据中心通常是指为实现对数据信息的集中处理、存储、传输、交换、管理以及为相关电子信息设备运行提供运行环境的建筑场所。数据中心一般承载着大量的计算机设备、服务器设备、网络设备、通信设备、存储设备等网络信息系统的关键设备。数据中心的物理安全对于网络信息系统至关重要。为更好地指导数据中心的建设和发展，工业和信息化部发布了《关于数据中心建设布局的指导意见》。其中，数据中心建设和布局的基本原则，具体包括市场需求导向原则、资源环境优先原则、区域统筹协调原则、多方要素兼顾原则、发展与安全并重原则。按照规模大小可将数据中心分为三类：超大型数据中心、大型数据中心、中小型数据中心。超大型数据中心是指规模大于等于 10 000 个标准机架的数据中心；大型数据中心是指规模大于等于 3000 个标准机架小于 10 000 个标准机架的数据中心；中小型数据中心是指规模小于 3000 个标准机架的数据中心。超大型数据中心的建设导向为重点考虑气候环境、能源供给等要素，特别是以灾备等实时性要求不高的应用为主，优先在气候寒冷、能源充足的一类地区建设，也可在气候适宜，能源充足的二类地区建设。大型数据中心的建设导向为重点考虑气候环境、能源供给等要素，鼓励优先在一类和二类地区建设，也可在气候适宜、靠近能源富集地区的三类地区建设。中小型数据中心的建设导向为重点考虑市场需求、能源供给等要素，鼓励中小型数据中心，特别是面向当地、以实时应用为主的中小型数据中心，在靠近用户所在地、能源获取便利的地区建设，依市场需求灵活部署。

《数据中心设计规范（GB 50174—2017）》（以下简称《设计规范》）为国家标准，自 2018 年 1 月 1 日起实施。本《设计规范》共有 13 章和 1 个附录，主要技术内容有：总则、术语和符号、分级与性能要求、选址及设备布置、环境要求、建筑与结构、空气调节、电气、电磁屏蔽、网络与布线系统、智能化系统、给水排水、消防与安全。其中，第 8.4.4、13.2.1、13.2.4、13.3.1、13.4.1 条为强制性条文，必须严格执行。强制性条文内容如下：

- 8.4.4 数据中心内所有设备的金属外壳、各类金属管道、金属线槽、建筑物金属结构必须进行等电位联结并接地；
- 13.2.1 数据中心的耐火等级不应低于二级；
- 13.2.4 当数据中心与其他功能用房在同一个建筑内时，数据中心与建筑内其他功能用房之间应采用耐火极限不低于 2.0h 的防火隔墙和 1.5h 的楼板隔开，隔墙上开门应采用甲级防火门；
- 13.3.1 采用管网式气体灭火系统或细水雾灭火系统的主机房，应同时设置两组独立的火灾探测器，火灾报警系统应与灭火系统和视频监控系统联动；
- 13.4.1 设置气体灭火系统的主机房，应配置专用空气呼吸器或氧气呼吸器。

《设计规范》中要求数据中心应划分为 A、B、C 三级，设计时应根据数据中心的使用性质、数据丢失或网络中断在经济或社会上造成的损失或影响程度确定所属级别。各级划分条件如表5-2所示。

表 5-2 数据中心级别划分条件

数据中心级别	划分条件	备注
A 级	符合下列情况之一： （1）电子信息系统运行中断将造成重大的经济损失 （2）电子信息系统运行中断将造成公共场所秩序严重混乱	
B 级	符合下列情况之一： （1）电子信息系统运行中断将造成较大的经济损失 （2）电子信息系统运行中断将造成公共场所秩序混乱	
C 级	不属于 A 级或 B 级的数据中心	

5.3.5 互联网数据中心

互联网数据中心（简称 IDC）是一类向用户提供资源出租基本业务和有关附加业务、在线提供 IT 应用平台能力租用服务和应用软件租用服务的数据中心。用户通过使用互联网数据中心的业务和服务，实现用户自身对外的互联网业务和服务。

IDC 一般由机房基础设施、网络系统、资源系统、业务系统、管理系统和安全系统六大逻辑功能部分组成，如图 5-4 所示。

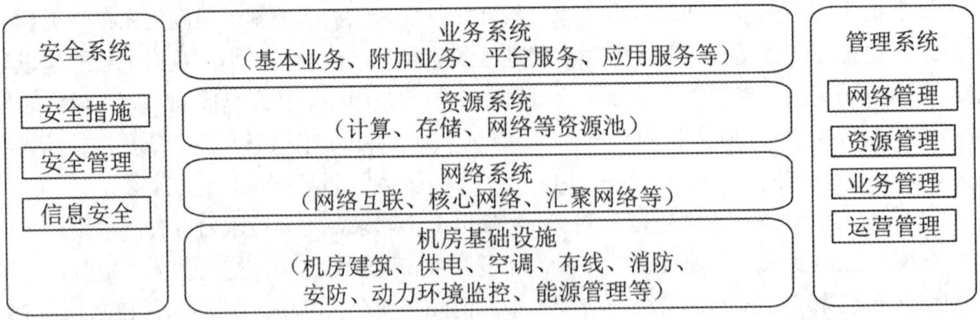

图 5-4 互联网数据中心（IDC）逻辑组成示意图

《互联网数据中心工程技术规范（GB 51195—2016）》规定 IDC 机房分成 R1、R2、R3 三个级别。其中，各级 IDC 机房要求如下：

- R1 级　IDC 机房的机房基础设施和网络系统的主要部分应具备一定的冗余能力，机房基础设施和网络系统可支撑的 IDC 业务的可用性不应小于 99.5%；
- R2 级　IDC 机房的机房基础设施和网络系统应具备冗余能力，机房基础设施和网络系统可支撑的 IDC 业务的可用性不应小于 99.9%；
- R3 级　IDC 机房的机房基础设施和网络系统应具备容错能力，机房基础设施和网络系统可支撑的 IDC 业务的可用性不应小于 99.99%。

《互联网数据中心工程技术规范（GB 51195—2016）》自 2017 年 4 月 1 日起实施。其中，第 1.0.4、4.2.2 条为强制性条文，必须严格执行。强制性条文内容具体如下：

- 1.0.4 在我国抗震设防烈度 7 度以上（含 7 度）地区 IDC 工程中使用的主要电信设备必须经电信设备抗震性能检测合格。
- 4.2.2 施工开始以前必须对机房的安全条件进行全面检查，应符合下列规定。
  ① 机房内必须配备有效的灭火消防器材，机房基础设施中的消防系统工程应施工完毕，并应具备保持性能良好，满足 IT 设备系统安装、调测施工要求的使用条件。
  ② 楼板预留孔洞应配置非燃烧材料的安全盖板，已用的电缆走线孔洞应用非燃烧材料封堵。
  ③ 机房内严禁存放易燃、易爆等危险物品。
  ④ 机房内不同电压的电源设备、电源插座应有明显区别标志。

5.3.6　CA 机房物理安全控制

CA 机房物理安全是认证机构设施安全的重要保障，国家密码管理局发布《电子政务电子认证服务业务规则规范》，对 CA 机房的物理安全提出了规范性要求。

（1）物理环境按照 GM/T 0034 的要求严格实施，具有相关屏蔽、消防、物理访问控制、入侵检测报警等相关措施，至少每五年进行一次屏蔽室检测。

（2）CA 机房及办公场地所有人员都应佩戴标识身份的证明。进出 CA 机房人员的物理权限应经安全管理人员根据安全策略予以批准。

（3）所有进出 CA 机房内的人员都应留有记录，并妥善、安全地保存和管理各区域进出记录（如监控系统录像带、门禁记录等）。确认这些记录无安全用途后，才可进行专项销毁。

（4）建立并执行人员访问制度及程序，并对访问人员进行监督和监控。安全人员定期对 CA 设施的访问权限进行内审和更新，并及时跟进违规进出 CA 设施物理区域的事件。

（5）采取有效措施保护设备免于电源故障或网络通信异常影响。

（6）在处理或再利用包含存储介质（如硬盘）的设备之前，检查是否含有敏感数据，并对敏感数据应物理销毁或进行安全覆盖。

（7）制定相关安全检查、监督策略，包括且不限于对内部敏感或关键业务信息的保存要求、办公电脑的保护要求、CA财产的保护要求等。

5.4 网络通信线路安全分析与防护

网络通信线路是网络信息的传输通道。本节首先对网络通信线路安全进行分析，然后给出网络通信线路防护措施。

5.4.1 网络通信线路安全分析

网络通信线路连接着网络系统中的各节点，是网络信息和数据交换的基础。网络通信线路常见的物理安全威胁主要如下。

1. 网络通信线路被切断

网络通信线路被鼠虫咬断、被人为割断、自然灾害损坏等。

2. 网络通信线路被电磁干扰

网络通信线路受到电磁干扰而非正常传输信息。

3. 网络通信线路泄露信息

网络通信线路泄漏电磁信号，导致通信线路上的传输信息泄密。

5.4.2 网络通信线路安全防护

网络通信线路的安全直接影响网络系统的正常运行。目前，为了实现网络通信安全，一般从两个方面采取安全措施：一是网络通信设备；二是网络通信线路。对重要的核心网络设备，例如路由器、交换机，为了防止这些核心设备出现单点安全故障，一般采取设备冗余，即设备之间互为备份。而网络通信线路的安全措施也是采取多路通信的方式，例如网络的连接可以通过DDN专线和电话线。下面给出某ISP的网络拓扑结构图，如图5-5所示。由图可知，该ISP在网络通信上采取了冗余解决办法，首先是核心的交换机器和路由器都实现交叉互连；其次，ISP与外部网络的连接有两个出口。

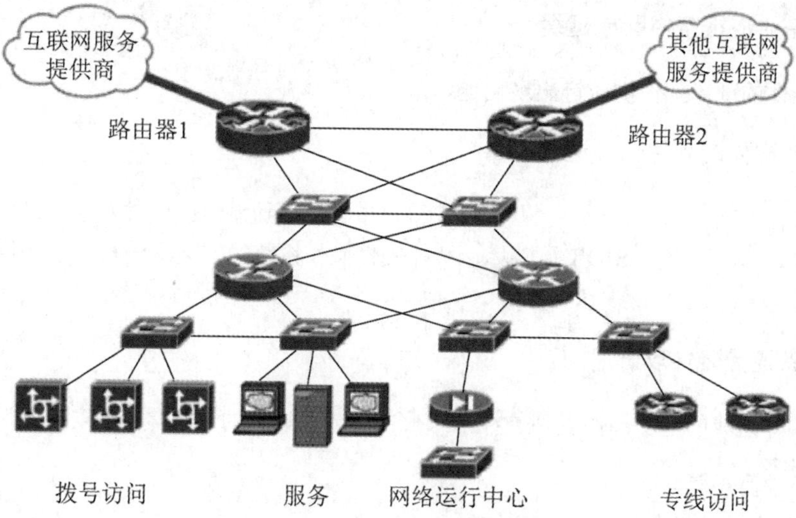

图 5-5　某 ISP 网络拓扑结构图

5.5　设备实体安全分析与防护

设备是网络信息系统的物理实体保护对象。本节首先对设备实体安全进行分析，然后给出设备实体安全防护措施。

5.5.1　设备实体安全分析

设备是一个网络信息系统的计算、通信控制、数据存储的平台，其物理安全至关重要。设备常见的物理安全威胁主要如下。

1. 设备实体环境关联安全威胁

设备实体环境关联安全威胁是指设备实体环境受到物理安全脆弱性影响而引发的设备安全问题，例如机房空调的运行不良，导致设备的温度过高引发设备故障。

2. 设备实体被盗取或损害

设备实体缺乏有效的监督管理和访问控制，被外部人员窃取、错误搬动等。

3. 设备实体受到电磁干扰

设备实体受到电磁干扰，设备无法正常运行。

4. 设备供应链条中断或延缓

设备实体的部分部件供应链出现问题，故障无法修补。

5. 设备实体的固件部分遭受攻击

设备实体的固件部分存在安全漏洞，使得攻击者可以随意修改固件，导致设备实体无法正常工作。例如，计算机的 BIOS 被破坏，智能硬件操作系统的安全漏洞被非法利用导致智能硬件停止工作。

6. 设备遭受硬件攻击

设备实体组成的电子部件受到硬件木马攻击，或者设备的 CPU 存在安全漏洞，导致设备实体受到损害。

7. 设备实体的控制组件安全威胁

设备实体的控制组件存在安全漏洞，被攻击者利用导致设备实体无法正常运行。例如，存储设备的存储控制软件。

8. 设备非法外联

设备的使用人员非安全使用，将其接入非安全区域，如涉密设备接到互联网。

5.5.2 设备实体安全防护

按照国家标准 GB/T 21052—2007，设备实体的物理安全防护技术措施主要如下。

1. 设备的标志和标记

设备的标志和标记主要包括：产品名称、型号或规定的代号，制造厂商的名称或商标、安全符号，或国家规定的 3C 认证标志。

2. 设备电磁辐射防护

电磁辐射防护主要有电磁辐射骚扰、电磁辐射抗扰、电源端口电磁传导骚扰、信号端口电磁传导骚扰、电源端口电磁传导抗扰、信号端口电磁传导抗扰。

3. 设备静电及用电安全防护

静电及用电安全防护主要涉及静电放电抗扰、电源线浪涌（冲击）抗扰、信号线浪涌（冲击）抗扰、电源端口电快速瞬变脉冲群抗扰、信号端口电快速瞬变脉冲群抗扰、电压暂降抗扰、电压短时中断抗扰、抗电强度、泄漏电流、电源线、电源适应能力和绝缘电阻。

4. 设备磁场抗扰

磁场抗扰主要包括工频磁场抗扰、脉冲磁场抗扰。

5. 设备环境安全保护

环境安全保护主要包括防过热、阻燃、防爆裂。

6. 设备适应性与可靠性保护

适应性与可靠性保护主要包括温度适应性、湿度适应性、冲击适应性、碰撞适应性、可靠性。

由于网络信息系统的设备供应链条的复杂性，设备保护还需要采取以下增强性保护措施。

（1）设备供应链弹性。设备供应商来源可靠，有可以替换的设备产品，避免设备供应中断而无法替换，符合《中华人民共和国网络安全法》规定。

（2）设备安全质量保障。与设备供应商签署产品安全质量保障，防止设备相关存在硬件木马和硬件安全漏洞。智能设备还要确保嵌入的软件是安全可信的。

（3）设备安全合规。符合《中华人民共和国网络安全法》的相关规定，第二十三条要求网络关键设备和网络安全专用产品应当按照相关国家标准的强制性要求，由具备资格的机构安全认证合格或者安全检测符合要求后，方可销售或者提供。

第三十五条要求关键信息基础设施的运营者采购网络产品和服务，可能影响国家安全的，应当通过国家网信部门会同国务院有关部门组织的国家安全审查。第三十六条要求关键信息基础设施的运营者采购网络产品和服务，应当按照规定与提供者签订安全保密协议，明确安全和保密义务与责任。

（4）设备安全审查。《网络产品和服务安全审查办法（试行）》规定，公共通信和信息服务、能源、交通、水利、金融、公共服务、电子政务等重要行业和领域，以及其他关键信息基础设施的运营者采购网络产品和服务，可能影响国家安全的，应当通过网络安全审查。网络安全审查重点审查网络产品和服务的安全性、可控性，主要包括：

- 产品和服务自身的安全风险，以及被非法控制、干扰和中断运行的风险；
- 产品及关键部件生产、测试、交付、技术支持过程中的供应链安全风险；
- 产品和服务提供者利用提供产品和服务的便利条件非法收集、存储、处理、使用用户相关信息的风险；
- 产品和服务提供者利用用户对产品和服务的依赖，损害网络安全和用户利益的风险；
- 其他可能危害国家安全的风险。

5.5.3　设备硬件攻击防护

针对潜在的硬件攻击，主要的安全措施如下。

1. 硬件木马检测

硬件木马检测方法有反向分析法、功耗分析法、侧信道分析法。其中，反向分析法是通过逆向工程方法将封装（或管芯）的芯片电路打开，逐层扫描拍照电路，然后使用图形分析软件和电路提取软件重建电路结构图，将恢复出的设计与原始设计进行对比分析，以检测硬件木马。功耗分析法通过获取芯片的功耗特征，通过K.L扩展分析法生成芯片指纹，再将待测芯片与“纯净芯片”的功耗特征进行比对，以判断芯片是否被篡改。侧信道分析法是通过比对电路中的物理特性和旁路信息的不同，发现电路的变化，其技术原理是任何硬件电路的改变都会反映在一些电路参数上，如功率、时序、电磁、热等，其流程如图5-6所示。

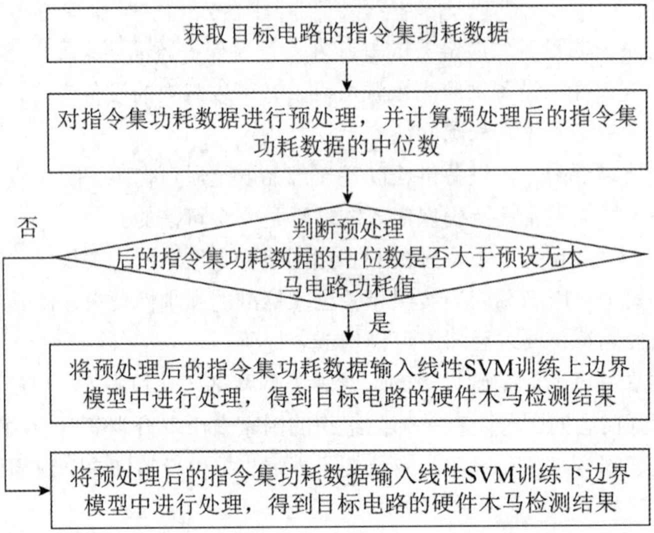

图5-6 侧信道分析法流程示意图

2. 硬件漏洞处理

硬件漏洞不同于软件漏洞，其修补具有不可逆性。通常方法是破坏漏洞利用条件，防止漏洞被攻击者利用。

5.6 存储介质安全分析与防护

存储介质是网络信息的载体。本节首先对存储介质安全进行分析，然后给出存储介质安全防护措施。

5.6.1 存储介质安全分析

存储介质的安全是网络安全管理的重要环节，损坏或非法访问存储介质将造成系统无法启动、信息泄密、数据受损害等安全事故。特别是随着云计算和大数据技术的应用，存储介质及存储设备系统成为数据资源的重要载体。存储介质及存储设备系统主要的安全威胁有以下几个方面。

1. 存储管理失控

缺少必要的存储管理制度、流程和技术管理措施，使得存储介质及存储设备缺少安全保养和维护，相关存储介质被随意保管、拷贝等。

2. 存储数据泄密

离线的存储介质缺少安全保护措施，容易被非授权拷贝、查看，从而导致存储数据泄密。

3. 存储介质及存储设备故障

存储介质缺少安全保障技术，不能防止存储操作容错。或者存储介质与存储设备控制系统缺少配合，导致存储设备操作无法正常运行。

4. 存储介质数据非安全删除

存储介质数据没有采取安全删除技术，使得攻击者利用数据恢复工具，还原存储介质上的数据。

5. 恶意代码攻击

存储介质或存储设备被恶意代码攻击，如勒索病毒，使得相关存储操作无法进行。

5.6.2　存储介质安全防护

一般来说，常用的存储介质安全防护措施有以下几种。

1. 强化存储安全管理

强化存储安全管理的措施包括如下几个方面：

- 设有专门区域用于存放介质，并有专人负责保管维护；
- 有关介质借用，必须办理审批和登记手续；
- 介质分类存放，重要数据应进行复制备份两份以上，分开备份，以备不时之需；
- 对敏感数据、重要数据和关键数据，应采取贴密封条或其他的安全有效措施，防止被非法拷贝；
- 报废的光盘、磁盘、磁带、硬盘、移动盘必须按规定程序完全消除敏感数据信息。

2. 数据存储加密保存

系统中有很高使用价值或很高机密程度的重要数据，应采用加密存储。目前，Windows 操作系统都支持加密文件系统。

3. 容错容灾存储技术

对于重要的系统及数据资源，采取磁盘阵列、双机在线备份、离线备份等综合安全措施，保护存储数据及相关系统的正常运行。如图 5-7 所示是某行业系统推荐的网络基础设施平台硬件系统高级配置安全解决方案。其中，存储安全采取了离线备份、磁盘阵列等相关技术。

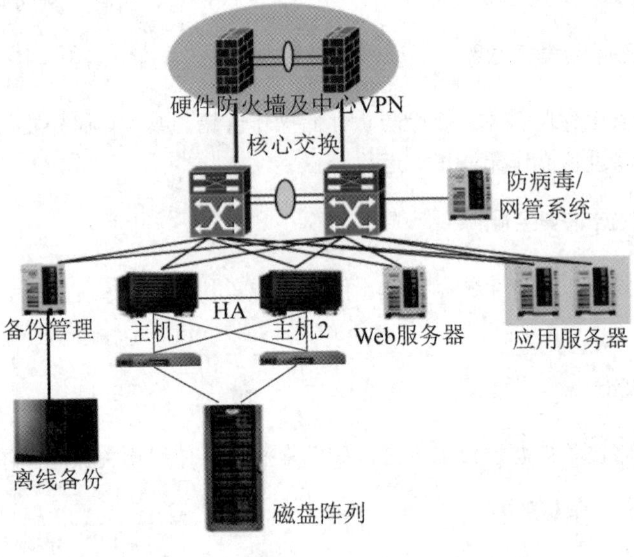

图 5-7 网络基础设施平台硬件系统高级配置安全解决方案示意图

5.7 本章小结

物理安全是网络系统安全、可靠、不间断运行的基础。本章首先引入物理安全的概念和物理安全的标准规范；然后围绕物理安全的需求，分别介绍了网络物理安全常见方法、机房安全、网络通信线路安全、存储介质安全等。

第 6 章　认证技术原理与应用

6.1　认证概述

认证机制是网络安全的基础性保护措施，是实施访问控制的前提。以下将阐述认证的基本概念、认证依据、认证原理和认证发展。

6.1.1　认证概念

认证是一个实体向另外一个实体证明其所声称的身份的过程。在认证过程中，需要被证实的实体是声称者，负责检查确认声称者的实体是验证者。通常情况下，双方要按照一定规则，声称者传递可区分其身份的证据给验证者，验证者根据所接收到的声称者的证据进行判断，证实声称者的身份。如图 6-1 所示，实体 A（声称者）向实体 B（验证者）告知其口令 I@702019，实体 B 验证实体 A 出具的口令。若口令正确，则实体 B 确认实体 A 参与其活动。

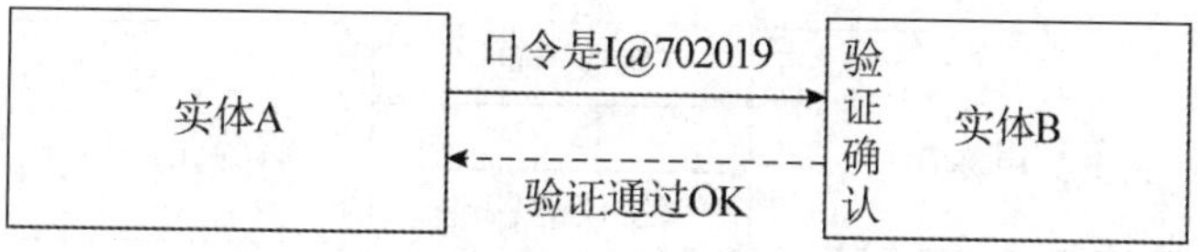

图 6-1　认证示意图

认证一般由标识（Identification）和鉴别（Authentication）两部分组成。标识是用来代表实体对象（如人员、设备、数据、服务、应用）的身份标志，确保实体的唯一性和可辨识性，同时与实体存在强关联。标识一般用名称和标识符（ID）来表示。通过唯一标识符，可以代表实体。例如，网络管理人员常用 IP 地址、网卡地址作为计算机设备的标识。操作系统以符号串作为用户的标识，如 root、guest 等。

鉴别一般是利用口令、电子签名、数字证书、令牌、生物特征、行为表现等相关数字化凭证对实体所声称的属性进行识别验证的过程。鉴别的凭据主要有所知道的秘密信息、所拥有的凭证、所具有的个体特征以及所表现的行为。

6.1.2　认证依据

认证依据也称为鉴别信息，通常是指用于确认实体（声称者）身份的真实性或者其拥有的属性的凭证。目前，常见的认证依据主要有四类。

1. 所知道的秘密信息（Something You Know）

实体（声称者）所掌握的秘密信息，如用户口令、验证码等。

2. 所拥有的实物凭证（Something You Have）

实体（声称者）所持有的不可伪造的物理设备，如智能卡、U盾等。

3. 所具有的生物特征

实体（声称者）所具有的生物特征，如指纹、声音、虹膜、人脸等。

4. 所表现的行为特征

实体（声称者）所表现的行为特征，如鼠标使用习惯、键盘敲键力度、地理位置等。

6.1.3 认证原理

一般来说，认证机制由验证对象、认证协议、鉴别实体构成，如图6-2所示。其中，验证对象是需要鉴别的实体（声称者）；认证协议是验证对象和鉴别实体（验证者）之间进行认证信息交换所遵从的规则；鉴别实体根据验证对象所提供的认证依据，给出身份的真实性或属性判断。

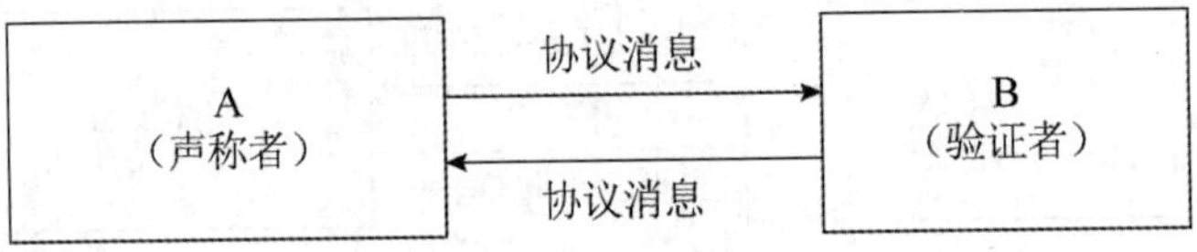

图6-2 认证机制原理图

按照对验证对象要求提供的认证凭据的类型数量，认证可以分成单因素认证、双因素认证、多因素认证。多个因素认证有利于提升认证的安全强度。

根据认证依据所利用的时间长度，认证可分成一次性口令（One Time Password）、持续认证（Continuous authentication）。其中，一次性口令简称OTP，用于保护口令安全，防止口令重用攻击。OTP常见的认证实例如使用短消息验证码。持续认证是指连续提供身份确认，其技术原理是对用户整个会话过程中的特征行为进行连续地监测，不间断地验证用户所具有的特性。持续认证是一种新兴的认证方法，其标志是将对事件的身份验证转变为对过程的身份验证。持续认证增强了认证机制的安全强度，有利于防止身份假冒攻击、钓鱼攻击、身份窃取攻击、社会工程攻击、中间人攻击。持续认证所使用的鉴定因素主要是认知因素（Cognitive factors）、物理因素（Physiological factors）、上下文因素（Contextual factors）。认知因素主要有眼手协调、应用行为模式、使用偏好、设备交互模式等。物理因素主要有左/右手、按压大小、手震、手臂大小和肌肉使用。上下文因素主要有事务、导航、设备和网络模式。例如，一些网站的访问根据地址位置信息来判断来访者的身份，以确认是否授权访问。

6.1.4 认证发展

认证机制是网络信息系统安全的基础，用于解决用户身份识别、服务平台真实性验证、信息及数据真实性与完整性保障等安全问题。随着网络信息科技的普及，各种网络应用对用户的认证需求与日俱增。目前国家电子认证服务有 40 多家第三方 CA 机构，基本建立了全国电子认证行业监管体系、电子认证运营服务体系。国家相关安全机构相继制定了多项电子认证相关技术标准，推出了多种电子认证应用服务。

认证与网络身份可信紧密相关，良好的认证机制有利于解决网络身份的可信问题。美国、欧盟等国家和地区都在积极地推进国家网络空间可信身份工作。美国发布了《网络空间可信身份国家战略》（National Strategy for Trusted Identities in Cyberspace，NSTIC），其目标是构建一个网络空间可信身份生态系统，建立和实现一个身份交互操作的基础设施，增强参与生态系统的个人和机构的信心和意愿。欧盟提出电子身份标识（eID）计划，拟构建欧盟 eID 基础设施，使得欧盟成员国公民持有电子标识。

网络可信身份保证了网络身份与现实身份的绑定关系，有利于网络行为不可抵赖，有利于防范身份盗用、网络欺诈、网络攻击等行为，有利于网络空间社会治理。国内网络可信身份的建设工作也在持续不断推进。有关部门提出了《关于建设统一的人力资源社会保障网络信任体系的指导意见》，用于指导网络信任体系建设的相关事项。国内网络信任体系是以密码技术为基础，以法律法规、技术标准和基础设施为主要内容，以解决网络应用中身份认证、授权管理和责任认定等为目的的完整体系。同时，与认证服务相关的法律规范也陆续发布，主要有《中华人民共和国电子签名法》（以下简称“电子签名法”）、《中华人民共和国网络安全法》（以下简称“网络安全法”）、《商用密码管理条例》、《电子认证服务密码管理办法》、《电子政务电子认证服务业务规则规范》等。其中，《电子签名法》确立了电子签名人身份认证的法律地位。《网络安全法》中规定“国家实施网络可信身份战略，支持研究开发安全、方便的电子身份认证技术，推动不同电子身份认证之间的互认”。这些法律和规范促进了电子认证服务的快速发展。金融、海关、税务、工商、社保等领域，都已经建立起数字证书基础设施，利用数字证书有效管理用户和保障业务安全，实现了业务网络化安全办理，提高了工作效率，方便了客户和老百姓办事。

与此同时，工业界出现了一系列认证相关标准，例如 OpenID、SAML、OAuth、FIDO 等国际标准，用于不同的网络身份认证系统之间的互联互通，以及跨域进行访问授权。

6.2 认证类型与认证过程

按照认证过程中鉴别双方参与角色及所依赖的外部条件，认证类型可分成单向认证、双向认证和第三方认证。

6.2.1 单向认证

单向认证是指在认证过程中，验证者对声称者进行单方面的鉴别，而声称者不需要识别验证者的身份。如图6-3所示，声称者A发送其标识和身份证明凭据给验证者B，然后检查声称者的发送消息，确认声称者A的身份真实性。

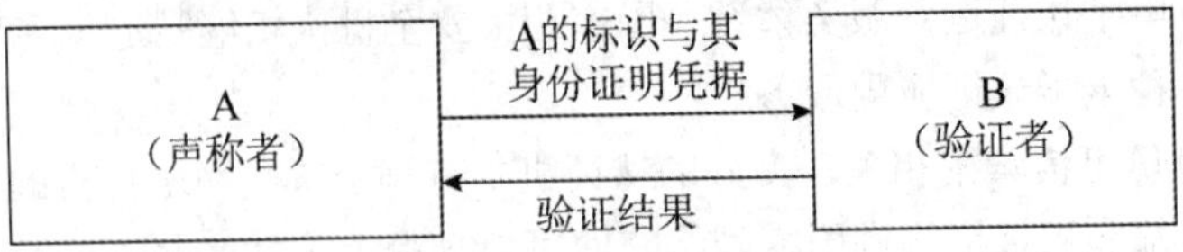

图6-3 单向认证原理图

实现单向认证的技术方法有两种，下面分别阐述。

1. 基于共享秘密

设验证者和声称者共享一个秘密 K_{AB}，ID_A 为实体A的标识，则认证过程如下：

第一步，A产生并向B发送消息（ID_A，K_{AB}）。

第二步，B收到（ID_A，K_{AB}）的消息后，B检查 ID_A 和 K_{AB} 的正确性。若正确，则确认A的身份。

第三步，B回复A验证结果消息。

2. 基于挑战响应

设验证者B生成一个随机数 R_B，ID_A 为实体A的标识，ID_B 为实体B的标识，则认证过程如下：

第一步，B产生一个随机数 R_B，并向A发送消息（ID_B，R_B）。

第二步，A收到（ID_B，R_B）消息后，安全生成包含随机数 R_B 的秘密 K_{AB}，并发送消息（ID_A，K_{AB}）到B。

第三步，B收到（ID_A，K_{AB}）的消息后，解密 K_{AB}，检查 R_B 是否正确。若正确，则确认A的身份。

第四步，B回复A验证结果消息。

6.2.2 双向认证

双向认证是指在认证过程中，验证者对声称者进行单方面的鉴别，同时，声称者也对验证者的身份进行确认。参与认证的实体双方互为验证者，如图6-4所示。

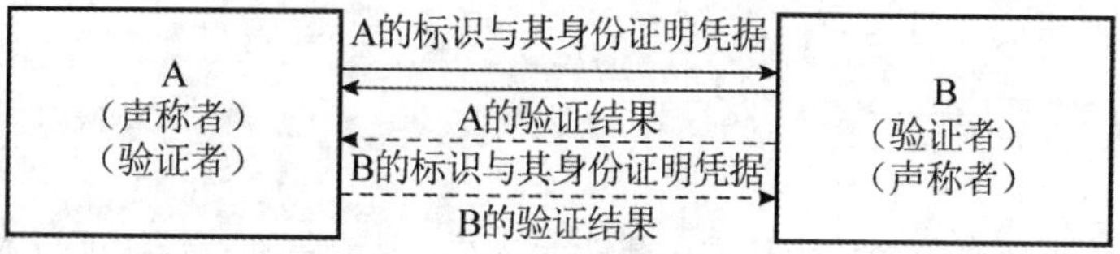

图 6-4　双向认证原理图

在网络服务认证过程中，双向认证要求服务方和客户方互相认证，客户方也认证服务方，这样就可以解决服务器的真假识别安全问题。

6.2.3　第三方认证

第三方认证是指两个实体在鉴别过程中通过可信的第三方来实现。可信的第三方简称 TTP（Trusted Third Party）。如图 6-5 所示，第三方与每个认证的实体共享秘密，实体 A 和实体 B 分别与它共享秘密密钥 K_{PA}、K_{PB}。当实体 A 发起认证请求时，实体 A 向可信第三方申请获取实体 A 和实体 B 的密钥 K_{AB}，然后实体 A 和实体 B 使用 K_{AB} 加密保护双方的认证消息。

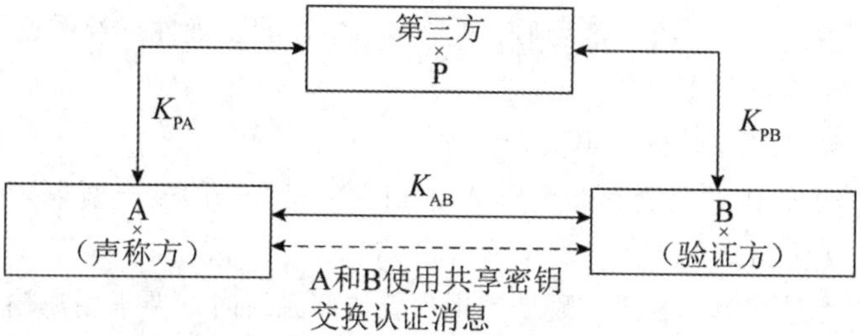

图 6-5　第三方认证原理图

实体 A 和实体 B 基于第三方的认证方案有多种形式，本文选取一种基于第三方挑战响应的技术方案进行阐述。设 A 和 B 各生成随机数为 R_A、R_B，ID_A 为实体 A 的标识，ID_B 为实体 B 的标识，则认证过程简要描述如下：

第一步，实体 A 向第三方 P 发送加密消息 K_{PA}（ID_B，R_A）。

第二步，第三方收到 K_{PA}（ID_B，R_A）的消息后，解密获取实体 A 消息。生成消息 K_{PA}（R_A，K_{AB}）和 K_{PB}（ID_A，K_{AB}），发送到实体 A。

第三步，实体 A 发送 K_{PB}（ID_A，K_{AB}）到实体 B。

第四步，实体 B 解密消息 K_{PB}（ID_A，K_{AB}），生成消息 K_{AB}（ID_A，R_B），然后发送给实体 A。

第五步，实体 A 解密 K_{AB}（ID_A，R_B），生成消息 K_{AB}（ID_B，R_B）发送给实体 B。

第六步，实体 B 解密消息 K_{AB}（ID_B，R_B），检查 R_B 的正确性，若正确，则实体 A 认证通过。

第七步，B 回复 A 验证结果消息。

6.3 认证技术方法

认证技术方法主要有口令认证技术、智能卡技术、基于生物特征认证技术、Kerberos 认证技术等多种实现方式，下面分别进行阐述。

6.3.1 口令认证技术

口令认证是基于用户所知道的秘密而进行的认证技术，是网络常见的身份认证方法。网络设备、操作系统和网络应用服务等都采用了口令认证技术。例如，Windows2000 系统、UNIX 系统、BBS、电子邮件、Web 服务、FTP 服务都用到了口令认证。口令认证一般要求参与认证的双方按照事先约定的规则，用户发起服务请求，然后用户被要求向服务实体提供用户标识和用户口令，服务实体验证其正确性，若验证通过，则允许用户访问。

设用户 A 的标识为U_A，口令为P_A，服务方实体为 B，则认证过程描述如下：

第一步， 用户 A 发送消息（U_A，P_A）到服务方 B。

第二步， B 收到（U_A，P_A）消息后，检查U_A和P_A的正确性。若正确，则通过用户 A 的认证。

第三步，B 回复用户 A 验证结果消息。

目前，服务方实体 B 通常会存储用户 A 的口令信息。一般安全要求把口令进行加密变换后存储，口令非明文传输。

口令认证的优点是简单，易于实现。当用户要访问系统时，要求用户输入"用户名和口令"即可。例如，当使用者以超级管理员身份访问 Solaris 操作系统时，要求输入 root 用户名和 root 的口令信息，如图 6-6 所示。

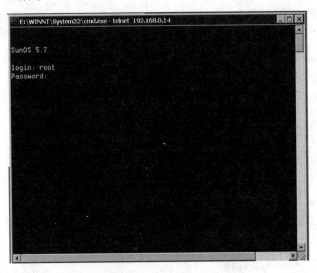

图 6-6　Solaris 的口令认证示意图

但是，口令认证的不足是容易受到攻击，主要攻击方式有窃听、重放、中间人攻击、口令猜测等。因此，要实现口令认证的安全，应至少满足以下条件：

- 口令信息要安全加密存储；
- 口令信息要安全传输；
- 口令认证协议要抵抗攻击，符合安全协议设计要求；
- 口令选择要求做到避免弱口令。

目前，为了保证口令认证安全，网络服务提供商要求用户遵循口令生成安全策略，即口令设置要符合口令安全组成规则，同时对生成的口令进行安全强度评测，从而促使用户选择安全强度较高的口令。如图 6-7 所示，某系统要求用户的口令设置符合安全规则，同时进行口令安全强度检查。

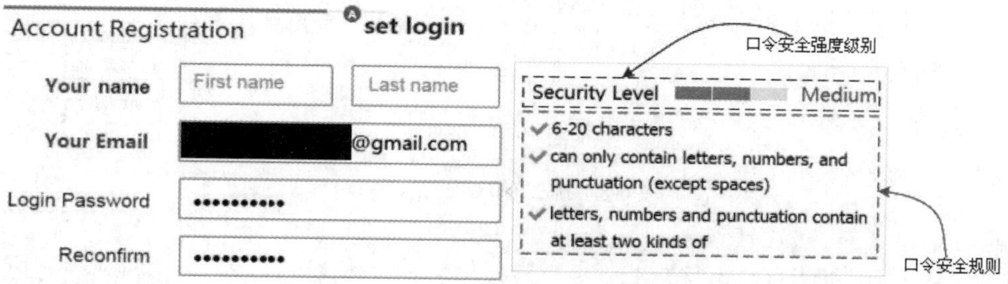

图 6-7　口令安全生成示意图

6.3.2　智能卡技术

智能卡是一种带有存储器和微处理器的集成电路卡，能够安全存储认证信息，并具有一定的计算能力。智能卡认证根据用户所拥有的实物进行，智能卡认证技术广泛应用于社会的各个方面。如图 6-8 所示，通过智能卡来实现挑战/响应认证。在挑战/响应认证中，用户会提供一张智能卡，智能卡会一直显示一个随时间而变化的数字。假如用户试图登录目标系统，则系统首先将对用户进行认证，步骤如下：

（1）用户将自己的 ID 发送到目标系统；

（2）系统提示用户输入数字；

（3）用户从智能卡上读取数字；

（4）用户将数字发送给系统；

（5）系统用收到的数字对 ID 进行确认，如果 ID 有效，系统会生成一个数字并将其显示给用户，称为挑战；

（6）用户将上面的挑战输入智能卡中；

（7）智能卡用这个输入的值根据一定算法计算出一个新的数字并显示这个结果，该数字称为应答；

（8）用户将应答输入系统；

（9）系统验证应答是否正确，如果正确，用户通过验证并登录进入系统。

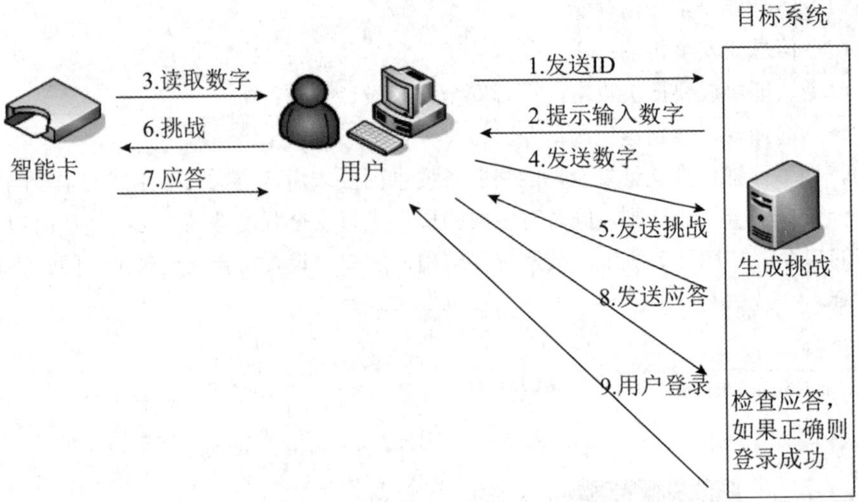

图 6-8 挑战/响应认证示意图

6.3.3 基于生物特征认证技术

利用口令进行认证的方法的缺陷是口令信息容易泄露，而智能卡又可能丢失或被伪造。在安全性要求高的环境中，这两种技术均难以满足安全需求。基于生物特征认证就是利用人类生物特征来进行验证。目前，指纹、人脸、视网膜、语音等生物特征信息可用来进行身份认证。人的指纹与生俱来，而且一生不变。视网膜认证是根据人眼视网膜中的血管分布模式不同来鉴别不同人的身份。语音认证则是依靠人的声音的频率来判断不同人的身份。参照《信息安全技术 指纹识别系统技术要求》标准规范，指纹识别系统由指纹采集、指纹处理、指纹登记、指纹比对等技术模块组成，其技术处理流程如图 6-9 所示。

基于指纹识别系统的身份鉴别服务如图 6-10 所示，其技术原理是指纹识别系统通过对获取的人类用户自身拥有的独一无二的指纹特征的鉴别结果，区分不同的人类用户身份。

人脸识别认证已广泛应用在日常生活和工作中，俗称“刷脸”，如 ATM 机上的刷脸认证。按照《信息安全技术 基于可信环境的远程人脸识别认证系统技术要求（征求意见稿）》标准规范，与指纹识别系统类似，人脸识别认证系统涉及人脸采集、人脸处理、人脸存储、人脸识别。如图 6-11 所示，人脸识别认证系统一般由客户端、服务器端、安全传输通道组成。客户端由环境检测、人脸采集、活体检测、质量检测、安全管理等模块组成，模块应在可信环境中执行。服务器端由活体判断、质量判断、人脸注册、人脸数据库、人脸识别、比对策略、安全管理等模块组成。

根据《信息安全技术 虹膜识别系统技术要求》标准规范，虹膜是人眼前部由肌肉组织、结缔组织、色素细胞组成的，主要用来控制瞳孔收缩的彩色环形生理组织。虹膜特征是对虹膜图像进行特征分析，生成能区分个体的唯一的特征数据序列。虹膜识别系统是基于虹膜的特征对个体进行自动识别的系统。如图 6-12 所示，虹膜识别系统一般包含图像采集、图像处理分析、虹膜登记处理、用户识别处理、数据存储、传输管理、回答信息处理等功能模块。系统实现两种基本功能：虹膜登记和用户识别。进行虹膜登记或用户识别时，由图像采集模块采集用户虹膜图像，经图像处理分析模块处理，当进行虹膜登记时，由虹膜登记处理模块生成虹膜登记信息并存入数据库；当进行用户识别时，由用户识别处理模块生成用户识别信息，并将识别信息与登记信息进行比对，得出识别结果。

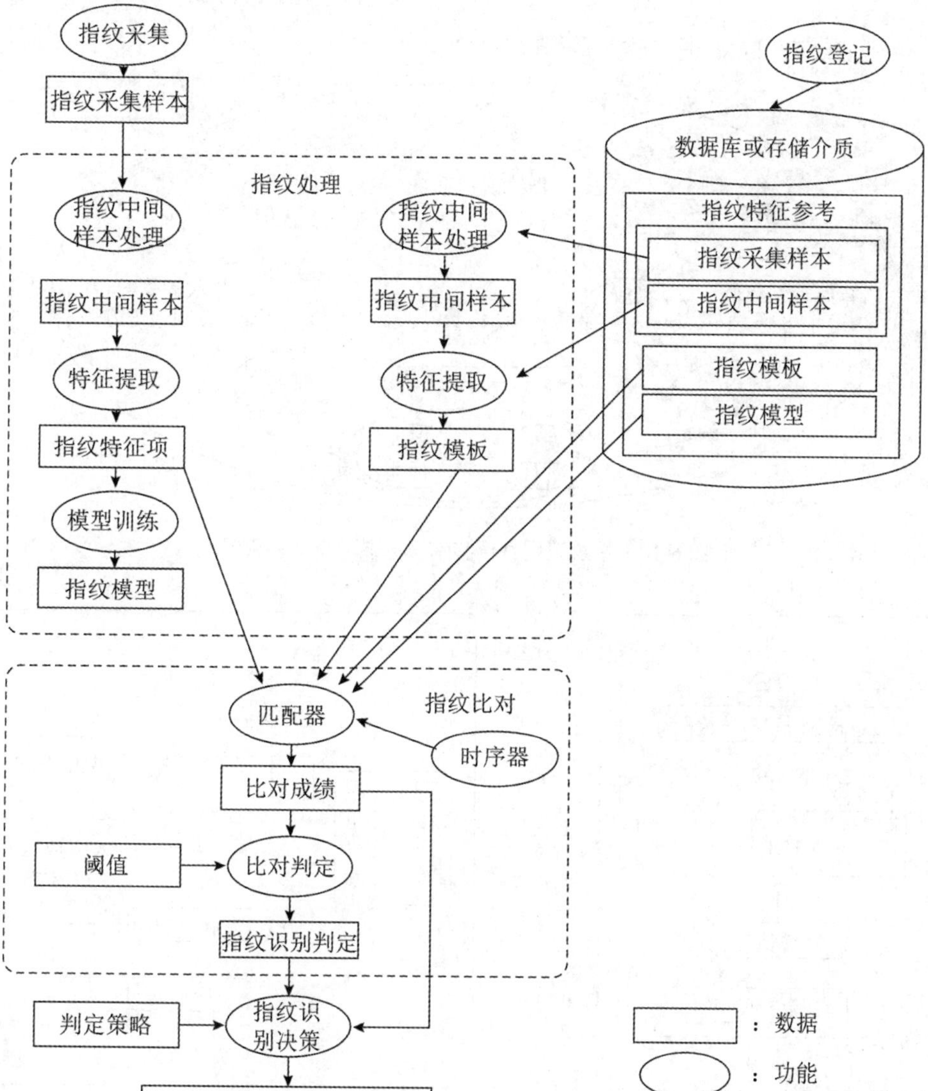

图 6-9　指纹识别系统技术流程图

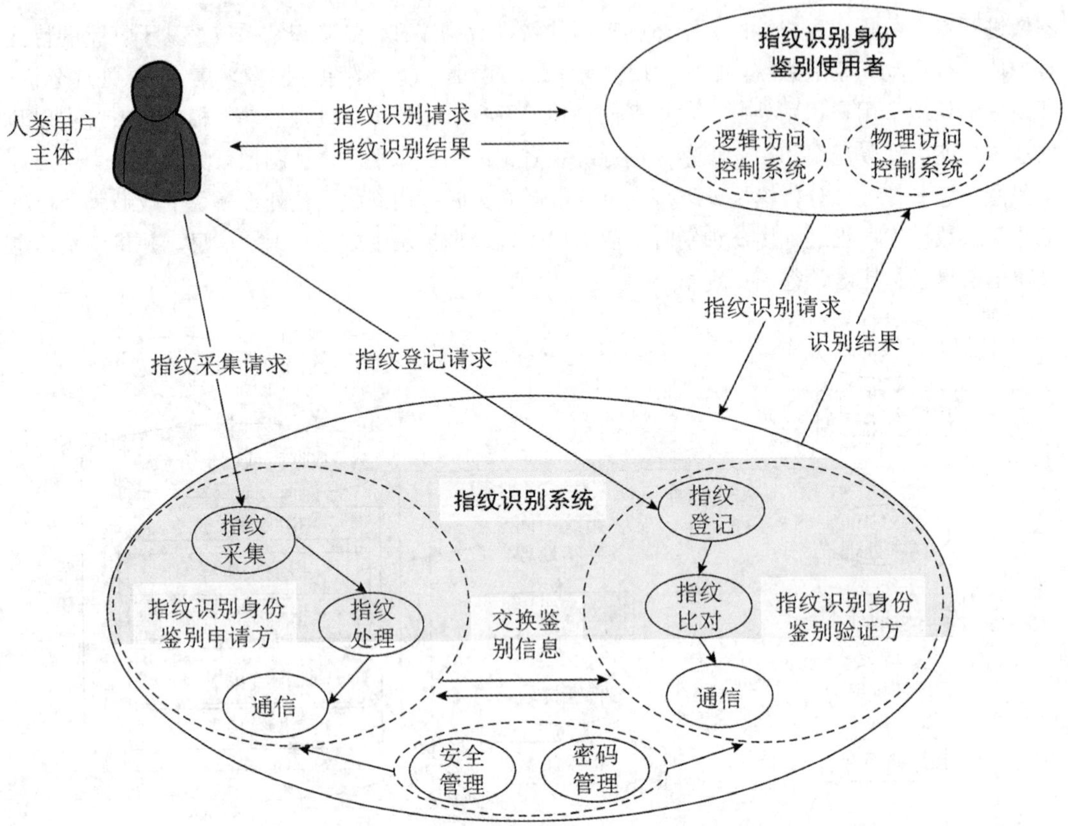

图 6-10　指纹识别身份鉴别服务参考模型示意图

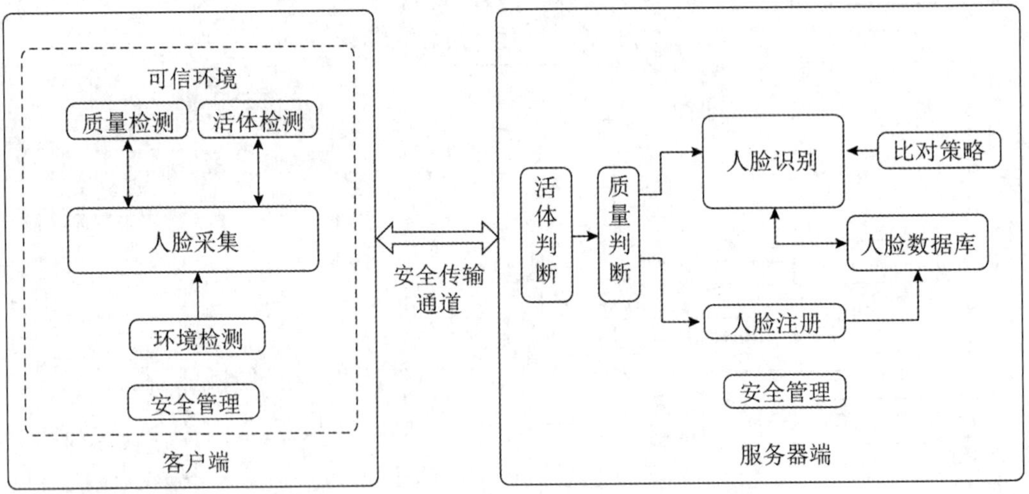

图 6-11　人脸识别认证系统参考模型示意图

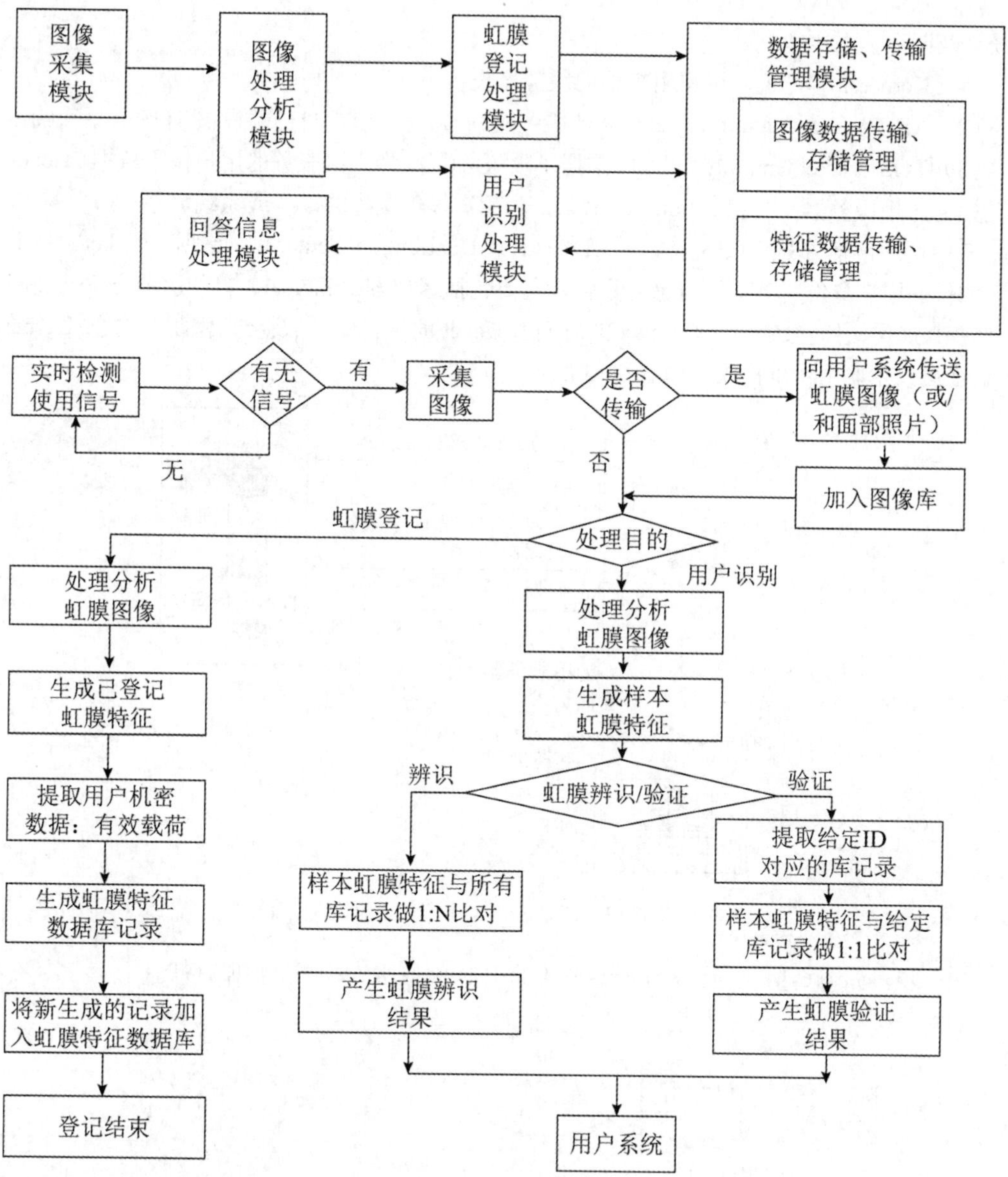

图 6-12　虹膜识别系统的参考模型及工作流程示意图

6.3.4　Kerberos 认证技术

Kerberos 是一个网络认证协议，其目标是使用密钥加密为客户端/服务器应用程序提供强身份认证。其技术原理是利用对称密码技术，使用可信的第三方来为应用服务器提供认证服务，并在用户和服务器之间建立安全信道。

Kerberos 由美国麻省理工学院（MIT）研制实现，已经历了五个版本的发展。一个 Kerberos

系统涉及四个基本实体：

（1）Kerberos 客户机，用户用来访问服务器设备；

（2）AS（Authentication Server，认证服务器），识别用户身份并提供 TGS 会话密钥；

（3）TGS（Ticket Granting Server，票据发放服务器），为申请服务的用户授予票据（Ticket）；

（4）应用服务器（Application Server），为用户提供服务的设备或系统。

其中，通常将 AS 和 TGS 统称为 KDC（Key Distribution Center）。票据（Ticket）是用于安全的传递用户身份所需要的信息的集合，主要包括客户方 Principal、目的服务方 Principal、客户方 IP 地址、时间戳（分发该 Ticket 的时间）、Ticket 的生存期、以及会话密钥等内容。Kerberos V5 认证协议主要由六步构成，如图 6-13 所示。

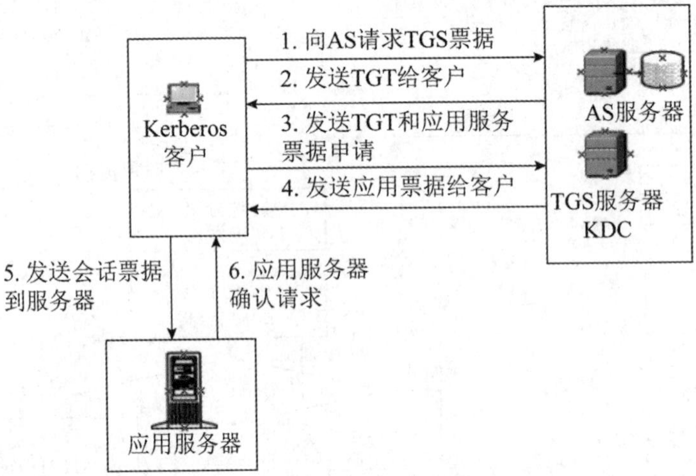

图 6-13 Kerberos 工作流程示意图

第一步，如图 6-14 所示，Kerberos 客户向认证服务器 AS 申请票据 TGT。

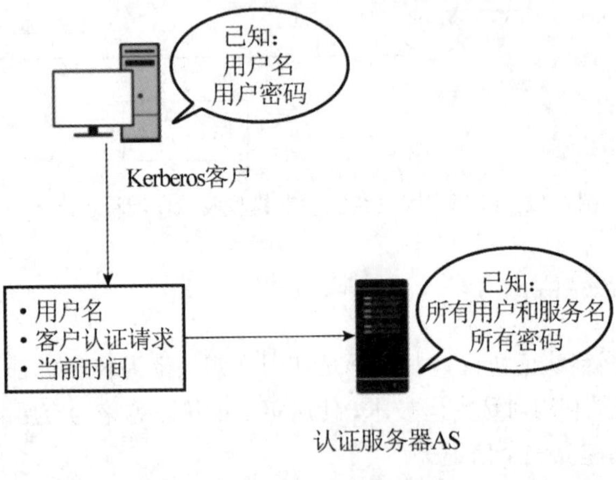

图 6-14 Kerberos 客户向 AS 申请票据 TGT 示意图

第二步，如图 6-15 所示，当认证服务器 AS 收到 Kerberos 客户发来的消息后，AS 在认证数据库检查确认 Kerberos 客户，产生一个会话密钥，同时使用 Kerberos 客户的秘密密钥对会话密钥加密，然后生成一个票据 TGT，其中 TGT 由 Kerberos 客户的实体名、地址、时间戳、限制时间、会话密钥组成。AS 生成 TGT 完毕后，把 TGT 发送给 Kerberos 客户。

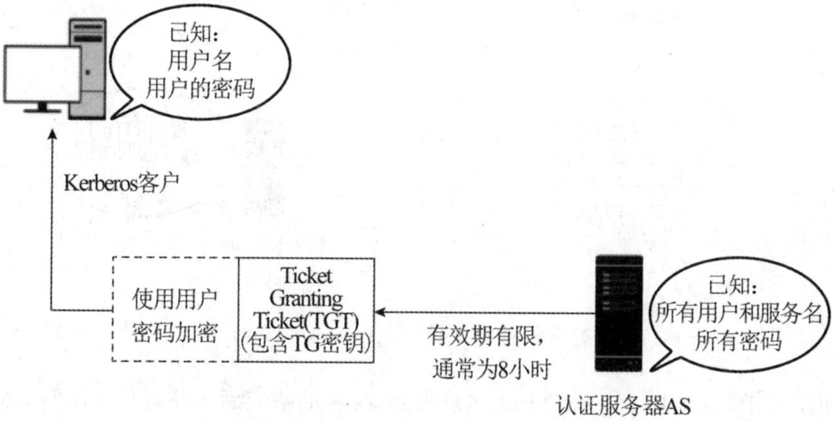

图 6-15　认证服务器 AS 响应 Kerberos 客户的 TGT 请求示意图

第三步，如图 6-16 所示，Kerberos 客户收到 AS 发来的 TGT 后，使用自己的秘密密钥解密得到会话密钥，然后利用解密的信息重新构造认证请求单，向 TGS 发送请求，申请访问应用服务器 AP 所需要的票据（Ticket）。

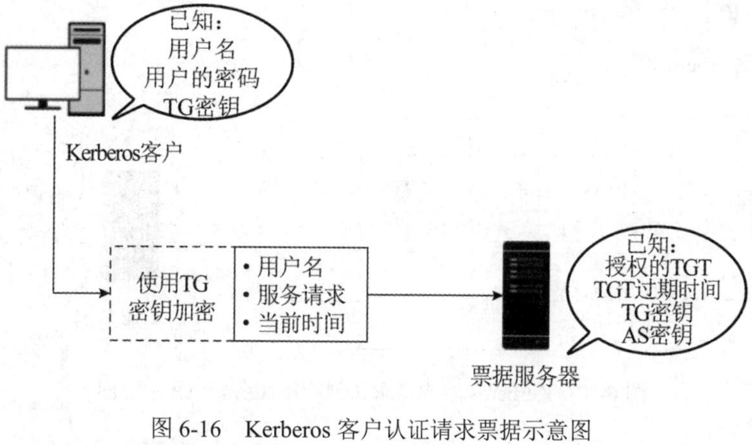

图 6-16　Kerberos 客户认证请求票据示意图

第四步，如图 6-17 所示，TGS 使用其秘密密钥对 TGT 进行解密，同时，使用 TGT 中的会话密钥对 Kerberos 客户的请求认证单信息进行解密，并将解密后的认证单信息与 TGT 中信息进行比较。然后，TGS 生成新的会话密钥以供 Kerberos 客户和应用服务器使用，并利用各自的秘密密钥加密会话密钥。最后，生成一个票据，其由 Kerberos 客户的实体名、地址、时间戳、限制时间、会话密钥组成。TGS 生成 TGT 完毕后，把 TGT 发送给 Kerberos 客户。

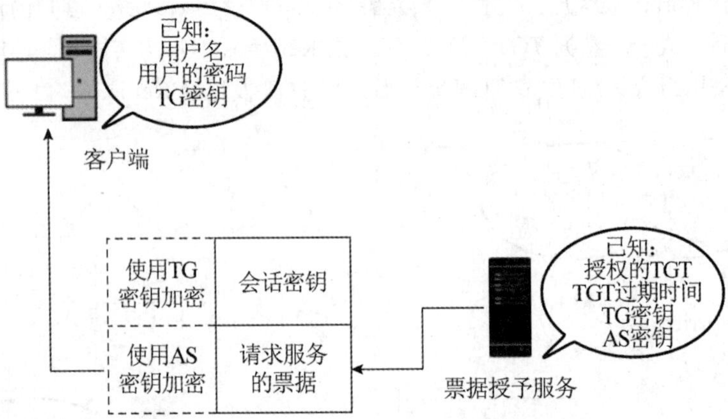

图 6-17 票据服务器 TGS 响应 Kerberos 客户的请求示意图

第五步，如图 6-18 所示，Kerberos 客户收到 TGS 的响应后，获得与应用服务器共享的会话密钥。与此同时，Kerberos 客户生成一个新的用于访问应用服务器的认证单，并用与应用服务器共享的会话密钥加密，然后与 TGS 发送来的票据一并传送到应用服务器。

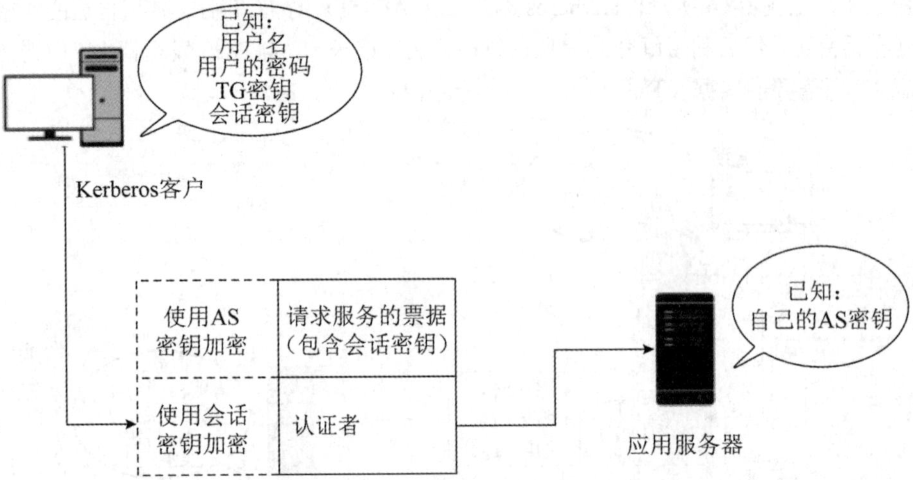

图 6-18 Kerberos 客户请求访问应用服务器 AP 示意图

Kerberos 协议中要求用户经过 AS 和 TGS 两重认证的优点主要有两点。

（1）可以显著减少用户密钥的密文的暴露次数，这样就可以减少攻击者对有关用户密钥的密文的积累。

（2）Kerberos 认证过程具有单点登录（Single Sign On，SSO）的优点，只要用户拿到了 TGT 并且该 TGT 没有过期，那么用户就可以使用该 TGT 通过 TGS 完成到任一服务器的认证过程而不必重新输入密码。

但是，Kerberos 也存在不足之处。Kerberos 认证系统要求解决主机节点时间同步问题和抵御拒绝服务攻击。如果某台主机的时间被更改，那么这台主机就无法使用 Kerberos 认证协议了，如果服务器的时间发生了错误，那么整个 Kerberos 认证系统将会瘫痪。尽管 Kerberos V5 有不尽如人意的地方，但它仍然是一个比较好的安全认证协议。目前，Windows 系统和 Hadoop 都支持 Kerberos 认证。

6.3.5　公钥基础设施（PKI）技术

公钥密码体制不仅能够实现加密服务，而且也能提供识别和认证服务。除了保密性之外，公钥密码可信分发也是其所面临的问题，即公钥的真实性和所有权问题。针对该问题，人们采用"公钥证书"的方法来解决，类似身份证、护照。公钥证书是将实体和一个公钥绑定，并让其他的实体能够验证这种绑定关系。为此，需要一个可信第三方来担保实体的身份，这个第三方称为认证机构，简称 CA（Certification Authority）。CA 负责颁发证书，证书中含有实体名、公钥以及实体的其他身份信息。而 PKI（Public Key Infrastructure）就是有关创建、管理、存储、分发和撤销公钥证书所需要的硬件、软件、人员、策略和过程的安全服务设施。PKI 提供了一种系统化的、可扩展的、统一的、容易控制的公钥分发方法。基于 PKI 的主要安全服务有身份认证、完整性保护、数字签名、会话加密管理、密钥恢复。一般来说，PKI 涉及多个实体之间的协商和操作，主要实体包括 CA、RA、终端实体（End Entity）、客户端、目录服务器，如图 6-19 所示。

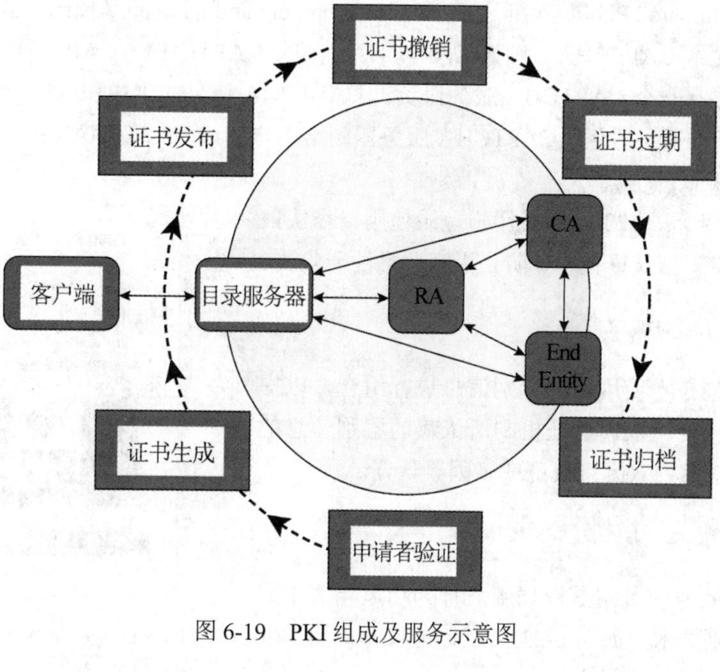

图 6-19　PKI 组成及服务示意图

PKI 各实体的功能分别叙述如下：

- CA（Certification Authority）：证书授权机构，主要进行证书的颁发、废止和更新；认证机构负责签发、管理和撤销一组终端用户的证书。
- RA（Registration Authority）：证书登记权威机构，将公钥和对应的证书持有者的身份及其他属性联系起来，进行注册和担保；RA 可以充当 CA 和它的终端用户之间的中间实体，辅助 CA 完成其他绝大部分的证书处理功能。
- 目录服务器：CA 通常使用一个目录服务器，提供证书管理和分发的服务。
- 终端实体（End Entity）：指需要认证的对象，例如服务器、打印机、E-mail 地址、用户等。
- 客户端（Client）：指需要基于 PKI 安全服务的使用者，包括用户、服务进程等。

6.3.6 单点登录

单点登录（Single Sign On）是指用户访问使用不同的系统时，只需要进行一次身份认证，就可以根据这次登录的认证身份访问授权资源。单点登录解决了用户访问使用不同系统时，需要输入不同系统的口令以及保管口令问题，简化了认证管理工作。

6.3.7 基于人机识别认证技术

基于人机识别认证利用计算机求解问题的困难性以区分计算机和人的操作，防止计算机程序恶意操作，如恶意注册、暴力猜解口令等。基于人机识别认证技术通常称为 CAPTCHA（Completely Automated Public Turing test to tell Computers and Humans Apart）技术。CAPTCHA 技术主要包括文本 CAPTCHA、图像 CAPTCHA、语音 CAPTCHA。CAPTCHA 技术的工作机制是认证者事先有一个 CAPTCHA 服务器负责 CAPTCHA 信息的生成和测试，当用户使用需要 CAPTCHA 验证的服务时候，CAPTCHA 服务器则给用户生成 CAPTCHA 测试，如果用户测试结果正确，则认证通过。

如图 6-20 所示，12306 系统用户登录使用口令认证技术和基于人机识别认证技术，防止黑客恶意注册攻击。

图 6-20 CAPTCHA 技术应用示意图

6.3.8 多因素认证技术

多因素认证技术使用多种鉴别信息进行组合，以提升认证的安全强度。根据认证机制所依赖的鉴别信息的多少，认证通常称为双因素认证或多因素认证。

6.3.9 基于行为的身份鉴别技术

基于行为的身份鉴别是根据用户行为和风险大小而进行的身份鉴别技术。如图 6-21 所示，通过分析用户的基本信息，获取用户个体画像，进而动态监控用户状态以判定用户身份，防止假冒用户登录或者关键操作失误。

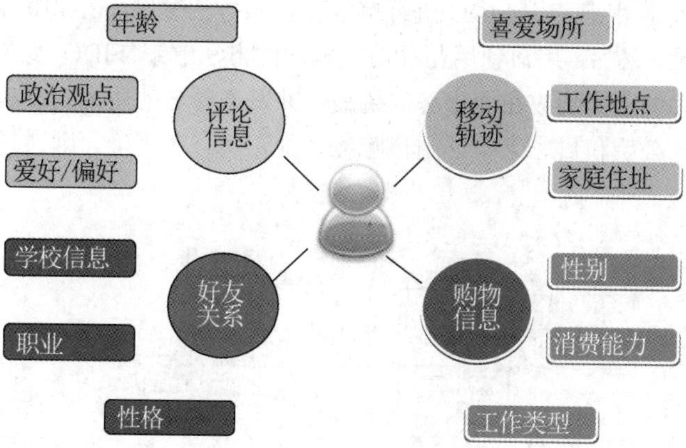

图 6-21　用户基本信息示意图

目前，互联网企业，如腾讯、阿里巴巴等均已使用基于行为的身份鉴别技术。

6.3.10 快速在线认证（FIDO）

Fast IDentity Online 简称 FIDO， FIDO 使用标准公钥加密技术来提供强身份验证。FIDO 的设计目标是保护用户隐私，不提供跟踪用户的信息，用户生物识别信息不离开用户的设备。FIDO 的技术原理描述如下。

1. 登记注册

如图 6-22 所示，用户创建新的公私钥密钥对。其中，私钥保留在用户端设备中，只将公钥注册到在线服务。公钥将发送到在线服务并与用户账户关联。私钥和有关本地身份验证方法的任何信息（如生物识别测量或模板）永远不会离开本地设备。

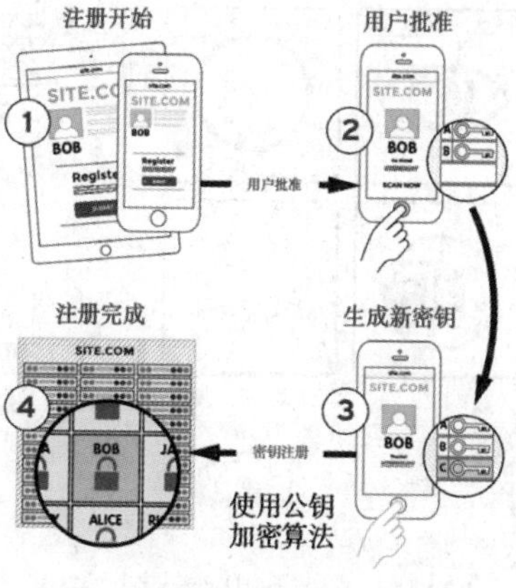

图 6-22　FIDO 用户注册示意图

2. 登录使用

如图6-23所示，当用户使用FIDO进行登录在线服务的时候，在线服务提示要求用户使用以前注册的设备登录。然后，用户使用与注册时相同的方法解锁 FIDO 身份验证器。用户根据账户标识符选择正确的密钥响应在线服务的挑战，并发送签名的质询到在线服务。最后，在线服务使用存放的用户公钥和日志来验证用户响应是否正确。若正确，则通过用户认证，允许登录在线服务。

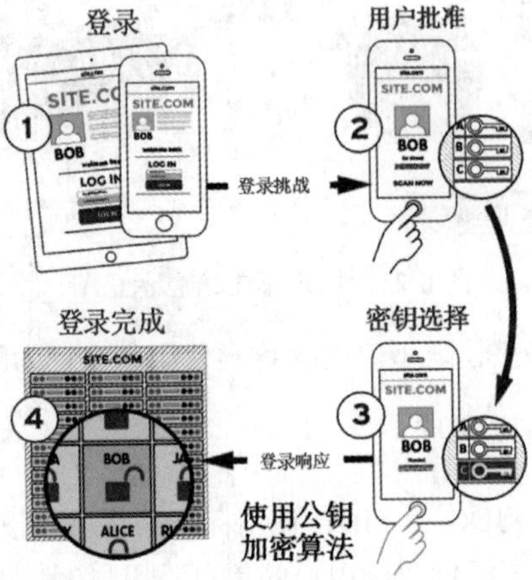

图6-23 FIDO用户登录示意图

FIDO 协议给了用户客户端身份验证方法的通用接口，浏览器可以使用标准 API 调用FIDO进行身份验证。FIDO支持客户端不同的身份验证方法，如安全PIN、生物识别（人脸、语音、虹膜、指纹识别）以及符合FIDO标准要求的认证设备等，如图6-24所示。

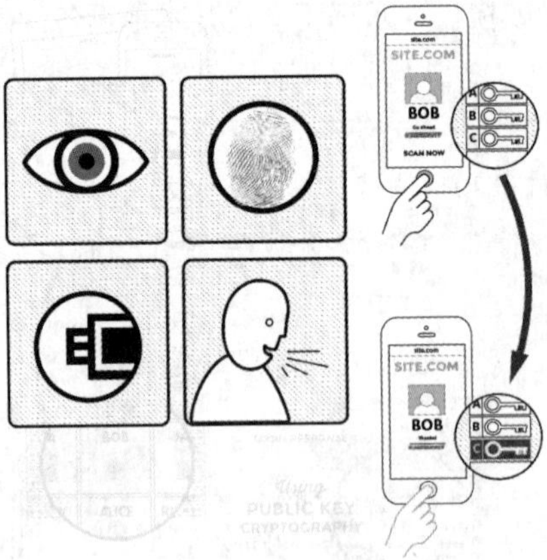

图6-24 FIDO用户端认证示意图

6.4　认证主要产品与技术指标

认证技术产品是最为普遍的网络安全产品，其产品形态有硬件实体模式、软件模式或软硬结合模式。商业产品主要为物理硬件实体，安全功能软件集成到硬件实体中。以下将介绍认证产品类型及技术指标。

6.4.1　认证主要产品

目前，认证技术主要产品类型包括系统安全增强、生物认证、电子认证服务、网络准入控制和身份认证网关 5 类。

1. 系统安全增强

系统安全增强产品的技术特点是利用多因素认证技术增强操作系统、数据库系统、网站等的认证安全强度。采用的多因素认证技术通常是 U 盘+口令、智能卡+口令、生物信息+口令等。产品应用场景有 U 盘登录计算机、网银 U 盾认证、指纹登录计算机/网站/邮箱等。

2. 生物认证

生物认证产品的技术特点是利用指纹、人脸、语音等生物信息对人的身份进行鉴别。目前市场上的产品有人证核验智能终端、指纹 U 盘、人脸识别门禁、指纹采集仪、指纹比对引擎、人脸自动识别平台。

3. 电子认证服务

电子认证服务产品的技术特点是电子认证服务机构采用 PKI 技术、密码算法等提供数字证书申请、颁发、存档、查询、废止等服务，以及基于数字证书为电子活动提供可信身份、可信时间和可信行为综合服务。目前国内电子认证服务产品有数字证书认证系统、证书管理服务器、可信网络身份认证、SSL 证书、数字证书服务、时间戳公共服务平台、个人多源可信身份统一认证服务平台等。

4. 网络准入控制

网络准入控制产品的技术特点是采用基于 802.1X 协议、Radius 协议、VPN 等的身份验证相关技术，与网络交换机、路由器、安全网关等设备联动，对入网设备（如主机、移动 PC、智能手机等）进行身份认证和安全合规性验证，防范非安全设备接入内部网络。

5. 身份认证网关

身份认证网关产品的技术特点是利用数字证书、数据同步、网络服务重定向等技术，提供集中、统一的认证服务，形成身份认证中心，具有单点登录、安全审计等安全服务功能。

6.4.2 主要技术指标

一般来说，认证技术产品的评价指标可以分成三类，即安全功能要求、性能要求和安全保障要求。认证技术产品的主要技术指标如下：

（1）密码算法支持：认证技术主要依赖于密码技术，因此，认证产品中的密码算法是安全性的重要因素。常见的密码算法类型有 DES/3DES、AES、SHA-1、RSA、SM1/SM2/SM3/SM4。

（2）认证准确性：认证产品的认假率、拒真率。

（3）用户支持数量：认证产品最大承载的用户数量。

（4）安全保障级别：认证产品的安全保障措施、安全可靠程度、抵抗攻击能力等。

6.5 认证技术应用

认证技术是网络安全保障的基础性技术，普遍应用于网络信息系统保护。认证技术常见的应用场景如下：

（1）用户身份验证：验证网络资源的访问者的身份，给网络系统访问授权提供支持服务。

（2）信息来源证实：验证网络信息的发送者和接收者的真实性，防止假冒。

（3）信息安全保护：通过认证技术保护网络信息的机密性、完整性，防止泄密、篡改、重放或延迟。

下面将介绍校园网、网络路由、机房门禁、公民网络电子身份标识、HTTP 等方面的认证技术应用，以供读者作为其他安全应用参考。

6.5.1 校园信任体系建设应用参考

校园信息化的主要特点是以校园网络为基础，利用信息技术让学校教育科研机构、教育科研基础设施、教学资源等实现数字化、网络化、信息化，使得校园内的教师、学生可以利用计算机网络进行各种教学、科研和管理活动。与此同时，校园网络面临各种网络安全风险，其中包括身份冒用、信息泄密、数据篡改等问题。针对上述问题，某数字证书认证中心给出了校园网信任体系建设方案，该方案描述如下。

如图 6-25 所示，在校园内部建设数字证书发放和服务体系，进行数字身份凭证的管理。通过严格按照相关规范进行身份验证，实现对物理身份与数字身份的对应，并通过对数字证书的申请、发放、吊销、更新等管理过程，实现数字身份凭证的管理。建立的统一认证管理系统，围绕整合的用户、应用系统等资源的管理，构建网络信任体系的基础设施平台。平台实现基于数字证书的身份认证，实现基于角色或资源的授权管理，实现统一的安全策略设定和维护，实现责任认定的安全审计。建立 PKI 应用支持系统，为校园内部其他应用系统提供可信的数据电文服务。

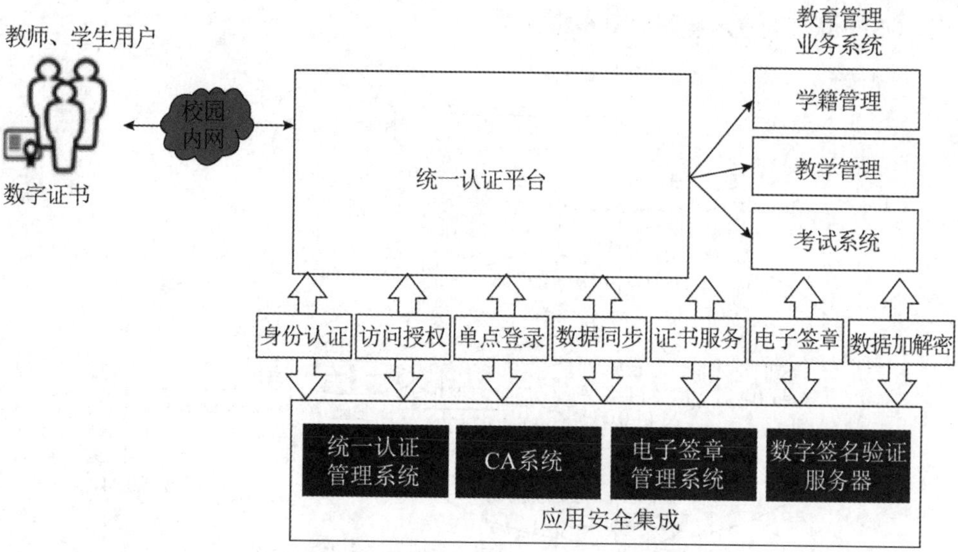

图 6-25　校园信任体系建设示意图

6.5.2　网络路由认证应用参考

路由安全是网络安全的基础，为了保证路由安全，路由器设备的访问及路由消息都需要进行认证。

1. 用户认证

当一个用户访问路由器时，必须经过认证通过后才能被允许。某路由器用户名和设置口令配置如下。

```
Central# config t
Enter configuration commands, one per line.  End with CNTL/Z.
Central(config)# username rsmith password 3d-zirc0nia
Central(config)# username rsmith privilege 1
Central(config)# username bjones password 2B-or-3B
Central(config)# username bjones privilege 1
```

2. 路由器邻居认证

当两个相邻的路由器进行路由信息交换时，需要进行身份验证，以保证接收可信的路由信息，以防止出现未经授权的、恶意的路由更新。路由器邻居认证的类型有 OSPF 认证、RIP 认证、EIGRP 认证。认证模式有明文认证（Plaintext Authentication）、消息摘要认证（Message Digest Authentication）。明文认证不安全，口令容易被监听。为保护路由安全，一般推荐采用消息摘要认证。OSPF 认证配置示意图如图 6-26 所示。

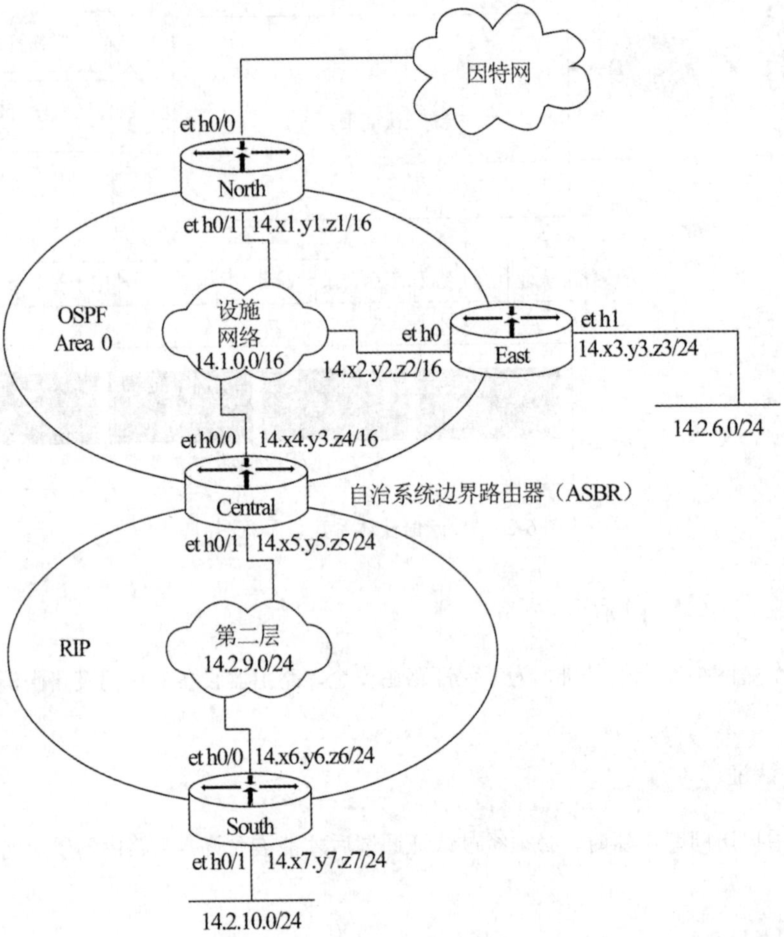

图 6-26 OSPF 认证网络拓扑结构图

路由器 North 和路由器 East 相邻，属于 area 0。各路由器的 OSPF 认证配置如下。

```
North# config t
Enter configuration commands, one per line. End with CNTL/Z.
North(config)# router ospf 1
North(config-router)# network 14.1.x.y 0.0.255.255 area 0
North(config-router)# area 0 authentication message-digest
North(config-router)# exit
North(config)# int eth0/1
North(config-if)# ip ospf message-digest-key 1 md5 routes-4-all
```

```
North(config-if)# end
North#

East#config t
Enter configuration commands, one per line. End with CNTL/Z.
East(config)# router ospf 1
East(config-router)# area 0 authentication message-digest
East(config-router)# network 14.1.x.y 0.0.255.255 area 0
East(config-router)# network 14.2.x.y 0.0.0.255 area 0
East(config-router)# exit
East(config)# int eth0
East(config-if)# ip ospf message-digest-key 1 md5 routes-4-all
East(config-if)# end
East#
```

6.5.3　基于人脸识别机房门禁管理应用参考

目前，机房出入人员身份复杂，存在伪造证件、替岗、擅自进入等安全问题。事后追查无法取证、相互推卸责任。

针对上述问题，机房人脸识别门禁管理系统应运而生，系统通过加强身份验证的严密性，提高了安全防范等级，有助于管理部门和保卫部门消除隐患、提高工作效率，该方案描述如下。

如图 6-27 所示，基于人脸识别机房门禁管理系统利用先进的生物识别技术，通过人脸特征信息快速判断人员身份，客观控制门禁系统，彻底杜绝通过伪造证件冒名顶替、利用他人证件通过及擅自进入的可能性。人员进出数据及现场记录图像可实时上传管理端，帮助管理者轻松、高效地进行安全管理工作。

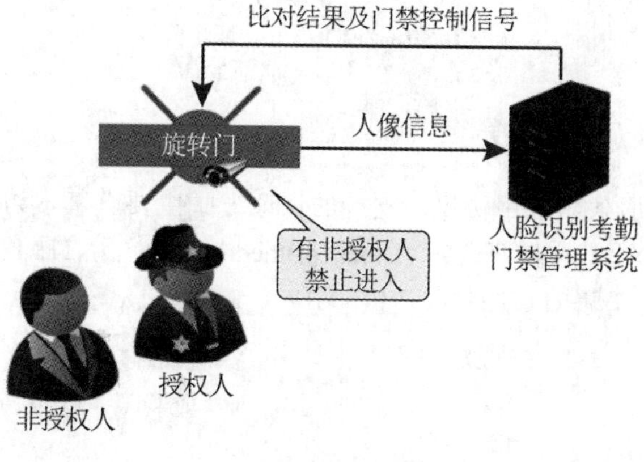

图 6-27　基于人脸识别机房门禁管理示意图

6.5.4 eID 身份验证应用参考

公民网络电子身份标识（简称 eID）是国家网络安全的重要保障。eID 是由国家主管部门颁发，与个人真实身份具有一一对应关系，用于在线识别公民真实身份的网络电子身份。由一对非对称密钥和含有其公钥及相关信息的数字证书组成。

按照《信息安全技术 公民网络电子身份标识安全技术要求 第 3 部分：验证服务消息及其处理规则》标准规范进行要求。eID 身份验证涉及 eID 服务平台、应用服务提供商和持有 eID 的用户。eID 身份验证服务相关步骤如图 6-28 所示。

（1）应用服务提供商根据需要向 eID 服务平台发送服务请求。

（2）eID 服务平台返回一个随机数作为本次验证服务的挑战。

（3）应用服务提供商完成相应的 eID 运算，将待传输数据按照所规定的格式作为验证请求，发送给 eID 服务平台。

（4）eID 服务平台在本地执行相关的验证服务后，按照规定格式返回相应的验证结果给应用服务提供商。

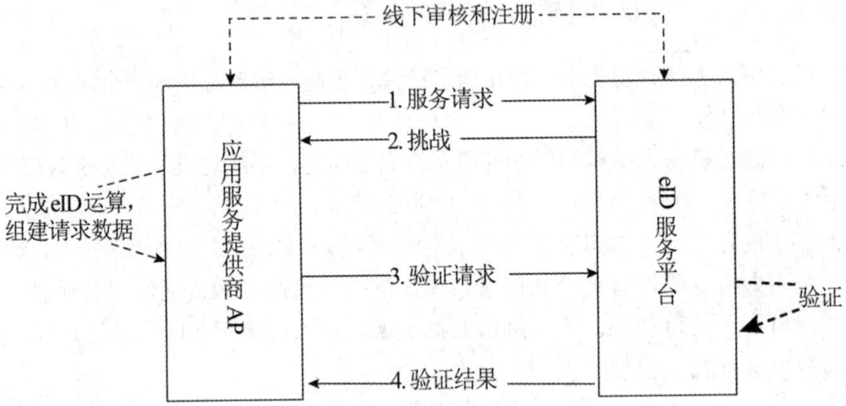

图 6-28 eID 身份验证步骤

6.5.5 HTTP 认证应用参考

HTTP 是 Web 服务器应用协议，支持的认证方式主要有基本访问认证（Basic Access Authentication，BAA）、数字摘要认证（Digest Authentication）、NTLM 、Negotiate、 Windows Live ID 等，有关认证详见 RFC 7235 、RFC 7617 、RFC 7616 等文档。HTTP 认证过程框架如图 6-29 所示。

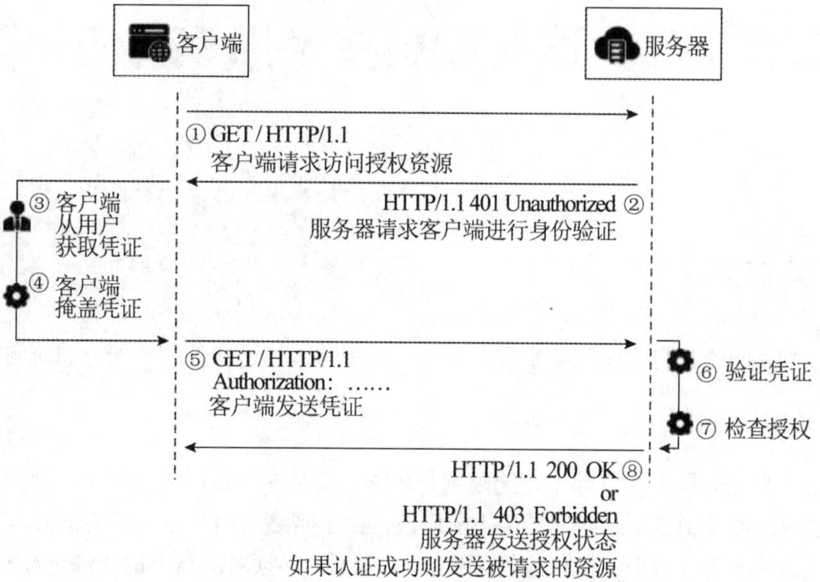

图 6-29　HTTP 认证过程框架

其中，BAA 应用比较普遍。当远程用户访问需要认证 Web 资源时，浏览器弹出认证窗口，要求用户输入账号和口令，当认证通过后，Web 服务器才授权用户访问，如图 6-30 所示。

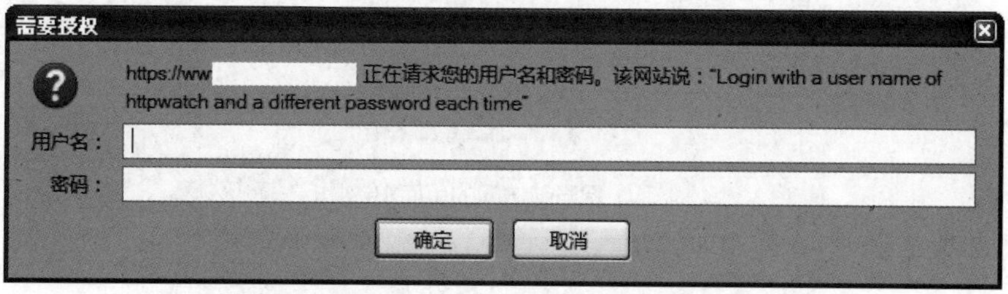

图 6-30　HTTP　BAA 认证示意图

6.6　本章小结

本章首先介绍了认证的概念以及认证依据，并按照认证特点把认证归为三类；然后讲述了常见的认证技术；最后举例说明认证技术在实际中的应用。

第 7 章 访问控制技术原理与应用

7.1 访问控制概述

访问控制是网络信息系统的基本安全机制，本节将阐述访问控制的概念和访问控制目标。

7.1.1 访问控制概念

在网络信息化环境中，资源不是无限制开放的，而是在一定约束条件下，用户才能使用。例如，普通网民可以浏览网站新闻，但不能修改。由于网络及信息所具有的价值，其难以避免地会受到意外的或蓄意的未经授权的使用和破坏。为此，必须对网络上的资源进行授权和限制，使得只有经过授权的用户才能以合规的方式进行使用。如图 7-1 所示，某校园网拒绝非本校的 IP 地址访问网页资源。

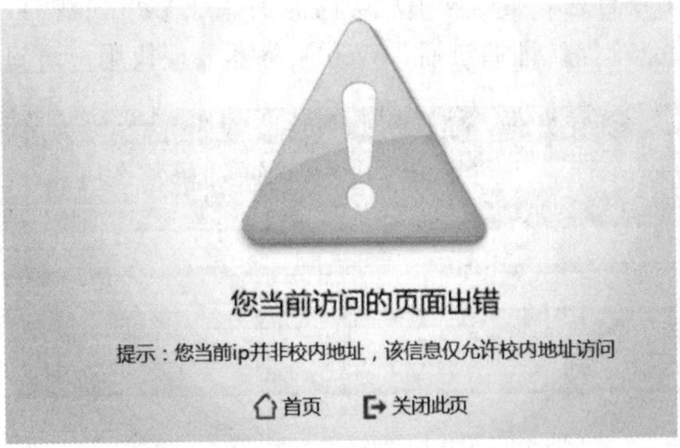

图 7-1　访问控制结果示意图

访问控制是指对资源对象的访问者授权、控制的方法及运行机制。访问者又称为主体，可以是用户、进程、应用程序等；而资源对象又称为客体，即被访问的对象，可以是文件、应用服务、数据等；授权是访问者可以对资源对象进行访问的方式，如文件的读、写、删除、追加或电子邮件服务的接收、发送等；控制就是对访问者使用方式的监测和限制以及对是否许可用户访问资源对象做出决策，如拒绝访问、授权许可、禁止操作等。

7.1.2 访问控制目标

访问控制的目标有两个：一是防止非法用户进入系统；二是阻止合法用户对系统资源的非法使用，即禁止合法用户的越权访问。要实现访问控制的目标，首先要对网络用户进行有效的身份认证，然后根据不同的用户授予不同的访问权限，进而保护系统资源。同时还可以进行系统的安全审计和监控，检测用户对系统的攻击企图。如图 7-2 所示，通过访问控制与认证机制、审计机制的协同，实现访问控制。首先认证机制验证用户身份，防止非法访问；然后根据授权数据库，确定用户对系统资源的访问类型，授权用户访问操作；同时，审计机制对认证机制、用户访问操作进行记录，以备有据可查。

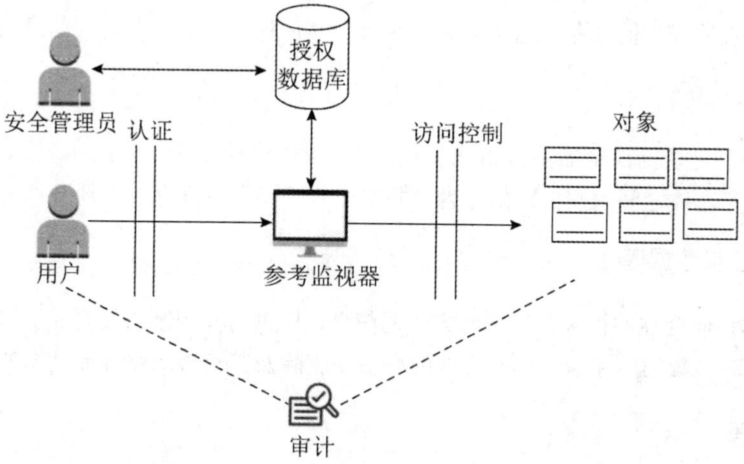

图 7-2　访问控制与其他安全机制关系

7.2　访问控制模型

本节主要介绍访问控制通用性模型，然后分析访问控制模型的发展情况。

7.2.1　访问控制参考模型

访问控制机制由一组安全机制构成，可以抽象为一个简单的模型，组成要素主要有主体（Subject）、参考监视器（Reference Monitor）、客体（Object）、访问控制数据库、审计库，如图 7-3 所示。

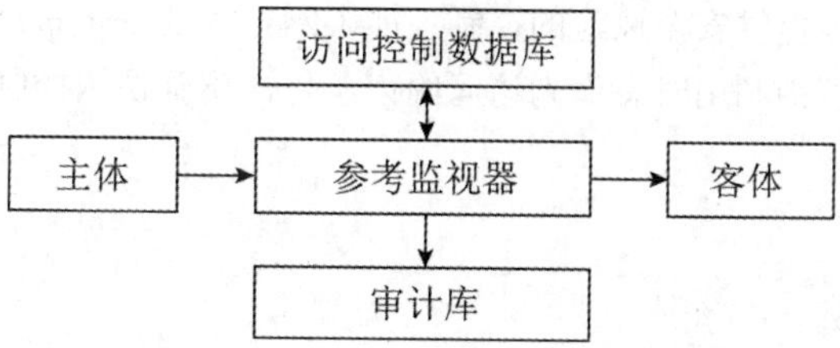

图 7-3　访问控制参考模型

1. 主体

主体是客体的操作实施者。实体通常是人、进程或设备等，一般是代表用户执行操作的进程。比如编辑一个文件，编辑进程是存取文件的主体，而文件则是客体。

2. 客体

客体是被主体操作的对象。通常来说，对一个客体的访问隐含着对其信息的访问。

3. 参考监视器

参考监视器是访问控制的决策单元和执行单元的集合体。控制从主体到客体的每一次操作，监督主体和客体之间的授权访问行为，并将重要的安全事件存入审计文件之中。

4. 访问控制数据库

记录主体访问客体的权限及其访问方式的信息，提供访问控制决策判断的依据，也称为访问控制策略库。该数据库随着主体和客体的产生、删除及其权限的修改而动态变化。

5. 审计库

存储主体访问客体的操作信息，包括访问成功、访问失败以及访问操作信息。

7.2.2 访问控制模型发展

为适应不同应用场景的访问控制需求，访问控制参考模型不断演变，形成各种各样的访问控制模型，主要有自主访问控制模型、强制访问控制模型、基于角色的访问控制模型、基于使用的访问控制模型、基于地理位置的访问控制模型、基于属性的访问控制模型、基于行为的访问控制模型、基于时态的访问控制模型。其中，自主访问控制模型、强制访问控制模型、基于角色的访问控制模型常用于操作系统、数据库系统的资源访问；基于使用的访问控制模型则用于隐私保护、敏感信息安全限制、知识产权保护；基于地理位置的访问控制模型可用于移动互联网应用授权控制，如打车服务中的地理位置授权使用；基于属性的访问控制是一个新兴的访问控制方法，其主要提供分布式网络环境和 Web 服务的模型访问控制；基于行为的访问控制模型根据主体的活动行为，提供安全风险的控制，如上网行为的安全管理和电子支付操作控制；基于时态的访问控制模型则利用时态作为访问约束条件，增强访问控制细粒度，如手机网络流量包的限时使用。

7.3 访问控制类型

常用的访问控制类型主要有自主访问控制、强制访问控制、基于角色的访问控制、基于属性的访问控制。下面详细介绍各类访问控制的情况。

7.3.1　自主访问控制

自主访问控制（Discretionary Access Control，DAC）是指客体的所有者按照自己的安全策略授予系统中的其他用户对其的访问权。目前，自主访问控制的实现方法有两大类，即基于行的自主访问控制和基于列的自主访问控制。

1. 基于行的自主访问控制

基于行的自主访问控制方法是在每个主体上都附加一个该主体可访问的客体的明细表，根据表中信息的不同又可分成三种形式，即能力表（capability list）、前缀表（profiles）和口令（password）。

（1）能力表。

能力是访问客体的钥匙，它决定用户能否对客体进行访问以及具有何种访问模式（读、写、执行）。拥有一定能力的主体可以按照给定的模式访问客体。

（2）前缀表。

前缀表包括受保护客体名和主体对它的访问权限。当主体要访问某客体时，自主访问控制机制检查主体的前缀是否具有它所请求的访问权。

（3）口令。

在基于口令机制的自主存取控制机制中，每个客体都相应地有一个口令。主体在对客体进行访问前，必须向系统提供该客体的口令。如果正确，它就可以访问该客体。

2. 基于列的自主访问控制

基于列的自主访问控制机制是在每个客体上都附加一个可访问它的主体的明细表，它有两种形式，即保护位（protection bits）和访问控制表（Access Control List，ACL）。

（1）保护位。

这种方法通过对所有主体、主体组以及客体的拥有者指明一个访问模式集合，通常以比特位来表示访问权限。UNIX/Linux 系统就利用这种访问控制方法。

（2）访问控制表。

访问控制表简称 ACL，它是在每个客体上都附加一个主体明细表，表示访问控制矩阵。表中的每一项都包括主体的身份和主体对该客体的访问权限。它的一般结构如图 7-4 所示。

客体 file1:	ID1. rx	ID2. r	ID3. x	……	IDn. rwx

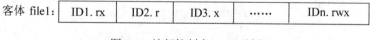

图 7-4　访问控制表 ACL 示例

对于客体 file1，主体 ID1 对它只具有读（r）和运行（x）的权力，主体 ID2 对它只具有读的权力，主体 ID3 对它只具有运行的权力，而主体 IDn 则对它同时具有读、写和运行的权力。

自主访问控制是最常用的一种对网络资源进行访问约束的机制，其好处是用户自己根据其安全需求，自行设置访问控制权限，访问机制简单、灵活。但这种机制的实施依赖于用户的安全意识和技能，不能满足高安全等级的安全要求。例如，网络用户由于操作不当，将敏感的文件用电子邮件发送到外部网，则造成泄密事件。

7.3.2 强制访问控制

强制访问控制（Mandatory Access Control，MAC）是指系统根据主体和客体的安全属性，以强制方式控制主体对客体的访问。例如，在强制访问控制机制下，安全操作系统中的每个进程、每个文件等客体都被赋予了相应的安全级别和范畴，当一个进程访问一个文件时，系统调用强制访问控制机制，当且仅当进程的安全级别不小于客体的安全级别，并且进程的范畴包含文件的范畴时，进程才能访问客体，否则就拒绝。

与自主访问控制相比较，强制访问控制更加严格。用户使用自主访问控制虽然能够防止其他用户非法入侵自己的网络资源，但对于用户的意外事件或误操作则无效。因此，自主访问控制不能适应高安全等级需求。在政府部门、军事和金融等领域，常利用强制访问控制机制，将系统中的资源划分安全等级和不同类别，然后进行安全管理。

7.3.3 基于角色的访问控制

通俗地说，角色（role）就是系统中的岗位、职位或者分工。例如，在一个医院系统中，医生、护士、药剂师、门卫等都可以视为角色。所谓基于角色的访问控制（RBAC）就是指根据完成某些职责任务所需要的访问权限来进行授权和管理。RBAC 由用户（U）、角色（R）、会话（S）和权限（P）四个基本要素组成，如图 7-5 所示。

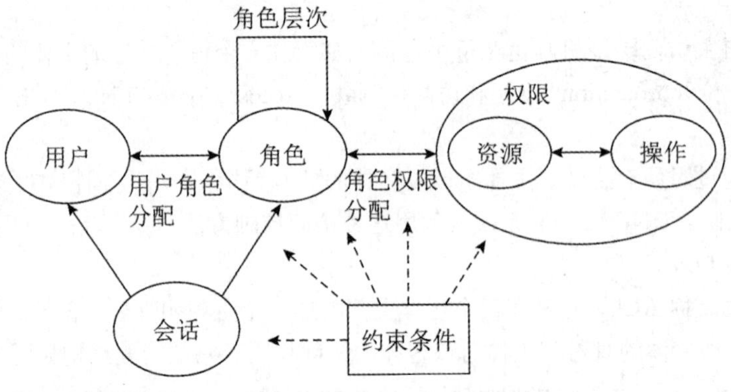

图 7-5 基于角色的访问控制示意图

在一个系统中，可以有多个用户和多个角色，用户与角色的关系是多对多的关系。权限就是主体对客体的操作能力，这些操作能力有读、写、修改、执行等。通过授权，一个角色可以拥有多个权限，而一个权限也可以赋予多个角色。同时，一个用户可以扮演多个角色，一个角色也可以由多个用户承担。在一个采用 RBAC 作为授权存取控制的系统中，由系统管理员负责管理系统的角色集合和访问权限集合，并将这些权限赋予相应的角色，然后把角色映射到承担不同工作职责的用户身上。RBAC 的功能相当强大、灵活，适用于许多类型的用户需求。

目前，Windows NT、Windows 2000、Solaris 等操作系统中都采用了类似的 RBAC 技术。图 7-6 是 Windows 2000 用户授权策略示意图，Windows 2000 系统将操作权限分成多种类型，如关闭系统、备份文件、管理系统审核和安全日志等，然后系统把这些操作权限授予不同组（类似角色），如备份操作员（Backup Operators）、管理员（Administrators）、账户操作员（Account Operators）等，当系统创建一个用户时，通过将用户指定到某个组来实现权限的授予。

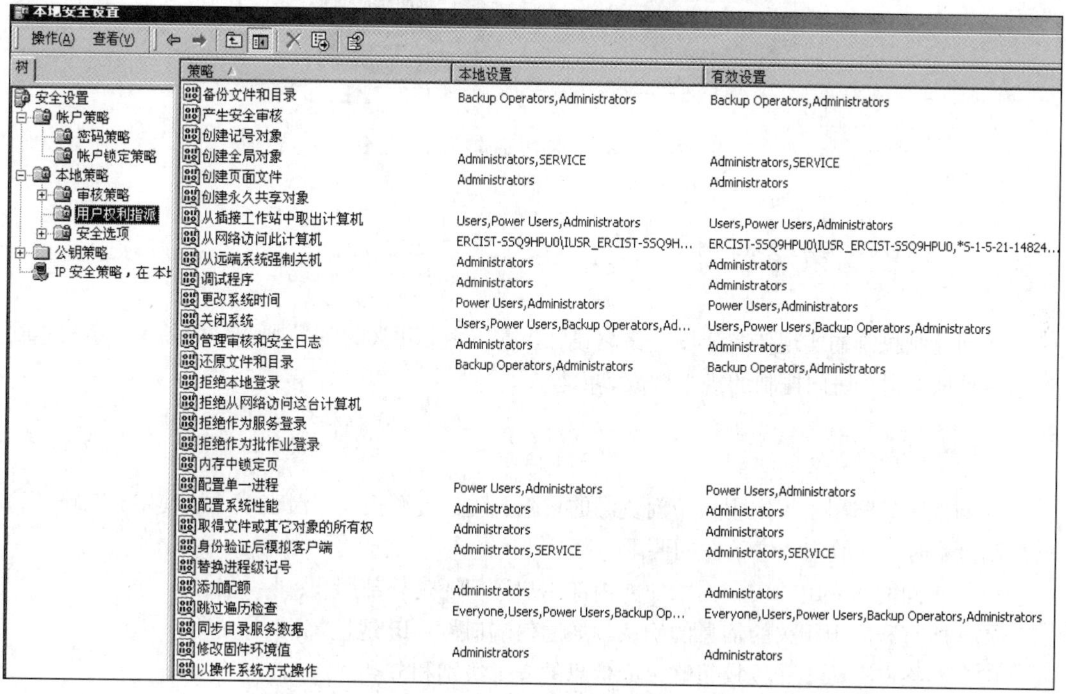

图 7-6　Windows 2000 用户授权策略示意图

7.3.4　基于属性的访问控制

基于属性的访问控制（Attribute Based Access Control）简称为 ABAC，其访问控制方法是根据主体的属性、客体的属性、环境的条件以及访问策略对主体的请求操作进行授权许可或拒绝。如图 7-7 所示，当主体访问受控的资源时，基于属性的访问控制 ABAC 将会检查主体的属性、客体的属性、环境条件以及访问策略，然后再给出访问授权。

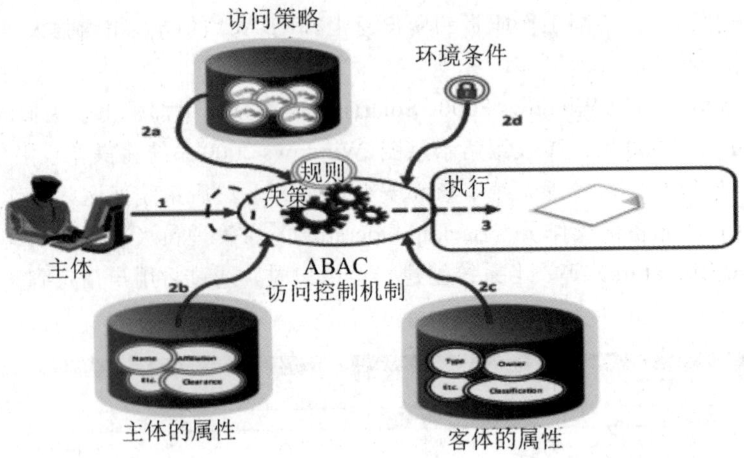

图 7-7　基于属性的访问控制示意图

7.4　访问控制策略设计与实现

访问控制机制的实现依赖于安全策略设计，本节主要讲述访问控制策略的需求、访问控制策略的常见类型、访问控制的规则构成等内容。

7.4.1　访问控制策略

访问控制策略用于规定用户访问资源的权限，防止资源损失、泄密或非法使用。在设计访问控制策略时，一般应考虑下面的要求：

（1）不同网络应用的安全需求，如内部用户访问还是外部用户；

（2）所有和应用相关的信息的确认，如通信端口号、IP 地址等；

（3）网络信息传播和授权策略，如信息的安全级别和分类；

（4）不同系统的访问控制和信息分类策略之间的一致性；

（5）关于保护数据和服务的有关法规和合同义务；

（6）访问权限的更新和维护。

访问控制策略必须指明禁止什么和允许什么，在说明访问控制规则时，应做到以下几点：

（1）所建立的规则应以“未经明确允许的都是禁止的”为前提，而不是以较弱的原则“未经明确禁止的都是允许的”为前提；

（2）信息标记的变化，包括由信息处理设备自动引起的或是由用户决定引起的；

（3）由信息系统和管理人员引起的用户许可的变化；

（4）规则在颁布之前需要管理人员的批准或其他形式的许可。

总而言之，一个访问控制策略由所要控制的对象、访问控制规则、用户权限或其他访问安全要求组成。在一个网络系统中，访问控制策略有许多，具体包括机房访问控制策略、拨号服务器访问控制策略、路由器访问控制策略、交换机访问控制策略、防火墙访问控制策略、主机访问控制策略、数据库访问控制策略、客户端访问控制策略、网络服务访问控制策略等。

7.4.2 访问控制规则

访问控制规则实际上就是访问约束条件集，是访问控制策略的具体实现和表现形式。目前，常见的访问控制规则有基于用户身份、基于时间、基于地址、基于服务数量等多种情况，下面分别介绍主要的访问控制规则。

1. 基于用户身份的访问控制规则

基于用户身份的访问控制规则利用具体的用户身份来限制访问操作，通常以账号名和口令表示用户，当用户输入的“账号名和口令”都正确后，系统才允许用户访问。目前，操作系统或网络设备的使用控制都采用这种控制规则。

2. 基于角色的访问控制规则

正如前面所说，基于角色的访问控制规则是根据用户完成某项任务所需要的权限进行控制的。

3. 基于地址的访问控制规则

基于地址的访问控制规则利用访问者所在的物理位置或逻辑地址空间来限制访问操作。例如，重要的服务器和网络设备可以禁止远程访问，仅仅允许本地的访问，这样可以增加安全性。基于地址的访问控制规则有 IP 地址、域名地址以及物理位置。

4. 基于时间的访问控制规则

基于时间的访问控制规则利用时间来约束访问操作，在一些系统中为了增加访问控制的适应性，增加了时间因素的控制。例如，下班时间不允许访问服务器。

5. 基于异常事件的访问控制规则

基于异常事件的访问控制规则利用异常事件来触发控制操作，以避免危害系统的行为进一步升级。例如，当系统中的用户登录出现三次失败后，系统会在一段时间内冻结账户。

6. 基于服务数量的访问控制规则

基于服务数量的访问控制规则利用系统所能承受的服务数量来实现控制。例如，为了防范拒绝服务攻击，网站在服务能力接近某个阈值时，暂时拒绝新的网络访问请求，以保证系统正常运行。

7.5 访问控制过程与安全管理

访问控制是一个网络安全控制的过程，本节主要介绍访问控制实施的主要步骤、最小特权管理、用户访问管理和口令安全管理。

7.5.1 访问控制过程

访问控制的目的是保护系统的资产，防止非法用户进入系统及合法用户对系统资源的非法使用。要实现访问控制管理，一般需要五个步骤：

第一步，明确访问控制管理的资产，例如网络系统的路由器、Web 服务等；

第二步，分析管理资产的安全需求，例如保密性要求、完整性要求、可用性要求等；

第三步，制定访问控制策略，确定访问控制规则以及用户权限分配；

第四步，实现访问控制策略，建立用户访问身份认证系统，并根据用户类型授权用户访问资产；

第五步，运行和维护访问控制系统，及时调整访问策略。

7.5.2 最小特权管理

特权（Privilege）是用户超越系统访问控制所拥有的权限。这种特权设置有利于系统维护和配置，但不利于系统的安全性。例如，在普通的 UNIX 操作系统中，超级用户的口令泄露，将会对系统造成极大的危害。因此，特权的管理应按最小化机制，防止特权误用。最小特权原则（Principle of Least Privilege）指系统中每一个主体只能拥有完成任务所必要的权限集。最小特权管理的目的是系统不应赋予特权拥有者完成任务的额外权限，阻止特权乱用。为此，特权的分配原则是“按需使用（Need to Use）”，这条原则保证系统不会将权限过多地分配给用户，从而可以限制特权造成的危害。例如，安全的 UNIX 超级用户的特权分解为若干组的特权子集，然后把特权子集赋给不同管理员，使管理员只具有完成其任务所需的权限，从而减少因为管理员的安全事件而所引起的损失，同时也能防止管理员滥用权限。

7.5.3 用户访问管理

为了防止系统的非授权使用，对系统中的用户权限应进行有效管理。例如 BBS 网站、各种论坛、FTP 站点、电子邮件服务、ISP 服务等都实施了用户管理。用户管理是网络安全管理的重要内容之一，其主要工作包括用户登记、用户权限分配、访问记录、权限监测、权限取消、撤销用户。用户登记通常又称为注册，当用户在系统注册成功后，系统分配给用户唯一的标识号（ID）。同时，系统会授予用户一定权限，例如 BBS 普通账号只有发表帖子的权限，而没有删除他人帖子的权限。系统为了防止用户滥用权限，对用户访问进行审计，并定期检查，以便及时阻止非法访问。例如，黑客总是试图通过匿名 FTP 账号窃取系统的口令信息，或者利用系统漏洞越权操作，获取 FTP 站点的管理权。通过监测 FTP 访问日志，可以发现黑客的违规访问记录，这样管理员就可以取消黑客的访问权，阻断黑客的攻击。用户管理的一般流程如图 7-8 所示。

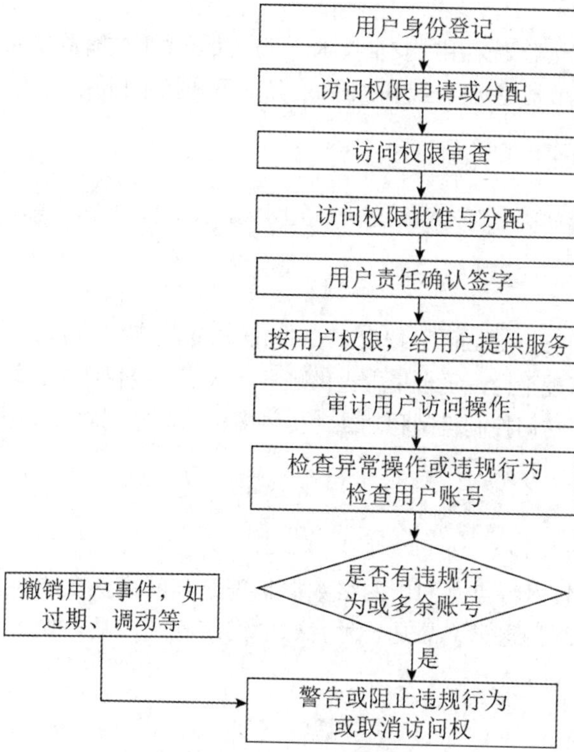

图 7-8　用户管理流程图

7.5.4　口令安全管理

口令是当前大多数网络实施访问控制进行身份鉴别的重要依据，因此，口令管理尤为重要，一般遵守以下原则：

- 口令选择应至少在 8 个字符以上，应选用大小写字母、数字、特殊字符组合；
- 禁止使用与账号相同的口令；
- 更换系统默认口令，避免使用默认口令；
- 限制账号登录次数，建议为 3 次；
- 禁止共享账号和口令；
- 口令文件应加密存放，并只有超级用户才能读取；
- 禁止以明文形式在网络上传递口令；
- 口令应有时效机制，保证经常更改，并且禁止重用口令；
- 对所有的账号运行口令破解工具，检查是否存在弱口令或没有口令的账号。

7.6 访问控制主要产品与技术指标

访问控制是网络安全普遍采用的安全技术，其产品表现形式有独立系统形态、功能模块形态、专用设备形态。本节阐述访问控制的主要产品类型和技术指标。

7.6.1 访问控制主要产品

访问控制的主要产品类型有4A系统、安全网关、系统安全增强等，下面分别进行介绍。

1. 4A系统

4A是指认证（Authentication）、授权（Authorization）、账号（Account）、审计（Audit），中文名称为统一安全管理平台，平台集中提供账号、认证、授权和审计等网络安全服务。该产品的技术特点是集成了访问控制机制和功能，提供多种访问控制服务。平台常用基于角色的访问控制方法，以便于账号授权管理。

2. 安全网关

安全网关产品的技术特点是利用网络数据包信息和网络安全威胁特征库，对网络通信连接服务进行访问控制。这类产品是一种特殊的网络安全产品，如防火墙、统一威胁管理（UTM）等。

3. 系统安全增强

系统安全增强产品的技术特点是通常利用强制访问控制技术来增强操作系统、数据库系统的安全，防止特权滥用。如Linux的安全增强系统SELinux、Windows操作系统加固等。

7.6.2 访问控制主要技术指标

不同的访问控制技术产品，其技术指标有所差异，但其共性指标主要如下。

1. 产品支持访问控制策略规则类型

一般来说，访问控制策略规则类型多，有利于安全控制细化和灵活授权管理。

2. 产品支持访问控制规则最大数量

产品受到硬件和软件的资源限制，访问规则的数量多表示该产品具有较高的控制能力。

3. 产品访问控制规则检查速度

访问控制规则检查速度是产品的主要性能指标，速度快则意味着产品具有较好的性能。

4. 产品自身安全和质量保障级别

针对产品本身的安全所采用的保护措施，产品防范网络攻击的能力，产品所达到的国家信息安全产品的等级。

7.7　访问控制技术应用

访问控制技术是基本的网络安全保护措施，本节分析访问控制技术应用场景类型，给出操作系统、文件服务、网络通信、Web 服务、应用系统等访问控制实施参考案例。

7.7.1　访问控制技术应用场景类型

按照访问控制的对象分类，访问控制技术的主要应用场景类型如下。

1. 物理访问控制

主要针对物理环境或设备实体而设置的安全措施，一般包括门禁系统、警卫、个人证件、门锁、物理安全区域划分。

2. 网络访问控制

主要针对网络资源而采取的访问安全措施，一般包括网络接入控制、网络通信连接控制、网络区域划分、网络路由控制、网络节点认证。

3. 操作系统访问控制

针对计算机系统资源而采取的访问安全措施，例如文件读写访问控制、进程访问控制、内存访问控制等。

4. 数据库/数据访问控制

针对数据库系统及数据而采取的访问安全措施，例如数据库表创建、数据生成与分发。

5. 应用系统访问控制

针对应用系统资源而采取的访问安全措施，例如业务执行操作、业务系统文件读取等。

7.7.2　UNIX/Linux 系统访问控制应用参考

普通的 UNIX、Linux 等系统中，实现自主访问控制技术的基本方法是在每个文件上使用“9 比特位模式”来标识访问控制权限信息，这些二进制位标识了“文件的拥有者、与文件拥有者同组的用户、其他用户”对文件所具有的访问权限和方式，如表 7-1 所示。

表 7-1 UNIX/Linux 访问权限和方式

权限 主体	读	写	执行
拥有者 owner	r	w	x
同组用户 group	r	w	x
其他用户 other	r	w	x

表中，r 表示“读”权限，w 表示“写”权限，x 表示“执行”权限。

- owner 表示此客体的拥有者对它的访问权限；
- group 表示 owner 同组用户对此客体的访问权限；
- other 表示其他用户对此客体的访问权限。

如图 7-9 所示，Linux 普通用户 spring 可以读取文件/etc/passwd 的内容，而无法执行，只有 root 用户才有读和写访问权限。

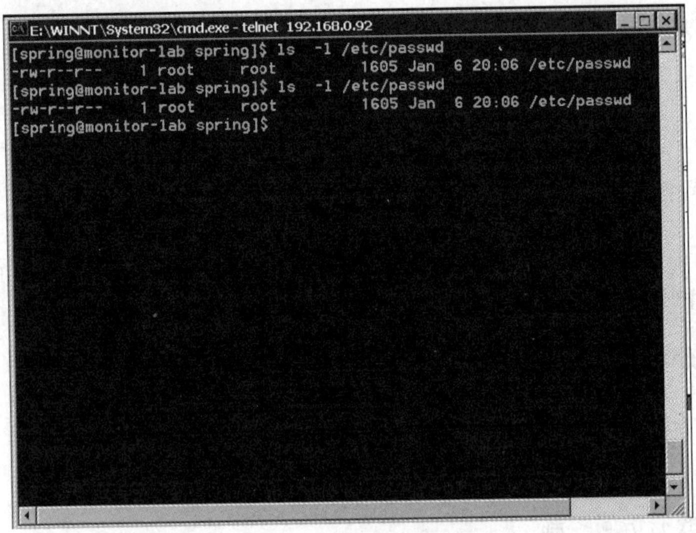

图 7-9 Linux 文件/etc/passwd 权限控制图

7.7.3 Windows 访问控制应用参考

Windows 用户登录到系统时，WinLogon 进程为用户创建访问令牌，包含用户及所属组的安全标识符（SID），作为用户的身份标识。文件等客体则含有自主访问控制列表（DACL），标明谁有权访问，还含有系统访问控制列表（SACL），标明哪些主体的访问需要被记录。用户进程访问客体对象时，通过 WIN32 子系统向核心请求访问服务，核心的安全参考监视器（SRM）将访问令牌与客体的 DACL 进行比较，决定客体是否拥有访问权限，同时检查客体的 SACL，确定本次访问是否落在既定的审计范围内，是则送至审计子系统。整体过程如图 7-10 所示。

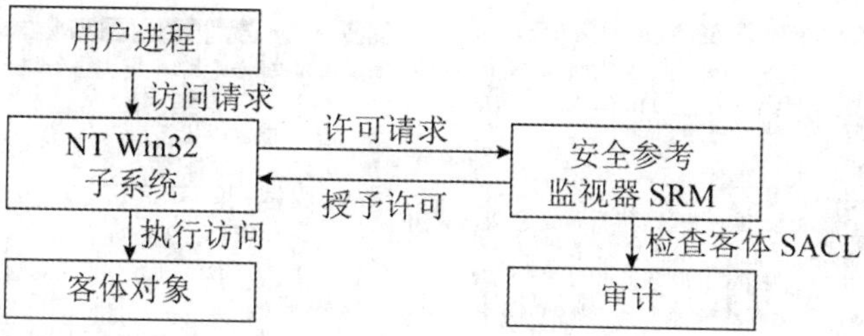

图 7-10　Windows 2000 访问控制示意图

审计数据如图 7-11 所示，这是 Windows 2000 事件查看器中列出的部分登录事件，其中用户 rde 的一次登录失败。

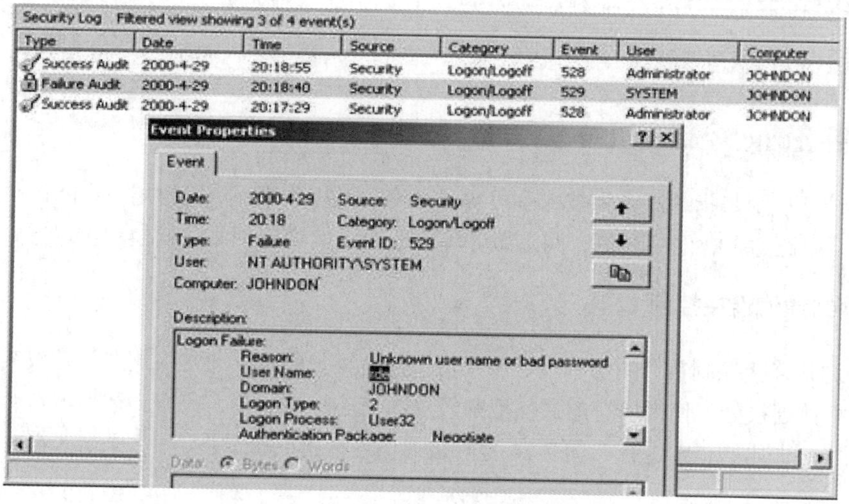

图 7-11　Windows 2000 登录失败事件图

7.7.4　IIS FTP 访问控制应用参考

IIS FTP 服务器自身提供了三种访问限制技术手段，实现用户账号认证、匿名访问控制以及 IP 地址限制。

1. 匿名访问控制设置

匿名访问控制设置如图 7-12 所示。

2. FTP 的目录安全性设置

FTP 用户仅有两种目录权限：读取和写入。读取权限对应下载能力，而写入权限对应上传能力。FTP 站点的目录权限对所有的 FTP 用户都有效，即如果某一个目录设置了读取权限，则任何 FTP 用户都只有下载文件能力，而没有上传文件能力。FTP 的目录安全性设置如图 7-13 所示。

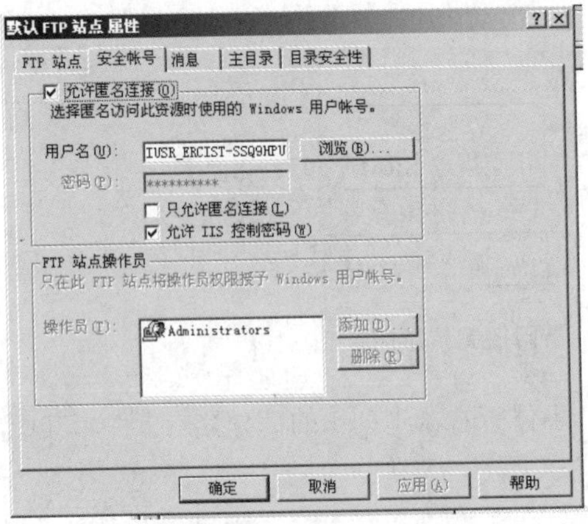

图 7-12 匿名访问控制设置示意图

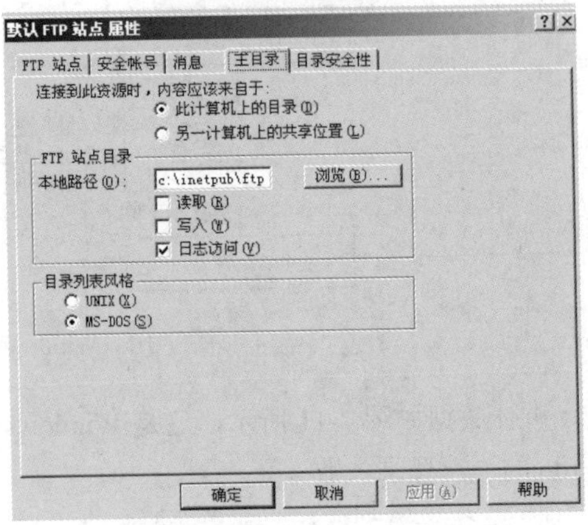

图 7-13 目录权限设置示意图

7.7.5 网络访问控制应用参考

网络访问控制是指通过一定技术手段实现网络资源操作限制，使得用户只能访问所规定的资源，如网络路由器、网络通信、网络服务等。下面举例说明网络访问控制实现方式。

1. 网络通信连接控制

网络通信连接控制常利用防火墙、路由器、网关等来实现，通常将这些设备放在两个不同的通信网络的连接处，使得所有的通信流都经过通信连接控制器，只有当通信流符合访问控制规则时，才允许通信正常进行。图 7-14 是网络通信连接控制配置图。

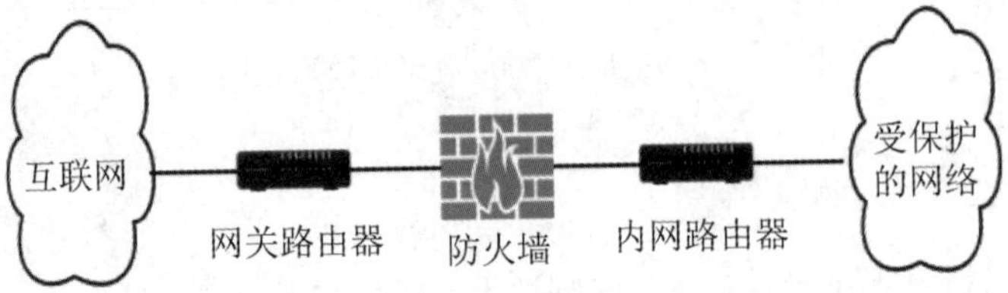

图 7-14 网络通信连接访问控制配置示意图

2. 基于 VLAN 的网络隔离

根据网络的功能和业务用途，将网络划分为若干个小的子网（网段），或者是外部网和内部网，以避免各网之间多余的信息交换。例如，通过 VLAN 技术，可以把处于不同物理位置的节点，按照业务需要组成不同的逻辑子网。采用 VLAN 技术，不仅可以防止广播风暴的产生，而且也能提高交换式网络的整体性能和安全性。

7.7.6　Web 服务访问控制应用参考

目前，Web 服务访问控制基本流程如图 7-15 所示。

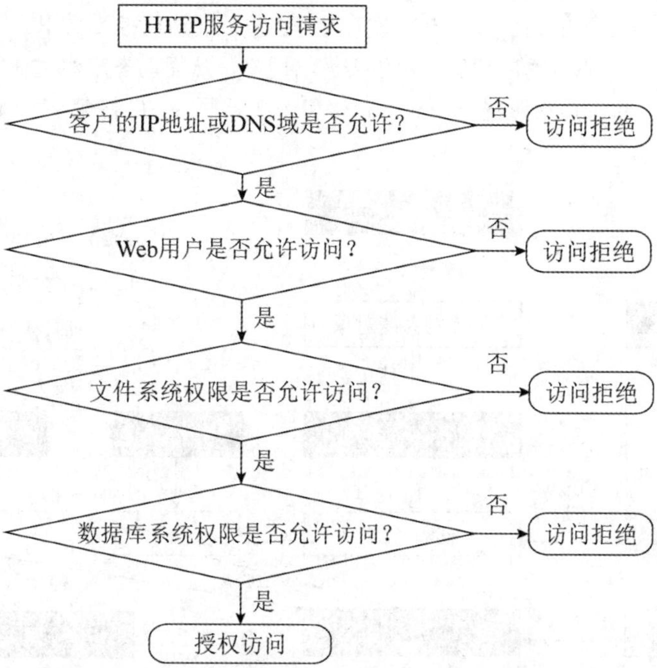

图 7-15　Web 服务访问控制机制的实现流程

Web 服务访问控制机制可由网络通信、用户身份认证、操作系统、数据库等多个访问控制环节来实现，各种访问都有不同的技术来实现。网络通信既可以通过路由器、防火墙来实现，也可以使用 Web 服务器自身的访问控制来实现。用户身份认证可以通过用户/口令、证书来实现。操作系统、数据库、Web 服务器都有自身所带的访问控制技术。其中，Web 服务器可基于限定 IP 地址、IP 网段或域名来实现 Web 资源的访问控制。

以 Apache httpd 的服务器为例，假设要保护/secret 目录资源，只有特定 IP 地址、IP 子网或域名可以访问，则需要在 access.conf 中加一个类似下面的目录控制段。

```
<Directory  /full/path/to/secret>
<Limit  GET  POST>
deny from all
allow from  x.y.z  XXX.XXX.XXX. cn
allow from  a.b.c.d
</Limit>
</Directory>
```

7.7.7 基于角色管理的系统访问控制应用参考

本应用参考选自 IBM 开发社区提供的方案。该方案针对系统管理员权限管理工作，实现既可集中管理又可分散管理的目标。该方案采用基于角色的访问控制技术。如图 7-16 所示，首先是权限被分配到相应的角色，然后，角色委派给用户，从而动态产生主体能力表，即主体所拥有的权限。最后，对主体权限进行审查，确认和修订无误后，最终赋予主体所拥有的权限集，即能力表。

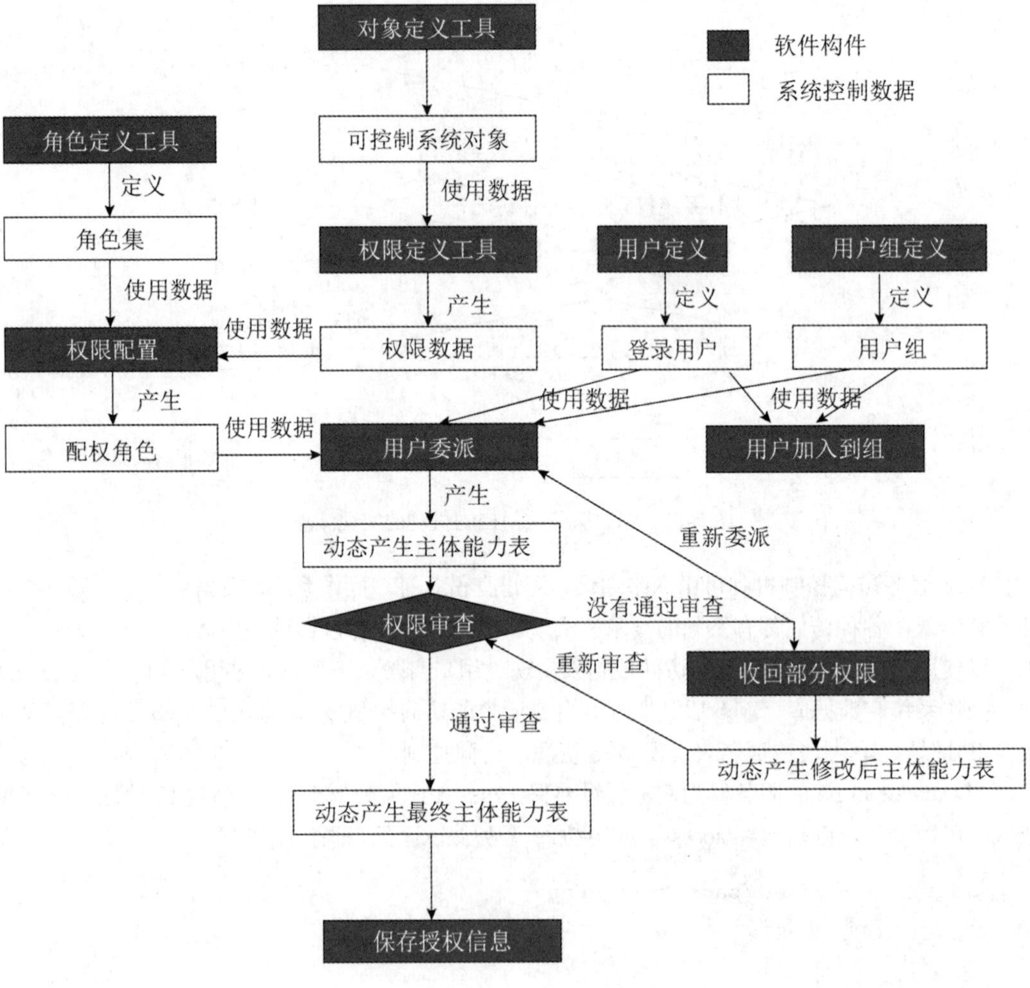

图 7-16 基于角色的权限分配过程

7.7.8 网络安全等级保护访问控制设计应用参考

访问控制是网络安全等级保护对象的重要安全机制。本应用参考选自《信息安全技术 网络安全等级保护安全设计技术要求（GB/T 25070—2019）》。等级保护对象的自主访问控制结构和强制访问控制结构设计参考如下。

1. 自主访问控制结构

等级保护对象系统在初始配置过程中，安全管理中心首先对系统中的主体及客体进行登记命名，然后根据自主访问控制安全策略，按照主体对其创建客体的授权命令，为相关主体授权，规定主体允许访问的客体及操作，并形成访问控制列表。自主访问控制结构如图 7-17 所示。

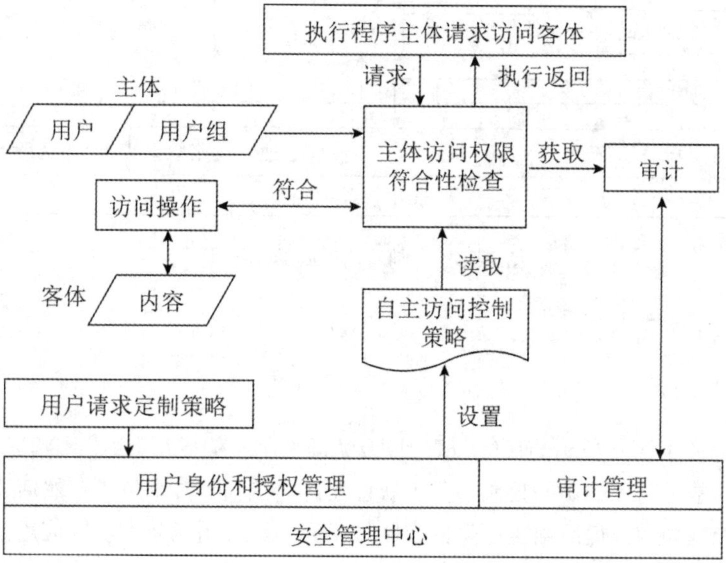

图 7-17　自主访问控制结构过程

2. 强制访问控制结构

等级保护对象系统在初始配置过程中，安全管理中心对系统的主体及其所控制的客体实施身份管理、标记管理、授权管理、策略管理。身份管理确定系统中所有合法用户的身份、工作密钥、证书等与安全相关的内容。标记管理根据业务系统的需要，结合客体资源的重要程度，确定系统中所有客体资源的安全级别和范畴，生成全局客体安全标记列表；同时，根据用户在业务系统中的权限和角色确定主体的安全级别和范畴，生成全局主体安全标记列表。授权管理根据业务系统需求和安全状况，授予用户（主体）访问资源（客体）的权限，生成强制访问控制策略和级别调整策略列表。策略管理则根据业务系统的需求，生成与执行主体相关的策略，包括强制访问控制策略和级别调整策略。除此之外，安全审计员需要通过安全管理中心制定系统审计策略，实施系统的审计管理。强制访问控制结构如图 7-18 所示。

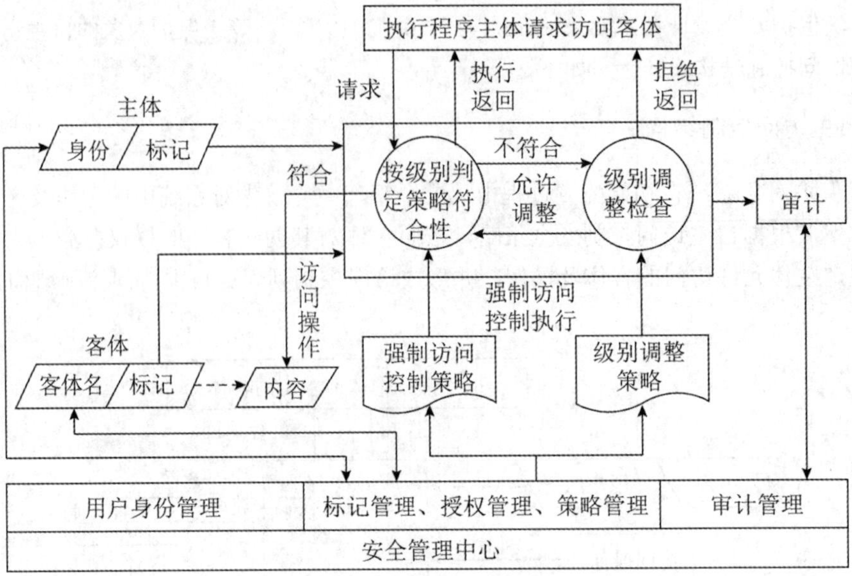

图 7-18 强制访问控制结构过程

7.8 本章小结

本章首先介绍了访问控制的目标、概念以及访问控制相关模型，并分别阐述自主访问控制、强制访问控制、基于角色的访问控制、基于属性的访问控制等技术特点；然后还介绍了访问控制策略和访问控制规则；最后给出了访问控制技术产品、应用场景和实际应用参考案例。

第 8 章　防火墙技术原理与应用

8.1　防火墙概述

防火墙是网络安全区域边界保护的重要技术，本节主要阐述防火墙的基本概念、防火墙工作原理、防火墙安全风险，并分析防火墙技术的发展趋势。

8.1.1　防火墙概念

目前，各组织机构都是通过便利的公共网络与客户、合作伙伴进行信息交换的，但是，一些敏感的数据有可能泄露给第三方，特别是连上因特网的网络将面临黑客的攻击和入侵。为了应对网络威胁，联网的机构或公司将自己的网络与公共的不可信任的网络进行隔离，其方法是根据网络的安全信任程度和需要保护的对象，人为地划分若干安全区域，这些安全区域有：

- 公共外部网络，如 Internet；
- 内联网（Intranet），如某个公司或组织的专用网络，网络访问限制在组织内部；
- 外联网（Extranet），内联网的扩展延伸，常用作组织与合作伙伴之间进行通信；
- 军事缓冲区域，简称 DMZ，该区域是介于内部网络和外部网络之间的网络段，常放置公共服务设备，向外提供信息服务。

在安全区域划分的基础上，通过一种网络安全设备，控制安全区域间的通信，可以隔离有害通信，进而阻断网络攻击。这种安全设备的功能类似于防火使用的墙，因而人们就把这种安全设备俗称为“防火墙”，它一般安装在不同的安全区域边界处，用于网络通信安全控制，由专用硬件或软件系统组成。

8.1.2　防火墙工作原理

防火墙是由一些软、硬件组合而成的网络访问控制器，它根据一定的安全规则来控制流过防火墙的网络包，如禁止或转发，能够屏蔽被保护网络内部的信息、拓扑结构和运行状况，从而起到网络安全屏障的作用。防火墙一般用来将内部网络与因特网或者其他外部网络互相隔离，限制网络互访，保护内部网络的安全，如图 8-1 所示。

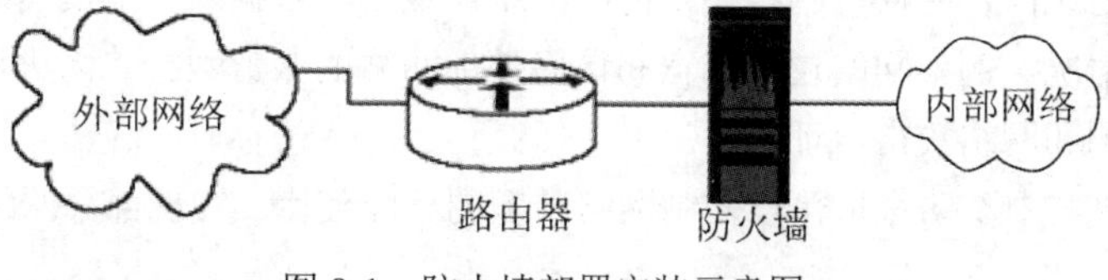

图 8-1　防火墙部署安装示意图

防火墙根据网络包所提供的信息实现网络通信访问控制：如果网络通信包符合网络访问控制策略，就允许该网络通信包通过防火墙，否则不允许，如图8-2所示。防火墙的安全策略有两种类型：

（1）白名单策略：只允许符合安全规则的包通过防火墙，其他通信包禁止；

（2）黑名单策略：禁止与安全规则相冲突的包通过防火墙，其他通信包都允许。

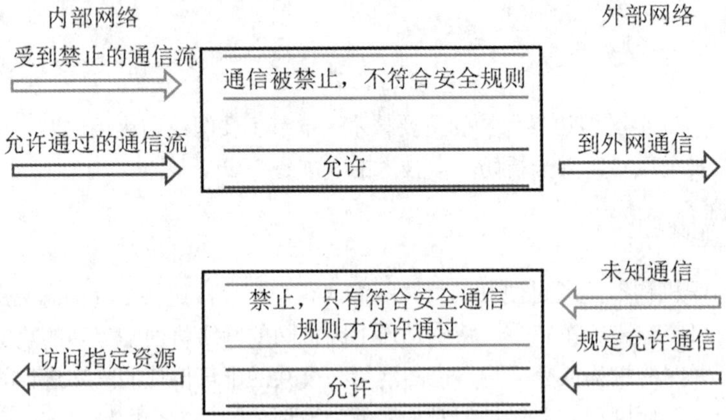

图8-2 防火墙工作示意图

防火墙简单的可以用路由器、交换机实现，复杂的就要用一台计算机，甚至一组计算机实现。按照TCP/IP协议层次，防火墙的访问控制可以作用于网络接口层、网络层、传输层、应用层，首先依据各层所包含的信息判断是否遵循安全规则，然后控制网络通信连接，如禁止、允许。防火墙简化了网络的安全管理。如果没有它，网络中的每个主机都处于直接受攻击的范围之内。为了保护主机的安全，就必须在每台主机上安装安全软件，并对每台主机都要定时检查和配置更新。归纳起来，防火墙的功能主要有以下几个方面。

- 过滤非安全网络访问。将防火墙设置为只有预先被允许的服务和用户才能通过防火墙，禁止未授权的用户访问受保护的网络，降低被保护网络受非法攻击的风险。
- 限制网络访问。防火墙只允许外部网络访问受保护网络的指定主机或网络服务，通常受保护网络中的Mail、FTP、WWW服务器等可让外部网访问，而其他类型的访问则予以禁止。防火墙也用来限制受保护网络中的主机访问外部网络的某些服务，例如某些不良网址。
- 网络访问审计。防火墙是外部网络与受保护网络之间的唯一网络通道，可以记录所有通过它的访问，并提供网络使用情况的统计数据。依据防火墙的日志，可以掌握网络的使用情况，例如网络通信带宽和访问外部网络的服务数据。防火墙的日志也可用于入侵检测和网络攻击取证。
- 网络带宽控制。防火墙可以控制网络带宽的分配使用，实现部分网络质量服务（QoS）保障。

- 协同防御。防火墙和入侵检测系统通过交换信息实现联动，根据网络的实际情况配置并修改安全策略，增强网络安全。

8.1.3　防火墙安全风险

尽管防火墙有许多防范功能，但也有一些力不能及的地方。采用防火墙安全措施的网络仍然存在以下网络安全风险。

（1）网络安全旁路。防火墙只能对通过它的网络通信包进行访问控制，而未经过它的网络通信就无能为力。例如，如果允许从内部网络直接拨号访问外部网，则防火墙就失效，攻击者通过用户拨号连接直接访问内部网，绕过防火墙控制，造成潜在的攻击途径。

（2）防火墙功能缺陷，导致一些网络威胁无法阻断。防火墙的安全功能存在脆弱点，使得一些网络安全威胁可以通过防火墙的安全规则控制，主要安全缺陷如下。

- 防火墙不能完全防止感染病毒的软件或文件传输。防火墙是网络通信的瓶颈，因为已有的病毒、操作系统以及加密和压缩二进制文件的种类太多，以致不能指望防火墙逐个扫描每个文件查找病毒，只能在每台主机上安装反病毒软件。
- 防火墙不能防止基于数据驱动式的攻击。当有些表面看来无害的数据被邮寄或复制到主机上并被执行而发起攻击时，就会发生数据驱动攻击效果。防火墙对此无能为力。
- 防火墙不能完全防止后门攻击。防火墙是粗粒度的网络访问控制，某些基于网络隐蔽通道的后门能绕过防火墙的控制。例如 http tunnel 等。

（3）防火墙安全机制形成单点故障和特权威胁。防火墙处于不同网络安全区域之间，所有区域之间的通信都经过防火墙，受其控制，从而形成安全特权。一旦防火墙自身的安全管理失效，就会对网络造成单点故障和网络安全特权失控。

（4）防火墙无法有效防范内部威胁。处于防火墙保护的内网用户一旦操作失误，网络攻击者就能利用内部用户发起主动网络连接，从而可以躲避防火墙的安全控制。

（5）防火墙效用受限于安全规则。防火墙依赖于安全规则更新，特别是采用黑名单策略的防火墙，一旦安全规则更新不及时，极易导致防火墙的保护功能失效。

8.1.4　防火墙发展

防火墙作为网络安全的基础控制措施，其技术不断发展演变，主要表现为以下几个方面。

（1）防火墙控制粒度不断细化。控制规则从以前的 IP 包地址信息延伸到 IP 包的内容。

（2）检查安全功能持续增强。检测 IP 包内容越来越细，DPI（Deep Packet Inspection）应用于防火墙。

（3）产品分类更细化。针对保护对象的定制安全需求，出现专用防火墙设备。如工控防火墙、Web 防火墙、数据库/数据防火墙等。

（4）智能化增强。通过网络安全大数据和人工智能技术的应用，防火墙规则实现智能化更新。

8.2 防火墙类型与实现技术

按照防火墙的实现技术及保护对象，常见的防火墙类型可分为包过滤防火墙、代理防火墙、下一代防火墙、Web应用防火墙、数据库防火墙、工控防火墙。防火墙的实现技术主要有包过滤、状态检测、应用服务代理、网络地址转换、协议分析、深度包检查等。

8.2.1 包过滤

包过滤是在IP层实现的防火墙技术，包过滤根据包的源IP地址、目的IP地址、源端口、目的端口及包传递方向等包头信息判断是否允许包通过。此外，还有一种可以分析包中的数据区内容的智能型包过滤器。基于包过滤技术的防火墙，简称为包过滤型防火墙（Packet Filter），其工作机制如图8-3所示。

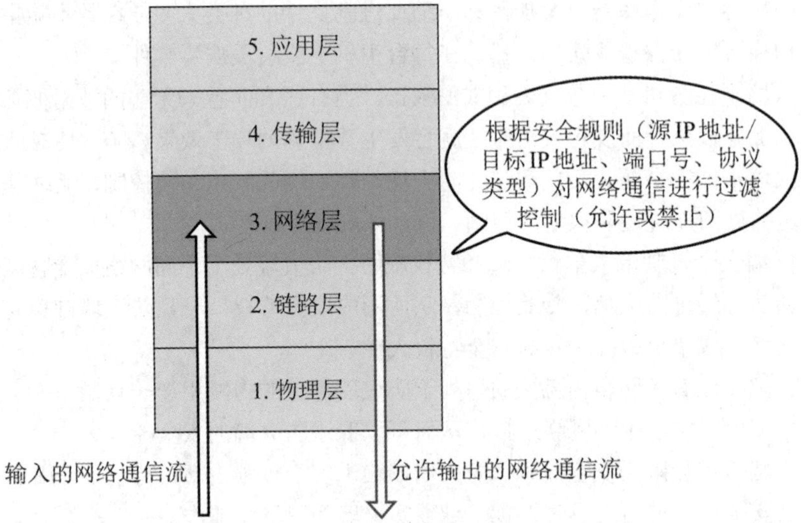

图8-3 包过滤工作机制

目前，包过滤是防火墙的基本功能之一。多数现代的IP路由软件或设备都支持包过滤功能，并默认转发所有的包。ipf、ipfw、ipfwadm都是常用的自由过滤软件，可以运行在Linux操作系统平台上。包过滤的控制依据是规则集，典型的过滤规则表示格式由“规则号、匹配条件、匹配操作”三部分组成，包过滤规则格式随所使用的软件或防火墙设备的不同而略有差异，但一般的包过滤防火墙都用源IP地址、目的IP地址、源端口号、目的端口号、协议类型（UDP、TCP、ICMP）、通信方向、规则运算符来描述过滤规则条件。而匹配操作有拒绝、转发、审计三种。表8-1是包过滤型防火墙的通用实例，该规则的作用在于只允许内、外网的邮件通信，其他的通信都禁止。

表 8-1　防火墙过滤规则

规则编号	通信方向	协议类型	源 IP	目标 IP	源端口	目标端口	操作
A	in	TCP	外部	内部	≥1024	25	允许
B	out	TCP	内部	外部	25	≥1024	允许
C	out	TCP	内部	外部	≥1024	25	允许
D	in	TCP	外部	内部	25	≥1024	允许
E	either	any	any	any	any	any	拒绝

包过滤型防火墙对用户透明，合法用户在进出网络时，感觉不到它的存在，使用起来很方便。在实际网络安全管理中，包过滤技术经常用来进行网络访问控制。下面以 Cisco IOS 为例，说明包过滤器的作用。Cisco IOS 有两种访问规则形式，即标准 IP 访问表和扩展 IP 访问表，它们的区别主要是访问控制的条件不一样。标准 IP 访问表只是根据 IP 包的源地址进行，标准 IP 访问控制规则的格式如下：

```
access-list list-number{deny|permit}source[source-wildcard][log]
```

而扩展 IP 访问控制规则的格式是：

```
access-list list-number{deny|permit}protocol
    source source-wildcard source-qualifiers
  destination destination-wildcard destination-qualifiers[log|log-input]
```

其中：

- 标准 IP 访问控制规则的 list-number 规定为 1～99，而扩展 IP 访问控制规则的 list-number 规定为 100～199；
- deny 表示若经过 Cisco IOS 过滤器的包条件不匹配，则禁止该包通过；
- permit 表示若经过 Cisco IOS 过滤器的包条件匹配，则允许该包通过；
- source 表示来源的 IP 地址；
- source-wildcard 表示发送数据包的主机 IP 地址的通配符掩码，其中 1 代表“忽略”，0 代表“需要匹配”，any 代表任何来源的 IP 包；
- destination 表示目的 IP 地址；
- destination-wildcard 表示接收数据包的主机 IP 地址的通配符掩码；
- protocol 表示协议选项，如 IP、ICMP、UDP、TCP 等；
- log 表示记录符合规则条件的网络包。

下面给出一个例子，用 Cisco 路由器防止 DDoS 攻击，配置信息如下。

```
! the TRINOO DDoS systems
access-list 170 deny tcp any any eq 27665 log
access-list 170 deny udp any any eq 31335 log
access-list 170 deny udp any any eq 27444 log
! the Stacheldraht DDoS system
access-list 170 deny tcp any any eq 16660 log
access-list 170 deny tcp any any eq 65000 log
! the TrinityV3 system
access-list 170 deny tcp any any eq 33270 log
access-list 170 deny tcp any any eq 39168 log
! the Subseven DDoS system and some variants
access-list 170 deny tcp any any range 6711 6712 log
access-list 170 deny tcp any any eq 6776 log
access-list 170 deny tcp any any eq 6669 log
access-list 170 deny tcp any any eq 2222 log
access-list 170 deny tcp any any eq 7000 log
```

简而言之，包过滤成为当前解决网络安全问题的重要技术之一，不仅可以用在网络边界，而且也可应用在单台主机上。例如，现在个人防火墙以及 Windows 2000 和 Windows XP 都提供了对 TCP、UDP 等协议的过滤支持，用户可以根据自己的安全需求，通过过滤规则的配置来限制外部对本机的访问。图 8-4 是利用 Windows 2000 系统自带的包过滤功能对 139 端口进行过滤，这样可以阻止基于 RPC 的漏洞攻击。

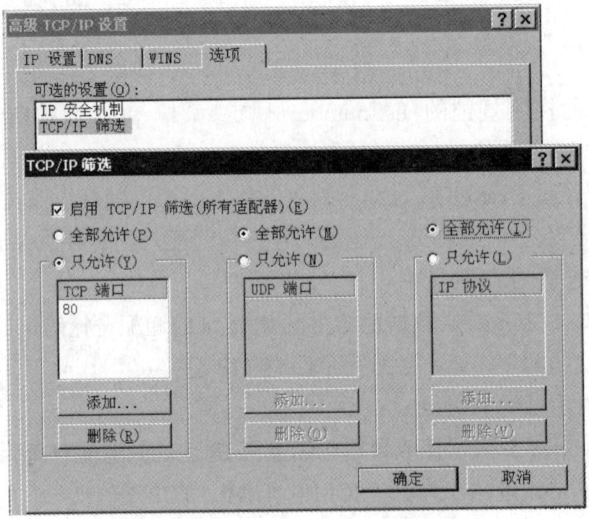

图 8-4 Windows 2000 过滤配置示意图

包过滤防火墙技术的优点是低负载、高通过率、对用户透明。但是包过滤技术的弱点是不能在用户级别进行过滤，如不能识别不同的用户和防止 IP 地址的盗用。如果攻击者把自己主机的 IP 地址设成一个合法主机的 IP 地址，就可以轻易通过包过滤器。

8.2.2　状态检查技术

基于状态的防火墙通过利用 TCP 会话和 UDP“伪”会话的状态信息进行网络访问机制。采用状态检查技术的防火墙首先建立并维护一张会话表，当有符合已定义安全策略的 TCP 连接或 UDP 流时，防火墙会创建会话项，然后依据状态表项检查，与这些会话相关联的包才允许通过防火墙。如图 8-5 所示为某公司的状态防火墙处理包的流程。

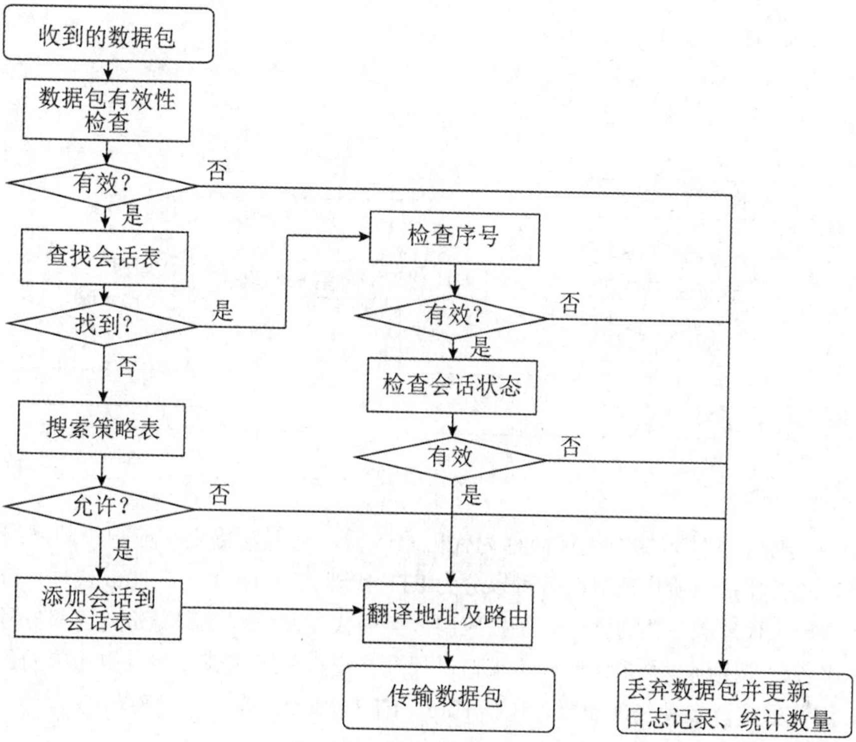

图 8-5　状态防火墙包过滤流程

状态防火墙处理包流程的主要步骤如下。

（1）接收到数据包。

（2）检查数据包的有效性，若无效，则丢掉数据包并审计。

（3）查找会话表；若找到，则进一步检查数据包的序列号和会话状态，如有效，则进行地址转换和路由，转发该数据包； 否则，丢掉数据包并审计。

（4）当会话表中没有新到的数据包信息时，则查找策略表，如符合策略表，则增加会话条目到会话表中，并进行地址转换和路由，转发该数据包；否则，丢掉该数据包并审计。

8.2.3　应用服务代理

应用服务代理防火墙扮演着受保护网络的内部网主机和外部网主机的网络通信连接“中间

人”的角色，代理防火墙代替受保护网络的主机向外部网发送服务请求，并将外部服务请求响应的结果返回给受保护网络的主机，如图 8-6 所示。

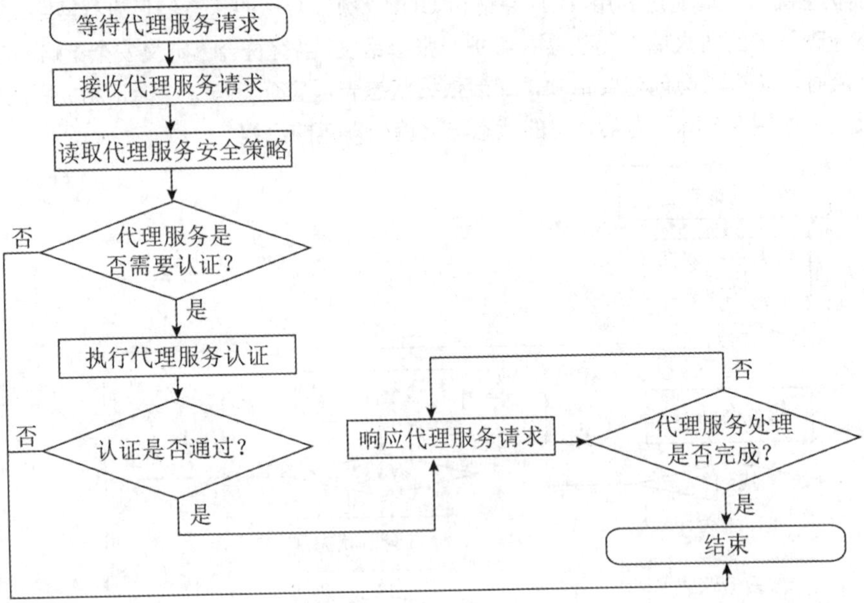

图 8-6　代理服务工作流程

采用代理服务技术的防火墙简称为代理服务器，它能够提供在应用级的网络安全访问控制。代理服务器按照所代理的服务可以分为 FTP 代理、Telnet 代理、Http 代理、Socket 代理、邮件代理等。代理服务器通常由一组按应用分类的代理服务程序和身份验证服务程序构成。每个代理服务程序用到一个指定的网络端口，代理客户程序通过该端口获得相应的代理服务。例如，IE 浏览器支持多种代理配置，包括 Http、FTP、Socks 等，如图 8-7 所示。

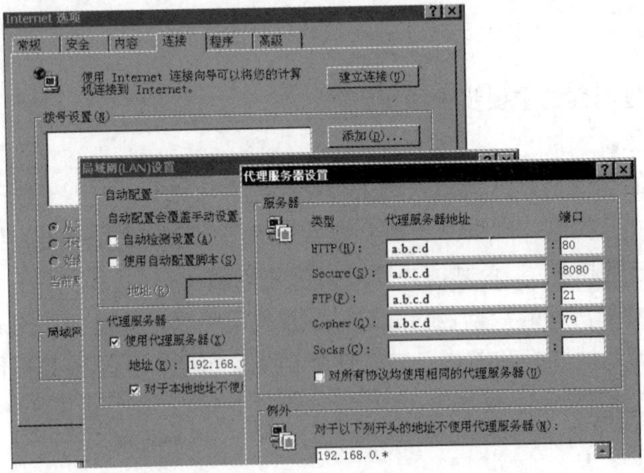

图 8-7　IE 浏览器配置示意图

代理服务技术也是常用的防火墙技术，安全管理员为了对内部网络用户进行应用级上的访问控制，常安装代理服务器，如图 8-8 所示。

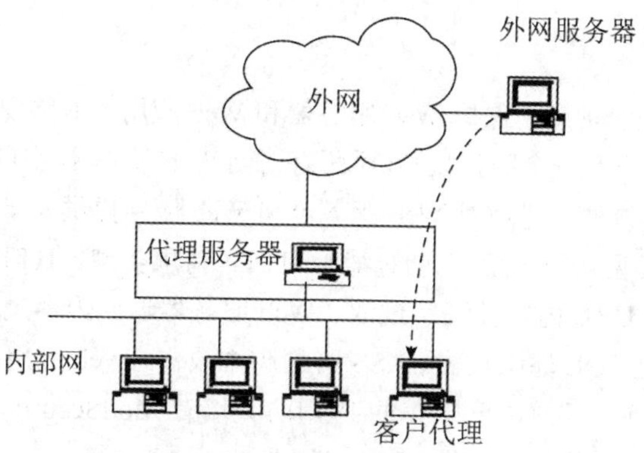

图 8-8　代理服务器工作示意图

受保护的内部用户对外部网络访问时，首先需要通过代理服务器的认可，才能向外提出请求，而外网的用户只能看到代理服务器，从而隐藏了受保护网络的内部结构及用户的计算机信息。因而，代理服务器可以提高网络系统的安全性。应用服务代理技术的优点主要有：

- 不允许外部主机直接访问内部主机；
- 支持多种用户认证方案；
- 可以分析数据包内部的应用命令；
- 可以提供详细的审计记录。

应用服务代理技术的缺点是：

- 速度比包过滤慢；
- 对用户不透明；
- 与特定应用协议相关联，代理服务器并不能支持所有的网络协议。

8.2.4　网络地址转换技术

NAT 是 Network Address Translation 的英文缩写，中文含义是“网络地址转换”。NAT 技术主要是为了解决公开地址不足而出现的，它可以缓解少量因特网 IP 地址和大量主机之间的矛盾。但 NAT 技术用在网络安全应用方面，则能透明地对所有内部地址作转换，使外部网络无法了解内部网络的内部结构，从而提高了内部网络的安全性。基于 NAT 技术的防火墙上配置有合法的公共 IP 地址集，当内部某一用户访问外网时，防火墙动态地从地址集中选一个未分配的地址分配给该用户，该用户即可使用这个合法地址进行通信。实现网络地址转换的方式主要有：静态 NAT（StaticNAT）、NAT 池（pooledNAT）和端口 NAT（PAT）三种类型。其中静态 NAT 设置起来最为简单，内部网络中的每个主机都被永久映射成外部网络中的某个合法的地址。而 NAT 池则是在外部网络中配置合法地址集，采用动态分配的方法映射到内部网络。PAT 则是把内部地址映射到外部网络的一个IP地址的不同端口上。目前，许多路由器产品都具有NAT功能。开源操作系统Linux自带的IPtables防火墙支持地址转换技术。

8.2.5 Web防火墙技术

Web应用防火墙是一种用于保护Web服务器和Web应用的网络安全机制。其技术原理是根据预先定义的过滤规则和安全防护规则，对所有访问Web服务器的HTTP请求和服务器响应，进行HTTP协议和内容过滤，进而对Web服务器和Web应用提供安全防护功能。Web应用防火墙的HTTP过滤的常见功能主要有允许/禁止HTTP请求类型、HTTP协议头各个字段的长度限制、后缀名过滤、URL内容关键字过滤、Web服务器返回内容过滤。Web应用防火墙可抵御的典型攻击主要是SQL注入攻击、XSS跨站脚本攻击、Web应用扫描、Webshell、Cookie注入攻击、CSRF攻击等。目前，开源Web 应用防火墙有ModSecurity、 WebKnight、Shadow Daemon等。

8.2.6 数据库防火墙技术

数据库防火墙是一种用于保护数据库服务器的网络安全机制。其技术原理主要是基于数据库通信协议深度分析和虚拟补丁，根据安全规则对数据库访问操作及通信进行安全访问控制，防止数据库系统受到攻击威胁。其中，数据库通信协议深度分析可以获取访问数据库服务器的应用程序数据包的“源地址、目标地址、源端口、目标端口、SQL语句”等信息，然后依据这些信息及安全规则监控数据库风险行为，阻断违规SQL操作、阻断或允许合法的SQL操作执行，如图8-9所示。

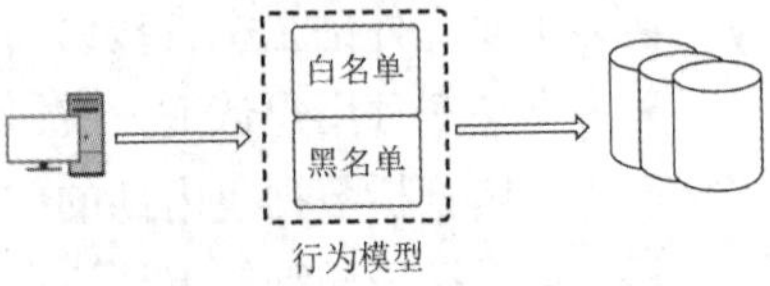

图8-9 数据库防火墙控制示意图

虚拟补丁技术通过在数据库外部创建一个安全屏障层，监控所有数据库活动，进而阻止可疑会话、操作程序或隔离用户，防止数据库漏洞被利用，从而不用打数据库厂商的补丁，也不需要停止服务，可以保护数据库安全。某公司的数据库防火墙如图8-10所示。

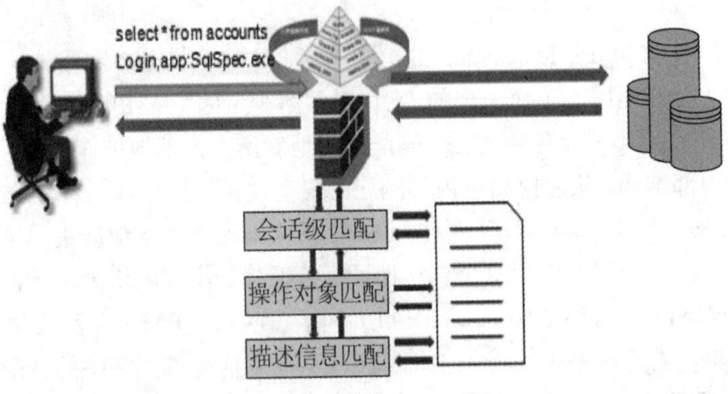

图8-10 数据库防火墙示意图

8.2.7 工控防火墙技术

工业控制系统专用防火墙简称为工控防火墙，是一种用于保护工业设备及系统的网络安全机制。其技术原理主要是通过工控协议深度分析，对访问工控设备的请求和响应进行监控，防止恶意攻击工控设备，实现工控网络的安全隔离和工控现场操作的安全保护。工控防火墙与传统的网络防火墙有所差异，工控防火墙侧重于分析工控协议，主要包括 Modbus TCP 协议、IEC 61850 协议、OPC 协议、Ethernet/IP 协议和 DNP3 协议等。同时，工控防火墙要适应工业现场的恶劣环境及实时性高的工控操作要求。如图 8-11 所示，工控防火墙用来保护控制系统安全。

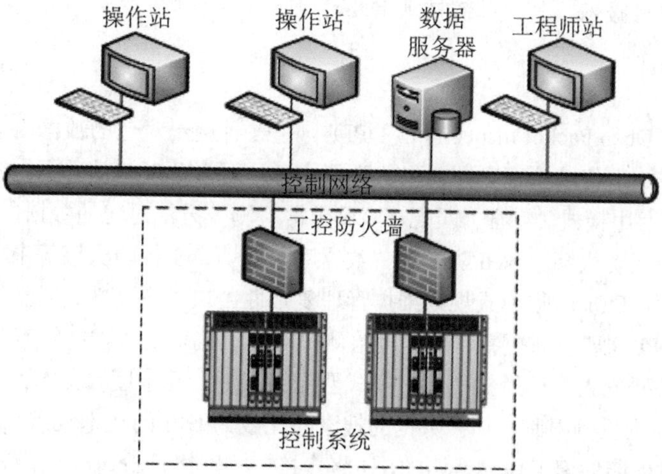

图 8-11 工控防火墙应用示意图

8.2.8 下一代防火墙技术

相对于传统网络防火墙而言，下一代防火墙除了集成传统防火墙的包过滤、状态检测、地址转换等功能外，还具有应用识别和控制、可应对安全威胁演变、检测隐藏的网络活动、动态快速响应攻击、支持统一安全策略部署、智能化安全管理等新功能。

（1）应用识别和管控。不依赖端口，通过对网络数据包深度内容的分析，实现对应用层协议和应用程序的精准识别，提供应用程序级功能控制，支持应用程序安全防护。

（2）入侵防护（IPS）。能够根据漏洞特征进行攻击检测和防护，如 SQL 注入攻击。

（3）数据防泄露。对传输的文件和内容进行识别过滤，可准确识别常见文件的真实类型，如 Word、Excel、PPT、PDF 等，并对敏感内容进行过滤。

（4）恶意代码防护。采用基于信誉的恶意检测技术，能够识别恶意的文件和网站。构建 Web 信誉库，通过对互联网站资源（IP、URL、域名等）进行威胁分析和信誉评级，将含有恶意代码的网站资源列入 Web 信誉库，然后基于内容过滤技术阻挡用户访问不良信誉网站，从而实现智能化保护终端用户的安全。

（5）URL 分类与过滤。构建 URL 分类库，内含不同类型的 URL 信息（如不良言论、网络“钓鱼”、论坛聊天等），对与工作无关的网站、不良信息、高风险网站实现准确、高效过滤。

（6）带宽管理与 QoS 优化。通过智能化识别业务应用，有效管理网络用户/IP 使用的带宽，确保关键业务和关键用户的带宽，优化网络资源的利用。

（7）加密通信分析。通过中间人代理和重定向等技术，对 SSL、SSH 等加密的网络流量进行监测分析。

8.2.9 防火墙共性关键技术

防火墙涉及多种技术，其中关键技术主要有以下几种。

1. 深度包检测

深度包检测（Deep Packet Inspection，DPI），是一种用于对包的数据内容及包头信息进行检查分析的技术方法。传统检查只针对包的头部信息，而 DPI 对包的数据内容进行检查，深入应用层分析。DPI 运用模式（特征）匹配、协议异常检测等方法对包的数据内容进行分析。DPI 已经被应用到下一代防火墙、Web 防火墙、数据库防火墙、工控防火墙等中，属于防火墙的核心技术之一。然而，DPI 面临模式规则维护管理复杂性、自身安全性、隐私保护、性能等一系列挑战和问题。DPI 需要不断更新维护深度检测策略，以确保防火墙持续有效。对于 DPI 的自身安全问题，相关研究人员已经提出针对模式匹配算法进行复杂度攻击的方法。隐私保护技术使得 DPI 的检测能力受到限制，加密数据的搜索匹配成为 DPI 的技术难点。DPI 需要处理包的数据内容，使得防火墙处理工作显著增加，这将直接影响网络传输速度。围绕 DPI 的难点问题，相关研究人员提出利用硬件提高模式匹配算法性能，如利用 GPU 加速模式匹配算法。

2. 操作系统

防火墙的运行依赖于操作系统，操作系统的安全性直接影响防火墙的自身安全。目前，防火墙的操作系统主要有 Linux、Windows、设备定制的操作系统等。操作系统的安全增强是防火墙的重要保障。

3. 网络协议分析

防火墙通过获取网络中的包，然后利用协议分析技术对包的信息进行提取，进而实施安全策略检查及后续包的处理。

8.3 防火墙主要产品与技术指标

防火墙是主流的网络安全产品，按照应用场景，防火墙的产品类型有网络防火墙、Web 应用防火墙、数据库防火墙、主机防火墙、工控防火墙、下一代防火墙、家庭防火墙。下面介绍各类防火墙产品的特点及主要技术指标。

8.3.1　防火墙主要产品

防火墙是广泛应用的网络安全产品，其产品形态有硬件实体模式和软件模式。商业产品的主要形态为物理硬件实体，安全功能软件集成到硬件实体中。开源防火墙产品主要以软件模式存在，如 IPtables。目前，防火墙的主要产品类型如下。

1. 网络防火墙

网络防火墙的产品特点是部署在不同安全域之间，解析和过滤经过防火墙的数据流，具备网络层访问控制及过滤功能的网络安全产品。

2. Web 应用防火墙

Web 应用防火墙的产品特点是根据预先定义的过滤规则和安全防护规则，对所有访问 Web 服务器的 HTTP 请求和服务器响应进行 HTTP 协议和内容过滤，并对 Web 服务器和 Web 应用提供安全防护的网络安全产品。

3. 数据库防火墙

数据库防火墙的产品特点是基于数据库协议分析与控制技术，可实现对数据库的访问行为控制和危险操作阻断的网络安全产品。

4. 主机防火墙

主机防火墙的产品特点是部署在终端计算机上，监测和控制网络级数据流和应用程序访问的网络安全产品。

5. 工控防火墙

工控防火墙的产品特点是部署在工业控制环境，基于工控协议深度分析与控制技术，对工业控制系统、设备以及控制域之间的边界进行保护，并满足特定工业环境和功能要求的网络安全产品。

6. 下一代防火墙

下一代防火墙的产品特点是部署在不同安全域之间，解析和过滤经过防火墙的数据流，集成应用识别和管控、恶意代码防护、入侵防护、事件关联等多种安全功能，同时具备网络层和应用层访问控制及过滤功能的网络安全产品。

7. 家庭防火墙

家庭防火墙的产品特点是防火墙功能模块集成在智能路由器中，具有 IP 地址控制、 MAC 地址限制、不良信息过滤控制、防止蹭网、智能家居保护等功能的网络安全产品。

8.3.2 防火墙主要技术指标

一般来说，防火墙评价指标可以分成四类，即安全功能要求、性能要求、安全保障要求、环境适应性要求。根据《信息安全技术 防火墙安全技术要求和测试评价方法》《信息安全技术 工业控制系统专用防火墙技术要求》等国家标准规范，不同类型防火墙的安全功能要求、性能要求、环境适应性要求有所差异，安全保障要求基本相同。

1. 防火墙安全功能指标

防火墙的主要安全功能如表 8-2 所示。

表 8-2 防火墙主要安全功能指标项

功能指标项	功 能 描 述
网络接口	是指防火墙所能够保护的网络类型，如以太网、快速以太网、千兆以太网、ATM、令牌环及 FDDI 等
协议支持	除支持 IP 协议之外，还支持 AppleTalk、DECnet、IPX 及 NETBEUI 等协议；建立 VPN 通道的协议：IPSec、PPTP、专用协议等； 数据协议分析类型、工控协议分析类型、应用协议识别类型；IPv6 协议支持
路由支持	静态路由、策略路由、动态路由
设备虚拟化	虚拟系统、虚拟化部署
加密支持	是指防火墙所能够支持的加密算法，例如 DES、RC4、IDEA、AES 以及国产加密算法
认证支持	是指防火墙所能够支持的认证类型，如 RADIUS、Kerberos、TACACS/TACACS+、口令方式、数字证书等
访问控制	包过滤、NAT、状态检测、动态开放端口、IP/MAC 地址绑定
流量管理	带宽管理、连接数控制、会话管理
应用层控制	用户管控、应用类型控制 、应用内容控制 、负载均衡
攻击防护	拒绝服务攻击防护、Web 攻击防护、数据库攻击防护、恶意代码防护、 其他应用攻击防护、自动化工具威胁防护、攻击逃逸防护、外部系统协同防护
管理功能	是指防火墙所能够支持的管理方式，如基于 SNMP 管理、管理的通信协议、带宽管理、负载均衡管理、失效管理、用户权限管理、远程管理和本地管理等
审计和报表	是指防火墙所能够支持的审计方式和分析处理审计数据的表达形式，如远程审计、本地审计等

2. 防火墙性能指标

评估防火墙性能的指标涉及防火墙所采用的技术，根据现有防火墙产品，防火墙在性能方面的指标主要包括如下几个方面：

- 最大吞吐量：检查防火墙在只有一条默认允许规则和不丢包的情况下达到的最大吞吐速率，如网络层吞吐量、HTTP 吞吐量、SQL 吞吐量；
- 最大连接速率：TCP 新建连接速率、HTTP 请求速率、SQL 请求速率；

- 最大规则数：检查在添加大数量访问规则的情况下，防火墙性能变化状况；
- 并发连接数：防火墙在单位时间内所能建立的最大 TCP 连接数，每秒的连接数。

3. 防火墙安全保障指标

防火墙安全保障指标用于测评防火墙的安全保障程度，主要包括开发、指导性文档、生命周期支持、测试、脆弱性评定。具体情况可参考 CC 标准及防火墙的安全标准规范。

4. 环境适应性指标

环境适应性指标用于评估防火墙的部署和正常运行所需要的条件，主要包括网络环境、物理环境。网络环境通常指 IPv4/IPv6 网络、云计算环境、工控网络等。物理环境通常包括气候、电磁兼容、绝缘、接地、机械适应性、外壳防护等。

5. 防火墙自身安全指标

由于防火墙在网络安全中所扮演的角色，防火墙的自身安全至关重要。评价防火墙的安全功能指标主要有身份识别与鉴别、管理能力、管理审计、管理方式、异常处理机制、防火墙操作系统安全等级、抗攻击能力等。

8.4　防火墙防御体系结构类型

防火墙防御体系结构主要有基于双宿主主机防火墙、基于代理型防火墙、基于屏蔽子网的防火墙。

8.4.1　基于双宿主主机防火墙结构

双宿主主机结构是最基本的防火墙结构。这种系统实质上是至少具有两个网络接口卡的主机系统。在这种结构中，一般都是将一个内部网络和外部网络分别连接在不同的网卡上，使内外网络不能直接通信。对从一块网卡上送来的 IP 包，经过一个安全检查模块检查后，如果是合法的，则转发到另一块网卡上，以实现网络的正常通信；如果不合法，则阻止通信。这样，内、外网络直接的 IP 数据流完全在双宿主主机的控制之中，如图 8-12 所示。

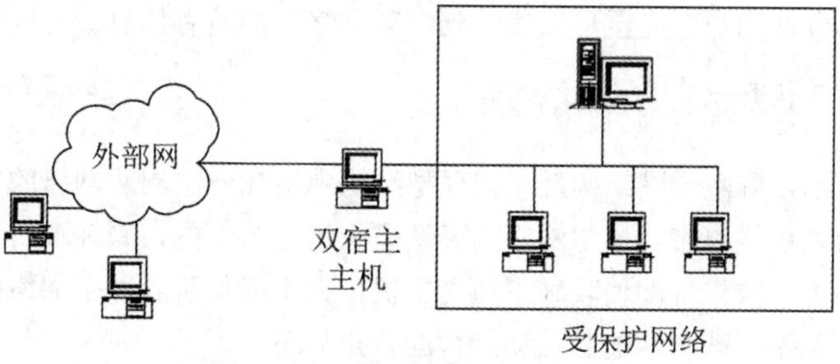

图 8-12　双宿主主机防火墙结构

8.4.2 基于代理型防火墙结构

双宿主主机结构由一台同时连接内、外网络的主机提供安全保障，代理型结构则不同，代理型结构中由一台主机同外部网连接，该主机代理内部网和外部网的通信。同时，代理型结构中还通过路由器过滤，代理服务器和路由器共同构建一个网络安全边界防御架构，如图 8-13 所示。

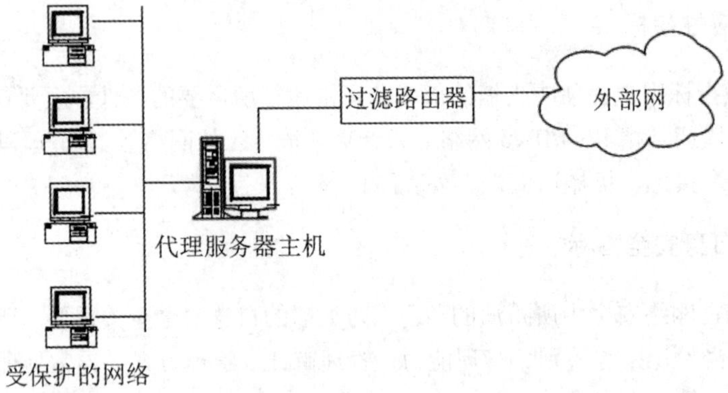

图 8-13 代理型防火墙结构

在这种结构中，代理主机位于内部网络。一般情况下，过滤路由器可按如下规则进行配置。

- 允许其他内部主机为某些类型的服务请求与外部网络建立直接连接。
- 任何外部网（或 Internet）的主机只能与内部网络的代理主机建立连接。
- 任何外部系统对内部网络的操作都必须经过代理主机。同时，代理主机本身要有较全面的安全保护。

由于这种结构允许包从外部网络直接传送到内部网（代理主机），所以这种结构的安全控制看起来似乎比双宿主主机结构差。在双宿主主机结构中，外部网络的包在理论上不可能直接抵达内部网。但实际上，应用双宿主主机结构防护数据包从外部网络进入内部网络也很容易失败，并且这种失败是随机的，所以无法有效地预先防范。一般来说，代理型结构能比双宿主主机结构提供更好的安全保护，同时操作也更加简便。代理型结构的主要缺点是，只要攻击者设法攻破了代理主机，那么对于攻击者来说，整个内部网络与代理主机之间就没有任何障碍了，攻击者变成了内部合法用户，完全可以侦听到内部网络上的所有信息。

8.4.3 基于屏蔽子网的防火墙结构

如图 8-14 所示，屏蔽子网结构是在代理型结构中增加一层周边网络的安全机制，使内部网络和外部网络有两层隔离带。周边网络隔离堡垒主机与内部网，减轻攻击者攻破堡垒主机时对内部网络的冲击力。攻击者即使攻破了堡垒主机，也不能侦听到内部网络的信息，不能对内部网络直接操作。基于屏蔽子网的防火墙结构的特点如下：

- 应用代理位于被屏蔽子网中，内部网络向外公开的服务器也放在被屏蔽子网中，外部网络只能访问被屏蔽子网，不能直接进入内部网络。
- 两个包过滤路由器的功能和配置是不同的。包过滤路由器 A 的作用是过滤外部网络对被屏蔽子网的访问。包过滤路由器 B 的作用是过滤被屏蔽子网对内部网络的访问。所有外部网络经由被屏蔽子网对内部网络的访问，都必须经过应用代理服务器的检查和认证。
- 优点：安全级别最高。
- 缺点：成本高，配置复杂。

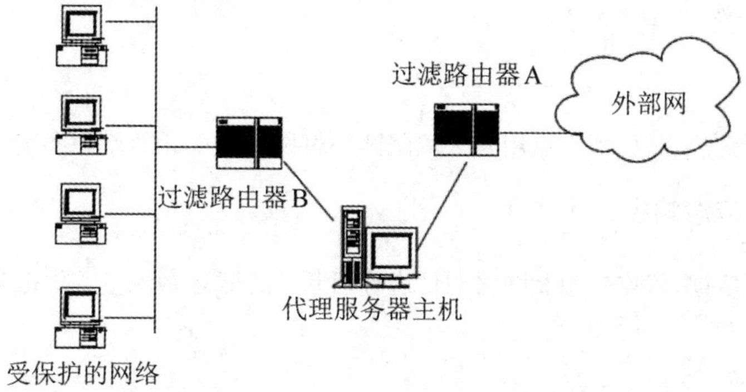

图 8-14　屏蔽子网防火墙结构

8.5　防火墙技术应用

防火墙技术是常见的网络安全边界保护措施，本节分析防火墙技术的应用场景类型，给出防火墙部署方法，列举了常见的 IPtables 防火墙、Web 应用防火墙、包过滤防火墙、工控防火墙等实施参考案例。

8.5.1　防火墙应用场景类型

防火墙是网络安全保障的重要基础性技术，目前已经广泛应用于网络信息系统保护，常见的应用场景主要如下。

1. 上网保护

利用防火墙的访问控制及内容过滤功能，保护内网和上网计算机安全，防止互联网黑客直接攻击内部网络，过滤恶意网络流量，切断不良信息访问。

2. 网站保护

通过 Web 应用防火墙代理互联网客户端对 Web 服务器的所有请求，清洗异常流量，有效控制政务网站应用的各类安全威胁。

3. 数据保护

在受保护的数据区域边界处部署防火墙，对数据库服务器或数据存储设备的所有请求和响应进行安全检查，过滤恶意操作，防止数据受到威胁。

4. 网络边界保护

在安全域之间部署防火墙，利用防火墙进行访问控制，限制不同安全域之间的网络通信，减少安全域风险来源。

5. 终端保护

在终端设备上安装防火墙，利用防火墙阻断不良网址，防止终端设备受到侵害。

6. 网络安全应急响应

利用防火墙，对恶意攻击源及网络通信进行阻断，过滤恶意流量，防止网络安全事件影响扩大。

8.5.2 防火墙部署基本方法

防火墙部署需根据受保护的网络环境和安全策略进行，如网络物理结构或逻辑区域。防火墙部署的基本过程包含以下几个步骤：

第一步，根据组织或公司的安全策略要求，将网络划分成若干安全区域；

第二步，在安全区域之间设置针对网络通信的访问控制点；

第三步，针对不同访问控制点的通信业务需求，制定相应的边界安全策略；

第四步，依据控制点的边界安全策略，采用合适的防火墙技术和防范结构；

第五步，在防火墙上，配置实现对应的网络安全策略；

第六步，测试验证边界安全策略是否正常执行；

第七步，运行和维护防火墙。

8.5.3 IPtables 防火墙应用参考

IPtables 是 Linux 系统自带的防火墙，支持数据包过滤、数据包转发、地址转换、基于 MAC 地址的过滤、基于状态的过滤、包速率限制等安全功能。IPtables 可用于构建 Linux 主机防火墙，也可以用于搭建网络防火墙。IPtables 常见应用配置如下。

```
# Modify this file accordingly for your specific requirement.
# http://www.thegeekstuff.com
# 1. Delete all existing rules
```

```
iptables -F

# 2. Set default chain policies
iptables -P INPUT DROP
iptables -P FORWARD DROP
iptables -P OUTPUT DROP

# 3. Block a specific ip-address
#BLOCK_THIS_IP="x.x.x.x"
#iptables -A INPUT -s "$BLOCK_THIS_IP" -j DROP

# 4. Allow ALL incoming SSH
#iptables -A INPUT -i eth0 -p tcp --dport 22 -m state --state NEW,ESTABLISHED -j
ACCEPT
#iptables -A OUTPUT -o eth0 -p tcp --sport 22 -m state --state ESTABLISHED -j ACCEPT

# 5. Allow incoming SSH only from a sepcific network
#iptables -A INPUT -i eth0 -p tcp -s X.Y.Z.0/24 --dport 22 -m state --state
NEW,ESTABLISHED -j ACCEPT
#iptables -A OUTPUT -o eth0 -p tcp --sport 22 -m state --state ESTABLISHED -j ACCEPT

# 6. Allow incoming HTTP
#iptables -A INPUT -i eth0 -p tcp --dport 80 -m state --state NEW,ESTABLISHED -j ACCEPT
#iptables -A OUTPUT -o eth0 -p tcp --sport 80 -m state --state ESTABLISHED -j ACCEPT

# Allow incoming HTTPS
#iptables -A INPUT -i eth0 -p tcp --dport 443 -m state --state NEW,ESTABLISHED -j ACCEPT
#iptables -A OUTPUT -o eth0 -p tcp --sport 443 -m state --state ESTABLISHED -j ACCEPT

# 7. MultiPorts (Allow incoming SSH, HTTP, and HTTPS)
iptables -A INPUT -i eth0 -p tcp -m multiport --dports 22,80,443 -m state --state
NEW,ESTABLISHED -j ACCEPT
iptables -A OUTPUT -o eth0 -p tcp -m multiport --sports 22,80,443 -m state --state
ESTABLISHED -j ACCEPT

# 8. Allow outgoing SSH
iptables -A OUTPUT -o eth0 -p tcp --dport 22 -m state --state NEW,ESTABLISHED -j ACCEPT
iptables -A INPUT -i eth0 -p tcp --sport 22 -m state --state ESTABLISHED -j ACCEPT

# 9. Allow outgoing SSH only to a specific network
#iptables -A OUTPUT -o eth0 -p tcp -d A.B.C.0/24 --dport 22 -m state --state
```

```
NEW,ESTABLISHED -j ACCEPT
#iptables -A INPUT -i eth0 -p tcp --sport 22 -m state --state ESTABLISHED -j ACCEPT

# 10. Allow outgoing HTTPS
iptables -A OUTPUT -o eth0 -p tcp --dport 443 -m state --state NEW,ESTABLISHED -j ACCEPT
iptables -A INPUT -i eth0 -p tcp --sport 443 -m state --state ESTABLISHED -j ACCEPT

# 11. Load balance incoming HTTPS traffic
#iptables -A PREROUTING -i eth0 -p tcp --dport 443 -m state --state NEW -m nth
--counter 0 --every 3 --packet 0 -j DNAT --to-destination 192.168.X.Y1:443
#iptables -A PREROUTING -i eth0 -p tcp --dport 443 -m state --state NEW -m nth
--counter 0 --every 3 --packet 1 -j DNAT --to-destination 192.168.X.Y2:443
#iptables -A PREROUTING -i eth0 -p tcp --dport 443 -m state --state NEW -m nth
--counter 0 --every 3 --packet 2 -j DNAT --to-destination 192.168.X.Y3:443

# 12. Ping from inside to outside
iptables -A OUTPUT -p icmp --icmp-type echo-request -j ACCEPT
iptables -A INPUT -p icmp --icmp-type echo-reply -j ACCEPT

# 13. Ping from outside to inside
iptables -A INPUT -p icmp --icmp-type echo-request -j ACCEPT
iptables -A OUTPUT -p icmp --icmp-type echo-reply -j ACCEPT

# 14. Allow loopback access
iptables -A INPUT -i lo -j ACCEPT
iptables -A OUTPUT -o lo -j ACCEPT

# 15. Allow packets from internal network to reach external network.
# if eth1 is connected to external network (internet)
# if eth0 is connected to internal network (192.168.1.x)
iptables -A FORWARD -i eth0 -o eth1 -j ACCEPT

# 16. Allow outbound DNS
#iptables -A OUTPUT -p udp -o eth0 --dport 53 -j ACCEPT
#iptables -A INPUT -p udp -i eth0 --sport 53 -j ACCEPT

# 17. Allow NIS Connections
# rpcinfo -p | grep ypbind ; This port is 853 and 850
#iptables -A INPUT -p tcp --dport 111 -j ACCEPT
#iptables -A INPUT -p udp --dport 111 -j ACCEPT
```

```
#iptables -A INPUT -p tcp --dport 853 -j ACCEPT
#iptables -A INPUT -p udp --dport 853 -j ACCEPT
#iptables -A INPUT -p tcp --dport 850 -j ACCEPT
#iptables -A INPUT -p udp --dport 850 -j ACCEPT

# 18. Allow rsync from a specific network
iptables -A INPUT -i eth0 -p tcp -s 192.168.X.0/24 --dport 873 -m state --state
NEW,ESTABLISHED -j ACCEPT
iptables -A OUTPUT -o eth0 -p tcp --sport 873 -m state --state ESTABLISHED -j ACCEPT

# 19. Allow MySQL connection only from a specific network
iptables -A INPUT -i eth0 -p tcp -s 192.168.Y.0/24 --dport 3306 -m state --state
NEW,ESTABLISHED -j ACCEPT
iptables -A OUTPUT -o eth0 -p tcp --sport 3306 -m state --state ESTABLISHED -j ACCEPT

# 20. Allow Sendmail or Postfix
iptables -A INPUT -i eth0 -p tcp --dport 25 -m state --state NEW,ESTABLISHED -j ACCEPT
iptables -A OUTPUT -o eth0 -p tcp --sport 25 -m state --state ESTABLISHED -j ACCEPT

# 21. Allow IMAP and IMAPS
iptables -A INPUT -i eth0 -p tcp --dport 143 -m state --state NEW,ESTABLISHED -j ACCEPT
iptables -A OUTPUT -o eth0 -p tcp --sport 143 -m state --state ESTABLISHED -j ACCEPT
iptables -A INPUT -i eth0 -p tcp --dport 993 -m state --state NEW,ESTABLISHED -j ACCEPT
iptables -A OUTPUT -o eth0 -p tcp --sport 993 -m state --state ESTABLISHED -j ACCEPT


# 22. Allow POP3 and POP3S
iptables -A INPUT -i eth0 -p tcp --dport 110 -m state --state NEW,ESTABLISHED -j ACCEPT
iptables -A OUTPUT -o eth0 -p tcp --sport 110 -m state --state ESTABLISHED -j ACCEPT
iptables -A INPUT -i eth0 -p tcp --dport 995 -m state --state NEW,ESTABLISHED -j ACCEPT
iptables -A OUTPUT -o eth0 -p tcp --sport 995 -m state --state ESTABLISHED -j ACCEPT

# 23. Prevent DoS attack
iptables -A INPUT -p tcp --dport 80 -m limit --limit 25/minute --limit-burst 100 -j ACCEPT

# 24. Port forwarding 422 to 22
iptables -t nat -A PREROUTING -p tcp -d 192.168.A.B --dport 422 -j DNAT --to
192.168.102.37:22
iptables -A INPUT -i eth0 -p tcp --dport 422 -m state --state NEW,ESTABLISHED -j ACCEPT
iptables -A OUTPUT -o eth0 -p tcp --sport 422 -m state --state ESTABLISHED -j ACCEPT
```

```
# 25. Log dropped packets
iptables -N LOGGING
iptables -A INPUT -j LOGGING
iptables -A LOGGING -m limit --limit 2/min -j LOG --log-prefix "IPTables Packet
Dropped: " --log-level 7
iptables -A LOGGING -j DROP
```

8.5.4 Web 应用防火墙应用参考

Web 应用防火墙主要依赖于安全规则，因而规则的维护更新是防火墙有效的基础。目前，OWASP 核心规则集（OWASP ModSecurity Core Rule Set）是一组用于 Web 应用防火墙的通用攻击检测规则。核心规则集（CRS）的目的是保护 Web 应用程序的安全，使其免受各种攻击，包括 OWASP TOP 10 攻击，同时使得 Web 防火墙减少虚假报警。CRS3.0 提供 13 种常见的攻击规则类型，包括 SQL 注入、跨站点脚本等。目前，微软公司 Azure 应用程序网关的应用防火墙（WAF）支持 CRS3.0 和 CRS2.0。如图 8-15 所示，微软公司 Azure 应用程序网关可以用于保护多个网站的安全。在不需要修改代码的情况下，使得 Web 应用程序免受 Web 漏洞攻击，一个单独应用程序网关实例可以托管多达 100 个受 Web 应用防火墙保护的网站。

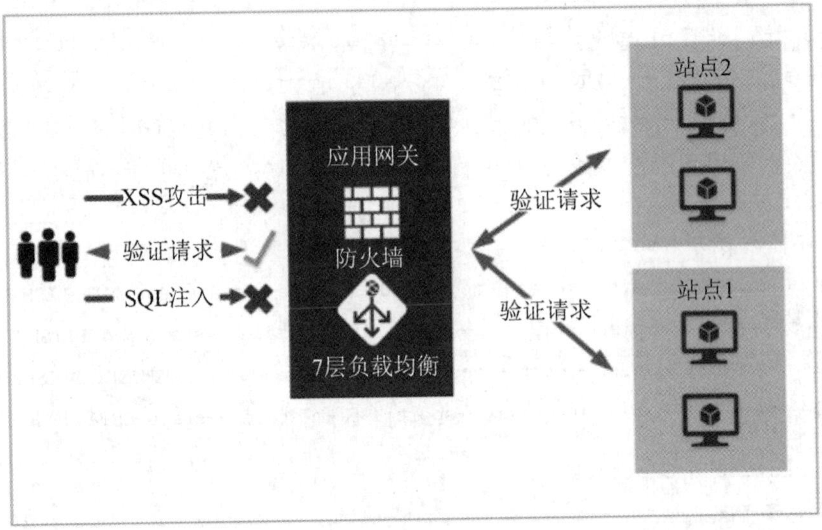

图 8-15 Azure 应用程序网关示意图

8.5.5 包过滤防火墙应用参考

已知某公司内部网与外部网通过路由器互连，内部网络采用路由器自带的过滤功能来实现网络安全访问控制，如图 8-16 所示。

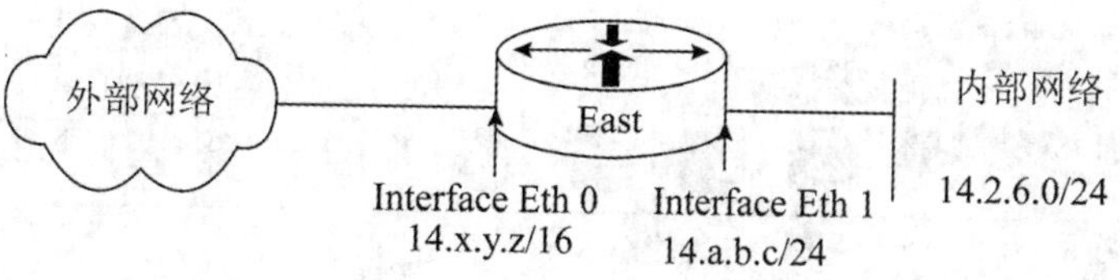

图 8-16　网络结构示意图

为了保证内部网络和路由器的安全，特定义如下网络安全策略：

- 只允许指定的主机收集 SNMP 管理信息；
- 禁止来自外部网的非法通信流通过；
- 禁止来自内部网的非法通信流通过；
- 只允许指定的主机远程访问路由器。

根据上述网络安全策略， 路由器的过滤规则安全配置信息如下。

```
hostname East
!
! access-list 100 applies to traffic from external networks
! to the internal network or to the router
no access-list 100
access-list 100 deny   ip   14.2.6.0    0.0.0.255    any log
access-list 100 deny   ip   host 14.x.y.z host 14.x.y.z log
access-list 100 deny   ip   127.0.0.0    0.255.255.255 any log
access-list 100 deny   ip   10.0.0.0     0.255.255.255 any log
access-list 100 deny   ip    0.0.0.0     0.255.255.255 any log
access-list 100 deny   ip   172.16.0.0  0.15.255.255   any log
access-list 100 deny   ip   192.168.0.0 0.0.255.255    any log
access-list 100 deny   ip   192.0.2.0   0.0.0.255      any log
access-list 100 deny   ip   169.254.0.0 0.0.255.255    any log
access-list 100 deny   ip   224.0.0.0   15.255.255.255 any log
access-list 100 deny   ip   any host 14.2.6.255 log
access-list 100 deny   ip   any host 14.2.6.0 log
access-list 100 permit tcp  any 14.2.6.0 0.0.0.255 established
access-list 100 deny   icmp any any echo log
access-list 100 deny   icmp any any redirect log
access-list 100 deny   icmp any any mask-request log
access-list 100 permit icmp any 14.2.6.0 0.0.0.255
access-list 100 permit ospf 14.1.0.0 0.0.255.255 host 14.x.y.z
access-list 100 deny   tcp  any any range 6000 6063 log
access-list 100 deny   tcp  any any eq 6667 log
```

8.5.6　工控防火墙应用参考

如图 8-17 所示，在调度中心和各场站之间部署工业防火墙，进行网络层级间的安全隔离和防护，提高门站、储配站、输配站等各站的安全防护能力。将每个场站作为一个安全域，在各场站 PLC/RTU 等工业控制设备的网络出口位置部署工业防火墙，对外来访问进行严格控制，以实现重要工业控制装置的单体设备级安全防护。

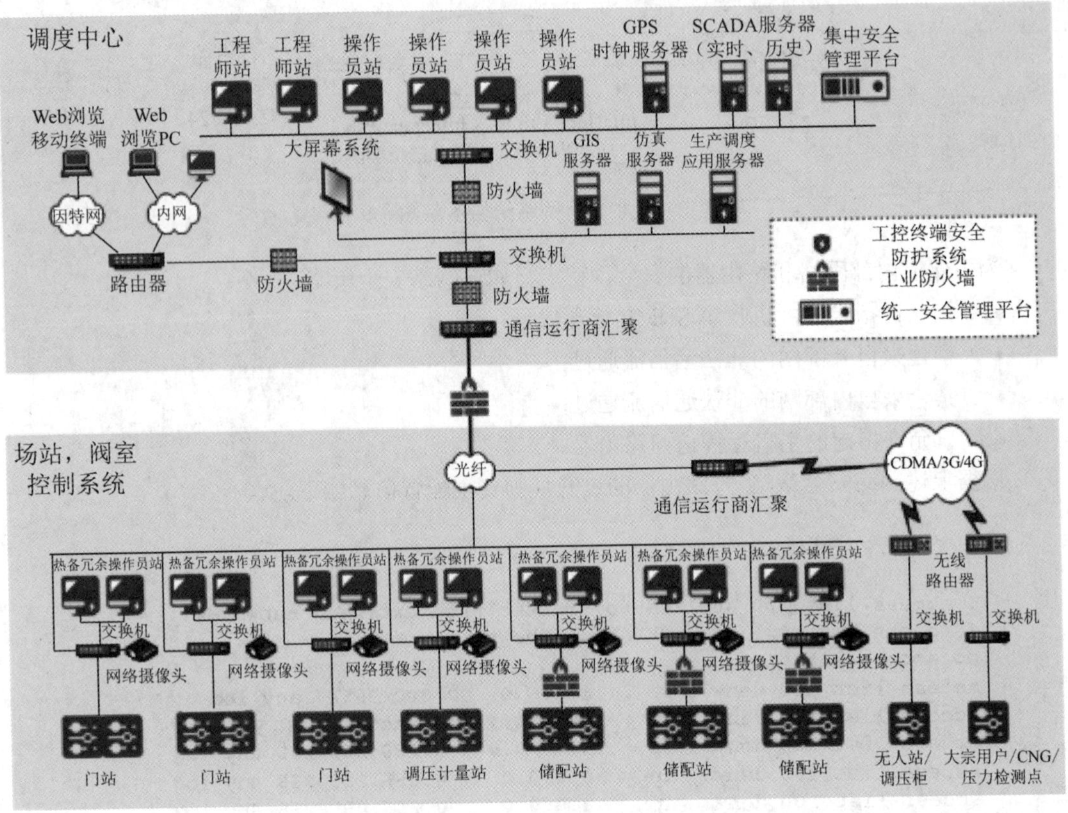

图 8-17　市政燃气边界防护典型部署方式

8.6　本章小结

本章首先介绍了防火墙的概念以及工作原理，并重点分析了防火墙的实现技术和防火墙的评价指标；然后对防火墙的防御体系结构类型进行了归纳分析，主要有双宿主主机结构、代理型结构、屏蔽子网结构；最后给出防火墙的应用案例。

第 9 章　VPN 技术原理与应用

9.1　VPN 概述

VPN 是网络通信安全保护的常用技术，本节主要阐述 VPN 的概念和安全功能，分析 VPN 的发展变化趋势和技术风险。

9.1.1　VPN 概念

VPN 是英文 Virtual Private Network 的缩写，中文翻译为“虚拟专用网”，其基本技术原理是把需要经过公共网传递的报文（packet）加密处理后，再由公共网络发送到目的地。利用 VPN 技术能够在不可信任的公共网络上构建一条专用的安全通道，经过 VPN 传输的数据在公共网上具有保密性，如图 9-1 所示。

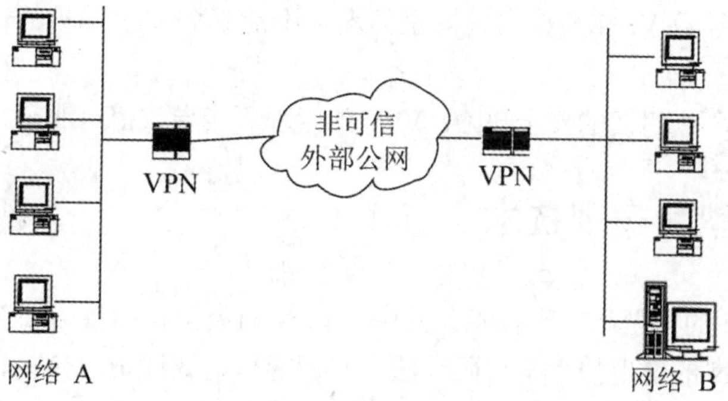

图 9-1　VPN 原理示意图

所谓“虚拟”指网络连接特性是逻辑的而不是物理的。VPN 是通过密码算法、标识鉴别、安全协议等相关的技术，在公共的物理网络上通过逻辑方式构造出来的安全网络。

9.1.2　VPN 安全功能

通过 VPN 技术，企业可以在远程用户、分支部门、合作伙伴之间建立一条安全通道，并能得到 VPN 提供的多种安全服务，从而实现企业网安全。VPN 主要的安全服务有以下 3 种：

- 保密性服务（Confidentiality）：防止传输的信息被监听；
- 完整性服务（Integrity）：防止传输的信息被修改；
- 认证服务（Authentication）：提供用户和设备的访问认证，防止非法接入。

9.1.3 VPN发展

VPN产品是网络信息安全市场的成熟产品，但是，随着IT新技术的出现和攻击手段的变化，VPN在安全管理手段、满足新需求方面将不断出现新的产品形式。未来VPN产品的技术动向具有以下特点：

- VPN客户端尽量简化，将出现“零客户端”安装模式；
- VPN网关一体化，综合集成多种接入模式，融合多种安全机制和安全功能；
- VPN产品可能演变成可信网络产品；
- VPN提供标准安全管理数据接口，能够纳入SOC中心进行管理控制。

9.1.4 VPN技术风险

VPN 是一种安全技术，但是仍然存在技术风险。

（1）VPN 产品代码实现的安全缺陷。VPN 产品的实现涉及多种协议、密码算法等，编程处理不当，极易导致代码安全缺陷，从而使得 VPN 产品出现安全问题。例如，Open SSL 的 Heartbleed漏洞可以让远程攻击者暴露敏感数据。

（2）VPN密码算法安全缺陷。VPN产品如果选择非安全的密码算法或者选择不好的密码参数，都有可能导致VPN系统出现安全问题，不能起到安全保护的作用。例如，密钥长度不够。

（3）VPN管理不当引发的安全缺陷。VPN的管理不当导致密码泄露、非授权访问等问题。

9.2 VPN类型和实现技术

本节介绍VPN的类型和实现技术。其中，VPN的类型包括链路层VPN、网络层VPN、传输层VPN； VPN的实现技术是密码算法、密钥管理、认证访问控制、IPSec、SSL、PPTP和L2TP等。

9.2.1 VPN类型

VPN有多种实现技术，按照VPN在TCP/IP协议层的实现方式，可以将其分为链路层VPN、网络层VPN、传输层VPN。链路层VPN的实现方式有ATM、Frame Relay、多协议标签交换MPLS；网络层VPN的实现方式有受控路由过滤、隧道技术；传输层VPN则通过SSL来实现。

9.2.2 密码算法

VPN 的核心技术是密码算法，VPN 利用密码算法，对需要传递的信息进行加密变换，从而确保网络上未授权的用户无法读取该信息。目前，除了国外的DES、AES、IDE、RSA等密码算法外，国产商用密码算法SM1、SM4分组密码算法、SM3杂凑算法等也都可应用到VPN。

9.2.3　密钥管理

VPN 加、解密运算都离不开密钥，因而，VPN 中密钥的分发与管理非常重要。密钥的分发有两种方法：一种是通过手工配置的方式；另一种采用密钥交换协议动态分发。手工配置的方法虽然可靠，但是密钥更新速度慢，一般只适合简单网络。而密钥交换协议则采用软件方式，自动协商动态生成密钥，密钥可快速更新，可以显著提高 VPN 的安全性。目前，主要的密钥交换与管理标准有 SKIP（互联网简单密钥管理协议）和 ISAKMP/Oakley （互联网安全联盟和密钥管理协议）。

9.2.4　认证访问控制

目前，VPN 连接中一般都包括两种形式的认证。

1. 用户身份认证

在 VPN 连接建立之前，VPN 服务器对请求建立连接的 VPN 客户机进行身份验证，核查其是否为合法的授权用户。如果使用双向验证，还需进行 VPN 客户机对 VPN 服务器的身份验证，以防伪装的非法服务器提供虚假信息。

2. 数据完整性和合法性认证

VPN 除了进行用户认证外，还需要检查传输的信息是否来自可信源，并且确认在传输过程中信息是否经过篡改。

9.2.5　IPSec

IPSec 是 Internet Protocol Security 的缩写。在 TCP/IP 协议网络中，由于 IP 协议的安全脆弱性，如地址假冒、易受篡改、窃听等，Internet 工程组（IETF）成立了 IPSec 工作组，研究提出解决上述问题的安全方案。根据 IP 的安全需求，IPSec 工作组制定了相关的 IP 安全系列规范：认证头（Authentication Header，简称 AH）、封装安全有效负荷（Encapsulatin Security Payload，简称 ESP）以及密钥交换协议。

1. IP AH

IP AH 是一种安全协议，又称为认证头协议。其安全目的是保证 IP 包的完整性和提供数据源认证，为 IP 数据报文提供无连接的完整性、数据源鉴别和抗重放攻击服务。其基本方法是将 IP 包的部分内容用加密算法和 Hash 算法进行混合计算，生成一个完整性校验值，简称 ICV（Integrity Check Value），同时把 ICV 附加在 IP 包中，如图 9-2 所示。

IPv4 Header	Auth Header	Upper Protocol (e.g. TCP, UDP)

图 9-2　IP AH 协议包格式

在 TCP/IP 通信过程中，IP 包发送之前都事先计算好每个 IP 包的 ICV，按照 IP AH 的协议规定重新构造包含 ICV 的新 IP 包，然后再发送到接收方。通信接收方在收到用 IP AH 方式处理过的 IP 包后，根据 IP 包的 AH 信息验证 ICV，从而确认 IP 包的完整性和来源。IP 认证头（AH）的信息格式如图 9-3 所示。

<table>
<tr><td>Next Header</td><td>Length</td><td>RESERVED</td></tr>
<tr><td colspan="3">Security Parameters Index</td></tr>
<tr><td colspan="3">Authentication Data (variable number of 32-bit words)</td></tr>
</table>

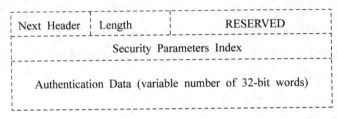

图 9-3　IP 认证头（AH）的信息格式

2. IP ESP

IP ESP 也是一种安全协议，其用途在于保证 IP 包的保密性，而 IP AH 不能提供 IP 包的保密性服务。IP ESP 的基本方法是将 IP 包做加密处理，对整个 IP 包或 IP 的数据域进行安全封装，并生成带有 ESP 协议信息的 IP 包，然后将新的 IP 包发送到通信的接收方。接收方收到后，对 ESP 进行解密，去掉 ESP 头，再将原来的 IP 包或更高层协议的数据像普通的 IP 包那样进行处理。RFC 1827 中对 ESP 的格式做了规定，AH 与 ESP 体制可以合用，也可以分用。

IP AH 和 IP ESP 都有两种工作模式，即透明模式（Transport mode）和隧道模式（Tunnel Mode）。透明模式只保护 IP 包中的数据域（data payload），而隧道模式则保护 IP 包的包头和数据域。因此，在隧道模式下，将创建新的 IP 包头，并把旧的 IP 包（指需做安全处理的 IP 包）作为新的 IP 包数据。

3. 密钥交换协议

基于 IPSec 技术的主要优点是它的透明性，安全服务的提供不需要更改应用程序。但是其带来的问题是增加网络安全管理难度和降低网络传输性能。

IPSec 还涉及密钥管理协议，即通信双方的安全关联已经事先建立成功，建立安全关联的方法可以是手工的或是自动的。手工配置的方法比较简单，双方事先对 AH 的安全密钥、ESP 的安全密钥等参数达成一致，然后分别写入双方的数据库中。自动的配置方法就是双方的安全关联的各种参数由 KDC（Key Distributed Center）和通信双方共同商定，共同商定的过程就必须遵循一个共同的协议，这就是密钥管理协议。目前，IPSec 的相关密钥管理协议主要有互联网密钥交换协议 IKE、互联网安全关联与密钥管理协议 ISAKMP、密钥交换协议 Oakley。

9.2.6　SSL

SSL 是 Secure Sockets Layer 的缩写，是一种应用于传输层的安全协议，用于构建客户端和服务端之间的安全通道。该协议由 Netscape 开发，包含握手协议、密码规格变更协议、报警协议和记录层协议。其中，握手协议用于身份鉴别和安全参数协商；密码规格变更协议用于通知安全参数的变更；报警协议用于关闭通知和对错误进行报警；记录层协议用于传输数据的分段、压缩及解压缩、加密及解密、完整性校验等。

SSL 协议是介于应用层和 TCP 层之间的安全通信协议。其主要目的在于两个应用层之间相互通信时，使被传送的信息具有保密性及可靠性，如图 9-4 所示。SSL 的工作原理是将应用层的信息加密或签证处理后经 TCP/IP 网络送至对方，收方经验证无误后解密还原信息。

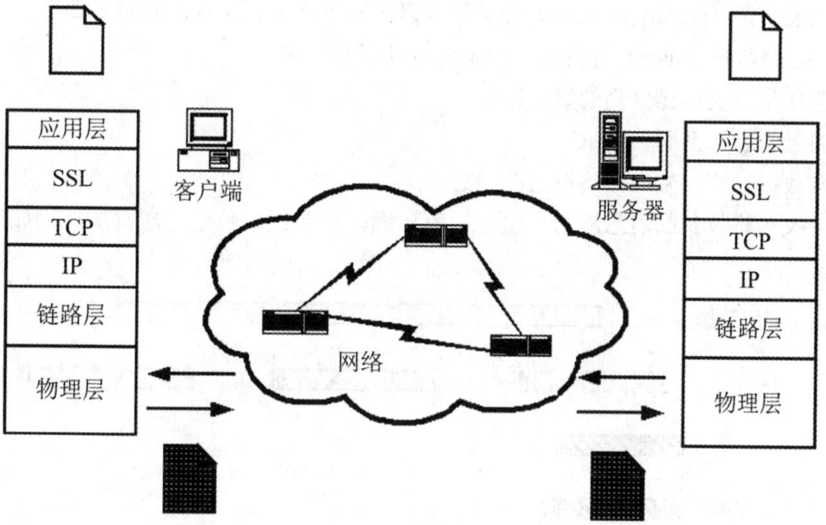

图 9-4　SSL 协议工作机制

如图 9-5 所示，SSL 协议是一个分层协议，最底层协议为 SSL 记录协议（SSL Record Protocol），其位于传输层（如 TCP）之上，SSL 记录协议的用途是将各种不同的较高层协议（如 HTTP 或 SSL 握手协议）封装后再传送。另一层协议为 SSL 握手协议（SSL Handshake Protocol），由 3 种协议组合而成，包含握手协议（Handshake Protocol）、密码规格变更协议（Change Cipher Spec）及报警协议（Alert protocol），其用途是在两个应用程序开始传送或接收数据前，为其提供服务器和客户端间相互认证的服务，并相互协商决定双方通信使用的加密算法及加密密钥。

SSL 协议提供三种安全通信服务。

（1）保密性通信。握手协议产生秘密密钥（secret key）后才开始加、解密数据。数据的加、解密使用对称式密码算法，例如 DES、AES 等。

（2）点对点之间的身份认证。采用非对称式密码算法，例如 RSA、DSS 等。

（3）可靠性通信。信息传送时包含信息完整性检查，使用有密钥保护的消息认证码（Message Authentication Code，简称 MAC）。MAC 的计算采用安全杂凑函数，例如 SHA、MD5。

Application (HTTP, FTP, SMTP ...)		
SSL Handshake Protocol	*SSL Change Cipher Spec.*	*SSL Alert Protocol*
SSL Record Protocol		
Transport Layer (TCP/UDP)		
Network Layer (IP)		
Data Link Layer		
Physical Layer		

图 9-5　SSL 协议组成示意图

SSL 记录协议（record protocol）的数据处理过程如图 9-6 所示，其步骤如下：

（1）SSL 将数据（data）分割成可管理的区块长度。

（2）选择是否要将已分割的数据压缩。

（3）加上消息认证码（MAC）。

（4）将数据加密，生成即将发送的消息。

（5）接收端将收到的消息解密、验证、解压缩，再重组后传送至较高层（例如应用层），即完成接收。

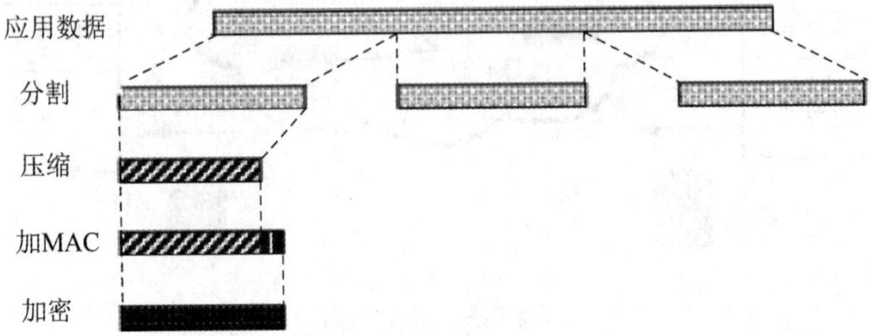

图 9-6　SSL 记录协议数据处理示意图

9.2.7　PPTP

PPTP 是 Point—to—Point Tunneling Protocol 的缩写，它是一个点到点安全隧道协议。该协议的目标是给电话上网的用户提供 VPN 安全服务。PPTP 是 PPP 协议的一种扩展，它提供了在 IP 网上构建安全通道机制，远程用户通过 PPTP 可以在客户机和 PPTP 服务器之间形成一条安全隧道，从而能够保证远程用户安全访问企业的内部网。

9.2.8　L2TP

L2TP 是 Layer 2 Tunneling Protocol 的缩写，用于保护设置 L2TP-enabled 的客户端和服务器的通信。客户端要求安装 L2TP 软件，L2TP 采用专用的隧道协议，该协议运行在 UDP 的 1701 端口。

9.3　VPN 主要产品与技术指标

VPN 是网络通信安全保护常见的产品技术，本节介绍 VPN 的主要产品类型和相关技术指标。

9.3.1　VPN 主要产品

VPN 技术普遍应用于网络通信安全和网络接入控制。商业产品有 IPSec VPN 网关、SSL VPN 网关，或者集成 IPSec、SSL 安全功能的防火墙和路由器。开源产品如 StrongSwan、OpenSwan、OpenSSL。目前，VPN 技术的主要产品特征如下。

1. IPSec VPN

IPSec VPN 产品的工作模式应支持隧道模式和传输模式，其中隧道模式适用于主机和网关实现，传输模式是可选功能，仅适用于主机实现。

2. SSL VPN

SSL VPN 产品的工作模式分为客户端-服务端模式、网关-网关模式两种。

9.3.2　VPN 产品主要技术指标

国家密码管理局颁布了《IPSec VPN 技术规范》《SSL VPN 技术规范》，对 IPSec VPN 和 SSL VPN 提出了要求，主要内容介绍如下。

1. 密码算法要求

IPSec VPN 使用国家密码管理局批准的非对称密码算法、对称密码算法、密码杂凑算法和随机数生成算法，算法及使用方法如下：

- 非对称密码算法使用 1024 比特 RSA 算法或 256 比特 SM2 椭圆曲线密码算法，用于实体验证、数字签名和数字信封等。
- 对称密码算法使用 128 比特分组的 SM1 分组密码算法，用于密钥协商数据的加密保护和报文数据的加密保护。该算法的工作模式为 CBC 模式。
- 密码杂凑算法使用 SHA-1 算法或 SM3 密码杂凑算法，用于对称密钥生成和完整性校验。其中，SM3 算法的输出为 256 比特。
- 随机数生成算法生成的随机数应能通过《随机性检测规范》规定的检测。

SSL VPN 算法及使用方法如下：

- 非对称密码算法包括 256 位群阶 ECC 椭圆曲线密码算法 SM2、IBC 标识密码算法 SM9 和 1024 位以上 RSA 算法。
- 分组密码算法为 SM1 算法，用于密钥协商数据的加密保护和报文数据的加密保护。该算法的工作模式为CBC模式。

- 密码杂凑算法包括SM3算法和SHA-1算法，用于密钥生成和完整性校验。

2. VPN产品功能要求

IPSec VPN的主要功能包括：随机数生成、密钥协商、安全报文封装、NAT穿越、身份鉴别。身份认证数据应支持数字证书或公私密钥对方式，IP协议版本应支持IPv4协议或IPv6协议。

SSL VPN的主要功能包括：随机数生成、密钥协商、安全报文传输、身份鉴别、访问控制、密钥更新、客户端主机安全检查。

3. VPN产品性能要求

IPSec VPN主要性能指标如下。

1）加解密吞吐率

加解密吞吐率是指分别在64字节以太帧长和1428字节（IPv6是1408字节）以太帧长时，IPSec VPN产品在丢包率为0的条件下内网口上达到的双向数据最大流量。产品应满足用户网络环境对网络数据加解密吞吐性能的要求。

2）加解密时延

加解密时延是指分别在64字节以太帧长和1428字节（IPv6是1408字节）以太帧长时，IPSec VPN产品在丢包率为0的条件下，一个明文数据流经加密变为密文，再由密文解密还原为明文所消耗的平均时间。产品应满足用户网络环境对网络数据加解密时延性能的要求。

3）加解密丢包率

加解密丢包率是指分别在64字节以太帧长和1428字节（IPv6是1408字节）以太帧长时，在IPSec VPN产品内网口处于线速情况下，单位时间内错误或丢失的数据包占总发数据包数量的百分比。产品应满足用户网络环境对网络数据加解密丢包率性能的要求。

4）每秒新建连接数

每秒新建连接数是指IPSec VPN产品在一秒钟的时间单位内能够建立隧道数目的最大值。产品应满足用户网络环境对每秒新建连接数性能的要求。

SSL VPN主要性能指标如下。

1）最大并发用户数

同时在线用户的最大数目，此指标反映产品能够同时提供服务的最大用户数量。

2）最大并发连接数

同时在线SSL连接的最大数目，此指标反映产品能够同时处理的最大SSL连接数量。

3）每秒新建连接数

每秒钟可以新建的最大SSL连接数目，此指标反映产品每秒能够接入新SSL连接的能力。

4）吞吐率

在丢包率为0的条件下，服务端产品在内网口上达到的双向数据最大流量。

9.4 VPN 技术应用

VPN 技术是网络通信保护常用安全措施，本节分析 VPN 技术的应用场景类型，给出远程安全访问、内部安全专网、外部网络安全互联等实施参考案例。

9.4.1 VPN 应用场景

根据 VPN 的用途，VPN 可分为三种应用类型：远程访问虚拟网（Access VPN）、企业内部虚拟网（Intranet VPN）和企业扩展虚拟网（Extranet VPN）。下面分别说明这三种类型的 VPN 情况。

9.4.2 远程安全访问

Access VPN 主要解决远程用户安全办公问题，远程办公用户既要能远程获取到企业内部网信息，又要能够保证用户和企业内网的安全。远程用户利用 VPN 技术，通过拨号、ISDN 等方式接入公司内部网。Access VPN 一般包含两部分，远程用户 VPN 客户端软件和 VPN 接入设备，组成结构如图 9-7 所示。

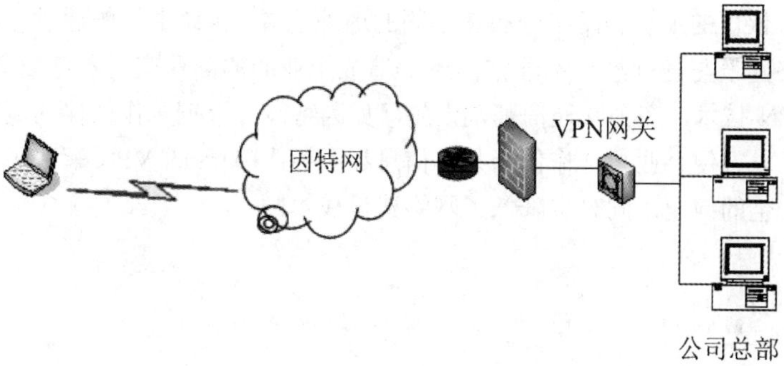

图 9-7 Access VPN 应用示意图

9.4.3 构建内部安全专网

随着业务的发展变化，企业办公不再集中在一个地点，而是分布在各个不同的地理区域，甚至是跨越不同的国家。因而，企业的信息环境也随之变化。针对企业的这种情况，Intranet VPN 的用途就是通过公用网络，如因特网，把分散在不同地理区域的企业办公点的局域网安全互联起来，实现企业内部信息的安全共享和企业办公自动化。Intranet VPN 的一般组成结构如图 9-8 所示。

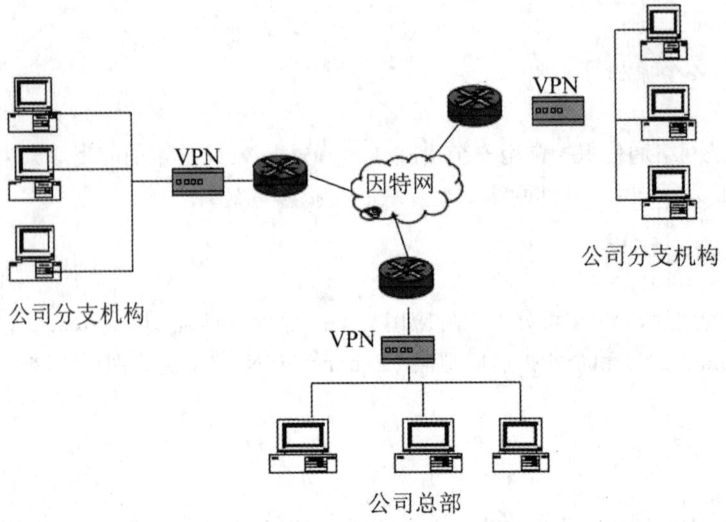

图 9-8　Intranet VPN 组成结构示意图

9.4.4　外部网络安全互联

由于企业合作伙伴的主机和网络分布在不同的地理位置，传统上一般通过专线互连实现信息交换，但是网络建设与管理维护都非常困难，造成企业间的商业交易程序复杂化。Extranet VPN 则是利用 VPN 技术，在公共通信基础设施（如因特网）上把合作伙伴的网络或主机安全接到企业内部网，以方便企业与合作伙伴共享信息和服务。Extranet VPN 解决了企业外部机构接入安全和通信安全的问题，同时也降低了网络建设成本。

9.5　本章小结

VPN 是信息安全的重要保证技术之一，随着网络应用的深入，VPN 将会起到越来越重要的作用。本章介绍了 VPN 的基本概念和功能，并重点分析了 VPN 中的关键技术和重要协议以及国家颁布的 VPN 技术规范，还给出了 VPN 的三种应用参考案例。

第10章　入侵检测技术原理与应用

10.1　入侵检测概述

入侵检测是网络安全态势感知的关键核心技术，支撑构建网络信息安全保障体系。本节首先阐述入侵检测的基本概念、入侵检测模型，然后介绍入侵检测的作用。

10.1.1　入侵检测概念

20 世纪 80 年代初期，安全专家认为："入侵是指未经授权蓄意尝试访问信息、篡改信息，使系统不可用的行为。"美国大学安全专家将入侵定义为"非法进入信息系统，包括违反信息系统的安全策略或法律保护条例的动作"。我们认为，入侵应与受害目标相关联，该受害目标可以是一个大的系统或单个对象。判断与目标相关的操作是否为入侵的依据是：对目标的操作是否超出了目标的安全策略范围。因此，入侵是指违背访问目标的安全策略的行为。入侵检测通过收集操作系统、系统程序、应用程序、网络包等信息，发现系统中违背安全策略或危及系统安全的行为。具有入侵检测功能的系统称为入侵检测系统，简称为 IDS。

10.1.2　入侵检测模型

最早的入侵检测模型是由 Denning 给出的，该模型主要根据主机系统的审计记录数据，生成有关系统的若干轮廓，并监测轮廓的变化差异，发现系统的入侵行为，如图 10-1 所示。

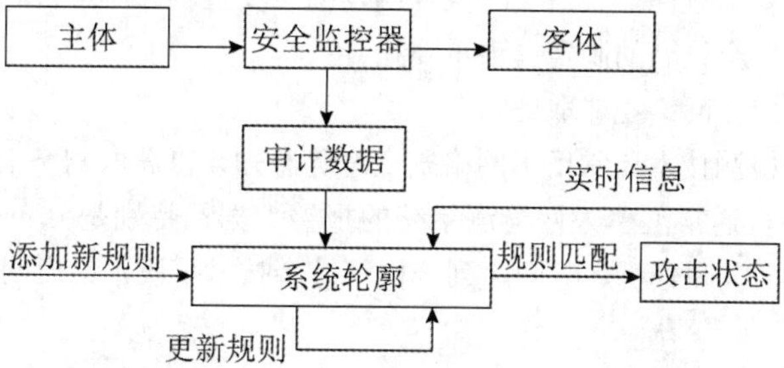

图 10-1　入侵检测模型

随着入侵行为的种类不断增多，许多攻击是经过长时期准备的。面对这种情况，入侵检测系统的不同功能组件之间、不同 IDS 之间共享这类攻击信息是十分重要的。于是，一种通用的入侵检测框架模型被提出，简称为 CIDF。该模型认为入侵检测系统由事件产生器（event generators）、事件分析器（event analyzers）、响应单元（response units）和事件数据库（event databases）组成，如图 10-2 所示。CIDF 将入侵检测系统需要分析的数据统称为事件，它可以是网络中的数据包，也可以是从系统日志等其他途径得到的信息。事件产生器从整个计算环境中获得事件，并向系统的其他部分提供事件。事件分析器分析所得到的数据，并产生分析结果。响应单元对分析结果做出反应，如切断网络连接、改变文件属性、简单报警等应急响应。事件数据库存放各种中间和最终数据，数据存放的形式既可以是复杂的数据库，也可以是简单的文本文件。CIDF 模型具有很强的扩展性，目前已经得到广泛认同。

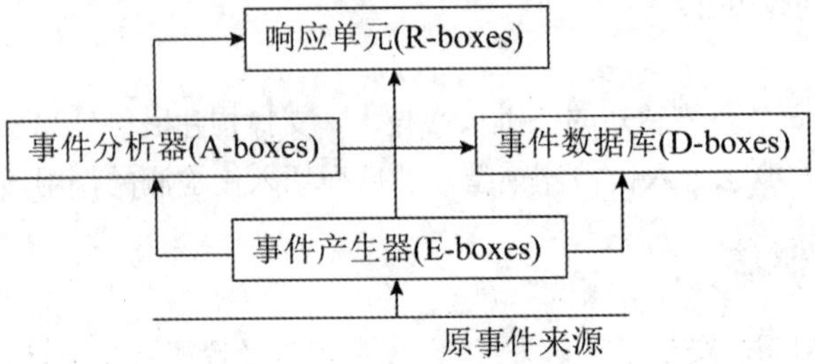

图 10-2 CIDF 各组件之间的关系图

10.1.3 入侵检测作用

入侵检测系统在网络安全保障过程中扮演类似“预警机”或“安全巡逻人员”的角色，入侵检测系统的直接目的不是阻止入侵事件的发生，而是通过检测技术来发现系统中企图或已经违背安全策略的行为，其作用表现为以下几个方面：

（1）发现受保护系统中的入侵行为或异常行为；

（2）检验安全保护措施的有效性；

（3）分析受保护系统所面临的威胁；

（4）有利于阻止安全事件扩大，及时报警触发网络安全应急响应；

（5）可以为网络安全策略的制定提供重要指导；

（6）报警信息可用作网络犯罪取证。

除此之外，入侵检测技术还常用于网络安全态势感知，以获取网络信息系统的安全状况。网络安全态势感知平台通常汇聚入侵检测系统的报警数据，特别是分布在不同安全区域的报警，然后对其采取数据关联分析、时间序列分析等综合技术手段，给出网络安全状况判断及攻击发展演变趋势。

10.2 入侵检测技术

本节介绍入侵检测实现技术，主要包括基于误用的入侵检测技术、基于异常的入侵检测技术和其他技术（包括基于规范的检测方法、基于生物免疫的检测方法、基于攻击诱骗的检测方法、基于入侵报警的关联检测方法、基于沙箱动态分析的检测方法、基于大数据分析的检测方法）。

10.2.1 基于误用的入侵检测技术

误用入侵检测通常称为基于特征的入侵检测方法，是指根据已知的入侵模式检测入侵行为。攻击者常常利用系统和应用软件中的漏洞技术进行攻击，而这些基于漏洞的攻击方法具有某种特征模式。如果入侵者的攻击方法恰好匹配上检测系统中的特征模式，则入侵行为立即被检测到，如图 10-3 所示。

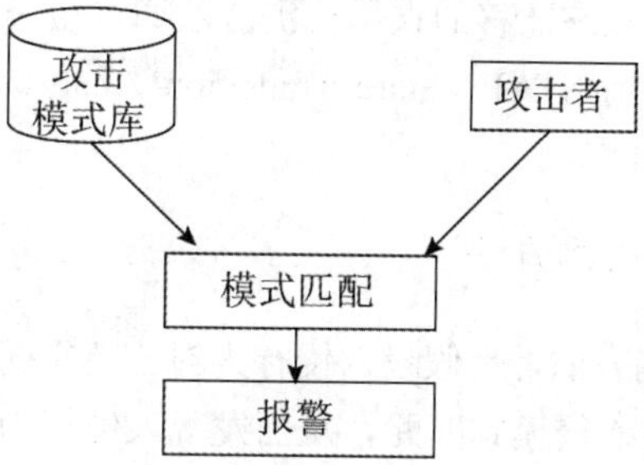

图 10-3 基于攻击模式匹配的原理图

显然，误用入侵检测依赖于攻击模式库。因此，这种采用误用入侵检测技术的 IDS 产品的检测能力就取决于攻击模式库的大小以及攻击方法的覆盖面。如果攻击模式库太小，则 IDS 的有效性就大打折扣。而如果攻击模式库过大，则 IDS 的性能会受到影响。

基于上述分析，误用入侵检测的前提条件是，入侵行为能够按某种方式进行特征编码，而入侵检测的过程实际上就是模式匹配的过程。根据入侵特征描述的方式或构造技术，误用检测方法可以进一步细分。下面介绍几种常见的误用检测方法。

1. 基于条件概率的误用检测方法

基于条件概率的误用检测方法，是将入侵方式对应一个事件序列，然后观测事件发生序列，应用贝叶斯定理进行推理，推测入侵行为。令 *ES* 表示某个事件序列，发生入侵的先验概率为 $P(Intrusion)$，发生入侵时该事件序列 *ES* 出现的后验概率为 $P(ES \mid Intrusion)$，该事件序列出现的概率为 $P(ES)$，则有：

$$P(Intrusion \mid ES) = P(ES \mid Intrusion) \times \frac{P(Intrusion)}{P(ES)}$$

通常网络安全员可以给出先验概率 $P(Intrusion)$，对入侵报告进行数据统计处理可得 $P(ES \mid \neg Intrusion)$ 和 $P(ES \mid Intrusion)$，于是可以计算出：

$$P(ES) = \left[P(ES \mid Intrusion) - P(ES \mid \neg Intrusion)\right] \times P(Intrusion) + P(ES \mid \neg Intrusion)$$

因此，可以通过对事件序列的观测推算出 $P(Intrusion \mid ES)$。基于条件概率的误用检测方法是基于概率论的一种通用方法。它是对贝叶斯方法的改进，其缺点是先验概率难以给出，而且事件的独立性难以满足。

2. 基于状态迁移的误用检测方法

状态迁移方法利用状态图表示攻击特征，不同状态刻画了系统某一时刻的特征。初始状态对应于入侵开始前的系统状态，危害状态对应于已成功入侵时刻的系统状态。初始状态与危害状态之间的迁移可能有一个或多个中间状态。攻击者的操作将导致状态发生迁移，使系统从初始状态迁移到危害状态。基于状态迁移的误用检测方法通过检查系统的状态变化发现系统中的入侵行为。采用该方法的 IDS 有 STAT（State Transition Analysis Technique）和 USTAT（State Transition Analysis Tool for UNIX）。

3. 基于键盘监控的误用检测方法

基于键盘监控的误用检测方法，是假设入侵行为对应特定的击键序列模式，然后监测用户的击键模式，并将这一模式与入侵模式匹配，从而发现入侵行为。这种方法的缺点是，在没有操作系统支持的情况下，缺少捕获用户击键的可靠方法。此外，也可能存在多种击键方式表示同一种攻击。而且，如果没有击键语义分析，用户提供别名（例如 Korn shell）很容易欺骗这种检测技术。最后，该方法不能够检测恶意程序的自动攻击。

4. 基于规则的误用检测方法

基于规则的误用检测方法是将攻击行为或入侵模式表示成一种规则，只要符合规则就认定它是一种入侵行为。这种方法的优点是，检测起来比较简单，但是也存在缺点，即检测受到规则库限制，无法发现新的攻击，并且容易受干扰。目前，大部分 IDS 采用的是这种方法。Snort 是典型的基于规则的误用检测方法的应用实例。

10.2.2 基于异常的入侵检测技术

异常检测方法是指通过计算机或网络资源统计分析，建立系统正常行为的“轨迹”，定义一组系统正常情况的数值，然后将系统运行时的数值与所定义的“正常”情况相比较，得出是否有被攻击的迹象，如图 10-4 所示。

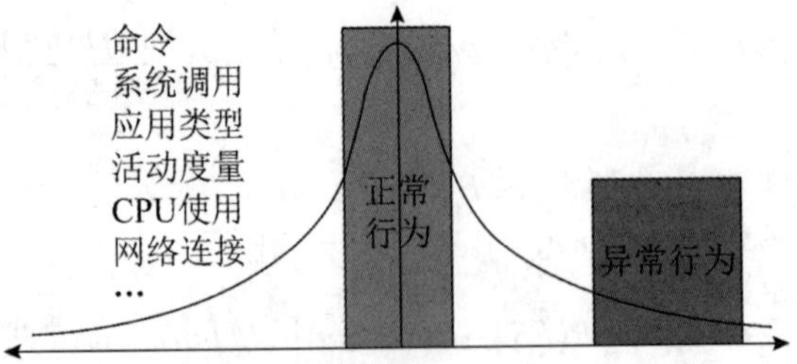

图 10-4 异常检测原理图

但是，异常检测的前提是异常行为包括入侵行为。理想情况下，异常行为集合等同于入侵行为集合，此时，如果 IDS 能够检测到所有的异常行为，则表明能够检测到所有的入侵行为。但是在现实中，入侵行为集合通常不等同于异常行为集合。事实上，具体的行为有 4 种状况：①行为是入侵行为，但不表现异常；②行为不是入侵行为，却表现异常；③行为既不是入侵行为，也不表现异常；④行为是入侵行为，且表现异常。异常检测方法的基本思路是构造异常行为集合，从中发现入侵行为。异常检测依赖于异常模型的建立，不同模型构成不同的检测方法。下面介绍几种常见的异常检测方法。

1. 基于统计的异常检测方法

基于统计的异常检测方法就是利用数学统计理论技术，通过构建用户或系统正常行为的特征轮廓。其中统计性特征轮廓通常由主体特征变量的频度、均值、方差、被监控行为的属性变量的统计概率分布以及偏差等统计量来描述。典型的系统主体特征有：系统的登录与注销时间，资源被占用的时间以及处理机、内存和外设的使用情况等。至于统计的抽样周期可以从短到几分钟到长达几个月甚至更长。基于统计性特征轮廓的异常性检测器，对收集到的数据进行统计处理，并与描述主体正常行为的统计性特征轮廓进行比较，然后根据二者的偏差是否超过指定的门限来进一步判断、处理。许多入侵检测系统或系统原型都采用了这种统计模型。

2. 基于模式预测的异常检测方法

基于模式预测的异常检测方法的前提条件是：事件序列不是随机发生的而是服从某种可辨别的模式，其特点是考虑了事件序列之间的相互联系。安全专家 Teng 和 Chen 给出了一种基于时间的推理方法，利用时间规则识别用户正常行为模式的特征。通过归纳学习产生这些规则集，并能动态地修改系统中的这些规则，使之具有较高的预测性、准确性和可信度。如果规则大部分时间是正确的，并能够成功地用于预测所观察到的数据，那么规则就具有较高的可信度。例如，TIM（Time-based Inductive Machine）给出下述产生规则：

$$(E1!E2!E3)(E4 = 95\%, E5 = 5\%)$$

其中，$E1$～$E5$ 表示安全事件。上述规则说明，事件发生的顺序是 $E1$，$E2$，$E3$，$E4$，$E5$。事件 $E4$ 发生的概率是 95%，事件 $E5$ 发生的概率是 5%。通过事件中的临时关系，TIM 能够产生更多的通用规则。根据观察到的用户行为，归纳产生出一套规则集，构成用户的行为轮廓框架。如果观测到的事件序列匹配规则的左边，而后续的事件显著地背离根据规则预测到的事件，那么系统就可以检测出这种偏离，表明用户操作异常。这种方法的主要优点有：①能较好地处理变化多样的用户行为，并具有很强的时序模式；②能够集中考察少数几个相关的安全事件，而不是关注可疑的整个登录会话过程；③容易发现针对检测系统的攻击。

3. 基于文本分类的异常检测方法

基于文本分类的异常检测方法的基本原理是将程序的系统调用视为某个文档中的“字”，

而进程运行所产生的系统调用集合就产生一个“文档”。对于每个进程所产生的“文档”，利用 K-最近邻聚类（K-Nearest Neighbor）文本分类算法，分析文档的相似性，发现异常的系统调用，从而检测入侵行为。

4. 基于贝叶斯推理的异常检测方法

基于贝叶斯推理的异常检测方法，是指在任意给定的时刻，测量 A_1，A_2，$\cdots A_n$ 变量值，推理判断系统是否发生入侵行为。其中，每个变量 A_i 表示系统某一方面的特征，例如磁盘 I/O 的活动数量、系统中页面出错的数目等。假定变量 A_i 可以取两个值：1 表示异常，0 表示正常。令 I 表示系统当前遭受的入侵攻击。每个异常变量 A_i 的异常可靠性和敏感性分别用 $P(A_i=1|I)$ 和 $P(A_i=1|\neg I)$ 表示。于是，在给定每个 A_i 值的条件下，由贝叶斯定理得出 I 的可信度为：

$$P(I|A_1,A_2,\cdots,A_n)=P(A_1,A_2,\cdots,A_n|I)\times\frac{P(I)}{P(A_1,A_2,\cdots,A_n)}$$

其中，要求给出 I 和 $\neg I$ 的联合概率分布。假定每个测量 A_i 仅与 I 相关，与其他的测量条件 $A_j(i\neq j)$ 无关，则有：

$$P(A_1,A_2,\cdots,A_n|I)=\prod_{i=1}^{n}P(A_i|I)$$

$$P(A_1,A_2,\cdots,A_n|\neg I)=\prod_{i=1}^{n}P(A_i|\neg I)$$

从而得到：

$$\frac{P(I|A_1,A_2,\cdots,A_n)}{P(\neg I|A_1,A_2,\cdots,A_n)}=\frac{P(I)}{P(\neg I)}\times\frac{\prod_{i=1}^{n}P(A_i|I)}{\prod_{i=1}^{n}P(A_i|\neg I)}$$

因此，根据各种异常测量的值、入侵的先验概率、入侵发生时每种测量得到的异常概率，就能够判断系统入侵的概率。但是为了保证检测的准确性，还需要考查各变量 A_i 之间的独立性。一种方法是通过相关性分析，确定各异常变量与入侵的关系。

10.2.3 其他

1. 基于规范的检测方法

基于规范的入侵检测方法（specification-based intrusion detection）介于异常检测和误用检测之间，其基本原理是，用一种策略描述语言 PE-grammars 事先定义系统特权程序有关安全的操作执行序列，每个特权程序都有一组安全操作序列，这些操作序列构成特权程序的安全跟踪策略（trace policy）。若特权程序的操作序列不符合已定义的操作序列，就进行入侵报警。这种方法的优点是，不仅能够发现已知的攻击，而且也能发现未知的攻击。

2. 基于生物免疫的检测方法

基于生物免疫的检测方法，是指模仿生物有机体的免疫系统工作机制，使受保护的系统能够将“非自我（non-self）”的攻击行为与“自我（self）”的合法行为区分开来。该方法综合了异常检测和误用检测两种方法，其关键技术在于构造系统“自我”标志以及标志演变方法。

3. 基于攻击诱骗的检测方法

基于攻击诱骗的检测方法，是指将一些虚假的系统或漏洞信息提供给入侵者，如果入侵者应用这些信息攻击系统，就可以推断系统正在遭受入侵，并且安全管理员还可以诱惑入侵者，进一步跟踪攻击来源。

4. 基于入侵报警的关联检测方法

基于入侵报警的关联检测方法是通过对原始的 IDS 报警事件的分类及相关性分析来发现复杂攻击行为。其方法可以分为三类：第一类基于报警数据的相似性进行报警关联分析；第二类通过人为设置参数或通过机器学习的方法进行报警关联分析；第三类根据某种攻击的前提条件与结果（preconditions and consequences）进行报警关联分析。基于入侵报警的关联检测方法，有助于在大量报警数据中挖掘出潜在的关联安全事件，消除冗余安全事件，找出报警事件的相关度及关联关系，从而提高入侵判定的准确性。

5. 基于沙箱动态分析的检测方法

基于沙箱动态分析的检测方法是指通过构建程序运行的受控安全环境，形成程序运行安全沙箱，然后监测可疑恶意文件或程序在安全沙箱的运行状况，获取可疑恶意文件或可疑程序的动态信息，最后检测相关信息是否异常，从而发现入侵行为。

6. 基于大数据分析的检测方法

基于大数据分析的检测方法是指通过汇聚系统日志、IDS 报警日志、防火墙日志、DNS 日志、网络威胁情报、全网流量等多种数据资源，形成网络安全大数据资源池，然后利用人工智能技术，基于网络安全大数据进行机器学习，以发现入侵行为。常见的大数据分析检查技术有数据挖掘、深度学习、数据关联、数据可视化分析等。

10.3　入侵检测系统组成与分类

本节介绍入侵检测系统的组成结构和类型，主要包括基于主机的入侵检测系统、基于网络的入侵检测系统和分布式入侵检测系统。

10.3.1 入侵检测系统组成

一个入侵检测系统主要由以下功能模块组成：数据采集模块、入侵分析引擎模块、应急处理模块、管理配置模块和相关的辅助模块。数据采集模块的功能是为入侵分析引擎模块提供分析用的数据，包括操作系统的审计日志、应用程序的运行日志和网络数据包等。入侵分析引擎模块的功能是依据辅助模块提供的信息（如攻击模式），根据一定的算法对收集到的数据进行分析，从中判断是否有入侵行为出现，并产生入侵报警。该模块是入侵检测系统的核心模块。管理配置模块的功能是为其他模块提供配置服务，是 IDS 系统中的模块与用户的接口。应急处理模块的功能是发生入侵后，提供紧急响应服务，例如关闭网络服务、中断网络连接、启动备份系统等。辅助模块的功能是协助入侵分析引擎模块工作，为它提供相应的信息，例如攻击特征库、漏洞信息等。图 10-5 给出了一个通用的入侵检测系统结构。

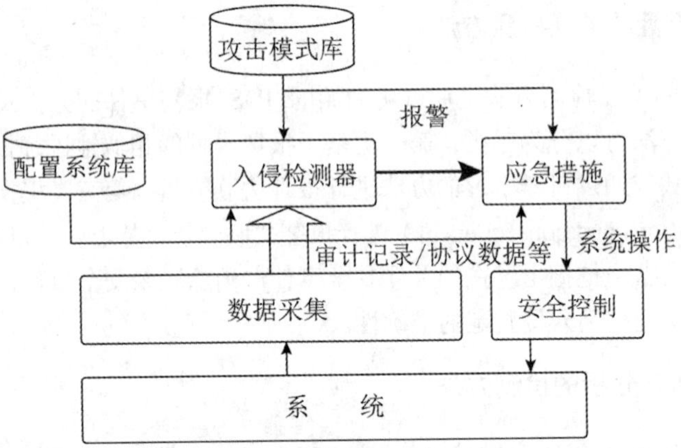

图 10-5　通用的入侵检测系统示意图

图中的系统是一个广泛的概念，可能是工作站、网段、服务器、防火墙、Web 服务器、企业网等。虽然每一种 IDS 在概念上是一致的，但在具体实现时，所采用的分析数据方法、采集数据以及保护对象等关键方面还是有所区别的。根据 IDS 的检测数据来源和它的安全作用范围，可将 IDS 分为三大类：第一类是基于主机的入侵检测系统（简称 HIDS），即通过分析主机的信息来检测入侵行为；第二类是基于网络的入侵检测系统（简称 NIDS），即通过获取网络通信中的数据包，对这些数据包进行攻击特征扫描或异常建模来发现入侵行为；第三类是分布式入侵检测系统（简称 DIDS），从多台主机、多个网段采集检测数据，或者收集单个 IDS 的报警信息，根据收集到的信息进行综合分析，以发现入侵行为。

10.3.2 基于主机的入侵检测系统

基于主机的入侵检测系统，简称为 HIDS。HIDS 通过收集主机系统的日志文件、系统调用以及应用程序的使用、系统资源、网络通信和用户使用等信息，分析这些信息是否包含攻击特征或异常情况，并依此来判断该主机是否受到入侵。由于入侵行为会引起主机系统的变化，因此在实际的 HIDS 产品中，CPU 利用率、内存利用率、磁盘空间大小、网络端口使用情况、注册表、文件的完整性、进程信息、系统调用等常作为识别入侵事件的依据。HIDS 一般适合检测以下入侵行为：

- 针对主机的端口或漏洞扫描；
- 重复失败的登入尝试；
- 远程口令破解；
- 主机系统的用户账号添加；
- 服务启动或停止；
- 系统重启动；
- 文件的完整性或许可权变化；
- 注册表修改；
- 重要系统启动文件变更；
- 程序的异常调用；
- 拒绝服务攻击。

HIDS 中的软件有许多，下面列举几个例子来说明。

1. SWATCH

SWATCH（The Simple WATCHer and filer）是 Todd Atkins 开发的用于实时监视日志的 PERL 程序。SWATCH 利用指定的触发器监视日志记录，当日志记录符合触发器条件时，SWATCH 会按预先定义好的方式通知系统管理员。SWATCH 有一个很有用的安装脚本，可以将所有的库文件、手册页和 PERL 文件复制到相应目录下。安装完成后，只要创建一个配置文件，就可以运行程序了。

2. Tripwire

Tripwire 是一个文件和目录完整性检测工具软件包，用于协助管理员和用户监测特定文件的变化。Tripwire 根据系统文件的规则设置，将已破坏或被篡改的文件通知系统管理员，因而常作为损害控制测量工具。

3. 网页防篡改系统

网页防篡改系统的基本作用是防止网页文件被入侵者非法修改，即在页面文件被篡改后，能够及时发现、产生报警、通知管理员、自动恢复。其工作原理是将所要监测的网页文件生成完整性标记，一旦发现网页文件的完整性受到破坏，则启动网页备份系统，恢复正常的网页。

基于主机的入侵检测系统的优点：

- 可以检测基于网络的入侵检测系统不能检测的攻击；

- 基于主机的入侵检测系统可以运行在应用加密系统的网络上，只要加密信息在到达被监控的主机时或到达前解密；
- 基于主机的入侵检测系统可以运行在交换网络中。

基于主机的入侵检测系统的缺点：

- 必须在每个被监控的主机上都安装和维护信息收集模块；
- 由于 HIDS 的一部分安装在被攻击的主机上，HIDS 可能受到攻击并被攻击者破坏；
- HIDS 占用受保护的主机系统的系统资源，降低了主机系统的性能；
- 不能有效地检测针对网络中所有主机的网络扫描；
- 不能有效地检测和处理拒绝服务攻击；
- 只能使用它所监控的主机的计算资源。

10.3.3 基于网络的入侵检测系统

基于网络的入侵检测系统，简称为 NIDS。NIDS 通过侦听网络系统，捕获网络数据包，并依据网络包是否包含攻击特征，或者网络通信流是否异常来识别入侵行为。NIDS 通常由一组用途单一的计算机组成，其构成多分为两部分：探测器和管理控制器。探测器分布在网络中的不同区域，通过侦听（嗅探）方式获取网络包，探测器将检测到攻击行为形成报警事件，向管理控制器发送报警信息，报告发生入侵行为。管理控制器可监控不同网络区域的探测器，接收来自探测器的报警信息。一般说来，NIDS 能够检测到以下入侵行为：

- 同步风暴（SYN　Flood）；
- 分布式拒绝服务攻击（DDoS）；
- 网络扫描；
- 缓冲区溢出；
- 协议攻击；
- 流量异常；
- 非法网络访问。

当前，NIDS 的软件产品有许多，国外产品有 Session Wall、ISS RealSecure、Cisco Secure IDS 等，国内的 IDS 产品公司有东软集团、北京天融信网络安全技术有限公司、绿盟科技集团股份有限公司、华为技术有限公司等。此外，因特网上有公开源代码的网络入侵检测系统 Snort。Snort 是轻量型的 NIDS，它首先通过 libpcap 软件包监听（sniffer/logger）获得网络数据包，然后进行入侵检测分析。其主要方法是基于规则的审计分析，进行包的数据内容搜索/匹配。目前，Snort 能检测缓冲区溢出、端口扫描、CGI 攻击、SMB 探测等多种攻击，还具有实时报警功能。

基于网络的入侵检测系统的优点：

- 适当的配置可以监控一个大型网络的安全状况；
- 基于网络的入侵检测系统的安装对已有网络影响很小，通常属于被动型的设备，它们只监听网络而不干扰网络的正常运作；

- 基于网络的入侵检测系统可以很好地避免攻击，对于攻击者甚至是不可见的。

基于网络的入侵检测系统的缺点：

- 在高速网络中，NIDS 很难处理所有的网络包，因此有可能出现漏检现象；
- 交换机可以将网络分为许多小单元 VLAN，而多数交换机不提供统一的监测端口，这就减少了基于网络的入侵检测系统的监测范围；
- 如果网络流量被加密，NIDS 中的探测器无法对数据包中的协议进行有效的分析；
- NIDS 仅依靠网络流量无法推知命令的执行结果，从而无法判断攻击是否成功。

10.3.4 分布式入侵检测系统

网络系统结构的复杂化和大型化，带来许多新的入侵检测问题。

（1）系统的漏洞分散在网络中的各个主机上，这些弱点有可能被攻击者一起用来攻击网络，仅依靠基于主机或网络的 IDS 不会发现入侵行为。

（2）入侵行为不再是单一的行为，而是相互协作的入侵行为。

（3）入侵检测所依靠的数据来源分散化，收集原始的检测数据变得困难。如交换型网络使监听网络数据包受到限制。

（4）网络传输速度加快，网络的流量增大，集中处理原始数据的方式往往造成检测瓶颈，从而导致漏检。

面对这些新的入侵检测问题，分布式入侵检测系统应运而生，它可以跨越多个子网检测攻击行为，特别是大型网络。分布式入侵检测系统可以分成两种类型，即基于主机检测的分布式入侵检测系统和基于网络的分布式入侵检测系统。

1. 基于主机检测的分布式入侵检测系统

基于主机检测的分布式入侵检测系统，简称为 HDIDS，其结构分为两个部分：主机探测器和入侵管理控制器。HDIDS 将主机探测器按层次、分区域地配置、管理，把它们集成为一个可用于监控、保护分布在网络区域中的主机系统。HDIDS 用于保护网络的关键服务器或其他具有敏感信息的系统，利用主机的系统资源、系统调用、审计日志等信息，判断主机系统的运行是否遵循安全规则。在实际工作过程中，主机探测器多以安全代理（Agent）的形式直接安装在每个被保护的主机系统上，并通过网络中的系统管理控制台进行远程控制。这种集中式的控制方式，便于对系统进行状态监控、管理以及对检测模块的软件进行更新。HDIDS 的典型配置如图 10-6 所示。

2. 基于网络的分布式入侵检测系统

HDIDS 只能保护主机的安全，而且要在每个受保护主机系统上配置一个主机的探测器，如果当网络中需要保护的主机系统比较多时，其安装配置的工作量非常大。此外，对于一些复杂攻击，主机探测器无能为力。因此，需要使用基于网络的分布式入侵检测系统，简称为 NDIDS。

NDIDS 的结构分为两部分：网络探测器和管理控制器。网络探测器部署在重要的网络区域，如服务器所在的网段，用于收集网络通信数据和业务数据流，通过采用异常和误用两种方法对收集到的信息进行分析，若出现攻击或异常网络行为，就向管理控制器发送报警信息。网络入侵检测系统功能模块的分布式配置及管理如图 10-7 所示。

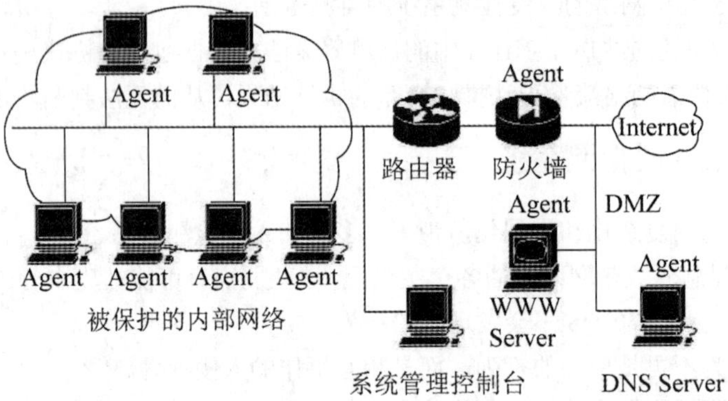

图 10-6　基于主机的入侵检测系统典型配置

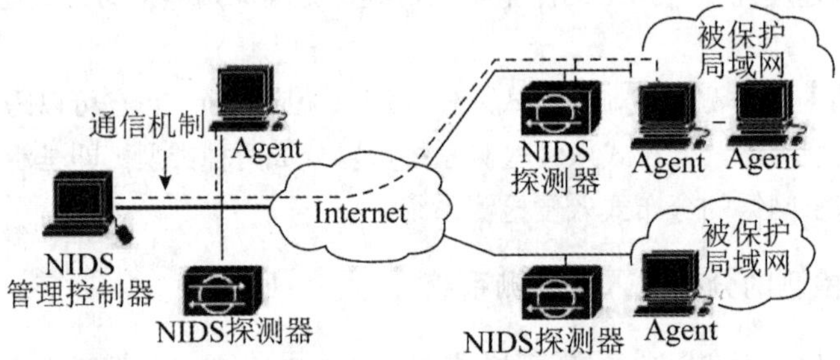

图 10-7　网络入侵检测系统功能模块的分布式配置及管理

NDIDS 一般适用于大规模网络或者是地理区域分散的网络，采用这种结构有利于实现网络的分布式安全管理。现在市场上的网络入侵系统一般支持分布式结构。

综上所述，分布式 IDS 的系统结构能够将基于主机和网络的系统结构结合起来，检测所用到的数据源丰富，可以克服前两者的弱点。但是，由于是分布式的结构，所以也带来了新的弱点。例如，传输安全事件过程中增加了通信的安全问题处理，安全管理配置复杂度增加等。

10.4　入侵检测系统主要产品与技术指标

入侵检测系统是常见的网络安全产品，产品类型有主机入侵检测系统、网络入侵检测系统以及统一威胁管理、高级持续威胁检测。下面将介绍入侵检测相关产品类型的特点、主要技术指标。

10.4.1 入侵检测相关产品

入侵检测是网络安全监测与预警的核心关键技术，其产品技术日渐成熟完善。目前，常见的入侵检测相关产品有如下几类。

1. 主机入侵检测系统

产品技术原理是根据主机活动信息及重要文件，采用特征匹配、系统文件监测、安全规则符合检查、文件数字指纹、大数据分析等综合技术方法发现入侵行为。典型产品形态有终端安全产品，如北信源主机监控审计系统、360 安全卫士、McAfee MVISION Endpoint Detection and Response （EDR）等。

2. 网络入侵检测系统

产品技术原理是根据网络流量数据进行分析，利用特征检测、协议异常检测等技术方法发现入侵行为。以绿盟科技集团股份有限公司的 IDS 为例，其产品技术结构如图 10-8 所示。

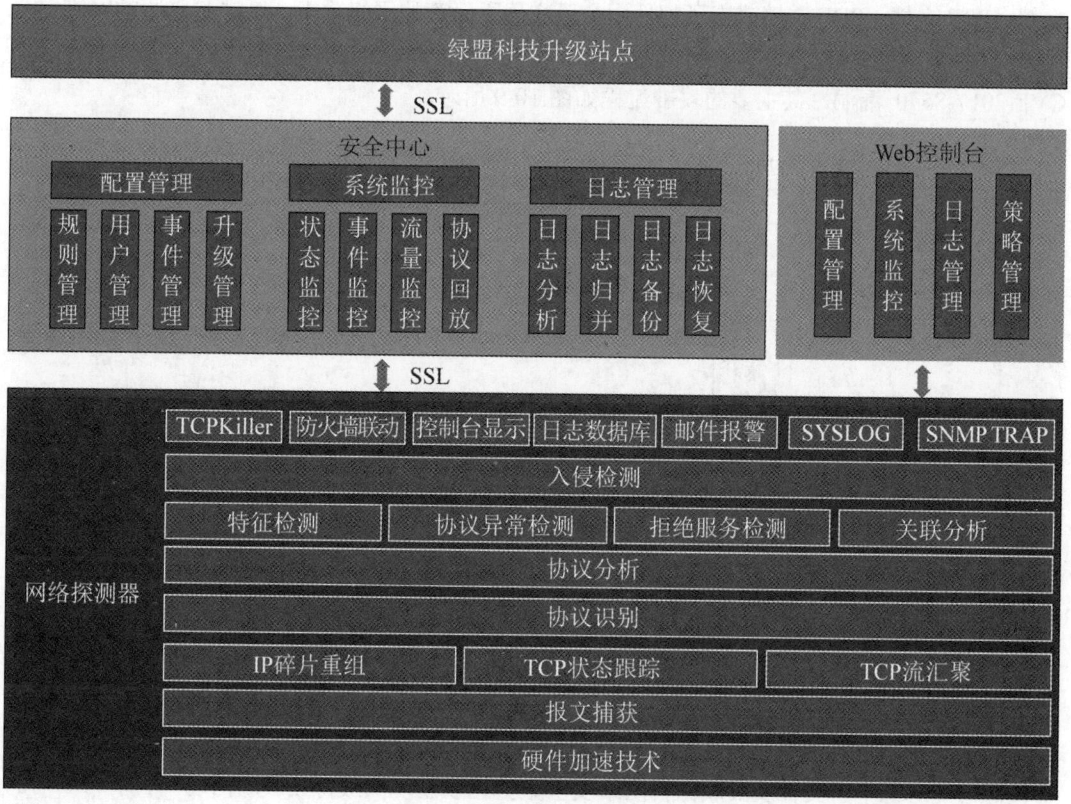

图 10-8 绿盟科技网络入侵检测系统体系架构

北京天融信网络安全技术有限公司、启明星辰信息技术集团股份有限公司等国内安全公司也都提供此类产品。

3. 统一威胁管理

统一威胁管理（简称为 UTM）通常会集成入侵检测系统相关的功能模块，是入侵检测技术产品的表现形态之一。统一威胁管理是由硬件、软件和网络技术组成的具有专门用途的设备，该设备主要提供一项或多项安全功能，同时将多种安全特性集成于一个硬件设备里，形成标准的统一威胁管理平台。其通过统一部署的安全策略，融合多种安全功能，是针对网络及应用系统的安全威胁进行综合防御的网关型设备或系统。UTM 通常部署在内部网络与外部网络的边界，对流出和进入内部网络的数据进行保护和控制。UTM 在实际网络中的部署方式通常包括透明网桥、路由转发和 NAT 网关。

4. 高级持续威胁检测

高级持续威胁（简称为 APT）是复杂性攻击技术，通常将恶意代码嵌入 Word 文档、Excel 文档、PPT 文档、PDF 文档或电子邮件中，以实现更隐蔽的网络攻击，以逃避普通的网络安全检查。例如，肚脑虫（Donot）组织以“克什米尔问题”命名的诱饵漏洞文档，该文档利用了 CVE-2017-8570 漏洞，其主要的攻击流程如图 10-9 所示。

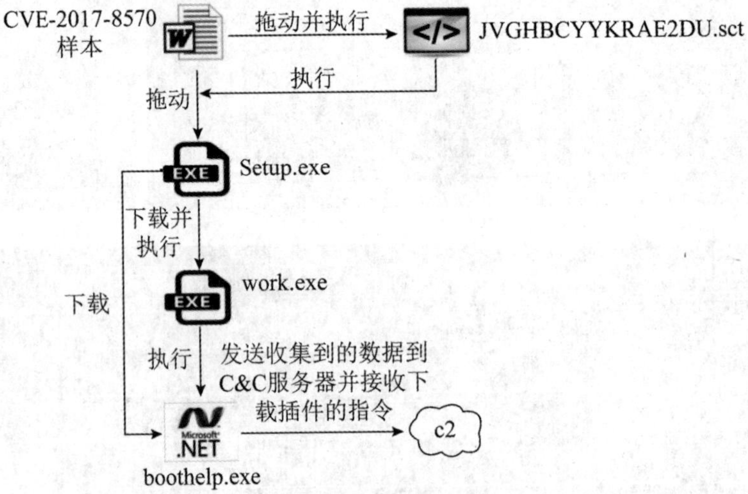

图 10-9 基于电子文档漏洞的 APT 攻击示意图

高级持续威胁检测系统是入侵检测技术产品的特殊形态，其产品技术原理基于静态/动态分析检测可疑恶意电子文件及关联分析网络安全大数据以发现高级持续威胁活动。目前，国内的 APT 产品有安天追影威胁分析系统、360 天眼新一代威胁感知系统、华为 FireHunter6000 系列沙箱及 CIS 网络安全智能系统。

5. 其他

根据入侵检测应用对象，常见的产品类型有 Web IDS、数据库 IDS、工控 IDS 等。其中，Web IDS 利用 Web 网络通信流量或 Web 访问日志等信息，检测常见的 Web 攻击，如 Webshell、SQL 注入、远程文件包含（RFI）、跨站点脚本（XSS）等攻击行为；数据库 IDS 利用数据库网络通信流量或数据库访问日志等信息，对常见的数据库攻击行为进行检测，如数据库系统口令攻击、SQL 注入攻击、数据库漏洞利用攻击等；而工控 IDS 则通过获取工控设备、工控协议相关信息，根据工控漏洞攻击检测规则、异常报文特征和工控协议安全策略，检测工控系统的攻击行为。

10.4.2 入侵检测相关指标

入侵检测系统的主要指标有可靠性、可用性、可扩展性、时效性、准确性和安全性。

1. 可靠性

由于入侵检测系统需要不间断地监测受保护系统，因此，要求入侵检测系统具有容错能力，可以连续运行。

2. 可用性

入侵检测系统运行开销要尽量小，特别是基于主机的入侵检测系统，入侵检测系统不能影响到主机和网络系统的性能。

3. 可扩展性

该指标主要评价入侵检测系统是否易于配置修改和安装部署的能力，以适应新的攻击技术方法不断出现和系统环境的变迁需求。

4. 时效性

时效性要求入侵检测系统必须尽快地分析报警数据，并将分析结果传送到报警控制台，以使系统安全管理者能够在入侵攻击尚未造成更大危害以前做出反应，阻止攻击者破坏审计系统甚至入侵检测系统的企图。

5. 准确性

准确性是指入侵检测系统能正确地检测出系统入侵活动的能力。当一个入侵检测系统的检测不准确时，它就可能把系统中的合法活动当作入侵行为，或者把入侵行为作为正常行为，这时就出现误报警和漏报警现象，实用的入侵检测系统应具有低的误警率和漏警率。

6. 安全性

与其他系统一样，入侵检测系统本身也往往存在安全漏洞。若对入侵检测系统攻击成功，则直接导致报警失灵，使攻击者的攻击行为无法被记录。因此，入侵检测系统的安全性要求具有保护自身的安全功能，能够抗攻击干扰。

10.5 入侵检测系统应用

入侵检测系统是常见的网络安全监测及保护措施，本节分析入侵检测技术的应用场景类型，总结了IDS的部署方法，给出了常见的入侵检测实施参考案例。

10.5.1 入侵检测应用场景类型

入侵检测是网络安全保障的重要基础性技术，目前已经广泛应用于网络信息系统的安全检测和保护，常见的应用场景主要如下。

1. 上网保护

通过采集域名请求数据及网络威胁情报，利用入侵检测系统检测不良网址， 保护上网计算机安全，防止互联网黑客直接攻击内部网络，切断不良信息访问。

2. 网站入侵检测与保护

通过入侵检测技术对Web服务器的所有请求或Web访问日志进行检测，发现网站安全威胁。

3. 网络攻击阻断

在受保护的区域边界处部署入侵检测系统，对受保护设备的网络通信进行安全检测，阻断具有攻击特征的操作，防止攻击行为。

4. 主机/终端恶意代码检测

在主机/终端设备上安装入侵检测系统或功能模块，检测主机服务器、终端设备的攻击行为，防止主机或终端设备受到侵害。

5. 网络安全监测预警与应急处置

利用检测系统监测网络信息系统中的异常行为，及时发现入侵事件，追踪恶意攻击源，防止网络安全事件影响扩大。

6. 网络安全等级保护

入侵检测技术是实现网络安全等级保护相关要求的重要支撑，详细情况可参看国家标准《信息安全技术 网络安全等级保护基本要求（GB/T 22239—2019）》。目前，入侵检测技术常用于网络安全等级保护对象中，如在关键网络节点处监视网络攻击行为；检测虚拟机与宿主机、虚拟机与虚拟机之间的异常流量；检测针对无线接入设备的网络扫描、DDoS 攻击、密钥破解、中间人攻击和欺骗攻击。

10.5.2 入侵检测系统部署方法

IDS 部署是指将 IDS 安装在网络系统区域中，使之能够检测到网络中的攻击行为。IDS 部署的基本过程包含以下几个步骤：

第一步，根据组织或公司的安全策略要求，确定 IDS 要监测的对象或保护网段；

第二步，在监测对象或保护网段，安装 IDS 探测器，采集网络入侵检测所需要的信息；

第三步，针对监测对象或保护网段的安全需求，制定相应的检测策略；

第四步，依据检测策略，选用合适的 IDS 结构类型；

第五步，在 IDS 上，配置入侵检测规则；

第六步，测试验证 IDS 的安全策略是否正常执行；

第七步，运行和维护 IDS。

10.5.3 基于 HIDS 的主机威胁检测

HIDS 一般用于检测针对单台主机的入侵行为，其主要应用方式如下：

（1）单机应用。在这种应用方式下，把 HIDS 系统直接安装在受监测的主机上即可。

（2）分布式应用。这种应用方式需要安装管理器和多个主机探测器（Sensor）。管理器控制多个主机探测器（Sensor），从而可以远程监控多台主机的安全状况，如图 10-10 所示。

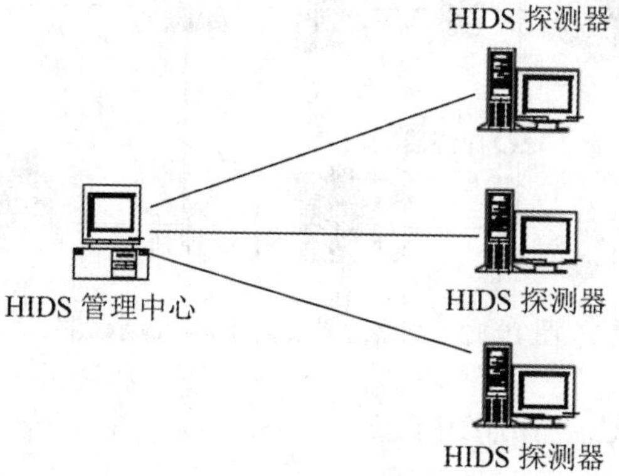

图 10-10 HIDS 分布式应用部署示意图

10.5.4 基于 NIDS 的内网威胁检测

将网络 IDS 的探测器接在内部网的广播式 Hub 或交换机的 Probe 端口， 如图 10-11 所示。探测器通过采集内部网络流量数据，然后基于网络流量分析监测内部网的网络活动，从而可以发现内部网络的入侵行为。

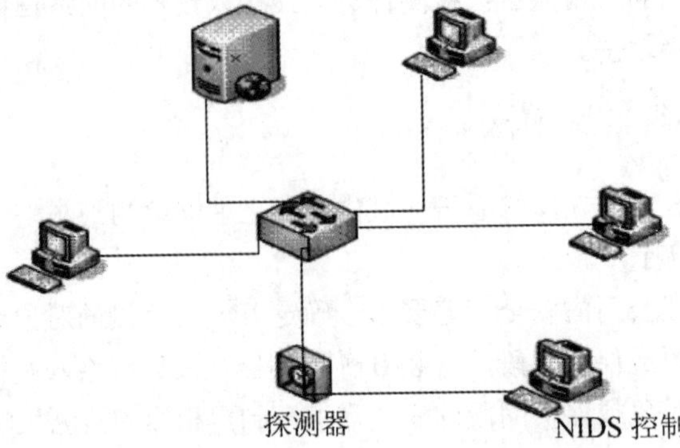

图 10-11 内部网络安全威胁检测示意图

10.5.5 基于 NIDS 的网络边界威胁检测

将 NIDS 的探测器接在网络边界处，采集与内部网进行通信的数据包，然后分析来自外部的入侵行为，如图 10-12 所示。

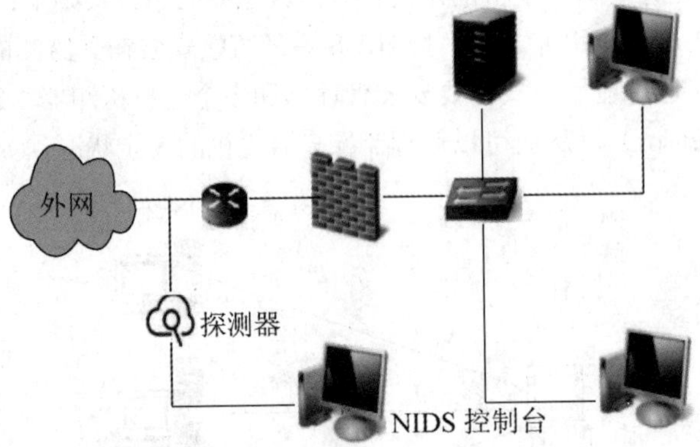

图 10-12 网络边界安全威胁检测示意图

10.5.6 网络安全态势感知应用参考

网络安全态势感知通过汇聚 IDS 报警信息、系统日志，然后利用大数据分析技术对网络系统的安全状况进行分析，监测网络安全态势。下面以安全洋葱（Security Onion）为例进行说明，如图 10-13 所示。安全洋葱通过集成 Elasticsearch、Logstash、Kibana、Snort、 Suricata、Bro、Sguil、Squert、CyberChef、NetworkMiner 等相关技术，提供入侵检测、企业安全监测和日志管理等安全服务。其中，Snort、 Suricata、Bro、OSSEC 为入侵检测系统。

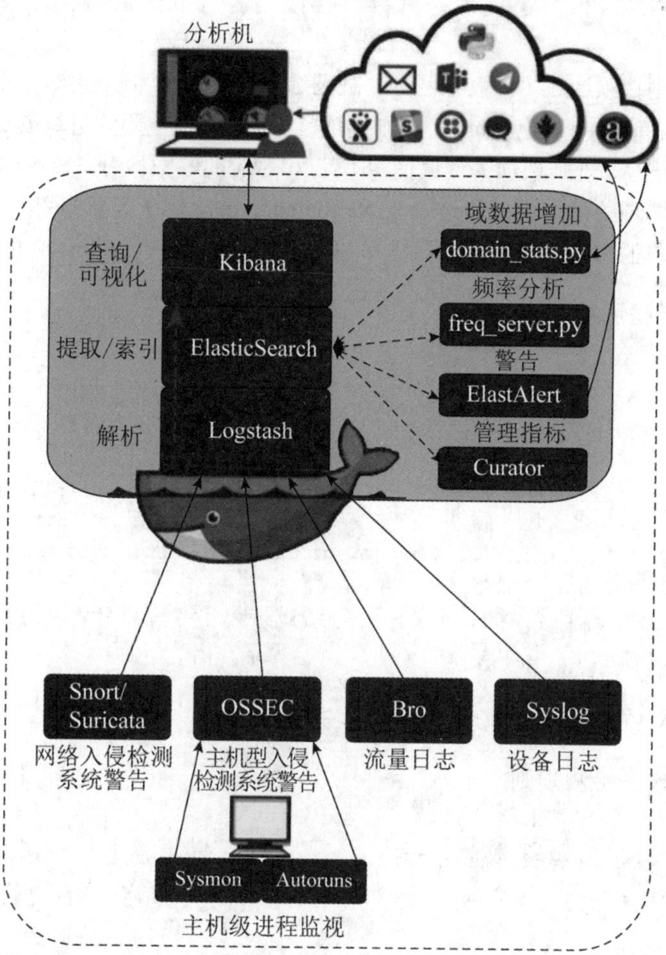

图 10-13　Security Onion 系统结构图

10.5.7　开源网络入侵检测系统

常见的开源网络入侵检测系统有 Snort、 Suricata、Bro、Zeek、OpenDLP、Sagan 等。本文以 Snort 为例，给出开源 IDS 应用作为参考。

Snort 是应用较为普遍的网络入侵检测系统，其基本技术原理是通过获取网络数据包，然后基于安全规则进行入侵检测，最后形成报警信息。Snort 规则由两部分组成，即规则头和规则选项。规则头包含规则操作（action）、协议（protocol）、源地址和目的 IP 地址及网络掩码、源地址和目的端口号信息。规则选项包含报警消息、被检查网络包的部分信息及规则应采取的动作。Snort 规则如下所示：

```
alert tcp any any -> 192.168.1.0/24 111 (content:"|00 01 86 a5|"; msg: "mountd access";)
```

其中，规则头和规则选项通过“( )”来区分，规则选项内容用括号括起来。规则头常见的动作有 alert、log、pass、activate、dynamic；规则选项是 Snort 入侵检测的引擎核心，所有 Snort 规则选项都用“;”隔开， 规则选项关键词使用“:”和对应的参数区分，Snort 提供十五个规则选项关键词。规则选项关键词常用的是 msg 和 content。msg 用于显示报警信息，content 用于指定匹配网络数据包的内容。以 Nmap 扫描和 SQL 注入攻击为例，Snort 检测规则如下。

1. Nmap 扫描检测规则

```
alert icmp any any -> 192.168.X.Y any (msg: "NMAP ping sweep Scan";
dsize:0;sid:10000004; rev: 1;)

alert tcp any any -> 192.168.X.Y 22 (msg: "NMAP TCP Scan";sid:10000005; rev:2; )

alert udp any any -> 192.168. X.Y  any ( msg:"Nmap UDP Scan"; sid:1000010; rev:1; )

alert tcp any any -> 192.168. X.Y 22 (msg:"Nmap XMAS Tree Scan"; flags:FPU;
sid:1000006; rev:1; )
```

注：192.168.X.Y 为目标 IP 地址。

2. SQL 注入攻击检测规则

```
alert tcp any any -> any 80 (msg: "Error Based SQL Injection Detected"; content:
"%27" ; sid:100000011; )

alert tcp any any -> any 80 (msg: "Error Based SQL Injection Detected"; content:
"22" ; sid:1000 )

alert tcp any any -> any 80 (msg: "AND SQL Injection Detected"; content: "and" ;
nocase; sid:100000060; )

alert tcp any any -> any 80 (msg: "OR SQL Injection Detected"; content: "or" ;
nocase; sid:100000061; )

alert tcp any any -> any 80 (msg: "UNION SELECT SQL Injection"; content: "union" ;
sid:1000006; )
```

```
alert tcp any any -> any 80 (msg: "Order by SQL Injection"; content: "order" ;
sid:1000005; )

alert tcp any any -> 192.168.1.105 22 (msg:"Nmap FIN Scan"; flags:F; sid:1000008;
rev:1;)
```

10.5.8　华为 CIS 网络安全智能系统应用

华为 CIS（Cybersecurity Intelligence System，网络安全智能系统）采用最新的大数据分析和机器学习技术，用于抵御 APT 攻击。其产品技术原理是从海量数据中提取关键信息，通过多维度风险评估，采用大数据分析方法关联单点异常行为，从而还原出 APT 攻击链，准确识别和防御 APT 攻击，避免核心信息资产损失。华为 CIS 网络安全智能系统的分布式机构如图 10-14 所示。

图 10-14　华为 CIS 结构示意图

CIS 基于大数据平台，采用机器学习模式，针对 APT 攻击过程进行检测，如图 10-15 所示。

CIS 提供文件异常检测、Mail 异常检测、C&C 检测、流量基线异常检测、隐蔽通道检测、攻击链关联等安全功能。CIS 网络安全态势感知应用如图 10-16 所示。

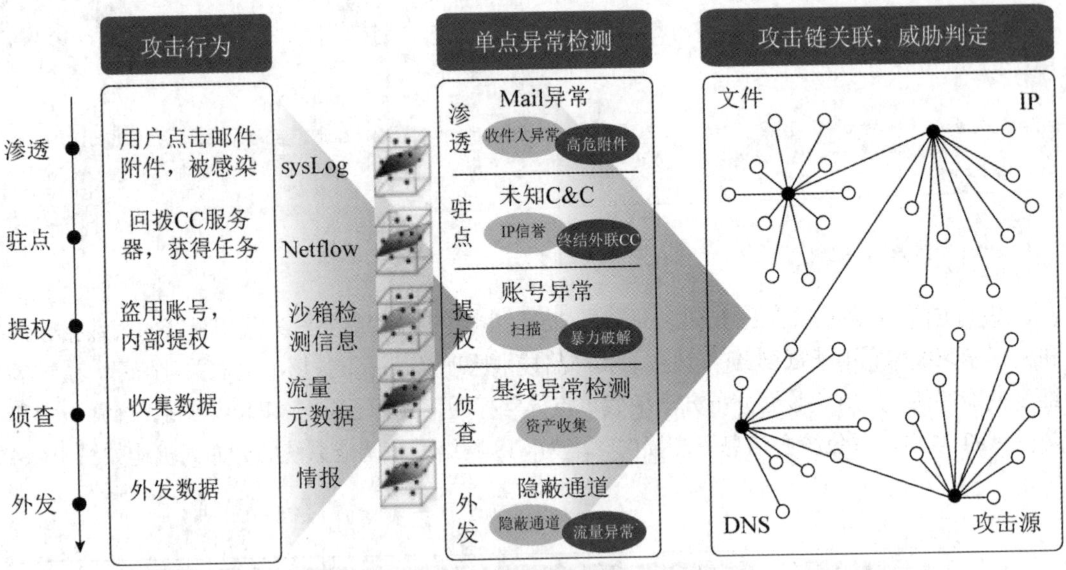

图 10-15 基于 APT 攻击链的检测

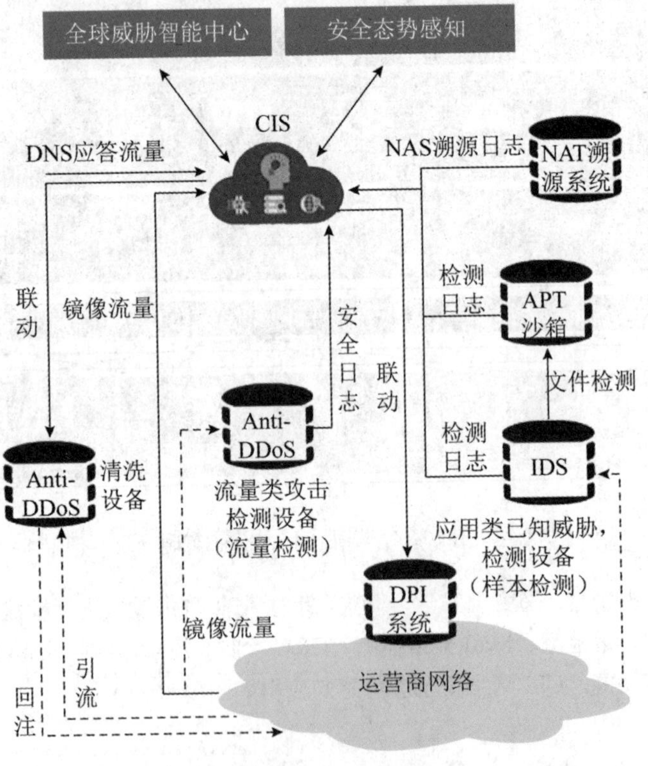

图 10-16 CIS 网络安全态势感知应用示意图

10.6　本章小结

网络系统安全保障体系包括防护、检测、反应和恢复 4 个层面。入侵检测系统是其中一个重要的组成部分，扮演着网络空间“预警机”的角色。本章首先介绍了入侵检测系统的基本概念和作用，分析了各类入侵检测技术；然后还就入侵检测系统的组成结构和类型进行了分析，并举例说明常见的入侵检测系统；最后给出入侵检测系统的应用案例。随着计算机和网络技术的发展，IDS 作为重要的安全防范措施，将会受到网络管理员的重视。

第 11 章　网络物理隔离技术原理与应用

11.1　网络物理隔离概述

本节首先阐述物理隔离的基本概念，然后分析物理隔离面临的安全风险问题。下面分别进行叙述。

11.1.1　网络物理隔离概念

随着网络攻击技术不断增强，恶意入侵内部网络的风险性也相应急剧提高。网络入侵者可以涉透内部重要信息系统，窃取数据或恶意破坏数据。同时，内部网的用户因为安全意识薄弱，可能有意或无意地将敏感数据泄露出去。因此，采取必要的网络安全措施来阻断内部网络信息泄密，成为当前网络安全领域一个十分重要而迫切的问题。为了实现更高级别的网络安全，网络安全专家建议，“内外网及上网计算机实现物理隔离，以求减少来自外网的威胁”。《计算机信息系统国际联网保密管理规定》第二章第六条规定，“涉及国家秘密的计算机信息系统，不得直接或间接地与国际互联网或其他公共信息网络相联接，必须实行物理隔离。”尽管物理隔离能够强化保障涉密信息系统的安全，却不便于不同安全域之间的信息交换，尤其是低级别安全域向高级别安全域导入数据。

目前，网络和大数据应用日益普及，国家和企事业单位重要信息系统之间的数据交换日趋频繁，各单位机构对信息和数据的时效性要求越来越高，完全切断不同安全域之间的信息及数据交换已不太现实。因而，既能满足内外网信息及数据交换需求，又能防止网络安全事件出现的安全技术就应运而生了，这种技术称为“物理隔离技术”，其基本原理是避免两台计算机之间直接的信息交换以及物理上的连通，以阻断两台计算机之间的直接在线网络攻击。隔离的目的是阻断直接网络攻击活动，避免敏感数据向外部泄露，保障不同网络安全域之间进行信息及数据交换。

11.1.2　网络物理隔离安全风险

网络物理隔离有利于强化网络安全的保障，增强涉密网络的安全性，但是不能完全确保网络的安全性。采用网络物理隔离安全保护措施的网络仍然面临着以下网络安全风险。

1. 网络非法外联

一旦处于隔离状态的网络用户私自连接互联网或第三方网络，则物理隔离安全措施失去保护作用。

2. U 盘摆渡攻击

网络攻击者利用 U 盘作为内外网络的摆渡工具，攻击程序将敏感数据拷贝到 U 盘中，然后由内部人员通过 U 盘泄露。据报道，有一种名为“U 盘泄密者”的病毒，该病毒可以自动复制计算机和介质中的文件到指定目录下，使工作人员在不经意间造成内网敏感信息的泄露。其次，采用这种方式进行数据传输也为不法分子进行主动窃密提供了有效途径。

3. 网络物理隔离产品安全隐患

网络隔离产品的安全漏洞，导致 DoS/DDoS 攻击，使得网络物理隔离设备不可用。或者，网络攻击者通过构造恶意数据文档，绕过物理隔离措施，从而导致内部网络受到攻击。

4. 针对物理隔离的攻击新方法

针对网络物理隔离的窃密技术已经出现，其原理是利用各种手段，将被隔离计算机中的数据转换为声波、热量、电磁波等模拟信号后发射出去，在接收端通过模数转换复原数据，从而达到窃取信息的目的。2015 年 3 月，以色列研究人员设计出了名为 Bitwhisper 的窃密技术，该技术在攻击者与目标系统之间通过检测设备发热量建立一条隐蔽的信道窃取数据。其基本原理是利用发送方计算机受控设备的温度升降来与接收方系统进行通信，然后后者利用内置的热传感器侦测出温度变化，再将这种变化转译成二进制代码，从而实现两台相互隔离的计算机之间的通信。

11.2　网络物理隔离系统与类型

本节首先阐述网络物理隔离系统的概念，然后给出网络物理隔离系统的类型。

11.2.1　网络物理隔离系统

随着大数据技术应用的深度发展，数据互联成为新的发展趋势，不同安全等级的网络信息系统之间的数据交换日益频繁，具有安全性好、效率高、抗攻击性强、高可靠性等优点的网络安全隔离与信息交换系统成为市场迫切需求。目前，国家重要部门和关键信息系统中越来越多地应用网络安全隔离与信息交换系统，以保障重要信息系统的网络安全。

网络物理隔离系统是指通过物理隔离技术，在不同的网络安全区域之间建立一个能够实现物理隔离、信息交换和可信控制的系统，以满足不同安全域的信息或数据交换。

11.2.2 网络物理隔离类型

按照隔离的对象来分，网络物理隔离系统一般可以分为单点隔离系统和区域隔离系统。其中单点隔离系统主要是保护单独的计算机系统，防止外部直接攻击和干扰。区域隔离系统针对的是网络环境，防止外部攻击内部保护网络。

按照网络物理隔离的信息传递方向，网络物理隔离系统可分为双向网络物理隔离系统与单向网络物理隔离系统。

11.3 网络物理隔离机制与实现技术

本节讲述物理隔离机制的实现技术，主要包括专用计算机上网、多PC、外网代理服务、内外网线路切换器、单硬盘内外分区、双硬盘、网闸、协议隔离、单向传输、信息摆渡、物理断开等技术。

11.3.1 专用计算机上网

在内部网络中指定一台计算机，这台计算机只与外部网相连，不与内部网相连。用户必须到指定的计算机才能上网，并要求用户离开自己的工作环境。

11.3.2 多PC

内部网络中，在上外网的用户桌面上安放两台PC，分别连接两个分离的物理网络，一台用于连接外部网络，另一台用于连接内部网络，如图11-1所示。

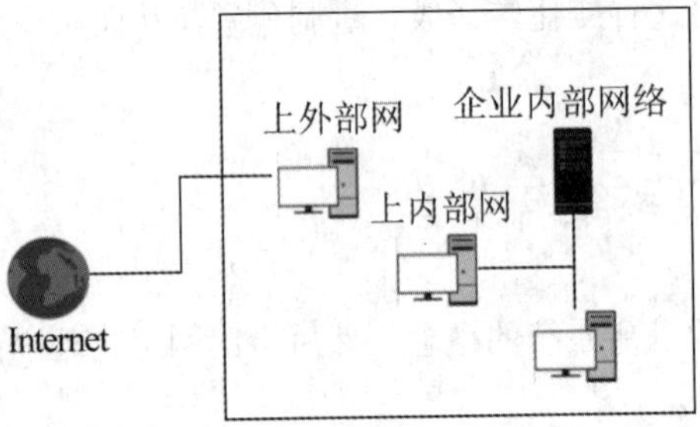

图11-1 “多PC”物理隔离原理示意图

11.3.3 外网代理服务

在内部网指定一台或多台计算机充当服务器，负责专门搜集外部网的指定信息，然后把外网信息手工导入内部网，供内部用户使用，从而实现内部用户“上网”，又切断内网与外网的物理连接，避免内网的计算机受到来自外网的攻击，如图11-2所示。

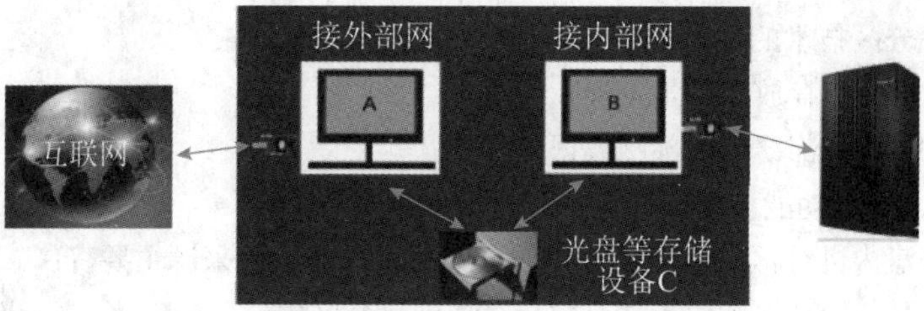

图 11-2　“外网代理服务”物理隔离原理示意图

11.3.4　内外网线路切换器

在内部网中，上外网的计算机上连接一个物理线路 A/B 交换盒，通过交换盒的开关设置控制计算机的网络物理连接，如图 11-3 所示。

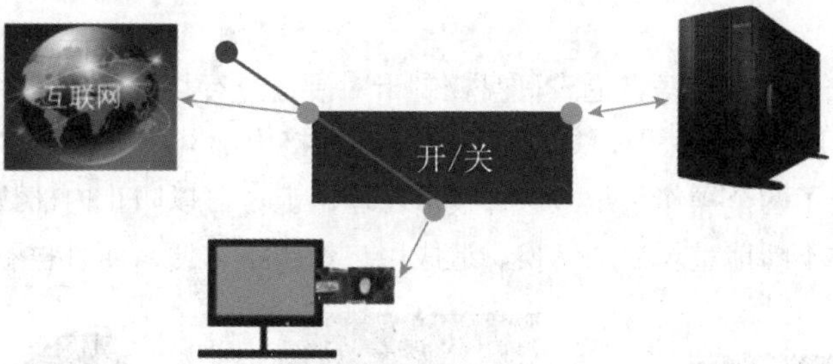

图 11-3　“内外网线路切换器”物理隔离原理示意图

11.3.5　单硬盘内外分区

单硬盘内外分区的技术原理是把单一硬盘分隔成不同的区域，在 IDE 总线物理层上，通过一块 IDE 总线信号控制卡截取 IDE 总线信号，控制磁盘通道的访问，在任一时间内，仅允许操作系统访问指定的分区，如图 11-4 所示。这样，单硬盘内外分区技术将单台物理 PC 虚拟成逻辑上的两台PC，使得单台计算机在某一时刻只能连接到内部网或外部网。当连接内部网时，就启用硬盘内部分区，用于处理内部业务敏感数据文件，此时，计算机只能与内部 LAN 连接，而与外部网（因特网或不可信网）物理开关连接断开。当连接外部网时，就启用对外的硬盘分区，与外部网直接物理相连，但与内部 LAN 断开，而且不可访问内部使用的硬盘分区。

图 11-4　单硬盘内外分区物理隔离原理示意图

单硬盘内外分区技术的优点是：

- 提供数据分类存放和加工处理；
- 可有效防止外部窃走内部网数据；
- 实现一台 PC 功能多用，节省资源开支。

但是，单硬盘内外分区技术仍然存在安全威胁，这些威胁来源主要有：

- 操作失误，如误将敏感数据存放在对外硬盘分区中；
- 驱动程序软件 bug；
- 计算机病毒潜入；
- 内部人员故意泄露数据；
- 特洛伊木马程序。

11.3.6 双硬盘

在一台机器上安装两个硬盘，通过硬盘控制卡对硬盘进行切换控制，用户在连接外网时，挂接外网硬盘，而当用内网办公时，重新启动系统，挂接内部网办公硬盘，如图 11-5 所示。在两个硬盘实际上安装了两个操作系统。这种技术在理论上说可以防止内部数据流向外网，但是用户在使用时又必须不断地重新启动切换，造成用户使用不方便，而且也不易统一管理。

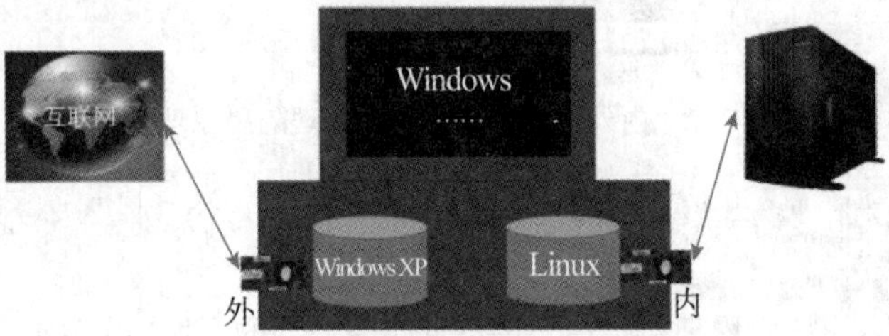

图 11-5 双硬盘物理隔离原理示意图

11.3.7 网闸

网闸通过利用一种 GAP 技术（源于英文的 Air Gap），使两个或者两个以上的网络在不连通的情况下，实现它们之间的安全数据交换和共享。其技术原理是使用一个具有控制功能的开关读写存储安全设备，通过开关的设置来连接或切断两个独立主机系统的数据交换，如图 11-6 所示。

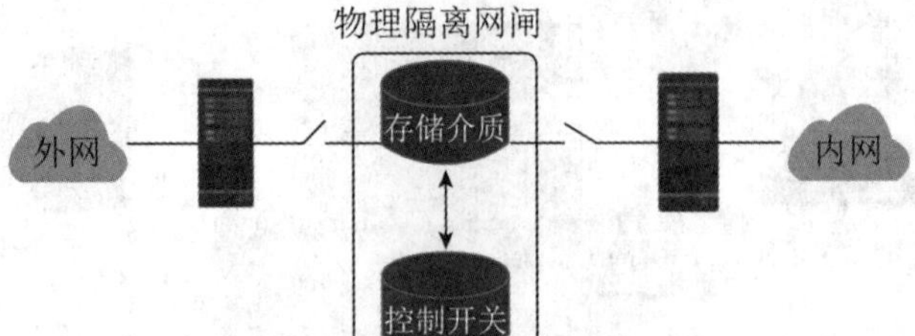

图 11-6 网闸物理隔离原理示意图

两个独立主机系统与网闸的连接是互斥的，因此，两个独立主机不存在通信的物理连接，而且主机对网闸的操作只有“读”和“写”。所以，网闸从物理上隔离、阻断了主机之间的直接攻击，从而在很大程度上降低了在线攻击的可能性。但是，网闸仍然存在安全风险，例如，入侵者可以利用恶意数据驱动攻击，将恶意代码隐藏在电子文档中，将其发送到目标网络中，通过具有恶意代码功能的电子文档触发，构成对内部网络的安全威胁。

11.3.8　协议隔离技术

协议隔离指处于不同安全域的网络在物理上是有连线的，通过协议转换的手段保证受保护信息在逻辑上是隔离的，只有被系统要求传输的、内容受限的信息可以通过。其中，协议转换的定义是协议的剥离和重建。把基于网络的公共协议中的应用数据剥离出来，封装为系统专用协议传递至所属其他安全域的隔离产品另一端，再将专用协议剥离，并封装成需要的格式。

11.3.9　单向传输部件

单向传输部件是指一对具有物理上单向传输特性的传输部件，该传输部件由一对独立的发送和接收部件构成，发送和接收部件只能以单工方式工作，发送部件仅具有单一的发送功能，接收部件仅具有单一的接收功能，两者构成可信的单向信道，该信道无任何反馈信息。

11.3.10　信息摆渡技术

信息摆渡技术是信息交换的一种方式，物理传输信道只在传输进行时存在。信息传输时，信息先由信息源所在安全域一端传输至中间缓存区域，同时物理断开中间缓存区域与信息目的所在安全域的连接；随后接通中间缓存区域与信息目的所在安全域的传输信道，将信息传输至信息目的所在安全域，同时在信道上物理断开信息源所在安全域与中间缓存区域的连接。在任何时刻，中间缓存区域只与一端安全域相连。

11.3.11　物理断开技术

物理断开是指处于不同安全域的网络之间不能以直接或间接的方式相连接。在一个物理网络环境中，实施不同安全域的网络物理断开，在技术上应确保信息在物理传导、物理存储上的断开。物理断开通常由电子开关来实现。

11.4　网络物理隔离主要产品与技术指标

本节首先介绍物理隔离的主要产品类型，然后分析物理隔离的技术指标。

11.4.1 网络物理隔离主要产品

1. 终端隔离产品

终端隔离产品用于同时连接两个不同的安全域，采用物理断开技术在终端上实现安全域物理隔离的安全隔离卡或安全隔离计算机。

终端隔离产品一般以隔离卡的方式接入目标主机。隔离卡通过电子开关以互斥的形式同时连通安全域 A 所连硬盘、安全域 A 或安全域 B 所连硬盘、安全域 B，从而实现内外两个安全域的物理隔离。该类产品也可将隔离卡整合入主机，以整机的形式作为产品。终端隔离产品典型运行环境如图 11-7 所示。

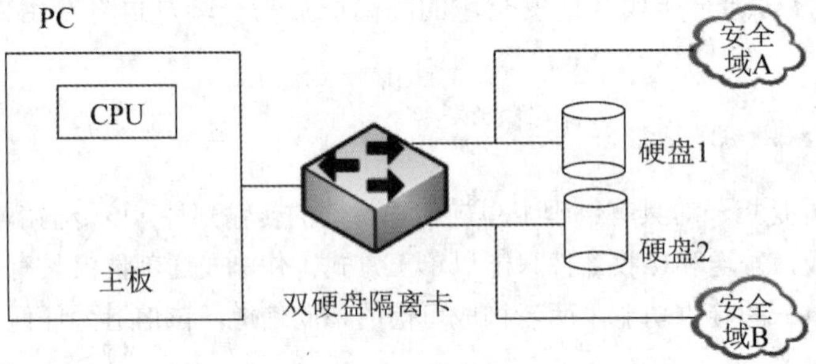

图 11-7 终端隔离产品典型运行环境

2. 网络隔离产品

网络隔离产品用于连接两个不同的安全域，实现两个安全域之间的应用代理服务、协议转换、信息流访问控制、内容过滤和信息摆渡等功能。产品技术原理采用“2+1”的架构，即以两台主机+专用隔离部件构成，采用协议隔离技术和信息摆渡技术在网络上实现安全域安全隔离与信息交换。其中，专用隔离部件一般采用包含电子开关并固化信息摆渡控制逻辑的专用隔离芯片构成的隔离交换板卡，或者是经过安全强化的运行专用信息传输逻辑控制程序的主机。网络隔离产品典型运行环境如图 11-8 所示。

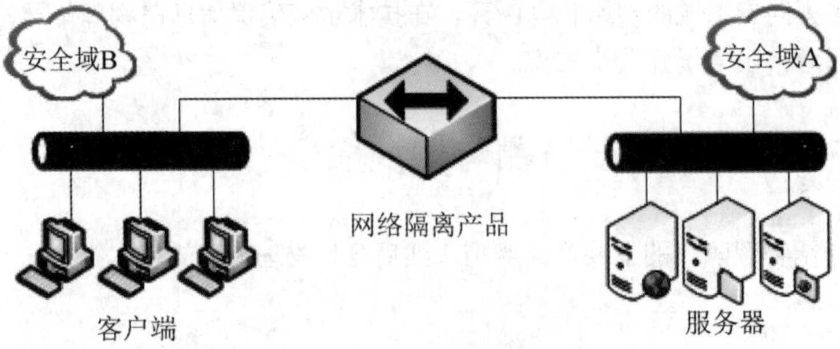

图 11-8 网络隔离产品典型运行环境

3. 网络单向导入产品

网络单向导入产品位于两个不同的安全域之间，通过物理方式（可基于电信号传输或光信号传输）构造信息单向传输的唯一通道，实现信息单向导入，并且保证只有安全策略允许传输的信息可以通过，同时反方向无任何信息传输或反馈。图 11-9 为网络单向导入产品的一个典型运行环境。网络单向导入产品一般以双机方式组成，即数据发送处理单元和数据接收处理单元，双机之间采用单向传输部件相连。网络单向导入产品部署在两个安全域之间，其中，数据发送处理单元网络接口连接信息发送方安全域 A，数据接收处理单元网络接口连接信息接收方安全域 B，信息流由发送数据的安全域 A 单向流入接收数据的安全域 B。单向传输部件利用单向传输的物理特性建立两个安全域之间唯一的单向传输通道，数据在这个通道中只能沿数据发送处理单元向数据接收处理单元方向的可信路径单向传输，无任何反馈信号。

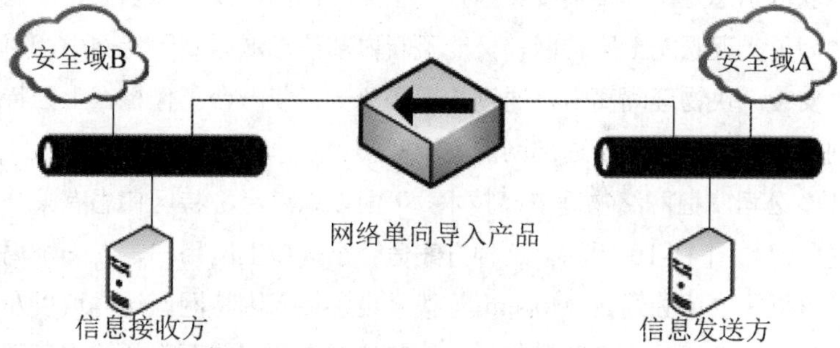

图 11-9　网络单向导入产品典型运行环境

11.4.2　网络物理隔离技术指标

网络和终端隔离产品的技术指标主要有安全功能指标、安全保障指标、性能指标。表 11-1 是网络和终端隔离产品安全功能主要技术指标。

表 11-1　网络和终端隔离产品安全功能主要技术指标

产品名称	功 能 要 求
终端隔离产品	访问控制、不可旁路和客体重用
网络隔离产品	访问控制、抗攻击、安全管理、标识和鉴别、审计、域隔离、容错、数据完整性和密码支持
网络单向导入	访问控制、抗攻击、安全管理、标识和鉴别、审计、域隔离、配置数据保护和运行状态监测

安全保障指标主要是关于产品的质量和服务保障要求，如配置管理、交付和运行、开发和指导性文档、测试、脆弱性评定等。

性能要求则是对网络和终端隔离产品应达到的性能指标做出规定，包括交换速率和硬件切换时间。

11.5 网络物理隔离应用

网络物理隔离技术应用于不同安全区域之间的网络信息交换。本节给出物理隔离应用参考案例，其应用场景叙述如下。

11.5.1 工作机安全上网实例

目前，上网获取信息是工作的需要，但是一些业务部门涉及敏感信息，不能够直接把计算机接到因特网。为了实现既能上因特网，又能阻断内部信息泄露到因特网中，用户在需要上因特网的计算机中安装一块物理隔离卡，通过物理隔离卡，使一台工作机在上因特网时，从物理上断开与内部网的连接，因而减少内部网的安全威胁。

国内已有不少公司掌握网络物理隔离技术，下面以珠海经济特区伟思有限公司的物理隔离产品为例进行说明，如图 11-10 所示。这种方案适合小规模上网用户，在一个局域网络中，只有部分工作站节点机需要单独通过 Modem 等拨号设备接入因特网。这样可以在需要接入因特网的工作站节点计算机上安装物理隔离产品，让其能够在与网络隔离的状态下拨号上网，确保网络的安全。

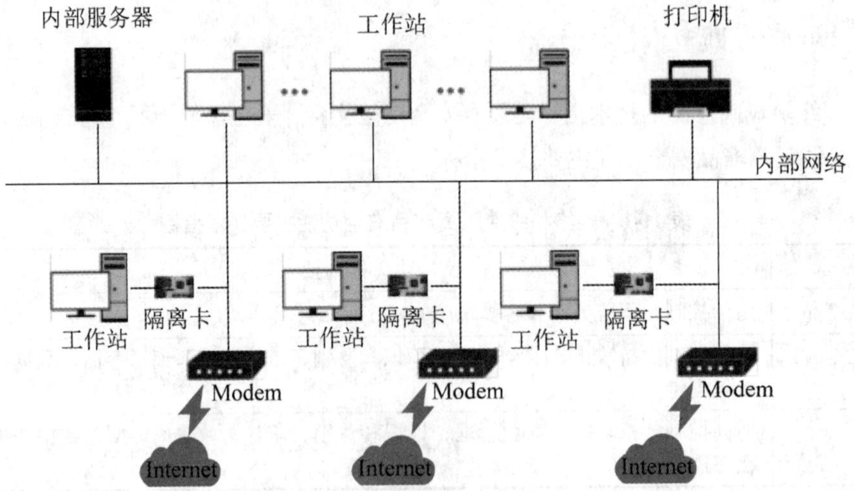

图 11-10 内网工作站节点机安全隔离上网示意图

11.5.2　电子政务中网闸应用实例

在电子政务系统中，涉及不同安全等级的网络信息交换，传统方法通过手工拷贝数据的方式来实现信息交换，但是对于大量的网络间数据交换，手工方式难以适应需求，而且人工工作量大。虽然手工方式确保了网络的安全性，但这种信息交换机制的局限性，造成信息流通不畅，限制了应用发展。国家管理政策文件明确指出："电子政务网络由政务内网和政务外网构成，两网之间物理隔离，政务外网与互联网之间逻辑隔离。"为此，相关部门采用网闸技术，以物理隔离为基础，在确保安全性的同时，解决了网络之间信息交换的困难。下面以浪潮集团有限公司为某税务系统提供的信息交换系统方案为例进行说明，如图 11-11 所示。

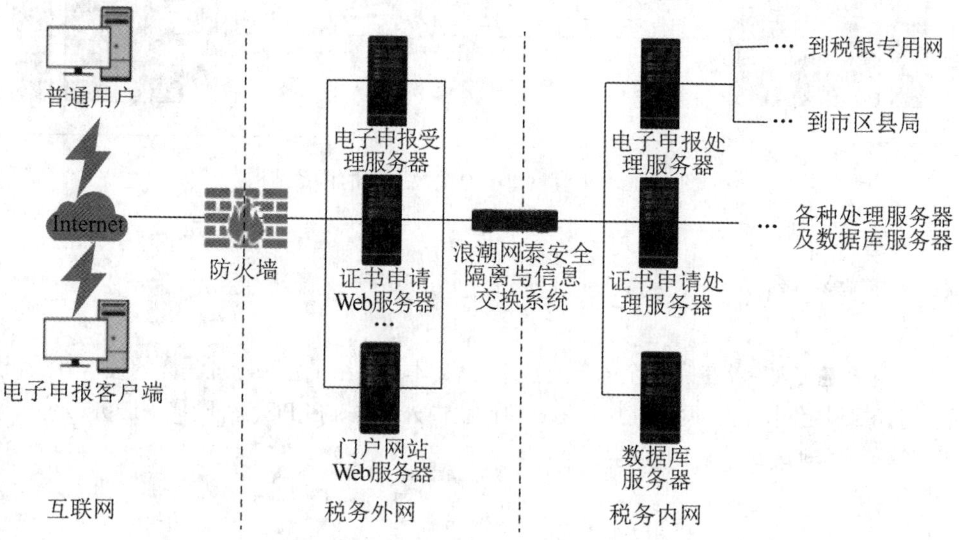

图 11-11　某税务网络网闸应用示意图

该税务网络系统与互联网连接，其中，税务网络系统又分为税务外网和税务内网。税务外网的服务器要与税务内网的服务器进行数据交换必须通过该安全隔离系统，除了此通道没有其他逻辑通道存在，这就保证了税务外网与税务内网物理隔离并仍能进行实时的信息交换。

该方案采用浪潮网泰安全隔离网闸，其技术原理是切断网络之间的通用协议连接，将数据包进行分解或重组为静态数据，然后对静态数据进行安全审查，包括网络协议检查和代码扫描等，确认后的安全数据流入内部单元，内部用户通过严格的身份认证机制获取所需数据，如图 11-12 所示。

浪潮网泰安全隔离网闸的设计目标如下：

（1）最大限度规避泄密风险，保证内外网物理断开；

（2）所有信息以纯文本方式交换，并对其内容进行审查；

（3）通过密级标识管理、过滤向外传送的文件。

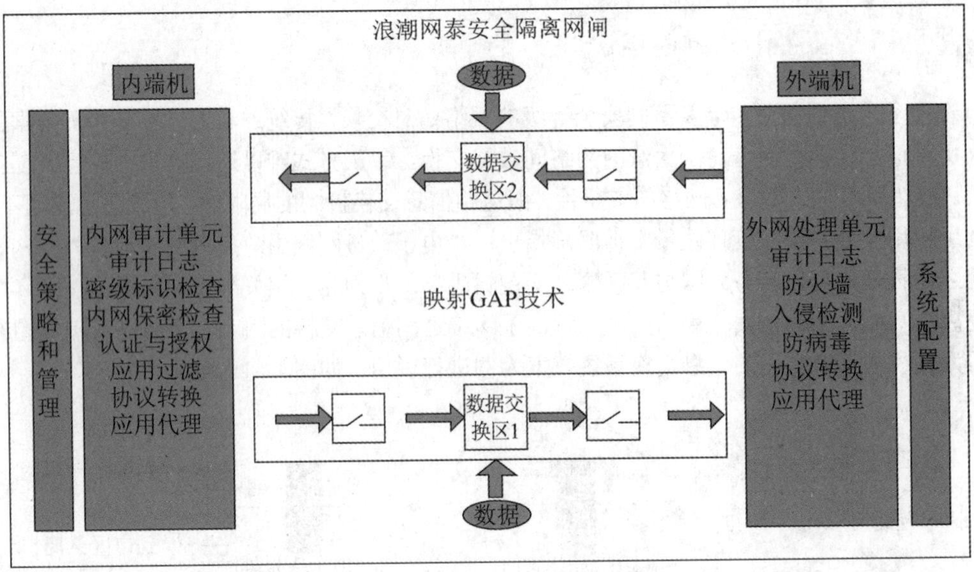

图 11-12　浪潮网泰安全隔离网闸的体系结构

11.6　本章小结

物理隔离是实现网络信息安全的重要技术方法。本章总结了各种物理隔离的技术方法和原理，包括专用计算机上网、内外网线路切换器、单硬盘内外分区、多 PC、外网代理服务、网闸等；同时，还给出了物理隔离卡、网闸的安全应用实例。

第12章 网络安全审计技术原理与应用

12.1 网络安全审计概述

网络安全审计是网络安全保护措施之一，本节主要阐述网络安全审计的概念、网络安全审计的相关标准和法规政策。

12.1.1 网络安全审计概念

网络安全审计是指对网络信息系统的安全相关活动信息进行获取、记录、存储、分析和利用的工作。网络安全审计的作用在于建立“事后”安全保障措施，保存网络安全事件及行为信息，为网络安全事件分析提供线索及证据，以便于发现潜在的网络安全威胁行为，开展网络安全风险分析及管理。

目前，IT 产品和安全设备都不同程度地提供安全审计功能。常见的安全审计功能是安全事件采集、存储和查询。对于重要的信息系统，则部署独立的网络安全审计系统。

12.1.2 网络安全审计相关标准

1985 年美国国家标准局公布的《可信计算机系统评估标准》（Trusted Computer System Evaluation Criteria， TCSEC）中给出了计算机系统的安全审计要求。TCSEC 从 C2 级开始提出了安全审计的要求，随着保护级别的增加而逐渐加强，B3 级以及之后更高的级别则不再变化。

我国的国家标准 GB 17859《计算机信息系统安全保护等级划分准则》（以下简称《准则》）从第二级开始要求提供审计安全机制。其中，第二级为系统审计保护级，该级要求计算机信息系统可信计算基实施了粒度更细的自主访问控制，它通过登录规程、审计安全性相关事件和隔离资源，使用户对自己的行为负责。《准则》中明确了各级别对审计的要求，如表 12-1 所示。

国家已经颁布了网络安全等级保护相关技术规范，对不同安全级别的保护对象给出不同的安全审计要求。云计算、移动互联网、工业控制系统等新出现的系统都有相应的安全审计规定，详细要求参看《信息安全技术　网络安全等级保护基本要求 第 2 部分：云计算安全扩展要求（GA/T 1390.2—2017）》《信息安全技术　网络安全等级保护基本要求 第 3 部分：移动互联安全扩展要求（GA/T 1390.3—2017）》《信息安全技术　网络安全等级保护基本要求 第 5 部分：工业控制系统安全扩展要求（GA/T 1390.5—2017）》。

表12-1 计算机信息系统安全保护能力的五个等级审计要求

级别类型	安全审计要求
用户自主保护级	无
系统审计保护级	计算机信息系统可信计算基能创建和维护受保护客体的访问审计跟踪记录，并能阻止非授权的用户对它访问或破坏。计算机信息系统可信计算基能记录下述事件：使用身份鉴别机制；将客体引入用户地址空间（例如：打开文件、程序初始化）；删除客体；由操作员、系统管理员或（和）系统安全管理员实施的动作，以及其他与系统安全有关的事件。对于每一事件，其审计记录包括：事件的日期和时间、用户、事件类型、事件是否成功。对于身份鉴别事件，审计记录包含请求的来源（例如：终端标识符）；对于客体引入用户地址空间的事件及客体删除事件，审计记录包含客体名。对不能由计算机信息系统可信计算基独立分辨的审计事件，审计机制提供审计记录接口，可由授权主体调用。这些审计记录区别于计算机信息系统可信计算基独立分辨的审计记录
安全标记保护级	在系统审计保护级的基础上，要求增强的审计功能是：审计记录包含客体名及客体的安全级别。此外，计算机信息系统可信计算基具有审计更改可读输出记号的能力
结构化保护级	在安全标记保护级的基础上，要求增强的审计功能是：计算机信息系统可信计算基能够审计利用隐蔽存储信道时可能被使用的事件
访问验证保护级	在结构化保护级的基础上，要求增强的审计功能是：计算机信息系统可信计算基包含能够监控可审计安全事件发生与积累的机制，当超过阈值时，能够立即向安全管理员发出报警。并且，如果这些与安全相关的事件继续发生或积累，系统应以最小的代价中止它们

12.1.3 网络安全审计相关法规政策

网络安全审计是网络信息系统的重要机制，国家相关法规政策及国家技术标准都提出了要求。《中华人民共和国网络安全法》要求，采取监测、记录网络运行状态、网络安全事件技术措施，并按照规定留存相关的网络日志不少于六个月。

12.2 网络安全审计系统组成与类型

本节介绍网络安全审计系统的组成和类型。

12.2.1 网络安全审计系统组成

网络安全审计系统一般包括审计信息获取、审计信息存储、审计信息分析、审计信息展示及利用、系统管理等组成部分，如图12-1所示。

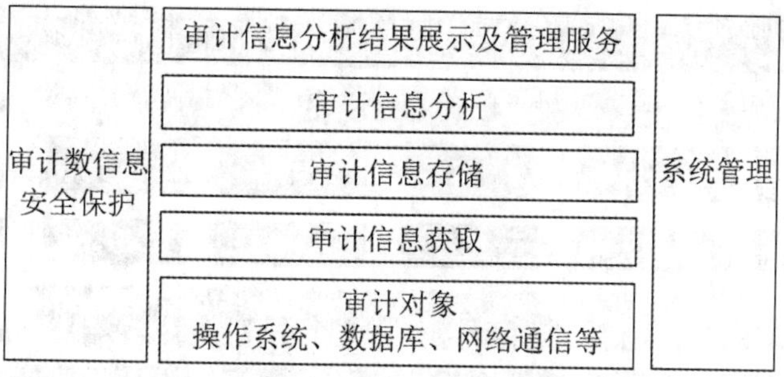

图 12-1　网络安全审计系统组成示意图

针对不同的审计对象，安全审计系统的组成部分各不相同，审计细粒度也有所区分。例如，操作系统的安全审计可以做到对进程活动、文件操作的审计；网络通信安全审计既可对 IP 包的源地址、目的地址进行审计，又可以对 IP 包的内容进行深度分析，实现网络内容审计。

12.2.2　网络安全审计系统类型

按照审计对象类型分类，网络安全审计主要有操作系统安全审计、数据库安全审计、网络通信安全审计、应用系统安全审计、网络安全设备审计、工控安全审计、移动安全审计、互联网安全审计、代码安全审计等。操作系统审计一般是对操作系统用户和系统服务进行记录，主要包括用户登录和注销、系统服务启动和关闭、安全事件等。

Windows、Linux 等操作系统都自带审计功能，其审计信息简要叙述如下：

- Windows 操作系统的基本审计信息有注册登录事件、目录服务访问、审计账户管理、对象访问、审计策略变更、特权使用、进程跟踪、系统事件等；
- Linux 操作系统的基本审计信息有系统开机自检日志 boot.log、用户命令操作日志 acct/pacct、最近登录日志 lastlog、使用 su 命令日志 sulog、当前用户登录日志 utmp、用户登录和退出日志 wtmp、系统接收和发送邮件日志 maillog、系统消息 messages 等。

数据库审计通常是监控并记录用户对数据库服务器的读、写、查询、添加、修改以及删除等操作，并可以对数据库操作命令进行回放。Oracle、MySQL、MS SQL、DB2、达梦、人大金仓等数据库都具备自审计功能。管理人员对数据库的审计功能进行配置，可实现对数据库的审计。Oracle 默认对特权操作进行审计，例如 ALTER ANY PROCEDURE、CREATE ANY LIBRARY、DROP ANY TABLE，详细情况参考 Oracle 手册。

网络通信安全审计一般采用专用的审计系统，通过专用设备获取网络流量，然后再进行存储和分析。网络通信安全审计的常见内容为 IP 源地址、IP 目的地址、源端口号、目的端口号、协议类型、传输内容等。

按照审计范围，安全审计可分为综合审计系统和单个审计系统。由于各 IT 产品自带的审计功能有限，审计能力不足，于是安全厂商研发了综合审计系统。以某科技有限公司的日志审计与分析系统为例，其架构如图 12-2 所示。

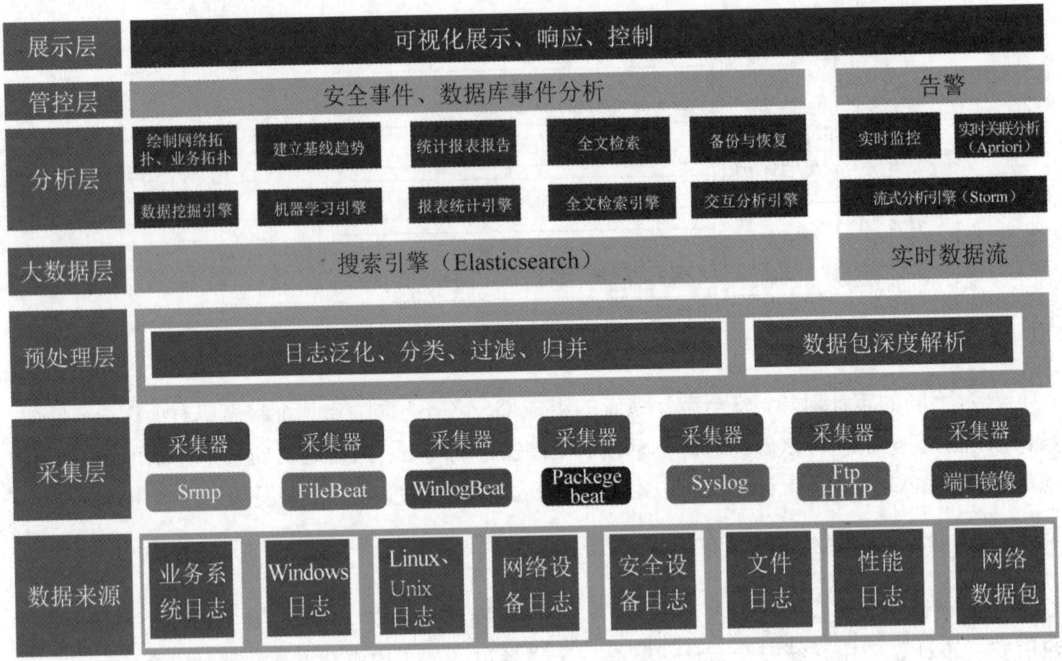

图 12-2 某公司日志审计与分析系统架构图

单个审计系统主要针对独立的审计对象，审计数据来源单一，缺少多源审计对象的关联分析，常见的是 IT 系统或产品自带的审计功能。

12.3 网络安全审计机制与实现技术

网络安全审计机制主要有基于主机的审计机制、基于网络通信的审计机制、基于应用的审计机制等，下面主要介绍审计机制实现常用的技术。

12.3.1 系统日志数据采集技术

常见的系统日志数据采集技术是把操作系统、数据库、网络设备等系统中产生的事件信息汇聚到统一的服务器存储，以便于查询分析与管理。目前，常见的系统日志数据采集方式有 SysLog、SNMP Trap 等。其中，Syslog 较为普及，如图 12-3 所示，各种网络设备将消息发送到 Syslog 服务器，服务器把报警消息传递给管理员，管理员检查 Syslog 消息，进行故障诊断或监测。

不同厂商的安全设备、网络设备、主机、操作系统以及应用系统产生的日志信息通过 Syslog 服务器上传到日志存储服务器。目前，互联网上有多种 Syslog 服务器。以可视化 Syslog 服务器（Visual Syslog Server）为例，该服务器能够自动化处理日志信息，也支持触发脚本功能，如图 12-4 所示。

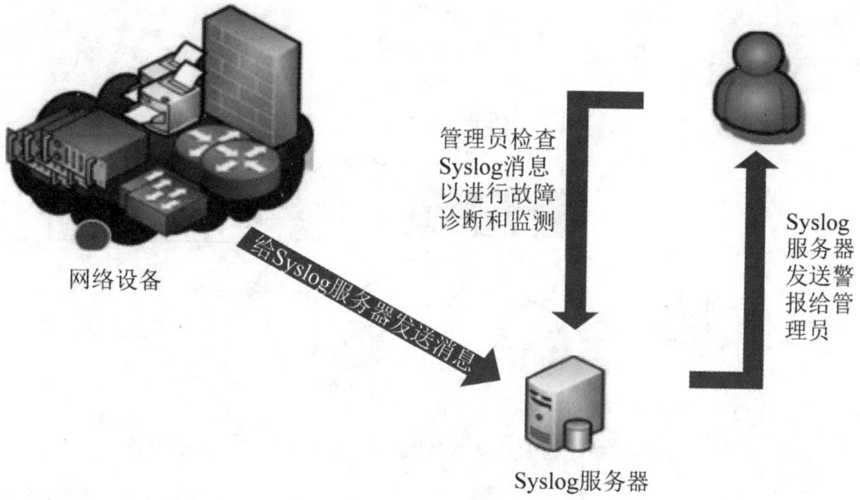

图 12-3 Syslog 应用示意图

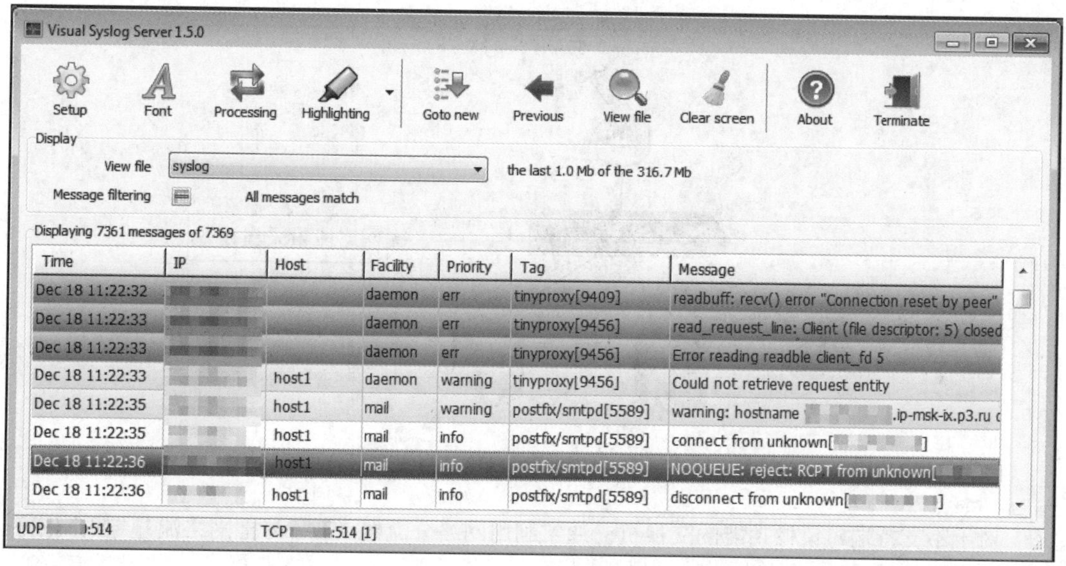

图 12-4 Visual Syslog Server 示意图

12.3.2 网络流量数据获取技术

网络流量数据获取技术是网络通信安全审计的关键技术之一，常见的技术方法有共享网络监听、交换机端口镜像（Port Mirroring）、网络分流器（Network Tap）等。其中，共享网络监听利用 Hub 集线器构建共享式网络，网络流量采集设备接入集线器上，获取与集线器相连接的设备的网络流量数据，如图 12-5 所示。

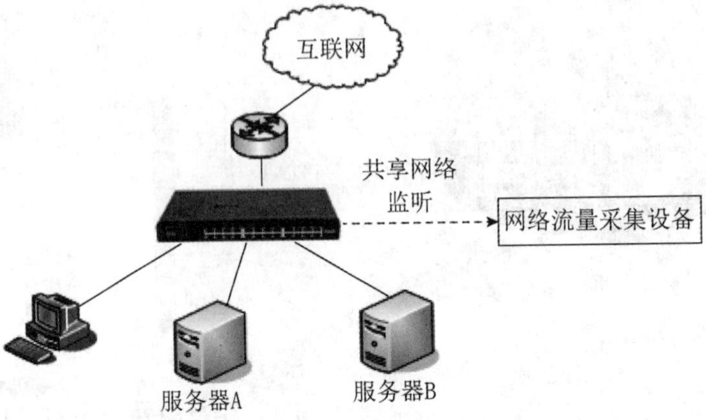

图 12-5 基于共享网络监听获取网络流量数据示意图

图中服务器 A 和服务器 B 的网络流量数据都可以被网络流量采集设备获取到。

网络流量采集设备通过交换机端口镜像功能，获取流经交换机的网络通信包，如图 12-6 所示。

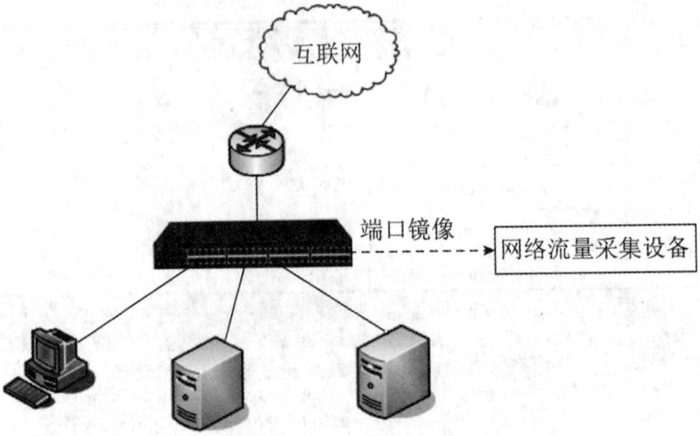

图 12-6 基于端口镜像的网络流量采集示意图

对于不支持端口镜像功能的交换机，通常利用网络分流器（TAP）把网络流量导入网络流量采集设备，如图 12-7 所示。

网络流量采集设备安装网络数据捕获软件，从网络上获取原始数据，然后再进行后续处理。目前，常见的开源网络数据采集软件包是 Libpcap（Library for Packet Capture）。Libpcap 是由美国劳伦斯伯克利国家实验室开发的网络数据包捕获软件，支持不同平台使用，如图 12-8 所示。

Libpcap 的工作流程如下：

（1）设置嗅探网络接口。在 Linux 操作系统中，大多数为 eth0。

（2）初始化 Libpcap。设定过滤规则，明确获取网络数据包的类型。

（3）运行 Libpcap 循环主体。Libpcap 开始接收符合过滤规则的数据包。

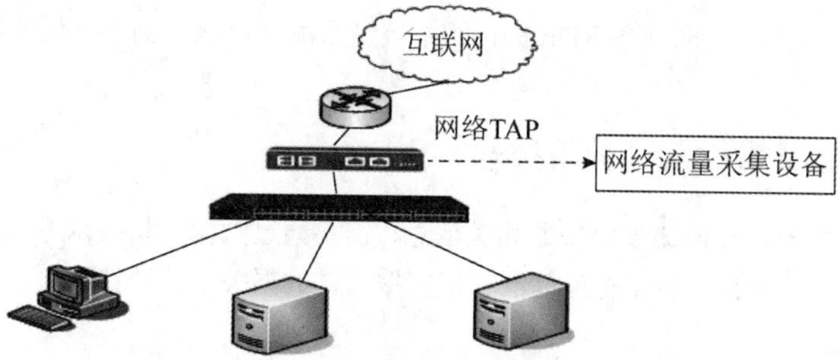

图 12-7　基于网络分流器的网络流量采集示意图

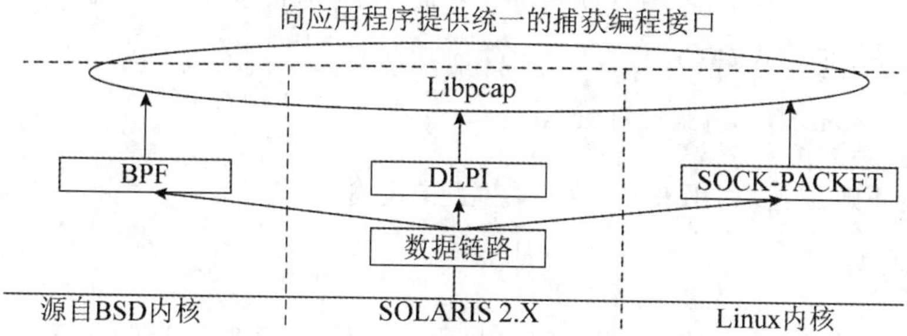

图 12-8　Libpcap 接口环境

除了 Libpcap 外，还有 Winpcap，它支持在 Windows 平台捕获网络数据包。Windump 是基于 Winpcap 的网络协议分析工具，可以采集网络数据包。Tcpdump 是基于 Libpcap 的网络流量数据采集工具，常常应用于 Linux 操作系统中。如图 12-9 所示，Wireshark 是图形化的网络流量数据采集工具，可用于网络流量数据的采集和分析。

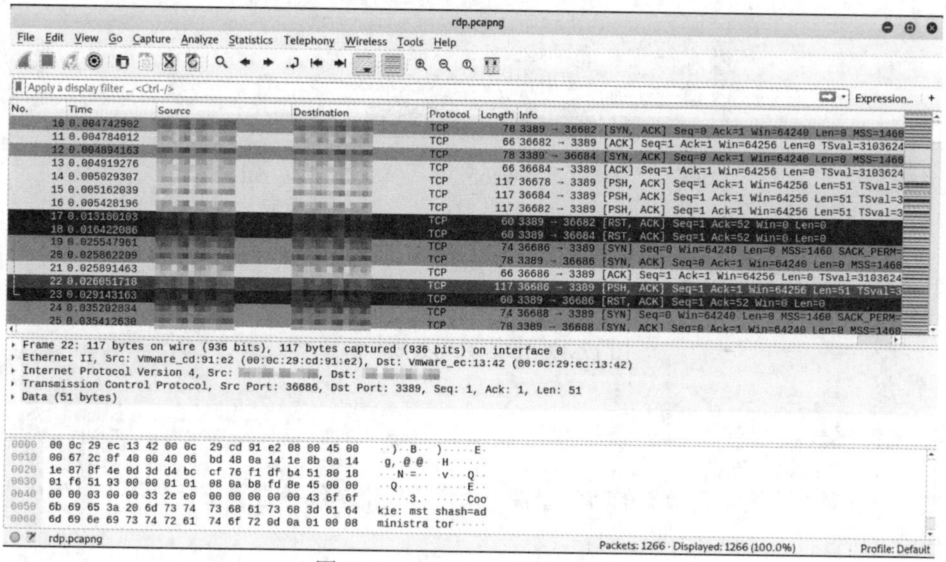

图 12-9　Wireshark 应用示意图

图 12-9 显示的是对桌面服务 RDP 进行网络流量监测，可以看到网络包的地址信息和传输内容信息。

12.3.3 网络审计数据安全分析技术

网络审计数据蕴涵着网络安全威胁相关信息，需要通过数据分析技术方法来提取。常见的网络审计数据安全分析技术有字符串匹配、全文搜索、数据关联、统计报表、可视化分析等。

1. 字符串匹配

字符串匹配通过模式匹配来查找相关审计数据，以便发现安全问题。常见的字符串匹配工具是 grep，其使用的格式如下：

```
grep [options] [regexp] [filename]
```

regexp 为正则表达式，用来表示要搜索匹配的模式。

2. 全文搜索

全文搜索利用搜索引擎技术来分析审计数据。目前，开源搜索引擎工具 Elasticsearch 常用作数据分析。

3. 数据关联

数据关联是指将网络安全威胁情报信息，如系统日志、全网流量、安全设备日志等多个数据来源进行综合分析，以发现网络中的异常流量，识别未知攻击手段。日志数据关联如图 12-10 所示。

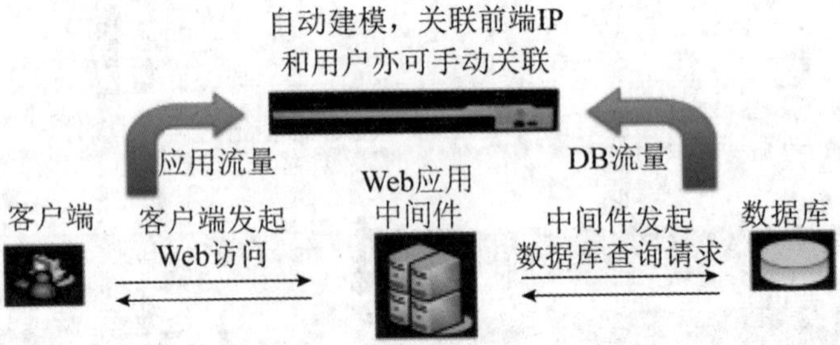

图 12-10　日志数据关联示意图

4. 统计报表

统计报表是对安全审计数据的特定事件、阈值、安全基线等进行统计分析，以生成告警信息，形成发送日报、周报、月报。

5. 可视化分析

将安全审计数据进行图表化处理，形成饼图、柱状图、折线图、地图等各种可视化效果，以支持各种用户场景。将不同维度的可视化效果汇聚成仪表盘，辅助用户实时查看当前事件变更。 安全关键 KPI 状态高亮显示，突出异常行为的重要性，如图 12-11 所示。

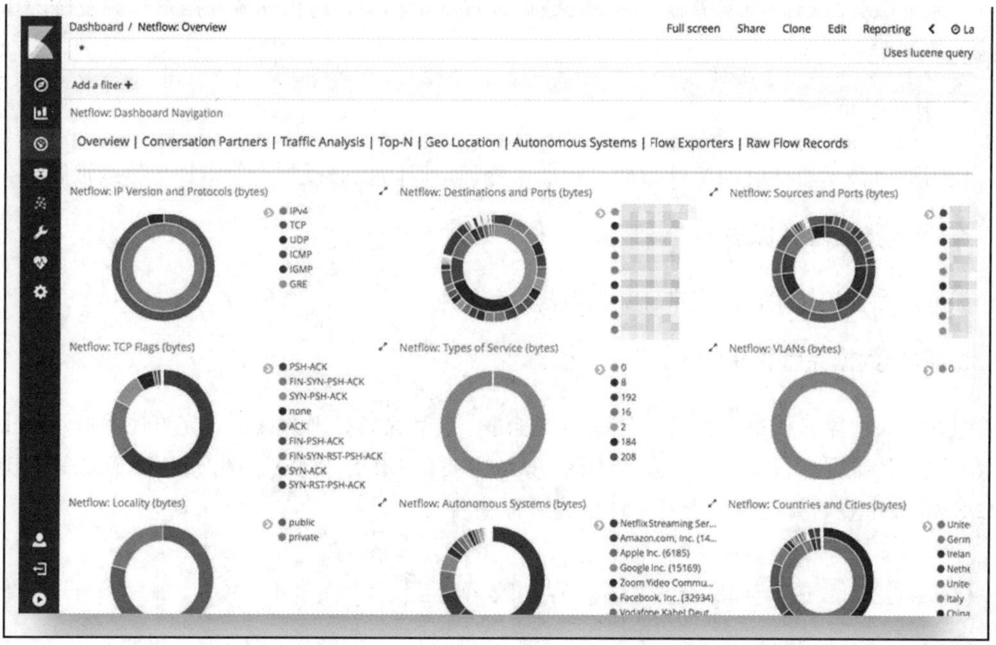

图 12-11　日志数据可视化分析示意图

12.3.4　网络审计数据存储技术

网络审计数据存储技术分为两种：一种是由审计数据产生的系统自己分散存储，审计数据保存在不同的系统中；目前，操作系统、数据库、应用系统、网络设备等都可以各自存储日志数据。另一种集中采集各种系统的审计数据，建立审计数据存储服务器，由专用的存储设备保存，便于事后查询分析和电子取证。

12.3.5　网络审计数据保护技术

网络审计数据涉及系统整体的安全性和用户的隐私性，为保护审计数据的安全，通常的安全技术措施有如下几种。

1. 系统用户分权管理

操作系统、数据库等系统设置操作员、安全员和审计员三种类型的用户。操作员只负责对系统的操作维护工作，其操作过程被系统进行了详细记录；安全员负责系统安全策略配置和维护；审计员负责维护审计相关事宜，可以查看操作员、安全员工作过程日志；操作员不能够修改自己的操作记录，审计员也不能对系统进行操作。

2. 审计数据强制访问

系统采取强制访问控制措施，对审计数据设置安全标记，防止非授权用户查询及修改审计数据。

3. 审计数据加密

使用加密技术对敏感的审计数据进行加密处理，以防止非授权查看审计数据或泄露。

4. 审计数据隐私保护

采取隐私保护技术，防止审计数据泄露隐私信息。

5. 审计数据完整性保护

使用 Hash 算法和数字签名，对审计数据进行数字签名和来源认证、完整性保护，防止非授权修改审计数据。目前，可选择的 Hash 算法主要有 MD5、SHA、国产 SM3 算法等。国产 SM2/SM9 数字签名算法可用于对审计数据进行签名。

12.4 网络安全审计主要产品与技术指标

网络安全审计产品是常见的网络安全产品，其产品类型众多，本节介绍网络安全审计产品的主要类型和相关技术指标。

12.4.1 日志安全审计产品

日志安全审计产品是有关日志信息采集、分析与管理的系统。产品的基本原理是利用 Syslog、Snmptrap、NetFlow、Telnet、SSH、WMI、FTP、SFTP、SCP、JDBC、文件等技术，对分散设备的异构系统日志进行分布采集、集中存储、统计分析、集中管理，便于有关单位/机构进行安全合规管理，保护日志信息安全。日志安全审计产品的主要功能有日志采集、日志存储、日志分析、日志查询、事件告警、统计报表、系统管理等。国内安全厂商的相关产品有绿盟日志审计系统、天融信日志收集与分析系统、安恒明御®综合日志审计平台、圣博润 LanSecS®日志审计系统等。除了商业日志分析产品外，Elastic Stack（旧称 ELK Stack）是最受欢迎的开源日志平台。

12.4.2 主机监控与审计产品

主机监控与审计产品是有关主机行为信息的安全审查及管理的系统。产品的基本原理是通过代理程序对主机的行为信息进行采集，然后基于采集到的信息进行分析，以记录系统行为，帮助管理员评估操作系统的风险状况，并为相应的安全策略调整提供依据。该产品的主要功能有系统用户监控、系统配置管理、补丁管理、准入控制、存储介质（U 盘）管理、非法外联管理等。其产品应用部署如图 12-12 所示。

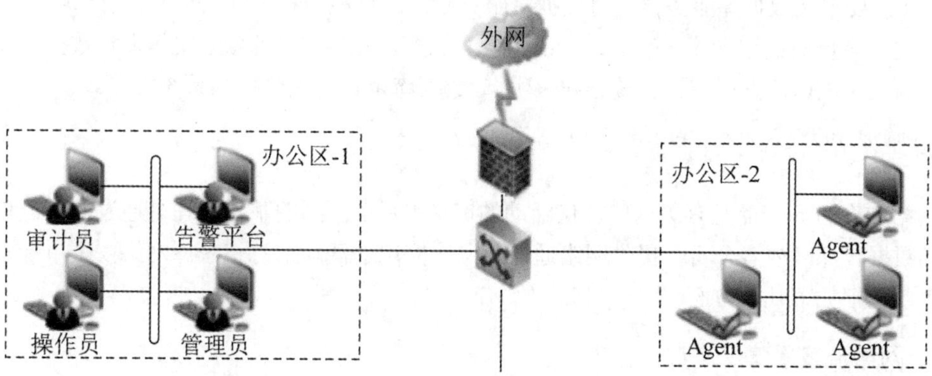

图 12-12　主机监控与审计产品应用部署示意图

国内安全厂商的相关产品有北信源主机监控审计系统、天融信主机监控与审计系统、圣博润 LanSecS®主机监控与审计系统等。

12.4.3　数据库审计产品

数据库审计产品是对数据库系统活动进行审计的系统。产品的基本原理是通过网络流量监听、系统调用监控、数据库代理等技术手段对所有访问数据库系统的行为信息进行采集，然后对采集的信息进行分析，形成数据库操作记录，保存和发现数据库各种违规的或敏感的操作信息，为相应的数据库安全策略调整提供依据。在数据库审计产品中，实现数据库审计主要有如下三种方式。

1. 网络监听审计

网络监听审计对获取到的数据库流量进行分析，从而实现对数据库访问的审计和控制。其优点是数据库网络审计不影响数据库服务器，其不足是网络监听审计对加密的数据库网络流量难以审计，同时无法对数据库服务器的本地操作进行审计。

2. 自带审计

通过启用数据库系统自带的审计功能，实现数据库的审计。其优点是能够实现数据库网络操作和本地操作的审计，缺点是对数据库系统的性能有一些影响，在审计策略配置、记录的粒度、日志统一分析方面不够完善，日志本地存储容易被删除。

3. 数据库 Agent

在数据库服务器上安装采集代理（Agent），通过 Agent 对数据库的各种访问行为进行分析，从而实现数据库审计。其优点是能够实现数据库网络操作和本地操作的审计，缺点是数据库 Agent 需要安装数据库服务器，对数据库服务系统的性能、稳定性、可靠性有影响。

国内安全厂商的数据库安全审计产品主要有绿盟数据库审计系统、安华金和数据库监控与审计系统、天融信数据库审计系统、安恒明御®数据库审计与风险控制系统等。

12.4.4 网络安全审计产品

网络安全审计产品是有关网络通信活动的审计系统。产品的基本原理是通过网络流量信息采集及数据包深度内容分析，提供网络通信及网络应用的活动信息记录。网络安全审计常见的功能主要包括如下几个方面。

1. 网络流量采集

获取网上通信流量信息，按照协议类型及采集规则保存流量数据。

2. 网络流量数据挖掘分析

对采集到的网络流量数据进行挖掘，提取网络流量信息，形成网络审计记录，主要包括如下内容。

（1）邮件收发协议（SMTP、POP3 协议）审计。

从邮件网络流量数据提取信息，记录收发邮件的时间、地址、主题、附件名、收发人等信息，并能够回放所收发的邮件内容。

（2）网页浏览（HTTP 协议）审计。

从 Web 网络流量数据提取信息，记录用户访问网页的时间、地址、域名等信息，并能够回放所浏览的网页内容。

（3）文件共享（NetBios 协议）审计。

从文件共享网络流量数据提取信息，记录网络用户对网络资源中的文件共享操作。

（4）文件传输（FTP 协议）审计。

从 Telnet 网络流量数据提取信息，记录用户对 FTP 服务器的远程登录时间、读、写、添加、修改以及删除等操作，并可以对操作过程进行完整回放。

（5）远程访问（Telnet 协议）审计。

从 Telnet 网络流量数据提取信息，记录用户对 Telnet 服务器的远程登录时间、各种操作命令，并可以对操作过程进行完整回放。

（6）DNS 审计。

从 DNS 网络流量数据提取信息，记录用户 DNS 服务请求信息，并可以对操作过程进行完整回放，如图 12-13 所示。

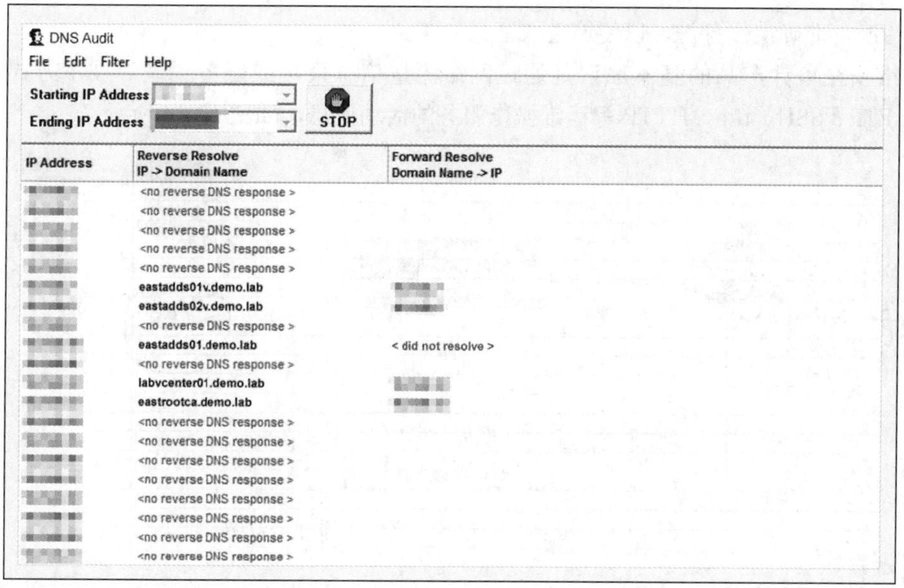

图 12-13　DNS 网络流量审计示意图

网络安全审计产品的性能指标主要有支持网络带宽大小、协议识别种类、原始数据包查询响应时间等。

国内安全厂商的网络安全审计相关产品主要有绿盟上网行为管理系统、科来网络全流量安全分析系统（TSA）、天融信网络流量分析系统等。

12.4.5　工业控制系统网络审计产品

工业控制系统网络审计产品是对工业控制网络中的协议、数据和行为等进行记录、分析，并做出一定的响应措施的信息安全专用系统。产品的基本原理是利用网络流量采集及协议识别技术，对工业控制协议进行还原，形成工业控制系统的操作信息记录，然后进行保存和分析。

工业控制系统网络审计产品的实现方式通常分两种情况：一种是一体化集中产品，即将数据采集和分析功能集中在一台硬件中，统一完成审计分析功能；另一种是由采集端和分析端两部分组成，采集端主要提供数据采集的功能，将采集到的网络数据发送给分析端，由分析端进一步处理和分析，并采取相应的响应措施。

国内安全厂商的工业控制系统网络审计产品主要有绿盟工控安全审计系统、威努特工控安全监测与审计系统等。

12.4.6　运维安全审计产品

运维安全审计产品是有关网络设备及服务器操作的审计系统。运维安全审计产品主要采集和记录 IT 系统维护过程中相关人员“在什么终端、什么时间、登录什么设备（或系统）、做了什么操作、返回什么结果、什么时间登出”等行为信息，为管理人员及时发现权限滥用、违规操作等情况，准确定位身份，以便追查取证。

运维安全审计产品的基本原理是通过网络流量信息采集或服务代理等技术方式，记录Telnet、FTP、SSH、tftp、HTTP等运维操作服务的活动信息，如图12-14所示。

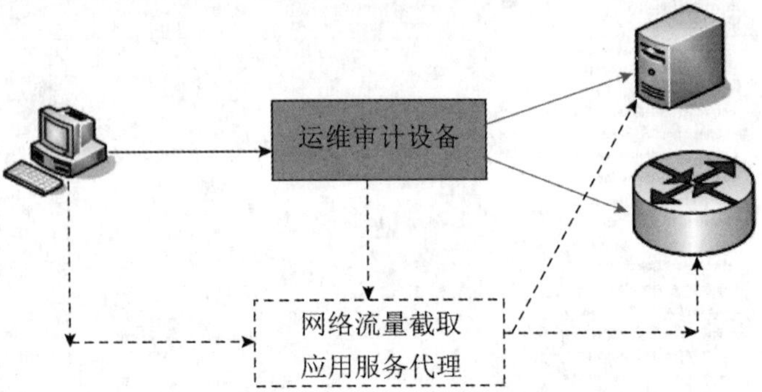

图12-14　运维安全审计产品实现原理示意图

运维安全审计产品的主要功能有字符会话审计、图形操作审计、数据库运维审计、文件传输审计、合规审计等。

（1）字符会话审计，审计SSH、Telnet等协议的操作行为，审计内容包括访问起始和终止时间、用户名、用户IP、设备名称、设备IP、协议类型、危险等级和操作命令等。

（2）图形操作审计，审计RDP、VNC等远程桌面以及HTTP/HTTPS协议的图形操作行为，审计内容包括访问起始和终止时间、用户名、用户IP、设备名称、设备IP、协议类型、危险等级和操作内容等。

（3）数据库运维审计，审计Oracle、MS SQL Server、IBM DB2、PostgreSQL等各主流数据库的操作行为，审计内容包括访问起始和终止时间、用户名、用户IP、设备名称、设备IP、协议类型、危险等级和操作内容等。

（4）文件传输审计，审计FTP、SFTP等协议的操作行为，审计内容包括访问起始和终止时间、用户名、用户IP、设备名称、目标设备IP、协议类型、文件名称、危险等级和操作命令等。

（5）合规审计，根据上述审计内容，参照相关的安全管理制度，对运维操作进行合规检查，给出符合性审查。

国内安全厂商的运维安全审计相关产品主要有绿盟安全审计系统-堡垒机、思福迪LogBase运维安全审计系统等。

12.5　网络安全审计应用

网络安全审计技术是网络安全保障的重要技术措施，本节分析网络安全审计技术的应用场景类型，给出安全运维保障、数据访问监测、网络入侵检测、网络电子取证等实施参考案例。

12.5.1　安全运维保障

IT 系统运维面临内部安全威胁和第三方外包服务安全风险，网络安全审计是应对运维安全风险的重要安全保障机制。通过运维审计，可以有效防范和追溯安全威胁操作。例如，通过关联分析还原堡垒机绕行运维操作。公司企业内部的运维人员如果通过堡垒主机对服务器进行操作，则符合公司企业内部的管理要求，若直接对服务器进行操作则视为非法操作，这一行为将被记录下来，通过该审计系统，管理人员可获知有运维人员在执行绕行操作，如图 12-15 所示。

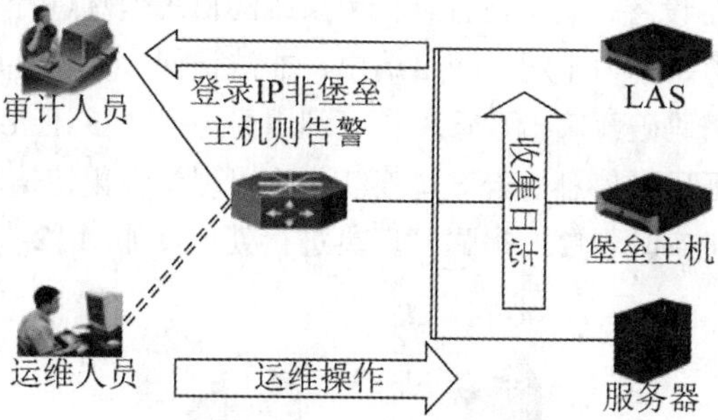

图 12-15　运维审计安全保障应用示意图

12.5.2　数据访问监测

数据库承载企事业单位的重要核心数据资源，保护数据库的安全成为各相关部门的重要职责。数据库安全审计产品就是通过安全监测，智能化、自动地从海量日志信息中，发现违规访问或异常访问记录，从而有效降低安全管理员日志分析的工作量，如图 12-16 所示。

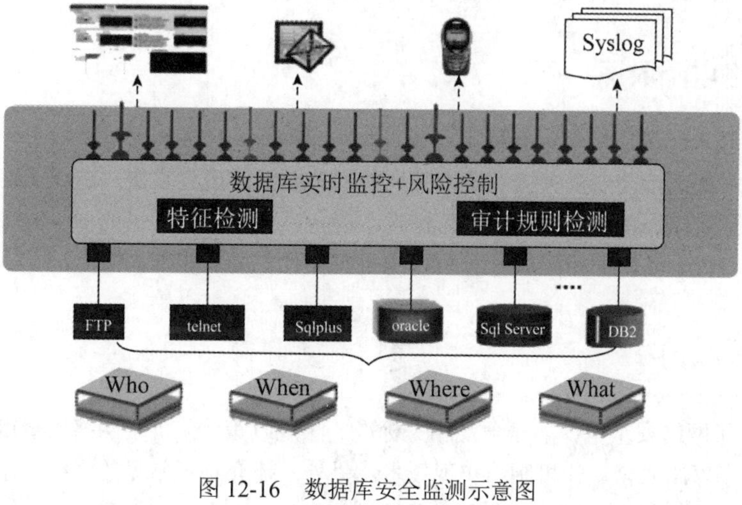

图 12-16　数据库安全监测示意图

例如，通过分析数据库访问日志信息，可以自动发现违规访问的问题。在特定的业务环境中，用户在正常情况下应该通过前台的业务系统登录后修改后台数据库的内容。假如某个用户绕过了前台的业务系统，直接登录到数据库并篡改了其中的数据，则数据库管理人员通过分析用户访问日志信息，就可以发现该用户的数据库访问行为违背了业务逻辑，缺少与之相关的前台登录行为，从而有效识别该违规访问。

12.5.3 网络入侵检测

网络入侵检测对网络设备、安全设备、应用系统的日志信息进行实时收集和分析，可检测发现黑客入侵、扫描渗透、暴力破解、网络蠕虫、非法访问、非法外联和 DDoS 攻击。例如，攻击者常对服务器进行密码破解攻击，管理员可利用日志安全审计系统，实时地收集服务器的日志，分析服务器的认证日志信息，若发现连续多次出现认证出错信息，则可以判定服务器受到密码破解攻击，并产生实时告警，提醒管理员进行处理，如图 12-17 所示。

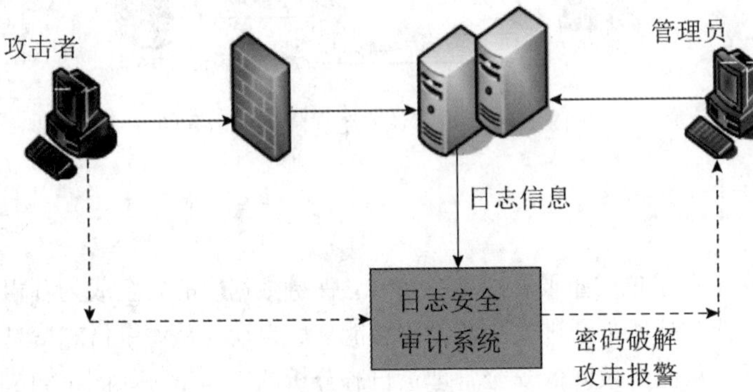

图 12-17 日志安全审计应用于攻击检测示意图

12.5.4 网络电子取证

日志分析技术广泛应用于计算机犯罪侦查与电子取证，许多案件借助日志分析技术提供线索、获取证据。如某市公安机关接到该市某大学的校园网络遭到攻击，造成网络瘫痪数日的报警。侦察人员通过路由器的日志文件进行排查，确定具有嫌疑的人员的 IP，并根据 IP 确定了相应的犯罪嫌疑人，将犯罪嫌疑人计算机内的日志文件作为其犯罪的有力证据。

12.6 本章小结

本章阐述了网络安全审计的概念及相关标准、法规政策，分析了网络安全审计系统的组成和类型，给出了网络安全审计机制与实现技术。另外，还介绍了常见的网络安全审计产品和技术指标，并给出了网络安全审计的典型应用场景。

第 13 章　网络安全漏洞防护技术原理与应用

13.1　网络安全漏洞概述

网络安全漏洞是构成网络安全威胁的重要因素，本节阐述网络安全漏洞的相关概念、网络安全漏洞的威胁途径及重大网络安全事件，并介绍网络安全漏洞问题现状。

13.1.1　网络安全漏洞概念

网络安全漏洞又称为脆弱性，简称漏洞。漏洞一般是致使网络信息系统安全策略相冲突的缺陷，这种缺陷通常称为安全隐患。安全漏洞的影响主要有机密性受损、完整性破坏、可用性降低、抗抵赖性缺失、可控制性下降、真实性不保等。根据已经公开的漏洞信息，网络信息系统的硬件层、软硬协同层、系统层、网络层、数据层、应用层、业务层、人机交互层都已被发现存在安全漏洞。例如，国外网络安全机构已经公布了 Meltdown（融化）和 Spectre（幽灵）两种类型的 CPU 漏洞，引爆了一场全球性的网络安全危机。该漏洞允许程序窃取正在计算机上处理的数据。其他层面的安全漏洞也陆续被发现。《2018 年我国互联网网络安全态势综述》中指出，此安全漏洞影响了 1995 年以后生产的所有 Intel、AMD、ARM 等 CPU 芯片，同时影响了各主流云服务平台及 Windows、Linux、MacOS、Android 等主流操作系统。

根据漏洞的补丁状况，可将漏洞分为普通漏洞和零日漏洞（zero-day vulnerability）。普通漏洞是指相关漏洞信息已经广泛公开，安全厂商已经有了解决修补方案。而零日漏洞特指系统或软件中新发现的、尚未提供补丁的漏洞。零日漏洞通常被用来实施定向攻击（Targeted Attacks）。

13.1.2　网络安全漏洞威胁

研究表明，网络信息系统漏洞的存在是网络攻击成功的必要条件之一，攻击者成功的关键在于早发现和利用目标的安全漏洞。根据 CC 标准，威胁主体利用漏洞（脆弱性）实现攻击的示意图如图 13-1 所示。

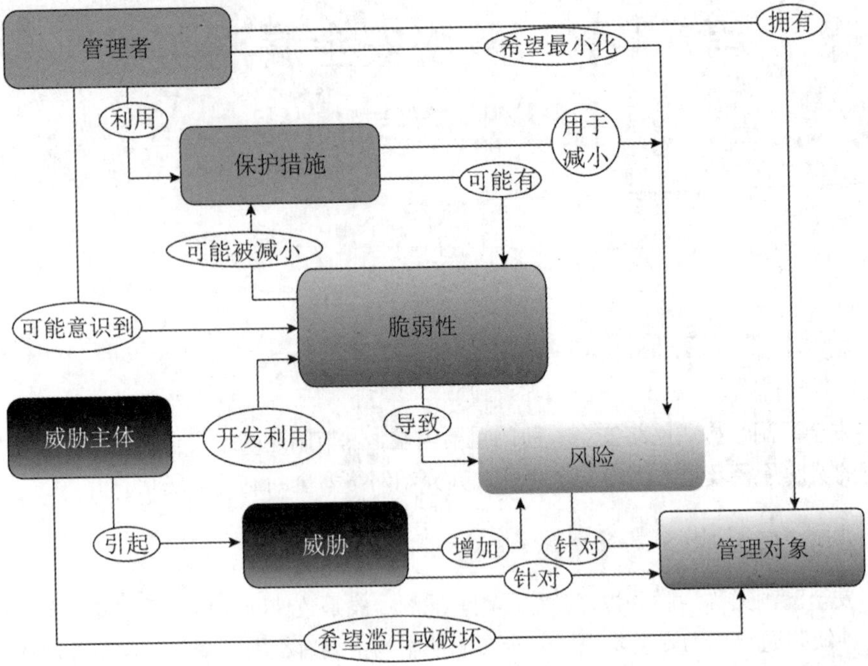

图 13-1　安全漏洞利用示意图

攻击者基于漏洞对网络系统安全构成的安全威胁主要有：敏感信息泄露、非授权访问、身份假冒、拒绝服务。网络安全重大事件几乎都会利用安全漏洞，导致全球性的网络安全危机。表 13-1 是与漏洞相关的重大安全事件统计表。

表 13-1　与漏洞相关的重大安全事件统计表

时　间	网络安全事件	所 利 用 的 漏 洞
1988 年	Internet 蠕虫	Sendmail 及 finger 漏洞
2000 年	分布式拒绝服务攻击	TCP/IP 协议漏洞
2001 年	“红色代码”蠕虫	微软 Web 服务器 IIS 4.0 或 5.0 中 index 服务的安全漏洞
2002 年	Slammer 蠕虫	微软 MS SQL 数据库系统漏洞
2003 年	冲击波蠕虫	微软操作系统 DCOM RPC 缓冲区溢出漏洞
2010 年	震网病毒	Windows 操作系统、WinCC 系统漏洞
2017 年	Wannacry 勒索病毒	Windows 系统的 SMB 漏洞

由此可见，漏洞时刻威胁着网络系统的安全，要实现网络系统安全，关键问题之一就是解决漏洞问题，包括漏洞检测、漏洞修补、漏洞预防等。

13.1.3　网络安全漏洞问题现状

网络信息系统的产品漏洞已是普遍性的安全问题。国内外漏洞数据库统计显示，商业操作系统、商业数据库以及开源软件都不同程度地存在安全漏洞。由于软件及网络信息系统的复杂性，网络信息产品的安全漏洞问题还远未能解决。人工智能（AI）、区块链、5G 等新领域的漏洞问题将成为研究重点和热点。网络安全漏洞分析与管理技术正向智能化方向发展。国内外网络安全专家正在开展基于机器学习和大数据来分析网络信息系统安全漏洞的研究。

安全漏洞分析及漏洞管理是网络安全的基础性工作。美国的 MITRE 公司开发通用漏洞披露（Common Vulnerabilities and Exposures，CVE）来统一规范漏洞命名。MITRE 还建立了一个通用缺陷列表（Common Weakness Enumeration，CWE），用于规范化地描述软件架构、设计以及编码存在的安全漏洞。针对安全漏洞的危害性评估，事件响应与安全组织论坛（FIRST）制定和发布了通用漏洞评分系统（Common Vulnerability Scoring System，CVSS）。CVSS 采用十分制的方式对安全漏洞的严重性进行计分评估，分数越高则表明漏洞的危害性越大。CVSS 的最新版本是 v3.0。另外，在网络攻防方面，双方都期望事先掌握漏洞资源，以便掌握网络安全的主动权。国际上已经出现安全漏洞地下交易市场，将重要的零日漏洞以高价出售。针对安全漏洞问题的研究已成为网络安全的研究热点，主要研究工作包括漏洞信息搜集分析和网络安全威胁情报服务、漏洞度量、基于漏洞的攻击图自动化生成、漏洞利用自动化、漏洞发现等。

网络安全漏洞事关国家安全，很多发达国家已将安全漏洞列为国家安全战略资源。美国建立国家漏洞库（National Vulnerability Database，NVD）。美国军方建立了信息战“红色小组”（Information Warfare Red Team）用于模拟网络敌手发现 DoD 系统中的安全漏洞，从而促进其安全性改善。日本成立了“信息安全缺陷分析中心”，其职责是分析操作系统和软件包中的安全缺陷，重点是分析日本各政府机构网站的信息安全漏洞。微软（Microsoft）、赛门铁克（Symantec）、思科（Cisco）、甲骨文（Oracle）等国际厂商都有自己相关的网络安全漏洞分类分级标准。目前，我国相关部门针对安全漏洞管理问题，建立起国家信息安全漏洞库 CNNVD、国家信息安全漏洞共享平台 CNVD，制定和颁发了一系列漏洞标准规范，主要有《信息安全技术 安全漏洞分类（GB/T 33561—2017）》《信息安全技术 安全漏洞等级划分指南（GB/T 30279—2013）》《信息安全技术 安全漏洞标识与描述规范（GB/T 28458—2012）》《信息安全技术 信息安全漏洞管理规范（GB/T 30276—2013）》。

13.2　网络安全漏洞分类与管理

网络安全漏洞是网络安全管理工作的重要内容，本节主要介绍网络安全漏洞来源、网络安全漏洞分类、网络安全漏洞发布、网络安全漏洞信息获取、网络安全漏洞管理过程。

13.2.1　网络安全漏洞来源

网络信息系统的漏洞主要来自两个方面：一方面是非技术性安全漏洞，涉及管理组织结构、管理制度、管理流程、人员管理等；另一方面是技术性安全漏洞，主要涉及网络结构、通信协议、设备、软件产品、系统配置、应用系统等。

1. 非技术性安全漏洞的主要来源

（1）网络安全责任主体不明确。组织中缺少针对网络安全负责任的机构，或者是网络安全机构不健全，导致网络安全措施缺少责任部门落实。

（2）网络安全策略不完备。组织中缺少或者没有形成一套规范的网络信息安全策略。例如，缺少笔记本电脑安全接入控制策略，有可能导致外部非安全电脑随意接入内部网络中，从而使得内部网络安全防护机制失去保护效果。

（3）网络安全操作技能不足。组织中缺少对工作人员的网络安全职责规范要求，没有制度化的安全意识和技能培训机制。例如，员工缺少新的网络信息安全威胁知识和预防能力，不知道如何防范垃圾邮件和设置安全口令。

（4）网络安全监督缺失。组织中缺少强有力的网络信息安全监督机制，网络信息安全策略的实施无法落实，无法掌握网络安全态势。例如，恶意代码防护策略缺少更新和维护。

（5）网络安全特权控制不完备。网络信息系统中存在特权账号，缺少对超级用户权限的审计和约束，从而引发内部安全威胁。

2. 技术性安全漏洞的主要来源

（1）设计错误（Design Error）。由于系统或软件程序设计错误而导致的安全漏洞。例如，TCP/IP 协议设计错误导致的 IP 地址可以伪造。

（2）输入验证错误（Input Validation Error）。由于未对用户输入数据的合法性进行验证，使攻击者非法进入系统。

（3）缓冲区溢出（Buffer Overflow）。输入程序缓冲区的数据超过其规定长度，造成缓冲区溢出，破坏程序正常的堆栈，使程序执行其他代码。

（4）意外情况处置错误（Exceptional Condition Handling Error）。由于程序在实现逻辑中没有考虑到一些意外情况，而导致运行出错。

（5）访问验证错误（Access Validation Error）。由于程序的访问验证部分存在某些逻辑错误，使攻击者可以绕过访问控制进入系统。

（6）配置错误（Configuration Error）。由于系统和应用的配置有误，或配置参数、访问权限、策略安装位置有误。

（7）竞争条件（Race Condition）。由于程序处理文件等实体在时序和同步方面存在问题，存在一个短暂的时机使攻击者能够施以外来的影响。

（8）环境错误（Condition Error）。由于一些环境变量的错误或恶意设置造成的安全漏洞。

13.2.2 网络安全漏洞分类

网络安全漏洞分类有利于漏洞信息的管理，但是目前还没有统一的漏洞分类标准。国际上较为认可的是CVE漏洞分类和CVSS漏洞分级标准。另外，还有我国信息安全漏洞分类及OWSP漏洞分类。

1. CVE 漏洞分类

CVE 是由美国 MITRE 公司建设和维护的安全漏洞字典。CVE 给出已经公开的安全漏洞的统一标识和规范化描述，其目标是便于共享漏洞数据。CVE 条目的包含内容是标识数字、安全漏洞简要描述、至少有一个公开参考。标识数字简称 CVE ID，其格式由年份数字和其他数字组成，如 CVE-2019-1543 为一个 Open SSL 安全漏洞编号。CVE 是国际上权威的网络安全漏洞发布组织，其成员包含众多全球知名的安全企业和研究机构。

2. CVSS

CVSS 是一个通用漏洞计分系统，分数计算依据由基本度量计分、时序度量计分、环境度量计分组成。以 CVSS v3.0 为例，其中，基本度量计分由攻击向量、攻击复杂性、特权要求、用户交互、完整性影响、保密性影响、可用性影响、影响范围等参数决定。时序度量计分由漏洞利用代码成熟度、修补级别、漏洞报告可信度等参数决定。环境度量计分由完整性要求、保密性要求、可用性要求、修订基本得分等决定。CVSS 漏洞计分方式如图 13-2 所示。

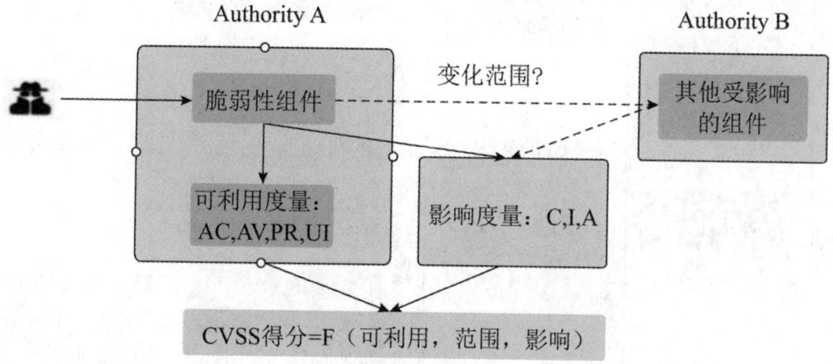

图 13-2　CVSS 漏洞计分方式示意图

3. 我国信息安全漏洞分类

我国网络安全管理部门建立了国家信息安全漏洞库（CNNVD）漏洞分类分级标准、国家信息安全漏洞共享平台（CNVD）漏洞分类分级标准。

1）国家信息安全漏洞库（CNNVD）漏洞分类

CNNVD 将信息安全漏洞划分为：配置错误、代码问题、资源管理错误、数字错误、信息泄露、竞争条件、输入验证、缓冲区错误、格式化字符串、跨站脚本、路径遍历、后置链接、SQL 注入、代码注入、命令注入、操作系统命令注入、安全特征问题、授权问题、信任管理、加密问题、未充分验证数据可靠性、跨站请求伪造、权限许可和访问控制、访问控制错误和资料不足，如图 13-3 所示。

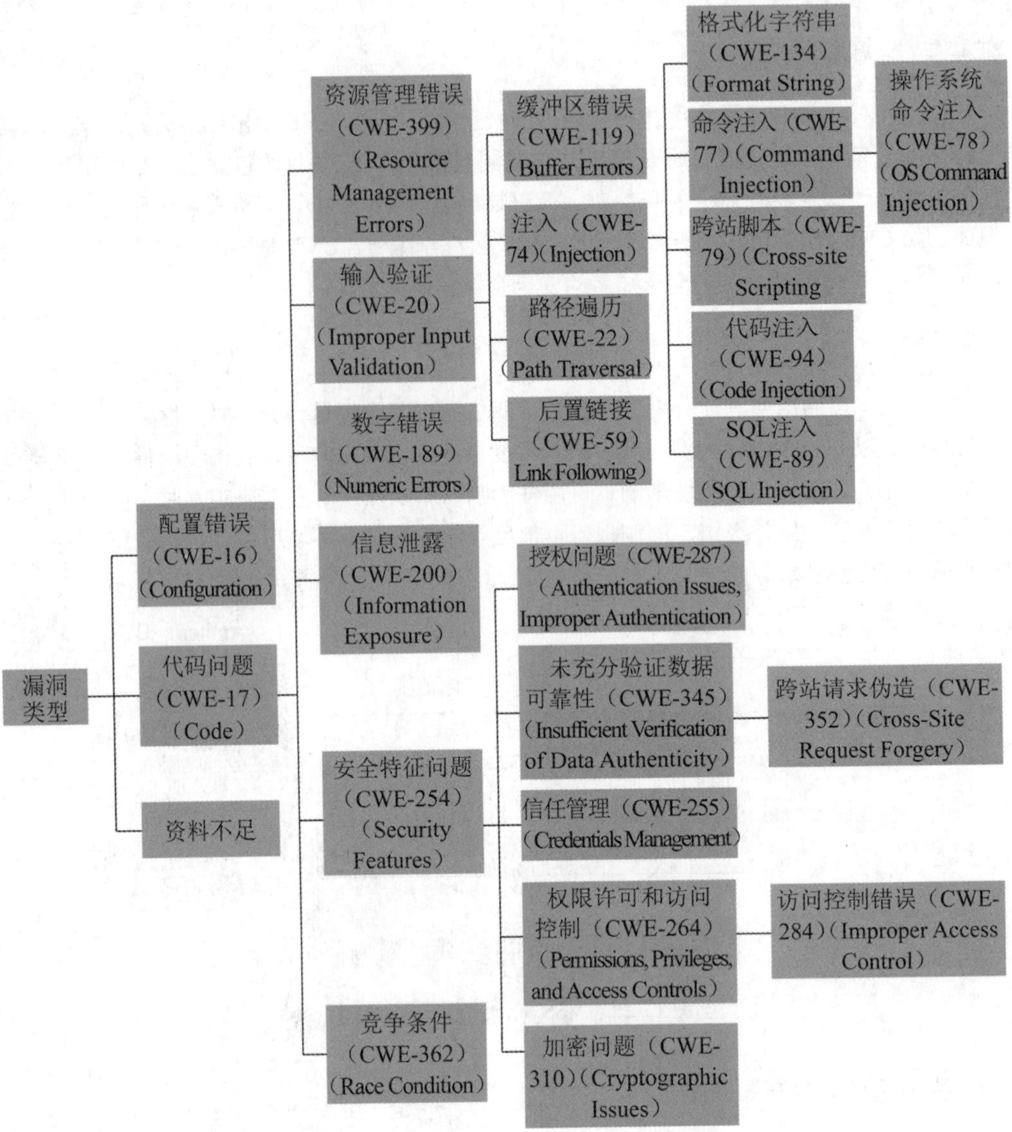

图 13-3　CNNVD 信息安全漏洞分类框架

2）国家信息安全漏洞共享平台（CNVD）漏洞分类

CNVD 根据漏洞产生原因，将漏洞分为 11 种类型：输入验证错误、访问验证错误、意外情况处理错误数目、边界条件错误数目、配置错误、竞争条件、环境错误、设计错误、缓冲区错误、其他错误、未知错误。此外，CNVD 依据行业划分安全漏洞，主要分为行业漏洞和应用漏洞。行业漏洞包括：电信、移动互联网、工控系统；应用漏洞包括 Web 应用、安全产品、应用程序、操作系统、数据库、网络设备等。在漏洞分级方面，将网络安全漏洞划分为高、中、低三种危害级别。

4. OWASP TOP 10 漏洞分类

OWASP （Open Web Application Security Program）组织发布了有关 Web 应用程序的前十种安全漏洞。目前，已发布多个版本，主要的漏洞类型有注入、未验证的重定向和转发、失效的身份认证 、XML 外部实体（XXE）、敏感信息泄露、失效的访问控制、安全配置错误、跨站脚本（XSS）、不安全的反序列化、使用含有已知漏洞的组件、不足的日志记录和监控、非安全加密存储。

另外，一些国内外厂商也会自行推出漏洞分类规范，如 IBM、微软（Microsoft）、赛门铁克（Symantec）、思科（Cisco）、甲骨文（Oracle） 等。

13.2.3 网络安全漏洞发布

安全漏洞发布机制是一种向公众及用户公开漏洞信息的方法。及时将安全漏洞信息公布给用户，有利于帮助安全相关部门采取措施及时堵住漏洞，不让攻击者有机可乘，从而提高系统的安全性，减少漏洞带来的危害和损失。安全漏洞发布一般由软硬件开发商、安全组织、黑客或用户来进行。漏洞发布方式主要有三种形式：网站、电子邮件以及安全论坛。网络管理员通过访问漏洞发布网站、安全论坛或订阅漏洞发布电子邮件就能及时获取漏洞信息。漏洞信息公布内容一般包括：漏洞编号、发布日期、安全危害级别、漏洞名称、漏洞影响平台、漏洞解决建议等。例如，国家信息安全漏洞共享平台发布的 Oracle MySQL Server 拒绝服务漏洞（CNVD-2019-11750）信息，如表 13-2 所示。

表 13-2　Oracle MySQL Server 拒绝服务漏洞

名　称	描　　述
CNVD-ID	CNVD-2019-11750
公开日期	2019-04-22
危害级别	高（AV:N/AC:L/Au:N/C:N/I:N/A:C）
影响产品	Oracle MySQL Server<=8.0.15
CVE ID	CVE-2019-2644
漏洞描述	Oracle MySQL 是美国甲骨文（Oracle）公司的一套开源的关系数据库管理系统。MySQL Server 是其中的一个数据库服务器组件 Oracle MySQL 中的 MySQL Server 组件 8.0.15 及之前版本的 Server:DDL 子组件存在安全漏洞。攻击者可利用该漏洞造成拒绝服务（挂起或频繁崩溃），影响数据的可用性
漏洞类型	通用型漏洞
参考链接	https://www.oracle.com/technetwork/security-advisory/cpuapr2019verbose-5072824.html
漏洞解决方案	厂商已发布了漏洞修复程序，请及时关注更新：https://www.oracle.com/technetwork/security-advisory/cpuapr2019verbose-5072824.html
厂商补丁	Oracle MySQL Server 拒绝服务漏洞（CNVD-2019-11750）的补丁
验证信息	（暂无验证信息）

续表

名 称	描 述
报送时间	2019-04-18
收录时间	2019-04-22
更新时间	2019-04-22
漏洞附件	（无附件）
备注	在发布漏洞公告信息之前，CNVD都力争保证每条公告的准确性和可靠性。然而，采纳和实施公告中的建议则完全由用户自己决定，其可能引起的问题和结果也完全由用户承担。是否采纳建议取决于个人或企业的决策，应考虑其内容是否符合个人或企业的安全策略和流程

13.2.4 网络安全漏洞信息获取

无论是对攻击者还是防御者来说，网络安全漏洞信息获取都是十分必要的。攻击者通过及时掌握新发现的安全漏洞，可以更有效地实施攻击。防御者利用漏洞数据，做到及时补漏，堵塞攻击者的入侵途径。目前，国内外漏洞信息来源主要有四个方面： 一是网络安全应急响应机构；二是网络安全厂商；三是IT产品或系统提供商；四是网络安全组织。国内外网络安全漏洞信息发布的主要来源，分别介绍如下。

1. CERT

CERT（Computer Emergency Response Team）组织建立于1988年，是世界上第一个计算机安全应急响应组织，其主要的工作任务是提供入侵事件响应与处理。目前，该组织也发布漏洞信息。

2. Security Focus Vulnerability Database

Security Focus Vulnerability Database是由Security Focus公司开发维护的漏洞信息库，它将许多原本零零散散的、与计算机安全相关的讨论结果加以结构化整理，组成了一个数据库。

3. 国家信息安全漏洞库CNNVD

CNNVD是中国信息安全测评中心（以下简称“测评中心”）为切实履行漏洞分析和风险评估职能，负责建设运维的国家级信息安全漏洞数据管理平台，旨在为国家信息安全保障提供服务。经过几年的建设与运营，CNNVD在信息安全漏洞搜集、重大漏洞信息通报、高危漏洞安全消控等方面发挥了重大作用，为国家重要行业和关键基础设施的安全保障工作提供了重要的技术支撑和数据支持。CNNVD的网络界面如图13-4所示。

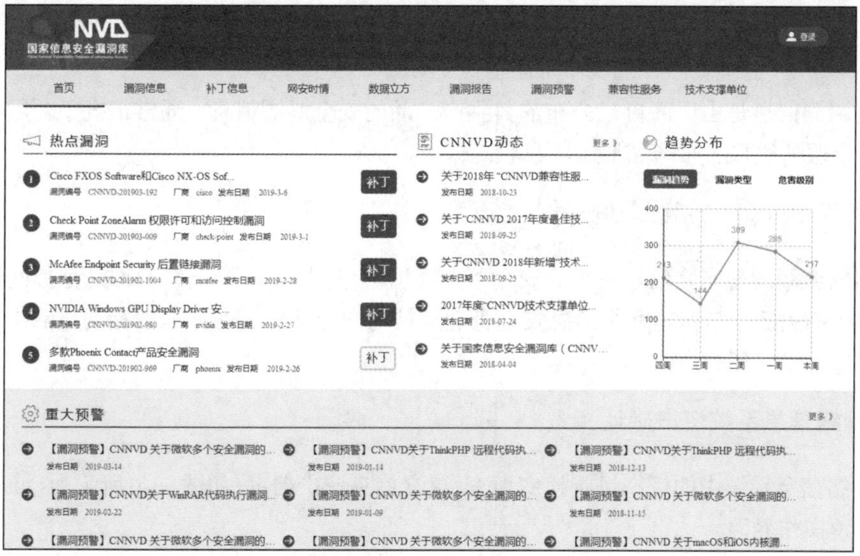

图 13-4　CNNVD 网站界面示意图

4. 国家信息安全漏洞共享平台 CNVD

国家信息安全漏洞共享平台（CNVD）是由国家计算机网络应急技术处理协调中心联合国内重要的信息系统单位、基础电信运营商、网络安全厂商、软件厂商和互联网企业建立的信息安全漏洞信息共享知识库。CNVD 已建立起软件安全漏洞统一收集验证、预警发布及应急处置体系，发布了《国家信息安全漏洞共享平台章程》。CNVD 的网站界面如图 13-5 所示。

图 13-5　CNVD 网站界面示意图

5. 厂商漏洞信息

厂商漏洞信息是由厂商自己公布的其生产产品的安全漏洞信息。通常情况下，厂商会在其网站的安全服务栏目公布产品漏洞信息状况。

13.2.5 网络安全漏洞管理过程

网络安全漏洞是网络信息系统的安全事故隐患所在。网络安全漏洞管理是把握网络信息系统安全态势的关键，是实施网络信息安全管理从被动向主动转变的标志性行动。网络安全漏洞管理主要包含以下环节。

1. 网络信息系统资产确认

对网络信息系统中的资产进行摸底调查，建立信息资产档案。如图13-6所示为Qualys Guard的资产管理操作界面。

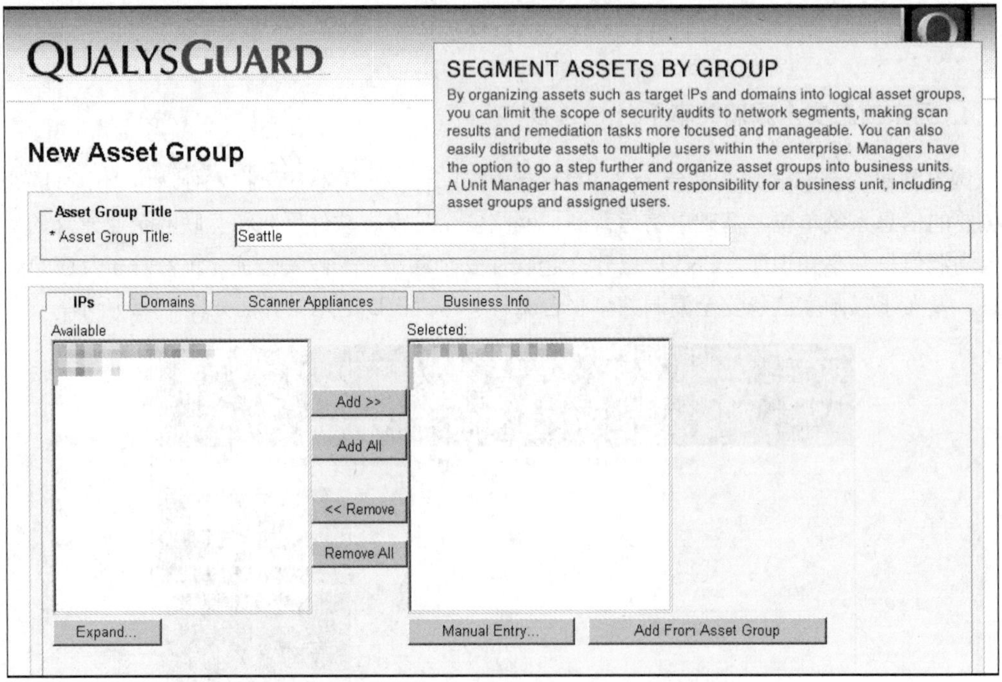

图13-6 利用Qualys Guard进行资产管理操作示意图

2. 网络安全漏洞信息采集

利用安全漏洞工具或人工方法收集整理信息系统的资产安全漏洞相关信息，包括安全漏洞类型、当前补丁级别、所影响到的资产。

3. 网络安全漏洞评估

对网络安全漏洞进行安全评估，如安全漏洞对组织业务的影响、安全漏洞被利用的可能性（是否有公开工具、远程是否可利用等）、安全漏洞的修补级别，最后形成网络安全漏洞分析报告，给出网络安全漏洞威胁排序和解决方案。网络安全漏洞安全威胁量化评估方法可使用国际上较为通用的 CVSS， CVSS 漏洞计分最高为 10 分，漏洞的 CVSS 分数越高表示漏洞的安全威胁越高。

4. 网络安全漏洞消除和控制

常见的消除和控制网络安全漏洞的方法是安装补丁包、升级系统、更新 IPS 或 IDS 的特征库、变更管理流程。

5. 网络安全漏洞变化跟踪

网络信息系统是一个开放的环境，系统中的资产不断出现变化，如新 IT 设备和应用系统的上线、软件包删除和安装等。另一方面，安全威胁手段层出不穷。因此，网络信息系统的漏洞数量、类型以及分布都在动态演变。安全管理员必须设法跟踪漏洞状态，持续修补信息系统中的漏洞。

13.3　网络安全漏洞扫描技术与应用

网络安全漏洞是网络信息系统的重要安全隐患，本节主要阐述网络信息系统的漏洞检查技术，通常称为网络安全漏洞扫描，简称为漏洞扫描器。同时，分析网络安全漏洞扫描的应用场景，包括服务器、网站、网络设备、数据库等安全漏洞检查。

13.3.1　网络安全漏洞扫描

网络安全漏洞扫描是一种用于检测系统中漏洞的技术，是具有漏洞扫描功能的软件或设备，简称为漏洞扫描器。漏洞扫描器通过远程或本地检查系统是否存在已知漏洞。漏洞扫描器一般包括用户界面、扫描引擎、漏洞扫描结果分析、漏洞信息及配置参数库等主要功能模块，具体模块功能介绍如下：

（1）用户界面。

用户界面接受并处理用户输入、定制扫描策略、开始和终止扫描操作、分析扫描结果报告等。同时，显示系统扫描器工作状态。

（2）扫描引擎。

扫描引擎响应处理用户界面操作指令，读取扫描策略及执行扫描任务，保存扫描结果。

（3）漏洞扫描结果分析。

读取扫描结果信息，形成扫描报告。

（4）漏洞信息及配置参数库。

漏洞信息及配置参数库保存和管理网络安全漏洞信息，配置扫描策略，提供安全漏洞相关数据查询和管理功能。

漏洞扫描器是常用的网络安全工具。按照扫描器运行的环境及用途，漏洞扫描器主要分为三种，即主机漏洞扫描器、网络漏洞扫描器、专用漏洞扫描器。下面分别介绍。

1. 主机漏洞扫描器

主机漏洞扫描器不需要通过建立网络连接就可以进行，其技术原理一般是通过检查本地系统中关键性文件的内容及安全属性，来发现漏洞，如配置不当、用户弱口令、有漏洞的软件版本等。主机漏洞扫描器的运行与目标系统在同一主机上，并且只能进行单机检测。主机漏洞扫描器有 COPS、Tiger、Microsoft Baseline Security Analyser （MBSA）等。其中，COPS（Computer Oracle and Password System） 用来检查 UNIX 系统的常见安全配置问题和系统缺陷。Tiger 是一个基于 shell 语言脚本的漏洞检测程序，用于 UNIX 系统的配置漏洞检查。MBSA 是 Windows 系统的安全基准分析工具。

图 13-7 是 Tiger 检测 IP 地址为 192.168.X.Y 的主机漏洞的过程。

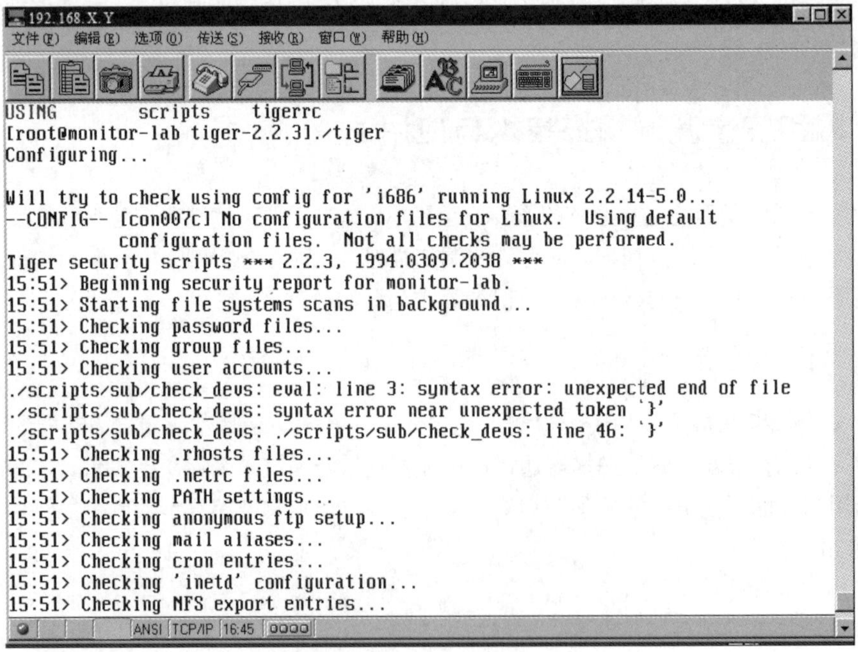

图 13-7 Tiger 扫描过程示意图

Tiger 扫描的结果信息，如图 13-8 所示。

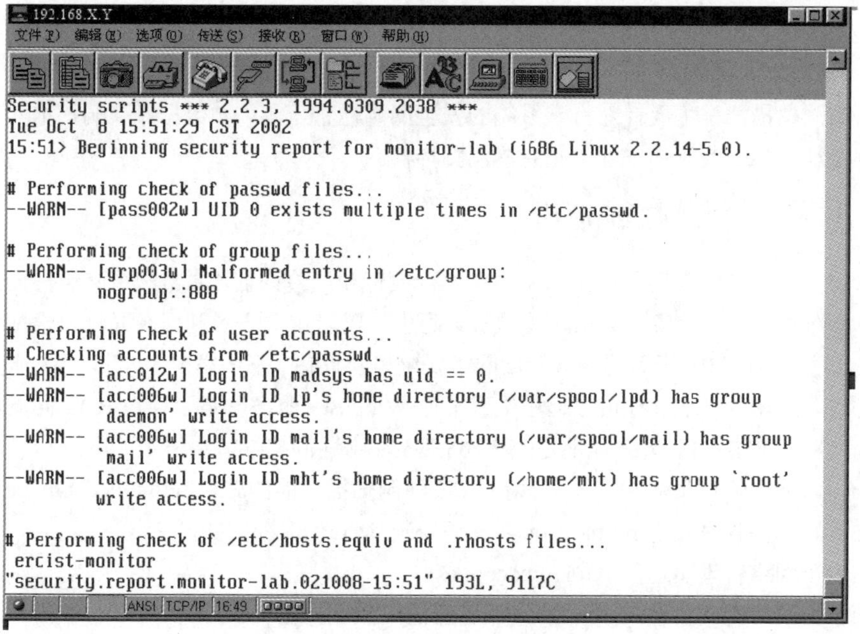

图 13-8　Tiger 扫描结果信息示意图

2. 网络漏洞扫描器

网络漏洞扫描器的技术原理是通过与待扫描的目标机建立网络连接后，发送特定网络请求进行漏洞检查。网络漏洞扫描器与主机漏洞扫描的区别在于，网络漏洞扫描器需要与被扫描目标建立网络连接。网络漏洞扫描器便于远程检查联网的目标系统。但是，网络漏洞扫描器由于没有目标系统的本地访问权限，只能获得有限的目标信息，检查能力受限于各种网络服务中的漏洞检查，如 Web、FTP、Telnet、SSH、POP3、SMTP、SNMP 等。常见的网络漏洞扫描器有 Nmap、Nessus、X-scan 等。其中，Nmap 是国际上知名的端口扫描工具，常用于检测目标系统开启的服务端口。Nessus 是典型的网络漏洞扫描器，由客户端和服务端两部分组成，支持即插即用的漏洞检测脚本。X-scan 是由国内安全组织 xfocus 开发的漏洞扫描工具，运行在 Windows 环境中。以 Nessus 为例，其使用模式如图 13-9 所示。

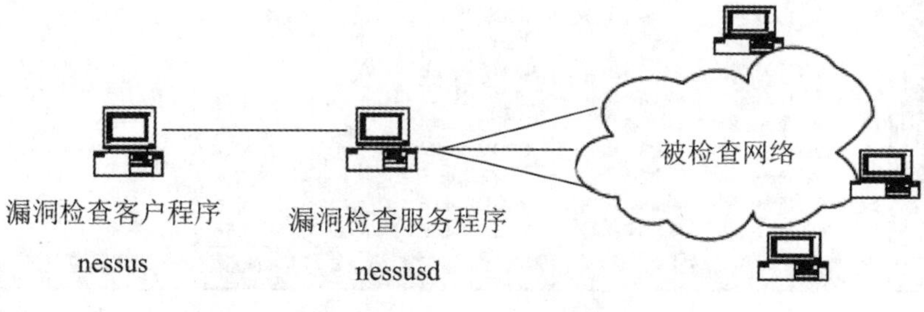

图 13-9　Nessus 的使用模式

3. 专用漏洞扫描器

专用漏洞扫描器是主要针对特定系统的安全漏洞检查工具，如数据库漏洞扫描器、网络设备漏洞扫描器、Web 漏洞扫描器、工控漏洞扫描器。

13.3.2 网络安全漏洞扫描应用

网络安全漏洞扫描常用于网络信息系统安全检查和风险评估。通常利用漏洞扫描器检查发现服务器、网站、网络设备、数据库等的安全隐患，以防止攻击者利用。同时，根据漏洞扫描器的结果，对扫描对象及相关的业务开展网络安全风险评估。下面举一个 Windows 服务器漏洞扫描的实例。假设某网络管理员拟远程检查某台 Windows 服务器是否存在 RPC 漏洞，以防止网络蠕虫攻击。该服务器的 IP 地址是 192.168.X.Y，则漏洞扫描解决方案如下：

第一步，网络管理员从网络下载具有 RPC 漏洞扫描功能的软件 retinarpcdcom.exe；

第二步，网络管理员把 retinarpcdcom.exe 安装到管理机上；

第三步，网络管理员运行 retinarpcdcom.exe；

第四步，网络管理员输入 Windows 服务器的 IP 地址；

第五步，网络管理员查看扫描结果，如图 13-10 所示。

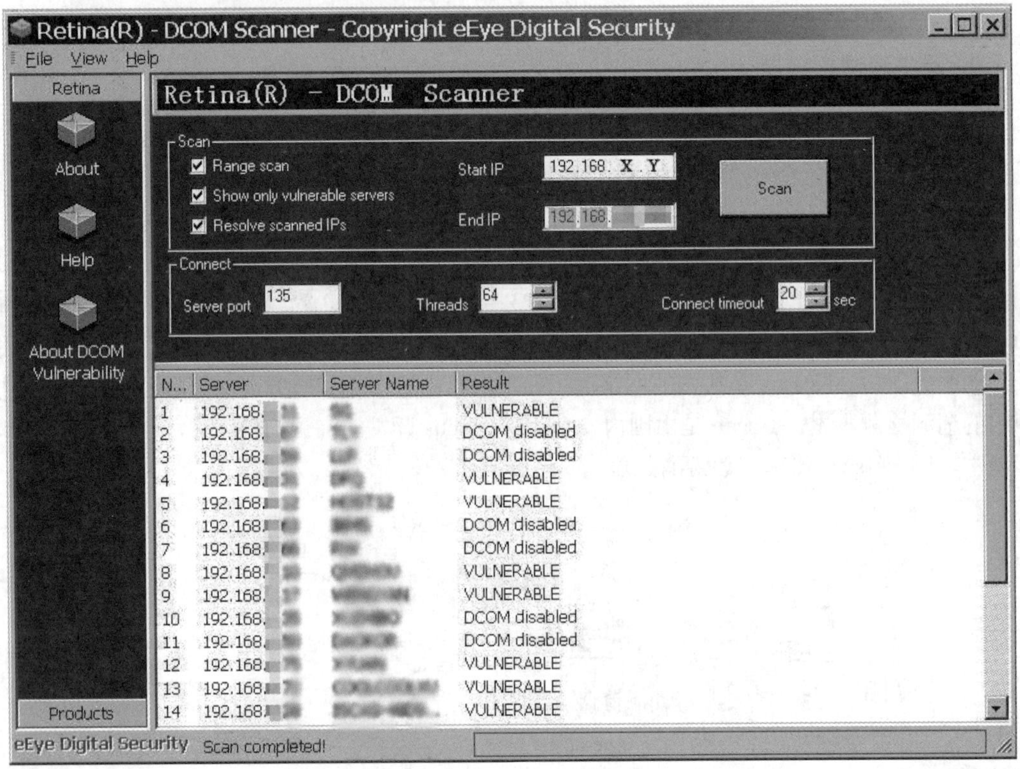

图 13-10 RPC 漏洞扫描示意图

13.4　网络安全漏洞处置技术与应用

网络信息系统难以避免地存在网络安全漏洞，因而网络安全漏洞处置是网络安全应急响应的重要工作之一。本节主要叙述网络安全漏洞发现技术、网络安全漏洞修补技术、网络安全漏洞利用防范技术。

13.4.1　网络安全漏洞发现技术

研究表明，攻击者要成功入侵，关键在于及早发现和利用目标信息系统的安全漏洞。目前，网络安全漏洞发现技术成为网络安全保障的关键技术。然而，对于软件系统而言，其功能性错误容易发现，但软件的安全性漏洞不容易发现。举例来说，一个电子邮件服务器软件实现了正常的发送要求，但未经认证，允许任何人使用该服务器发送邮件，这样就造成了攻击者使用该邮件服务器制造垃圾邮件的安全隐患。

网络安全漏洞的发现方法主要依赖于人工安全性分析、工具自动化检测及人工智能辅助分析。安全漏洞发现的通常方法是将已发现的安全漏洞进行总结，形成一个漏洞特征库，然后利用该漏洞库，通过人工安全分析或者程序智能化识别。漏洞发现技术主要有文本搜索、词法分析、范围检查、状态机检查、错误注入、模糊测试、动态污点分析、形式化验证等。典型的网络安全漏洞发现常见工具如表 13-3 所示。

表 13-3　网络安全漏洞发现常见工具

工具名称	简　要　描　述
Flawfinder	利用词法分析技术发现以 C 语言编写的源程序安全漏洞
Splint	检查以 C 语言编写的程序安全漏洞
ITS4	检查以 C 和 C++语言编写的源程序安全漏洞
Grep	自定义漏洞模式，检查任意源程序安全漏洞
MOPS	利用状态机技术来分析以 C 语言编写的源程序安全漏洞
W3AF	Web 应用程序漏洞验证
Wireshark	网络数据包分析软件
Metasploit	网络安全漏洞验证软件
OllyDBG	分析调试器

13.4.2　网络安全漏洞修补技术

补丁管理是一个系统的、周而复始的工作，　主要由六个环节组成，分别是现状分析、补丁跟踪、补丁验证、补丁安装、应急处理和补丁检查，如图 13-11 所示。

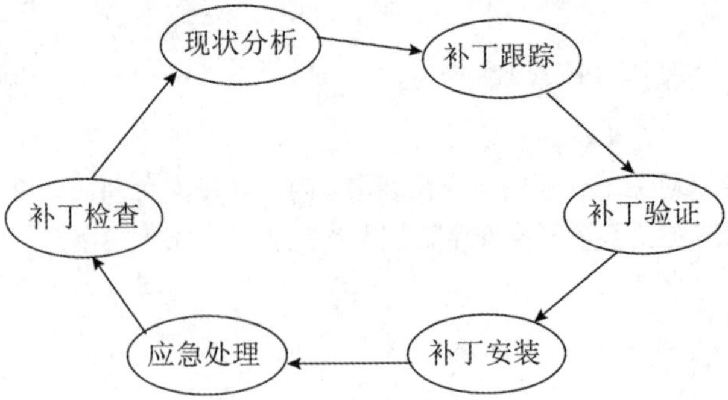

图 13-11　补丁管理流程图

针对补丁管理问题，许多研究机构和公司都提供了解决方案，其中典型产品有 CA 公司的 eTrust Vulnerability Manager、微软的 Software Update Services（SUS）、PatchLink 、LANDesk、北信源内网安全管理及补丁分发系统（VRVEDP）等。

13.4.3　网络安全漏洞利用防范技术

网络安全漏洞利用防范技术主要针对漏洞触发利用的条件进行干扰或拦截，以防止攻击者成功利用漏洞。常见的网络安全漏洞利用防范技术主要如下。

1. 地址空间随机化技术

缓冲区溢出攻击是利用缓冲区溢出漏洞所进行的攻击行动，会以 shellcode 地址来覆盖程序原有的返回地址。地址空间随机化（Address Space Layout Randomization，ASLR）就是通过对程序加载到内存的地址进行随机化处理，使得攻击者不能事先确定程序的返回地址值，从而降低攻击成功的概率。目前，针对 Linux 系统，通过 ExecShield、PaX 工具可以实现程序地址空间的随机化处理。

2. 数据执行阻止

数据执行阻止（Data Execution Prevention，DEP）是指操作系统通过对特定的内存区域标注为非执行，使得代码不能够在指定的内存区域运行。利用 DEP，可以有效地保护应用程序的堆栈区域，防止被攻击者利用。

3. SEHOP

SEHOP 是 Structured Exception Handler Overwrite Protection 的缩写，其原理是防止攻击者利用 Structured Exception Handler （SEH）重写。

4. 堆栈保护

堆栈保护（Stack Protection）的技术原理是通过设置堆栈完整性标记以检测函数调用返回

地址是否被篡改，从而阻止攻击者利用缓冲区漏洞。

5. 虚拟补丁

虚拟补丁的工作原理是对尚未进行漏洞永久补丁修复的目标系统程序，在不修改可执行程序的前提下，检测进入目标系统的网络流量而过滤掉漏洞攻击数据包，从而保护目标系统程序免受攻击。虚拟补丁通过入侵阻断、Web 防火墙等相关技术来实现给目标系统程序“打补丁”，使得黑客无法利用漏洞进行攻击。

13.5　网络安全漏洞防护主要产品与技术指标

网络安全漏洞防护是网络信息系统安全运维的日常工作，涉及网络安全漏洞扫描、网络安全漏洞发现和信息获取、网络安全漏洞利用拦截等。本节阐述网络安全漏洞防护的主要产品和技术指标，给出相关参考产品及网络安全漏洞服务平台。

13.5.1　网络安全漏洞扫描器

网络安全漏洞扫描器的产品技术原理是利用已公开的漏洞信息及特征，通过程序对目标系统进行自动化分析，以确认目标系统是否存在相应的安全漏洞。漏洞扫描器产品通常简称为“漏扫”。漏洞扫描器既是攻击者的有力工具，又是防守者的必备工具。利用漏洞扫描器可以自动检查信息系统的漏洞，以便及时消除安全隐患。

目前，各种类型的漏洞扫描器产品有许多。国际商业产品有 IBM Rational AppScan、Qualys、Shadow Security Scanner。国内商业产品有绿盟远程安全评估系统、天融信的脆弱性扫描与管理系统、启明星辰的天镜脆弱性扫描与管理系统、安恒明鉴数据库漏洞扫描系统等。开源漏洞扫描器有 Nessus、OpenVAS、Nmap 等。

网络安全漏洞扫描产品常见的技术指标阐述如下：

（1）漏洞扫描主机数量。产品扫描主机的数量，有无 IP 或域名限制。

（2）漏洞扫描并发数。产品支持并发扫描任务的数量。

（3）漏洞扫描速度。产品在单位时间内完成扫描漏洞任务的效率。

（4）漏洞检测能力。产品检查漏洞的数量和类型，提供的漏洞知识库中是否覆盖主流操作系统、数据库、网络设备。

（5）数据库漏洞检查功能。对 Oracle、MySQL、MS SQL、DB2、Sybase、PostgreSQL、Mongo DB 等数据库漏洞检查的支持程度。

（6）Web 应用漏洞检查功能。对 SQL 注入、跨站脚本、网站挂马、网页木马、CGI 漏洞等的检查能力。

（7）口令检查功能。产品支持的口令猜测方式类型，常见的口令猜测方式是利用 SMB、Telnet、FTP、SSH、POP3、Tomcat、SQL Server、MySQL、Oracle、Sybase、DB2、SNMP 等进行口令猜测。是否支持外挂用户提供的用户名字典、密码字典和用户名密码组合字典。

（8）标准兼容性。产品漏洞信息是否兼容 CVE、CNNVD、CNVD、BugTraq 等主流标准，并提供 CVE 兼容（CVE Compatible）证书。

（9）部署环境难易程度。产品对部署环境要求的复杂程度，是否支持虚拟化 VM 平台部署。

13.5.2 网络安全漏洞服务平台

网络安全产业界推出漏洞相关的产品与服务，如漏洞盒子、补天漏洞响应平台、网络威胁情报服务等。

- 漏洞盒子隶属于上海斗象信息科技有限公司，是一个专业的互联网安全测试平台。自上线至今已有很多互联网及传统厂商在漏洞盒子平台发布了安全测试的项目，上万名白帽子为这些厂商提交了非常多的高威胁性安全问题，保障了厂商业务的安全。
- 补天漏洞响应平台是专注于漏洞响应的第三方公益平台，通过 SRC、众测等方式引导民间的白帽力量，以安全众包的形式让白帽子成员模拟攻击者发现安全问题，实现高效的漏洞报告与响应服务，协助企业树立动态、综合的防护理念，维护企业的网络安全。
- 网络威胁情报服务常以安全漏洞通报的方式提供服务。相关服务机构主要是网络安全应急响应部门、网络安全厂商等，如国家互联网应急中心 CNCERT、CNCERT 网络安全应急服务支撑单位、CNVD（国家信息安全漏洞共享平台）技术组成员单位、国家网络与信息安全信息通报中心技术支持单位。

13.5.3 网络安全漏洞防护网关

网络安全漏洞防护网关的产品原理是通过从网络流量中提取和识别漏洞利用特征模式，阻止攻击者对目标系统的漏洞利用。常见产品的形式是 IPS（ Intrusion Prevention System）、Web 防火墙（简称 WAF）、统一威胁管理（UTM）等。相关产品常见的技术指标主要如下：

- 阻断安全漏洞攻击的种类与数量。产品能够防御安全漏洞被攻击利用的类型及数量。
- 阻断安全漏洞攻击的准确率。产品能够检测并有效阻止安全漏洞被攻击利用的正确程度。
- 阻断安全漏洞攻击的性能。在单位时间内，产品能够检测并有效阻止安全漏洞被攻击利用的数量。
- 支持网络带宽的能力。产品对网络流量大小的控制能力。

13.6 本章小结

本章内容主要有：第一，给出了网络安全漏洞的概念，阐述了网络安全漏洞的威胁，介绍了网络安全漏洞问题现状；第二，给出了网络安全漏洞的主要来源、网络安全漏洞的发布机制以及常用的漏洞信息获取方式；第三，系统地说明了网络安全漏洞扫描的技术方法和漏洞扫描器的组成，列举了常用的漏洞扫描软件工具，举例说明了漏洞扫描应用；第四，叙述了网络安全漏洞的发现、修补、利用防范等处置技术以及网络安全漏洞防护相关产品。

第 14 章　恶意代码防范技术原理

14.1　恶意代码概述

恶意代码是网络安全的主要威胁，本节主要阐述恶意代码的概念和分类，给出恶意代码的攻击模型，分析恶意代码的生存技术、攻击技术、分析技术以及防范策略。

14.1.1　恶意代码定义与分类

恶意代码的英文是 Malicious Code，它是一种违背目标系统安全策略的程序代码，会造成目标系统信息泄露、资源滥用，破坏系统的完整性及可用性。它能够经过存储介质或网络进行传播，从一台计算机系统传到另外一台计算机系统，未经授权认证访问或破坏计算机系统。通常许多人认为“病毒”代表了所有感染计算机并造成破坏的程序。事实上，“恶意代码”的说法更为通用，病毒只是一类恶意代码而已。恶意代码的种类主要包括计算机病毒（Computer Virus）、蠕虫（Worms）、特洛伊木马（Trojan Horse）、逻辑炸弹(Logic Bombs)、细菌(Bacteria)、恶意脚本（Malicious Scripts）和恶意 ActiveX 控件、间谍软件（Spyware）等。根据恶意代码的传播特性，可以将恶意代码分为两大类，如图 14-1 所示。

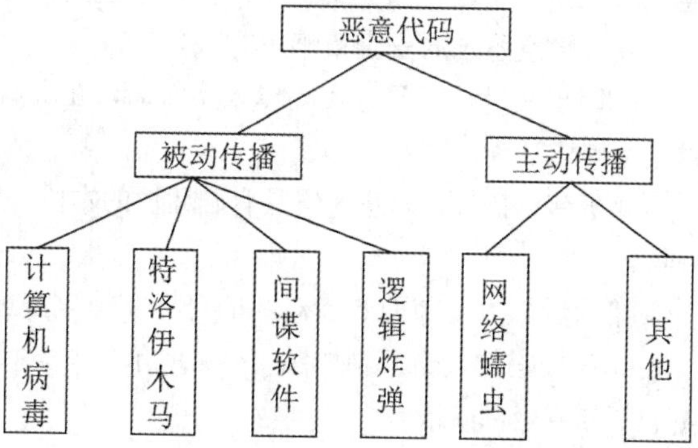

图 14-1　恶意代码分类示意图

恶意代码是一个不断变化的概念。在 20 世纪 80 年代，恶意代码的早期主要形式是计算机病毒。1984 年，Cohen 在美国国家计算机安全会议上演示了病毒的实验。人们普遍认为，世界上首例病毒是由他创造的。1988 年，美国康奈尔大学的学生 Morris 制造了世界上首例“网络蠕虫”，简称为“小莫里斯蠕虫”，该蠕虫一夜之间攻击了网上约 6200 台计算机。美国政府为此成立世界上第一个计算机安全应急响应组织（CERT）。1989 年 4 月，中国首次发现小球病毒。从此后，国外的其他计算机病毒纷纷走进国门，迅速地蔓延全国。20 世纪 90 年代，恶意代码的定义随着计算机网络技术的发展逐渐丰富，1996 年出现 Word 宏病毒，1998 年出现 CIH 病毒，特洛伊木马已达到数万种。最近几年，新的破坏力强的网络蠕虫相继出现，如红色代码、Slammer 蠕虫、冲击波蠕虫等，此外恶意的间谍软件（Spyware）也出现。目前，恶意代码正在全世界各国的商业系统、政府部门、军事系统、教育系统及其他的计算机网络系统中蔓延。恶意代码不仅破坏了许多宝贵的信息资源，而且给计算机的发展和人类社会的前进蒙上了阴影。随着计算机技术的普及和信息网络化的发展，恶意代码的危害性日益扩大。恶意代码的传播和植入能力由被动向主动转变，由本地主机向网络发展，恶意代码具有更强的隐蔽性，不仅实现进程隐藏和内容隐藏，而且也能做到通信方式隐藏。在恶意代码的攻击目标方面，恶意代码由单机环境向网络环境转变，从有线网络环境向无线网络环境演变，现在已经出现手机病毒。更令人担忧的是，恶意代码逐渐拥有抗监测能力，如通过变形技术来逃避安全防御机制。

14.1.2 恶意代码攻击模型

恶意代码的行为不尽相同，破坏程度也各不相同，但它们的作用机制基本相同。其作用过程可大概分为以下 6 个步骤：

第一步，侵入系统。恶意代码实现其恶意目的第一步就是要侵入系统。恶意代码入侵有许多途径，如：从互联网下载的程序，其自身也许就带有恶意代码；接收了已被恶意感染的电子邮件；通过光盘或软盘在系统上安装的软件；攻击者故意植入系统的恶意代码等。

第二步，维持或提升已有的权限。恶意代码的传播与破坏需要建立在盗用用户或者进程的合法权限的基础之上。

第三步，隐蔽。为了隐蔽已经侵入系统的恶意代码，可能会采取对恶意代码改名、删除源文件或者修改系统的安全策略等方式。

第四步，潜伏。恶意代码侵入系统后，在具有足够的权限并满足某些条件时就会发作，同时进行破坏活动。

第五步，破坏。恶意代码具有破坏性的本质，为的是造成信息丢失、泄密，系统完整性被破坏等。

第六步，重复前面 5 步对新的目标实施攻击过程。

恶意代码的攻击模型如图 14-2 所示。恶意代码的攻击过程可以存在于恶意代码攻击模型中的部分或全部阶段。

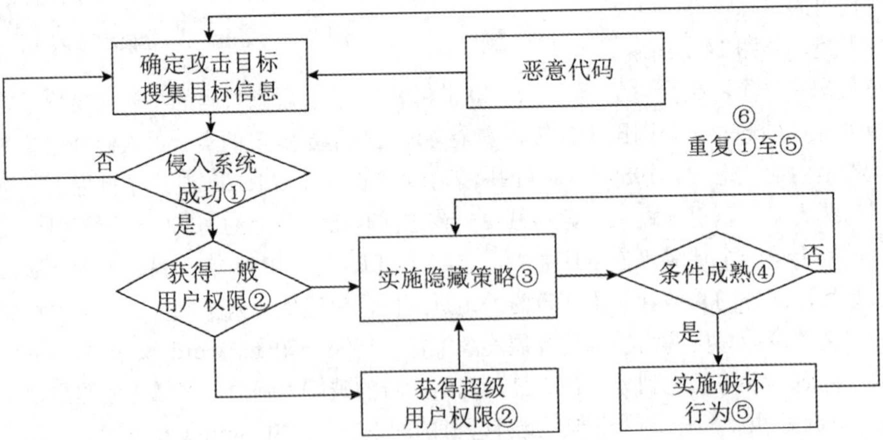

图 14-2 恶意代码的攻击模型示意图

14.1.3　恶意代码生存技术

1. 反跟踪技术

恶意代码靠采用反跟踪技术来提高自身的伪装能力和防破译能力，使检测与清除恶意代码的难度大大增加。反跟踪技术大致可以分为两大类：反动态跟踪技术和反静态分析技术。

1）反动态跟踪技术

- 禁止跟踪中断。针对调试分析工具运行系统的单步中断与断点中断服务程序，恶意代码通过修改中断服务程序的入口地址来实现其反跟踪的目的。1575 计算机病毒使用该方法将堆栈指针指向处于中断向量表中的 INT 0 至 INT 3 区域，阻止调试工具对其代码进行跟踪，封锁键盘输入和屏幕显示，使跟踪调试工具运行的必需环境被破坏。
- 检测跟踪法。根据检测跟踪调试时和正常执行时的运行环境、中断入口和时间的不同，采取相应的措施实现其反跟踪目的。例如，通过操作系统的 API 函数试图打开调试器的驱动程序句柄，检测调试器是否激活确定代码是否继续运行。
- 其他反跟踪技术。如指令流队列法和逆指令流法等。

2）反静态分析技术

- 对程序代码分块加密执行。为了不让程序代码通过反汇编进行静态分析，将分块的程序代码以密文形式装入内存，由解密程序在执行时进行译码，立即清除执行完毕后的代码，力求分析者在任何时候都无法从内存中获得执行代码的完整形式。
- 伪指令法。伪指令法指将“废指令”插入指令流中，让静态反汇编得不到全部正常的指令，进而不能进行有效的静态分析。例如，Apparition 是一种基于编译器变形的 Win32 平台的病毒，每次新的病毒体可执行代码被编译器编译出来时都要被插入一定数量的伪指令，不仅使其变形，而且实现了反跟踪的目的。不仅如此，伪指令技术还广泛应用于宏病毒与脚本恶意代码之中。

2. 加密技术

加密技术是恶意代码进行自我保护的手段之一，再配合反跟踪技术的使用，让分析者不能正常调试和阅读恶意代码，无法获得恶意代码的工作原理，自然也不能抽取特征串。从加密的内容上划分，加密手段有三种，即信息加密、数据加密和程序代码加密。大部分恶意代码对程序体本身加密，但还有少数恶意代码对被感染的文件加密。例如，Cascade 是第一例采用加密技术的 DOS 环境下的恶意代码，其解密器稳定，能够解密内存中加密的程序体。Mad 和 Zombie 是 Cascade 加密技术的延伸，让恶意代码加密技术扩展到 32 位的操作系统平台。此外，“中国炸弹”和“幽灵病毒”也是这一类恶意代码。

3. 模糊变换技术

恶意代码每感染一个客体对象时都会利用模糊变换技术使潜入宿主程序的代码不尽相同。尽管是同一种恶意代码，但仍会具有多个不同样本，几乎不存在稳定的代码，只采用基于特征的检测工具一般无法有效识别它们。随着这类恶意代码的增多，不但使病毒检测和防御软件的编写难度加大，还会使反病毒软件的误报率增加。

目前，模糊变换技术主要分为以下几种：

- 指令替换技术。模糊变换引擎（Mutation Engine）对恶意代码的二进制代码进行反汇编，解码并计算指令长度，再对其同义变换。例如，指令 XOR REG，REG 被变换为 SUB REG，REG；寄存器 REG1 和寄存器 REG2 互换；JMP 指令和 CALL 指令变换等。Regswap 就使用了寄存器互换这一变形技术。
- 指令压缩技术。经恶意代码反汇编后的全部指令由模糊变换器检测，对可压缩的指令同义压缩。压缩技术要想使病毒体代码的长度发生改变，必须对病毒体内的跳转指令重定位。例如指令 MOV REG，12345678 / PUSH REG 变换为指令 PUSH 12345678 等。
- 指令扩展技术。扩展技术是对汇编指令进行同义扩展，所有经过压缩技术变换的指令都能够使用扩展技术来进行逆变换。扩展技术远比压缩技术的可变换空间大，指令甚至能够进行几十或上百种的扩展变换。扩展技术也需要对恶意代码的长度进行改变，进行恶意代码中跳转指令的重定位。
- 伪指令技术。伪指令技术主要是将无效指令插入恶意代码程序体，例如空指令。
- 重编译技术。使用重编译技术的恶意代码中携带恶意代码的源码，要在自带编译器或者操作系统提供编译器的基础上进行重新编译，这种技术不仅实现了变形的目的，而且为跨平台的恶意代码的出现提供了条件。这表现在 UNIX/Linux 操作系统，系统默认配置有标准 C 的编译器。宏病毒和脚本恶意代码是典型的采用这类技术变形的恶意代码。Tequtla 是第一例在全球范围传播和破坏的变形病毒，从其出现到研发出可以有效检测该病毒的软件，一共花费了研究人员 9 个月的时间。

4. 自动生产技术

普通病毒能够利用“多态性发生器”编译成具有多态性的病毒。多态变换引擎能够让程序代码本身产生改变，但却可以保持原有功能。例如保加利亚的“Dark Avenger”，变换引擎每产生一个恶意代码，其程序体都会发生变化，反恶意代码软件若只是采用基于特征的扫描技术，则无法检测和清除这种恶意代码。

5. 变形技术

在恶意代码的查杀过程中，多数杀毒厂商通过提取恶意代码特征值的方式对恶意代码进行分辨。这种基于特征码的病毒查杀技术的致命缺点是需要一个特征代码库，同时这个库中的代码要具有固定性。病毒设计者利用这一漏洞，设计出具体同一功能不同特征码的恶意代码。这种变换恶意代码特征码的技术称为变形技术。常见的恶意代码变形技术包括如下几个方面：

- 重汇编技术。变形引擎对病毒体的二进制代码进行反汇编，解码每一条指令，并对指令进行同义变换。如“Regswap”就采用简单的寄存器互换的变形。
- 压缩技术。变形器检测病毒体反汇编后的全部指令，对可进行压缩的一段指令进行同义压缩。
- 膨胀技术。压缩技术的逆变换就是对汇编指令同义膨胀。
- 伪指令技术。伪指令技术主要是对病毒体插入废指令，例如空指令、跳转到下一指令和压弹栈等。
- 重编译技术。病毒体携带病毒体的源码，需要自带编译器或者利用操作系统提供的编译器进行重新编译，这为跨平台的恶意代码的出现打下了基础。

6. 三线程技术

恶意代码中应用三线程技术是为了防止恶意代码被外部操作停止运行。三线程技术的工作原理是一个恶意代码进程同时开启了三个线程，其中一个为负责远程控制工作的主线程，另外两个为用来监视线程负责检查恶意代码程序是否被删除或被停止自启动的监视线程和守护线程。注入其他可执行文件内的守护线程，同步于恶意代码进程。只要进程被停止，它就会重新启动该进程，同时向主线程提供必要的数据，这样就使得恶意代码可以持续运行。“中国黑客”就是采用这种技术的恶意代码。

7. 进程注入技术

在系统启动时操作系统的系统服务和网络服务一般能够自动加载。恶意代码程序为了实现隐藏和启动的目的，把自身嵌入与这些服务有关的进程中。这类恶意代码只需要安装一次，就能被服务加载到系统中运行，并且可以一直处于活跃状态。如 Windows 下的大部分关键服务程序能够被“WinEggDropShell”注入。

8. 通信隐藏技术

实现恶意代码的通信隐藏技术一般有四类：端口定制技术、端口复用技术、通信加密技术、隐蔽通道技术。

- 端口定制技术，旧木马几乎都存在预设固定的监听端口，但是新木马一般都有定制端口的功能。优点：木马检测工具的一种检测方法就是检测缺省端口，定制端口可以避过此方法的检测。
- 端口复用技术利用系统网络打开的端口（如 25 和 139 等）传送数据。木马 Executor 用 80 端口传递控制信息和数据；Blade Runner、Doly Trojan、Fore、FTP Trojan、Larva、ebEx、WinCrash 等木马复用 21 端口；Shtrilitz Stealth、Terminator、WinPC、WinSpy 等木马复用

25 端口。使用端口复用技术的木马在保证端口默认服务正常工作的条件下复用，具有很强的欺骗性，可欺骗防火墙等安全设备，可避过 IDS 和安全扫描系统等安全工具。

- 通信加密技术，即将恶意代码的通信内容加密发送。通信加密技术胜在能够使得通信内容隐藏，但弊端是通信状态无法隐藏。
- 隐蔽通道技术能有效隐藏通信内容和通信状态，目前常见的能提供隐蔽通道方式进行通信的后门有：BO2K、Code Red II、Nimida 和 Covert TCP 等。但恶意代码编写者需要耗费大量时间以便找寻隐蔽通道。

9. 内核级隐藏技术

1）LKM 隐藏

LKM 是可加载内核模块，用来扩展 Linux 的内核功能。LKM 能够在不用重新编译内核的情况下把动态加载到内存中。基于这个优点，LKM 技术经常使用在系统设备的驱动程序和 Rootkit 中。LKM Rootkit 通过系统提供的接口加载到内核空间，将恶意程序转化成内核的某一部分，再通过 hook 系统调用的方式实现隐藏功能。

2）内存映射隐藏

内存映射是指由一个文件到一块内存的映射。内存映射可以将硬盘上的内容映射至内存中，用户可以通过内存指令读写文件。使用内存映射避免了多次调用 I/O 操作的行为，减少了不必要的资源浪费。

14.1.4 恶意代码攻击技术

1. 进程注入技术

系统服务和网络服务在操作系统中，当系统启动时被自动加载。进程注入技术就是将这些与服务相关的嵌入了恶意代码程序的可执行代码作为载体，实现自身隐藏和启动的目的。这类恶意代码只需要安装一次，就能被服务加载到系统中运行，并且可以一直处于活跃状态。

2. 超级管理技术

部分恶意代码能够攻击反恶意代码软件。恶意代码采用超级管理技术对反恶意代码软件系统进行拒绝服务攻击，阻碍反恶意代码软件的正常运行。例如，“广外女生”是一个国产特洛伊木马，对“金山毒霸”和“天网防火墙”采用超级管理技术进行拒绝服务攻击。

3. 端口反向连接技术

防火墙对于外网进入内部的数据流有严格的访问控制策略，但对于从内到外的数据并没有严格控制。指令恶意代码使用端口反向连接技术使攻击的服务端（被控制端）主动连接客户端（控制端）端口。最早实现这项技术的木马程序是国外的“Boinet”，它可以通过 ICO、IRC、HTTP

和反向主动连接这 4 种方式联系客户端。“网络神偷”是我国最早实现端口反向连接技术的恶意代码。“灰鸽子”则是这项技术的集大成者，它内置 FTP、域名、服务端主动连接这 3 种服务端在线通知功能。

4. 缓冲区溢出攻击技术

恶意代码利用系统和网络服务的安全漏洞植入并且执行攻击代码，攻击代码以一定的权限运行有缓冲区溢出漏洞的程序来获得被攻击主机的控制权。缓冲区溢出攻击成为恶意代码从被动式传播转为主动式传播的主要途径之一。例如，“红色代码”利用 IIS Server 上 Indexing Service 的缓冲区溢出漏洞完成攻击、传播和破坏等恶意目的。

14.1.5　恶意代码分析技术

如图 14-3 所示，恶意代码的分析方法由静态分析方法和动态分析方法两部分构成。其中，静态分析方法有反恶意代码软件的检查、字符串分析和静态反编译分析等；动态分析方法包括文件监测、进程监测、注册表监测和动态反汇编分析等。

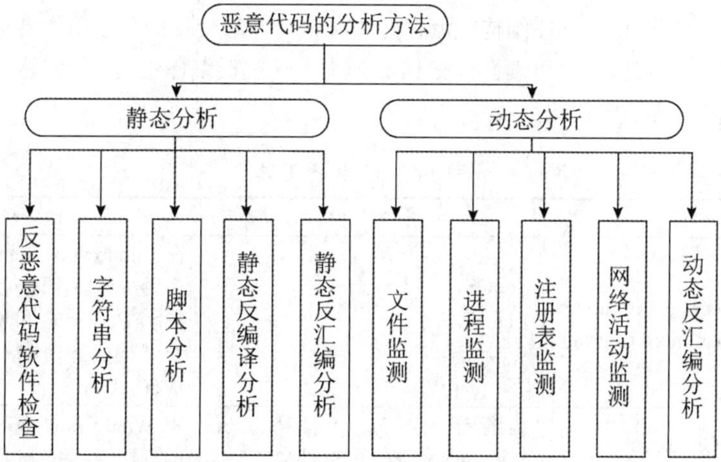

图 14-3　恶意代码的分析方法示意图

1. 静态分析方法

恶意代码的静态分析主要包括以下方法：

（1）反恶意代码软件的检测和分析。反恶意代码软件检测恶意代码的方法有特征代码法、校验和法、行为监测法、软件模拟法等。根据恶意代码的信息去搜寻更多的资料，若该恶意代码的分析数据已被反恶意代码软件收录，那就可以直接利用它们的分析结果。

（2）字符串分析。字符串分析的目的是寻找文件中使用的 ASCII 或其他方法编码的连续字符串。一些有用的信息可以通过在恶意代码样本中搜寻字符串得到，比如：①恶意代码的名字；②帮助和命令行选项；③用户对话框，可以通过它分析恶意代码的目的；④后门密码；⑤恶意代码相关的网址；⑥恶意代码作者或者攻击者的 E-mail 地址；⑦恶意代码用到的库，函数调用，以及其他的可执行文件；⑧其他的有用的信息。

（3）脚本分析。恶意代码如果是用 JS、Perl 或者 shell 脚本等脚本语言编写的，那么恶意代码本身就可能带有源代码。通过文本编辑器将脚本打开查看源代码。脚本分析能帮助分析者用较短时间识别出大量流行的脚本类型，表 14-1 列出了常用脚本语言。

表 14-1　常用脚本语言

脚本语言	在文件中识别其特征	文件通常后缀
Bourne Shell	以 !#/bin/sh 开始	.sh
Perl	以 !#/usr/bin/perl 开始	.pl ， .perl
JavaScript	以<Script language = "JavaScript"> 形式出现	.js， .html， .htm
VBScript	包含单词 VBScript 或者在文件中散布着字符 vb	.vbs， .html， .htm

（4）静态反编译分析。对于携带解释器的恶意代码可以采用反编译工具查看源代码。源代码在编译时，代码会被编译器优化，组成部分被重写，使得程序更适合解释和执行，上述面向计算机优化的特性，使得编译的代码不适合逆向编译。因此，逆向编译是将对机器优化的代码重新转化成源代码，这使得程序结构和流程分离开来，同时变量的名字由机器自动生成，这使得逆向编译的代码有着较差的可读性。表 14-2 列出了一些反编译工具，它们能够生成被编译程序的 C 或者 Java 语言的源代码。

表 14-2　反编译工具

工　具	平　台	概　述
Reverse Engineering Compiler（REC） by Giampiero Caprino	SunOS，Linux，Windows	在 Windows、Linux、BSD、SunOS 多种平台下将面向 x86、SPARC、68k、PowerPC 和 MIPS 等多种体协结构的处理器的代码逆向编译成 C 代码
Dcc by Cristina Cifuentes	运行于 UNIX 上但是分析 Windows 的 exe 可执行文件	将 Windows 面向 x86 体协结构写的程序逆向编译成 C 代码
JReversePro	用 Java 写的，这个工具可以在任何有 Java 虚拟机的系统上运行	将 Java 字节代码逆向编译成 Java 源代码
HomeBrew Decompiler	UNIX 系统	逆向编译 Java 字节代码

（5）静态反汇编分析。有线性遍历和递归遍历两种方法。GNU 程序 objdump 和一些链接优化工具使用线性遍历算法从输入程序的入口点开始反汇编，简单地遍历程序的整个代码区，反汇编它所遇到的每一条指令。虽然方法简单，但存在不能够处理嵌入指令流中的数据的问题，如跳转表。递归遍历算法试图用反汇编出来的控制流指令来指导反汇编过程，以此解决上面线性遍历所存在的问题。直观地说，无论何时反汇编器遇到一个分支或者 CALL 指令，反汇编都从那条指令的可能的后续指令继续执行。很多的二进制传输和优化系统采用这种方法。其缺点

是很难正确判定间接控制转移的可能目标。恶意代码被反汇编后，就可用控制流分析来构造它的流程图，该图又可以被许多的数据流分析工具所使用。由于控制流程图是大多数静态分析的基础，所以不正确的流程图反过来会使整个静态分析过程得到错误的结果。

2. 动态分析方法

恶意代码的动态分析主要包括以下方法：

（1）文件监测。恶意代码在传播和破坏的过程中需要依赖读写文件系统，但存在极少数恶意代码只是单纯依赖内存却没有与文件系统进行交互。恶意代码执行后，在目标主机上可能读写各文件，修改程序，添加文件，甚至把代码嵌入其他文件，因此对文件系统必须进行监测。FileMon 是常用的文件监测程序，能够记录与文件相关的动作，例如打开、读取、写入、关闭、删除和存储时间戳等。另外还有文件完整性监测工具，如 Trip wire、AIDE 等。

（2）进程监测。恶意代码要入侵甚至传播，必须有新的进程生成或盗用系统进程的合法权限，主机上所有被植入进程的细节都能为分析恶意代码提供重要参考信息。常用的进程监测工具是 Process Explorer，它将机器上的每一个执行中的程序显示出来，将每一个进程的工作详细展示出来。虽然 Windows 系统自己内嵌了一个进程展示工具，但是只显示了进程的名字和 CPU 占用率，这不足以用来了解进程的详细活动情况。而 Process Explorer 比任何的内嵌工具更有用，它可以看见文件、注册表键值和进程装载的全部动态链接库的情况，并且对每一个运行的进程，该工具还显示了进程的属主、独立细致特权、优先级和环境变量。

（3）网络活动监测。恶意代码经历了从早期的单一传染形式到依赖网络传染的多种传染方式的变化，因此分析恶意代码还要监测恶意代码的网络行为。使用网络嗅探器检测恶意代码传播的内容，当恶意代码在网络上发送包时，嗅探器就会将它们捕获。表 14-3 列出了一些网络监测工具。

表 14-3　网络监测工具

工　具	平　台	概　　述
TCPView	Linux，Windows	查看端口和线程
Fport	Windows	查看本机开放端口，以及端口和进程对应关系
Nmap	Linux，Windows	开源的扫描工具，用于系统管理员查看一个大型的网络有哪些主机，以及其上运行何种服务，支持多种协议的扫描
Nessus	Linux，Windows	Nessus 是一款经典的安全评估软件，功能强大且更新快，采用 C-S 模式，服务器端负责进行安全检查，客户端用来配置管理服务器端

（4）注册表监测。Windows 操作系统的注册表是个包含了操作系统和大多数应用程序的配置的层次数据库，恶意代码运行时一般要改变 Windows 操作系统的配置来改变 Windows 操作系统的行为，实现恶意代码自身的目的。常用的监测软件是 Regmon，它能够实时显示读写注册表项的全部动作。

（5）动态反汇编分析。动态反汇编指在恶意代码的执行过程中对其进行监测和分析。其基本思想是将恶意代码运行的控制权交给动态调试工具。该监测过程从代码的入口点处开始，控制权在程序代码与调试工具之间来回传递，直到程序执行完为止。这种技术能得到正确的反汇编代码，但只能对程序中那些实际执行的部分有效。目前主要的动态反汇编分析方法有以下两种：

- 同内存调试。这种方法使调试工具与被分析恶意代码程序加载到相同的地址空间里。该方法的优点是实现代价相对较低，控制权转交到调试工具或者从调试工具转回恶意代码程序的实现相对来说比较简单；缺点是需要改变被分析程序的地址。
- 仿真调试，即虚拟调试。这种方法是让调试工具与分析的恶意代码程序处于不同的地址空间，可绕过很多传统动态反跟踪类技术。这种方法的优点是不用修改目标程序中的地址，但在进程间控制权的转移上要付出较高的代价。

表 14-4 列出了 Windows 平台常用的调试工具。

表 14-4 Windows 平台常用的调试工具

调试工具	概 述
OllyDbg	免费调试器，图形界面，功能强大
IDA Pro	一个主要的调试器和代码分析工具，简化版本可以免费得到
SoftICE	商业软件，提供优秀的调试功能和 GUI 界面。支持源代码和二进制调试

14.1.6 恶意代码防范策略

恶意代码防御成为用户、网管的日常安全工作。要做好恶意代码的防范，一方面组织管理上必须加强恶意代码的安全防范意识。因为，恶意代码具有隐蔽性、潜伏性和传染性，用户在使用计算机过程中可能不知不觉地将恶意代码引入所使用的计算机中，所以防范恶意代码应从安全意识上着手，明确安全责任、义务和注意事项。另一方面，通过技术手段来实现恶意代码防御。防范恶意代码的总体框架如图 14-4 所示。

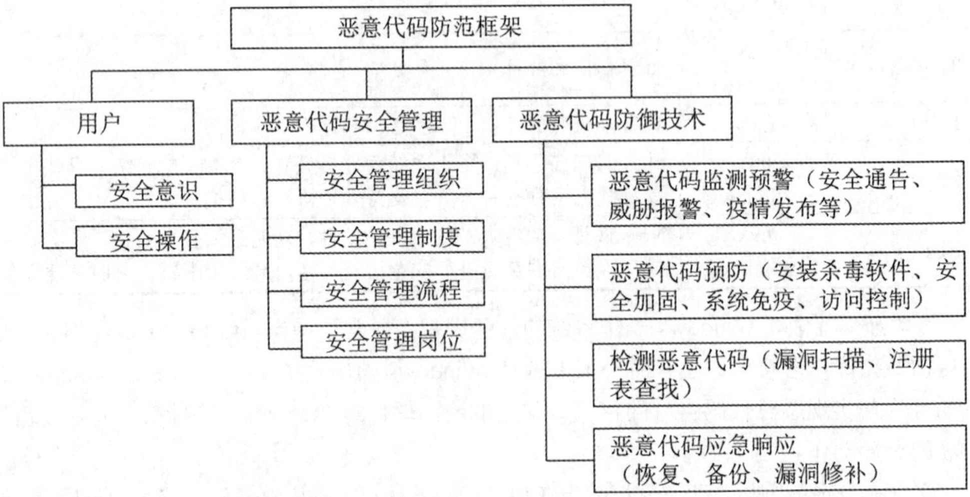

图 14-4 恶意代码防范框架结构图

14.2　计算机病毒分析与防护

计算机病毒是恶意代码的一种类型，本节阐述了计算机病毒的概念和特性，分析计算机病毒的组成和运行机制，给出计算机病毒的常见类型和技术，讲述计算机病毒的防范策略及相关防护方案。

14.2.1　计算机病毒概念与特性

计算机病毒的名称由来借用了生物学上的病毒概念，它是一组具有自我复制、传播能力的程序代码。它常依附在计算机的文件中，如可执行文件或 Word 文档等。高级的计算机病毒具有变种和进化能力，可以对付反病毒程序。计算机病毒编制者将病毒插入正常程序或文档中，以达到破坏计算机功能、毁坏数据，从而影响计算机使用的目的。计算机病毒传染和发作表现的症状各不相同，这取决于计算机病毒程序设计人员和感染的对象，其表现的主要症状如下：计算机屏幕显示异常、机器不能引导启动、磁盘存储容量异常减少、磁盘操作异常的读写、出现异常的声音、执行程序文件无法执行、文件长度和日期发生变化、系统死机频繁、系统不承认硬盘、中断向量表发生异常变化、内存可用空间异常变化或减少、系统运行速度性能下降、系统配置文件改变、系统参数改变。据统计，计算机病毒的数量已达到数万，但所有计算机病毒都具有以下四个基本特点：

（1）隐蔽性。计算机病毒附加在正常软件或文档中，例如可执行程序、电子邮件、Word 文档等，一旦用户未察觉，病毒就触发执行，潜入到受害用户的计算机中，如表 14-5 所示。目前，计算机病毒常利用电子邮件的附件作为隐蔽载体，许多病毒通过邮件进行传播，例如“I Love You”病毒和“求职信”病毒。病毒的隐蔽性使得受害用户在不知不觉中感染病毒，对受害计算机造成系列危害操作。正因如此，计算机病毒才扩散传播。

表 14-5　病毒载体及其对应案例

病毒隐蔽载体	病毒案例
Word 文档	Melissa
照片	库尔尼科娃
电子邮件	“求职信”病毒
网页	NIMDA 病毒

（2）传染性。计算机病毒的传染性是指计算机病毒可以进行自我复制，并把复制的病毒附加到无病毒的程序中，或者去替换磁盘引导区的记录，使得附加了病毒的程序或者磁盘变成了新的病毒源，又能进行病毒复制，重复原先的传染过程。计算机病毒与其他程序最本质的区别在于计算机病毒能传染，而其他的程序则不能。没有传染性的程序就不是计算机病毒。

（3）潜伏性。计算机病毒感染正常的计算机之后，一般不会立即发作，而是等到触发条件满足时，才执行病毒的恶意功能，从而产生破坏作用。计算机病毒常见的触发条件是特定日期。

例如 CIH 计算机病毒的发作时间是 4 月 26 日。

（4）破坏性。计算机病毒对系统的危害性程度，取决于病毒设计者的设计意图。有的仅仅是恶作剧，有的破坏系统数据。简而言之，病毒的破坏后果是不可知的。由于计算机病毒是恶意的一段程序，故凡是由常规程序操作使用的计算机资源，计算机病毒均有可能对其进行破坏。据统计，病毒发作后，造成的破坏主要有数据部分丢失、系统无法使用、浏览器配置被修改、网络无法使用、使用受限、受到远程控制、数据全部丢失等。据统计分析，浏览器配置被修改、数据丢失、网络无法使用最为常见，如图 14-5 所示。

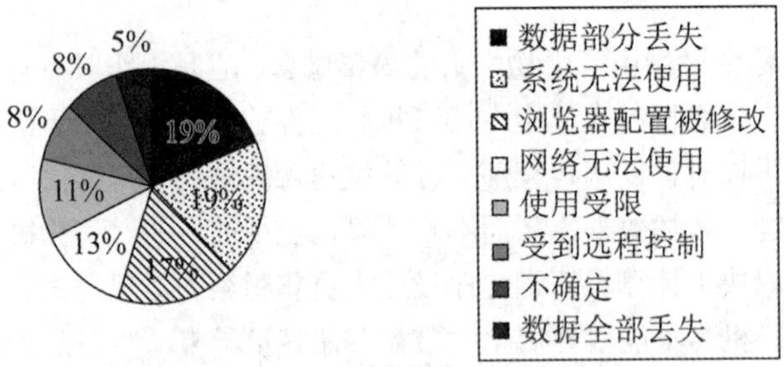

图 14-5 病毒造成的破坏情况

14.2.2 计算机病毒组成与运行机制

计算机病毒由三部分组成：复制传染部件（replicator）、隐藏部件（concealer）、破坏部件（bomb）。复制传染部件的功能是控制病毒向其他文件的传染；隐藏部件的功能是防止病毒被检测到；破坏部件则用在当病毒符合激活条件后，执行破坏操作。计算机病毒将上述三个部分综合在一起，然后病毒实现者用当前反病毒软件不能检测到的病毒感染系统，此后病毒就逐渐开始传播。计算机病毒的生命周期主要有两个阶段：

- 第一阶段，计算机病毒的复制传播阶段。这一阶段有可能持续一个星期到几年。计算机病毒在这个阶段尽可能地隐蔽其行为，不干扰正常系统的功能。计算机病毒主动搜寻新的主机进行感染，如将病毒附在其他的软件程序中，或者渗透操作系统。同时，可执行程序中的计算机病毒获取程序控制权。在这一阶段，发现计算机病毒特别困难，这主要是因为计算机病毒只感染少量的文件，难以引起用户警觉。
- 第二阶段，计算机病毒的激活阶段。计算机病毒在该阶段开始逐渐或突然破坏系统。计算机病毒的主要工作是根据数学公式判断激活条件是否满足，用作计算机病毒的激活条件常有日期、时间、感染文件数或其他。

14.2.3 计算机病毒常见类型与技术

1. 引导型病毒

引导型病毒通过感染计算机系统的引导区而控制系统，病毒将真实的引导区内容修改或替换，当病毒程序执行后，才启动操作系统。因此，感染引导型病毒的计算机系统看似正常运转，而实际上病毒已在系统中隐藏，等待时机传染和发作。引导型病毒通常都是内存驻留的，典型的引导型病毒如磁盘杀手病毒、AntiExe 病毒等。

2. 宏病毒（Macro Viruses）

宏是 1995 年出现的应用程序编程语言，它使得文档处理中繁复的敲键操作自动化。所谓宏病毒就是指利用宏语言来实现的计算机病毒。宏病毒的出现改变了病毒的载体模式，以前病毒的载体主要是可执行文件，而现在文档或数据也可作为宏病毒的载体。微软规定宏代码保存在文档或数据文件的内部，这样一来就给宏病毒传播提供了方便。同时，宏病毒的出现也实现了病毒的跨平台传播，它能够感染任何运行 Office 的计算机。例如，Office 病毒是第一种既能感染运行 Windows 98 的 IBM PC 又能感染运行 Macintosh 的机器的病毒。根据统计，宏病毒已经出现在 Word、Excel、Access、PowerPoint、Project、Lotus、AutoCAD 和 Corel Draw 当中。宏病毒的触发用户打开一个被感染的文件并让宏程序执行，宏病毒将自身复制到全局模板，然后通过全局模板把宏病毒传染到新打开的文件，如图 14-6 所示。

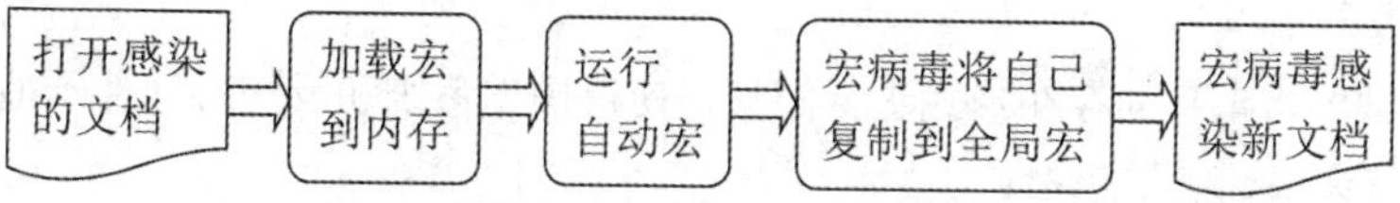

图 14-6　宏病毒感染示意图

Word 宏病毒是宏病毒的典型代表，其他的宏病毒传染过程与它类似。下面以 Word 宏病毒为例，分析宏病毒的传染过程。微软为了使 Word 更易用，在 Word 中集成了许多模板，如典雅型传真、典雅型报告等。这些模板不仅包含了相应类型文档的一般格式，而且还允许用户在模板内添加宏，使得用户在制作自己的特定格式文件时，减少重复劳动。在所有这些模板中，最常用的就是 Normal.dot 模板，它是启动 Word 时载入的缺省模板。任何一个 Word 文件，其背后都有相应的模板，当打开或创建 Word 文档时，系统都会自动装入 Normal.dot 模板并执行其中的宏。Word 处理文档时，需要进行各种不同的操作，如打开文件、关闭文件、读取数据资料以及存储和打印等。 每一种动作其实都对应着特定的宏命令，如存文件与 File Save 相对应、改名存文件对应着 File Save AS 等。这些宏命令集合在一起构成了通用宏，通用宏保存在模板文件中，以使得 Word 启动后可以有效地工作。Word 打开文件时，它首先要检查文件内包含的宏是否有自动执行的宏（AutoOpen 宏）存在，假如有这样的宏，Word 就启动它。通常，Word 宏病毒至少会包含一个以上的自动宏，当 Word 运行这类自动宏时，实际上就是在运行病毒代码。宏病毒的内部都具有把带病毒的宏复制到通用宏的代码段，也就是说当病毒代码被执行过后，它就会将自身复制到通用宏集合内。当 Word 系统退出时，它会自动地把所有通用宏和传染进来的病毒宏一起保存到模板文件中，通常是 Normal.dot 模板。这样，一旦 Word 系统遭受感染，则以后每当系统进行初始化，系统都会随着 Normal.dot 的装入而成为带毒的 Word 系统，继而在打开和创建任何文档时感染该文档。

3. 多态病毒（Polymorphic Viruses）

多态病毒每次感染新的对象后，通过更换加密算法，改变其存在形式。一些多态病毒具有超过二十亿种呈现形式，这就意味着反病毒软件常常难以检测到它，一般需要采用启发式分析方法来发现。多态病毒有三个主要组成部分：杂乱的病毒体、解密例程（decryption routine）、变化引擎（mutation engine）。在一个多态病毒中，变化引擎和病毒体都被加密。一旦用户执行被多态病毒感染过的程序，则解密例程首先获取计算机的控制权，然后将病毒体和变化引擎进行解密。接下来，解密例程把控制权转让给病毒，重新开始感染新的程序。此时，病毒进行自我复制以及变化引擎随机访问内存（RAM）。病毒调用变化引擎，随机产生能够解开新病毒的解密例程。病毒加密产生新的病毒体和变化引擎，病毒将解密例程连同新加密的病毒和变化引擎一起放到程序中。这样一来，不仅病毒体被加密过，而且病毒的解密例程也随着感染不同而变化。因此，多态病毒没有固定的特征、没有固定的加密例程，从而就能逃避基于静态特征的病毒扫描器的检测。

4. 隐蔽病毒（Stealth Viruses）

隐蔽病毒试图将自身的存在形式进行隐藏，使得操作系统和反病毒软件不能发现。隐蔽病毒使用的技术有许多，主要包括：

- 隐藏文件的日期、时间的变化；
- 隐藏文件大小的变化；
- 病毒加密。

14.2.4 计算机病毒防范策略与技术

计算机病毒种类繁多，千奇百怪，新的病毒还在不断产生，因此计算机病毒防范是一个动态的过程，应通过多种安全防护策略及技术才能有效地控制计算机病毒的破坏和传播。目前，计算机病毒防范策略和技术主要如下。

1. 查找计算机病毒源

对计算机文件及磁盘引导区进行计算机病毒检测，以发现异常情况，确证计算机病毒的存在，主要方法如下：

- 比较法。比较法是用原始备份与被检测的引导扇区或被检测的文件进行比较，检查文件及系统区域参数是否出现完整性变化。
- 搜索法。搜索法是用每一种病毒体含有的特定字节串对被检测的对象进行扫描。如果在被检测对象内部发现了某一种特定字节串， 就表明发现了该字节串所代表的病毒。
- 特征字识别法。特征字识别法是基于特征串扫描法发展起来的一种新方法。特征字识别法只须从病毒体内抽取很少的几个关键特征字， 组成特征字库。由于需要处理的字节很少，又不必进行串匹配，因此大大加快了识别速度， 当被处理的程序很大时表现更突出。

- 分析法。一般使用分析法的人不是普通用户，而是反病毒技术人员。他们通过详细分析病毒代码，制定相应的反病毒措施。使用分析法的目的是确认被观察的磁盘引导区和程序中是否含有病毒，辨别病毒的类型、种类、结构，提取病毒的特征字节串或特征字，用于增添到病毒代码库供病毒扫描和识别程序用。

2. 阻断计算机病毒传播途径

由于计算机病毒的危害性是不可预见的，因此切断计算机病毒的传播途径是关键防护措施，具体方法如下：

- 用户具有计算机病毒防范安全意识和安全操作习惯。用户不要轻易运行未知可执行软件，特别是不要轻易打开电子邮件的附件。
- 消除计算机病毒载体。关键的计算机，做到尽量专机专用；不要随便使用来历不明的存储介质，如磁盘、USB；禁用不需要的计算机服务和功能，如脚本语言、光盘自启动等。
- 安全区域隔离。重要生产区域网络系统与办公网络进行安全分区，防止计算机病毒扩散传播。

3. 主动查杀计算机病毒

主动查杀计算机病毒的主要方法如下：

- 定期对计算机系统进行病毒检测。定期检查主引导区、引导扇区、中断向量表、文件属性（字节长度、文件生成时间等）、模板文件和注册表等。特别是对如下注册表的键值做经常性检查：

```
HKLM\SOFTWARE\Microsoft\Windows\CurrentVersion\Run
HKLM\SOFTWARE\Microsoft\Windows\CurrentVersion\RunServices
```

- 安装防计算机病毒软件，建立多级病毒防护体系。在网关、服务器和客户机器端都要安装合适的防计算机病毒软件，同时，做到及时更新病毒库。

4. 计算机病毒应急响应和灾备

由于计算机病毒的技术不断变化以及人为因素，目前计算机病毒还是难以根治，因此，计算机病毒防护措施应做到即使计算机系统受到病毒破坏后，也能有相应的安全措施应对，尽可能避免计算机病毒造成的损害。这些应急响应技术和措施主要有以下几方面：

- 备份。正如一位安全专家所说，备份是应对计算机病毒最有效的方法。对计算机病毒容易侵害的文件、数据和系统进行备份，如对主引导区、引导扇区、FAT 表、根目录表等系统重要数据做备份。特别是核心关键计算机系统，还应做到系统级备份。

- 数据修复技术。对遭受计算机病毒破坏的磁盘、文件等进行修复。
- 网络过滤技术。通过网络的安全配置，将遭受计算机病毒攻击的计算机或网段进行安全隔离。
- 计算机病毒应急响应预案。制定受病毒攻击的计算机及网络方面的操作规程和应急处置方案。

14.2.5 计算机病毒防护方案

1. 基于单机计算机病毒防护

单机病毒防护是传统防御模式，作为固守网络终端的最后防线。单机防御对于广大家庭用户、小型网络用户来说，在效果、管理、实用价值方面都是有意义的：阻止来自软盘、光盘、共享文件、互联网的病毒入侵，进行重要数据备份等其他功能，防护单台计算机。

2. 基于网络计算机病毒防护

基于网络病毒防护的基本方法是通过在网管中心建立网络防病毒管理平台，实现病毒集中监控与管理，集中监测整个网络的病毒疫情，提供网络整体防病毒策略配置，在网管所涉及的重要部位设置防病毒软件或设备，在所有病毒能够进入的地方都采取相应的防范措施，防止病毒侵袭。对网络系统的服务器、工作站和客户机，进行病毒防范的统一管理，及时更新病毒特征库和杀病毒软件的版本升级。基于网络病毒防御的安装部署模式如图14-7所示。

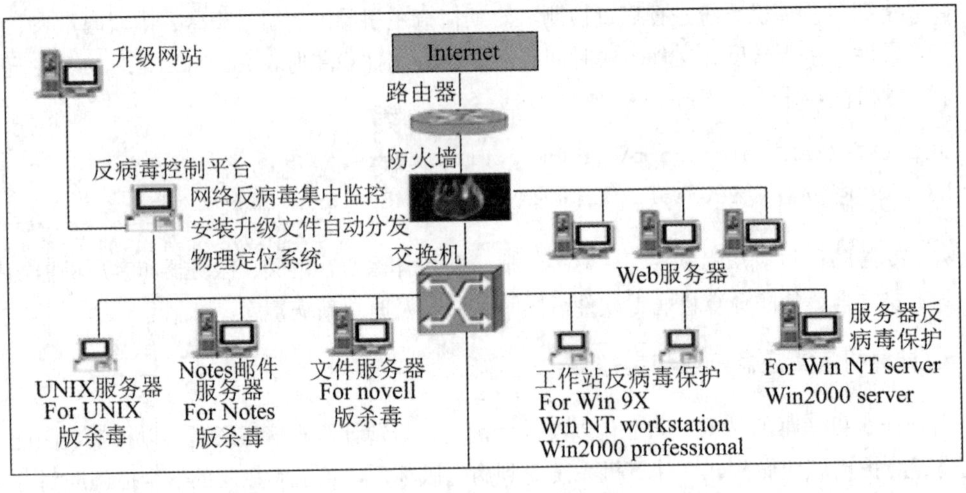

图14-7 基于网络病毒防御的安装部署模式示意图

目前，防病毒厂商都有技术支持网络防病毒能力，能够实现防病毒策略配置分发、病毒集中监控、灾难恢复等管理功能。

3. 基于网络分级病毒防护

大型网络是由若干个局域网组成的，各个局域网地理区域分散。在防病毒方面采取的防御策略是，基于三级管理模式：单机终端杀毒-局域网集中监控-广域网总部管理，如图 14-8 所示。该策略的实现方法是，在局域网病毒防御的基础上分级构建，组织总部（常称信息中心或网络中心）负责病毒报警信息汇总，监控本地、远程异地局域网病毒防御情况，统计分析整个组织网络的病毒爆发种类、发生频度、易发生源等信息，以便制定和实施合适的防病毒配置策略。

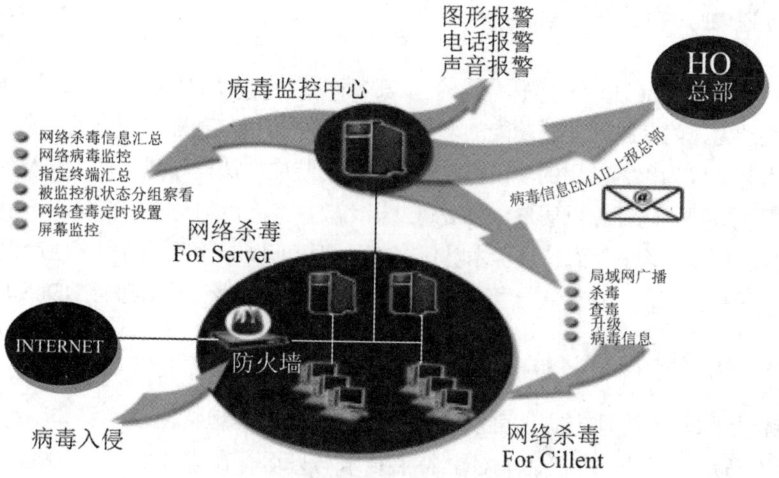

图 14-8　局域网病毒防御架构示意图

4. 基于邮件网关病毒防护

政府机关、军队、金融及科研院校等机构办公自动化（OA）系统中的邮件服务器作为内部网络用户邮件的集中地和发散地，也成为病毒邮件、垃圾邮件进出的门户，如果能够在网络入口处将邮件病毒、邮件垃圾截杀掉，则可以确保内部网络用户收到安全无病毒的邮件。邮件网关防毒系统放置在邮件网关入口处，接收来自外部的邮件，对病毒、不良邮件（如带有色情、政治反动色彩的邮件）等进行过滤，处理完毕后再将安全邮件转发至邮件服务器，全面保护内部网络用户的电子邮件安全。

5. 基于网关防护

在网络出口处设置有效的病毒过滤系统，防火墙将数据提交给网关杀毒系统进行检查，如有病毒入侵，网关防毒系统将通知防火墙立刻阻断进行攻击的 IP。这种同步查毒的方式几乎不影响网络带宽，同时能够过滤多种数据库和邮件中的病毒。利用防火墙实时分离数据包，交给网关专用病毒处理器处理，如果是病毒则阻塞其传播。这种防病毒系统能大量减少病毒传播机会，让用户放心上网。网关杀毒是杀毒软件和防火墙技术的完美结合，是多种网络安全产品协同工作的全新方式。

14.3 特洛伊木马分析与防护

特洛伊木马是恶意代码的一种类型，本节首先阐述特洛伊木马的概念和特性，然后分析特洛伊木马的运行机制、植入技术、隐藏技术、存活技术，最后给出特洛伊木马的常见类型、防范技术方案。

14.3.1 特洛伊木马概念与特性

特洛伊木马（Trojan Horse，简称木马），其名称取自古希腊神话特洛伊战争的特洛伊木马，它是具有伪装能力、隐蔽执行非法功能的恶意程序，而受害用户表面上看到的是合法功能的执行。目前特洛伊木马已成为黑客常用的攻击方法。它通过伪装成合法程序或文件，植入系统，对网络系统安全构成严重威胁。同计算机病毒、网络蠕虫相比较，特洛伊木马不具有自我传播能力，而是通过其他的传播机制来实现。受到特洛伊木马侵害的计算机，攻击者可不同程度地远程控制受害计算机，例如访问受害计算机、在受害计算机上执行命令或利用受害计算机进行 DDoS 攻击。

14.3.2 特洛伊木马分类

根据特洛伊木马的管理方式，可以将特洛伊木马分为本地特洛伊木马和网络特洛伊木马。本地特洛伊木马是最早期的一类木马，其特点是木马只运行在本地的单台主机，木马没有远程通信功能，木马的攻击环境是多用户的 UNIX 系统，典型例子就是盗用口令的木马。网络特洛伊木马是指具有网络通信连接及服务功能的一类木马，简称网络木马。此类木马由两部分组成，即远程木马控制管理和木马代理。其中远程木马控制管理主要是监测木马代理的活动，远程配置管理代理，收集木马代理窃取的信息；而木马代理则是植入目标系统中，伺机获取目标系统的信息或控制目标系统的运行，类似网络管理代理。目前，特洛伊木马一般泛指这两类木马，但网络木马是主要类型。

14.3.3 特洛伊木马运行机制

木马受攻击者的意图影响，其行为表现各异，但基本运行机制相同，整个木马攻击过程主要分为五个部分：①寻找攻击目标。攻击者通过互联网或其他方式搜索潜在的攻击目标。②收集目标系统的信息。获取目标系统的信息主要包括操作系统类型、网络结构、应用软件、用户习惯等。③将木马植入目标系统。攻击者根据所搜集到的信息，分析目标系统的脆弱性，制定植入木马策略。木马植入的途径有很多，如通过网页点击、执行电子邮件附件等。④木马隐藏。为实现攻击意图，木马设法隐蔽其行为，包括目标系统本地活动隐藏和远程通信隐藏。⑤攻击意图实现，即激活木马，实施攻击。木马植入系统后，待触发条件满足后，就进行攻击破坏活动，如窃取口令、远程访问、删除文件等。木马的攻击机制如图 14-9 所示。

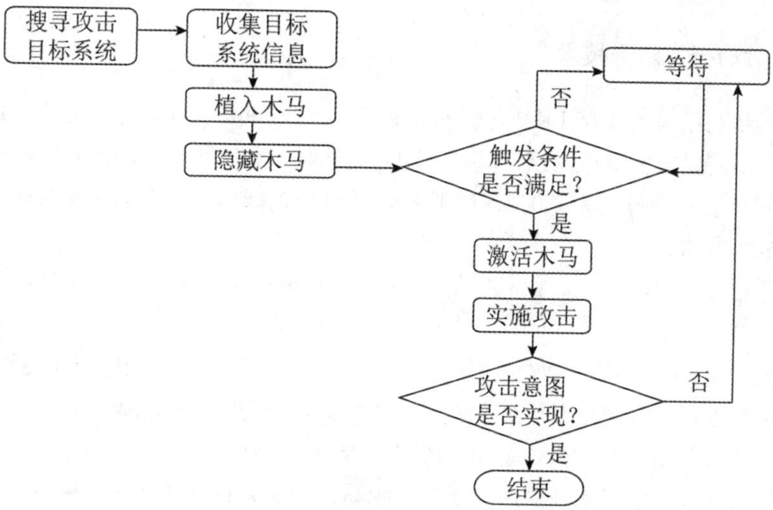

图 14-9　木马的运行机制流程图

14.3.4　特洛伊木马植入技术

特洛伊木马植入是木马攻击目标系统最关键的一步，是后续攻击活动的基础。当前特洛伊木马的植入方法可以分为两大类，即被动植入和主动植入。被动植入是指通过人工干预方式才能将木马程序安装到目标系统中，植入过程必须依赖于受害用户的手工操作；而主动植入则是指主动攻击方法，将木马程序通过程序自动安装到目标系统中，植入过程无须受害用户的操作。被动植入主要通过社会工程方法将木马程序伪装成合法的程序，以达到降低受害用户警觉性、诱骗用户的目的，常用的方法如下：

- 文件捆绑法。将木马捆绑到一些常用的应用软件包中，当用户安装该软件包时，木马就在用户毫无察觉的情况下，被植入系统中。
- 邮件附件。木马设计者将木马程序伪装成邮件附件，然后发送给目标用户，若用户执行邮件附件就将木马植入该系统中。
- Web 网页。木马程序隐藏在 html 文件中，当受害用户点击该网页时，就将木马植入目标系统中。

采用被动植入的网络木马的典型实例就是通过电子邮件附件执行来实现木马植入，如 My.DOOM 的木马程序植入。而主动植入则是研究攻击目标系统的脆弱性，然后利用其漏洞，通过程序来自动完成木马的植入。典型的方法是利用目标系统的程序系统漏洞植入木马，如“红色代码”利用 IIS Server 上 Indexing Service 的缓冲区溢出漏洞完成木马植入。

14.3.5　特洛伊木马隐藏技术

特洛伊木马的设计者为了逃避安全检测，就要设法隐藏木马的行为或痕迹，其主要技术目标就是将木马的本地活动行为、木马的远程通信过程进行隐藏。

1. 本地活动行为隐藏技术

现在的操作系统具有支持LKM（Loadable Kernel Modules）的功能，通过LKM可增加系统功能，而且不需要重新编译内核，就可以动态地加载，如Linux、Solaris和FreeBSD都支持LKM。木马设计者利用操作系统的LKM功能，通过替换或调整系统调用来实现木马程序的隐藏，常见的技术方法如下：

- 文件隐藏。如在Linux中，通过改变sys_getdents（ ）的系统调用功能可实现相应的文件、路径隐藏。
- 进程隐藏。木马程序事先替换或拦截显示进程信息的系统调用，避免管理员通过 ps 等相关进程查看命令发现木马进程，从而实现木马的本地隐藏。
- 通信连接隐藏。网络操作系统一般提供本地通信连接信息查看命令，如netstat。为避免网络管理员发现木马的通信活动，木马设计者将设法替换或拦截与通信连接信息查看相关的系统调用，使得管理员无法真正获取受害主机的网络木马通信连接信息。

2. 远程通信过程隐藏技术

特洛伊木马除了在远程目标端实现隐藏外，还必须实现远程通信过程的隐藏，包括通信内容和通信方式的隐藏，只有这样才能增强特洛伊木马的生存能力。木马用到的远程通信隐藏的关键技术方法如下：

- 通信内容加密技术，这是传统的方法，是将木马通信的内容进行加密处理，使得网络安全管理员无法识别通信内容，从而增强木马的通信保密性。
- 通信端口复用技术，指共享复用系统网络端口来实现远程通信，这样既可以欺骗防火墙，又可以少开新端口。端口复用是在保证端口默认服务正常工作的条件下进行复用，具有很强的隐蔽性。
- 网络隐蔽通道，指利用通信协议或网络信息交换的方法来构建不同于正常的通信方式。特洛伊木马的设计者将利用这些隐蔽通道绕过网络安全访问控制机制秘密地传输信息。由于网络通信的复杂性，特洛伊木马可以用隐蔽通道技术掩盖通信内容和通信状态。

表14-6列出了几种特洛伊木马所采用的隐藏技术。

表14-6 几种特洛伊木马隐藏技术案例统计

隐藏技术 / 木马类型	隐藏文件	隐藏进程	隐藏网络连接	网络隐蔽通道
Knark	有	有	无	无
Adore	有	有	无	无
ITF	有	有	无	无
KIS	有	有	有	无
NT Rootkit	有	有	无	无
Loki	—	—	—	有

14.3.6 特洛伊木马存活技术

特洛伊木马的存活能力取决于网络木马逃避安全监测的能力，一些网络木马侵入目标系统时采用反监测技术，甚至中断反网络木马程序运行。例如，“广外女生”是一个国产的特洛伊木马，可以让“金山毒霸”和“天网防火墙”失效。一些高级木马常具有端口反向连接功能，例如“Boinet”“网络神偷”“灰鸽子”等木马。端口反向连接技术是指由木马代理在目标系统主动连接外部网的远程木马控制端以逃避防火墙的限制。

14.3.7 特洛伊木马防范技术

在特洛伊木马防御方面，由于网络木马具有相当高的复杂性和行为不确定性，因此防范木马需要将监测与预警、通信阻断、系统加固及修复、应急管理等多种技术综合集成实现。下面主要说明近几年的特洛伊木马防范技术。

1. 基于查看开放端口检测特洛伊木马技术

基本原理是根据特洛伊木马在受害计算机系统上留下的网络通信端口号痕迹进行判断，如果某个木马的端口在某台机器上开放，则推断该机器受到木马的侵害。例如冰河使用的监听端口是 7626，Back Orifice 2000 则是使用 54320 等。于是，可以利用查看本机开放端口的方法来检查自己是否被植入了木马。查看开放端口的技术有：①系统自带的 netstat 命令；②用端口扫描软件远程检测机器。

2. 基于重要系统文件检测特洛伊木马技术

基本原理是根据特洛伊木马在受害计算机系统上对重要系统文件进行修改留下的痕迹进行判断，通过比对正常的系统文件变化来确认木马的存在。这些重要文件一般与系统的自启动相关，木马通过修改这些文件使得木马能够自启动。例如，在 Windows 系统中，Autostart Folder、Win.ini、System.ini、Wininit.ini、Winstart.bat、Autoexec.bat、Config.sys、Explorer Startup 等常被木马修改。以检查 System.ini 文件为例，在[BOOT]下面有一个“shell=文件名”。正确的文件名应该是“explorer.exe”，如果不是“explorer.exe”，而是“shell= explorer.exe 程序名”，那么后面跟着的那个程序就是木马程序，就说明计算机系统已经被安装上木马。

3. 基于系统注册表检测特洛伊木马技术

Windows 类型的木马常通过修改注册表的键值来控制木马的自启动，该方法的基本原理是检查计算机的注册表键值异常情况以及对比已有木马的修改注册表的规律，综合确认系统是否受到木马侵害。如图 14-10 所示，Windows 木马经常将注册表修改成以下信息。

```
[HKEY_LOCAL_MACHINE\Software\Microsoft\Windows\CurrentVersion\Run]
"Info"="c:\directory\Trojan.exe"
[HKEY_LOCAL_MACHINE\Software\Microsoft\Windows\CurrentVersion\RunOnce]
"Info"="c:\directory\Trojan.exe"
[HKEY_LOCAL_MACHINE\Software\Microsoft\Windows\CurrentVersion\RunServices]
"Info"="c:\directory\Trojan.exe"
[HKEY_LOCAL_MACHINE\Software\Microsoft\Windows\CurrentVersion\RunServicesOnce]
"Info="c:\directory\Trojan.exe"
[HKEY_CURRENT_USER\Software\Microsoft\Windows\CurrentVersion\Run]
"Info"="c:\directory\Trojan.exe"
[HKEY_CURRENT_USER\Software\Microsoft\Windows\CurrentVersion\RunOnce]
"Info"="c:\directory\Trojan.exe"
```

图 14-10 被木马修改的注册表信息

在 Windows 系统中，通过 regedit 命令打开注册表编辑器，再点击至“HKEY_LOCAL_MACHINE\Software\Microsoft\Windows\CurrentVersion\Run”目录下，查看键值中有没有异常的自动启动文件，特别是扩展名为 EXE 的文件。例如，“Acid Battery v1.0 木马”会将注册表“HKEY_LOCAL_MACHINE\Software\Microsoft\Windows\CurrentVersion\Run”下的 Explorer 键值改为 Explorer=“C:\Windows\expiorer.exe”，而且“木马”程序与真正的 Explorer 之间只有“i”与“l”的差别。

4. 检测具有隐藏能力的特洛伊木马技术

Rootkit 是典型的具有隐藏能力的特洛伊木马。目前，检测 Rootkit 的技术有三类，分别叙述如下：

第一类是针对已知的 Rootkit 进行检测，这种方法基于 Rootkit 的运行痕迹特征来判断计算机系统是否存在木马。这种方式主要的缺点是只能针对特定的已知的 Rootkit，而对未知的 Rootkit 几乎无能为力。

第二类是基于执行路径的分析检测方法。其基本原理是安装 Rootkit 的系统在执行一些操作时，由于要完成附加的 Rootkit 的功能，如隐藏进程、文件等，则需要执行更多的 CPU 指令，通过利用 x86 系列的 CPU 提供的步进模式（stepping mode），在 CPU 每执行一条指令后进行计数，将测量到的结果与正常的干净的系统测得的数据进行比较，然后根据比较的差异，判断系统是否可能已被安装了 Rootkit。这种方法不仅限于已知的 Rootkit，对于所有通过修改系统执行路径来达到隐藏和执行功能目的的 Rootkit 都有很好的作用。patchfinder 就是从实用的角度实现了 EPA，patchfinder2 在 Win 2000 平台上实现了执行路径分析技术，它是一个设计复杂的检测工具，可以用来检测系统中的库和内核是否被侵害。利用 patchfinder 工具，可以发现许多 Rootkit，例如 Hacker Defender、APX、Vaniquish、He4Hook 等。

第三类是直接读取内核数据的分析检测方法，该方法针对通过修改内核数据结构的方法来隐藏自己的 Rootkit，其基本原理是直接读取内核中的内部数据以判断系统当前的状态。比如，针对修改系统活动进程链表来隐藏进程的 Rootkit，可以直接读取 KiWaitInListHead 和 KiWaitOutListHead 链表来遍历系统内核线程链表 ETHREAD，从而获得当前系统的实际进程链表来检测隐藏进程。Klister 是实现该方法的实例，它是 Windows 2000 平台下的一组简单的工具，用来读取内核的数据结构，以获得关于系统状态的可靠的信息，诸如所有的进程。Klister 包括一个内核模块和一些用户态的程序，这些用户态程序与内核模块通信以显示内核的数据结构。最有趣的地方是被内核调度代码使用的线程链表，当读取这些链表时，就可以确定得到的是包括了系统内所有线程的链表，包括被隐藏进程的线程，因此可以建立一个系统内所有进程的列表，从而检测出潜伏的 Rootkit。

5. 基于网络检测特洛伊木马技术

在网络中安装入侵检测系统，通过捕获主机的网络通信，检查通信的数据包是否具有特洛伊木马的特征，或者分析通信是否异常来判断主机是否受到木马的侵害。根据特洛伊木马的植入方法，防止特洛伊木马植入主要有下面几种方法：

- 不轻易安装未经过安全认可的软件，特别是来自公共网的软件。
- 提供完整性保护机制，即在需要保护的计算机上安装完整性机制，对重要的文件进行完整性检查。例如安装一种起完整性保护作用的设备驱动程序，这些程序拦截一些系统服务调用，禁止任何新的模块的载入，从而使系统免于 Rootkit 的危害。
- 利用漏洞扫描软件，检查系统存在的漏洞，然后针对相应的漏洞，安装补丁软件包。

6. 基于网络阻断特洛伊木马技术

特洛伊木马的传播和运行都依赖于网络通信，基于网络阻断特洛伊木马的技术方法的原理是利用防火墙、路由器、安全网关等网络设备，对特洛伊木马的通信进行阻断，从而使得特洛伊木马的功能失效或限制其传播。

7. 清除特洛伊木马技术

清除特洛伊木马的技术方法有两种：手工清除方法和软件清除方法。其工作原理是删除特洛伊木马在受害机器上留下的文件，禁止特洛伊木马的网络通信，恢复木马修改过的系统文件或注册表。目前，市场上有专业的清除特洛伊木马的工具。

14.4　网络蠕虫分析与防护

网络蠕虫是恶意代码的一种类型，本节首先阐述了网络蠕虫的概念和特性，然后分析了网络蠕虫的组成、运行机制和常用技术，最后给出了网络蠕虫的防范技术方案。下面分别进行叙述。

14.4.1　网络蠕虫概念与特性

网络蠕虫是一种具有自我复制和传播能力、可独立自动运行的恶意程序。它综合了黑客技术和计算机病毒技术，通过利用系统中存在漏洞的节点主机，将蠕虫自身从一个节点传播到另外一个节点。1988 年著名的“小莫里斯”蠕虫事件成为网络蠕虫攻击的先例，随着网络技术应用的深入，网络蠕虫对网络系统安全的威胁日益增加。在网络环境下，多模式化的传播途径和复杂的应用环境使网络蠕虫的发生频率增高、传播性变强、影响面更广，造成的损失也更大。

14.4.2 网络蠕虫组成与运行机制

网络蠕虫由四个功能模块构成：探测模块、传播模块、蠕虫引擎模块和负载模块，如图 14-11 所示。

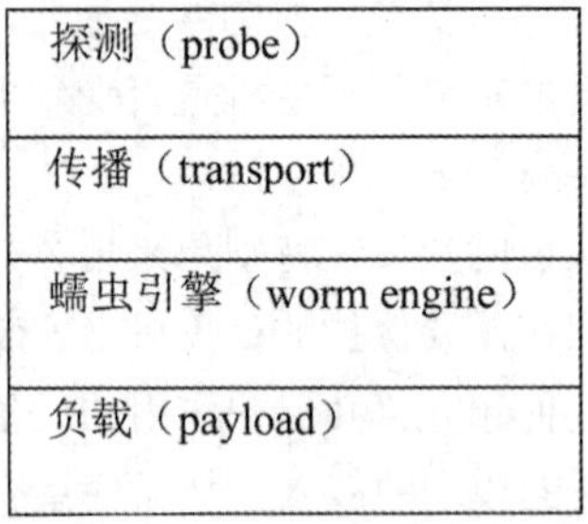

图 14-11 网络蠕虫组成模块示意图

（1）探测模块。完成对特定主机的脆弱性检测，决定采用何种攻击渗透方式。该模块利用获得的安全漏洞建立传播途径，该模块在攻击方法上是开放的、可扩充的。

（2）传播模块。该模块可以采用各种形式生成各种形态的蠕虫副本，在不同主机间完成蠕虫副本传递。例如“Nimda”会生成多种文件格式和名称的蠕虫副本；“Worm.KillMsBlast”利用系统程序（例如 tftp）来完成推进模块的功能等。

（3）蠕虫引擎模块。该模块决定采用何种搜索算法对本地或者目标网络进行信息搜集，内容包括本机系统信息、用户信息、邮件列表、对本机的信任或授权的主机、本机所处网络的拓扑结构、边界路由信息等。这些信息可以单独使用或被其他个体共享。

（4）负载模块。也就是网络蠕虫内部的实现伪代码，如图 14-12 所示。

```
worm()
{
    worm engine();
    probe();
    transport();
}

worm engine()
{
    install and initialize the worm();
    execute payload if any needs to be();
    choose the next host to probe();
    wait until desired time for the next probe();
}
```

图 14-12 网络蠕虫内部的实现伪代码

网络蠕虫的运行机制主要分为三个阶段，如图 14-13 所示。

第一阶段，已经感染蠕虫的主机在网络上搜索易感染目标主机，这些易感机器具有蠕虫代码执行条件，例如易感染机器有蠕虫可利用的漏洞。其中，网络蠕虫发现易感染目标取决于所选择的传播方法，好的传播方法使网络蠕虫以最少的资源找到网上易传染的主机，进而能在短时间内扩大传播区域。

第二阶段，已经感染蠕虫的主机把蠕虫代码传送到易感染目标主机上。传输方式有多种形式，如电子邮件、共享文件、网页浏览、缓冲区溢出程序、远程命令拷贝、文件传输（ftp 或 tftp）等。

第三阶段，易感染目标主机执行蠕虫代码，感染目标主机系统。目标主机感染后，又开始第一阶段的工作，寻找下一个易感目标主机，重复第二、第三阶段的工作，直至蠕虫从主机系统被清除掉。

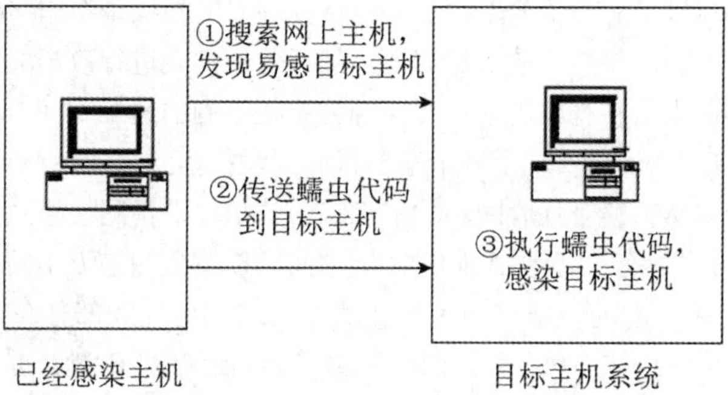

图 14-13　网络蠕虫运行机制示意图

14.4.3　网络蠕虫常用技术

1. 网络蠕虫扫描技术

网络蠕虫利用系统漏洞进行传播，良好的传播方法能够加速蠕虫传播，使网络蠕虫以最少的时间找到互联网上易感的主机。网络蠕虫改善传播效果的方法是提高扫描的准确性，快速发现易感的主机。目前，有三种措施可以采取：一是减少扫描未用的地址空间；二是在主机漏洞密度高的地址空间发现易感主机；三是增加感染源。根据网络蠕虫发现易感主机的方式，可以将网络蠕虫的传播方法分成三类，即随机扫描、顺序扫描、选择性扫描。下面分别说明网络蠕虫这几种扫描方式的原理。

1）随机扫描

随机扫描的基本原理是网络蠕虫会对整个 IP 地址空间随机抽取的一个地址进行扫描，这样网络蠕虫感染下一个目标具有非确定性。“Slammer”蠕虫的传播方法就是采用随机扫描感染主机。

2）顺序扫描

顺序扫描的基本原理是网络蠕虫根据感染主机的地址信息，按照本地优先原则，选择它所在网络内的IP地址进行传播。顺序扫描又可称为“子网扫描”。若蠕虫扫描的目标地址IP为A，则扫描的下一个地址IP为A＋1或者A－1。一旦扫描到具有很多漏洞主机的网络时就会达到很好的传播效果。该策略使得网络蠕虫避免扫描到未用地址空间，不足的地方是对同一台主机可能重复扫描，引起网络拥塞。“W32.Blaster”是典型的顺序扫描蠕虫。

3）选择性扫描

选择性扫描的基本原理是网络蠕虫在事先获知一定信息的条件下，有选择地搜索下一个感染目标主机。选择性扫描是网络蠕虫的发展方向，可以进一步细分为5几种：①选择性随机扫描是指网络蠕虫按照一定信息搜索下一个感染目标主机，将最有可能存在漏洞的主机的地址集作为扫描的地址空间，以提高扫描效率。②基于目标列表的扫描是指网络蠕虫在寻找受感染的目标前，预先生成一份可能易传染的目标列表，然后对该列表进行攻击尝试和传播。网络蠕虫采用目标列表扫描实际上是将初始的蠕虫传染源分布在不同的地址空间，以提高传播速度。UC Berkeley的Nicholas C Weaver实现了一个基于目标列表扫描的试验性Warhol蠕虫，理论推测该蠕虫能在30分钟内感染整个互联网。③基于路由的扫描是指网络蠕虫根据网络中的路由信息，如BGP路由表信息，有选择地扫描IP地址空间，以避免扫描无用的地址空间。采用随机扫描的网络蠕虫会对未分配的地址空间进行探测，而这些地址大部分在互联网上是无法路由的，因此会影响到蠕虫的传播速度。如果网络蠕虫能够知道哪些IP地址是可路由的，则它能够更快、更有效地进行传播，并能逃避一些对抗工具的检测。基于路由的扫描利用BGP路由表公开的信息，减少蠕虫扫描的地址空间，提高了蠕虫的传播速度。从理论上来说，路由扫描蠕虫的感染率是采用随机扫描蠕虫的感染率的3.5倍。基于路由的扫描的不足是网络蠕虫传播时必须携带一个路由IP地址库，蠕虫代码量大。另外一个不足是，在使用保留地址空间的内部网络中，若采用基于路由的扫描，网络蠕虫的传播会受到限制。目前，基于路由的扫描的网络蠕虫还处于理论研究阶段。④基于DNS的扫描是指网络蠕虫从DNS服务器获取IP地址来建立目标地址库，该扫描策略的优点在于获得的IP地址块具有针对性和可用性强的特点。⑤分而治之的扫描是网络蠕虫之间相互协作快速搜索易感染主机的一种策略，网络蠕虫发送地址库的一部分给每台被感染的主机，然后每台主机再去扫描它所获得的地址。主机A感染了主机B后，主机A将它自身携带的地址分出一部分给主机B，然后主机B开始扫描这一部分地址。分而治之的扫描策略通过将扫描空间分成若干个子空间，各子空间由已感染蠕虫的主机负责扫描，这样就可能提高网络蠕虫的扫描速度，同时避免重复扫描。分而治之的扫描策略的不足是存在“坏点”问题。在蠕虫传播的过程中，如果一台主机死机或崩溃，那么所有传给它的地址库就会丢失，这个问题发生得越早，影响就越大。

表14-7列出了几种网络蠕虫所采用的传播策略。

表 14-7　几种网络蠕虫传播策略统计分析

传播策略 蠕虫实例	随机扫描	顺序扫描	选择性随机扫描
CodeRed I	有	—	有
CodeRed II	有	无	有
Nimda	有	无	无
Slammer	有	无	无
Blaster	有	有	无
Lion Worm	有	无	无
震荡波	有	无	有

2. 网络蠕虫漏洞利用技术

网络蠕虫发现易感目标主机后，利用易感目标主机所存在的漏洞，将蠕虫程序传播给易感目标主机。常见的网络蠕虫漏洞利用技术主要有如下几种：

- 主机之间的信任关系漏洞。网络蠕虫利用系统中的信任关系，将蠕虫程序从一台机器复制到另一台机器。1988 年的“小莫里斯”蠕虫就是利用了 UNIX 系统中的信任关系脆弱性来传播的。
- 目标主机的程序漏洞。网络蠕虫利用它构造缓冲区溢出程序，进而远程控制易感目标主机，然后传播蠕虫程序。
- 目标主机的默认用户和口令漏洞。网络蠕虫直接使用口令进入目标系统，直接上传蠕虫程序。
- 目标主机的用户安全意识薄弱漏洞。网络蠕虫通过伪装成合法的文件，引诱用户点击执行，直接触发蠕虫程序执行。常见的例子是电子邮件蠕虫。
- 目标主机的客户端程序配置漏洞，如自动执行网上下载的程序。网络蠕虫利用这个漏洞，直接执行蠕虫程序。

14.4.4　网络蠕虫防范技术

网络蠕虫已经成为网络系统的极大威胁，防范网络蠕虫需要多种技术综合应用，包括网络蠕虫监测与预警、网络蠕虫传播抑制、网络蠕虫漏洞自动修复、网络蠕虫阻断等，下面将说明近几年的网络蠕虫检测防御的主要技术。

1. 网络蠕虫监测与预警技术

网络蠕虫监测与预警技术的基本原理是在网络中安装探测器，这些探测器从网络环境中收集与蠕虫相关的信息，然后将这些信息汇总分析，以发现早期的网络蠕虫行为。当前，探测器收集的与蠕虫相关的信息类型有以下几类：

- 本地网络通信连接数；

- ICMP 协议的路由错误包；
- 网络当前通信流量；
- 网络服务分布；
- 域名服务；
- 端口活动；
- CPU 利用率；
- 内存利用率。

而数据挖掘、模式匹配、数据融合等技术方法则用于分析蠕虫信息。著名的 Grids 是一个检测蠕虫攻击的实验系统，它在收集网络通信活动数据的基础上，构建网络节点活动行为图（Activity Graph），然后把节点行为图与蠕虫行为模式图进行匹配，以检测网络蠕虫是否存在。而免费软件 Snort 则通过网络蠕虫的特征来监测蠕虫行为。

2. 网络蠕虫传播抑制技术

网络蠕虫传播抑制技术的基本原理是利用网络蠕虫的传播特点，来构造一个限制网络蠕虫传播的环境。现在，已有的网络蠕虫传播抑制技术主要基于蜜罐技术。其技术方法是在网络系统设置虚拟机器或虚假的漏洞，这些虚假的机器和漏洞能够欺骗网络蠕虫，导致网络蠕虫的传播能力下降。例如，LaBrea 对抗蠕虫工具，能够通过长时间阻断与被感染机器的 TCP 连接来降低网络蠕虫的传播速度。

3. 网络系统漏洞检测与系统加固技术

网络蠕虫的传播常利用系统中所存在的漏洞，特别是具有从远程获取系统管理权限的高风险漏洞。

防治网络蠕虫的关键问题之一是解决漏洞问题，包括漏洞扫描、漏洞修补、漏洞预防等。保护网络系统免遭蠕虫危害的重点也就在于及早发现网络系统中存在的漏洞，然后设法消除漏洞利用条件，限制漏洞影响的范围，从而达到间接破坏网络蠕虫的传播及发作的条件和环境的目的。漏洞检测有通用的漏洞扫描软件或者特定的漏洞扫描工具。网络管理员通过漏洞检测来发现系统中所存在的漏洞分布状况，分析评估漏洞的影响，以制定相应的漏洞管理措施。系统加固是指通过一定的技术手段，提高目前系统的安全性，主要采用修改安全配置、调整安全策略、安装补丁软件包、安装安全工具软件等方式。例如，主机的安全配置要求是尽量关闭不需要的服务，避免使用默认账号和口令。而漏洞修补则是根据漏洞的影响，通常从安全公司、软件公司或应急响应部门获取补丁软件包，然后经过测试，最后安装到需要加固的系统中。

4. 网络蠕虫免疫技术

网络蠕虫通常在受害主机系统上设置一个标记，以避免重复感染。网络蠕虫免疫技术的基本原理就是在易感染的主机系统上事先设置一个蠕虫感染标记，欺骗真实的网络蠕虫，从而保护易感主机免受蠕虫攻击。

5. 网络蠕虫阻断与隔离技术

网络蠕虫阻断技术有很多，主要利用防火墙、路由器进行控制。例如合理地配置网络或防火墙，禁止除正常服务端口外的其他端口，过滤含有某个蠕虫特征的包，屏蔽已被感染的主机对保护网络的访问等。这样就可以切断网络蠕虫的通信连接，从而阻断网络蠕虫的传播。

6. 网络蠕虫清除技术

网络蠕虫清除技术用在感染蠕虫后的处理，其基本方法是根据特定的网络蠕虫感染系统后所留下的痕迹，如文件、进程、注册表等信息，分析网络蠕虫的运行机制，然后有针对性地删除有关网络蠕虫的文件或进程。清除网络蠕虫可以手工清除或用专用工具清除。采用手工清除方式应熟知蠕虫的发作机制，通常需要在受害机器上进行“蠕虫特征字符串查找、注册表信息修改、进程列表查看”等操作。蠕虫专用工具则由安全公司或应急响应部门提供，用户只需简单安装即可运行。

14.5 僵尸网络分析与防护

僵尸网络是恶意代码的一种类型，本节首先阐述了僵尸网络的概念和特性，分析了僵尸网络的运行机制和相关技术，然后给出了僵尸网络的防范技术方案。

14.5.1 僵尸网络概念与特性

僵尸网络（Botnet）是指攻击者利用入侵手段将僵尸程序（bot or zombie）植入目标计算机上，进而操纵受害机执行恶意活动的网络，如图 14-14 所示。

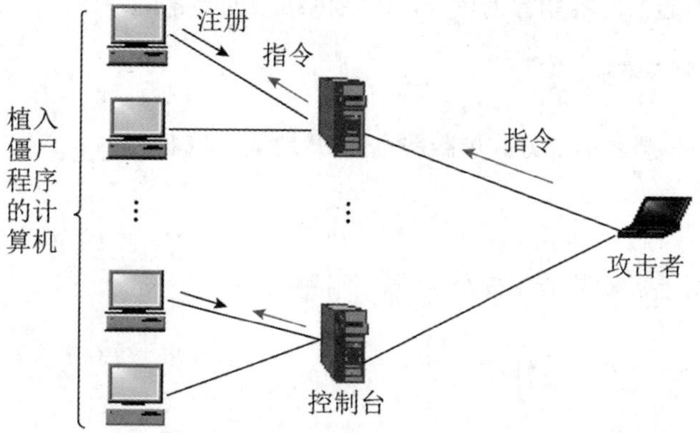

图 14-14 僵尸网络示意图

僵尸网络的构建方式主要有远程漏洞攻击、弱口令扫描入侵、邮件附件、恶意文档、文件共享等。早期的IRC僵尸网络主要以类似蠕虫的主动扫描结合远程漏洞攻击的方式进行构建。目前，攻击者以网页挂马（drive-by download）的方式构造僵尸网络。

14.5.2 僵尸网络运行机制与技术

僵尸网络的运行机制主要由三个基本环节构成。第一步，僵尸程序的传播。通过利用计算机网络系统的漏洞、社会工程学、犯罪工具包等方式，传播僵尸程序到目标网络的计算机上。第二步，对僵尸程序进行远程命令操作和控制，将受害目标机组成一个网络。僵尸网络可分为集中式和分布式，僵尸程序和控制端的通信协议方式有IRC、HTTP。第三步，攻击者通过僵尸网络的控制服务器，给僵尸程序发送攻击指令，执行攻击活动，如发送垃圾电子邮件、DDoS攻击等。

僵尸网络为保护自身安全，其控制服务器和僵尸程序的通信使用加密机制，并把通信内容嵌入正常的HTTP流量中，以保护服务器的隐蔽性和匿名性。控制服务器和僵尸程序也采用认证机制，以防范控制消息伪造和篡改。

14.5.3 僵尸网络防范技术

1. 僵尸网络威胁监测

通常利用蜜罐技术获取僵尸网络威胁信息，部署多个蜜罐捕获传播中的僵尸程序（Bot），记录该Bot的网络行为，然后通过人工分析网络日志并结合样本分析结果，可以掌握该Bot的属性，包括它连接的服务器（DNS / IP）、端口、频道、密码、控制口令等信息，从而获得该僵尸网络的基本信息甚至控制权。

2. 僵尸网络检测

根据僵尸网络的通信内容和行为特征，检测网络中的异常网络流量，以发现僵尸网络。

3. 僵尸网络主动遏制

通过路由和DNS黑名单等方式屏蔽恶意的IP地址或域名。

4. 僵尸程序查杀

在受害的目标机上，安装专用安全工具，清除僵尸程序。

14.6 其他恶意代码分析与防护

本节简要叙述逻辑炸弹、陷门、细菌、间谍软件等恶意代码，重点分析了这些恶意代码的特点。

14.6.1 逻辑炸弹

逻辑炸弹是一段依附在其他软件中，并具有触发执行破坏能力的程序代码。逻辑炸弹的触发条件具有多种方式，包括计数器触发方式、时间触发方式、文件触发方式、特定用户访问触发方式等。逻辑炸弹只在触发条件满足后，才开始执行逻辑炸弹的破坏功能，如图 14-15 所示。逻辑炸弹一旦触发，有可能造成文件删除、服务停止、软件中断运行等破坏。逻辑炸弹不能复制自身，不能感染其他程序。

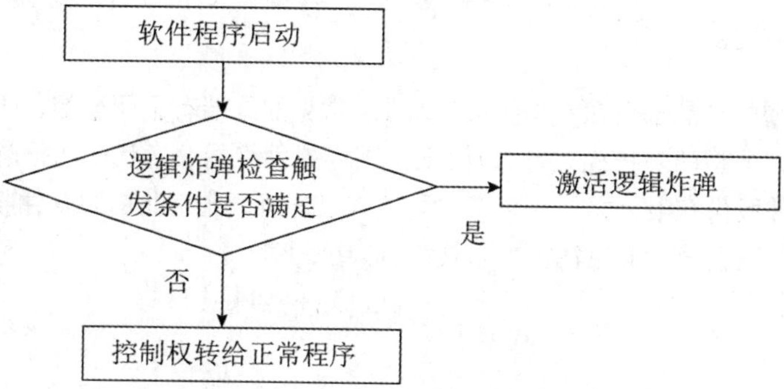

图 14-15 逻辑炸弹运行示意图

14.6.2 陷门

陷门是软件系统里的一段代码，允许用户避开系统安全机制而访问系统。陷门由专门的命令激活，一般不容易发现。陷门通常是软件开发商为调试程序、维护系统而设定的功能。陷门不具有自动传播和自我复制功能。

14.6.3 细菌

细菌是指具有自我复制功能的独立程序。虽然细菌不会直接攻击任何软件，但是它通过复制本身来消耗系统资源。例如，某个细菌先创建两个文件，然后以两个文件为基础进行自我复制，那么细菌以指数级的速度增长，很快就会消耗掉系统资源，包括 CPU、内存、磁盘空间。

14.6.4 间谍软件

间谍软件通常指那些在用户不知情的情况下被安装在计算机中的各种软件，执行用户非期望的功能。这些软件可以产生弹出广告，重定向用户浏览器到陌生的网站。同时，间谍软件还具有收集信息的能力，可记录用户的击键情况、浏览习惯，甚至会窃取用户的个人信息（如用户账号和口令、信用卡号），然后经因特网传送给攻击者。一般来说，间谍软件不具备自我复制功能。目前，间谍软件日益增多，严重威胁用户和组织机构的信息安全，特别是用户的个人隐私。

14.7 恶意代码防护主要产品与技术指标

本节主要叙述恶意代码防护产品和技术指标。

14.7.1 恶意代码防护主要产品

1. 终端防护产品

终端防护类型的产品部署在受保护的终端上，常见的终端有桌面电脑、服务器、智能手机、智能设备。目前，典型的防护模式是云+终端。国内提供终端恶意代码防护解决方案的公司有北京金山办公软件股份有限公司、北京奇虎科技有限公司、北京北信源软件股份有限公司、北京瑞星科技股份有限公司、北京江民新科技术有限公司等。

2. 安全网关产品

安全网关主要用来拦截恶意代码的传播，防止破坏扩大化。安全网关产品分为三大类：第一类是通用性专用安全网关，这类安全网关不是针对某个具体的应用，例如统一威胁管理（UTM）、IPS；第二类是应用安全网关，例如邮件网关和 Web 防火墙；第三类则是具有安全功能的网络设备，例如路由器。

3. 恶意代码监测产品

恶意代码监测产品的技术原理是通过网络流量监测以发现异常节点或者异常通信连接，以便早发现网络蠕虫、特洛伊木马、僵尸网络等恶意代码活动。典型产品有 IDS、网络协议分析器等。通过协议分析工具可以快速地掌握网络通信中的协议流量状况，当 ICMP 等协议流量出现异常时，往往可以看成网络蠕虫活动的前兆，从而可以提前预警网络蠕虫攻击。

4. 恶意代码防护产品：补丁管理系统

恶意代码常常利用系统的漏洞来进行攻击，漏洞修补就成为防范恶意代码最有效的手段。商业版本的补丁管理系统大致分为两类：第一类是面向 PC 终端用户的补丁管理，这类产品的补丁管理功能依附在杀毒软件包中，例如 360 安全卫士；第二类是企业级的补丁管理，这类补丁管理是由补丁管理服务器和补丁管理代理共同实现的，这类商业产品有北信源补丁分发管理系统、Microsoft SUS、PatchLink。

5. 恶意代码应急响应

恶意代码的爆发具有突发性，网络安全厂商或网络安全应急响应部门会针对某种恶意代码，研发恶意代码专杀工具。目前，常见的恶意代码专杀工具包括如下几种：

- 金山木马专杀。它既是一个木马专杀工具（可以查杀 2 万多种木马），又是一个木马防火墙，可以有效地保护用户的 QQ 号码、网游以及网络支付安全，快速清除远程控制型、盗取密码型、进程注入型木马以及反弹端口型木马。
- 木马克星。它是国内安全人员防杀木马的软件，擅长查杀国产木马，对查杀网络神偷、网吧杀手、键盘幽灵以及捆绑在图片文件中的木马非常有效。
- 木马清除大师。它能查杀 5800 余种国际国内流行木马、网络游戏盗号工具、QQ 盗密码工具、幽灵后门。
- Chkrootkit。它是用于检查 Rootkit 是否存在的一种工具，主要可以在 Linux 、FreeBSD 等 UNIX 平台使用。
- AIRT（Advanced Incident Response Tool）。它是针对 Linux 的安全应急响应工具，该工具可以用来查找隐藏的模块、隐藏的进程、隐藏的端口号。同时，该工具还能够转存和分析隐藏的模块。
- 端口关联 Fport。Fport 可以把本机开放的 TCP/UDP 端口同应用程序关联起来，这和使用 netstat-an 命令产生的效果类似，但是该软件还可以把端口和运行着的进程关联起来，并可以显示进程 PID、名称和路径。该软件可以用于将未知的端口同应用程序关联起来。

14.7.2　恶意代码防护主要技术指标

恶意代码防护产品的主要技术指标有恶意代码检测能力、恶意代码检测准确性、恶意代码阻断能力。

（1）恶意代码检测能力。恶意代码检测技术措施是评估恶意代码检测能力的重要依据。技术检测措施通常包括静态检测和动态检测。其中，静态检测通过搜索目标对象中是否蕴含恶意代码的标识特征来识别，或者通过文件指纹来辨别。而动态检测措施则利用恶意代码运行的行为特征或活动轨迹来判定，具体技术包括安全沙箱、动态调试、系统监测、网络协议分析等。

（2）恶意代码检测准确性。受检测技术限制，恶意代码检测结果会出现错误报警信息。一种情况是把正常的目标对象误报为恶意代码，另一种情况是漏报恶意的目标对象。理论上，恶意代码检测系统误报警、漏报警的情况难以根除。

（3）恶意代码阻断能力。恶意代码阻断能力主要包含三个方面：一是阻断技术措施，主要包括基于网络阻断、基于主机阻断、基于应用阻断、人工协同干预阻断；二是阻断恶意代码的类型和数量；三是阻断时效性，即恶意代码阻断安全措施对恶意代码处置的实时性。

14.8　恶意代码防护技术应用

本节给出了终端防护、高级持续威胁防护的应用场景。

14.8.1 终端防护

终端防护通常是在终端上安装一个恶意代码防护代理程序，该代理程序按照终端管理中心下发的安全策略进行安全控制。以 360 天擎终端安全管理系统提供的终端安全管理方案为例，终端安装天擎客户端，通过天擎终端安全管理系统进行统一安全管控，如图 14-16 所示。

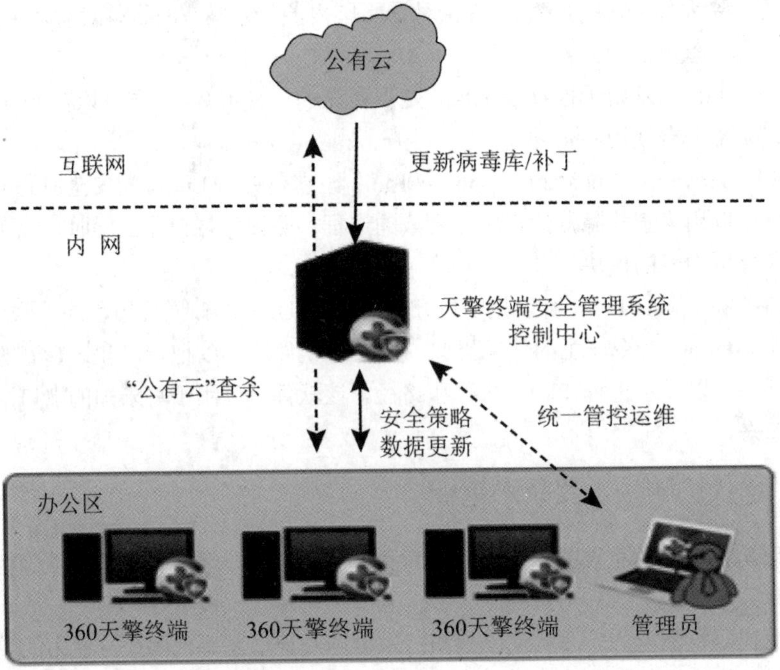

图 14-16 终端恶意代码防范部署示意图

14.8.2 APT 防护

高级持续威胁（简称 APT）通常利用电子邮件作为攻击目标系统。攻击者将恶意代码嵌入电子邮件中，然后把它发送到目标人群，诱使收件人打开恶意电子文档或单击某个指向恶意站点的链接。一旦收件人就范，恶意代码将会安装在其计算机中，从而远程控制收件人的计算机，进而逐步渗透到收件人所在网络，实现其攻击意图。

针对高级持续威胁攻击的特点，部署 APT 检测系统，检测电子文档和电子邮件是否存在恶意代码，以防止攻击者通过电子邮件和电子文档渗透入侵网络，如图 14-17 所示。

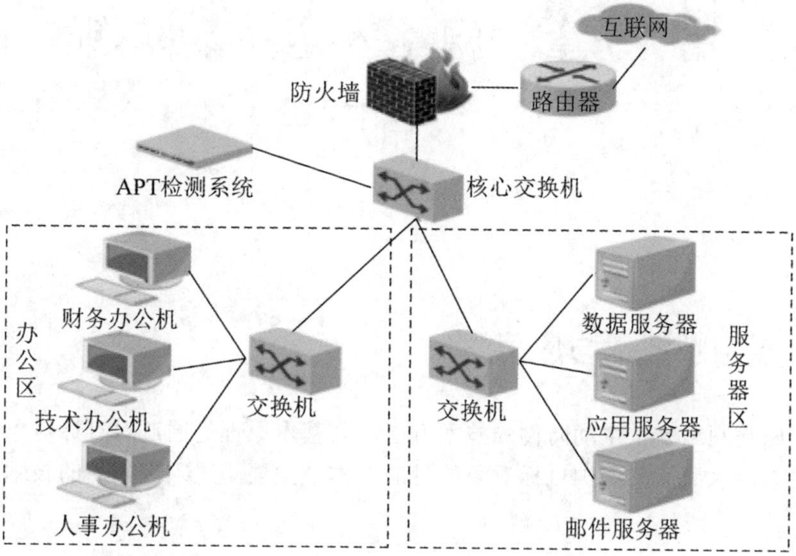

图 14-17　APT 防护部署示意图

14.9　本章小结

本章叙述了恶意代码的概念和分类，重点分析计算机病毒、特洛伊木马和网络蠕虫的运行机制以及防范技术原理和工具。同时，还给出了其他类型恶意代码的有关概念。

第 15 章　网络安全主动防御技术与应用

15.1　入侵阻断技术与应用

入侵阻断是网络安全主动防御的技术方法，其基本原理是通过对目标对象的网络攻击行为进行阻断，从而达到保护目标对象的目的。本节主要阐述入侵阻断的技术原理和应用场景。

15.1.1　入侵阻断技术原理

防火墙、IDS 是保障网络安全不可缺少的基础技术，但是防火墙和 IDS 本身存在技术上的缺陷。防火墙是基于静态的粗粒度的访问控制规则。防火墙的规则更新非自动，从而导致攻击响应延迟。而 IDS 系统尽管能够识别并记录攻击，却不能及时阻止攻击，而且 IDS 的误报警造成与之联动的防火墙无从下手。另外，受软件工程及安全测试的限制，网络系统的安全脆弱性不可能完全避免。即使发现网络系统存在安全脆弱性，但因为系统运行的不可间断性及安全修补风险不可确定性，系统管理员并不敢轻易地安装补丁，使得网络系统的安全脆弱性的危害一般通过外围设备来限制。因此，只有具有防火墙、入侵检测、攻击迁移的多功能安全系统，才能解决当前的实际网络安全需求。

目前，这种系统被称为入侵防御系统，简称 IPS（Intrusion Prevention System）。IPS 的工作基本原理是根据网络包的特性及上下文进行攻击行为判断来控制包转发，其工作机制类似于路由器或防火墙，但是 IPS 能够进行攻击行为检测，并能阻断入侵行为。IPS 的应用如图 15-1 所示。

由于 IPS 具有防火墙和入侵检测等多种功能，且受限于 IPS 在网络中所处的位置，IPS 需要解决网络通信瓶颈和高可用性问题。目前，商用的 IPS 都用硬件方式来实现，例如基于 ASIC 来实现 IPS，或者基于旁路阻断（Side Prevent System，SPS）来实现。SPS 是以旁路的方式监测网络流量，然后通过旁路注入报文，实现对攻击流量的阻断。从技术原理来分析，SPS 一般对网络延迟影响不大。

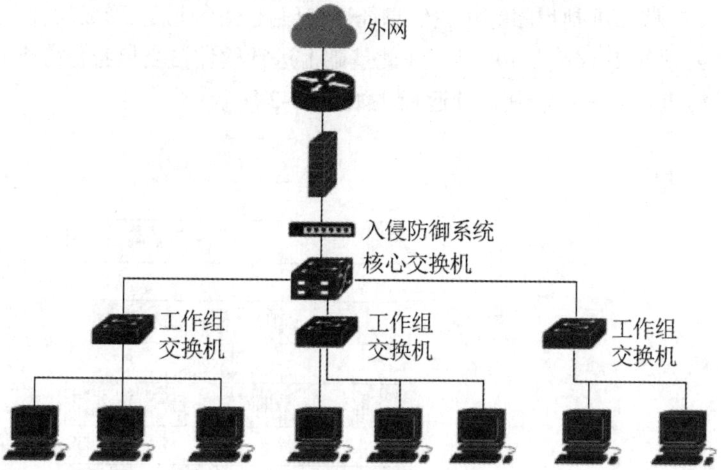

图 15-1　IPS 应用示意图

15.1.2　入侵阻断技术应用

IPS/SPS 的主要作用是过滤掉有害的网络信息流，阻断入侵者对目标的攻击行为。IPS/SPS 的主要安全功能如下：

- 屏蔽指定 IP 地址；
- 屏蔽指定网络端口；
- 屏蔽指定域名；
- 封锁指定 URL、阻断特定攻击类型；
- 为零日漏洞（Zero-day Vulnerabilities）提供热补丁。

IPS/SPS 有利于增强对网络攻击的应对能力，可以部署在国家关键信息网络设施、运营商骨干网络节点、国家信息安全监管单位。

15.2　软件白名单技术与应用

针对网络信息系统恶意软件攻击，通过软件白名单技术来限制非授权安装软件包，阻止系统非授权修改，避免恶意代码植入目标对象，从而减少网络安全威胁。本节分析软件白名单的技术原理，给出软件白名单的应用场景和参考案例。

15.2.1　软件白名单技术原理

软件白名单技术方法是指设置可信任的软件名单列表，以阻止恶意的软件在相关的网络信息系统运行。在软件白名单技术的实现过程中，常利用软件对应的进程名称、软件文件名称、软件发行商名称、软件二进制程序等相关信息经过密码技术处理后，形成软件白名单身份标识，如软件数字签名或软件 Hash 值。然后，在此基础上进行软件白名单身份检查确认，最后依据软件白名单身份检查结果来控制软件的运行，如图 15-2 所示。

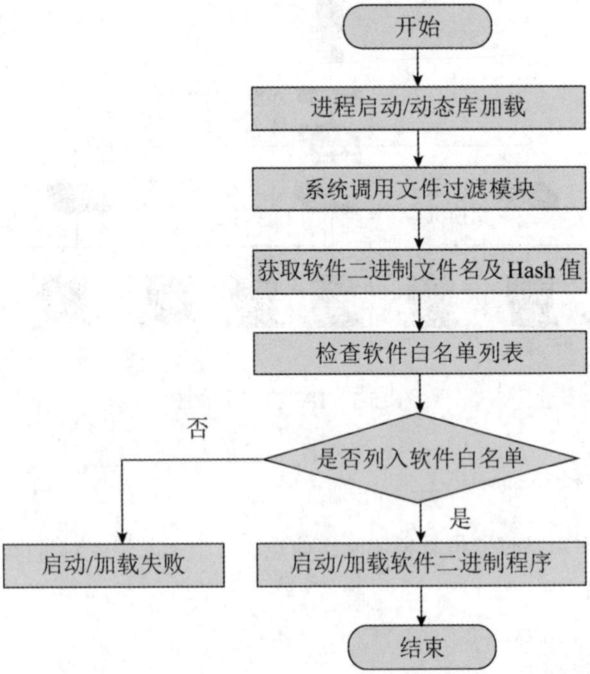

图 15-2　软件白单技术工作原理示意图

15.2.2　软件白名单技术应用

软件白名单技术可应用于多种安全场景，常见应用案例如下。

1. 构建安全、可信的移动互联网安全生态环境

本案例来自移动互联网应用自律白名单发布平台。该平台由中国反网络病毒联盟（ANVA）牵头建设。针对 App 的开发、传播和终端保护三个关键环节，引导 App 的开发者、移动应用商店和终端安全软件开展自律工作，为网民提供一个安全的 App 使用环境，避免感染移动恶意程序，如图 15-3 所示。

移动互联网白名单应用审查流程共有如下三个环节：

- 初审。由 11 家移动互联网安全企业组成的“白名单工作组”相互独立地对 App 进行全量安全检测。
- 复审。由“白名单工作组”成员单位根据“初审”结果通过线下会议的形式进行协商、表决。

- 终审。由 ANVA 结合“初审”结果、“复审”结果和申请者澄清等综合判定是否通过“白名单”认证。

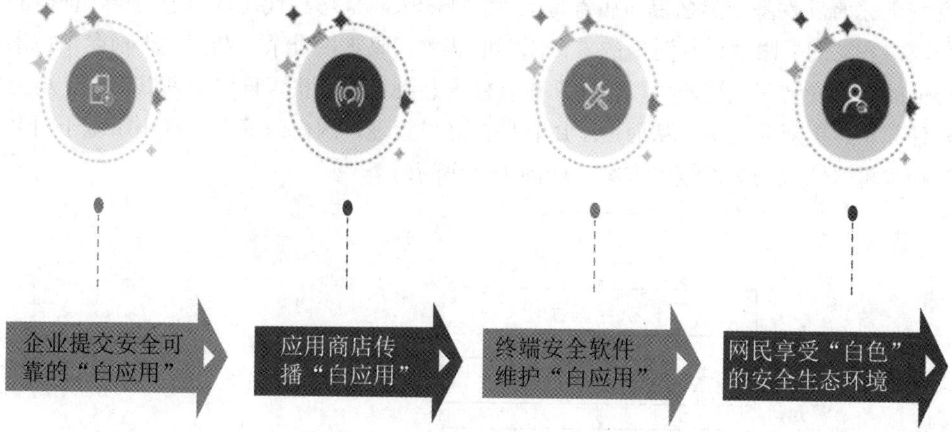

图 15-3　移动互联网应用自律白名单生态关系图

移动互联网应用自律白名单的发布过程设立公示和发布两个阶段，公示阶段由 ANVA 向社会发布“白名单”认证结果，公示期为 7 个工作日，其间接收社会举报。通过公示阶段的 App，ANVA 将举行“白名单发布会”，现场为“白名单 App”颁发证书，同时要求“应用商店自律组”中应用商店在自有应用商店 Web 网站和 App 客户端中对白名单 App 进行醒目提示。

移动互联网应用自律白名单的运用过程如图 15-4 所示。

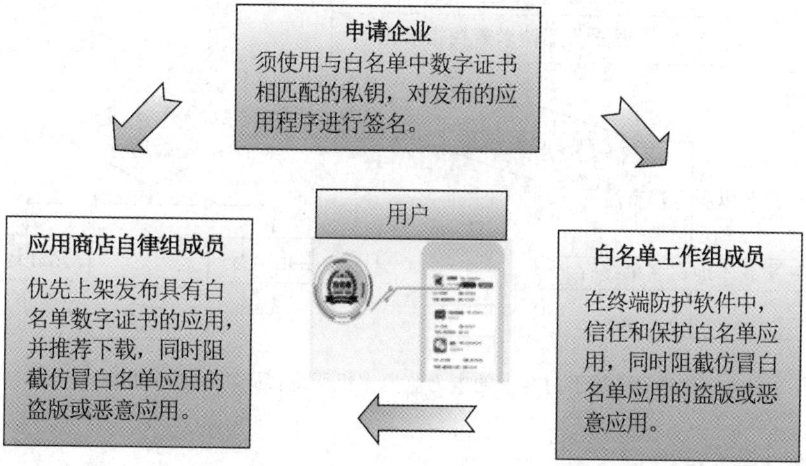

图 15-4　移动互联网应用自律白名单运用过程示意图

2. 恶意代码防护

传统的杀毒软件基于黑名单（病毒特征库）匹配来防范恶意代码，由于病毒特征库的大小和覆盖攻击方法的局限性，其对新的零日漏洞的恶意代码难以查杀。利用软件白名单技术，只允许可信的软件安装和执行，可以阻止恶意软件安装到目标主机，同时阻断其运行。电力监控主机软件简单、更新变化小，从而适于用软件白名单管理，国内研究人员提出了基于白名单的电力监控主机恶意代码防护技术方案，如图 15-5 所示。

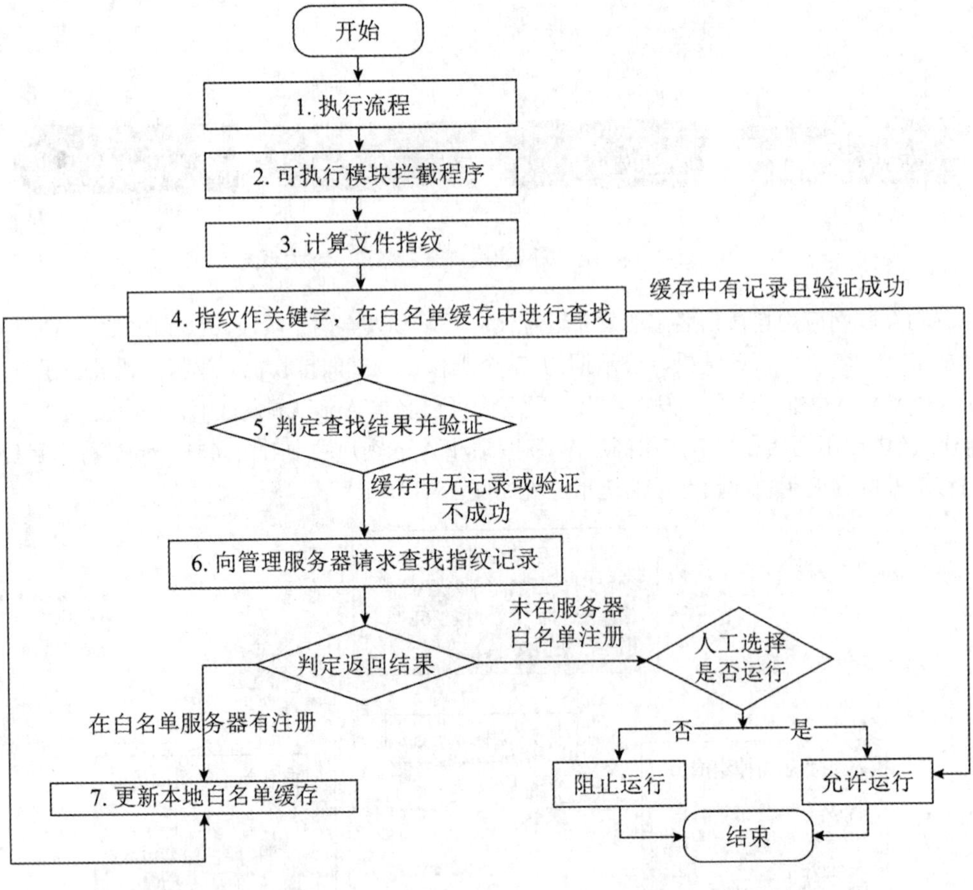

图 15-5　基于白名单的电力监控主机恶意代码防护工作机制

3. “白环境”保护

“白环境”保护的安全机制基于白名单安全策略，即只有可信任的设备才能接入控制网络；只有可信任的消息才能在网络上传输；只有可信任的软件才允许被执行。

15.3　网络流量清洗技术与应用

网络信息系统常常受到 DoS、DDoS 等各种恶意网络流量攻击，导致网络服务质量下降，甚至服务瘫痪，网上业务中断。网络流量清洗技术主要用于清除目标对象的恶意网络流量，以保障正常网络服务通信。本节分析网络流量清洗技术的原理，给出网络流量清洗技术的应用场景和服务类型，包括畸形数据报文过滤、抗拒绝服务攻击、Web 应用保护、DDoS 高防 IP 服务等。

15.3.1　网络流量清洗技术原理

网络流量清洗系统的技术原理是通过异常网络流量检测，而将原本发送给目标设备系统的流量牵引到流量清洗中心，当异常流量清洗完毕后，再把清洗后留存的正常流量转送到目标设备系统。网络流量清洗系统的主要技术方法如下。

1. 流量检测

利用分布式多核硬件技术，基于深度数据包检测技术（DPI）监测、分析网络流量数据，快速识别隐藏在背景流量中的攻击包，以实现精准的流量识别和清洗。恶意流量主要包括 DoS/DDoS 攻击、同步风暴（SYN Flood）、UDP 风暴（UDP Flood）、ICMP 风暴（ICMP Flood）、DNS 查询请求风暴（DNS Query Flood）、HTTP Get 风暴（HTTP Get Flood）、CC 攻击等网络攻击流量。

2. 流量牵引与清洗

当监测到网络攻击流量时，如大规模 DDoS 攻击，流量牵引技术将目标系统的流量动态转发到流量清洗中心来进行清洗。其中，流量牵引方法主要有 BGP、DNS。流量清洗即拒绝对指向目标系统的恶意流量进行路由转发，从而使得恶意流量无法影响到目标系统。

3. 流量回注

流量回注是指将清洗后的干净流量回送给目标系统，用户正常的网络流量不受清洗影响。

15.3.2　网络流量清洗技术应用

网络流量清洗技术有多种应用场景，主要应用场景如下。

1. 畸形数据报文过滤

利用网络流量清洗系统，可以对常见的协议畸形报文进行过滤，如 LAND、Fraggle、Smurf、Winnuke、Ping of Death、Tear Drop 和 TCP Error Flag 等攻击。

2. 抗拒绝服务攻击

利用网络流量清洗系统，监测并清洗对目标系统的拒绝服务攻击流量，如图 15-6 所示。常见的拒绝服务流量包括同步风暴（SYN Flood）、UDP 风暴（UDP Flood）、ICMP 风暴（ICMP Flood）、DNS 查询请求风暴（DNS Query Flood）、HTTP Get 风暴（HTTP Get Flood）、CC 攻击等网络攻击流量。

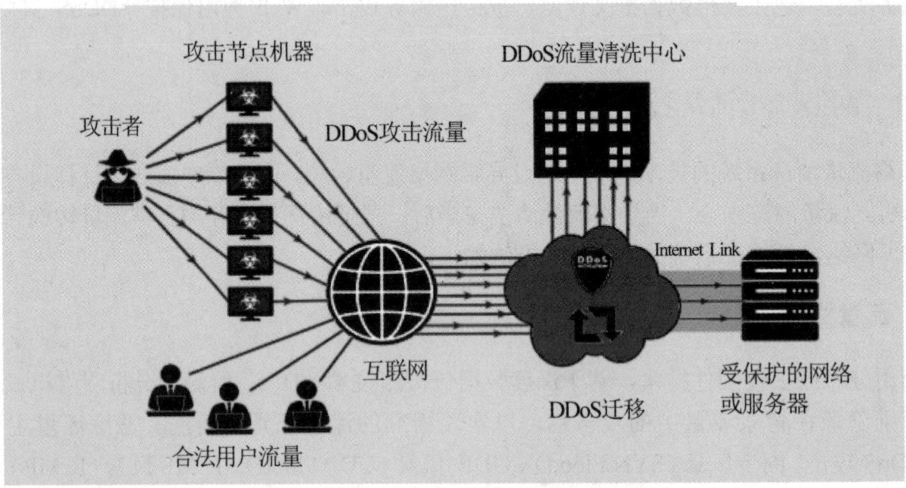

图 15-6 流量清洗抗拒绝服务攻击应用示意图

3. Web 应用保护

利用网络流量清洗系统，监测并清洗对 Web 应用服务器的攻击流量。常见的网站攻击流量包括 HTTP Get Flood、HTTP Post Flood、HTTP Slow Header/Post、HTTPS Flood 攻击等。

4. DDoS 高防 IP 服务

DDoS 高防 IP 通过代理转发模式防护源站服务器，源站服务器的业务流量被牵引到高防 IP，并对拒绝服务攻击流量过滤清洗后，再将正常的业务流量回注到源站服务器。

15.4 可信计算技术与应用

可信计算是网络信息安全的核心关键技术，其技术思想是通过确保计算平台的可信性以保障网络安全。目前，可信验证成为国家网络安全等级保护 2.0 的新要求，已成为《信息安全技术 网络安全等级保护基本要求（GB/T 22239—2019）》的重要组成内容。本节主要阐述了可信计算技术的原理，分析可信计算技术的应用场景。

15.4.1　可信计算技术原理

早在 20 世纪 70 年代初期，James P.Anderson 就提出了可信系统（Trusted System）的概念。早期的可信研究主要集中于操作系统的安全机制和容错计算（Fault-Tolerant Computing）。1999 年 10 月，由 Intel、Compaq、HP、IBM 以及 Microsoft 发起成立了一个“可信计算平台联盟”（Trusted Computing Platform Alliance，TCPA）”。该组织致力于促成新一代具有安全、信任能力的硬件运算平台。2003 年 TCPA 重新改组为“可信计算组织”（Trusted Computing Group，TCG）。目前 TCG 制定了一系列可信计算方面的标准，其中主要包括 Trusted Platform Module（简写为 TPM）标准和 TCG Trusted Network Connect（简写为 TNC）标准。TCG 正试图构建一个可信计算体系结构，从硬件、BIOS、操作系统等各个层次上增强计算系统平台的可信性；拟建立以安全芯片（TPM）为信任根的完整性度量机制，使得计算系统平台运行时可鉴别组件的完整性，防止篡改计算组件运行，如图 15-7 所示。

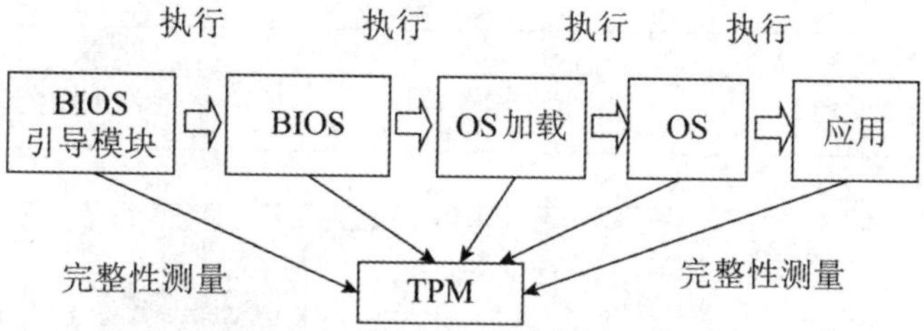

图 15-7　可信计算工作机制示意图

可信计算的技术原理是首先构建一个信任根，再建立一条信任链，从信任根开始到硬件平台，到操作系统，再到应用，一级认证一级，一级信任一级，把这种信任扩展到整个计算机系统，从而确保整个计算机系统的可信。一个可信计算机系统由可信根、可信硬件平台、可信操作系统和可信应用系统组成，如图 15-8 所示。

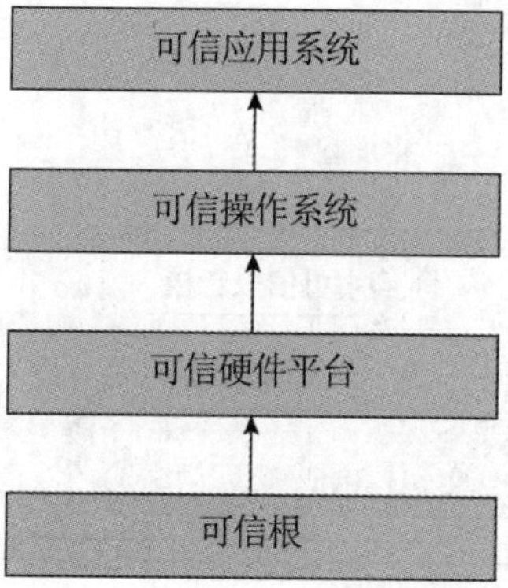

图 15-8　可信计算机系统构成示意图

TPM 是可信计算平台的信任根， 是可信计算的关键部件。TCG 定义可信计算平台的信任根包括三个根：可信度量根 RTM、可信存储根 RTS 和可信报告根 RTR 。其中，可信度量根 RTM 是一个软件模块；可信存储根 RTS 由可信平台模块 TPM 芯片和存储根密钥 SRK 组成；可信报告根 RTR 由可信平台模块 TPM 芯片和根密钥 EK 组成。

可信计算是网络信息安全的核心关键技术，中国基于自主密码算法建立起以 TCM 为核心的自主可信计算标准体系。全国信息安全标准委员会设立了可信计算标准工作小组。国家安全主管部门发布了《信息安全技术　可信计算密码支撑平台功能与接口规范》。可信计算密码支撑平台以密码技术为基础，实现平台自身的完整性、身份可信性和数据安全性等安全功能。该平台主要由可信密码模块（TCM）和 TCM 服务模块（TSM）两大部分组成，其功能架构如图 15-9 所示。

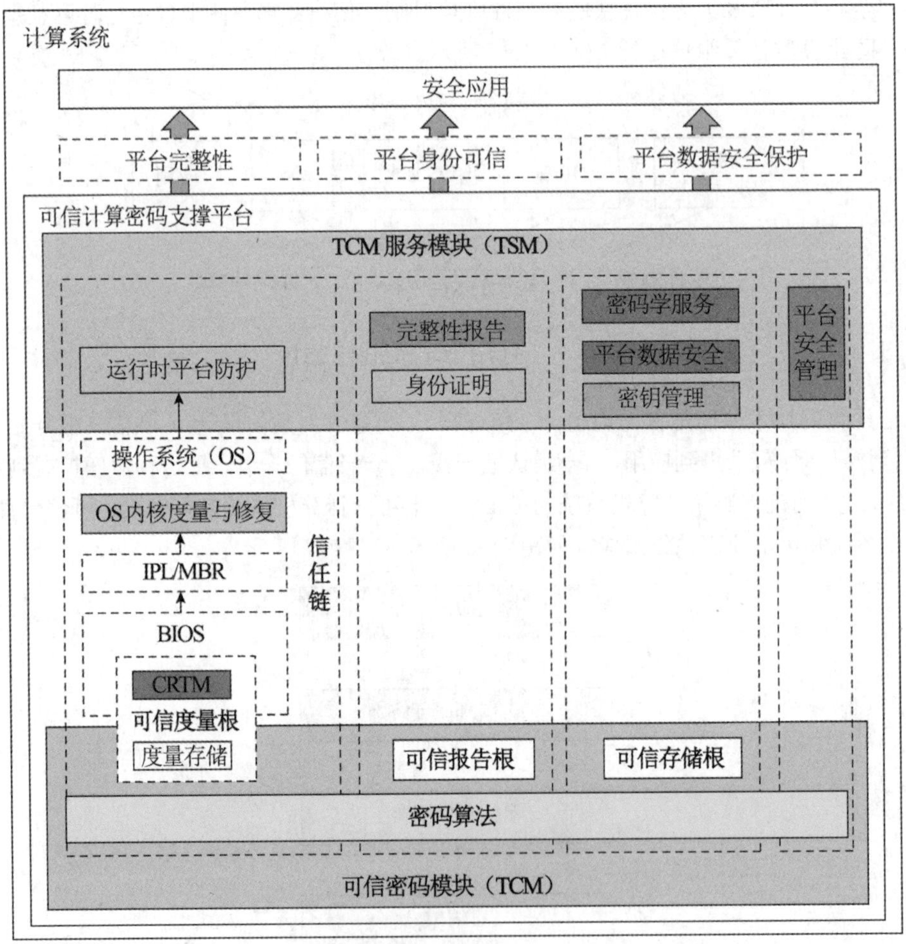

图 15-9　可信计算密码支撑平台功能架构示意图

其中，可信密码模块（TCM）是可信计算密码支撑平台必备的关键基础部件，提供独立的密码算法支撑。TCM 是硬件和固件的集合，可以采用独立的封装形式，也可以采用 IP 核的方式和其他类型芯片集成在一起，提供 TCM 功能。TCM 的基本组成结构如图 15-10 所示。

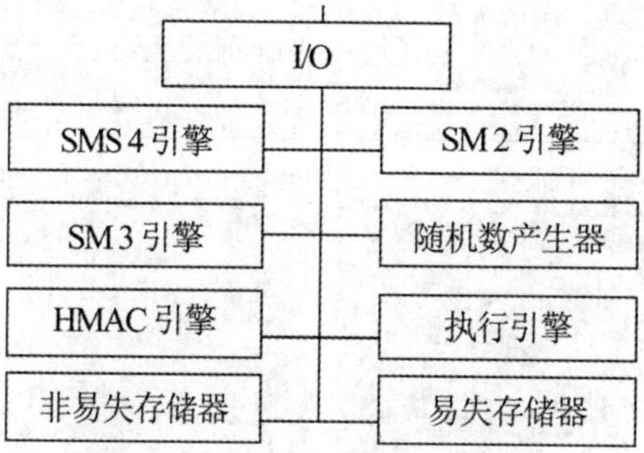

图 15-10　可信密码模块基本组成结构示意图

TCM 的各组成部分的功能用途描述如下：

- I/O：TCM 的输入输出硬件接口；
- SMS4 引擎：执行 SMS4 对称密码运算；
- SM2 引擎：产生 SM2 密钥对和执行 SM2 加/解密、签名运算；
- SM3 引擎：执行杂凑运算；
- 随机数产生器：生成随机数；
- HMAC 引擎：基于 SM3 引擎来计算消息认证码；
- 执行引擎：TCM 的运算执行单元；
- 非易失性存储器：存储永久数据；
- 易失性存储器：存储 TCM 运行时的临时数据。

15.4.2　可信计算技术应用

可信计算技术可应用于计算平台、网络通信连接、应用程序、恶意代码防护等多种保护场景，下面分析阐述其主要应用场景。

1. 计算平台安全保护

利用 TPM/TCM 安全芯片对计算平台的关键组件进行完整性度量和检查，防止恶意代码篡改 BIOS、操作系统和应用软件。国内中标麒麟可信操作系统支持 TCM/TPCM 和 TPM2.0 可信计算技术规范，通过中标软件可信度量模块 CTMM（CS2C Trusted Measure Module）提供可信引导和可信运行控制等功能，利用信任链的创建传递过程，实现对平台软硬件的完整性度量。中标麒麟可信操作系统的体系结构如图 15-11 所示。

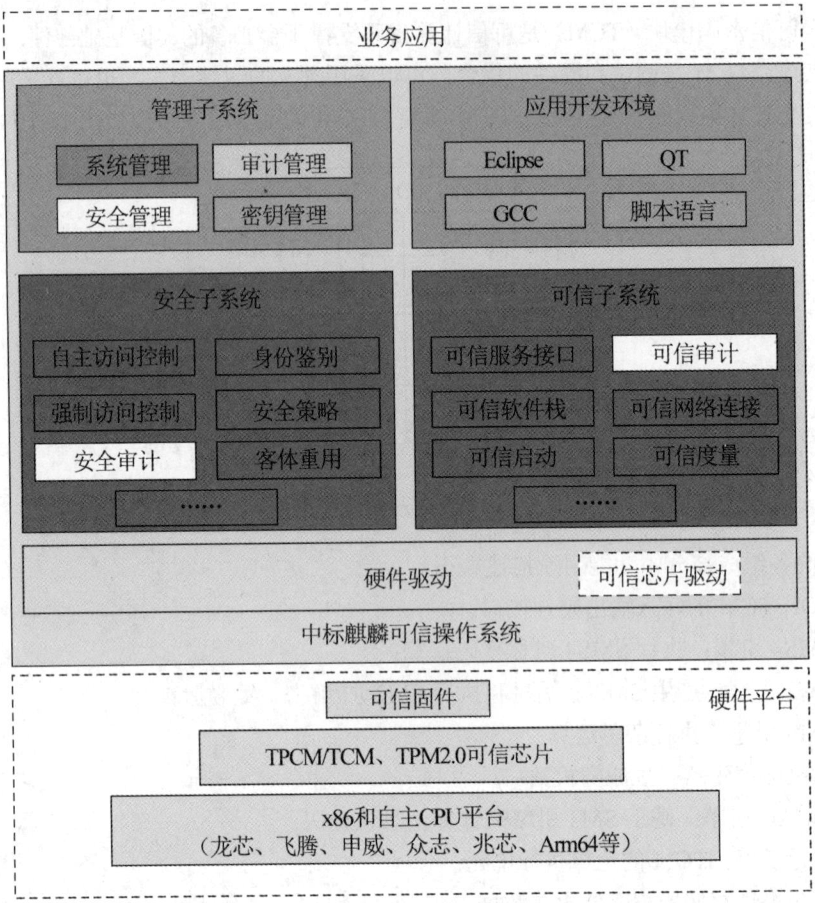

图 15-11　中标麒麟可信操作系统结构示意图

2. 可信网络连接

传统的网络接入控制通过网络接入设备要求终端提供终端的安全状态信息，如操作系统补丁状况、杀毒软件安装状况。然后网络准入服务器根据终端提供的安全状态信息，检查分析终端是否符合安全策略要求，以此判断是否允许终端接入网络中。传统的网络接入控制面临安全状态伪造问题、接入后配置修改问题以及设备假冒接入问题。

针对传统的网络接入控制系列安全问题，可信网络连接（Trusted Network Connect，TNC）利用 TPM/TCM 安全芯片实现平台身份认证和完整性验证，从而解决终端的安全状态认证、接入后控制问题。TNC 的组成结构分为完整性度量层、完整性评估层、网络访问层，如图 15-12 所示。各层的功能作用分别阐述如下：

- **完整性度量层**。该层负责搜集和验证 AR（访问请求者）的完整性信息。

- **完整性评估层**。该层依据安全策略，评估 AR（访问请求者）的完整性状况。
- **网络访问层**。该层负责网络访问请求处理、安全策略执行、网络访问授权。

TNC 通过对网络访问者的设备进行完整性度量，防止非授权的设备接入网络中， 从而确保网络连接的可信。

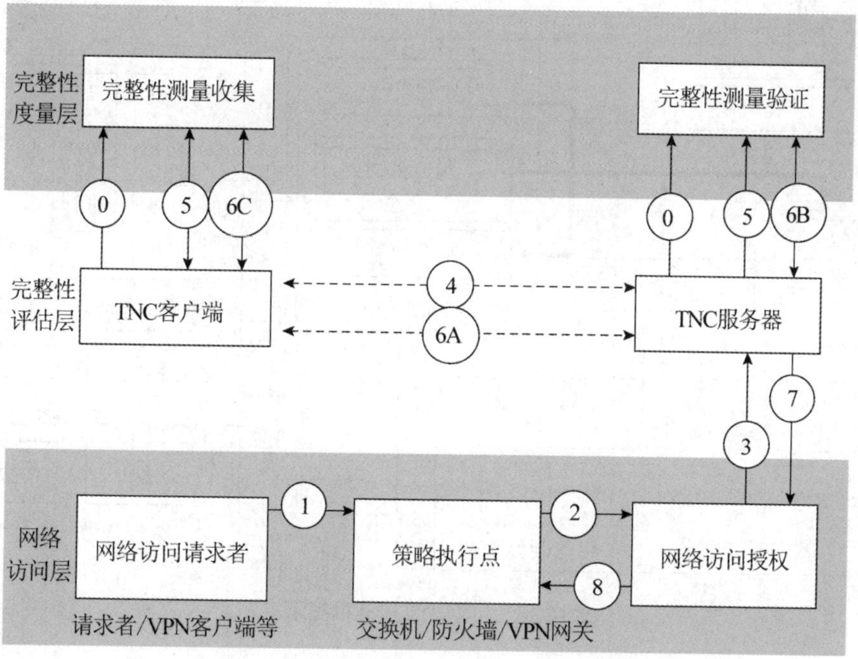

图 15-12　可信网络连接组成结构示意图

3. 可信验证

网络安全等级保护标准 2.0 构建以可信计算技术为基础的等级保护核心技术体系，要求基于可信根对通信设备、边界设备、计算设备等保护对象的系统引导程序、系统程序、重要配置参数等进行可信验证，并在检测到其可信性受到破坏后进行报警，并将验证结果形成审计记录送至安全管理中心。对于高安全等级的系统，要求对应用程序的关键执行环节进行动态可信验证，在检测到其可信性受到破坏后进行报警，并将验证结果形成审计记录送至安全管理中心。另外，对于恶意代码攻击，采取主动免疫可信验证机制及时识别入侵和病毒行为，并将其有效阻断。

可信验证的技术原理是基于可信根，构建信任链，一级度量一级，一级信任一级，把信任关系扩大到整个计算节点，从而确保计算节点可信。可信验证实施框架如图 15-13 所示。

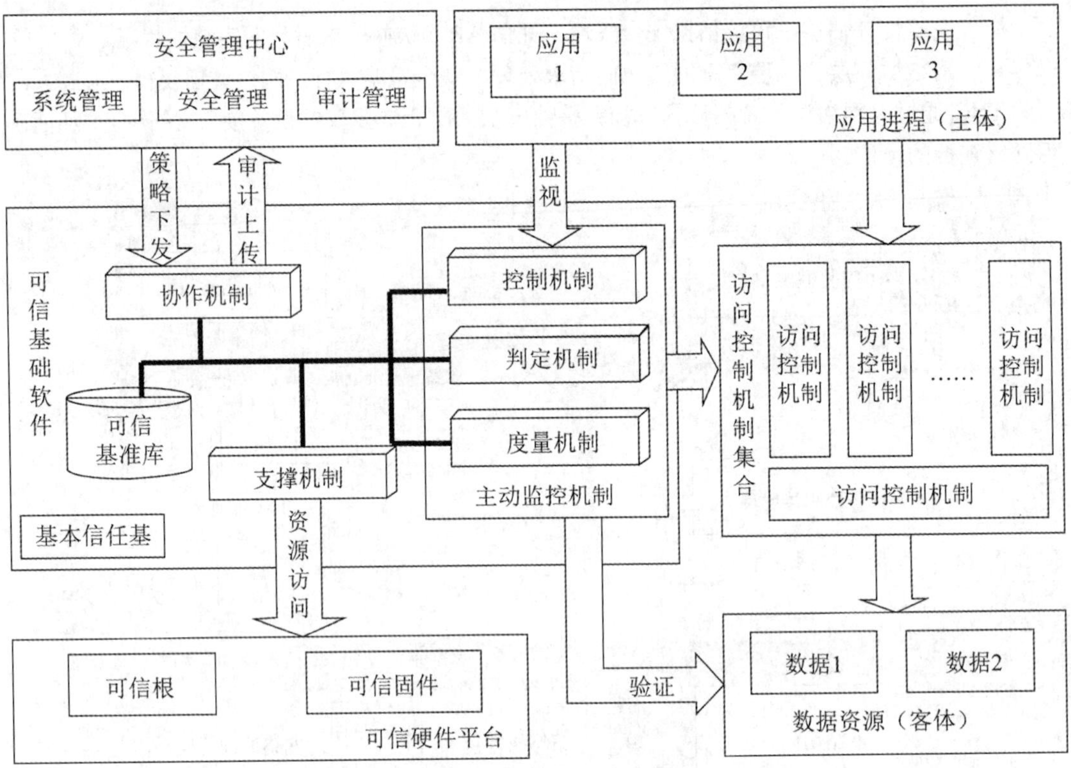

图 15-13 可信验证实施框架示意图

15.5 数字水印技术与应用

数字水印是一门新兴的网络信息安全技术，本节给出数字水印的技术原理，并分析其应用场景，主要包括敏感信息增强保护、防范电子文件非授权扩散、知识产权保护、网络攻击活动溯源、敏感信息访问控制等。

15.5.1 数字水印技术原理

数字水印是指通过数字信号处理方法，在数字化的媒体文件中嵌入特定的标记。水印分为可感知的和不易感知的两种。数字水印技术通常由水印的嵌入和水印的提取两个部分组成，如图 15-14 所示。

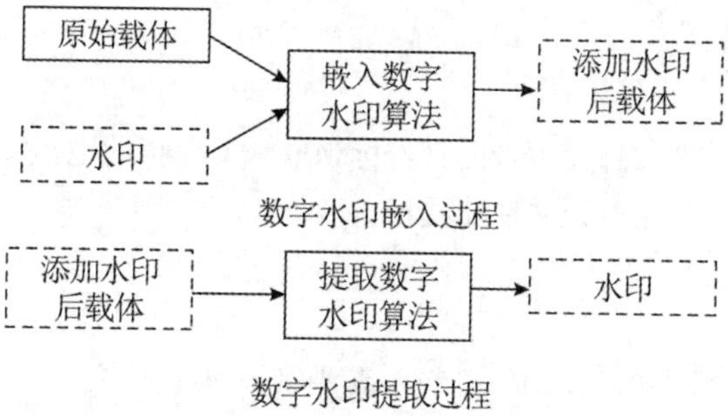

图 15-14　数字水印工作原理示意图

数字水印的嵌入方法主要分为空间域方法和变换域方法，其工作原理如下。

1. 空间域方法

空间域方法是将水印信息直接叠加到数字载体的空间域上。典型的算法有 Schyndel 算法和 Patchwork 算法。其中，Schyndel 算法又称为最低有效位算法（LSB），该算法首先将一个密钥输入一个 *m* 序列发生器来产生水印信号，然后排列成二维水印信号，按像素点逐一嵌入原始图像像素值的最低位上；Patchwork 算法是通过改变图像数据的统计特性将信息嵌入像素的亮度值中。

2. 变换域方法

变换域方法是利用扩展频谱通信技术，先计算图像的离散余弦变换（DCT），再将水印叠加到 DCT 域中幅值最大的前 L 个系数上（不包括直流分量），通常为图像的低频分量。典型的算法为 NEC 算法，该算法首先由作者的标识码和图像的 Hash 值等组成密钥，以该密钥为种子来产生伪随机序列，再对图像做 DCT 变换，用该伪随机高斯序列来调制（叠加）图像除直流分量外的 1000 个最大的 DCT 系数。

15.5.2　数字水印技术应用

数字水印常见的应用场景主要有版权保护、信息隐藏、信息溯源、访问控制等。

1. 版权保护

利用数字水印技术，把版权信息嵌入数字作品中，标识数字作品版权或者添加数字作品的版权电子证据，以期达到保护数字作品的目的。

2. 信息隐藏

利用数字水印技术，把敏感信息嵌入图像、声音等载体中，以期达到隐藏敏感信息的目的，使得网络安全威胁者无法察觉到敏感信息的存在，从而提升敏感信息的安全保护程度。

3. 信息溯源

利用数字水印技术，把文件使用者的身份标识嵌入受保护的电子文件中，然后通过电子文件的水印追踪文件来源，防止电子文件非授权扩散。

4. 访问控制

利用数字水印技术，将访问控制信息嵌入需要保护的载体中，在用户访问受保护的载体之前通过检测水印以判断是否有权访问，从而可以起到保护作用。

15.6 网络攻击陷阱技术与应用

网络攻击陷阱技术拟通过改变保护目标对象的信息，欺骗网络攻击者，从而改变网络安全防守方的被动性，提升网络安全防护能力。本节主要阐述网络攻击陷阱技术的原理，分析其典型的应用场景。

15.6.1 网络攻击陷阱技术原理

网络系统中的各个组成部分，目前不可避免地存在安全脆弱性，通常通过补丁的方法防范或消除这些脆弱性。虽然这在一定程度上可以阻止敌手利用漏洞，但是这仅仅是被动的防范，攻击者仍然可用漏洞监测程序快速发现攻击目标的脆弱性，然后进行攻击，从而占据网络攻击的主动权。传统防范方法中，一般为攻击者充分掌握目标系统的脆弱信息，主动选择目标最薄弱的环节强行攻入，而安全保护目标静止不变，防御策略固定，不能给攻击者构成威胁或造成损失。因此，寻找有效的主动安全防御方法，确保网络系统免受攻击，是当前网络安全急需的技术。网络诱骗技术就是一种主动的防御方法，作为网络安全的重要策略和技术方法，它有利于网络安全管理者获得信息优势。网络攻击诱骗网络攻击陷阱可以消耗攻击者所拥有的资源，加重攻击者的工作量，迷惑攻击者，甚至可以事先掌握攻击者的行为，跟踪攻击者，并有效地制止攻击者的破坏行为，形成威慑攻击者的力量。目前，网络攻击诱骗技术有蜜罐主机技术和陷阱网络技术。

1. 蜜罐主机技术

蜜罐主机技术包括空系统、镜像系统、虚拟系统等。

- **空系统。** 空系统是标准的机器，上面运行着真实完整的操作系统及应用程序。在空系统中可以找到真实系统中存在的各种漏洞，与真实系统没有实质区别，没有刻意地模拟某种环境或者故意地使系统不安全。任何欺骗系统做得再逼真，也绝不可能与原系统完全一样，利用空系统做蜜罐是一种简单的选择。
- **镜像系统。** 攻击者要攻击的往往是那些对外提供服务的主机，当攻击者被诱导到空系统或模拟系统的时候，会很快发现这些系统并不是他们期望攻击的目标。因此，更有效的做法是，建立一些提供敌手感兴趣的服务的服务器镜像系统，这些系统上安装的操作系统、应用软件以及具体的配置与真实的服务器基本一致。镜像系统对攻击者有较强的欺骗性，并且，通过分析攻击者对镜像系统所采用的攻击方法，有利于我们加强真实系统的安全。

- **虚拟系统。** 虚拟系统是指在一台真实的物理机上运行一些仿真软件，通过仿真软件对计算机硬件进行模拟，使得在仿真平台上可以运行多个不同的操作系统，这样一台真实的机器就变成了多台主机（称为虚拟机）。通常将在真实的机器上安装的操作系统称为宿主操作系统，将在仿真平台上安装的操作系统称为客户操作系统，仿真软件在宿主操作系统上安装。VMware 是典型的仿真软件，它在宿主操作系统和客户操作系统之间建立了一个虚拟的硬件仿真平台，客户操作系统可以基于相同的硬件平台模拟多台虚拟主机。另外，在因特网上，还有一个专用的虚拟蜜罐系统构建软件 Honeyd，它可以用来虚拟构造出多种主机，并且在虚拟主机上，还可以配置运行不同的服务和操作系统，模拟多种系统脆弱性。Honeyd 的应用环境如图 15-15 所示。

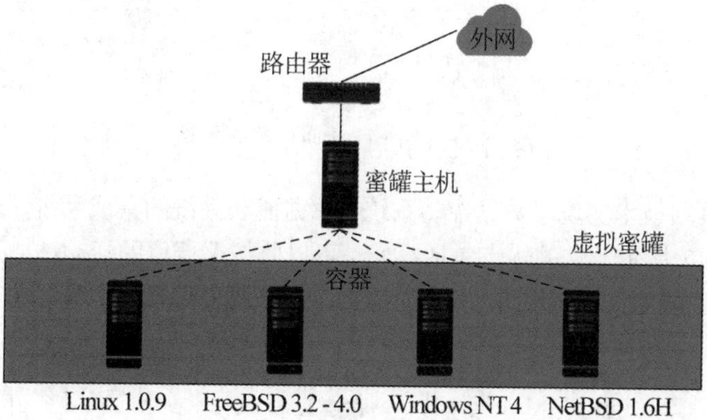

图 15-15　Honeyd 虚拟系统示意图

2. 陷阱网络技术

陷阱网络由多个蜜罐主机、路由器、防火墙、IDS、审计系统共同组成，为攻击者制造一个攻击环境，供防御者研究攻击者的攻击行为。陷阱网络一般需要实现蜜罐系统、数据控制系统、数据捕获系统、数据记录、数据分析、数据管理等功能。图 15-16 是第一代陷阱网络，出入陷阱网络的数据包都经过防火墙和路由器，防火墙的功能是控制内外网络之间的通信连接，防止陷阱网络被作为攻击其他系统的跳板，其规则一般配置成不限制外部网对陷阱网络的访问，但需要对陷阱网络中的蜜罐主机对外的连接加强控制，包括：限制对外连接的目的地、限制主动对外发起连接、限制对外连接的协议类型等。路由器安放在防火墙和陷阱网络之间，路由器可以隐藏防火墙，即使攻击者控制了陷阱网络中的蜜罐主机，发现路由器与外部网相连接，也能被防火墙发现。同时，路由器具有访问控制功能，可以弥补防火墙的不足，例如用于防止地址欺骗攻击、DoS、基于 ICMP 的攻击等。陷阱网络的数据捕获设备是 IDS，它监测和记录网络中的通信连接并报警可疑的网络活动。此外，为掌握攻击者在蜜罐主机中的行为，必须设法获取系统活动记录，方法有两种：一是让所有的系统日志不但在本地记录，同时也传送到一个远程的日志服务器上；二是安放监控软件，进行击键记录、屏幕拷贝、系统调用记录等，然后传送到远程主机。

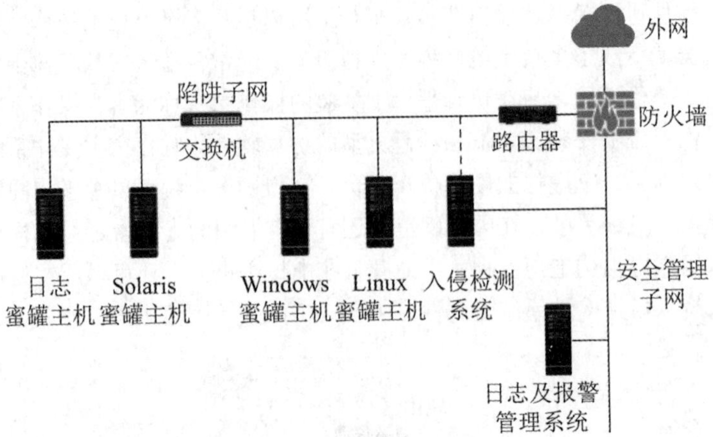

图 15-16　第一代陷阱网络示意图

第二代陷阱网络技术实现了数据控制系统、数据捕获系统的集成系统，这样就更便于安装与管理，如图 15-17 所示。它的优点包括：一是可以监控非授权的活动；二是隐蔽性更强；三是可以采用积极的响应方法限制非法活动的效果，如修改攻击代码字节，使攻击失效。

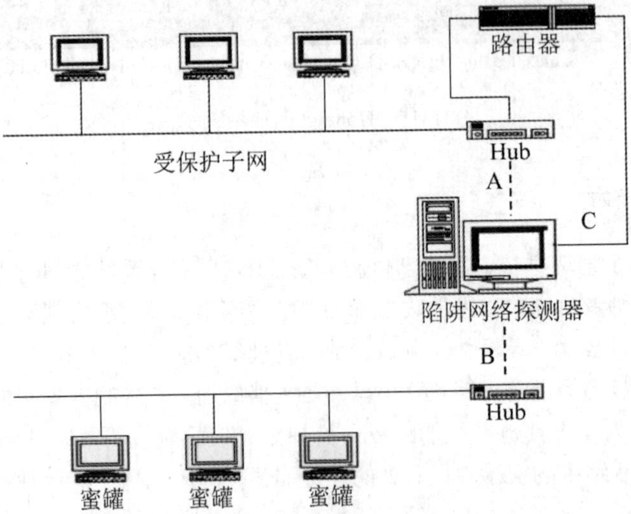

图 15-17　第二代陷阱网络示意图

目前，研究人员正在开发虚拟陷阱网络（Virtual Honeynets），它将陷阱网络所需要的功能集中到一个物理设备中运行，实现蜜罐系统、数据控制系统、数据捕获系统、数据记录等功能，我们把它称作第三代陷阱网络技术，如图 15-18 所示。

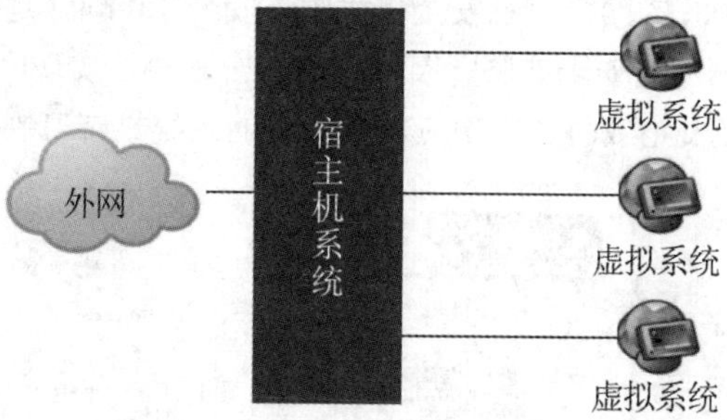

图 15-18　第三代陷阱网络示意图

目前，国内相关的商业产品有明鉴迷网系统-蜜罐 HPOT。开源的网络攻击陷阱系统有 Honeyd、工业控制系统蜜罐 Conpot、口令蜜罐 Honeywords 等。

15.6.2　网络攻击陷阱技术应用

网络攻击陷阱技术是一种主动性网络安全技术，已经逐步取得了用户的认可，其主要应用场景为恶意代码监测、增强抗攻击能力和网络态势感知。

1. 恶意代码监测

对蜜罐节点的网络流量和系统数据进行恶意代码分析，监测异常、隐蔽的网络通信，从而发现高级的恶意代码。

2. 增强抗攻击能力

利用网络攻击陷阱改变网络攻防不对称状况，以虚假目标和信息干扰网络攻击活动，延缓网络攻击，便于防守者采取网络安全应急响应。

3. 网络态势感知

利用网络攻击陷阱和大数据分析技术，获取网络威胁者情报，掌握其攻击方法、攻击行为特征和攻击来源，从而有效地进行网络态势感知。

15.7　入侵容忍及系统生存技术与应用

入侵容忍及系统生存技术是网络安全防御思想的重大变化，其技术目标是实现网络安全弹性，确保网络信息系统具有容侵能力、可恢复能力，保护业务持续运营。本节主要阐述入侵容忍及系统生存技术的原理，分析其应用场景，包括弹性 CA 系统、区块链等。

15.7.1 入侵容忍及系统生存技术原理

如图 15-19 所示，传统的网络信息安全技术中，安全 1.0 理念是把入侵者挡在保护系统之外，安全 2.0 理念是检测网络安全威胁、阻止网络安全威胁、实现网络安全隔离，而安全 3.0 理念是容忍入侵，对网络安全威胁进行响应，使受害的系统具有可恢复性。

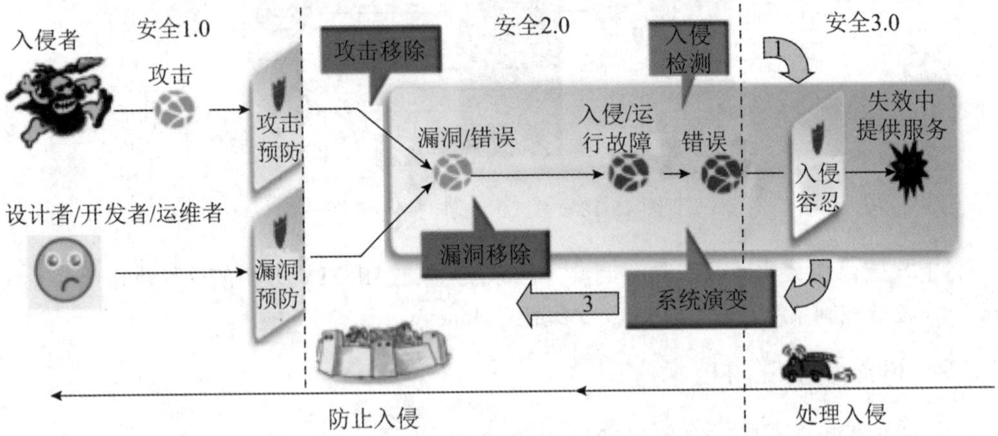

图 15-19 网络信息安全技术理念演变示意图

入侵容忍及系统生存技术的思想是假定在遭受入侵的情况下，保障网络信息系统仍能按用户要求完成任务。据有关资料统计，通信中断 1 小时可以使保险公司损失 2 万美元，使航空公司损失 250 万美元，使投资银行损失 600 万美元。国外研究人员提出生存性 3R 方法，该方法首先将系统划分成不可攻破的安全核和可恢复部分；然后对一定的攻击模式，给出相应的 3R 策略：抵抗（Resistance）、识别（Recognition）和恢复（Recovery），并将系统分为正常服务模式和被黑客利用的入侵模式，给出系统需要重点保护的基本功能服务和关键信息，针对两种模式分析系统的 3R 策略，找出其弱点并改进；最后，根据使用和入侵模式的变化重复以上的过程。3R 方法假定基本服务不可攻破，入侵模式是有限集，维持攻防的动态平衡是生存性的前提。

入侵容忍及系统生存技术主要有分布式共识、主动恢复、门限密码、多样性设计等。其中，分布式共识避免单一缺陷；主动恢复则通过自我清除技术，周期性让系统迁移转变到可信的状态，破坏攻击链条；门限密码则可以用于保护秘密，门限密码算法通常用（n，k）形式表示，n 表示参与者的个数，k 表示门限值（也称为阈值），表示获取秘密最少需要的参与者个数；多样性设计可以避免通用模式的失效，如操作系统的多样性可增强抗网络蠕虫攻击能力。

15.7.2 入侵容忍及系统生存技术应用

入侵容忍及系统生存技术使得系统具有容忍入侵的能力。目前，该技术的思想已经逐步推广应用。下面以弹性 CA 系统和区块链为例说明入侵容忍技术应用。

1. 弹性 CA 系统

CA 私钥是 PKI 系统的安全基础，一旦 CA 私钥泄露，数字证书将无法得到信任。为保护 CA 私钥的安全性，研究人员提出弹性 CA 系统，容忍一台服务器或多台设备遭受入侵时，PKI 系统仍然能够正常运行。其主要技术方法是采用门限密码的技术。通过将私钥 d 分解成若干个数的和，即 $d=d_1+d_2+\cdots+d_t$，再将 d_i 分到第 i 个服务器中去，当需要签名时，客户机将需要的签名信息 Hash 结果 M 发送到这 t 个服务器中，各服务器将计算结果送回客户机，客户机再计算。

2. 区块链

区块链由众多对等的节点组成，利用共识机制、密码算法来保持区块数据和交易的完整性、一致性，形成一个统一的分布式账本。区块链是一个去中心化的分布式数据库，数据安全具有较强的入侵容忍能力。

15.8　隐私保护技术与应用

隐私保护技术是针对个人信息安全保护的重要措施，本节首先阐述隐私保护的类型，然后给出隐私保护技术的原理和应用场景。

15.8.1　隐私保护类型及技术原理

隐私可以分为身份隐私、属性隐私、社交关系隐私、位置轨迹隐私等几大类。各类隐私特性及保护要求如下所述。

1. 身份隐私

身份隐私是指用户数据可以分析识别出特定用户的真实身份信息。身份隐私保护的目标是降低攻击者从数据集中识别出某特定用户的可能性。身份隐私的常用保护方法是对公开的数据或信息进行匿名化处理，去掉与真实用户相关的标识和关联信息，防止用户身份信息泄露。

2. 属性隐私

属性信息是指用来描述个人用户的属性特征，例如用户年龄、用户性别、用户薪水、用户购物史。属性隐私保护的目标是对用户相关的属性信息进行安全保护处理，防止用户敏感属性特征泄露。

3. 社交关系隐私

社交关系隐私是指用户不愿公开的社交关系信息。社交关系隐私保护则是通过对社交关系网中的节点进行匿名处理，使得攻击者无法确认特定用户拥有哪些社交关系。

4. 位置轨迹隐私

位置轨迹隐私是指用户非自愿公开的位置轨迹数据及信息，以防止个人敏感信息暴露。目前，位置轨迹信息的获取来源主要有城市交通系统、GPS 导航、行程规划系统、无线接入点以及打车软件等。对用户位置轨迹数据进行分析，可以推导出用户隐私属性，如私密关系、出行规律、用户真实身份，从而给用户造成伤害。位置轨迹隐私保护的目标是对用户的真实位置和轨迹数据进行隐藏或安全处理，不泄露用户的敏感位置和行动规律给恶意攻击者，从而保护用户安全。

隐私保护技术的目标是通过对隐私数据进行安全修改处理，使得修改后的数据可公开发布而不会遭受隐私攻击。同时，修改后的数据要在保护隐私的前提下最大限度地保留原数据的使用价值。目前，隐私保护的方法主要有 k-匿名方法和差分隐私方法。

1）k-匿名方法

k-匿名方法是 Samarati 和 Sweeney 在 1998 年提出的技术。k-匿名方法要求对数据中的所有元组进行泛化处理，使得其不再与任何人一一对应，且要求泛化后数据中的每一条记录都要与至少 k－1 条其他记录完全一致，如表 15-1 所示。k-匿名方法容易遭受到一致性攻击，研究人员 Machanavajjhala 等人在 k-匿名的基础上，提出了改进，即 1-多样性方法，在任意一个等价类中的每个敏感属性（如“疾病”）至少有 1 个不同的值，从而避免了一致性攻击。

表 15-1 元组泛化示例

	数据：<邮编，出生日期，性别，疾病> 特点	特 点
原数据	<02138，1945 年 7 月 31 日，男，糖尿病>	对应州长一人
泛化后	<021**，1940—1950 年生，男，糖尿病>	可以对应多人

2）差分隐私方法

差分隐私方法是指对保护数据集添加随机噪声而构成新数据集，使得攻击者无法通过已知内容推出原数据集和新数据集的差异，从而保护数据隐私。

目前，隐私保护的常见技术措施有抑制、泛化、置换、扰动、裁剪等。其中，抑制是通过将数据置空的方式限制数据发布；泛化是通过降低数据精度来提供匿名的方法；置换方法改变数据的属主；扰动是在数据发布时添加一定的噪声，包括数据增删、变换等，使攻击者无法区分真实数据和噪声数据，从而对攻击者造成干扰；裁剪是将敏感数据分开发布。

除此之外，密码学技术也用于实现隐私保护。利用加密技术阻止非法用户对隐私数据的未授权访问和滥用。

15.8.2 隐私保护技术应用

根据《信息安全技术 个人信息安全规范》，个人信息是指以电子或者其他方式记录的能够单独或者与其他信息结合识别特定自然人身份或者反映特定自然人活动情况的各种信息。个人信息主要包括姓名、出生日期、身份证件号码、个人生物识别信息、住址、通信联系方式、通信记录和内容、账号密码、财产信息、征信信息、行踪轨迹、住宿信息、健康生理信息、交易信息等。目前，个人信息面临非法收集、滥用、泄露等严重的安全威胁问题。个人信息隐私保护成为重要的网络安全需求，相关的隐私保护技术广泛地应用于个人信息保护中。常见的个人信息保护的应用场景如下。

1. 匿名化处理个人信息

对个人信息采用匿名化处理，使得个人信息主体无法被识别，且处理后的信息不能被复原。例如，将个人信息的姓名和身份证号码更换为星号表示。

2. 对个人信息去标识化处理

对个人信息的主体标识采用假名、加密、Hash 函数等置换处理，使其在不借助额外信息的情况下，无法识别个人信息主体。例如，利用 Hash 函数处理身份证号码，使身份证号码的杂凑值替换原身份证号码，从而避免泄露身份证号码信息。

隐私保护技术除了用于个人信息保护之外，还可以用于保护网络信息系统重要的敏感数据，例如路由器配置文件、系统口令文件。操作系统、数据库等用户口令常用 Hash 函数处理后再保存，以防止泄露。

15.9　网络安全前沿技术发展动向

网络安全新兴技术不断涌现，本节主要阐述网络威胁情报服务、域名服务安全保障、同态加密技术等前沿性网络安全科技和应用。

15.9.1　网络威胁情报服务

网络威胁情报是指有关网络信息系统遭受安全威胁的信息，主要包括安全漏洞、攻击来源 IP 地址、恶意邮箱、恶意域名、攻击工具等。目前，国内外厂商及安全机构都不同程度地提供网络威胁情报服务。

中国反网络病毒联盟（ANVA）主持并建设了网络安全威胁信息共享平台，以方便企业共享威胁信息，如图 15-20 所示。

该平台汇总基础电信运营企业、网络安全企业等各渠道提供的恶意程序、恶意地址、恶意手机号、恶意邮箱等网络安全威胁信息数据。除此之外，网络安全厂商提供开源社区监控、EXP/POC 社区监控、漏洞提交平台监控等网络安全威胁情报服务。其中，开源社区监控是利用关键字自动监控开源社区代码库中的敏感数据；EXP/POC 社区监控通常是监控国内外各大安全社区，如 Exploit-db、Seebug、0day 等，以对用户系统常用软件的 EXP/POC 的漏洞及时预警，及时发现安全风险；漏洞提交平台监控国内外主流漏洞提交平台，如 CVE、国家漏洞库、补天漏洞响应平台、漏洞盒子等发布的漏洞信息，给用户传递最新的热点漏洞和防护技术。

序号	ANVA-BL-PMIP 编号	放马IP地址	放马IP文件MD5	发布时间
1	03120000016960	[illegible]	210f170f38afa8208f32ee25d1ed24f3	2019-10-18
2	03120000016959	[illegible]	2108cec70331a31a4b4b76c4630cb7db	2019-10-18
3	03120000016958	[illegible]	20e039348f27c260554cc8704113352a	2019-10-18
4	03120000016957	[illegible]	20dc5de606a71059244355b1db259312	2019-10-18
5	03120000016956	[illegible]	20da44850a53dcfa0753b94b95d9d7ff	2019-10-18
6	03120000016955	[illegible]	20d1c7da65e50827d52b28ecb1f3018a	2019-10-18
7	03120000016954	[illegible]	20c903a1dd8ec4a9169d7786a9064b40	2019-10-18
8	03120000016953	[illegible]	209a6ada39058ddd037006d0afa66cf5	2019-10-18
9	03120000016952	[illegible]	2085d7468e157835248ecd0e9853ee52	2019-10-18
10	03120000016951	[illegible]	208002ccbde5961dce916ccecb4ba4f9	2019-10-18
11	03120000016950	[illegible]	2065886fce3fbf3aac47543572c8f35e	2019-10-18
12	03120000016949	[illegible]	205d5050b4fc1c8e19a0e8eb6bc5f23d	2019-10-18

图 15-20 网络安全威胁信息共享平台示意图

15.9.2 域名服务安全保障

域名系统（DNS）是逐级授权的分布式数据查询系统，主要完成域名到 IP 地址的翻译转换功能。域名服务体系包括提供域名服务的所有域名系统，分为两大部分、四个环节，即递归域名服务系统，以及由根域名服务系统、顶级域名服务系统和其他各级域名服务系统组成的权威域名解析服务体系，如图 15-21 所示。

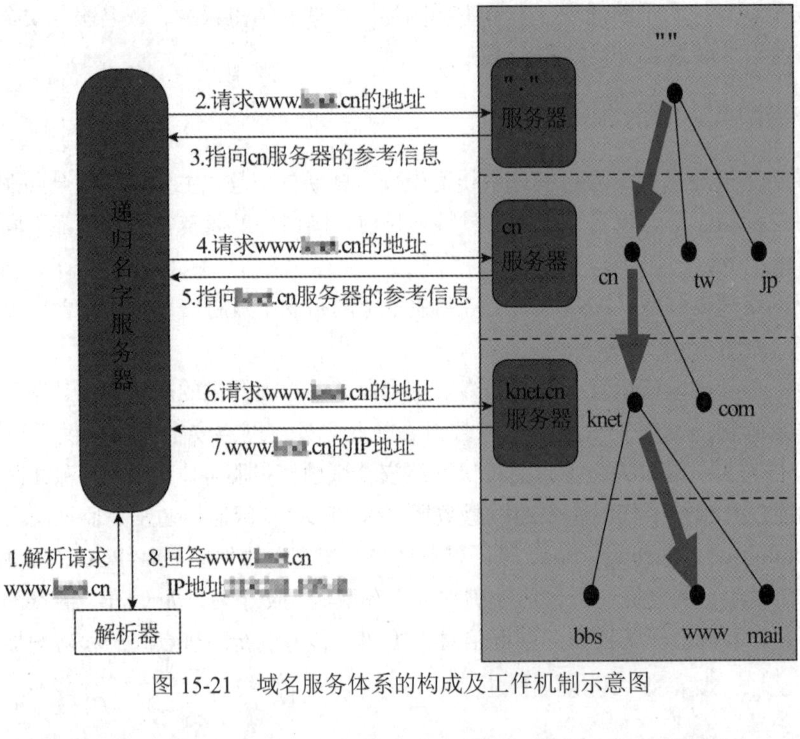

图 15-21 域名服务体系的构成及工作机制示意图

域名服务体系中，根域名服务系统由 ICANN 授权的十三家全球专业域名管理机构提供运营支持，顶级域名服务系统由 ICANN 签约的商业机构或各国政府授权的科研管理机构负责运行维护。二级及二级以下权威域名服务器分散在域名持有者手中，由政府、企事业单位、商业网站、终端网民自我运行或托管在第三方。递归域名服务器一般由各网络接入机构提供。

域名系统是网络空间的中枢神经系统，其安全性影响范围大。某公司曾因域名安全问题而暂停搜索服务。域名服务的常见安全风险阐述如下：

（1）域名信息篡改。域名解析系统与域名注册、WHOIS 等系统相关，任一环节的漏洞都可能被黑客利用，导致域名解析数据被篡改。

（2）域名解析配置错误。权威域名解析服务的主服务器或辅服务器如配置不当，会造成权威解析服务故障。

（3）域名劫持。黑客通过各种攻击手段控制了域名管理密码和域名管理邮箱，然后将该域名的 NS 记录指向黑客可以控制的服务器。

（4）域名软件安全漏洞。域名服务系统软件的漏洞导致域名服务受损。

DNS 域名服务系统是网络正常运行的基础保障。针对 DNS 域名的安全问题。国内外安全厂商及 DNS 服务机构提出了安全解决方案。其中，互联网域名系统北京市工程研究中心有限公司提出了 ZDNS Cloud 解决方案，该方案提供 DNS 托管服务、DNS 灾备服务、流量管理服务和抵抗大规模 DDoS 攻击和 DNS 劫持安全服务。绿盟科技发布了 DNS 域名安全防护产品。威瑞信（VeriSign）公司推出威瑞信可管理型 DNS 服务。

针对 DNS 严重的协议安全漏洞，IETF 提出了 DNSSEC 安全扩展协议（DNS Security Extensions）方案，为 DNS 解析服务提供数据源身份认证和数据完整性验证。

15.9.3　同态加密技术

同态加密是指一种加密函数，对明文的加法和乘法运算再加密，与加密后对密文进行相应的运算，结果是等价的。具有同态性质的加密函数是指两个明文 a、b 满足以下等式条件的加密函数：

$$Dec[En(a) \otimes En(b)] = a \oplus b$$

其中，En 是加密运算，Dec 是解密运算，$\oplus$、$\otimes$ 分别对应明文和密文域上的运算。当 $\oplus$ 代表加法时，称该加密为加同态加密。当 $\otimes$ 代表乘法时，称该加密为乘同态加密。全同态加密指同时满足加同态和乘同态性质，可以进行任意多次加和乘运算的加密函数。

2009 年，IBM 的研究人员 Gentry 设计了一个真正的全同态加密体制，即可以在不解密的条件下对加密数据进行任何可以在明文上进行的运算，从而使得对加密信息仍能进行深入和无限的分析，而不会影响其保密性。利用全同态加密性质，可以委托不信任的第三方对数据进行处理，而不泄露信息。同态加密技术允许将敏感的信息储存在远程服务器里，既避免从本地的主机端发生泄密，又依然保证了信息的使用和搜索。

15.10 本章小结

本章介绍了入侵阻断、软件白名单、网络流量清洗、可信计算、数字水印、网络攻击陷阱、入侵容忍及系统生存、隐私保护等主动性安全保护技术，同时举例说明了这些新技术在实际中的应用。随着网络环境和网络攻击的变化，新的网络安全技术还会不断涌现，本章也对网络安全前沿技术进行了阐述。

第 16 章　网络安全风险评估技术原理与应用

16.1　网络安全风险评估概述

网络安全风险评估是评价网络信息系统遭受潜在的安全威胁所产生的影响。本节主要阐述网络安全风险评估的概念、网络安全风险评估的要素、网络安全风险评估模式。

16.1.1　网络安全风险评估概念

网络安全风险，是指由于网络系统所存在的脆弱性，因人为或自然的威胁导致安全事件发生所造成的可能性影响。网络安全风险评估（简称“网络风险评估”）就是指依据有关信息安全技术和管理标准，对网络系统的保密性、完整性、可控性和可用性等安全属性进行科学评价的过程，评估内容涉及网络系统的脆弱性、网络安全威胁以及脆弱性被威胁者利用后所造成的实际影响，并根据安全事件发生的可能性影响大小来确认网络安全风险等级。简单地说，网络风险评估就是评估威胁者利用网络资产的脆弱性，造成网络资产损失的严重程度。下面举一个例子来理解网络风险评估的概念。某公司的电子商务网站因为存在 RPC DCOM 的漏洞，若遭到黑客入侵，则业务中断 1 天，其网络风险评估的相关内容如表 16-1 所示。

表 16-1　网络安全风险评估示例

评估要素	具体实际参照
资产	电子商务网站
安全威胁	黑客攻击
安全脆弱性	RPC DCOM 漏洞
安全影响	电子商务网站受到入侵，中断运行 1 天

假设网站受到黑客攻击的概率为 0.8，经济影响为 2 万元人民币，则该公司的网站安全风险量化值为 1.6 万元人民币。

一般来说，网络安全风险值可以等价为安全事件发生的概率（可能性）与安全事件的损失的乘积，即 $R=f(E_p, E_v)$。其中，R 表示风险值，E_p 表示安全事件发生的可能性大小，E_v 表示安全事件发生后的损失，即安全影响。

16.1.2 网络安全风险评估要素

网络安全风险评估涉及资产、威胁、脆弱性、安全措施、风险等各个要素，各要素之间相互作用，如图 16-1 所示。资产因为其价值而受到威胁，威胁者利用资产的脆弱性构成威胁。安全措施则对资产进行保护，修补资产的脆弱性，从而降低资产的风险。

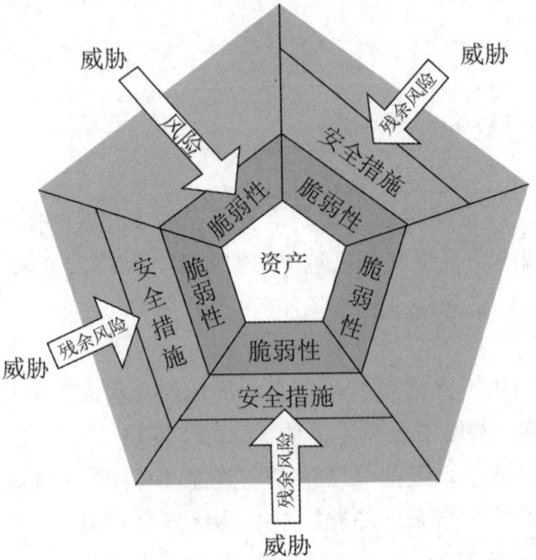

图 16-1 网络安全风险评估各个要素相互作用示意图

16.1.3 网络安全风险评估模式

根据评估方与被评估方的关系以及网络资产的所属关系，风险评估模式有自评估、检查评估与委托评估三种类型。

1. 自评估

自评估是网络系统拥有者依靠自身力量，对自有的网络系统进行的风险评估活动。

2. 检查评估

检查评估由网络安全主管机关或业务主管机关发起，旨在依据已经颁布的安全法规、安全标准或安全管理规定等进行检查评估。

3. 委托评估

委托评估是指网络系统使用单位委托具有风险评估能力的专业评估机构实施的评估活动。

16.2　网络安全风险评估过程

网络安全风险评估工作涉及多个环节，主要包括网络安全风险评估准备、资产识别、威胁识别、脆弱性识别、已有的网络安全措施分析、网络安全风险分析、网络安全风险处置与管理等，如图 16-2 所示。

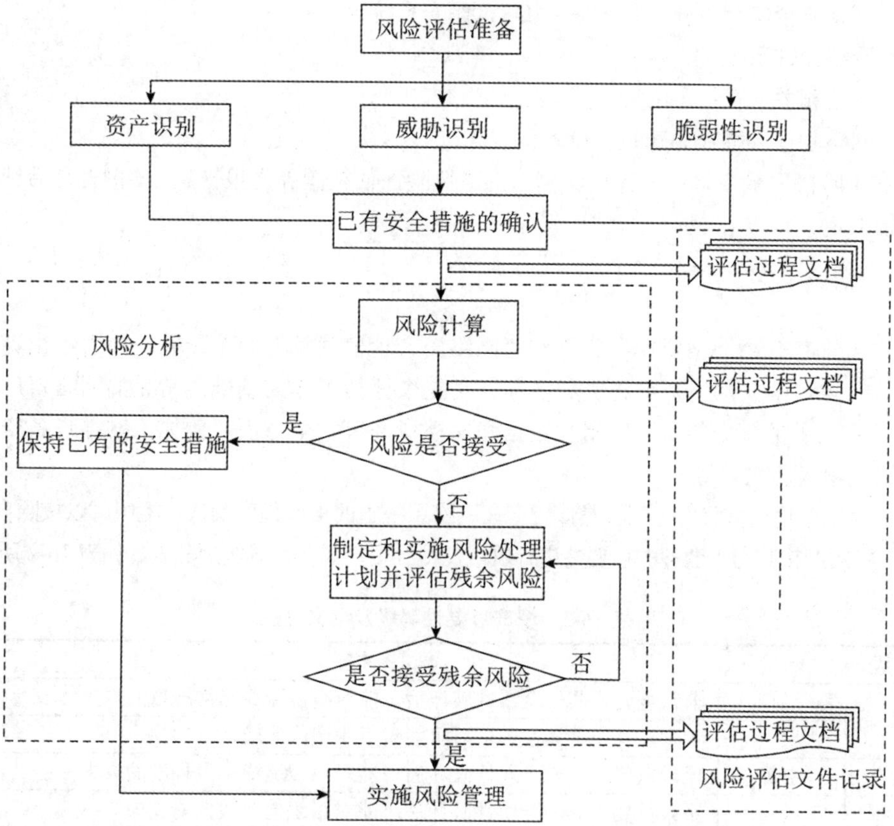

图 16-2　网络安全风险评估工作基本过程示意图

图 16-2 是一个网络风险评估工作的基本过程，相关人员可以根据不同目的和环境，简化或补充各步骤细节。

16.2.1　网络安全风险评估准备

网络安全风险评估准备的首要工作是确定评估对象和范围。正式进行具体安全评估必须首先进行网络系统范围的界定，要求评估者明晰所需要评估的对象。网络评估范围的界定一般包括如下内容：

- 网络系统拓扑结构；
- 网络通信协议；
- 网络地址分配；
- 网络设备；
- 网络服务；
- 网上业务类型与业务信息流程；
- 网络安全防范措施（防火墙、IDS、保安系统等）；
- 网络操作系统；
- 网络相关人员；
- 网络物理环境（如建筑、设备位置）。

在这个阶段，最终将生成评估文档《网络风险评估范围界定报告》，该报告是后续评估工作的范围限定。

16.2.2 资产识别

资产识别包含“网络资产鉴定”和“网络资产价值估算”两个步骤。前者给出评估所考虑的具体对象，确认网络资产种类和清单，是整个评估工作的基础。常见的网络资产主要分为网络设备、主机、服务器、应用、数据和文档资产等六个方面。例如，网络设备资产有交换机、路由器、防火墙等。

“网络资产价值估算”是某一具体资产在网络系统中的重要程度确认。组织可以按照自己的实际情况，将资产按其对于业务的重要性进行赋值，得到资产重要性等级划分表，如表16-2所示。

表16-2 资产重要性等级及含义描述

资产等级	标识	描　述
5	很高	非常重要，其安全属性破坏后可能对组织造成非常严重的损失
4	高	重要，其安全属性破坏后可能对组织造成比较严重的损失
3	中等	比较重要，其安全属性破坏后可能对组织造成中等程度的损失
2	低	不太重要，其安全属性破坏后可能对组织造成较低的损失
1	很低	不重要，其安全属性破坏后可能对组织造成很小的损失，甚至可以忽略不计

网络安全风险评估中，价值估算不是资产的物理实际经济价值，而是相对价值，一般是以资产的三个基本安全属性为基础进行衡量的，即保密性、完整性和可用性。价值估算的结果是由资产安全属性未满足时，对资产自身及与其关联业务的影响大小来决定的。目前，国家信息风险评估标准对资产的保密性、完整性和可用性赋值划分为五级，级别越高表示资产越重要。

表16-3给出了一种资产的保密性赋值参考，按照资产的保密性对组织的影响程度大小决定其数值。

表 16-3　资产保密性赋值

赋值	标识	定　义
5	很高	包含组织最重要的秘密，关系未来发展的前途命运，对组织根本利益有着决定性的影响，如果泄露会造成灾难性的损害
4	高	包含组织的重要秘密，其泄露会使组织的安全和利益遭受严重损害
3	中等	组织的一般性秘密，其泄露会使组织的安全和利益受到损害
2	低	仅能在组织内部或在组织某一部门内部公开的信息，向外扩散有可能对组织的利益造成轻微损害
1	很低	可对社会公开的信息，如公用的信息处理设备和系统资源等

表 16-4 给出了一种资产的完整性赋值参考，按照资产的完整性对组织的影响程度大小决定其数值。

表 16-4　资产完整性赋值

赋值	标识	定　义
5	很高	完整性价值非常关键，未经授权的修改或破坏会对组织造成重大的或无法接受的影响，对业务冲击重大，并可能造成严重的业务中断，难以弥补
4	高	完整性价值较高，未经授权的修改或破坏会对组织造成重大影响，对业务冲击严重，较难弥补
3	中等	完整性价值中等，未经授权的修改或破坏会对组织造成影响，对业务冲击明显，但可以弥补
2	低	完整性价值较低，未经授权的修改或破坏会对组织造成轻微影响，对业务冲击轻微，容易弥补
1	很低	完整性价值非常低，未经授权的修改或破坏对组织造成的影响可以忽略，对业务冲击可以忽略

表 16-5 给出了一种资产的可用性赋值参考，按照资产的可用性对组织的影响程度大小决定其数值。

表 16-5　资产可用性赋值

赋值	标识	定　义
5	很高	可用性价值非常高，合法使用者对业务流程、信息及信息系统的可用度达到年度 99.9%以上，或系统不允许中断
4	高	可用性价值较高，合法使用者对业务流程、信息及信息系统的可用度达到每天 90%以上，或系统允许中断时间小于 10min
3	中等	可用性价值中等，合法使用者对业务流程、信息及信息系统的可用度在正常工作时间达到 70%以上，或系统允许中断时间小于 30min
2	低	可用性价值较低，合法使用者对业务流程、信息及信息系统的可用度在正常工作时间达到 25%以上，或系统允许中断时间小于 60min
1	很低	可用性价值可以忽略，合法使用者对业务流程、信息及信息系统的可用度在正常工作时间低于 25%

16.2.3 威胁识别

威胁识别是对网络资产有可能受到的安全危害进行分析，一般从威胁来源、威胁途径、威胁意图等几个方面来分析，如图16-3所示。

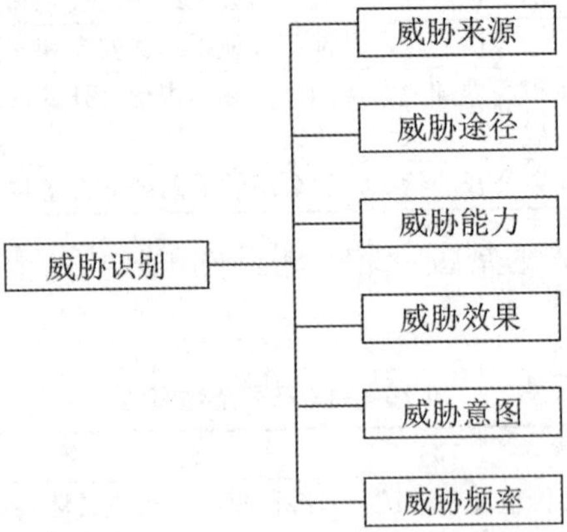

图16-3 网络威胁识别示意图

首先是标记出潜在的威胁源，并且形成一份威胁列表，列出被评估的网络系统面临的潜在威胁源。威胁源按照其性质一般可分为自然威胁和人为威胁，其中自然威胁有雷电、洪水、地震、火灾等，而人为威胁则有盗窃、破坏、网络攻击等。对威胁进行分类的方式有多种，针对以上的威胁来源，可以根据其表现形式对威胁进行分类。《信息安全技术 信息安全风险评估规范（征求意见稿）》给出了一种基于表现形式的威胁分类方法，如表16-6所示。

表16-6 一种基于表现形式的威胁分类

种类	描述	威胁子类
软硬件故障	对业务实施或系统运行产生影响的设备硬件故障、通信链路中断、系统本身或软件缺陷等问题	设备硬件故障、传输设备故障、存储媒体故障、系统软件故障、应用软件故障、数据库软件故障、开发环境故障等
支撑系统故障	由于信息系统依托的第三方平台或者接口相关的系统出现问题	第三方平台故障、第三方接口故障
物理环境影响	对信息系统正常运行造成影响的物理环境问题和自然灾害	断电、静电、灰尘、潮湿、温度、鼠蚁虫害、电磁干扰、洪灾、火灾、地震等
无作为或操作失误	应该执行而没有执行相应的操作，或无意执行了错误的操作	维护错误、操作失误等
管理不到位	安全管理无法落实或不到位，从而破坏信息系统正常有序运行	管理制度和策略不完善、管理规程缺失、职责不明确、监督控管机制不健全等
恶意代码	故意在计算机系统上执行恶意任务的程序代码	病毒、特洛伊木马、蠕虫、陷门、间谍软件、窃听软件等

续表

种　类	描　　述	威　胁　子　类
越权或滥用	通过采用一些措施，超越自己的权限访问了本来无权访问的资源，或者滥用自己的权限，做出破坏信息系统的行为	非授权访问网络资源、非授权访问系统资源、滥用权限非正常修改系统配置或数据、滥用权限泄露秘密信息等
网络攻击	利用工具和技术通过网络对信息系统进行攻击和入侵	网络探测和信息采集、漏洞探测、嗅探（账户、口令、权限等）、用户身份伪造和欺骗、用户或业务数据的窃取和破坏、系统运行的控制和破坏等
物理攻击	通过物理的接触造成对软件、硬件、数据的破坏	物理接触、物理破坏、盗窃等
泄密	信息泄露给不应了解的他人	内部信息泄露、外部信息泄露等
篡改	非法修改信息，破坏信息的完整性使系统的安全性降低或信息不可用	篡改网络配置信息、篡改系统配置信息、篡改安全配置信息、篡改用户身份信息或业务数据信息等
抵赖	不承认收到的信息和所作的操作和交易	原发抵赖、接收抵赖、第三方抵赖等
供应链问题	由于信息系统开发商或者支撑的整个供应链出现问题	供应商问题、第三方运维问题等
网络流量不可控	由于信息系统部署在云计算平台或者托管在第三方机房，导致系统运行或者对外服务中产生的流量被获取，进而导致部分敏感数据泄露	数据外泄等
过度依赖	由于过度依赖开发商或者运维团队，导致业务系统变更或者运行，对服务商过度依赖	开发商过度依赖、运维服务商过度依赖、云服务商过度依赖等
司法管辖	在使用云计算或者其他技术时，数据存放位置不可控，导致数据存在境外数据中心，数据和业务的司法管辖关系发生改变	司法管辖
数据残留	云计算平台数据无法验证是否删除，物联网相关智能电表、智能家电等数据存在设备中或者服务提供商处	数据残留
事件管控能力不足	安全事件的感知能力不足，安全事件发生后的响应不及时、不到位	感知能力不足、响应能力不足、技术支撑缺乏、缺少专业支持
人员安全失控	违背人员的可用性、人员误用，非法处理数据，安全意识不足，因好奇、自负、情报等原因产生的安全问题	专业人员缺乏、不合适的招聘、安全培训缺乏、违规使用设备、安全意识不足、信息贿赂、输入伪造或措施数据、窃听、监视机制不完善、网络媒体滥用
隐私保护不当	个人用户信息收集后，保护措施不到位，数据保护算法不透明，已被黑客攻破	保护措施缺乏、无效，数据保护算法不当
恐怖活动	敏感及特殊时期，遭受到或带有政治色彩的攻击，导致信息战、系统攻击、系统渗透、系统篡改	高级持续性威胁攻击，邮件勒索，政治获益，报复，媒体负面报道
行业间谍	诸如情报公司、外国政府、其他政府为竞争优势、经济效益而产生的信息被窃取、个人隐私被入侵、社会工程事件等问题	信息被窃取、个人隐私被入侵、社会工程事件

威胁途径是指威胁资产的方法和过程步骤，威胁者为了实现其意图，会使用各种攻击方法和工具，如计算机病毒、特洛伊木马、蠕虫、漏洞利用和嗅探程序。通过各种方法的组合，完成威胁实施。图16-4是关于口令威胁途径的分析。

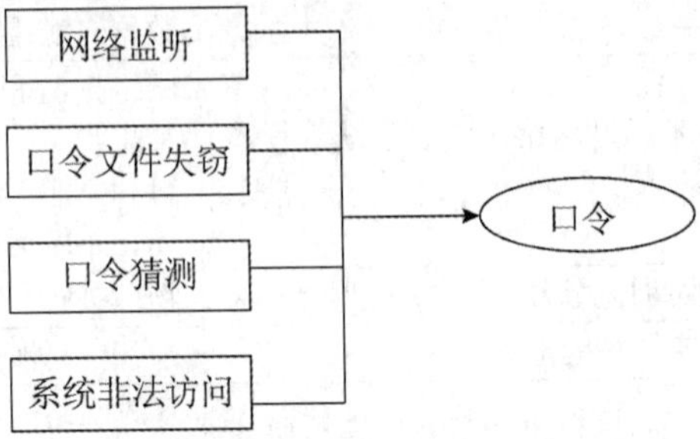

图16-4　口令威胁途径示意图

威胁效果是指威胁成功后，给网络系统造成的影响。一般来说，威胁效果抽象为三种：非法访问、欺骗、拒绝服务。例如最早的拒绝服务是“电子邮件炸弹”，它能使用户在很短的时间内收到大量电子邮件，使用户系统不能处理正常业务，严重时会使系统崩溃、网络瘫痪。

威胁意图是指威胁主体实施威胁的目的。根据威胁者的身份，威胁意图可以分为挑战、情报信息获取、恐怖主义、经济利益和报复。

威胁频率是指出现威胁活动的可能性。一般通过已经发生的网络安全事件、行业领域统计报告和有关的监测统计数据来判断出现威胁活动的频繁程度。例如，通过IDS和安全日志分析，可以掌握某些威胁活动出现的可能性。

可以对威胁出现的频率进行等级化处理，不同等级分别代表威胁出现的频率的高低。等级数值越大，威胁出现的频率越高。《信息安全技术 信息安全风险评估规范（征求意见稿）》给出了一种威胁出现频率的赋值方法，如表16-7所示。

表16-7　威胁频率赋值

等级	标识	定　义
5	很高	出现的频率很高（或≥1 次/周）；或在大多数情况下几乎不可避免；或可以证实经常发生过
4	高	出现的频率较高（或≥1 次/月）；或在大多数情况下很有可能会发生；或可以证实多次发生过
3	中等	出现的频率中等（或>1 次/半年）；或在某种情况下可能会发生；或被证实曾经发生过
2	低	出现的频率较小；或一般不太可能发生；或没有被证实发生过
1	很低	威胁几乎不可能发生，仅可能在非常罕见和例外的情况下发生

威胁的可能性赋值通过结合威胁发生的来源、威胁所需要的能力、威胁出现的频率等综合分析而得出判定。表16-8提供了一种威胁可能性的赋值方法。

表 16-8 威胁可能性赋值

等 级	标 识	定 义
5	很高	威胁成功发生的可能性极大
4	高	威胁成功发生的可能性较大
3	中等	威胁成功发生的可能性较小
2	低	威胁成功发生的可能性极小
1	很低	威胁成功发生的可能性几乎为零

16.2.4 脆弱性识别

脆弱性识别是指通过各种测试方法，获得网络资产中所存在的缺陷清单，这些缺陷会导致对信息资产的非授权访问、泄密、失控、破坏或不可用、绕过已有的安全机制，缺陷的存在将会危及网络资产的安全。

一般来说，脆弱性识别以资产为核心，针对每一项需要保护的资产，识别可能被威胁利用的弱点，并对脆弱性的严重程度进行评估。脆弱性识别的依据是网络安全法律法规政策、国内外网络信息安全标准以及行业领域内的网络安全要求。网络安全法律法规政策用于评估资产所在地的法律合规性风险。《商用密码管理条例》规定国家对商用密码产品的科研、生产、销售和使用实行专控管理。而欧盟《通用数据保护条例》（General Data Protection Regulation，GDPR）要求任何收集、传输、保留或处理涉及欧盟所有成员国内的个人信息的机构组织受该条例的约束。国内外网络信息安全标准则用于从国际、国内两个维度评估资产的风险状况。例如，OWASP Top 10 可以作为 Web 应用程序的漏洞评估参考标准；CVE、CWE、CNNVD、CNVD 等用作评估资产存在的漏洞情况。PCI DSS（Payment Card Industry Data Security Standards）用于国际上评估支付卡工业数据安全。

对不同环境中的相同弱点，其脆弱性的严重程度是不同的，评估工作人员应从组织安全策略的角度考虑，判断资产的脆弱性及其严重程度。目前，国际上通用安全漏洞评分参考标准是 CVSS （Common Vulnerability Scoring System）；CWE Top 25 可以评估软件漏洞安全等级。脆弱性识别所采用的方法主要有漏洞扫描、人工检查、问卷调查、安全访谈和渗透测试等。我国《信息安全技术 信息安全风险评估规范（征求意见稿）》给出了一种脆弱性严重程度的赋值方法，如表 16-9 所示。

表 16-9 脆弱性严重程度赋值

等级	标识	定 义
5	很高	脆弱性可利用性很高，如果被威胁利用，将对业务和资产造成完全损害
4	高	脆弱性可利用性高或很高，如果被威胁利用，将对业务和资产造成重大损害
3	中等	脆弱性可利用性较高、高或很高，如果被威胁利用，将对业务和资产造成一般损害
2	低	脆弱性可利用性一般、较高、高或很高，如果被威胁利用，将对业务和资产造成较小损害
1	很低	脆弱性可利用性低、一般、较高、高或很高，如果被威胁利用，将对业务和资产造成的损害可以忽略

脆弱性评估工作又可分为技术脆弱性评估和管理脆弱性评估。

- 技术脆弱性评估。技术脆弱性评估主要从现有安全技术措施的合理性和有效性方面进行评估。
- 管理脆弱性评估。管理脆弱性评估从网络信息安全管理上分析评估存在的安全弱点，并标识其严重程度。安全管理脆弱性评估主要是指对组织结构、人员配备、安全意识、教育培训、安全操作、设备管理、应急响应、安全制度等方面进行合理性、必要性评价，其目的在于确认安全策略的执行情况。

16.2.5 已有安全措施确认

对评估对象已采取的各种预防性和保护性安全措施的有效性进行确认，评估安全措施能否防止脆弱性被利用，能否抵御已确认的安全威胁。

16.2.6 网络安全风险分析

网络安全风险分析是指在资产评估、威胁评估、脆弱性评估、安全管理评估、安全影响评估的基础上，综合利用定性和定量的分析方法，选择适当的风险计算方法或工具确定风险的大小与风险等级，即对网络系统安全管理范围内的每一个网络资产因遭受泄露、修改、不可用和破坏所带来的任何影响做出一个风险测量的列表，以便识别与选择适当和正确的安全控制方式。通过分析所评估的数据，进行风险值计算。网络安全风险分析的过程如图16-5所示。

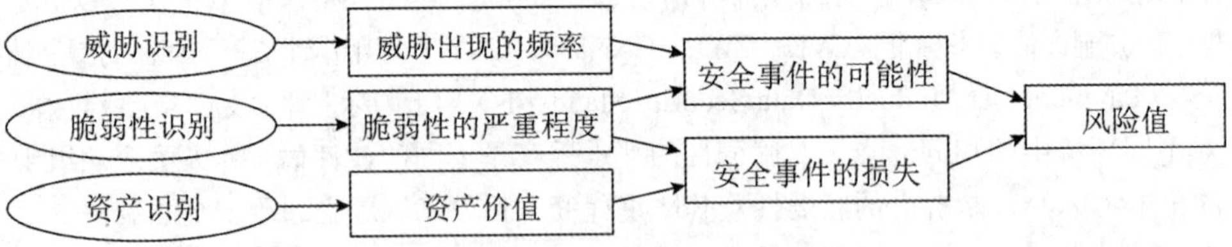

图16-5 网络安全风险分析示意图

1. 网络安全风险分析步骤

网络安全风险分析的主要步骤如下：

步骤一，对资产进行识别，并对资产的价值进行赋值。

步骤二，对威胁进行识别，描述威胁的属性，并对威胁出现的频率赋值。

步骤三，对脆弱性进行识别，并对具体资产的脆弱性的严重程度赋值。

步骤四，根据威胁及威胁利用脆弱性的难易程度判断安全事件发生的可能性。

步骤五，根据脆弱性的严重程度及安全事件所作用的资产的价值计算安全事件的损失。

步骤六，根据安全事件发生的可能性以及安全事件出现后的损失，计算安全事件一旦发生对组织的影响，即网络安全风险值。其中，安全事件损失是指确定已经鉴定的资产受到损害所带来的影响。一般情况下，其影响主要从以下几个方面来考虑：

- 违反了有关法律或规章制度；
- 对法律实施造成了负面影响；
- 违反社会公共准则，影响公共秩序；
- 危害公共安全；
- 侵犯商业机密；
- 影响业务运行；
- 信誉、声誉损失；
- 侵犯个人隐私；
- 人身伤害；
- 经济损失。

2. 网络安全风险分析方法

网络安全风险值的计算方法主要有定性计算方法、定量计算方法、定性和定量综合计算方法。

1）定性计算方法

定性计算方法是将风险评估中的资产、威胁、脆弱性等各要素的相关属性进行主观评估，然后再给出风险计算结果。例如，资产的保密性赋值评估为：很高、高、中等、低、很低；威胁的出现频率赋值评估为：很高、高、中等、低、很低；脆弱性的严重程度赋值评估为：很高、高、中等、低、很低；定性计算方法给出的风险分析结果是：无关紧要、可接受、待观察、不可接受。

2）定量计算方法

定量计算方法是将资产、威胁、脆弱性等量化为数据，然后再进行风险的量化计算，通常以经济损失、影响范围大小等进行呈现。但是实际上资产、威胁、脆弱性、安全事件损失难以用数据准确地量化，因而完全的定量计算方法不可行。定量计算方法的输出结果是一个风险数值。

3）综合计算方法

综合计算方法结合定性和定量方法，将风险评估的资产、威胁、脆弱性、安全事件损失等各要素进行量化赋值，然后选用合适的计算方法进行风险计算。例如，脆弱性的严重程度量化赋值评估为：5（很高）、4（高）、3（中等）、2（低）、1（很低）。综合计算方法的输出结果是一个风险数值，同时给出相应的定性结论。

3. 网络安全风险计算方法

风险计算一般有相乘法或矩阵法。

1）相乘法

相乘法是将安全事件发生的可能性与安全事件的损失进行相乘运算得到风险值。参照《信息安全技术　信息安全风险评估规范》，以资产 A1 为例使用相乘法来计算出网络安全风险值。约定使用计算公式 $z = f(x,\ y) = \sqrt{xy}$ ，并对 z 的计算值进行四舍五入取整得到最终值。基于相乘法计算风险值的过程描述如下。

（1）假设资产 A1 的风险值计算输入信息，具体如下：

资产价值： A1=4。

威胁发生频率： T1=1。

脆弱性严重程度： 脆弱性 V1=3。

（2）使用相乘法计算的过程，具体如下：

步骤一，计算安全事件发生的可能性。

输入：威胁发生频率：T1=1，脆弱性严重程度： 脆弱性 V1=3。

输出：安全事件发生的可能性 $z = f(x, y) = \sqrt{1\times3} = \sqrt{3}$ 。

步骤二，计算安全事件的损失。

输入：资产价值： A1=4，脆弱性严重程度： 脆弱性 V1=3。

输出：安全事件的损失 $z = f(x, y) = \sqrt{4\times3} = \sqrt{12}$ 。

步骤三，计算安全风险值。

输入：安全事件发生的可能性 $\sqrt{3}$ ，安全事件的损失 $\sqrt{12}$ 。

输出：安全事件风险值 $\sqrt{3}\times\sqrt{12} = \sqrt{36} = 6$ 。

2）矩阵法

矩阵法是指通过构造一个二维矩阵，形成安全事件发生的可能性与安全事件的损失之间的二维关系。参照《信息安全技术 信息安全风险评估规范》，以资产 A1 为例使用矩阵法来计算出网络安全风险值。基于矩阵法计算风险值的过程描述如下。

（1）假设资产 A1 的风险值计算输入信息，具体如下：

资产价值： A1=2。

威胁发生频率： T1=2。

脆弱性严重程度： 脆弱性 V1=2。

（2）使用矩阵法计算的过程，具体如下：

步骤一，计算安全事件发生的可能性。

构建安全事件发生可能性矩阵，如表 16-10 所示。

表 16-10 安全事件发生可能性矩阵

威胁发生频率 \ 脆弱性严重程度	1	2	3	4	5
1	2	4	7	11	14
2	3	6	10	13	17
3	5	9	12	16	20
4	7	11	14	18	22
5	8	12	17	20	25

根据威胁发生频率值和脆弱性严重程度值在矩阵中进行对照，确定安全事件发生的可能性值=6。

步骤二，安全事件发生可能性等级划分。

建立安全事件发生可能性等级划分表，对计算得到的安全事件发生可能性进行等级划分，如表 16-11 所示，对照确定安全事件发生可能性等级值=2。

表 16-11　安全事件发生可能性等级划分

安全事件发生的可能性值	1～5	6～11	12～16	17～21	22～25
发生可能性等级	1	2	3	4	5

步骤三，计算安全事件的损失。

构建安全事件损失矩阵，如表 16-12 所示。

表 16-12　安全事件损失矩阵

资产价值＼脆弱性严重程度	1	2	3	4	5
1	2	4	6	10	13
2	3	5	9	12	16
3	4	7	11	15	20
4	5	8	14	19	22
5	6	10	16	21	25

根据资产价值和脆弱性严重程度值在矩阵中进行对照，确定安全事件损失值=5。

步骤四，划分安全事件损失等级。

建立安全事件损失等级划分表，对计算得到的安全事件损失值进行等级划分，如表 16-13 所示，对照确定安全事件损失等级值=1。

表 16-13　安全事件损失等级划分

安全事件损失值	1～5	6～10	11～15	16～20	21～25
安全事件损失等级	1	2	3	4	5

步骤五，计算风险值。

首先构建风险矩阵，如表 16-14 所示。然后，根据上面已经计算出的结果，即安全事件发生可能性等级值=2，安全事件损失等级值=1，对照风险矩阵表查询，确定安全事件风险值=6。

表 16-14　风险矩阵

损失等级＼发生可能性等级	1	2	3	4	5
1	3	6	9	12	16
2	5	8	11	15	18
3	6	9	13	17	21
4	7	11	16	20	23
5	9	14	20	23	25

步骤六，结果判定。

首先建立风险等级划分表，如表16-15所示。然后，对照风险等级划分表查询，确定风险等级为2。

表16-15 风险等级划分

风险值	1～5	6～10	11～15	16～20	21～25
风险等级	1	2	3	4	5

步骤七，输出。

根据计算得出资产A1的风险值=6， 风险等级为2。

16.2.7 网络安全风险处置与管理

针对网络系统所存在的各种风险，给出具体的风险控制建议，其目标在于降低网络系统的安全风险。

对不可接受的相关风险，应根据导致该风险的脆弱性制定风险处理计划。风险处理计划中明确应采取的弥补弱点的安全措施、预期效果、实施条件、进度安排、责任部门等。安全措施的选择从管理与技术两个方面考虑。安全措施的选择与实施参照信息安全的相关标准进行。目前，网络安全风险管理的控制措施主要有以下十大类：

- 制订明确安全策略；
- 建立安全组织；
- 实施网络资产分类控制；
- 加强人员安全管理；
- 保证物理实体和环境安全；
- 加强安全通信运行；
- 采取访问控制机制；
- 进行安全系统开发与维护；
- 保证业务持续运行；
- 遵循法律法规、安全目标一致性检查。

为确保安全措施的有效性，一般要进行再评估，以判断实施安全措施后的风险是否已经降低到可接受的水平。残余风险的评估可按照风险评估流程实施，也可做适当裁减。安全措施的实施是以减少脆弱性或降低安全事件发生可能性为目标的，因此，残余风险的评估从脆弱性评估开始，在对照安全措施实施前后的脆弱性状况后，再次计算风险值的大小。某些风险可能在选择了适当的安全措施后，残余风险的结果仍处于不可接受的风险范围内，应考虑是否接受此风险或进一步增加相应的安全措施。

16.3　网络安全风险评估技术方法与工具

本节给出网络安全风险评估的技术方法，主要包括资产信息收集、网络拓扑发现、漏洞扫描、人工检查、安全渗透测试等。

16.3.1　资产信息收集

资产信息收集是网络安全风险评估的重要工作之一。通过调查表形式，查询资产登记数据库，对被评估的网络信息系统的资产信息进行收集，以掌握被评估对象的重要资产分布，进而分析这些资产所关联的业务、面临的安全威胁及存在的安全脆弱性。如图 16-6 所示，利用工具 Asset Panda 对相关 IT 资产进行管理。

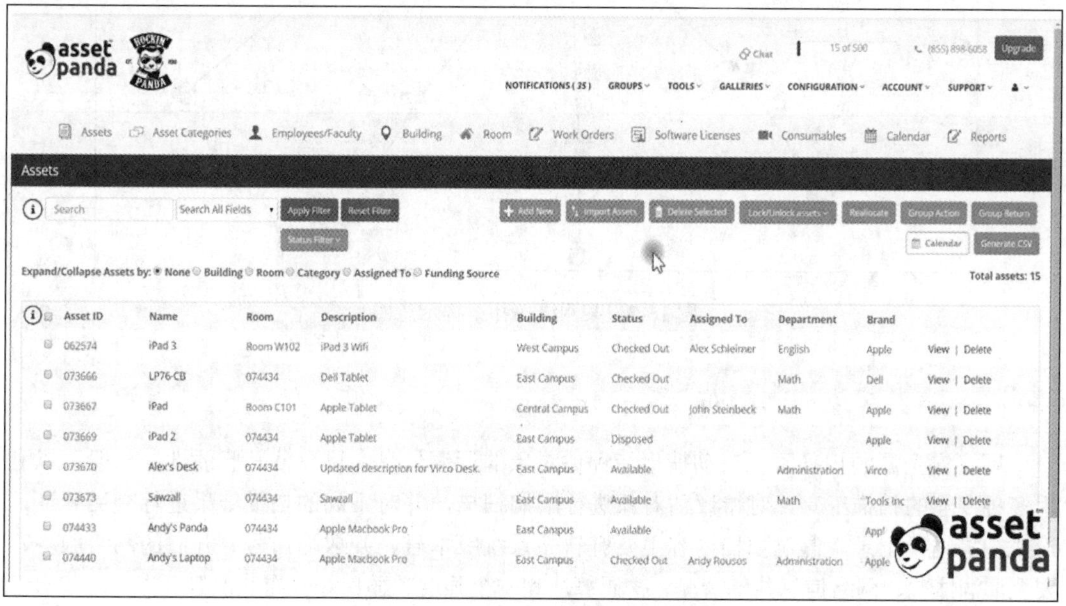

图 16-6　Asset Panda 资产管理示意图

16.3.2　网络拓扑发现

网络拓扑发现工具用于获取被评估网络信息系统的资产关联结构信息，进而获取资产信息。常见的网络拓扑发现工具有 ping、traceroute 以及网络管理综合平台。如图 16-7 所示，利用网管系统生成网络拓扑结构。通过网络拓扑结构图，可以方便地掌握网络重要资产的分布状况及相互关联情况。

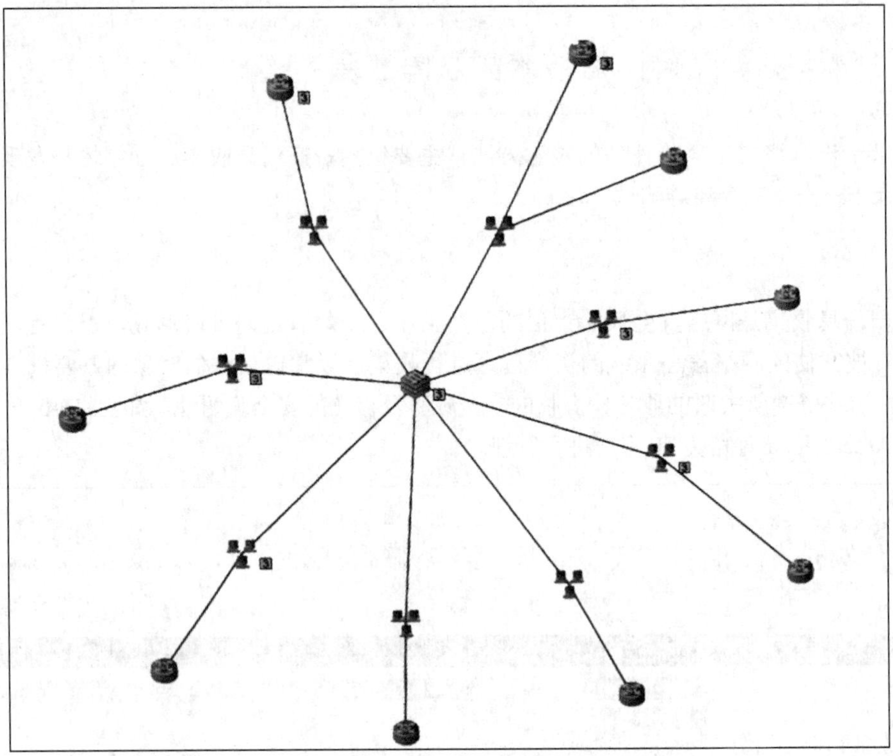

图 16-7　某网络拓扑结构示意图

16.3.3　网络安全漏洞扫描

网络安全漏洞扫描可以自动搜集待评估对象的漏洞信息，以评估其脆弱性。一般可以利用多种专业的扫描工具，对待评估对象进行漏洞扫描，并对不同的扫描结果进行交叉验证，形成扫描结果记录。漏洞扫描内容主要有软件系统版本号、开放端口号、开启的网络服务、安全漏洞情况、网络信息共享情况、密码算法和安全强度、弱口令分布状况等。

目前，进行漏洞扫描的工具有许多，常用的扫描工具如下：

- 端口扫描工具，如 Nmap（开源）。
- 通用漏洞扫描工具，如 X-Scan（开源）、绿盟极光（商用）、启明星辰天镜脆弱性扫描与管理系统（商用）、Nessus（开源）等。
- 数据库扫描，如 SQLMap（开源）、Pangolin（开源）等。
- Web 漏洞扫描，如 AppScan（商用）、Acunetix Web Vulnerability Scanner（商用）等。

16.3.4　人工检查

人工检查是通过人直接操作评估对象以获取所需要的评估信息。一般进行人工检查前，要事先设计好“检查表（CheckList）”，然后评估工作人员按照“检查表”进行查找，以发现系统中的网络结构、网络设备、服务器、客户机等所存在的漏洞和威胁。为了做好评估依据，所有的检查操作应有书面的记录材料。表 16-16 是关于客户 PC 的安全检查表。

表 16-16　客户 PC 的安全检查

编号	检 查 项 目	检 查 结 果
1	客户机是否设置开机保护口令	□ 是 □ 不是
2	客户机是否提供远程访问服务	□ 是 □ 不是
3	客户机是否安装杀毒软件	□ 是 □ 不是
4	客户机是否启用审计日志	□ 是 □ 不是
5	客户机是否默认共享硬盘	□ 是 □ 不是
6	客户机的病毒库是否最新	□ 是 □ 不是
7	客户机是否安装最新补丁包	□ 是 □ 不是
8	客户机是否允许用户自行安装软件包	□ 是 □ 不是
9	客户机是否允许用户从光盘启动	□ 是 □ 不是
10	客户机是否定期安全检查	□ 是 □ 不是

目前，常用的安全基线类型有操作系统、数据库、网络设备、移动设备、应用软件等，其参考标准是 CIS（Center for Internet Security）。

16.3.5　网络安全渗透测试

网络安全渗透测试是指在获得法律授权后，模拟黑客攻击网络系统，以发现深层次的安全问题。其主要工作有目标系统的安全漏洞发现、网络攻击路径构造、安全漏洞利用验证等。常见的渗透测试集成工具箱有 BackTrack 5、Metasploit、Cobalt Strike 等。其中，Cobalt Strike 是一个商业化渗透平台，提供网络敌手仿真和渗透操作。口令破解工具有 John the Ripper、朔雪、brutus-aet2、Cain and Abel 等。Web 应用系统安全分析工具，如 Webscarab、AppScan 等。

16.3.6　问卷调查

问卷调查采用书面的形式获得被评估信息系统的相关信息，以掌握信息系统的基本安全状况。问卷调查一般根据调查对象进行分别设计，问卷包括管理类和技术类。管理调查问卷涵盖安全策略、安全组织、资产分类和控制、人员安全、业务连续性等，管理调查问卷主要针对管理者、操作人员；而技术调查问卷主要包括物理和环境安全、网络通信、系统访问控制和系统开发与维护，调查对象是 IT 技术人员。表 16-17 是一个关于自我安全意识的调查。

表 16-17　自我安全意识调查

编号	调 查 项 目	答 案 选 择
1	你选用的计算机口令长度小于 8 个字符	□ 是 □ 不是 □不知道
2	你选用的计算机口令字符全是数字或英文字母	□ 是 □ 不是 □不知道
3	你是否把门牌号作为计算机口令	□ 是 □ 不是 □不知道

续表

编号	调　查　项　目	答 案 选 择
4	你是否把电话号码或手机号作为计算机口令	□ 是 □ 不是 □不知道
5	你的计算机是否设置了开机启动口令	□ 是 □ 不是 □不知道
6	当不用计算机时，你是否设置屏幕保护口令	□ 是 □ 不是 □不知道
7	你的计算机是否安装防病毒软件	□ 是 □ 不是 □不知道
8	你的计算机是否安装最新的补丁软件	□ 是 □ 不是 □不知道
9	你是否及时更新计算机病毒库	□ 是 □ 不是 □不知道
10	收到电子邮件附件时，你是否立即点击打开	□ 是 □ 不是 □不知道
11	从网上下载文件，是否使用杀毒工具检查	□ 是 □ 不是 □不知道

16.3.7 网络安全访谈

安全访谈通过安全专家和网络系统的使用人员、管理人员等相关人员进行直接交谈，以考查和证实对网络系统安全策略的实施、规章制度的执行和管理与技术等一系列情况。

16.3.8 审计数据分析

审计数据分析通常用于威胁识别，审计分析的作用包括侵害行为检测、异常事件监测、潜在攻击征兆发觉等。审计数据分析常常采用数据统计、特征模式匹配等多种技术，从审计数据中寻找安全事件有关信息。下面举一个例子，某网站服务器上的访问日志出现大量类似如下的 HTTP 请求：

```
"GET/default.ida?NNNNNNNNNNNNNNNNNNNNNNNNNNNNNNNNNNNNNNNNNNNNNNNNNNNNNN
NNNNNNNNNNNNNNNNNNNNNNNNNNNNNNNNNNNNNNNNNNNNNNNNNNNNNNNNNNNNNNNNNNNNNNNNNNN
NNNNNNNNNNNNNNNNNNNNNNNNNNNNNNNNNNNNNNNNNNNNNNNNNNNNNNNNNNNNNNNNNNNNNNNNNNN
NNNNNNNNNNNNNNNNNNNN%u9090%u6858%ucbd3%u7801%u9090%u6858%ucbd3%u7801%u9090%
u6858%ucbd3%u7801%u9090%u9090%u8190%u00c3%u0003%u8b00%u531b%u53ff%u0078%u00
00%u00=a HTTP/1.0"
```

根据这些日志信息，我们可以推断该网站受到红色蠕虫攻击。

由于网络安全审计数据量大，网络安全风险评估人员需要借助专用工具来查询审计数据。常用于审计数据的分析工具有 grep、Log Parser 等。

16.3.9 入侵监测

入侵监测是威胁识别的重要技术手段。网络安全风险评估人员将入侵监测软件或设备接入待评估的网络中，然后采集评估对象的威胁信息和安全状态。入侵监测软件和设备有许多，按照其用途来划分，可粗略分成主机入侵监测、网络入侵监测、应用入侵监测。常用于进行入侵监测的工具和系统如下：

- 网络协议分析器，如 Tcpdump、Wireshark；

- 入侵检测系统，如开源入侵检测系统 Snort、Suricata、Bro；
- Windows 系统注册表监测，如 regedit；
- Windows 系统安全状态分析，如 Process Explorer、Autoruns、Process Monitor 等；
- 恶意代码检测，如 RootkitRevealer、ClamAV；
- 文件完整性检查，如 Tripwire、MD5sum。

16.4 网络安全风险评估项目流程和工作内容

本节阐述网络安全风险评估项目的主要工作流程和内容，包括评估工程前期准备、评估方案设计与论证、评估方案实施、评估报告撰写、评估结果评审与认可等。

16.4.1 评估工程前期准备

风险评估需求调查是评估工程后续工作开展的前提，其内容包括评估对象确定、评估范围界定、评估的粒度和评估的时间等，在评估工作开始前一定要签订合同和保密协议，以避免纠纷。由于风险评估活动涉及单位的不同领域和人员，需要多方面的协调，必要的、充分的准备是风险评估成功的关键。评估前期准备工作至少包括以下内容：

- 确定风险评估的需求目标，其中包括评估对象确定、评估范围界定、评估的粒度和评估的时间等；
- 签订合同和保密协议；
- 成立评估工作组；
- 选择评估模式。

16.4.2 评估方案设计与论证

评估方案设计依据被评估方的安全需求来制定，需经过双方讨论并论证通过后方可进行下一步工作。评估方案设计主要是确认评估方法、评估人员组织、评估工具选择、预期风险分析、评估实施计划等内容。为确保评估方案的可行性，评估工作小组应组织相关人员讨论，听取各方意见，然后修改评估方案，直至论证通过。

16.4.3 评估方案实施

在评估方案论证通过后，才能组织相关人员对方案进行实施。评估方案实施内容主要包括评估对象的基本情况调查、安全需求挖掘以及确定具体操作步骤，评估实施过程中应避免改变系统的任何设置或必须备份系统原有的配置，并书面记录操作过程和相关数据。工作实施应必须有工作备忘录，内容包括评估环境描述、操作的详细过程记录、问题简要分析、相关测试数据保存等。敏感系统的测试，参加评估实施的人员要求至少两人，且必须领导签字批准。

16.4.4 风险评估报告撰写

根据评估实施情况和所搜集到的信息，如资产评估数据、威胁评估数据、脆弱性评估数据等，完成评估报告撰写。评估报告是风险评估结果的记录文件，是组织实施风险管理的主要依据，是对风险评估活动进行评审和认可的基础资料，因此，报告必须做到有据可查。报告内容一般主要包括风险评估范围、风险计算方法、安全问题归纳及描述、风险级数、安全建议等。风险评估报告还可以包括风险控制措施建议、残余风险描述等。网络风险评估报告由绪论、安全现状描述、资产评估、脆弱性评估、安全管理评估、评估总结和建议组成。其中，绪论包括术语和定义、评估内容、评估流程、评估数据来源和评估参考依据；安全现状描述则是给出网络组成说明、网络拓扑结构、关键设备和网络服务、当前网络安全防范措施；资产评估列出网络系统中的软硬件清单，如路由器、交换机、网络服务、操作系统、数据库、主机等，并对资产给出重要性评价；脆弱性评估则是给出网络系统所面临的威胁，包括威胁来源、威胁途径、威胁方式、威胁后果等；安全管理评估则是从安全操作流程、设备管理、人员管理、安全制度、应急响应能力、行政控制手段等方面对网络系统的安全问题进行分析评价，分析其存在的不足；评估总结和建议是风险评估报告的最后部分，这一部分内容主要是把网络系统的安全问题进行归类，并说明各类安全问题的轻重和应采取的安全对策。

16.4.5 评估结果评审与认可

最高管理层或其委托的机构应组织召开评估工作结束会议，总结评估工作，对风险评估活动进行评审，以确保风险评估活动的适宜、充分和有效。评估认可是单位最高管理者或上级主管机关对风险评估结果的验收，是本次风险评估活动结束的标志。评估项目负责方应将评估工作经验形成书面文字材料，一并把评估数据、评估方案、评估报告等相关文档备案处理。

16.5 网络安全风险评估技术应用

网络安全风险评估是网络信息系统安全保障的重要工作之一，其作用是“知己知彼”，主动掌握网络安全状况，以便于进行网络安全建设和防护。本节首先分析网络安全风险评估的应用场景，然后给出 Web、供应链、工业控制系统、网络安全、人工智能等方面的安全风险评估参考案例。

16.5.1 网络安全风险评估应用场景

网络信息技术与系统的安全管理日趋复杂，国内外都认同网络安全风险评估的重要性，建议网络安全风险评估制度化。网络安全风险评估的主要应用场景可以归结为以下几个方面。

1. 网络安全规划和设计

网络安全风险评估是网络信息系统安全建设的基础性工作，它有利于网络安全规划和设计，明晰网络安全保障需求。通过网络安全风险评估，有利于科学地分析和理解网络信息系统在保密性、完整性、可用性、可控性等方面所面临的风险问题，并为网络安全风险的减少、转移和规避等风险控制提供决策依据，更加明确网络信息系统的安全建设需求，从而有利于网络信息系统的安全投资、网络安全措施的选择、网络安全保障体系的建设等，增加网络信息系统的信息安全建设价值。

2. 网络安全等级保护

网络安全风险评估有利于网络系统的安全防护做到重点突出，分级防护。实际上，风险总是不可避免地客观存在，工作过程不可能做到绝对安全。因此，追求绝对安全和完全回避风险都是不现实的，安全是风险与成本的综合平衡。通过网络安全风险评估，有利于网络信息系统进行定级备案，满足国家网络安全法律法规要求，有利于网络安全合规建设和管理。

3. 网络安全运维与应急响应

网络安全风险评估是网络安全运维与应急响应的重要日常工作。由于网络安全威胁、新漏洞发现、恶意代码的攻击等不可确定性，持续性地开展网络安全风险评估，及时调整安全措施，有利于维护网络信息系统的安全。

4. 数据安全管理与运营

数据成为新型的生产资源，与此同时，数据的生命周期中面临着各种安全威胁。数据安全风险评估有利于识别数据资产的类型和等级、建立数据安全保护策略。

16.5.2　OWASP 风险评估方法参考

OWASP 是一个针对 Web 应用安全方面的研究组织，其推荐的 OWASP 风险评估方法分成以下步骤：

步骤一，确定风险类别（Identifying a Risk）。

收集攻击者、攻击方法、利用漏洞和业务影响方面的信息，确定评级对象的潜在风险。

步骤二，评估可能性的因素（Factors for Estimating Likelihood）。

从攻击者因素、漏洞因素分析安全事件出现的可能性。攻击者因素主要包括技术水平、动机、机会和成本；漏洞因素则包括漏洞的发现难易程度、漏洞的利用难易程度、漏洞的公开程度、漏洞利用后入侵检测。

步骤三，评估影响的因素（Factors for Estimating Impact）。

评估影响的因素主要有技术影响因素、业务影响因素。技术影响因素包括保密性、完整性、可用性、问责性等方面的损失；业务影响因素包括金融财务损失、声誉损失、不合规损失、侵犯隐私损失等。

步骤四，确定风险的严重程度（Determining the Severity of the Risk）。

把可能性评估和影响评估放在一起，计算风险的总体严重程度。可能性评估和影响评估分成0～9 的级别，如表16-18所示。

表16-18 风险等级划分

风险值	可能性和影响程度
0～3	低
3～6	中
6～9	高

如果要让评估结果更可靠，可分别考虑可能性评估和影响评估。

将可能性评估中的攻击者因素和漏洞因素按照0～9分进行评估，如表16-19所示。

表16-19 攻击者因素和漏洞因素评估示意

攻击者因素				漏洞因素			
技术水平	动机	机会	成本	发现难易程度	利用难易程度	知晓度	入侵检测
5	2	7	1	3	6	9	2
总体的可能性＝4.375（中）							

将影响评估中的技术影响因素和业务影响因素按照0～9分进行评估，如表16-20所示。

表16-20 技术影响因素和业务影响因素评估示意

技术影响				业务影响			
损失保密性	损失完整性	损失可用性	损失问责性	财务损失	声誉损失	不合规损失	侵犯隐私损失
9	7	5	8	1	2	1	5
整体技术影响＝7.25（高）				整体业务影响＝2.25（低）			

结合上述的可能性评估和影响评估的结果，OWASP风险整体评估如表16-21所示，风险等级分为注意、低、中、高、关键。

表16-21 OWASP整体风险评估

影响 \ 可能性	低	中	高
高	中	高	关键
中	低	中	高
低	注意	低	中

步骤五，决定修复内容（Deciding What to Fix）。

将应用程序的风险分类，获得以优先级排列的修复列表。一般规则是首先修复最严重的风险。即使解决那些简单且低成本的不太重要的风险，也无助于改善整个应用程序的风险状况。

步骤六，定制合适的风险评级模型（Customizing Your Risk Rating Model）。

根据评估对象，调整模型使其与风险评级准确度相一致。例如，可以添加可能性的因素，如攻击者机会窗口、加密算法强度等。根据自身的业务安全需求，增加权重因素调整风险值的计算。

16.5.3　ICT 供应链安全威胁识别参考

本节参考来自《信息安全技术 ICT 供应链安全风险管理指南》。ICT 是 Information and Communication Technology 的缩写。ICT 供应链风险管理的主要目标如下：

- 完整性。确保在 ICT 供应链的所有环节中，产品、系统、服务及其所包含的组件、部件、元器件、数据等不被植入、篡改、替换和伪造。
- 保密性。确保 ICT 供应链上传递的信息不被泄露给未授权者。
- 可用性。确保需方对 ICT 供应链的使用不会被不合理地拒绝。
- 可控性。可控性是指需方对 ICT 产品、服务或供应链的控制能力。

ICT 供应链主要面临恶意篡改、假冒伪劣、供应中断、信息泄露或违规操作和其他威胁五类安全威胁，如图 16-8 所示。

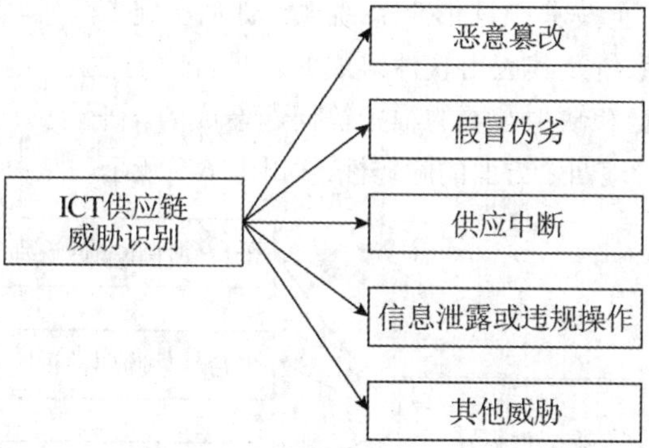

图 16-8　ICT 供应链威胁识别示意图

ICT 供应链的各类安全威胁分析如下：

- 恶意篡改。在 ICT 供应链的设计、开发、采购、生产、仓储、物流、销售、维护、返回等某一环节，对 ICT 产品或上游组件进行恶意修改、植入、替换等，以嵌入包含恶意逻辑的软件或硬件，危害产品和数据的保密性、完整性和可用性。典型的安全威胁方式有植入恶意程序、插入硬件木马、篡改外来组件、未经授权的配置、供应信息篡改。恶意篡改的案例也时有发生，根据网上公开报道，美国 NSA 设计了一个带有缺陷的随机数生成算法并通过 NIST 确立为国家标准。然后 NSA 通过买通 RSA 公司，将 Dual_EC_DRBG 这一带有缺陷的随机数生成算法作为 BSAFE 中的首选随机数生成算法。BSAFE 是 RSA 公司开发的一个面向开发者的软件工具。

- 假冒伪劣。ICT 产品或上游组件存在侵犯知识产权、质量低劣等问题。例如未经授权，对已受知识产权保护的产品进行复制和销售，或由未经供应商授权的渠道提供给供应商并被包装成合法正规产品。
- 供应中断。由于人为的或自然的原因，造成 ICT 产品或服务的供应量或质量下降，甚至 ICT 供应链中断或终止。典型的安全威胁方式包括突发事件中断、基础设施中断、国际环境影响、不正当竞争行为、不被支持的组件等。供应中断的实际案例有许多，例如微软停止提供 Windows XP 补丁和安全更新服务，迫使用户自行对自己的 Windows XP 操作系统进行升级。
- 信息泄露或违规操作。信息泄露是指 ICT 供应链上传递的敏感信息被非法收集、处理或泄露。典型的安全威胁方式包括共享信息泄露、违规收集或使用用户数据、滥用大数据分析、商业秘密泄露。此类威胁的实际案例如 Facebook 数据安全事件。Facebook 将大量用户的信息拿出来与数据分析公司 Cambridge Analytica 分享，涉及 5000 万用户。
- 其他威胁。典型的安全威胁方式包括合规差异性挑战、内部人员破坏、外包人员攻击或操作不当、全球化外包管理挑战。

16.5.4 工业控制系统平台脆弱性识别参考

本参考来自《信息安全技术 工业控制系统风险评估实施指南》。工业控制系统平台是由工业控制系统硬件、操作系统及其应用软件组成的。平台脆弱性是由工业控制系统中软硬件本身存在的缺陷、配置不当和缺少必要的维护等问题造成的。平台脆弱性包括平台硬件、平台软件、平台配置和平台管理四个方面的脆弱性，如图 16-9 所示。

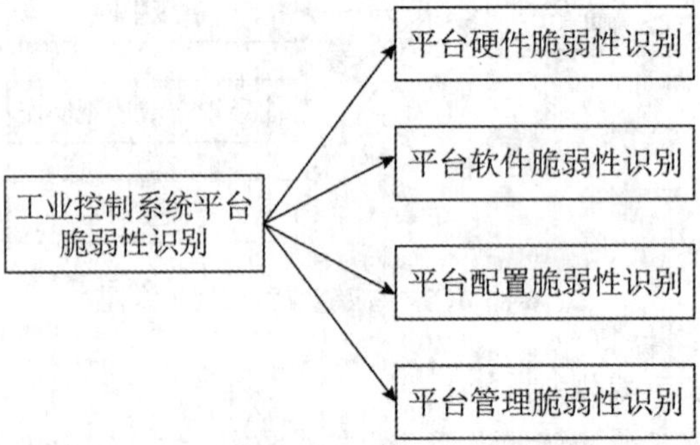

图 16-9 工业控制系统平台脆弱性识别示意图

1. 平台硬件脆弱性识别内容与操作

平台硬件脆弱性是指工业控制系统平台硬件设备存在的脆弱性。表 16-22 列出了工业控制系统的平台硬件通常可能存在的脆弱性。

表 16-22　工业控制系统硬件脆弱性

脆弱性类型	描　　述
开启远程服务的设备安全保护不足	开启远程服务的设备没有配备运行维护工作人员，也没有物理监视技术手段
安全变更时未进行充分测试	更换设备时，未对其进行充分的检测
不安全的物理端口	不安全的通用接口，如 USB、PS/2 等外部接口可能会导致设备未授权接入
无访问控制的硬件调试接口	攻击人员可利用调试工具更改设备参数，造成设备非正常运行
不安全的远程访问工业控制系统设备	未部署安全措施，开启了调制解调器和其他远程访问措施，使维护工程师和供应商获得远程访问系统的能力
重要设备无冗余配置	重要的设备没有备份会导致单点失败
设备中使用双网卡连接网络	使用双网卡连接到不同网络的设备，可能会导致未授权访问并造成本应逻辑隔离的网络出现数据交互
设备未进行注册	工业控制系统中某些设备模块未进行资产登记，可能会导致存在非授权用户访问点以及后门
设备存在后门	工业控制系统中关键设备存在后门，可能会导致非法窃取系统数据

平台硬件脆弱性识别操作如下：

（1）查看被评估方是否为平台硬件，尤其开启远程服务的设备配备运维人员。

（2）查看是否留有不安全的物理端口，是否将无用的 USB、PS/2、远程接口、网络接口进行封堵，或采取其他技术措施进行监控。

（3）查看是否有对变更设备时的测试记录或者其他证明变更时进行过测试的证据。

（4）现场核查工业控制系统中是否存在调制解调器或专业远程连接设备，是否针对这些设备部署安全措施，并验证安全措施的有效性。

（5）现场核查是否仅必要人员可以物理访问工业控制系统设备。

（6）现场核查被评估方的资产清单中是否包括工业控制系统所有设备。

（7）现场查看被评估方是否对重要设备进行冗余设计，并按设计部署。

（8）现场查看硬件设备中是否存在使用双网卡。

（9）检测关键设备是否存在后门。

2. 平台软件脆弱性识别内容与操作

平台软件脆弱性是指工业控制系统平台软件存在的脆弱性。平台软件包括工业控制系统使用的操作系统、应用软件、防病毒软件等。在工业控制系统中，SCADA 主机、操作站、工程师站、HMI、历史数据库、实时数据库等通常使用与 IT 行业相同的计算机、服务器以及操作系统（主要是 Windows 和 UNIX）。表 16-23 列出了工业控制系统的平台软件通常可能存在的脆弱性。

表 16-23　工业控制系统软件脆弱性

脆弱性	描述
缓冲区溢出	工业控制系统软件可能存在缓冲区溢出的问题。攻击者可以利用这一点实施攻击
缺省配置中关闭安全功能	如果关闭或者不使用产品自带的安全功能，此类安全功能将不能起到作用
拒绝服务攻击	大多数实时或嵌入式操作系统都没有拒绝访问系统资源的机制。工业控制系统软件可能遭受 DoS 攻击，导致合法用户不能访问系统，或者系统操作和功能延迟
对未定义、定义不明确或“非法”情况的错误处理	一些工业控制系统没有进行有效检测就处理可能包含格式错误或者包含非法阈值的数据包
依赖 OPC	不升级系统补丁，RPC/DCOM 的脆弱性可能被利用来攻击 OPC
使用不安全的工业控制系统协议	工业控制系统普遍使用的 CAN、DNP3.0、Modbus、IEC 60870-5-101、IEC 60870-5-104 和一些工业控制系统专用协议的相关信息已公开或被破译。而且这些协议中只有很少或根本不包含安全功能
开启了不必要的服务	不必要的服务未被禁用关闭，可能会被利用
使用明文传输协议	许多工业控制系统的系统协议以明文方式传递信息，导致消息很容易被攻击者窃听
配置和程序软件的认证和访问控制不足	攻击者可以通过非法访问配置和程序软件破坏设备或系统
未安装入侵检测和防御软件	入侵行为会导致系统不可用，数据被截获、修改和删除，控制命令的错误执行
某些软件中存在安全后门	不法供应商为了各种目的，在提供的软件中设置后门，危害性大
通信协议脆弱性	工业控制系统采用的部分通信协议，由于设计原因存在安全脆弱性，这些协议脆弱性可能被攻击者利用，造成系统的不可用，数据被截获、修改和删除，控制系统执行错误的动作等
未安装防护软件	恶意代码会导致系统性能低下、系统不可用和数据被截获、修改和删除
病毒防护软件病毒库过期	病毒防护软件病毒库过期导致系统容易被新的病毒攻击
安装病毒防护软件及其病毒库升级包前未经过仔细的测试	未经测试就安装病毒防护软件及其病毒库升级包可能会影响工业控制系统的正常运行
操作系统存在漏洞	操作系统不升级补丁，存在已知漏洞

平台软件脆弱性识别操作如下：

（1）评估方查看平台中安装的操作系统版本及应用软件类型，例如 Windows 操作系统、嵌入式系统、Linux 系统、程序下载软件、数据库软件、远程控制软件等。

（2）必要时在模拟仿真环境中对重要组件进行组件测试，识别其脆弱性。

（3）在模拟仿真环境中查看设备开启的端口，是否开启了不必要的端口服务。

（4）在模拟仿真环境中查找设备存在的系统漏洞。

（5）评估方查看平台是否安装病毒防护软件，病毒防护软件是否经过测试安装，病毒库是否定期更新，查看测试记录及病毒库更新记录。

（6）现场核查系统使用 DCOM 设备是否进行端口限定，是否对 OPC 及时修补升级。

（7）在模拟仿真环境中可以使用恶意代码针对 OPC 进行测试，识别其脆弱性。

（8）查看关键应用软件源代码，若关键应用软件为第三方供应商提供，则需与其联系，取得软件源代码，对其进行分析研判，识别其脆弱性。

（9）现场核查在远程访问控制设备时使用的专用设备及软件，在模拟仿真环境中对其进行技术检测，识别其脆弱性。

（10）现场核查并分析系统运行产生的历史数据，验证系统数据是否曾出现异常及出现异常的时间及原因。

（11）评估方查看程序下载软件固件的使用权限，下载程序是否加密认证，并验证其认证的有效性。

（12）评估方现场查看工业控制系统中使用的工控协议有哪些，其是否只用于工业控制系统控制网络中。

（13）在模拟仿真环境中对使用的工业控制系统协议进行分析，是否是明文传输。

（14）在模拟仿真环境中进行重放攻击，验证是否有数据校验，防篡改。

（15）在模拟仿真环境中进行模糊测试，验证平台是否存在拒绝服务等安全漏洞。

（16）评估方现场查看工业控制系统中重要数据存储是否进行加密或采取其他安全措施。

3. 平台配置脆弱性识别内容与操作

平台配置脆弱性是指工业控制系统平台软硬件的配置存在的脆弱性。表 16-24 列出了工业控制系统的平台配置通常可能存在的脆弱性。

表 16-24　工业控制系统配置脆弱性

脆　弱　性	描　　述
关键配置未存储或备份	没有制定和实施工业控制系统软硬件配置备份和恢复规程，对系统参数意外或者恶意的修改可能造成系统故障或数据丢失
便携设备上存储数据且无保护措施	敏感数据（密码，拨号号码）以明文方式存储在了移动设备上，如笔记本、PDA，一旦这些设备丢失或者被盗，系统安全就会遭受极大威胁
缺少恰当的口令策略	没有口令策略，系统就缺少合适的口令控制，使得对系统的非法访问更容易。口令策略是整个工业控制系统安全策略的一部分，口令策略的制定应考虑到工业控制系统处理复杂口令的能力
未设置口令	未设置口令可能导致非法访问。口令相关的脆弱性包括： 系统登录无口令（如果系统有用户账户） 系统启动无口令（如果系统没有用户账户） 系统待机无口令（如果工业控制系统组件一段时间内没被使用）
口令保护不当	缺少适当的密码控制措施，未授权用户可能擅自访问机密信息。例子包括： 以明文方式将口令记录在本地系统 和个人账户使用同一口令 口令泄漏给第三方 在未受保护的通信中以明文方式传输口令

续表

脆 弱 性	描 述
访问控制不当	访问控制方法不当，可能导致工业控制系统用户具有过多或过少的权限。如采用缺省的访问控制设置使得操作员具备了管理员特权
未安装入侵检测和防御软件	入侵行为会导致系统不可用，数据被截获、修改和删除，控制命令的错误执行
不安全的工业控制系统组件远程访问	系统工程师或厂商在无安全控制措施的情况下，实施对工业控制系统的远程访问，可能导致工业控制系统访问权限被非法用户获取
未配置安全审计	当系统出现安全事件后，无法及时地找到安全事件发生的时间、类型等信息
未对系统进行权限划分	被评估方未根据工作需要合理分类设置账户权限，操作员可以取得高权限的授权，对其进行操作，造成损失

平台配置脆弱性识别操作如下：

（1）评估方现场核查重要配置是否备份，是否将敏感数据存储在便携设备中。

（2）评估方现场核查口令是否以明文的方式存储在本地系统或便携设备中，过去是否存在泄漏口令的事件，在模拟仿真环境中使用暴力破解等方法验证口令的可靠性。

（3）查看平台硬件设备口令更新周期及字符长度等配置。

（4）现场核查远程访问控制设备接入控制网络时是否需要用户验证。

（5）现场核查是否对远程访问进行审计，是否生成审计记录，或者使用其他替代安全措施。

（6）现场核实是否有远程访问记录，远程访问是否经过组织批准或认证，远程访问数据是否加密，或者采用其他防篡改、防泄密的措施。

（7）现场核查使用平台软硬件安装时的预设口令、空口令是否无法登录系统，账户口令是否属于弱口令。

（8）评估方查看工业控制的权限分配，是否责权分离，是否是所需的最小权限，管理员权限是否被评估方指定管理，是否使用缺省访问控制。验证配置访问控制的有效性。

（9）现场核查平台软硬件是否具有限制无效访问次数的能力，对任何用户（人、软件进程和设备）在可配置的时间周期内连续无效访问尝试的次数是否限制为一个可配置的数目，在可配置时间周期内未成功尝试次数超过上限时，在指定时间内是否拒绝其访问直到由最高权限者解锁。

（10）检查控制系统是否提供会话锁能力，在会话不活跃状态超过可配置的时间周期之后，检查会话锁是否启用，防止其进一步的访问，会话锁是否保持有效直到最高权限者使用适当的标识和认证规程重新建立访问。

（11）现场核查是否安装入侵检测和防御软件，或是否采用其他替代措施。

（12）现场核查可开启审计功能的软硬件是否开启相关功能，或是否采取替代措施。

4. 平台管理脆弱性识别内容与操作

平台管理脆弱性识别是指对组织的安全管理策略、制度、人员、运维管理等方面存在的脆弱性进行核查。表 16-25 列出了工业控制系统的平台管理通常可能存在的脆弱性。

表 16-25　工业控制系统的管理脆弱性

脆　弱　性	描　　述
工业控制系统安全策略不当	安全策略不当或者不具体，可造成安全漏洞
未编制明确具体的安全管理文档	未编制明确具体、书面的安全管理文档会导致安全管理程序不成体系、无约束力、责任不明确，无法科学地实施，管理措施无法更好地落实
不合格的安全体系结构和设计	控制工程人员缺乏安全方面的基本培训，同时设备和系统供应商的产品中没有必要的安全特性
设备使用说明文件未配备或不足	设备安装使用说明文件未配备或不足会影响工业控制系统故障恢复的过程
缺少安全实施的管理机制	安全方面的实施负责人员未对文档化安全管理承担相应责任
未制定工业控制系统应急预案	未编制、测试应急预案会导致在主要硬件、软件失效或在服务设施毁坏时无法及时处理，造成业务中断或数据丢失
很少或未对工业控制系统进行审计	工业控制系统中很少或没有安全审计会导致无法检验安全措施是否充分、是否合乎 ICS 安全策略与程序文件的规定
未明确具体的配置变更管理规程	配置变更管理程序的缺失将导致安全监管疏忽、信息暴露和安全风险
未明确运维管理策略和规程	组织未制定或未实施运维管理策略或规程，可能产生恶意代码的传播或数据泄露丢失等风险

平台管理脆弱性识别操作如下：

（1）评估方查阅被评估方编制的安全管理和策略文档，是否恰当、明确、具体，与应用的法律、制度、政策、规章、标准和指南是否一致，并据此对有关人员进行培训。

（2）评估方审查培训的资料及培训记录，是否基于工作角色进行安全培训，是否提高工作人员的安全意识。

（3）评估方审查被评估方就工业控制系统签署的采购服务合同，合同中是否描述该工业控制系统及其部件和服务中所使用的那些安全控制措施的功能特性信息，及那些安全控制的设计和实现的详细信息。

（4）评估方审查被评估方是否对采购的设备进行过安全评估。

（5）评估方查看被评估方是否对工业控制系统供应链进行过安全评估。

（6）评估方现场查看工业控制系统的设备安装使用指导文件是否缺失。

（7）评估方现场查看被评估方的安全管理机构设置、职能部门设置、岗位设置、人员配置等是否合理，分工是否明确，职责是否清晰，工作是否落实，以及安全管理组织相关活动记录等文件。

（8）评估方审查人员离职及调离之后是否将与工业控制系统相关的物品归还，例如系统管理技术手册、密钥、身份标识卡等，并消除其访问权。被评估方与离职人员签署的离职协议是否有保密规定。

（9）评估方现场查看被评估方的应急计划、应急培训记录、应急预案等。

（10）评估方现场查看工业控制系统的备用存储和处理设备、系统备份及备份频率。被评估方是否将备份数据存储在异地灾备中心。

（11）评估方现场查看被评估方是否有系统恢复和重建实施方案，可以在规定的时间内恢复工业控制系统。

（12）评估方查看被评估方制定的审计范围和内容，是否明确指明对哪些工业控制系统组件进行审计。

（13）评估方查看被评估方是否对现场设备进行审计，审计是否包括：用户登录、退出、连接超时、配置变更、日期变更、密码创建和修改、通信异常等。

（14）评估方查看审计记录保存时间和审查存储空间，是否可以至少保留 3 个月，现场设备是否至少支持 2048 个事件记录，当空间不足时是否发出报警信息。

（15）评估方查看当审计失败时，是否可以及时地向相关人员发出警报，并有相应的应急措施。

（16）评估方查看访问审计信息的权限，是否仅有授权账户可以访问。

（17）评估方现场查看被评估方是否有配置管理文档支持配置管理的实施，例如配置管理计划、系统组件清单、配置管理范围等。

（18）组织的配置变更管理怎样实施，是否有配置变更申请表、变更记录、变更审计等。

（19）组织配置变更之后是否进行安全评估或安全影响分析，是否有评估报告或分析记录。

（20）评估方现场查看被评估方是否根据厂商供应商的规格说明以及被评估方的管理要求，对系统组件的维护和修理进行规划、实施、记录，并对维护和修理记录进行评审，并查看维修记录及评审记录。

（21）所有的运维活动是否经被评估方审批和监督。

（22）被评估方是否对已批准异地运维的设备，删除异地运维时的存储资料。

（23）评估方现场查看，采用远程运维方式时，被评估方是否对远程控制端口设置控制权限和控制时间窗。

（24）评估方查看是否采用默认用户名及密码。

（25）是否允许设备、信息或软件离开被评估方机构场所。

16.5.5 网络安全风险处理措施参考

表 16-26 是某部门的网络安全风险处理措施。

表 16-26 某部门风险处理措施

风险点编号	安全层面	风险描述	处理措施
R1	管理安全	重要业务数据未实现场外备份	采用人工方式备份数据到同城的第二个办公区域，定期进行数据恢复测试
R2		生产指挥系统没有真实的应急演练环境	通过虚拟机系统，搭建生产指挥系统的备用系统，并用于进行应急演练

续表

风险点编号	安全层面	风险描述	处理措施
R3	物理环境安全	机房未对来访人员严格执行审批、登记流程	采购更严格的身份认证系统，并对人员访问范围进行多个区域的划分，设置机房出入专人管理，限定严格的审批和登记流程
R5	网络安全	没有对网络中的终端进行MAC 地址绑定	采取技术手段，对终端进行 MAC 地址绑定
R6	应用安全	对终端用户输入内容验证不严格，造成业务系统宕机	与终端用户签订《风险控制说明》
R7	应用安全	口令验证机制不严格，允许弱口令存在	采用双因子认证方式，加强口令的安全
R9	主机安全	未关闭 Windows 自动播放功能，恶意代码易通过自动播放功能散播病毒	禁用 Windows 操作系统自动播放的相关服务
R10	主机安全	存在匿名空连接，空连接可能帮助黑客远程枚举本地账号，获得服务器控制权	禁用 Windows 操作系统的默认共享，并设置强口令

16.5.6　人工智能安全风险分析参考

人工智能安全是指通过必要措施，防范对人工智能系统的攻击、侵入、干扰、破坏和非法利用以及意外事故，使人工智能系统处于稳定可靠的运行状态，以及遵循人工智能以人为本、权责一致等安全原则，保障人工智能算法模型、数据、系统和产品应用的完整性、保密性、可用性、鲁棒性、透明性、公平性和保护隐私的能力[①]。随着人工智能（AI）技术的应用普及，其安全风险问题随之而来。人工智能安全风险分析如下[②]。

1. 人工智能训练数据安全风险

人工智能依赖于训练数据，若智能计算系统的训练数据污染，则可导致人工智能决策错误。如数据投毒可导致自动驾驶车辆违反交通规则甚至造成交通事故。研究人员发现在训练样本中掺杂少量的恶意样本，就能较大限度地干扰 AI 模型准确率，此种攻击方法称为药饵攻击。

2. 人工智能算法安全风险

智能算法模型脆弱性，使得其容易受到人为闪避攻击、后门攻击。研究人员发现对抗样本生成方法可诱使智能算法识别出现错误判断。借助一张特别设计的打印图案就可以避开人工智能视频监控系统；对路标实体做涂改，使 AI 路标识别算法将“禁止通行”的路标识别成为“限

---

① 摘编自《人工智能安全标准化白皮书（2019 版）》。

② 参考来源：《人工智能安全白皮书（2018 年）》（中国信息通信研究院安全研究所）、《AI 安全白皮书》（华为）。

速 45”；可以在 AI 算法模型中嵌入后门，只有当输入图像中包含特定图案才能触发后门。

3. 人工智能系统代码实现安全风险

人工智能系统和算法都依赖于代码的正确实现。目前，开源学习框架存在未知的安全漏洞，可导致智能系统数据泄露或失控。例如，TensorFlow、Caffe、Torch 等深度学习框架及其依赖库存在安全漏洞，CVE 网站上已公布多个 TensorFlow 的 CVE 漏洞，攻击者可利用相关漏洞篡改或窃取智能系统数据。

4. 人工智能技术滥用风险

人工智能技术过度采集个人数据和自动学习推理服务，导致隐私泄露风险增加。2018 年 8 月，腾讯安全团队发现亚马逊智能音箱后门，可实现远程窃听并录音。利用深度学习挖掘分析数据资源，生成逼真的虚假信息内容，威胁网络安全、社会安全和国家安全。网络安全威胁者利用智能推荐算法，识别潜在的易攻击目标人群，投送定制化的信息内容和钓鱼邮件，加速不良信息的传播和社会工程攻击精准性。

5. 高度自治智能系统导致社会安全风险

自动驾驶、无人机等智能系统的非正常运行，可能直接危害人类身体健康和生命安全。例如，开启自动驾驶功能的某品牌汽车无法识别蓝天背景下的白色货车，引发车祸致驾驶员死亡事故。智能机器人广泛使用迫使大量机械性、重复性的工作岗位减少，引发机器人与自然人的就业竞争问题、社会公平性问题。

16.6 本章小结

网络安全风险评估是网络安全管理的重要工作之一。本章内容包括：第一，给出了网络安全风险评估的概念、评估要素和评估模式；第二，归纳了网络安全风险评估的基本步骤，并对各步骤进行了说明；第三，总结了网络安全风险评估的技术方法，并列举了相关工具；第四，指出了一般网络安全风险评估项目的工作流程，并分析了各流程的具体内容；第五，给出了网络安全风险评估的应用场景和参考案例。

第 17 章 网络安全应急响应技术原理与应用

17.1 网络安全应急响应概述

“居安思危，思则有备，有备无患。”网络安全应急响应是针对潜在发生的网络安全事件而采取的网络安全措施。本节主要阐述网络安全应急响应的概念、网络安全应急响应的发展、网络安全应急响应的相关要求。

17.1.1 网络安全应急响应概念

网络安全应急响应是指为应对网络安全事件，相关人员或组织机构对网络安全事件进行监测、预警、分析、响应和恢复等工作。尽管现在已有许多网络安全预防措施，但随着网络攻击方法的不断变化和进步，加上安全漏洞不断出现、安全管理疏漏等多方面因素，对网络系统构成的威胁只增未减。为保障网络的安全运行及信息安全，必须建立相应的应急组织、制定网络安全应急计划和采取网络安全应急保障措施，以便及时响应和处理网络中随时可能出现的安全事件。

17.1.2 网络安全应急响应发展

1988 年，美国发生了“小莫里斯网络蠕虫”安全事件，导致上千台计算机受到了影响，促使美国政府成立了世界上第一个计算机安全应急组织 CERT。目前，网络安全应急响应机制已经成为网络信息系统安全保障的重要组成部分。随着网络空间重要性的凸显，各个国家都先后建立了网络安全应急组织机构。同时，各大 IT 公司也建立了网络安全应急响应组。FIRST 国际性网络安全应急响应组织也建立起来，其目标是成为全球公认的应急响应领导者。加入 FIRST 的成员能够得到最佳实践、工具和可信的交流，使得安全应急响应更加有效。

目前，国内已经建立了国家计算机网络应急技术处理协调中心，简称“国家互联网应急中心”，英文简称为 CNCERT 或 CNCERT/CC，该中心成立于 2002 年 9 月，为非政府非盈利的网络安全技术协调组织，是中央网络安全和信息化委员会办公室领导下的国家级网络安全应急机构。作为国家级应急中心，CNCERT 的主要职责是：按照“积极预防、及时发现、快速响应、力保恢复”的方针，开展中国互联网上网络安全事件的预防、发现、预警和协调处置等工作，以维护中国公共互联网环境的安全，保障关键信息基础设施的安全运行。CNCERT 通过组织网络安全企业、学校、社会组织和研究机构，协调骨干网络运营单位、域名服务机构和其他应急组织等，构建中国互联网安全应急体系，共同处理各类重大网络安全事件。CNCERT 积极发挥行业联动合力，发起成立了国家信息安全漏洞共享平台（CNVD）、中国反网络病毒联盟（ANVA）和中国互联网网络安全威胁治理联盟（CCTGA）。

17.1.3 网络安全应急响应相关要求

网络安全应急响应是网络空间安全保障的重要机制，《中华人民共和国网络安全法》（第五章监测预警与应急处置）中明确地给出了相应的法律要求，具体如表17-1所示。

表17-1 《中华人民共和国网络安全法》关于网络安全应急响应的要求

法律条文	具体要求
第五十二条	负责关键信息基础设施安全保护工作的部门，应当建立健全本行业、本领域的网络安全监测预警和信息通报制度，并按照规定报送网络安全监测预警信息
第五十三条	国家网信部门协调有关部门建立健全网络安全风险评估和应急工作机制，制定网络安全事件应急预案，并定期组织演练。负责关键信息基础设施安全保护工作的部门应当制定本行业、本领域的网络安全事件应急预案，并定期组织演练。网络安全事件应急预案应当按照事件发生后的危害程度、影响范围等因素对网络安全事件进行分级，并规定相应的应急处置措施
第五十五条	发生网络安全事件，应当立即启动网络安全事件应急预案，对网络安全事件进行调查和评估，要求网络运营者采取技术措施和其他必要措施，消除安全隐患，防止危害扩大，并及时向社会发布与公众有关的警示信息

对于网络安全应急响应管理和技术要求，国家有关部门相继发布了《信息安全技术 信息系统安全管理要求》《信息安全技术 信息安全事件分类分级指南》《信息安全技术 信息系统灾难恢复规范》《信息安全技术 灾难恢复中心建设与运维管理规范》等标准规范。

17.2 网络安全应急响应组织建立与工作机制

本节叙述网络安全应急响应组织的建立及工作机制，并给出网络安全应急响应组织的类型。

17.2.1 网络安全应急响应组织建立

一般来说，网络安全应急响应组织主要由应急领导组和应急技术支撑组构成。领导组的主要职责是领导和协调突发事件与自然灾害的应急指挥、协调等工作；技术支撑组的职责主要是解决网络安全事件的技术问题和现场操作处理安全事件。网络安全应急响应组织的成员通常由管理、业务、技术、行政后勤等人员组成，成员按照网络安全应急工作的需要，承担不同的应急响应工作。网络安全应急响应组织的工作主要包括如下几个方面：

- 网络安全威胁情报分析研究；
- 网络安全事件的监测与分析；
- 网络安全预警信息发布；

- 网络安全应急响应预案编写与修订；
- 网络安全应急响应知识库开发与管理；
- 网络安全应急响应演练；
- 网络安全事件响应和处置；
- 网络安全事件分析和总结；
- 网络安全教育与培训。

17.2.2　网络安全应急响应组织工作机制

网络安全应急响应组织是对组织机构的网络安全事件进行处理、协调或提供支持的团队，负责协调组织机构的安全紧急事件，为组织机构提供计算机网络安全的监测、预警、响应、防范等安全服务和技术支持，及时收集、核实、汇总、发布有关网络安全的权威性信息，并与国内外计算机网络安全应急响应组织进行合作和交流。

17.2.3　网络安全应急响应组织类型

根据资金的来源、服务的对象等多种因素，应急响应组分成以下几类：公益性应急响应组、内部应急响应组、商业性应急响应组、厂商应急响应组。不同类型的网络安全应急响应组织的关系如图 17-1 所示。

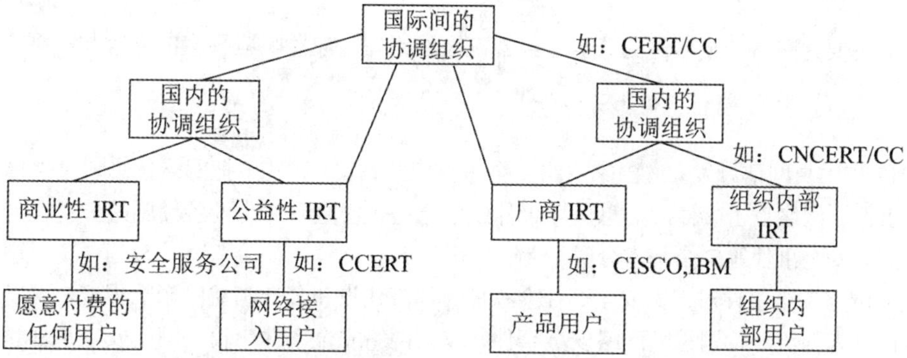

图 17-1　不同类型网络安全应急响应组织相互关系示意图

1. 公益性应急响应组

这类响应组由政府和公益性机构资助，对社会所有用户提供公共服务。公益性的应急响应组织一般提供如下服务：

- 对计算机系统和网络安全事件的处理提供技术支持和指导；
- 网络安全漏洞或隐患信息的通告、分析；
- 网络安全事件统计分析报告；
- 网络安全事件处理相关的培训。

2. 内部应急响应组

内部应急响应组由一个组织机构创建和资助，服务对象仅限于本组织内部的客户群。内部响应组可以提供现场的事件处理、分发安全软件和漏洞补丁、培训和技术支持等服务，另外还可以参与组织安全政策的制定、审查等。

3. 商业性应急响应组

商业性应急响应组根据客户的需要，为客户提供技术、程序、调查、法律支持等服务。商业服务的特点在于服务质量保障，在突发的安全事件发生时及时响应，应急响应组甚至提供7×24小时的服务，现场处理事件等。

4. 厂商应急响应组

厂商应急响应组一般只为自己的产品提供应急响应服务，同时也为公司内部成员提供安全事件处理和技术支持。许多软件厂商和互联网公司等都成立了应急响应组织，例如阿里安全响应中心、京东安全应急响应中心、360安全应急响应中心、Microsoft Security Response Center等。

17.3 网络安全应急响应预案内容与类型

本节主要为网络安全事件的分类分级情况及网络安全应急响应预案的内容与类型。

17.3.1 网络安全事件类型与分级

2017年中央网信办发布《国家网络安全事件应急预案》，其中把网络信息安全事件分为恶意程序事件、网络攻击事件、信息破坏事件、信息内容安全事件、设备设施故障、灾害性事件和其他信息安全事件等7个基本分类。

根据网络安全事件对国家安全、社会秩序、经济建设和公众利益的影响程度，可以将网络安全事件分为四级：特别重大网络安全事件、重大网络安全事件、较大网络安全事件和一般网络安全事件，如表17-2所示。

表17-2 国家网络安全事件等级划分

网络安全事件级别	网络安全事件特征描述
特别重大网络安全事件	符合下列情形之一： ● 重要网络和信息系统遭受特别严重的系统损失，造成系统大面积瘫痪，丧失业务处理能力 ● 国家秘密信息、重要敏感信息和关键数据丢失或被窃取、篡改、假冒，对国家安全和社会稳定构成特别严重威胁 ● 其他对国家安全、社会秩序、经济建设和公众利益构成特别严重威胁、造成特别严重影响的网络安全事件

续表

网络安全事件级别	网络安全事件特征描述
重大网络安全事件	符合下列情形之一且未达到特别重大网络安全事件的，为重大网络安全事件： ● 重要网络和信息系统遭受严重的系统损失，造成系统长时间中断或局部瘫痪，业务处理能力受到极大影响 ● 国家秘密信息、重要敏感信息和关键数据丢失或被窃取、篡改、假冒，对国家安全和社会稳定构成严重威胁 ● 其他对国家安全、社会秩序、经济建设和公众利益构成严重威胁、造成严重影响的网络安全事件
较大网络安全事件	符合下列情形之一且未达到重大网络安全事件的，为较大网络安全事件： ● 重要网络和信息系统遭受较大的系统损失，造成系统中断，明显影响系统效率，业务处理能力受到影响 ● 国家秘密信息、重要敏感信息和关键数据丢失或被窃取、篡改、假冒，对国家安全和社会稳定构成较严重威胁 ● 其他对国家安全、社会秩序、经济建设和公众利益构成较严重威胁、造成较严重影响的网络安全事件
一般网络安全事件	对国家安全、社会秩序、经济建设和公众利益构成一定威胁、造成一定影响的网络安全事件

17.3.2　网络安全应急响应预案内容

网络安全应急响应预案是指在突发紧急情况下，按事先设想的安全事件类型及意外情形，制定处理安全事件的工作步骤。一般来说，网络安全应急响应预案的基本内容如下：

- 详细列出系统紧急情况的类型及处理措施。
- 事件处理基本工作流程。
- 应急处理所要采取的具体步骤及操作顺序。
- 执行应急预案有关人员的姓名、住址、电话号码以及有关职能部门的联系方法。

17.3.3　网络安全应急响应预案类型

按照网络安全应急响应预案覆盖的管理区域，可以分为国家级、区域级、行业级、部门级等网络安全事件应急预案。不同级别的网络安全应急响应预案规定的具体要求不同，管理层级高的预案偏向指导，而层级较低的预案侧重于网络安全事件的处置操作规程。

目前，国家相关部门、地方政府、行业机构都已经陆续开展网络安全应急响应机制的基础性工作。国家有关部门已经颁布了《国家网络安全事件应急预案》《公共互联网网络安全突发事件应急预案》。上海市发布了《上海市网络与信息安全事件专项应急预案（2014 版）》。相关内容可以参见政府部门网站。

网络安全应急响应要根据网络信息系统及业务特点，制订更具体化的应急响应预案，一般要求针对特定的网络安全事件给出具体处置操作，如恶意代码应急预案、网络设备故障应急预案、机房电力供应中断应急预案、网站网页篡改应急预案等。下面给出核心业务系统、门户网站、外部电源中断、黑客入侵等应急处置程序参考模板①。

1. 核心业务系统中断或硬件设备故障时的应急处置程序（Ⅰ级）

事件触发：当发现核心业务系统中断或硬件设备故障时，启动Ⅰ级处置程序。具体应急操作如下：

- 迅速判断故障节点，启用备用设备或线路。
- 如防火墙发生故障，将防火墙最近一次配置备份文件导入备用防火墙中，然后将故障设备替换为备用设备，设备替换完成之后，首先检查网络的连通性，确认能够正常访问业务系统，然后再检查防火墙的状态及策略是否正常。
- 如因交换机发生故障，启用备用设备，将故障交换机的备份配置文件导入备用设备，然后检查各用户的网络访问是否正常。
- 如发生属于上级信息网络管理部门的网络故障，立即向上级信息网络管理部门报障，要求尽快恢复网络运行。

2. 门户网站及托管系统遭到完整性破坏时的应急处置程序（Ⅰ级）

事件触发：当发现门户网站或本单位在互联网上运行的其他业务网站内容被篡改或遭破坏性攻击（包括严重病毒）时，启动Ⅰ级处置程序。具体应急操作如下：

- 立即断开网站与互联网的连接，并停止系统运行。
- 首先将被攻击（或被病毒感染）的服务器等设备从网络中隔离出来，保护好现场。
- 由网站及相关业务系统人员负责恢复与重建被攻击或被破坏的系统，恢复系统数据。
- 追查非法信息来源，向上级主管部门或公安部门报警。

3. 外网系统遭遇黑客入侵攻击时的应急处置程序（Ⅱ级）

事件触发：当发现门户网站、电子邮件系统等遭遇黑客入侵攻击时，启动Ⅱ级处置程序。具体应急操作如下：

- 立即断开网站和相关系统与互联网的连接。
- 使用防火墙对攻击来源进行封堵。
- 记录当前连接情况，保存相关日志。
- 向上级主管部门或网监部门报警。
- 在强化安全防范措施的基础上，修复网站或相关系统后，将其重新投入使用。

4. 外网系统遭遇拒绝服务攻击时的应急处置程序（Ⅱ级）

事件触发：当发现门户网站、电子邮件系统等互联网业务网站遭遇拒绝服务攻击时，启动

---

① 摘编自《信息安全技术 政府部门信息安全管理基本要求：补篇 信息安全管理制度参考模板（征求意见稿）》。

Ⅱ级处置程序。具体应急操作如下：

- 使用防火墙对攻击来源进行封堵。
- 更改 DNS 解析，将拒绝服务攻击分流。
- 记录当前连接情况，保存相关日志。
- 通过以上程序仍无法解决时，即断开网站与互联网的连接，并向上级主管部门或公安部门报警。
- 在互联网管理部门和公安部门的协助下解决此项应急工作。

5. 外部电源中断后的应急处置程序（Ⅱ级）

事件触发：当发现外部电源中断故障时，启动Ⅱ级处置程序。具体应急操作如下：

- 手动切换至备用供电线路。
- 立即查明断电原因。
- 如因局内部线路故障，迅速联系物业管理部门恢复供电。
- 预计停电 1 小时以内，由 UPS 供电（适用无备用供电线路的情况）。
- 停电超过 1 小时，关闭网络设备、服务器、精密空调、UPS 电源设备和配电柜总开关等设备，并关闭机房所有设备。

17.4　常见网络安全应急事件场景与处理流程

本节阐述内容主要包括网络安全应急处理场景、网络安全应急处理流程、网络安全事件应急演练。

17.4.1　常见网络安全应急处理场景

1. 恶意程序事件

恶意程序事件通常会导致计算机系统响应缓慢、网络流量异常，主要包括计算机病毒、网络蠕虫、特洛伊木马、僵尸网络。对恶意程序破坏性蔓延的，由应急响应组织进行处置，可以协调外部组织进行技术协助，分析有害程序，保护现场，必要时切断相关网络连接。

2. 网络攻击事件

- 安全扫描器攻击：黑客利用扫描器对目标系统进行漏洞探测。
- 暴力破解攻击：对目标系统账号密码进行暴力破解，获取后台管理员权限。
- 系统漏洞攻击：利用操作系统/应用系统中存在的漏洞进行攻击。

3. 网站及 Web 应用安全事件

- 网页篡改：网站页面内容非授权篡改或错误操作。
- 网页挂马：利用网站漏洞，制作网页木马。
- 非法页面：存在赌博、色情、钓鱼等不良网页。
- Web 漏洞攻击：通过 SQL 注入漏洞、上传漏洞、XSS 漏洞、越权访问漏洞等各种 Web 漏洞进行攻击。
- 网站域名服务劫持：网站域名服务信息遭受破坏，使得网站域名服务解析指向恶意的网站。

4. 拒绝服务事件

- DDoS：攻击者利用 TCP/IP 协议漏洞及服务器网络带宽资源的有限性，发起分布式拒绝服务攻击。
- DoS：服务器存在安全漏洞，导致网站和服务器无法访问，业务中断，用户无法访问。

17.4.2 网络安全应急处理流程

应急事件处理一般包括安全事件报警、安全事件确认、启动应急预案、安全事件处理、撰写安全事件报告、应急工作总结等步骤。

第一步，安全事件报警。发生紧急情况时，由值班工作人员及时报告。报警人员要准确描述安全事件，并做书面记录。根据安全事件的类型，各安全事件按呈报条例依次报告 1-值班人员、2-应急工作组长、3-应急领导小组。

第二步，安全事件确认。应急工作组长和应急领导小组接到安全报警之后，首先应当判断安全事件的类型，然后确定是否启动应急预案。

第三步，启动应急预案。应急预案是充分考虑各种安全事件后，制定的应急处理措施，以便在紧急情况下，及时有效地应付各类安全事件。必须避免在紧急情况下，找不到应急预案，或无法启动应急预案的情况。

第四步，安全事件处理。安全事件处理是一件复杂的工作，要求至少两人参加，所处理的工作主要包括如下内容：

- 准备工作：通知相关人员，交换必要的信息。
- 检测工作：对现场做快照，保护一切可能作为证据的记录（包括系统事件、事故处理者所采取的行动、与外界沟通的情况等）。
- 抑制工作：采取围堵措施，尽量限制攻击涉及的范围。
- 根除工作：解决问题，根除隐患，分析导致事故发生的系统脆弱点，并采取补救措施。需要注意的是，在清理现场时，一定要采集保存所有必要的原始信息，对事故进行存档。

- 恢复工作：恢复系统，使系统正常运行。
- 总结工作：提交事故处理报告。

第五步，撰写安全事件报告。根据事件处理工作记录和所搜集到的原始数据，结合专家的安全知识，完成安全事件报告的撰写。安全事件报告包括如下内容：

- 安全事件发生的日期；
- 参加人员；
- 事件发现的途径；
- 事件类型；
- 事件涉及的范围；
- 现场记录；
- 事件导致的损失和影响；
- 事件处理的过程；
- 从本次事故中应该吸取的经验与教训。

第六步，应急工作总结。召开应急工作总结会议，回顾应急工作过程中所遇到的问题，分析问题引起的原因，并找出相应的解决方法。

17.4.3　网络安全事件应急演练

网络安全事件应急演练是对假定的网络安全事件出现情况进行模拟响应，以确认应急响应工作机制及网络安全事件预案的有效性。

网络安全事件应急演练的类型按组织形式划分，可分为桌面应急演练和实战应急演练；按内容划分，可分为单项应急演练和综合应急演练；按目的与作用划分，可分为检验性应急演练、示范性应急演练和研究性应急演练。具体情况参见表 17-3 。

表 17-3　网络安全事件应急演练的类型及特征

划分依据	演练类型	简　述
组织形式	桌面应急演练	桌面应急演练是指参演人员利用地图、沙盘、流程图、计算机模拟、视频会议等辅助手段，针对事先假定的演练情景，讨论和推演应急决策及现场处置的过程，从而促进相关人员掌握应急预案中所规定的职责和程序，提高指挥决策和协同配合能力。桌面应急演练通常在室内完成
	实战应急演练	实战应急演练是指参演人员利用应急处置涉及的设备和物资，针对事先设置的突发网络安全事件情景及其后续的发展情景，通过实际决策、行动和操作，完成真实应急响应的过程，从而检验和提高相关人员的临场组织指挥、队伍调动、应急处置技能和后勤保障等应急能力。实战应急演练通常要在特定场所完成
内容	单项应急演练	单项应急演练是指只涉及应急预案中特定应急响应功能或现场处置方案中一系列应急响应功能的演练活动。注重针对演练单位（岗位）的特定环节和功能进行检验

续表

划分依据	演练类型	简　述
内容	综合应急演练	综合应急演练是指涉及应急预案中多项或全部应急响应功能的演练活动。注重对多个环节和功能进行检验，特别是对不同单位之间应急机制和联合应对能力的检验
目的与作用	检验性应急演练	检验性应急演练是指为检验应急预案的可行性、应急准备的充分性、应急机制的协调性及相关人员的应急处置能力而组织的演练
	示范性应急演练	示范性应急演练是指为向观摩人员展示应急能力或提供示范教学，严格按照应急预案规定开展的示范性演练
	研究性应急演练	研究性应急演练是指为研究和解决突发事件应急处置的重点、难点问题，试验新方案、新技术、新装备而组织的演练

网络安全事件应急演练的一般流程是制定应急演练工作计划，编写应急演练具体方案，组织实施应急演练方案，最后评估和总结应急演练工作，优化改进应急响应机制及应急预案。目前，随着网络安全事件的频繁出现，各个国家都非常重视网络安全应急演练工作。美国多年来持续开展国家级网络空间风暴（Cyber Storm），以检验联邦机构、州机构、私营部门、国际组织对安全事件的响应情况。英国国家网络安全中心（NCSC）推出测试网络能力的工具 Exercise in a Box，旨在帮助相关机构防范和抵御网络攻击，在安全环境中演练对关键网络安全事件的响应。国内外也开展网络安全比赛，如 CTF（夺旗比赛/红蓝对抗赛）。针对网络安全应急响应实际需求，国内安全厂商都相继推出了网络攻防实验平台，可以提供网络安全应急演练服务。

17.5 网络安全应急响应技术与常见工具

网络安全应急响应是各种技术的综合应用及网络安全管理活动的协作。本节主要阐述常见的网络安全应急响应技术，包括访问控制、网络安全评估、网络安全监测、系统恢复、入侵取证等。

17.5.1 网络安全应急响应技术概况

网络安全应急响应是一个复杂的过程，需要综合应用多种技术和安全机制。在网络安全应急响应过程中，常用到的技术如表 17-4 所示。

表 17-4 应急响应常用技术分类表

应急技术类型	用 途 描 述	参考实例
访问控制	攻击阻断，用于网络安全事件处置	防火墙
网络安全评估	掌握攻击途径及系统状态，用于网络安全事件处置	漏洞扫描 木马检测
系统恢复	修复受害系统，用于网络安全事件事后处置	系统启动盘 灾备系统启用
网络安全监测	实时分析系统、网络活动，用于网络安全事件事前监测预警	网络协议分析器、入侵检测系统
入侵取证	追究入侵者的法律责任，用于网络安全事件处置	网络追踪及硬盘克隆

17.5.2　访问控制

访问控制是网络安全应急响应的重要技术手段，其主要用途是控制网络资源不被非法访问，限制安全事件的影响范围。根据访问控制的对象的不同，访问控制的技术手段主要有网络访问控制、主机访问控制、数据库访问控制、应用服务访问控制等。这些访问控制手段可以通过防火墙、代理服务器、路由器、VLAN、用户身份认证授权等来实现。

17.5.3　网络安全评估

网络安全评估是指对受害系统进行分析，获取受害系统的危害状况。目前，网络安全评估的方法主要有以下几种。

1. 恶意代码检测

利用恶意代码检测工具分析受害系统是否安装了病毒、木马、蠕虫或间谍软件。常用的恶意代码检测工具主要有 D 盾_Web 查杀（英文名 WebShellKill）、chkrootkit、rkhunter 以及 360 杀毒工具等。图 17-2 显示了使用 D 盾_Web 查杀来检测 Web 木马的过程。

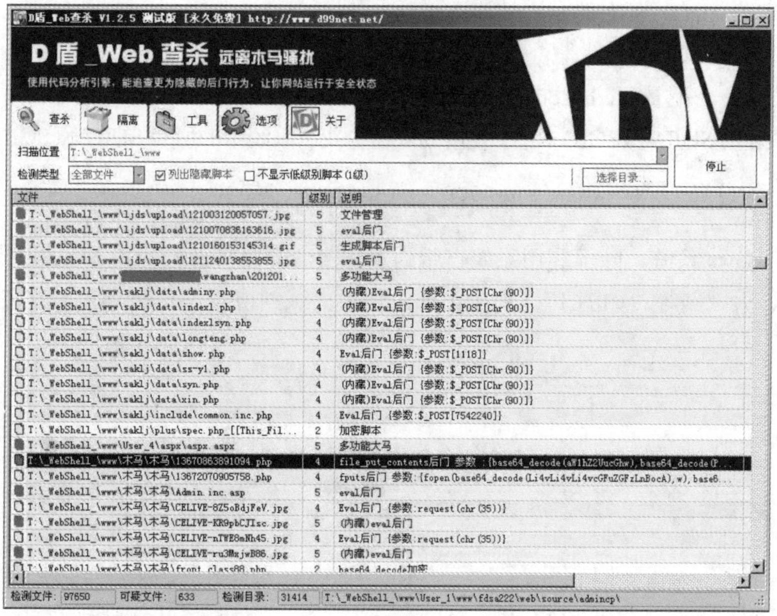

图 17-2　使用 D 盾_Web 查杀检测木马示意图

2. 漏洞扫描

通过漏洞扫描工具检查受害系统所存在的漏洞，然后分析漏洞的危害性。常用的漏洞扫描工具主要有端口扫描工具 Nmap、Nessus 等。

3. 文件完整性检查

文件完整性检查的目的是发现受害系统中被篡改的文件或操作系统的内核是否被替换。例如，在 UNIX 系统上，容易被特洛伊木马代替的二进制文件通常有：telnet、in.telnetd、login、su、ftp、ls、ps、netstat、ifconfig、find、du、df、libc、sync、inetd 和 syslogd。除此之外，工作人员还需要检查所有被/etc/inetd.conf 文件引用的文件，重要的网络和系统程序以及共享库文件。因此，对于 UNIX 系统，网络管理员可使用 cmp 命令直接把系统中的二进制文件和原始发布介质上对应的文件进行比较。或者利用 MD5 工具进行 Hash 值校验，其方法是向供应商获取其发布的二进制文件的 Hash 值，然后使用 MD5 工具对可疑的二进制文件进行检查。

4. 系统配置文件检查

攻击者进入受害系统后，一般会对系统文件进行修改，以利于后续攻击或控制。网络管理员通过对系统配置文件检查分析，可以发现攻击者对受害系统的操作。例如，在 UNIX 系统中，网络管理员需要进行下列检查：

- 检查/etc/passwd 文件中是否有可疑的用户。
- 检查/etc/inet.conf 文件是否被修改过。
- 检查/etc/services 文件是否被修改过。
- 检查 r 命令配置/etc/hosts.equiv 或者.rhosts 文件。
- 检查新的 SUID 和 SGID 文件，使用 find 命令找出系统中的所有 SUID 和 SGID 文件，如下：

```
#find / ( -perm -004000 -o -perm -002000 ) -type f -print
```

对于 Windows 系统，除了利用系统自带的事件查看器之外，还可以使用第三方安全工具，如 PCHunter、火绒剑等。如图 17-3 所示，通过使用火绒剑检查 Windows 系统的进程状况。

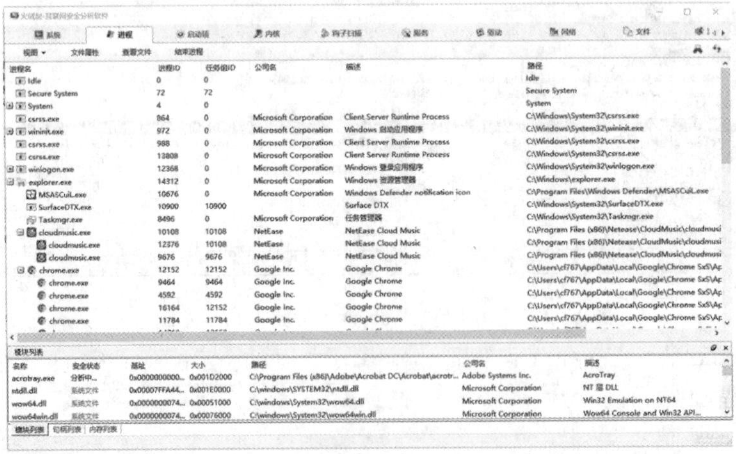

图 17-3　使用火绒剑检查 Windows 系统状况示意图

5. 网卡混杂模式检查

网卡混杂模式检查的目的是确认受害系统中是否安装了网络嗅探器。由于网络嗅探器可以监视和记录网络信息，入侵者通常会使用网络嗅探器获得网络上传输的用户名和密码。目前，已有软件工具可以检测系统内的网络嗅探器，例如 UNIX 平台下的 CPM（Check Promiscuous Mode）、ifstatus 等。

6. 文件系统检查

文件系统检查的目的是确认受害系统中是否有入侵者创建的文件。一般来说，入侵者会在受害系统中建立隐藏目录或隐藏文件，以利于后续入侵。例如，入侵者把特洛伊木马文件放在/dev 目录中，因为系统管理员通常不去查看该目录，从而可以避免木马被发现。因此，在进行文件系统检查时，应特别检查一些名字非常奇怪的目录和文件，例如：...（三个点）、..（两个点）以及空白。

7. 日志文件审查

审查受害系统的日志文件，可以让应急响应人员掌握入侵者的系统侵入途径、入侵者的执行操作。以 UNIX/Linux 系统为例，通过 utmp 日志文件，可以确定当前哪些用户登录受害系统，并可以利用 who 命令读出其中的信息。常用于 UNIX/Linux 的日志分析工具有 grep、sed、awk、find 等。

17.5.4　网络安全监测

网络安全监测的目的是对受害系统的网络活动或内部活动进行分析，获取受害系统的当前状态信息。目前，网络安全监测的方法主要有以下几种。

1. 网络流量监测

通过利用网络监测工具，获取受害系统的网络流量数据，挖掘分析受害系统在网络上的通信信息，以发现受害系统的网上异常行为，特别是一些隐蔽的网络攻击，如远控木马、窃密木马、网络蠕虫、勒索病毒等。实际工作中常用的网络监测工具有 TCPDump、TCPView、Snort、WireShark、netstat。

2. 系统自身监测

系统自身监测的目的主要在于掌握受害系统的当前活动状态，以确认入侵者在受害系统的操作。系统自身监测的方法包括如下几个方面。

1）受害系统的网络通信状态监测

用 netstat 命令、TCPView、HTTPNetworkSniffer 等显示当前受害机器的网络监听程序及网络连接。例如，使用 TCPView 查看系统网络连接状况，如图 17-4 所示。

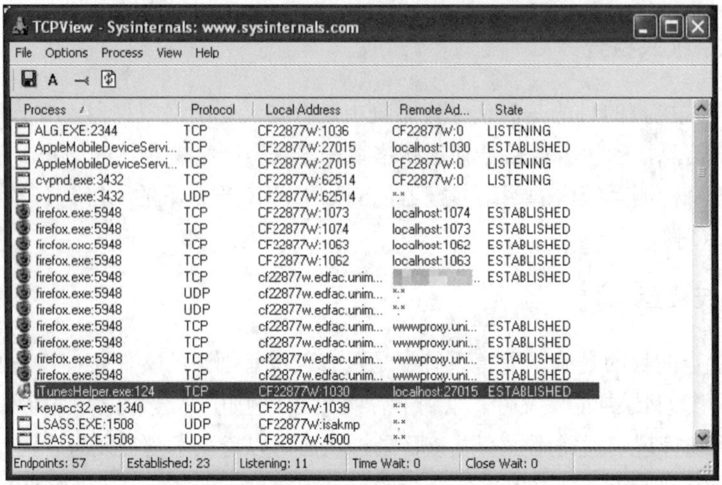

图 17-4 使用 TCPView 检测系统网络通信连接状况示意图

2）受害系统的操作系统进程活动状态监测

在 Linux/UNIX 系统中，用 ps 命令查看受害机器的活动进程。在 Windows 系统中，可用 Autoruns、Process Explorer、ListDLLs 等查看系统进程活动状况。例如，使用 Autoruns 可以检查 Windows 系统的自启动项目，如图 17-5 所示。

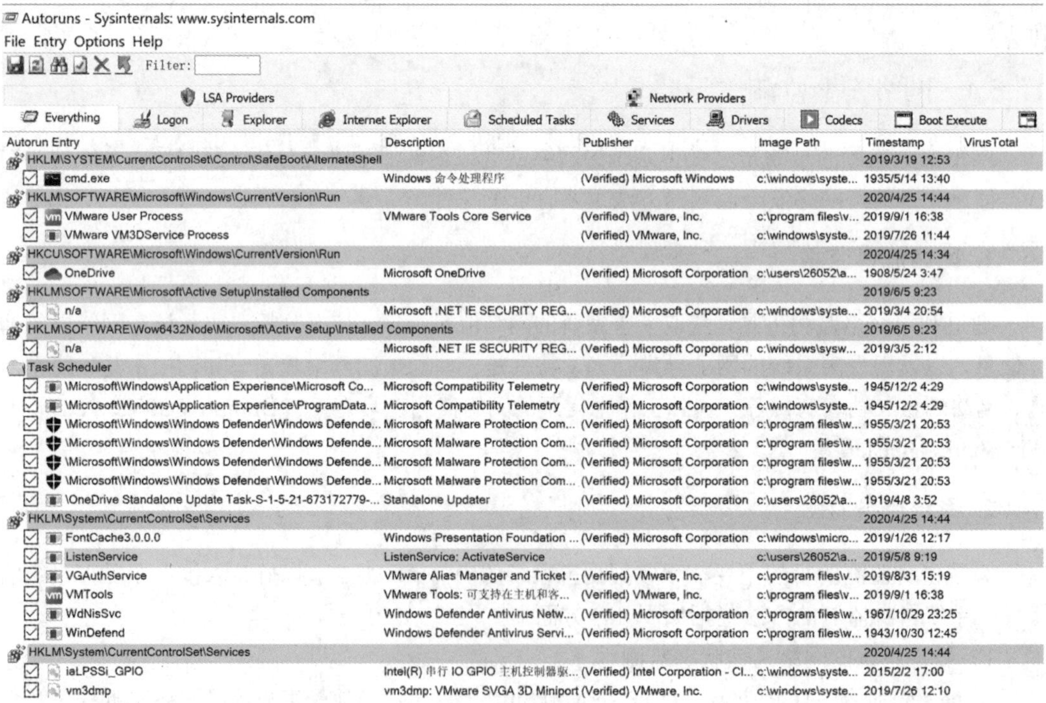

图 17-5 使用 Autoruns 检查 Windows 系统自启动状况示意图

3）受害系统的用户活动状况监测

用 who 命令显示受害系统的在线用户信息。

4）受害系统的地址解析状况监测

用 arp 命令查看受害机器的地址解析缓存表，如图 17-6 所示。

```
C:\Documents and Settings\flyingbird>arp -a

Interface: 192.168.11.30 --- 0x2
  Internet Address      Physical Address      Type
  [illegible]           30-b4-9e-2b-3d-fa     dynamic
  [illegible]           00-50-56-83-15-eb     dynamic
  [illegible]           78-e3-b5-f8-19-81     dynamic
```

图 17-6　用 arp 命令显示物理地址和 IP 地址解析状况示意图

5）受害系统的进程资源使用状况监测

在 UNIX/Linux 系统中可用 lsof 工具检查进程使用的文件、tcp/udp 端口、用户等相关信息，如图 17-7 所示。

```
[root@localhost test]# lsof
COMMAND    PID  TID   USER   FD      TYPE             DEVICE  SIZE/OFF       NODE NAME
systemd      1        root  cwd       DIR              253,0       224         64 /
systemd      1        root  rtd       DIR              253,0       224         64 /
systemd      1        root  txt       REG              253,0   1624512   67348738 /usr/lib/systemd/systemd
systemd      1        root  mem       REG              253,0     20064   33556381 /usr/lib64/libuuid.so.1.3.0
systemd      1        root  mem       REG              253,0    265600   33591152 /usr/lib64/libblkid.so.1.1.0
systemd      1        root  mem       REG              253,0     90248   33556351 /usr/lib64/libz.so.1.2.7
systemd      1        root  mem       REG              253,0    157424   33556358 /usr/lib64/liblzma.so.5.2.2
systemd      1        root  mem       REG              253,0     23968   33556490 /usr/lib64/libcap-ng.so.0.0.0
systemd      1        root  mem       REG              253,0     19896   33556496 /usr/lib64/libattr.so.1.1.0
systemd      1        root  mem       REG              253,0     19288   33555975 /usr/lib64/libdl-2.17.so
systemd      1        root  mem       REG              253,0    402384   33556339 /usr/lib64/libpcre.so.1.2.0
systemd      1        root  mem       REG              253,0   2156160   33555969 /usr/lib64/libc-2.17.so
systemd      1        root  mem       REG              253,0    142232   33555995 /usr/lib64/libpthread-2.17.so
systemd      1        root  mem       REG              253,0     88776   33554508 /usr/lib64/libgcc_s-4.8.5-20150702.so.1
systemd      1        root  mem       REG              253,0     43776   33555999 /usr/lib64/librt-2.17.so
systemd      1        root  mem       REG              253,0    277808   33906032 /usr/lib64/libmount.so.1.1.0
systemd      1        root  mem       REG              253,0     91800   33556651 /usr/lib64/libkmod.so.2.2.10
systemd      1        root  mem       REG              253,0    127184   33556492 /usr/lib64/libaudit.so.1.0.0
```

图 17-7　用 lsof 显示进程打开的文件示意图

在 Windows 系统下，可以使用 fport 工具对相关进程和端口号进行关联。

17.5.5　系统恢复

系统恢复技术用于将受害系统进行安全处理后，使其重新正常运行，尽量降低攻击造成的损失。系统恢复技术的方法主要有下面几种。

1. 系统紧急启动

当计算机系统因口令遗忘、系统文件丢失等导致系统无法正常使用的时候，利用系统紧急启动盘可以恢复受损的系统，重新获取受损的系统访问权限。系统紧急启动盘主要的作用是实现计算设备的操作系统引导恢复，主要类型有光盘、U盘。系统紧急启动盘保存操作系统最小化启动相关文件，能够独立完成对相关设备的启动。

2. 恶意代码清除

系统遭受恶意代码攻击后无法正常使用，通过使用安全专用工具，对受害系统的恶意代码进行清除。

3. 系统漏洞修补

针对受害系统，通过安全工具检查相应的安全漏洞，然后安装补丁软件。

4. 文件删除恢复

操作系统删除文件时，只是在该文件的文件目录项上做一个删除标记，把FAT表中所占用的簇标记为空簇，而DATA区域中的簇仍旧保存着原文件的内容。因此，计算机普通文件删除只是逻辑做标记，而不是物理上清除，此时通过安全恢复工具，可以把已删除的文件找回来。

5. 系统备份容灾

常见的备份容灾技术主要有磁盘阵列、双机热备系统、容灾中心等。当运行系统受到攻击瘫痪后，启用备份容灾系统，以保持业务连续运行和数据安全。例如，用Ghost软件备份计算机操作系统环境，一旦系统受到破坏，就用备份系统重新恢复。

针对网络信息系统的容灾恢复问题，国家制定和颁布了《信息安全技术　信息系统灾难恢复规范（GB/T 20988—2007）》，该规范定义了六个灾难恢复等级和技术要求，各级规范要求如下：

- **第1级-基本支持**。本级要求至少每周做一次完全数据备份，并且备份介质场外存放；同时还需要有符合介质存放的场地；企业要制定介质存取、验证和转储的管理制度，并按介质特性对备份数据进行定期的有效性验证；企业需要制订经过完整测试和演练的灾难恢复预案。
- **第2级-备用场地支持**。第2级在第1级的基础上，还要求配备灾难发生后能在预定时间内调配使用的数据处理设备和通信线路以及相应的网络设备；并且对于第1级中存放介质的场地，需要其能满足信息系统和关键业务功能恢复运作的要求；对于企业的运维能力，也增加了相应的要求，即要制定备用场地管理制度，同时要与相关厂商、运营商有符合灾难恢复时间要求的紧急供货协议、备用通信线路协议。

- **第 3 级-电子传输和部分设备支持。**第 3 级不同于第 2 级的调配数据处理设备和具备网络系统紧急供货协议，其要求配置部分数据处理设备和部分通信线路及相应的网络设备；同时要求每天多次利用通信网络将关键数据定时批量传送至备用场地，并在灾难备份中心配置专职的运行管理人员；对于运行维护来说，要求制定电子传输数据备份系统运行管理制度。
- **第 4 级-电子传输及完整设备支持。**第 4 级相对于第 3 级中的配备部分数据处理设备和网络设备而言，须配置灾难恢复所需的全部数据处理设备和通信线路及网络设备，并处于就绪状态；备用场地也提出了支持 7×24 小时运作的更高的要求，同时对技术支持和运维管理的要求也有相应的提高。
- **第 5 级-实时数据传输及完整设备支持。**第 5 级相对于第 4 级的数据电子传输而言，要求实现远程数据复制技术，并利用通信网络将关键数据实时复制到备用场地；同时要求备用网络具备自动或集中切换能力。
- **第 6 级-数据零丢失和远程集群支持。**第 6 级相对于第 5 级的实时数据复制而言，要求数据远程实时备份，实现数据零丢失；同时要求应用软件是集群的，可以实现实时无缝切换，并具备远程集群系统的实时监控和自动切换能力；对于备用网络的要求也有所加强，要求用户可通过网络同时接入主、备中心。

17.5.6　入侵取证

入侵取证是指通过特定的软件和工具，从计算机及网络系统中提取攻击证据。依据证据信息变化的特点，可以将证据信息分成两大类：第一类是实时信息或易失信息，例如内存和网络连接；第二类是非易失信息，不会随设备断电而丢失。通常，可以作为证据或证据关联的信息有以下几种：

- 日志，如操作系统日志、网络访问日志等；
- 文件，如操作系统文件大小、文件内容、文件创建日期、交换文件等；
- 系统进程，如进程名、进程访问文件等；
- 用户，特别是在线用户的服务时间、使用方式等；
- 系统状态，如系统开放的服务及网络运行的模式等；
- 网络通信连接记录，如网络路由器的运行日志等；
- 磁盘介质，包括硬盘、光盘、USB 等，特别是磁盘隐藏空间。

网络安全取证一般包含如下 6 个步骤：

第一步，取证现场保护。保护受害系统或设备的完整性，防止证据信息丢失。

第二步，识别证据。识别可获取的证据信息类型，应用适当的获取技术与工具。

第三步，传输证据。将获取的信息安全地传送到取证设备。

第四步，保存证据。存储证据，并确保存储的数据与原始数据一致。

第五步，分析证据。将有关证据进行关联分析，构造证据链，重现攻击过程。

第六步，提交证据。向管理者、律师或者法院提交证据。

在取证过程中，每一步的执行都涉及相关的技术与工具。

1. 证据获取

此类技术用于从受害系统获取原始证据数据，常见证据有系统时间、系统配置信息、关键系统文件、系统用户信息、系统日志、垃圾箱文件、网络访问记录、恢复已删除的文件、防火墙日志、IDS 日志等。典型工具有 ipconfig、ifconfig、netstat、fport、lsof、date、time、who、ps、TCPDump 等。

2. 证据安全保护

此类技术用于保护受害系统的证据的完整性及保密性，防止证据受到破坏或非法访问，如用 md5sum、Tripwire 保护相关证据数据的完整性，使用 PGP 加密电子邮件。

3. 证据分析

此类技术用于分析受害系统的证据数据，常见的技术方法有关键词搜索、可疑文件分析、数据挖掘等。利用 grep、find 可搜索日志文件中与攻击相关的信息；使用 OllyDbg、GDB、strings 分析可疑文件；对 tracert、IDS 报警数据和 IP 地址地理数据进行关联分析，可以定位攻击源。

17.6 网络安全应急响应参考案例

本节给出了公共互联网网络安全突发事件应急预案、商业网络安全应急响应服务、IBM 产品安全漏洞应急响应、恶意代码攻击应急处置等参考案例。

17.6.1 公共互联网网络安全突发事件应急预案

工业和信息化部为进一步健全公共互联网网络安全突发事件应急机制，提升应对能力，根据《中华人民共和国网络安全法》《国家网络安全事件应急预案》等，制定了《公共互联网网络安全突发事件应急预案》（参见附录 B）。

17.6.2 阿里云安全应急响应服务

阿里云安全应急响应服务参照国家信息安全事件响应处理相关标准，帮助云上用户业务在发生安全事件后，按照预防、情报信息收集、遏制、根除、恢复流程，提供专业的 7×24 小时远程紧急响应处理服务，使云上用户能够快速响应和处理信息安全事件，保障业务安全运营。阿里云安全应急响应服务的主要场景如表 17-5 所示。

表 17-5　阿里云安全应急响应服务的场景

服务应用场景	详　细　描　述	备注
网络攻击事件	● 安全扫描攻击：黑客利用扫描器对目标进行漏洞探测，并在发现漏洞后进一步利用漏洞进行攻击 ● 暴力破解攻击：对目标系统账号密码进行暴力破解，获取后台管理员权限 ● 系统漏洞攻击：利用操作系统、应用系统中存在的漏洞进行攻击 ● Web 漏洞攻击：通过 SQL 注入漏洞、上传漏洞、XSS 漏洞、授权绕过等各种 Web 漏洞进行攻击 ● 拒绝服务攻击：通过大流量 DDoS 或者 CC 攻击目标，使目标服务器无法提供正常服务 ● 其他网络攻击行为	
恶意程序事件	● 病毒、蠕虫：造成系统缓慢，数据损坏、运行异常 ● 远控木马：主机被黑客远程控制 ● 僵尸网络程序（肉鸡行为）：主机对外发动 DDoS 攻击、对外发起扫描攻击行为 ● 挖矿程序：造成系统资源大量消耗	
Web 恶意代码	● Webshell 后门：黑客通过 Webshell 控制主机 ● 网页挂马：页面被植入病毒内容，影响访问者安全 ● 网页暗链：网站被植入博彩、色情、游戏等广告内容	
信息破坏事件	● 系统配置遭篡改：系统中出现异常的服务、进程、启动项、账号等 ● 数据库内容篡改：业务数据遭到恶意篡改，引起业务异常和损失 ● 网站内容篡改事件：网站页面内容被黑客恶意篡改 ● 信息数据泄露事件：服务器数据、会员账号遭到窃取并泄露	
其他安全事件	● 账号被异常登录：系统账号在异地登录，可能出现账号密码泄露 ● 异常网络连接：服务器发起对外的异常访问，连接到木马主控端、矿池、病毒服务器等行为	

阿里云安全应急响应服务的流程如图 17-8 所示。

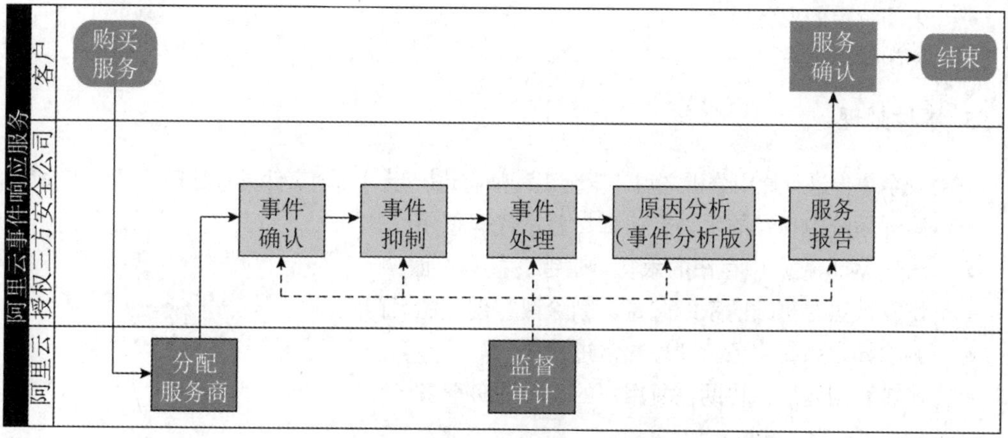

图 17-8　阿里云安全应急响应服务流程示意图

阿里云安全应急响应服务的流程具体如下。

1. 购买服务

- 当客户系统发生安全突发事件后，需要 SOS 服务时，需要先购买安全事件应急响应服务。
- 购买服务后需要在5个自然日内在页面上提交需要应急响应的资产清单或者在安全公司与客户取得联系后，通过其他方式提交需要处理的资产清单。
- 为避免进一步的损失，建议客户自行对被攻击的资产进行数据备份工作。

2. 分配合作伙伴

当客户购买服务后，阿里云后台管理系统会根据客户发生的安全事件的情况，为客户分配合适的安全公司。

3. 事件确认

- 安全公司的安全工程师与客户直接联系对接，通过与客户交流了解事件的具体详情，并记录问题情况。
- 登录被入侵系统查看实际系统状态。
- 根据客户描述现象与系统实际现象，对事件进行确认，定性。

4. 事件抑制

如果在响应过程中，发现黑客正在进行攻击，或者有其他可能会进一步破坏系统的行为，安全工程师将采取抑制手段。抑制事态发展是为了将事故的损害降低到最小化。在抑制环节，常见的手段如下：

- 断开网络连接；
- 关闭特定的业务服务；
- 关闭操作系统。

5. 事件处理

在对安全事件进行原因分析之后，安全工程师将进一步对安全事件进行处理，具体工作如下：

- 清理系统中存在的木马、病毒、恶意代码程序；
- 清理 Web 站点中存在的木马、暗链、挂马页面；
- 恢复被黑客篡改的系统配置，删除黑客创建的后门账号；
- 删除异常系统服务、清理异常进程；
- 在排查问题后，协助恢复用户的正常业务服务。

6. 入侵原因分析（仅事件分析版提供）

根据网络流量、系统日志、Web 日志记录、应用日志、数据库日志，结合安全产品数据，分析黑客入侵手法，调查造成安全事件的原因，确定安全事件的威胁和破坏的严重程度。

部分安全事件会因为黑客清理了日志或者系统未保留相关日志从而导致无法定位入侵原因，因此应急响应服务将尽可能地分析原因，但不承诺一定能分析出入侵原因。

7. 提交报告

事件处理完后，根据整个事件情况撰写《阿里云安全事件应急响应报告》，文档中阐述整个安全突发事件的现象、处理过程、处理结果、事件原因分析（针对事件分析版），并给出相应的安全建议，客户在获取报告后可以再对报告内容进行确认，也可以对服务过程向阿里云提出反馈或投诉。

8. 结束阶段

在安全事件处理结束后，阿里云将继续跟踪事件处理结果，对服务提供商的服务过程和服务质量进行审查。阿里云安全应急响应服务的 SLA 说明如表 17-6 所示。

表 17-6　阿里云安全应急响应服务 SLA 说明

服务条款	SLA	赔　偿　条　款
事件响应时间	20 分钟内响应（5×8）	未按时响应则退还订单金额的 50%
事件处理时间	5 台 ECS 处理 3 个自然日内完成；超出 5 台，每 5 台增加 1 个自然日，以提交报告时间为准	如未按时处理完成，则退还订单金额的 50%
服务效果	清理完黑客植入的木马、病毒	如木马、病毒无法清理，退还订单金额的 100%

17.6.3　IBM 产品安全漏洞应急响应

IBM 产品安全应急响应组（简称 IBM PSIRT）是全球性组织，负责接收、调查、内部协调 IBM 产品的安全漏洞信息。IBM PSIRT 集中关注安全研究人员、工业组织、政府机构、厂商等所报告的 IBM 产品安全漏洞。该小组协调 IBM 产品和方案组调查确认相关安全漏洞，并给出合适的响应计划。

IBM 产品安全应急响应流程如图 17-9 所示，主要流程步骤分析如下：

第一步，漏洞信息报告接收及登记。当 IBM PSIRT 收到第三方机构提供的潜在漏洞报告时，IBM PSIRT 详细记录漏洞相关信息和问题，并提供跟踪编号给漏洞报告者。

第二步，漏洞分析。IBM PSIRT 把潜在的安全漏洞告知相应的 IBM 产品组进行分析。IBM 产品组证实报告者相关信息及问题，确认漏洞的真实性。

第三步，漏洞确认和判定。经过初步分析后，产品组判定漏洞利用方法及引发的后果，给出一个修补计划及受影响的产品版本。

第四步，漏洞补丁开发及安全防护措施研究。相关产品部门开发漏洞补丁及安全保护措施。

第五步，发布漏洞修补措施。一旦漏洞修补可用，IBM 发布公共安全公告通知受影响的客户有关此漏洞的信息。IBM 披露的漏洞详细信息包含漏洞 CVSS 评分、漏洞 CVE 编号、受影响产品以及相关链接。

第六步，避免出现类似漏洞。IBM PSIRT 漏洞处置的最后工作是，与其他工程团队共享漏洞发现信息，尽可能避免 IBM 产品中出现类似漏洞。

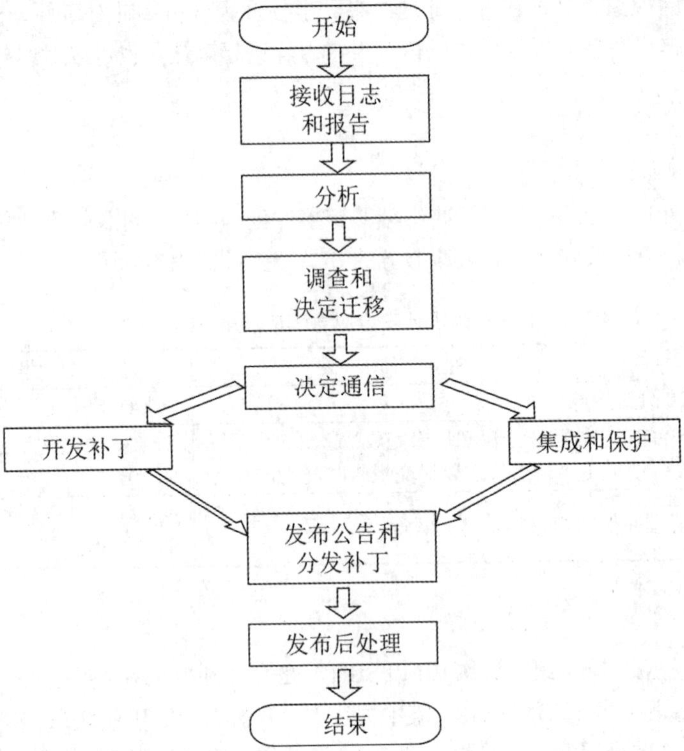

图 17-9 IBM 产品安全应急响应流程示意图

17.6.4 "永恒之蓝"攻击的紧急处置

"永恒之蓝"网络蠕虫利用 Windows 系统的 SMB 漏洞可以获取系统最高权限，进而制作 Wannacry 勒索程序。被感染的机器屏幕会显示如图 17-10 所示的告知付赎金的界面。

图 17-10　“永恒之蓝”网络蠕虫付赎金的界面示意图

本案例参考 360 发布的《针对“永恒之蓝”攻击紧急处置手册》及应急相关机构提供的资料，给出“永恒之蓝”网络蠕虫的紧急处理方式，具体如下：

（1）如果主机已被感染，则将主机隔离或断网（拔网线）。若有该主机备份，则启动备份恢复程序。

（2）如果主机未被感染，采取以下合适的方式进行防护，避免主机被感染。

- **安装免疫工具**。如安装和使用 360 提供的免疫工具 OnionWormImmune.exe。
- **漏洞修补**。针对恶意程序利用的漏洞，安装 MS17-010 补丁。
- **系统安全加固**。手工关闭 445 端口相关服务或启动主机防火墙，封堵 445 端口。
- **阻断 445 端口网络通信**。配置网络设备或安全设备的访问控制策略（ACL），封堵 445 端口通信，示例如表 17-7 所示。

表 17-7　网络设备访问控制示例

设备类型	建议配置（示例）
华为	acl number 3050 rule deny tcp destination-port eq 445 rule permit ip traffic classifier deny-wannacry type and if-match acl 3050 traffic behavior deny-wannacry traffic policy deny-wannacry classifier deny-wannacry behavior deny-wannacry precedence 5 interface [需要挂载的三层端口名称] traffic-policy deny-wannacry inbound traffic-policy deny-wannacry outbound

续表

设备类型	建议配置 （示例）
Cisco	新版本： ipaccess-list deny-wannacry deny tcp any any eq 445 permit ip any any
锐捷	ipaccess-list extended deny-wannacry deny tcp any any eq 445 permit ip any any interface [需要挂载的三层端口名称] ipaccess-group deny-wannacry in ip access-group deny-wannacry out

17.6.5 页面篡改事件处置规程

本案例来自某公司提供的网络安全应急预案。本案例中页面篡改事件属于Ⅰ级事故或安全事件。当该事件触发后，要求应用系统运维人员检查确认后立即断开该网站的网络连接，同时立即通知部门负责人，部门负责人上报应急领导小组组长，由应急领导小组组长决定是否进行现场组织协调处理以及上报信息化主管部门。同时由应用系统运维人员和安全工程师恢复被篡改的页面，并在恢复完成后进行详细的安全检查。页面篡改事件的处置规程如表17-8所示。

表17-8 页面篡改事件处置规程示例表

序号	步骤名称	首选执行人	备份执行人	所需时间	执 行 内 容
1	启动处置	×××	×××		根据专项预案流程，判断该事件类型为拒绝服务类攻击，确认人员到位之后，启动对应的处置规程
2	记录特征	×××	×××	15分钟	记录攻击类型和特征，判断是流量型攻击还是CC攻击。如无法判断类型，应立即与安全服务商、运营商联系。等待XXX反馈后将情况报告部门负责人
3	攻击确认	×××	×××	10分钟	查看服务器应用、数据库的连接数、日志及进程状态，确认是否存在攻击。确认后反馈给YYY
4	上报部门负责人	×××	×××	5分钟	将初步检查情况通知相关部门负责人，要求派人协调处理，并同时将情况上报分管领导和总工办
5	上报应急领导小组组长	×××	×××	5分钟	将初步检查情况通知技术部负责人，要求派人协调处理。同时将情况上报应急领导小组组长
6	确认进行应急响应	×××	×××	5分钟	确认现场组织协调处理以及上报信息化主管部门

续表

序号	步骤名称	首选执行人	备份执行人	所需时间	执 行 内 容
7	分析与处置	×××	×××	30 分钟	通过分析当前的服务状况及攻击的特征，结合其他安全记录，识别攻击类型、范围、受影响程度、来源、和强度。具体方式为： （1）通过 IP 判断攻击事件是来源于内部网络还是外部网络 （2）查看服务器负载情况和网络负载情况 （3）查看服务器应用、数据库的连接数、日志及进程状态，分析攻击类型和特征 （4）问题涉及的设备数量 （5）进行相关信息的收集，主要有：攻击源地址、流量类型、请求页面、协议等，信息的主要来源有：服务器查询、抓包、查阅安全知识库（国家应急响应中心、内部的安全知识库、专业的安全网站等）、咨询专业的安全顾问等
8	控制与追踪	×××	×××	30 分钟	通过主机、网络/安全设备调整策略控制并阻断攻击行为。通过日志审计、IDS 及流量分析工具追踪攻击。具体方式为： （1）通过收集的信息定位 IP，利用安全设备进行初步的网络层封堵 （2）通过调整 TCP 连接数限制，超时时间等缓解攻击现状 （3）对于流量型攻击，联系运营商协助进行流量清洗
9	清除与恢复	×××	×××	20 分钟	通过网络设备、安全设备和其他监控手段，观察网络状态及系统运行状态。根据实际情况适当调整防御策略
10	网站恢复正常	×××	×××	5 分钟	故障已经处理完毕，将情况报告部门负责人
11	上报分管领导	×××	×××	5 分钟	将情况上报分管领导、总工办
12	上报应急领导小组组长	×××	×××	5 分钟	将情况上报应急领导小组组长
13	攻击分析和风险检测	×××	×××	30 分钟	（1）分析黑客攻击路径、影响范围及程度 （2）分析事件原因
14	完成事件报告	×××	×××	30 分钟	编写事件报告

17.7 本章小结

应急响应是网络安全防御的一个环节，本章介绍了应急响应的概念，围绕应急响应组织的工作机制和类型进行了讨论，并详细叙述了应急响应预案的内容和类型及处理流程。此外，本章还系统地总结了常见的应急响应技术及工具，并给出网络安全应急响应参考案例。

第 18 章　网络安全测评技术与标准

18.1　网络安全测评概况

网络安全测评是网络信息系统和 IT 技术产品的安全质量保障。本节主要阐述网络安全测评的概念，给出网络安全测评的发展状况。

18.1.1　网络安全测评概念

网络安全测评是指参照一定的标准规范要求，通过一系列的技术和管理方法，获取评估对象的网络安全状况信息，对其给出相应的网络安全情况综合判定。网络安全测评对象通常包括信息系统的组成要素或信息系统自身，如表 18-1 所示。

表 18-1　网络安全测评对象及测评内容

测评对象	测 评 内 容 概 况
信息技术产品安全测评	对信息技术相关产品（包括信息安全产品）的安全性进行测试和评估，相关产品主要有操作系统、数据库、交换机、路由器、应用软件等。信息安全产品主要有防火墙、入侵检测、安全审计、VPN、网络隔离、安全操作系统、安全数据库系统、安全路由器、UTM 等。按照测评依据和测评内容，测评常见类型包括信息安全产品分级评估、信息安全产品认定测评、信息技术产品自主原创测评、源代码安全风险评估、选型测试、定制测试
信息系统安全测评	对信息系统的安全性进行测试、评估、认定。按照测评依据和测评内容，主要包括信息系统安全风险评估、信息系统安全等级保护测评、信息系统安全验收测评、信息系统安全渗透测试、信息系统安全保障能力评估等

18.1.2　网络安全测评发展

网络安全测评是信息技术产品安全质量、信息系统安全运行的重要保障措施。网络信息技术发达的国家都重视网络安全测评基础工作的开展。美国是国际上对网络信息安全测评研究及工作开展的先行国家，美国国防部早在 1983 年就颁布了《可信计算机系统评估准则》（简称 TCSEC，1985 年再版）。1991 年，欧洲发布了《信息技术安全评估准则》（简称 ITSEC）。1993 年，加拿大发布了《加拿大可信计算机产品评估准则》（简称 CTCPEC）。1993 年，美国发布了《信息技术安全评估联邦准则》（简称 FC）。1996 年，六国七方（英国、加拿大、法国、德国、荷兰、美国国家安全局和美国技术标准研究所）提出《信息技术安全评价通用准则》（The Common Criteria for Information Technology Security Evaluation，CC 1.0 版）；1998 年，六国七方发布 CC 2.0 版。1999 年，ISO 接受 CC 作为国际标准 ISO/IEC 15408 标准，并正式颁布发行。CC标准提出了“保护轮廓”概念，将评估过程分为“功能”和“保证”两部分，是目前最全面的信息技术安全评估标准。

与此同时，网络信息安全管理国际标准化也在进一步推进。1995年，英国制定了《信息安全管理要求》，后续演变成为国际信息安全管理标准 ISO/IEC 27001，是国际上具有代表性的信息安全管理体系标准，标准涉及的安全管理控制项目主要包括安全策略、安全组织、资产分类与控制、人员安全、物理与环境安全、通信与运作、访问控制、系统开发与维护、事故管理、业务持续运行、符合性。

国内网络信息安全测评标准工作也开始跟进。1999年，我国发布了《计算机信息系统安全保护等级划分准则》（GB 17859—1999）。GB 17859—1999从自主访问控制、强制访问控制、身份鉴别、数据完整性、客体重用、审计、标记、隐蔽通道分析、可信路径和可信恢复等方面，将计算机信息系统安全保护能力划分为5个等级：第一级是用户自主保护级；第二级是系统审计保护级；第三级是安全标记保护级；第四级是结构化保护级；第五级是访问验证保护级。计算机信息系统安全保护能力随着安全保护等级增大而逐渐增强，其中第五级是最高安全等级。2001年，参考国际通用准则CC和国际标准ISO/IEC 15408，我国发布了《信息技术 安全技术 信息技术安全性评估准则》（GB/T 18336—2001）。GB/T 18336—2001共分为三部分：《第1部分：简介和一般模型》《第2部分：安全功能要求》《第3部分：安全保证要求》。2008年，综合国外信息安全测评标准，我国建立了自成体系的信息系统安全等级保护标准，如《信息安全技术 网络安全等级保护定级指南》《信息安全技术 信息系统通用安全技术要求》《信息安全技术 信息系统安全等级保护基本要求》。国家网络安全职能部门相继颁发了信息安全管理办法和标准规范，如《信息安全等级保护管理办法》（公通字〔2007〕43号）、《工业控制系统信息安全防护能力评估工作管理办法》（工信部信软〔2017〕188号）、《电子认证服务密码管理办法》（国家密码管理局公告第17号）、《计算机信息系统安全专用产品检测和销售许可证管理办法》（公安部令第32号）。国家设立了中国信息安全测评中心、国家密码管理局商用密码检测中心、国家保密科技测评中心、公安部信息安全等级保护评估中心。

18.2 网络安全测评类型

本节主要阐述网络安全测评的类型。

18.2.1 基于测评目标分类

按照测评的目标，网络安全测评可分为三种类型：网络信息系统安全等级测评、网络信息系统安全验收测评和网络信息系统安全风险测评。

1. 网络信息系统安全等级测评

网络信息系统安全等级测评是测评机构依据国家网络安全等级保护相关法律法规，按照有关管理规范和技术标准，对非涉及国家秘密的网络信息系统的安全等级保护状况进行检测评估的活动。网络信息系统安全等级测评主要检测和评估信息系统在安全技术、安全管理等方面是否符合已确定的安全等级的要求；对于尚未符合要求的信息系统，分析和评估其潜在威胁、薄弱环节以及现有安全防护措施，综合考虑信息系统的重要性和面临的安全威胁等因素，提出相应的整改建议，并在系统整改后进行复测确认，以确保网络信息系统的安全保护措施符合相应安全等级的基本安全要求。目前，网络信息系统安全等级测评采用网络安全等级保护 2.0 标准。

2. 网络信息系统安全验收测评

网络信息系统安全验收测评是依据相关政策文件要求，遵循公开、公平和公正原则，根据用户申请的项目验收目标和验收范围，结合项目安全建设方案的实现目标和考核指标，对项目实施状况进行安全测试和评估，评价该项目是否满足安全验收要求中的各项安全技术指标和安全考核目标，为系统整体验收和下一步的安全规划提供参考依据。

3. 网络信息系统安全风险测评

网络信息系统安全风险测评是从风险管理角度，评估系统面临的威胁以及脆弱性导致安全事件的可能性，并结合安全事件所涉及的资产价值来判断安全事件一旦发生对系统造成的影响，提出有针对性的抵御威胁的方法措施，将风险控制在可接受的范围内，达到系统稳定运行的目的，为保证信息系统的安全建设、稳定运行提供技术参考。网络信息系统安全风险测评从技术和管理两方面进行，主要内容包括系统调查、资产分析、威胁分析、技术及管理脆弱性分析、安全功能测试、风险分析等，出具风险评估报告，提出安全建议。

18.2.2 基于测评内容分类

依据网络信息系统构成的要素，网络安全测评可分成两大类型：技术安全测评和管理安全测评。其中，技术安全测评主要包括物理环境、网络通信、操作系统、数据库系统、应用系统、数据及存储系统等相关技术方面的安全性测试和评估。管理安全测评主要包括管理机构、管理制度、管理流程、人员管理、系统建设、系统运维等方面的安全性评估。

18.2.3 基于实施方式分类

按照网络安全测评的实施方式，测评主要包括安全功能检测、安全管理检测、代码安全审查、安全渗透、信息系统攻击测试等。

1. 安全功能检测

安全功能检测依据网络信息系统的安全目标和设计要求，对信息系统的安全功能实现状况进行评估，检查安全功能是否满足目标和设计要求。安全功能符合性检测的主要依据有：《信息安全技术 信息系统等级保护安全设计技术要求》（GB/T 25070—2010）、《信息安全技术 信息系统通用安全技术要求》（GB/T 20271—2006）、网络信息安全最佳实践、网络信息系统项目安全需求说明书等。主要方法是：访谈调研、现场查看、文档审查、社会工程、漏洞扫描、渗透测试、形式化分析验证等。

2. 安全管理检测

安全管理检测依据网络信息系统的管理目标，检查分析管理要素及机制的安全状况，评估安全管理是否满足信息系统的安全管理目标要求。主要方法是：访谈调研、现场查看、文档审查、安全基线对比、社会工程等。

3. 代码安全审查

代码安全审查是对定制开发的应用程序源代码进行静态安全扫描和审查，识别可能导致安全问题的编码缺陷和漏洞的过程。

4. 安全渗透测试

通过模拟黑客对目标系统进行渗透测试，发现、分析并验证其存在的主机安全漏洞、敏感信息泄露、SQL 注入漏洞、跨站脚本漏洞及弱口令等安全隐患，评估系统抗攻击能力，提出安全加固建议。

5. 信息系统攻击测试

根据用户提出的各种攻击性测试要求，分析应用系统现有防护设备及技术，确定攻击测试方案和测试内容；采用专用的测试设备及测试软件对应用系统的抗攻击能力进行测试，出具相应测试报告。测试指标包括：防御攻击的种类与能力，如拒绝服务攻击、恶意代码攻击等。

18.2.4 基于测评对象保密性分类

按照测评对象的保密性质，网络安全测评可分为两种类型：涉密信息系统安全测评、非涉密信息系统安全测评。

1. 涉密信息系统测评

涉密信息系统测评是依据国家保密标准，从风险评估的角度，运用科学的分析方法和有效的技术手段，通过对涉密信息系统所面临的威胁及其存在的脆弱性进行分析，发现系统存在的安全保密隐患和风险，同时提出有针对性的防护策略和保障措施，为国家保密工作部门对涉密信息系统的行政审批提供科学的依据。

2. 非涉密信息系统测评

非涉密信息系统测评是依据公开的国家信息安全标准、行业标准、信息安全规范或业务信息安全需求，利用网络信息安全技术方法和工具，分析信息系统面临的网络安全威胁及存在的安全隐患，综合给出网络安全状况评估和改进建议，以指导相关部门的信息安全建设和保障工作。

18.3　网络安全测评流程与内容

本节主要叙述常见的网络安全等级保护、安全渗透测试等的测评流程与内容。

18.3.1　网络安全等级保护测评流程与内容

网络信息系统安全等级测评内容如图 18-1 所示，测评主要包括技术安全测评、管理安全测评。其中，技术安全测评的主要内容有安全物理环境、安全通信网络、安全区域边界、安全计算环境、安全管理中心；管理安全测评的主要内容有安全管理制度、安全管理机构、安全管理人员、安全建设管理、安全运维管理。

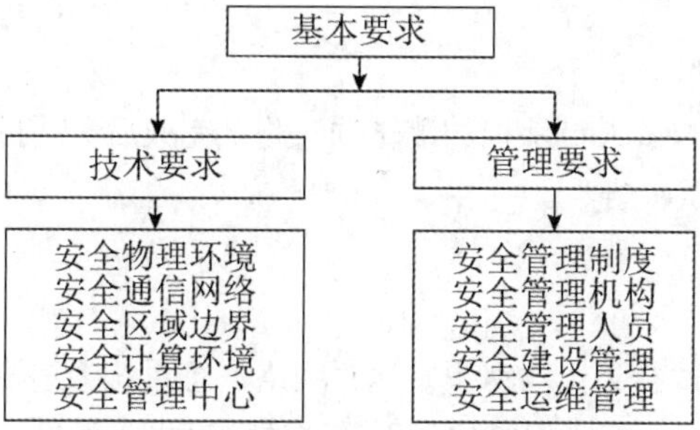

图 18-1　网络安全等级保护测评内容示意图

根据网络安全等级保护 2.0 标准规范，网络信息系统安全等级测评过程包括测评准备活动、方案编制活动、现场测评活动和报告编制活动四个基本测评活动。

18.3.2　网络安全渗透测试流程与内容

网络安全渗透测试的过程可分为委托受理、准备、实施、综合评估和结题五个阶段，如图 18-2 所示。

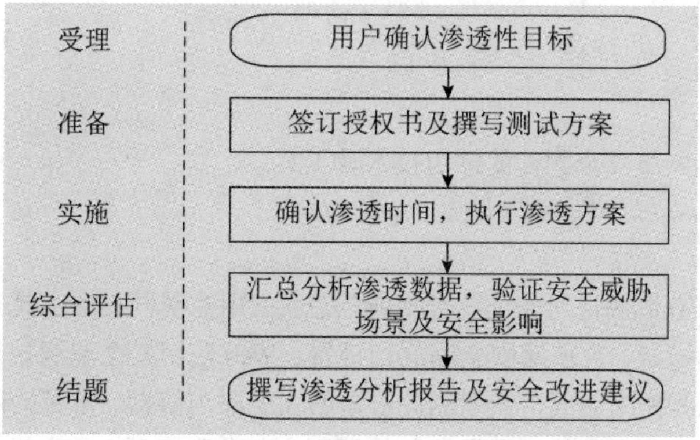

图 18-2　网络安全渗透测试过程示意图

1. 委托受理阶段

售前与委托单位就渗透测试项目进行前期沟通，签署“保密协议”，接收被测单位提交的资料。前期沟通结束后，双方签署“网络信息系统渗透测试合同”。

2. 准备阶段

项目经理组织人员依据客户提供的文档资料和调查数据，编写制定网络信息系统渗透测试方案。项目经理与客户沟通测试方案，确定渗透测试的具体日期、客户方配合的人员。项目经理协助被测单位填写“网络信息系统渗透测试用户授权单”，并通知客户做好测试前的准备工作。如果项目需在被测单位的办公局域网内进行，测试全过程需有客户方配合人员在场陪同。

3. 实施阶段

项目经理明确项目组测试人员承担的测试项。测试完成后，项目组整理渗透测试数据，形成“网络信息系统渗透测试报告”。

4. 综合评估阶段

项目组和客户沟通测试结果，向客户发送“网络信息系统渗透测试报告”。必要时，可根据客户需要召开报告评审会，对“网络信息系统渗透测试报告”进行评审。如被测单位希望复测，由被测单位在整改完毕后提交信息系统整改报告，项目组依据“网络信息系统渗透测试整改报告”开展复测工作。复测结束后，项目组依据复测结果，出具“网络信息系统渗透测试复测报告”。

5. 结题阶段

项目组将测评过程中生成的各类文档、过程记录进行整理，并交档案管理员归档保存。项目组质量工作人员请客户填写“客户满意度调查表”，收集客户反馈意见。

18.4 网络安全测评技术与工具

本节主要内容是网络安全测评的常用技术及工具。

18.4.1 漏洞扫描

漏洞扫描常用来获取测评对象的安全漏洞信息，常用的漏洞扫描工具有网络安全漏洞扫描器、主机安全漏洞扫描器、数据库安全漏洞扫描器、Web应用安全漏洞扫描器。其中，网络安全漏洞扫描器通过远程网络访问，获取测评对象的安全漏洞信息。常见的网络漏洞扫描工具有Nmap、Nessus、OpenVAS。主机安全漏洞扫描器则安装在测评目标的主机上，通过运行安全漏洞扫描工具软件，获取目标的安全漏洞信息。典型的主机漏洞扫描工具有微软安全基线分析器、

COPS 等。数据库安全漏洞扫描器针对目标系统的数据库进行安全漏洞检查，分析数据库账号、配置、软件版本等漏洞信息。典型的数据库漏洞扫描工具有安华金和数据库漏洞扫描系统（商业产品）、THC-Hydra、SQLMap 等。Web 应用安全漏洞扫描器对 Web 应用系统存在的安全隐患进行检查。Web 应用漏洞扫描的主要工具有 w3af（开源）、Nikto（开源）、AppScan（商业）、Acunetix WVS（商业）等。

18.4.2 安全渗透测试

安全渗透测试通过模拟攻击者对测评对象进行安全攻击，以验证安全防护机制的有效性。根据对测评对象掌握的信息状况，安全渗透测试可以分为三种类型。

1. 黑盒模型

只需要提供测试目标地址，授权测试团队从指定的测试点进行测试。

2. 白盒模型

需要提供尽可能详细的测试对象信息，测试团队根据所获取的信息，制订特殊的渗透方案，对系统进行高级别的安全测试。该方式适合高级持续威胁者模拟。

3. 灰盒模型

需要提供部分测试对象信息，测试团队根据所获取的信息，模拟不同级别的威胁者进行渗透。该方式适合手机银行和代码安全测试。

安全渗透测试常用的工具有 Metasploit、字典生成器、GDB、Backtrack 4、Burpsuite、OllyDbg、IDA Pro 等。

18.4.3 代码安全审查

代码安全审查是指按照 C、Java、OWASP 等安全编程规范和业务安全规范，对测评对象的源代码或二进制代码进行安全符合性检查。

典型的代码安全缺陷类型有缓冲区溢出、代码注入、跨站脚本、输入验证、API 误用、密码管理、配置错误、危险函数等。源代码安全审查参考的标准规范主要有 CERT C/C++/Java 安全编码标准、MISRA C/C++、ISO/IEC TR 24772、CWE、OWASP Top 10、CWE/SANS Top 25 等。常用的源代码安全检查工具有 HP Fortify（商业产品）、IBM Rational AppScan Source Edition（商业产品）、Checkmarx（商业产品）、FindBugs（开源工具）、PMD（开源工具）、360 代码卫士（商业产品）等。

18.4.4 协议分析

协议分析用于检测协议的安全性。常见的网络协议分析工具有 TCPDump、Wireshark。TCPDump 提供命令行方式，提供灵活的包过滤规则，是一个有力的网络协议分析工具。

TCPDump 既支持 OpenBSD、Linux、Solaris 等 UNIX 系统，又支持 Windows 环境。TCPDump 在 Windows 环境下的名称为 WinDump，但 WinDump 的用法与 TCPDump 的用法是一样的，只需将命令行的 TCPDump 改为 WinDump 即可。TCPDump 的命令功能如表 18-2 所示。

表 18-2　TCPDump 命令功能

命令选项	描　述
-a	将网络地址和广播地址转换成名字
-d	将匹配信息包的代码以能够理解的汇编格式给出
-dd	将匹配信息包的代码以 C 语言程序段的格式给出
-ddd	将匹配信息包的代码以十进制的形式给出
-e	在输出行打印数据链路层的头部信息
-f	将外部的 Internet 地址以数字的形式打印
-l	使标准输出变为缓冲行形式
-n	不把网络地址转换成名字
-t	在输出的每一行不打印时间戳
-v	输出一个稍微详细的信息，例如在 IP 包中可以包括 TTL 和服务类型的信息
-vv	输出详细的报文信息
-c	在收到指定的包的数目后，TCPDump 就会停止
-F	从指定的文件中读取表达式，忽略其他的表达式
-i	指定监听的网络接口
-r	从指定的文件中读取包（这些包一般通过-w 选项产生）
-w	直接将包写入文件中，不分析和打印
-T	将监听到的包直接解释为指定的报文类型，常见的类型有 RPC（远程过程调用）和 SNMP（简单网络管理协议）

TCPDump 除了以上的命令选项外，还支持正则表达式。TCPDump 的表达式是一个过滤规则，根据正则表达式，TCPDump 过滤网络数据包，如果一个网络数据包满足表达式的条件，则这个网络数据包将会被捕获。如果没有给出任何正则表达式，则网络上所有的信息包都将会被截获。TCPDump 的表达式中一般有三种类型的关键字。

1. 类型关键字

类型关键字主要包括 host、net、port。例如：

- host X.Y.Z.2 指明 X.Y.Z.2 是一台主机。
- net X.Y.Z.0 指明 X.Y.Z.0 是一个网络地址。
- port 23 指明端口号是 23。如果没有指定类型，默认的类型是 host。

2. 传输方向关键字

确定传输方向的关键字主要包括 src、dst、dst or src、dst and src，这些关键字指明监听的通信内容传输方向。例如：

- src X.Y.Z.2 指明 IP 包中源地址是 X.Y.Z.2。
- dst net X.Y.Z.0 指明目的网络地址是 X.Y.Z.0。
- 如果没有指明方向关键字，则默认是 dst or src 关键字。

3. 协议关键字

协议关键字指明监听包的协议内容，主要包括 FDDI、IP、ARP、RARP、TCP、UDP 等类型。FDDI 指明是 FDDI（光纤分布式数据接口网络）上的特定的网络协议，实际上它是“Ether”的别名，FDDI 和 Ether 具有类似的源地址和目的地址，所以可以将 FDDI 协议包当作 Ether 的包进行处理和分析。如果没有指定任何协议，则 TCPDump 将会监听所有协议的信息包。

除了上述三种类型的关键字之外，其他关键字有 Gateway、Broadcast、Less、和 Greater。此外，TCPDump 还提供三种逻辑运算功能，包括非运算“not”“!”，与运算“and”“&&”，或运算“or”“||”。通过这些关键字及逻辑运算符，可以构成灵活的过滤规则。

TCPDump 的应用非常灵活，下面举例说明。

（1）截获 X.Y.Z.61 主机收到的和发出的所有数据包，使用如下命令：

```
tcpdump host X.Y.Z.61
```

（2）截获主机 X.Y.Z.1 和主机 X.Y.Z.2 或 X.Y.Z.3 的通信（在命令行中使用括号时，一定要在括号前应用转义字符“\”），使用如下命令：

```
tcpdump host X.Y.Z.1 and \ (X.Y.Z.2 or X.Y.Z.3 \)
```

（3）监听主机 X.Y.Z.1 与除了主机 X.Y.Z.2 之外的其他所有主机通信的 IP 包，使用如下命令：

```
tcpdump ip host X.Y.Z.1 and ! X.Y.Z.2
```

（4）获取主机 X.Y.Z.1 接收或发出的 Telnet 包，使用如下命令：

```
tcpdump tcp port 23 and host X.Y.Z.1
```

18.4.5　性能测试

性能测试用于评估测评对象的性能状况，检查测评对象的承载性能压力或安全对性能的影响。常用的性能测试工具有性能监测工具（操作系统自带）、Apache JMeter（开源）、LoadRunner（商业产品）、SmartBits（商业产品）等。

1. 性能监测工具

性能监测工具主要有：Windows 操作系统的任务管理器、ping 系统命令、tracert 系统命令；UNIX/Linux 操作系统的 ping 系统命令、traceroute 系统命令、UnixBench 工具。

2. Apache JMeter

Apache JMeter 是用于测试 Web 应用性能和功能的工具，能够支持 Web、FTP、数据库、LDAP 等性能测试。

3. LoadRunner

LoadRunner 是软件测试工具，用于评估系统在不同压力下的性能状况，提供负载生成、虚拟用户创建、测试控制、测试分析等功能。

4. SmartBits

SmartBits 是用于网络及设备性能测试和评估分析的测量设备。

18.5 网络安全测评质量管理与标准

本节主要内容是网络安全测评的质量管理，同时给出了网络安全测评所采用的主要标准。

18.5.1 网络安全测评质量管理

网络安全测评质量管理是测评可信的基础性工作，网络安全测评质量管理工作主要包括测评机构建立质量管理体系、测评实施人员管理、测评实施设备管理、测评实施方法管理、测评实施文件控制、测评非符合性工作控制、体系运行监督、持续改进。目前，有关测评机构的质量管理体系的建立主要参考的国际标准是 ISO 9000。

中国合格评定国家认可委员会（简称 CNAS）负责对认证机构、实验室和检查机构等相关单位的认可工作，对申请认可的机构的质量管理体系和技术能力分别进行确认。

18.5.2 网络安全测评标准

网络安全标准是测评工作开展的依据，目前国内信息安全测评标准类型可分为信息系统安全等级保护测评标准、产品测评标准、风险评估标准、密码应用安全、工业控制系统信息安全防护能力评估等。其中，各类网络安全测评标准阐述如下。

1. 信息系统安全等级保护测评标准

1）计算机信息系统 安全保护等级划分准则（GB 17859—1999）

本标准规定了计算机信息系统安全保护能力的五个等级，即第一级为用户自主保护级，第二级为系统审计保护级，第三级为安全标记保护级，第四级为结构化保护级，第五级为访问验证保护级。本标准适用于计算机信息系统安全保护技术能力等级的划分。计算机信息系统安全保护能力随着安全保护等级的增高，逐渐增强。

2）信息安全技术 网络安全等级保护基本要求（GB/T 22239—2019）

本标准规定了网络安全等级保护的第一级到第四级等级保护对象的安全通用要求和安全扩展要求。本标准适用于指导分等级的非涉密对象的安全建设和监督管理。（注：第五级等级保护对象是非常重要的监督管理对象，对其有特殊的管理模式和安全要求，所以不在本标准中进行描述。）

3）信息安全技术 网络安全等级保护定级指南（GB/T 22240—2020）（于 2020 年 11 月 1 日开始实施）

本标准规定了网络安全等级保护的定级方法和定级流程。本标准适用于为等级保护对象的定级工作提供指导。

4）信息安全技术 网络安全等级保护安全设计技术要求（GB/T 25070—2019）

本标准规定了网络安全等级保护第一级到第四级等级保护对象的安全设计技术要求。本标准适用于指导运营使用单位、网络安全企业、网络安全服务机构开展网络安全等级保护安全技术方案的设计和实施，也可作为网络安全职能部门进行监督、检查和指导的依据。

5）信息安全技术 网络安全等级保护实施指南（GB/T 25058—2019）

本标准规定了等级保护对象实施网络安全等级保护工作的过程。本标准适用于指导网络安全等级保护工作的实施。

6）信息安全技术 信息系统安全工程管理要求（GB/T 20282—2006）

本标准规定了信息安全工程（以下简称安全工程）的管理要求，是对信息系统安全工程中所涉及的需求方、实施方与第三方工程实施的指导，各方可以此为依据建立安全工程管理体系。本标准按照 GB 17859—1999 划分的五个安全保护等级，规定了信息系统安全工程管理的不同要求。本标准适用于信息系统的需求方和实施方的安全工程管理，其他有关各方也可参照使用。

7）信息安全技术 应用软件系统安全等级保护通用技术指南（GA/T 711—2007）

本标准为按照信息系统安全等级保护的要求设计和实现所需要的安全等级的应用软件系统提供指导，主要说明为实现 GB 17859—1999 所规定的每一个安全保护等级，应用软件系统应达到的安全技术要求。本标准是对各个应用领域的应用软件系统普遍适用的安全技术要素的概括描述。不同应用领域的应用软件系统应根据需要选取不同的安全技术要素，以满足其各自业务应用的具体安全需求。

8）信息安全技术 网络安全等级保护基本要求 第 2 部分：云计算安全扩展要求（GA/T 1390.2—2017）

本标准规定了不同安全保护等级云计算平台及云租户业务应用系统的安全保护要求。适用于指导分等级的非涉密云计算平台及云租户业务应用系统的安全建设和监督管理。

9）信息安全技术 网络安全等级保护基本要求 第 3 部分：移动互联安全扩展要求（GA/T 1390.3—2017）

本标准规定了采用移动互联技术不同安全保护等级保护对象的基本保护要求。适用于指导分等级的非涉密等级保护对象的安全建设和监督管理。

10）信息安全技术 网络安全等级保护基本要求 第 5 部分：工业控制系统安全扩展要求（GA/T 1390.5—2017）

本标准规定了不同安全保护等级工业控制系统的安全扩展要求。适用于批量控制、连续控制、离散控制等工业控制系统，为工业控制系统网络安全等级保护措施的设计、落实、测试、评估等提供指导要求。

2. 产品测评标准

信息技术产品类标准主要涉及服务器、操作系统、数据库、应用系统、网络核心设备、网络安全设备、安全管理平台等。

1）信息技术 安全技术 信息技术安全评估准则（GB/T 18336—2015）

本标准共分为3部分：第1部分简介和一般模型建立了IT安全评估的一般概念和原则，详细描述了ISO/IEC 15408各部分给出的一般评估模型，该模型整体上可作为评估工厂产品安全属性的基础。第2部分安全功能组件，给出了11个功能类，包括安全审计（FAU类）、通信（FCO类）、密码支持（FCS类）、用户数据保护（FDP类）、标识和鉴别（FIA类）、安全管理（FMT类）、隐秘（FPR类）、TSF保护（FPT类）、资源利用（FRU类）、TOE访问（FTA类）和可信路径/信道（FTP类）。第3部分安全保障组件，给出了8个保障类，包括保护轮廓评估（APE类）、安全目标评估（ASE类）、开发（ADV类）、指导性文档（AGD类）、生命周期支持（ALC类）、测试（ATE类）、脆弱性评定（AVA类）、组合（ACO类）。根据安全保障的要求程度，结合ISO/IEC 15408的内容，对TOE的保障等级定义了7个逐步增强的评估保障级（EAL）。

2）信息安全技术 路由器安全技术要求（GB/T 18018—2019）

本标准分等级规定了路由器的安全功能要求和安全保障要求，适用于路由器产品安全性的设计和实现，对路由器产品进行的测试、评估和管理也可参照使用。

3）信息安全技术 路由器安全评估准则（GB/T 20011—2005）

本标准从信息技术方面规定了按照 GB 17859—1999 的五个安全保护等级中的前三个等级，对路由器产品安全保护等级划分所需要的评估内容。本标准适用于路由器安全保护等级的评估，对路由器的研制、开发、测试和产品采购也可参照使用。

4）信息安全技术 服务器安全技术要求（GB/T 21028—2007）

本标准依据GB 17859—1999的五个安全保护等级的划分，规定了服务器所需要的安全技术要求，以及每一个安全保护等级的不同安全技术要求。本标准适用于按GB 17859—1999的五个安全保护等级的要求所进行的等级化服务器的设计、实现、选购和使用。按GB 17859—1999的五个安全保障等级的要求对服务器安全进行的测试和管理也可参照使用。

5）信息安全技术 服务器安全测评要求（GB/T 25063—2010）

本标准规定了服务器安全的测评要求，包括第一级、第二级、第三级和第四级服务器安全测评要求。本标准没有规定第五级服务器安全测评的具体内容要求。本标准适用于测评机构从信息安全等级保护的角度对服务器安全进行的测评工作。信息系统的主管部门及运营使用单位、服务器软硬件生产厂商也可参考使用。

6）信息安全技术 网络交换机安全技术要求（GB/T 21050—2019）

本标准规定了网络交换机达到EAL2和EAL3的安全功能要求及安全保障要求，涵盖了安全问题定义、安全目的、安全要求等内容。本标准适用于网络交换机的测试、评估和采购，也可用于指导该类产品的研制和开发。

7）信息安全技术 数据库管理系统安全评估准则（GB/T 20009—2019）

本标准依据 GB/T 20273—2019 规定了数据库管理系统安全评估总则、评估内容和评估方法。本标准适用于数据库管理系统的测试和评估，也可用于指导数据库管理系统的研发。

8）信息安全技术 数据库管理系统安全技术要求（GB/T 20273—2019）

本标准规定了数据库管理系统评估对象描述，不同评估保障级的数据库管理系统安全问题定义、安全目的和安全要求，安全问题定义与安全目的、安全目的与安全要求之间的基本原理。本标准适用于数据库管理系统的测试、评估和采购，也可用于指导数据库管理系统的研发。

9）信息安全技术 操作系统安全评估准则（GB/T 20008—2005）

本标准从信息技术方面规定了按照 GB 17859—1999 的五个安全保护等级对操作系统安全保护等级划分所需要的评估内容。本标准适用于计算机通用操作系统的安全保护等级评估，对于通用操作系统安全功能的研制、开发和测试亦可参照使用。

10）信息安全技术 操作系统安全技术要求（GB/T 20272—2019）

本标准规定了五个安全等级操作系统的安全技术要求。本标准适用于操作系统安全性的研发、测试、维护和评价。

11）信息安全技术 网络入侵检测系统技术要求和测试评价方法（GB/T 20275—2013）

本标准规定了网络入侵检测系统的技术要求和测试评价方法，要求包括安全功能要求、自身安全功能要求、安全保证要求和测试评价方法，并提出了网络入侵检测系统的分级要求。本标准适用于网络入侵检测系统的设计、开发、测试和评价。

12）信息安全技术 网络和终端隔离产品测试评价方法（GB/T 20277—2015）

本标准依据 GB/T 20279—2015 的技术要求，规定了网络和终端隔离产品的测试评价方法。本标准适用于按照 GB/T 20279—2015 的安全等级要求所开发的网络和终端隔离产品的测试和评价。

13）信息安全技术 网络脆弱性扫描产品测试评价方法（GB/T 20280—2006）

本标准规定了对采用传输控制协议和网际协议（TCP/IP）的网络脆弱性扫描产品的测试、评价方法。本标准适用于对计算机信息系统进行人工或自动的网络脆弱性扫描的安全产品的评测、研发和应用。本标准不适用于专门对数据库系统进行脆弱性扫描的产品。

14）信息安全技术 防火墙安全技术要求和测试评价方法（GB/T 20281—2020）（于 2020 年 11 月 1 日开始实施）

本标准规定了防火墙的等级划分、安全技术要求及测评方法。本标准适用于防火墙的设计、开发与测试。

15）信息安全技术 Web 应用防火墙安全技术要求与测试评价方法（GB/T 32917—2016）

本标准规定了 Web 应用防火墙的安全功能要求、自身安全保护要求、性能要求和安全保障要求，并提供了相应的测试评价方法。本标准适用于 Web 应用防火墙的设计、生产、检测及采购。

16）信息安全技术 信息系统安全审计产品技术要求和测试评价方法（GB/T 20945—2013）

本标准规定了信息系统安全审计产品的技术要求和测试评价方法，技术要求包括安全功能要求、自身安全功能要求和安全保证要求，并提出了信息系统安全审计产品的分级要求。本标准适用于信息系统安全审计产品的设计、开发、测试和评价。

17）信息安全技术 网络型入侵防御产品技术要求和测试评价方法（GB/T 28451—2012）

本标准规定了网络型入侵防御产品的功能要求、产品自身安全要求和产品保证要求，并提出了入侵防御产品的分级要求。本标准适用于网络型入侵防御产品的设计、开发、测试和评价。

18）信息安全技术 数据备份与恢复产品技术要求与测试评价方法（GB/T 29765—2013）

本标准规定了数据备份与恢复产品的技术要求与测试评价方法。本标准适用于对数据备份与恢复产品的研制、生产、测试、评价。本标准所指的数据备份与恢复产品是指实现和管理信息系统数据备份和恢复过程的产品，不包括数据复制产品和持续数据保护产品。

19）信息安全技术 信息系统安全管理平台技术要求和测试评价方法（GB/T 34990—2017）

本标准依据国家信息安全等级保护要求，提出了统一管理安全机制的平台，规定了安全管理平台的基于信息安全策略和管理责任的系统管理、安全管理、审计管理等功能，以及对象识别、策略设置、安全监控、事件处置等过程的平台功能要求，平台自身的安全要求、保障要求，以及测试评价方法。本标准适用于安全管理平台的规划、设计、开发和检测评估，以及在信息系统安全管理中心中的应用。

20）信息安全技术 移动终端安全保护技术要求（GB/T 35278—2017）

本标准规定了移动终端的安全保护技术要求，包括移动终端的安全目的、安全功能要求和安全保障要求。本标准适用于移动终端的设计、开发、测试和评估。

3. 信息安全风险评估标准

1）信息安全技术 信息安全风险评估规范（GB/T 20984—2007）

本标准提出了风险评估的基本概念、要素关系、分析原理、实施流程和评估方法，以及风险评估在信息系统生命周期不同阶段的实施要点和工作形式。本标准适用于规范组织开展的风险评估工作。

2）信息安全技术 信息安全风险评估实施指南（GB/T 31509—2015）

本标准规定了信息安全风险评估实施的过程和方法。本标准适用于各类安全评估机构或被评估组织对非涉密信息系统的信息安全风险评估项目的管理，指导风险评估项目的组织、实施、验收等工作。

3）信息安全技术 信息安全风险处理实施指南（GB/T 33132—2016）

本标准给出了信息安全风险处理的基本概念、处理原则、处理方式、处理流程以及处理结束后的效果评价等管理过程和方法，并对处理过程中的角色和职责进行了定义。本标准适用于指导信息系统运营使用单位和信息安全服务机构实施信息安全风险处理活动。

4. 密码应用安全

1）安全芯片密码检测准则（GM/T 0008—2012）

本标准规定了安全能力依次递增的三个安全等级，以及适用于各安全等级安全芯片的密码检测要求。本标准适用于安全芯片的密码检测，亦可指导安全芯片的研制。

2）可信计算 可信密码模块符合性检测规范（GM/T 0013—2012）

本标准以 GM/T 0011—2012《可信计算 可信密码支撑平台功能与接口规范》为基础，定义了可信密码模块的命令测试向量，并提供有效的测试方法与灵活的测试脚本。本标准只适用于可信密码模块的符合性测试，不能取代其安全性检查。可信密码模块的安全性检测需要按照其他相关规范来进行。

3）密码模块安全技术要求（GM/T 0028—2014）

本标准针对用于保护计算机与电信系统内敏感信息的安全系统所使用的密码模块，规定了安全要求。本标准为密码模块定义了 4 个安全等级，以满足敏感数据以及众多应用领域的、不同程度的安全需求。针对密码模块的 11 个安全域，本标准分别给出了 4 个安全等级的对应要求，高安全等级在低安全等级的基础上进一步提高了安全性。

4）服务器密码机技术规范（GM/T 0030—2014）

本标准定义了服务器密码机的相关术语，规定了服务器密码机的功能要求、硬件要求、软件要求、安全性要求及检测要求等有关内容。本标准适用于服务器密码机的研制、使用，也可用于指导服务器密码机的检测。

5）基于角色的授权管理与访问控制技术规范（GM/T 0032—2014）

本标准规定了基于角色的授权与访问控制框架结构及框架内各组成部分的逻辑关系；定义了各组成部分的功能、操作流程及操作协议；定义了访问控制策略描述语言、授权策略描述语言的统一格式和访问控制协议的标准接口。本标准适用于公钥密码技术体系下基于角色的授权与访问控制系统的研制，并可指导对该类系统的检测及相关应用的开发。

6）证书认证系统检测规范（GM/T 0037—2014）

本标准规定了证书认证系统的检测内容与检测方法。本标准适用于为电子签名提供电子认证服务，按照 GM/T 0034—2014 研制或建设的证书认证服务运营系统的检测，也可为其他证书认证系统的检测提供参考。

7）密码模块安全检测要求（GM/T 0039—2015）

本标准依据 GM/T 0028—2014 的要求，规定了密码模块的一系列检测规程、检测方法和对应的送检文档要求。本标准适用于密码模块的检测。

8）数字证书互操作检测规范（GM/T 0043—2015）

本标准依据 GM/T 0015 和 GM/T 0034 的要求规定了数字证书互操作的检测内容与检测方法。本标准适用于证书认证系统签发的数字证书的检测。

9）金融数据密码机检测规范（GM/T 0046—2016）

本标准规定了金融数据密码机的检测要求和检测方法。本标准适用于金融数据密码机的检测，以及该类密码设备的研制。

5. 工业控制系统信息安全防护能力评估

工业控制系统信息安全事关经济发展、社会稳定和国家安全。为提升工业企业工业控制系统信息安全（以下简称工控安全）防护水平，保障工业控制系统安全，国家工业和信息化部制定了相关工控安全标准规范。

1）工业控制系统信息安全防护指南（工信部信软〔2016〕338号）

本指南对工业控制系统应用企业从安全软件选择与管理、配置和补丁管理、边界安全防护、物理和环境安全防护、身份认证、远程访问安全、安全监测和应急预案演练、资产安全、数据安全、供应链管理、落实责任等十一个方面提出了工控安全防护要求。

2）工业控制系统信息安全防护能力评估工作管理办法（工信部信软〔2017〕188号）

本办法结合工控安全防护能力评估工作的实际，以规范针对工业企业开展的工控安全防护能力评估活动为重点，加强工控安全防护能力评估机构、人员和工具管理，明确工控安全防护能力评估工作程序。本办法所指的防护能力评估，是对工业企业工业控制系统规划、设计、建设、运行、维护等全生命周期各阶段开展安全防护能力综合评价。

18.6 本章小结

本章内容包括：第一，给出了网络安全测评的概念和测评内容，分析了网络安全测评的发展状况；第二，本章系统地阐述了网络安全测评的类型和常见的网络安全测评流程；第三，分析了网络安全测评技术，并列举了常用的网络安全测评工具；第四，本章叙述了网络安全测评质量管理工作的内容，给出了信息系统安全等级保护测评标准、产品测评标准、风险评估标准、密码应用安全、工业控制系统信息安全防护能力评估等测评标准。

第 19 章　操作系统安全保护

19.1　操作系统安全概述

操作系统负责计算系统的资源管理，支撑和控制各种应用程序运行，为用户提供计算机系统管理接口。操作系统是构成网络信息系统的核心关键组件，其安全可靠程度决定了计算机系统的安全性和可靠性。本节主要阐述操作系统安全的概念，分析操作系统的安全需求和安全机制，并给出操作系统常见的安全技术。

19.1.1　操作系统安全概念

一般来说，操作系统的安全是指满足安全策略要求，具有相应的安全机制及安全功能，符合特定的安全标准，在一定约束条件下，能够抵御常见的网络安全威胁，保障自身的安全运行及资源安全。国家标准《信息安全技术 操作系统安全技术要求（GB/T 20272—2019）》根据安全功能和安全保障要求，将操作系统分成五个安全等级，即用户自主保护级、系统审计保护级、安全标记保护级、结构化保护级、访问验证保护级。

目前，操作系统成为信息社会的核心关键组件，其安全性和可控性直接影响国家安全、组织安全、个人安全。2008 年，Windows 黑屏事件让中国用户切实感受到操作系统安全的重要性。2010 年，“震网”恶意代码令伊朗的核电设施瘫痪，其关键因素是微软公司的 Windows 系统存在未公开的安全漏洞，从而使得高级持续威胁攻击方法（APT）得以实施。操作系统的安全可控是指用户可以按照预期的安全要求，实现对操作系统的操作和控制，以满足用户的业务需求。狭义上说，操作系统的安全可控侧重于产品安全。从广义上来说，操作系统的安全可控侧重于产业可控。以 Google 公司的安卓操作系统为例，与安卓操作系统相关的产业价值达到数千亿美元，然而该产业为 Google 公司所掌控。安全可控上升到国家安全层面，同时也成为公司商业竞争的工具。

操作系统的安全可控目标分为两个层面：第一个层面，是指给定一个操作系统，用户能够实现对操作系统的可理解、可修改、可检测、可修复、可保护；第二个层面，商业用户能够自己主导操作系统的产品化，不受恶意的商业利益绑架或遭受知识产权专利陷阱，操作系统不能被利用危及国家安全。

19.1.2　操作系统安全需求

操作系统已经成为网络安全威胁的首要目标，其安全性问题日渐凸显。操作系统安全隐患直接危及整个网络信息系统的安全性。目前，操作系统的安全目标是能够防范网络安全威胁，保障操作系统的安全运行及计算机系统资源的安全性。通常来说，操作系统的安全需求主要包括如下几个方面：

（1）标识和鉴别。能够唯一标识系统中的用户，并进行身份真实性鉴别。

（2）访问控制。按照系统安全策略，对用户的操作进行资源访问控制，防止用户对计算机资源的非法访问（窃取、篡改和破坏）。

（3）系统资源安全。能够保护系统中信息及数据的完整性、保密性、可用性。

（4）网络安全。能够进行网络访问控制，保证网络通信数据安全及网络服务的可用性。

（5）抗攻击。具有系统运行监督机制，防御恶意代码攻击。

（6）自身安全。操作系统具有自身安全保护机制，确保系统安全和完整性，具有可信恢复能力。

19.1.3 操作系统安全机制

操作系统的安全保障集成多种安全机制，主要包括硬件安全、标识与鉴别、访问控制、最小特权管理、安全审计、可信路径、系统安全增强等。下面分别进行讲述。

1. 硬件安全

计算机硬件安全是操作系统安全的基础保障机制，包括硬件安全可靠性、存储保护、I/O 保护、CPU 安全、物理环境保护等。

2. 标识与鉴别

标识与鉴别又称为认证机制，用于操作系统的用户及相关活动主体的身份标识，并给用户和相应的活动主体分配唯一的标识符。标识符具有唯一性，能够防止伪造。而鉴别则指证实用户或活动主体的真实身份的过程。

3. 访问控制

访问控制用于操作系统的资源管理控制，防止资源滥用。常见的访问控制有自主访问控制和强制访问控制。

4. 最小特权管理

操作系统特权通常是指系统中某些用户或进程具有超级权限的操作能力。如 UNIX/Linux 等多用户操作系统的用户 root 具有所有特权，普通用户不具有任何特权。特权管理方式虽然便于系统维护和配置，但不利于系统的安全性。一旦特权用户的口令丢失或被冒充，将会对系统造成极大的损失。另外，超级用户的误操作也是系统极大的安全隐患。因此，必须建立并实行最小特权管理机制。最小特权管理就是操作系统不分配用户超过执行任务所需的权限，防止权限滥用，减少系统的安全风险。

5. 可信路径

可信路径是指操作系统的本地用户和远程用户进行初始登录或鉴别时，操作系统安全系统与用户之间建立的安全通信路径。可信路径保护通信数据免遭修改、泄露，防止特洛伊木马模仿登录过程，窃取用户的口令。

6. 安全审计

安全审计就是操作系统对系统中有关安全的活动进行记录、检查及审核，其主要目的就是核实系统安全策略执行的合规性，以追踪违反安全策略的用户及活动主体，确认系统安全故障。

7. 系统安全增强

系统安全增强又称为安全加固，通过优化操作系统的配置或增加安全组件，以提升操作系统的抗攻击能力。

19.1.4　操作系统安全技术

操作系统是复杂的系统软件，其安全机制的实现综合集成了多种安全技术，主要包括硬件容灾备份技术、可信计算技术、身份认证技术、访问控制技术、加密技术、安全审计和监测技术、系统安全增强技术、特权管理技术、形式化分析技术、安全渗透技术、隐蔽信道分析、安全补丁、防火墙、入侵检测、安全沙箱、攻击欺骗、地址空间随机化和系统恢复等技术，这些技术不同程度地应用在操作系统的安全机制构建、安全功能实现、安全保障、安全测评以及安全运行等各个方面。

19.2　Windows 操作系统安全分析与防护

Windows 操作系统是应用普遍的操作系统，其安全性影响广泛。本节主要阐述 Windows 操作系统的架构，分析了其安全机制及常见的安全问题，并给出 Windows 操作系统安全增强技术方法和参考实例。

19.2.1　Windows 系统架构

Windows 系统是微软公司研究开发的操作系统，其发展经历了 Windows 3.1、Windows 98、Windows NT、Windows 2000、Windows XP、Windows 7、Windows 10 等多个版本，由于 Windows 系统的易用性，其受到众多用户的青睐，特别是其桌面操作系统。下面以 Windows XP 为例，分析其架构。Windows XP 的结构是层次结构和客户机/服务器结构的混合体，其系统结构如图 19-1 所示。从图中可以看出，系统划分为三层。其中，最底层是硬件抽象层，它为上面的一层提供硬件结构的接口，有了这一层就可以使系统方便地移植；第二层是内核层，它为低层提供执行、中断、异常处理和同步的支持；第三层是由一系列实现基本系统服务的模块组成的，例如虚拟内存管理、对象管理、进程和线程管理、I/O管理、进程间通信和安全参考监督器。

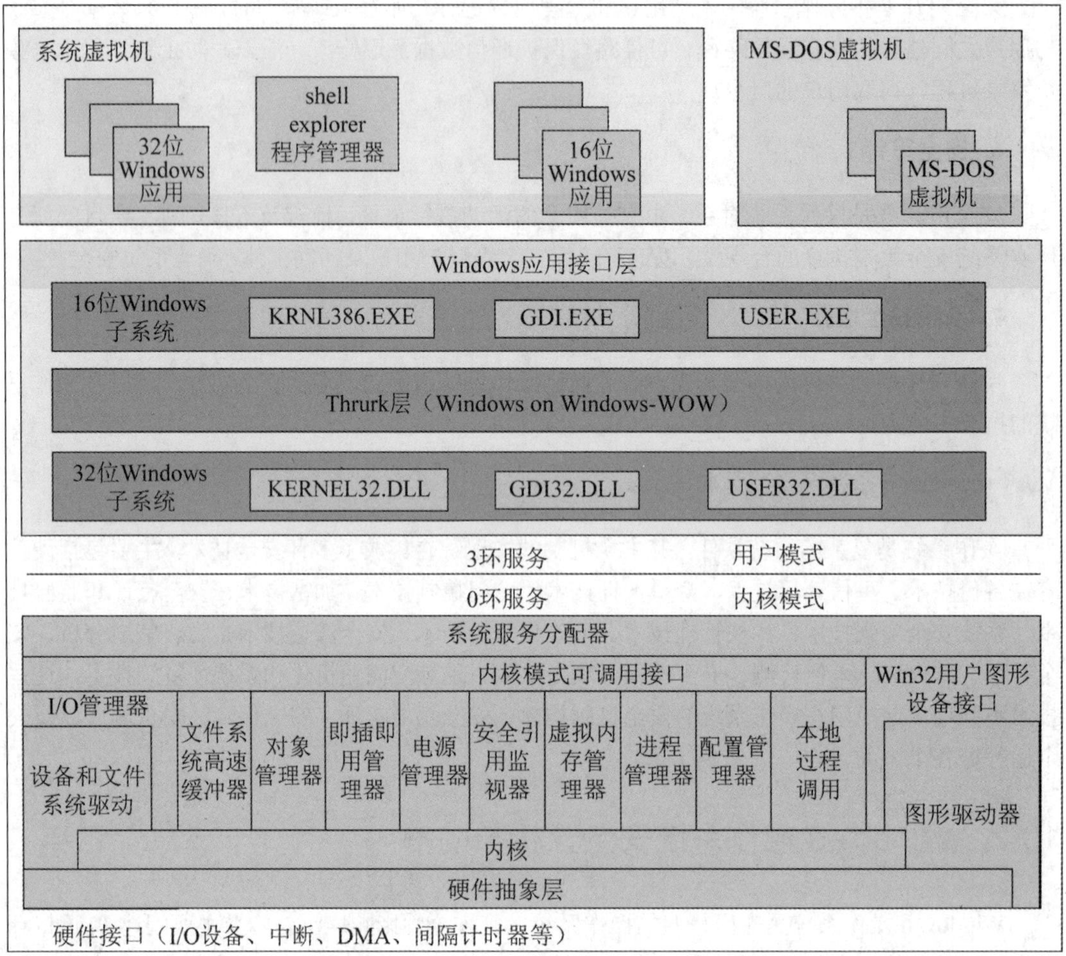

图19-1 Windows XP系统结构示意图

Windows 2000系统在安全设计上有专门的安全子系统，安全子系统主要由本地安全授权（LSA）、安全账户管理（SAM）和安全参考监视器（SRM）等组成，如图19-2所示。其中，本地安全授权部分提供了许多服务程序，保障用户获得存取系统的许可权。它产生令牌、执行本地安全管理、提供交互式登录认证服务、控制安全审查策略和由SRM产生的审查记录信息。

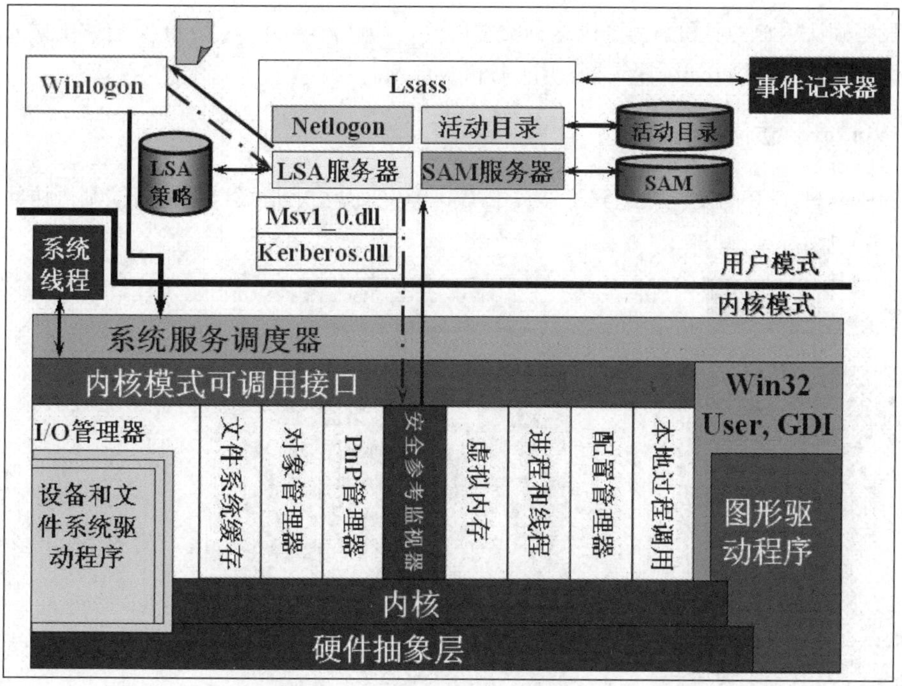

图 19-2　Windows 2000 安全子系统示意图

安全账户管理部分对 SAM 数据库进行维护，该数据库包含所有组和用户的信息。SAM 提供用户登录认证，负责对用户在 Welcome 对话框中输入的信息与 SAM 数据库中的信息比对，并为用户赋予一个安全标识符（SID）。根据网络配置的不同，SAM 数据库可能存在于一个或多个 Windows NT 系统中。

安全参考监视器负责访问控制和审查策略，由 LSA 支持。SRM 提供客体（文件、目录等）的存取权限，检查主体（用户账户等）的权限，产生必要的审查信息。客体的安全属性由访问控制项（ACE）来描述，全部客体的 ACE 组成访问控制列表（ACL）。没有 ACL 的客体意味着任何主体都可访问。而有 ACL 的客体则由 SRM 检查其中的每一项 ACE，从而决定主体的访问是否被允许。

19.2.2　Windows 安全机制

1. Windows 认证机制

早期 Windows 系统的认证机制不是很完善，甚至缺乏认证机制。例如 Windows 32、Windows 98。随着系统发展，微软公司逐步增强了 Windows 系统的认证机制。以 Windows 2000 为例，系统提供两种基本认证类型，即本地认证和网络认证。其中，本地认证是根据用户的本地计算机或 Active Directory 账户确认用户的身份。而网络认证，则根据此用户试图访问的任何网络服务确认用户的身份。为提供这种类型的身份验证，Windows 2000 安全系统集成三种不同的身份验证技术：Kerberos V5、公钥证书和 NTLM。

2. Windows 访问控制机制

Windows NT/XP 的安全性达到了橘皮书 C2 级，实现了用户级自主访问控制。访问控制机制如图 19-3 所示。

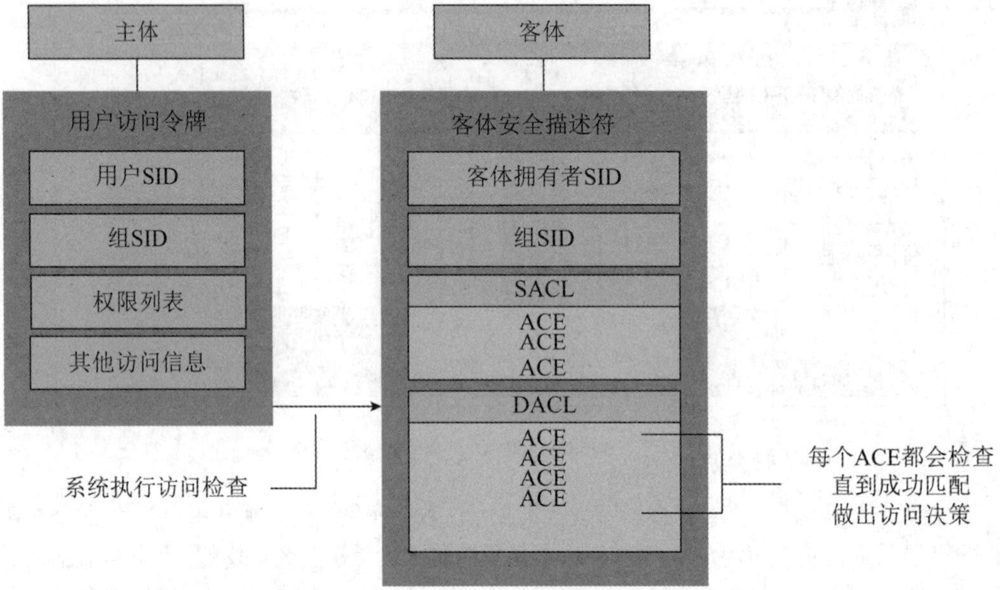

图 19-3 Windows 访问控制机制示意图

为了实现进程间的安全访问，Windows NT/XP 中的对象采用了安全性描述符（Security Descriptor）。安全性描述符主要由用户 SID（Owner）、工作组 SID（Group）、自由访问控制列表（DACL）和系统访问控制列表（SACL）组成。

3. Windows 审计/日志机制

日志文件是 Windows 系统中一个比较特殊的文件，它记录 Windows 系统的运行状况，如各种系统服务的启动、运行、关闭等信息。Windows 日志有三种类型：系统日志、应用程序日志和安全日志，它们对应的文件名为 SysEvent.evt、AppEvent.evt 和 SecEvent.evt。这些日志文件通常存放在操作系统安装的区域"system32\config"目录下。

4. Windows 协议过滤和防火墙

针对来自网络上的威胁，Windows NT 4.0、Windows 2000 则提供了包过滤机制，通过过滤机制可以限制网络包进入用户计算机。而 Windows XP 则自带了防火墙，该防火墙能够监控和限制用户计算机的网络通信。

5. Windows 文件加密系统

为了防范入侵者通过物理途径读取磁盘信息，绕过 Windows 系统文件访问控制机制。微软公司研究开发了加密的文件系统 EFS，文件中的数据利用 EFS 在磁盘上加密。用户如果访问加密的文件，则必须拥有这个文件的密钥，才能够打开这个文件，并且像普通文档一样透明地使用它。

6. 抗攻击机制

针对常见的缓冲区溢出、恶意代码等攻击，微软公司的新版本操作系统 Windows 7、Windows 10 增加抗攻击安全机制，集成了内存保护机制，主要包括堆栈保护（Stack Protection）、安全结构例外处理 SafeSEH（Safe Structured Exception Handling）、数据执行保护 DEP（Data Execution Prevention）、地址随机化 ASLR（Address Space Layout Randomization）、补丁保护 PatchGuard、驱动程序签名（Driver Signing）等保护机制。Windows 10 提供减少攻击面规则配置，具体如下：

（1）阻止来自电子邮件客户端和 Webmail 的可执行内容。

该规则阻止 Microsoft Outlook 应用程序或其他 Webmail 程序打开电子邮件中的可执行文件、脚本文件，其中，执行文件类型有.exe，.dll 或.scr，脚本文件有 PowerShell.ps、VisualBasic.vbs 或 JavaScript.js 文件。

（2）阻止所有 Office 应用程序创建子进程。

恶意软件通常借用 Office 应用运行 VBA 宏或执行攻击代码。该规则阻止 Word、Excel、PowerPoint、OneNote、Access 等 Office 应用创建子进程。

（3）阻止 Office 应用程序创建可执行内容。

恶意软件常常滥用 Office 作为攻击媒介，突破 Office 应用控制而将恶意组件保存到磁盘，使得恶意组件在计算机重新启动后存活下来，从而留在系统中。该规则用于防护持久性威胁，通过阻止 Word、Excel、PowerPoint 等 Office 应用程序创建潜在的恶意可执行内容，防止恶意代码写入磁盘。

（4）阻止 Office 应用程序将代码注入其他进程。

攻击者有可能使用 Office 应用程序把恶意代码注入其他进程，将恶意代码伪装成干净的进程。该规则阻止将代码从 Word、Excel、PowerPoint 等 Office 应用程序注入其他进程。

（5）阻止 JavaScript 或 VBScript 启动下载的可执行内容。

用 JavaScript 或 VBScript 编写的恶意软件通常从网上获取下载并启动其他恶意软件。该规则可防止脚本启动潜在的恶意下载内容。

（6）阻止执行可能被混淆的脚本。

脚本混淆是恶意软件作者和合法应用程序用来隐藏知识产权或减少脚本加载时间的常用技术。 恶意软件作者使用混淆处理让恶意代码难以阅读，从而防止人、安全软件的严格审查。该规则可检测混淆脚本中的可疑属性。

（7）阻止 Office 宏调用 Win32 API。

Office VBA 提供了调用 Win32 API 功能，但恶意软件会滥用此功能来启动恶意 shellcode，而不直接将任何内容写入磁盘。该规则可用于防止使用 VBA 调用 Win32 API 功能。

（8）阻止信任列表外的可执行文件运行。

启动执行不受信任或未知的可执行文件可能会导致潜在风险。该规则将阻止.exe、.dll 或.scr 等可执行文件类型启动，但在信任列表中的执行文件除外。

（9）防御勒索软件。

该规则要求扫描检查进入系统的可执行文件可信性。如果文件与勒索软件极为相似，则该规则将阻止它们运行，但在信任列表中的执行文件除外。

（10）阻止从 Windows 本地安全授权子系统窃取身份凭据。

该规则通过锁定本地安全授权子系统服务（LSASS），以防止身份凭据被窃取。

（11）阻止 PsExec 和 WMI 命令创建进程。

该规则阻止运行通过 PsExec 和 WMI 创建的进程。PsExec 和 WMI 都可以远程执行代码，因此存在恶意软件滥用此功能用于命令和控制目的，或将感染传播到整个组织网络的风险。

（12）阻止从 USB 运行不受信任、未签名的进程。

管理员使用此规则，可以阻止从 USB（包括 SD 卡）运行未签名或不受信任的可执行文件、脚本文件，这些文件类型包括.exe、.dll、.scr、PowerShell.ps，VisualBasic.vbs 或 JavaScript.js。

（13）阻止 Office 创建子进程通信应用程序。

该规则阻止 Outlook 创建子进程，但允许其正常的通信，可以抵御社会工程学攻击，防止利用 Outlook 漏洞攻击。

（14）阻止 Adobe Reader 创建子进程。

该规则通过阻止 Adobe Reader 创建其他进程来防止攻击。恶意软件常通过社会工程或漏洞利用，下载并启动其他有效负载，并突破 Adobe Reader 控制。通过阻止由 Adobe Reader 创建子进程，可以防止恶意软件将其用作攻击向量进行传播扩散。

（15）阻止利用 WMI 事件订阅进行持久性攻击。

该规则可防止恶意软件滥用 WMI 以持久性控制设备。无文件威胁使用各种策略来保持隐藏状态，以避免在文件系统中被查看到，进而实现定期执行控制。某些威胁可能会滥用 WMI 存储库和事件模型以使其保持隐藏状态。

19.2.3 Windows 系统安全分析

目前，Windows 系统承受着各种各样的攻击，下面分析 Windows 系统的安全问题。

1. Windows 口令

账号和口令是进入 Windows 系统的重要凭证，获取账号和口令信息是入侵者攻击 Windows 系统的重要途径。例如，Windows 2000 的默认安装允许任何用户通过空用户得到系统所有账号和共享列表。这些功能本来是为了方便局域网用户共享资源和文件，但导致了任何一个远程用户都可以利用同样的方法得到账户列表，使用技术破解账户密码后，对用户的计算机进行攻击。

2. Windows 恶意代码

由于 Windows 系统自身的安全隐患，许多计算机病毒、网络蠕虫、特洛伊木马等安全事件都与 Windows 系统相关，例如“冲击波”网络蠕虫、“永恒之蓝”勒索网络蠕虫。

3. Windows 应用软件漏洞

运行在 Windows 平台的应用软件的安全隐患日益暴露，这些安全隐患常常导致 Windows 系统被非授权访问、非法滥用等。例如 IE 浏览器的安全漏洞导致远程攻击者植入木马，进而危及整个系统的安全。

4. Windows 系统程序的漏洞

Windows 系统程序的设计、实现过程中的安全隐患通常带来不少安全问题，例如 RPC 程序的漏洞导致缓冲区溢出攻击。

5. Windows 注册表安全

注册表（Registry）是有关 Windows 系统配置的重要文件，存储在系统安装目录“system32\config”下。由于所有配置和控制系统的数据都存在于注册表中，而且 Registry 的缺省权限设置是“所有人”（Everyone）“完全控制”（FullControl）和“创建”（Create），这种设置可能会被恶意用户利用来删除或者替换掉注册表（Registry）文件。例如，入侵者通过修改、创建注册表的相关参数设置，让系统启动恶意进程。

6. Windows 文件共享安全

Windows 98 以后的系统都提供文件共享安全，但是共享会带来信息泄露的问题。例如，Windows 2000、Windows XP 在默认安装后允许任何用户通过空用户连接（IPC$）得到系统所有账号和共享列表，这本来是为了方便局域网用户共享资源和文件的，但是任何一个远程用户都可以利用这个空的连接得到所有用户的共享列表。黑客利用这项功能，查找系统的用户列表，使用字典工具，对系统进行攻击。这就是网上较流行的 IPC 攻击。

7. Windows 物理临近攻击

一些攻击者利用物理接近 Windows 系统的条件，借用安全工具强行进入 Windows 系统。例如，使用 Offline NT Password & Registry Editor 软件制作启动盘，然后用该盘引导系统，进而可以访问 NTFS 文件系统。

19.2.4 Windows 系统安全增强技术方法与流程

Windows 系统的安全增强是指通过一些安全措施来提高系统的安全防护能力。目前，常见的系统安全增强方法有下面几种：

（1）安全漏洞打补丁（Patch）。很多漏洞本质上是软件设计时的缺陷和错误（如漏洞），因此需要采用补丁的方式对这些问题进行修复。

（2）停止服务和卸载软件。有些应用和服务安全问题较多，目前又没有可行的解决方案，切实有效的方法是在可能的情况下停止该服务，不给攻击者提供攻击机会。

（3）升级或更换程序。在很多情况下，安全漏洞只针对一个产品的某一版本有效，此时解决问题的办法就是升级软件。如果升级仍不能解决，则要考虑更换程序。目前，同一应用或服务通常存在多个成熟的程序，而且还存在免费的自由软件，这为更换软件提供了可能性。

（4）修改配置或权限。有时系统本身并没有安全漏洞，但由于配置或权限设置错误或不合理，给系统安全性带来问题。建议用户根据实际情况和审计结果，对这类配置或权限设置问题进行修改。

（5）去除特洛伊等恶意程序。系统如果出现过安全事故（已知的或并未被发现的），则在系统中可能存在隐患，例如攻击者留下后门程序等，因此必须去除这些程序。

（6）安装专用的安全工具软件。针对 Windows 漏洞修补问题，用户可以安装自动补丁管理程序。

Windows 系统安全增强是一件烦琐的事情，其基本步骤如下。

1. 确认系统安全增强的安全目标和系统的业务用途

系统安全目标实际上就是用户所期望系统的安全要求，例如防止信息泄露、抗拒绝服务攻击、限制非法访问等。系统的业务用途是后续安全增强的依据，根据系统的业务用途，系统在安装时或设置策略时进行合适的选择。

2. 安装最小化的操作系统

最小化操作系统的目的是减少系统安全隐患数目，系统越大，可能的安全风险就越大，而且管理上也难以顾及。安装最小化的操作系统要求如下：

- 尽量使用英文版 Windows 操作系统；
- 不要安装不需要的网络协议；
- 使用 NTFS 分区；
- 删除不必要的服务和组件。

3. 安装最新系统补丁

系统的漏洞通常成为入侵者进入的途径，因而漏洞的修补是系统安全增强的必要步骤。

4. 配置安装的系统服务

根据系统的业务运行的基本要求，做到以下几点：

- 不要安装与系统业务运行无关的网络/系统服务和应用程序；

- 安装最新的应用程序和服务软件，并定期更新服务的安全补丁。

5. 配置安全策略

安全策略是有关系统的安全设置规则，在 Windows 系统中需要配置的安全策略主要有账户策略、审计策略、远程访问、文件共享等。其中，策略中又要涉及多个参数，以配置账户策略为例，策略包含下列项目：

- 密码复杂度要求；
- 账户锁定阈值；
- 账户锁定时间；
- 账户锁定记数器。

6. 禁用 NetBIOS

NetBIOS 提供名称服务和会话服务，这些服务通常会给攻击者提供入侵切入点。为了系统的安全，一般建议禁用 NetBIOS，其方法如下：

- 在防火墙上过滤外部网络访问 135～139、445 端口。
- 修改注册表，禁用 NetBIOS，具体如下。

```
HKLM\SYSTEM\CurrentControlSet\Control\Lsa:restrictanonymouse=2
```

- 禁用 NetBIOS over TCP/IP。
- 禁用 Microsoft 网络的文件和打印共享。

7. 账户安全配置

账户权限设置不当往往会导致安全问题，在 Windows 系统中，设置账户权限应做到以下几点：

- 禁用默认账号；
- 定期检查账户，尽早发现可疑账户；
- 锁定 Guest 账户。

8. 文件系统安全配置

文件系统安全是 Windows 系统重要的保护对象，特别是向外提供网络服务的主机系统。文件系统安全的措施通常如下：

- 删除不必要的帮助文件和“%System%\Driver cache”目录下的文件；
- 删除不必要的应用程序，例如 cmd.exe；
- 启用加密文件系统；
- 设置文件共享口令；
- 修改系统默认安装目录名。

9. 配置 TCP/IP 筛选和 ICF

在 Windows 系统的后续版本中，例如 Windows 2000、Windows XP 系统中带有配置 TCP/IP 筛选机制，并且 Windows XP 有防火墙 ICF。利用这些安全机制，可以减少来自网上的安全威胁，安全配置一般从以下几个方面考虑：

- 过滤不需要使用的端口；
- 过滤不需要的应用层网络服务；
- 过滤 ICMP 数据包。

10. 禁用光盘或软盘启动

禁用光盘或软盘启动可以防止入侵者进行物理临近攻击，阻止入侵者进入系统。

11. 使用屏幕保护口令

使用屏幕保护口令防止工作主机被他人滥用。

12. 设置应用软件安全

应用软件安全不仅会影响到自身的安全，也会给系统带来安全隐患。应用软件安全的设置应做到以下几个方面：

- 及时安装应用软件安全的补丁，特别是 IE、Outlook、Office 办公套件等；
- 修改应用软件安全的默认设置；
- 限制应用软件的使用范围。

13. 安装第三方防护软件

针对 Windows 系统的特定安全问题，安装第三方防护软件，如杀毒软件、个人防火墙、入侵检测系统和系统安全增强工具。

19.2.5 Windows 2000 系统安全增强实例

1. 系统启动安全增强

非法用户若能以软盘及光盘启动计算机，那他就可以随意在 DOS 状态下对系统进行攻击。因此，用户必须关闭软盘及光盘的启动功能。设置方法为：启动计算机，在系统自检时进入系统的 CMOS 设置功能，然后将系统的启动选项设置为“C only”（即仅允许从 C 盘启动），同时为 COMS 设置必要的密码。

2. 账号与口令管理安全增强

在很多时候，用户账号与口令是攻击者入侵系统的突破口，系统的账号越多，攻击者得到合法用户的权限可能性就越大。因此，为了增强 Windows 2000 的安全，应加强用户账号与口令的安全管理，具体安全增强措施如下。

1）停掉 guest 账号

在计算机管理的用户里把 guest 账号停用，任何时候都不允许 guest 账号登录系统。另外，最好给 guest 加一个复杂的口令。

2）限制不必要的用户数量

去掉所有的 duplicate user 账号、测试账号、共享账号、普通部门账号等。给用户组策略设置相应权限，并且经常检查系统的账号，删除已经不再使用的账号。

3）把系统 Administrator 账号改名

把 Administrator 账号换成不易猜测到的账号名，这样可以有效地防止口令尝试攻击。注意，请不要使用 Admin 之类的名字。

4）创建一个陷阱账号

创建一个名为 Administrator 的本地账号，把它的权限设置成最低，并且加上一个超过 10 位的复杂口令。这样可以增加攻击者的攻击强度，并且可以借此发现他们的入侵企图。

5）设置安全复杂的口令

设置安全复杂的口令，使得攻击者在短时间内无法破解出来，并且定期更换口令。

6）设置屏幕保护口令

设置屏幕保护口令是防止内部人员攻击的一个屏障。

7）不让系统显示上次登录的用户名

默认情况下，终端服务接入服务器时，登录对话框中会显示上次登录的账号名，本地的登录对话框也是一样。这使得攻击者可以轻易得到系统的一些用户名，进而做口令猜测。为增强系统安全，通过修改注册表，不让对话框里显示上次登录的用户名，具体修改操作是：HKLM\Software\Microsoft\WindowsNT\CurrentVersion\Winlogon\DontDisplayLastUserName 下，把 REG_SZ 的键值改成“1”。

8）开启口令安全策略

开启口令安全策略见表 19-1。

表 19-1　开启口令安全策略

策　略	设　置
口令复杂性要求	启用
口令长度	最小值 6 位
强制口令	历史 5 次
强制口令	历史 42 天

9）开启账号策略

开启账号策略见表19-2。

表19-2 开启账号策略

策　略	设　置
复位账号锁定	计数器 20分钟
账号锁定时间	20分钟
账号锁定阈值	3次

3. 安装最新系统补丁

攻击者常利用系统的漏洞来进行入侵。因此，必须密切关注微软或其他网站发布的漏洞和补丁信息，及时为系统安装上最新的补丁，这样有助于保护操作系统免受新出现的攻击方法和新漏洞的危害。

4. 网络安全增强

攻击Windows 2000的主要途径来自网络，为了防止网络攻击，Windows 2000一般从以下几个方面进行安全增强。

1）禁止建立空连接

默认情况下，任何用户都可以通过空连接连上服务器，进而枚举出账号，猜测口令。禁止建立空连接的方法是修改注册表LSA-RestrictAnonymous的键值为1，具体操作为：将Local_Machine\System\CurrentControlSet\Control\LSA-RestrictAnonymous的值改成“1”即可，如图19-4所示。

2）关闭默认共享

Windows 2000安装好以后，系统会创建一些隐藏的共享，用户可以在命令窗口下用NET SHARE查看。要禁止这些共享，操作的方法是：打开管理工具→计算机管理→共享文件夹→共享，在相应的共享文件夹上右击停止共享即可。

3）关闭不必要的网络服务和网络端口

网络服务和端口的开放就意味着增加系统的安全风险。为此，应尽量避免打开不需要的网络服务和网络端口。可以启用Windows 2000的“TCP/IP筛选”机制关闭服务和端口。若开放Web服务器，只允许外部对TCP 80号端口的连接请求，即在“TCP端口”栏设定成80。“TCP/IP筛选”的操作方法为：在“本地连接属性”对话框中，双击“Internet协议（TCP/IP）”后，选定对话框右下侧的“高级”按钮；然后选择“高级TCP/IP设置”→“选项”→“TCP/IP筛选”，弹出“TCP/IP筛选”对话框，在此对话框中将TCP端口号设置为80，如图19-5所示。

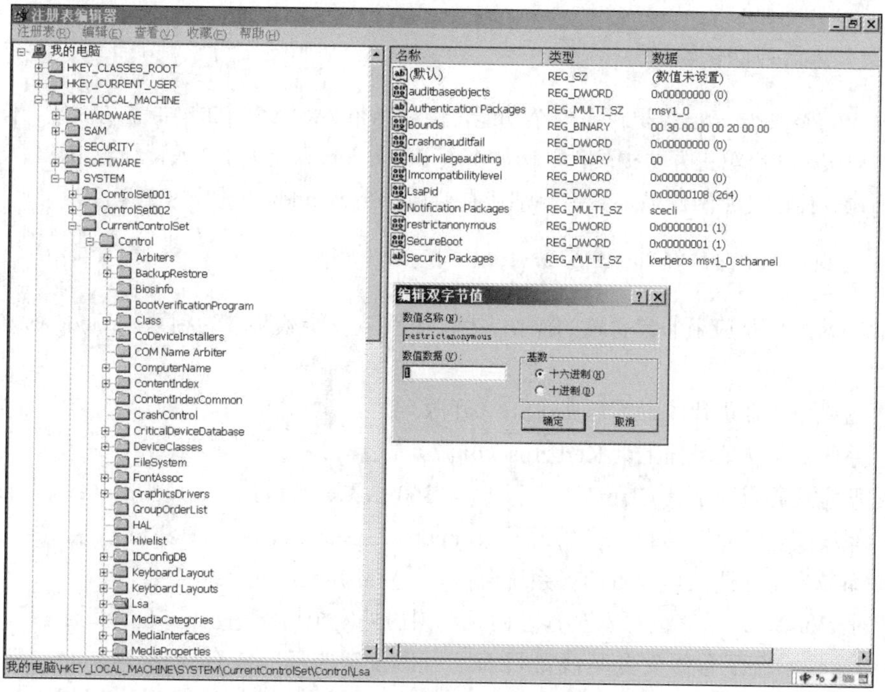

图 19-4　禁止建立空连接示意图

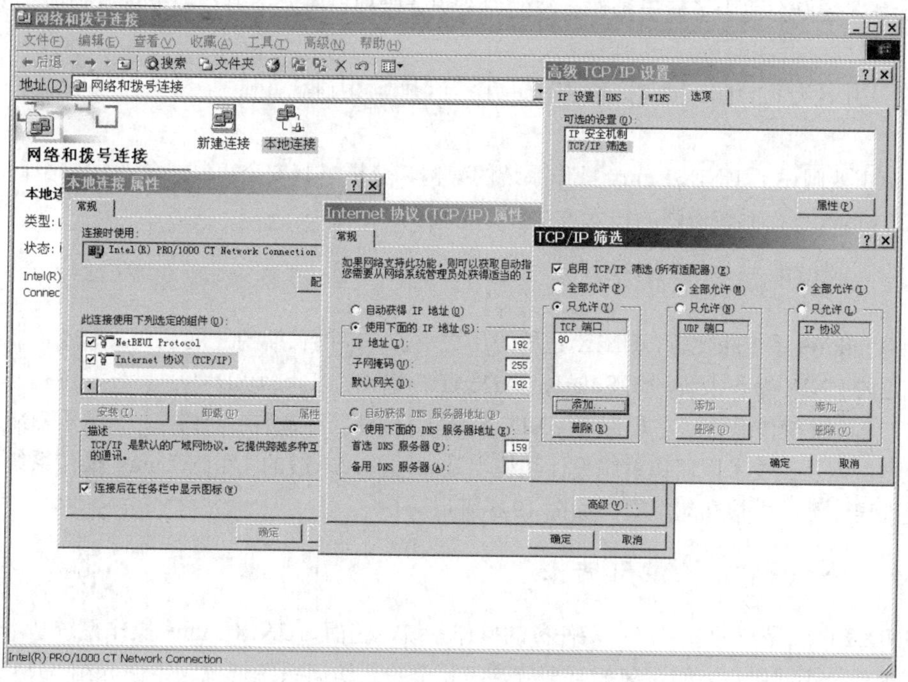

图 19-5　TCP/IP 筛选示意图

5. 安装第三方防护软件

虽然 Windows 自身已经提供了安全功能，例如 Windows XP SP2 自带了防火墙，但仍然存在着一些局限。使用第三方防护软件，例如个人 PC 防火墙、个人 PC 入侵检测 IDS、反间谍软件、杀病毒软件以及漏洞扫描工具等，都能有效地提高 Windows 系统的安全性。

19.2.6 Windows 系统典型安全工具与参考规范

Windows 系统是应用非常普遍的操作系统，其受到安全威胁较为频繁。Windows 典型安全工具如下：

- 远程安全登录管理工具 OpenSSH（开源）；
- 系统身份认证增强工具 Kerberos（开源）等；
- 恶意代码查杀工具 ClamAV（开源）、360 杀毒、火绒剑等；
- 系统安全检查工具 Nmap（开源）、Fport、Sysinternals（工具集成）等；
- 系统安全监测工具 Netstat（系统自带）、WinDump（开源）等。

针对 Windows 系统进行安全管理问题，国内外安全组织制定了安全标准规范，以作为 Windows 操作系统配置的安全基线。目前，可供参考的基准线有 CIS（Center for Internet Security）、SANS TOP 20、NIST SP 800-70、《信息安全技术　政务计算机终端核心配置规范》（GB/T 30278—2013）等。

此外，安全公司为了便于操作系统的安全配置管理，研发了安全配置核查管理系统。

19.3 UNIX/Linux 操作系统安全分析与防护

本节主要阐述了 UNIX/Linux 操作系统的架构，分析了其安全机制、常见的安全问题，给出 UNIX/Linux 操作系统增强的技术方法和参考实例。

19.3.1 UNIX/Linux 系统架构

同 Windows 系统相比较，UNIX 系统的历史更长。经过长期的发展演变，形成了多种具有不同特色的 UNIX 操作系统。如 Solaris、AIX、HP-UNIX、Free BSD 等。另外，还有一种开放源代码的 Linux 操作系统，它类似于 UNIX 系统，目前广泛应用在互联网上。虽然 UNIX 有不同的类型，但是在技术原理和系统设计结构上是相同的。一般的 UNIX/Linux 操作系统分为三层：硬件层、系统内核和应用层，如图 19-6 所示。

19.3.2 UNIX/Linux 安全机制

UNIX/Linux 是一种多用户、多任务的操作系统，因而，UNIX/Linux 操作系统基本的安全功能需求就是不同用户之间避免相互干扰，禁止非授权访问系统资源。下面介绍 UNIX/Linux

系统的主要安全机制。

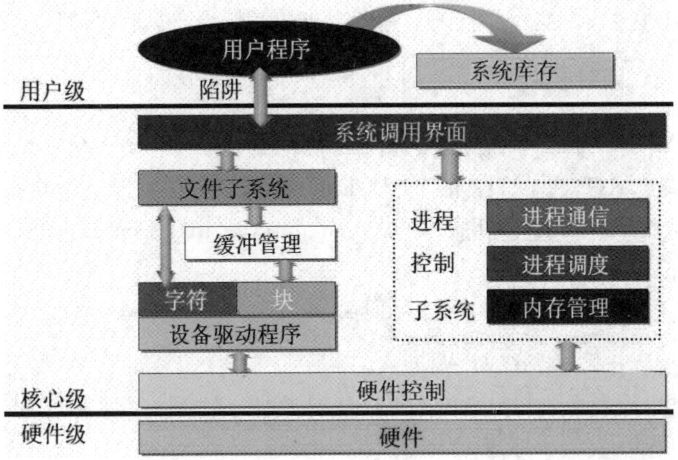

图 19-6　UNIX/Linux 系统结构示意图

1. UNIX/Linux 认证

认证是 UNIX/Linux 系统中的第一道关卡，用户在进入系统之前，首先经过认证系统识别身份，然后再由系统授权访问系统资源。目前，UNIX/Linux 常用的认证方式有如下几种。

1）基于口令的认证方式

基于口令的认证方式是 UNIX/Linux 最常用的一种技术，用户只要给系统提供正确的用户名和口令就可以进入系统。

2）终端认证

在 UNIX/Linux 系统中，还提供一个限制超级用户从远程登录的终端认证。

3）主机信任机制

UNIX/Linux 系统提供不同主机之间的相互信任机制，这样使得不同主机用户之间无须系统认证就可以登录。

4）第三方认证

第三方认证是指非 UNIX/Linux 系统自身带有的认证机制，而是由第三方提供认证。在 UNIX/Linux 中，系统支持第三方认证，例如一次一密口令认证 S/Key、Kerberos 认证系统、插入式身份认证 PAM（Pluggable Authentication Modules）。

2. UNIX/Linux 访问控制

普通的 UNIX/Linux 系统一般通过文件访问控制列表 ACL 来实现系统资源的控制，也就是常说的通过“9bit”位来实现。例如，某个文件的列表显示信息如下：

```
-rwxr-xr-- 1 test test 4月9日17:50 sample.txt
```

由这些信息看出，用户 test 对文件 sample.txt 的访问权限有“读、写、执行”，而 test 这个组的其他用户只有“读、执行”权限，除此以外的其他用户只有“读”权限。

3. UNIX/Linux 审计机制

审计机制是 UNIX/Linux 系统安全的重要组成部分，审计有助于系统管理员及时发现系统入侵行为或系统安全隐患。不同版本的 UNIX/Linux 日志文件的目录是不同的，早期版本 UNIX 的审计日志目录放在/usr/adm；较新版本的在/var/adm；Solaris、Linux 和 BSD 在 UNIX/var/log。常见日志文件如下：

- lastlog：记录用户最近成功登录的时间；
- loginlog：不良的登录尝试记录；
- messages：记录输出到系统主控台以及由 syslog 系统服务程序产生的消息；
- utmp：记录当前登录的每个用户；
- utmpx：扩展的 utmp；
- wtmp：记录每一次用户登录和注销的历史信息；
- wtmpx：扩展的 wtmp；
- vold.log：记录使用外部介质出现的错误；
- xferkig：记录 ftp 的存取情况；
- sulog：记录 su 命令的使用情况；
- acct：记录每个用户使用过的命令。

19.3.3 UNIX/Linux 系统安全分析

1. UNIX/Linux 口令/账号安全

UNIX/Linux 系统的账号和口令是入侵者最为重要的攻击对象，特别是超级用户 root 口令，一旦 root 口令泄露，则危及整个系统的安全。在 UNIX/Linux 中，口令信息保存在 passwd 和 shadow 文件中，这两个文件所在的目录是/etc。入侵者常利用各种方法来获取口令文件。例如，通过 Web CGI 程序的漏洞来查看口令文件 passwd。

2. UNIX/Linux 可信主机文件安全

在 UNIX/Linux 系统环境中，为了便于主机之间的互操作，系统提供两个文件$HOME/.rhost 或/etc/hosts.equiv 来配置实现可信主机的添加。当一台主机 A 信任另外一台主机 B 后，主机 B 的用户无须主机 A 的认证就可以从主机 B 登录到主机 A。但是，这种简单的信任关系很容易导致假冒，如果可信主机文件配置不当的话，就会难以避免地带来安全隐患。

3. UNIX/Linux 应用软件漏洞

UNIX/Linux 平台的应用软件安全隐患日益暴露，特别是常用的应用软件包，例如 Sendmail 和 BIND。这些安全隐患常常导致系统被非授权访问、非法滥用等。早期的“小莫里斯”网络蠕虫就利用 Sendmail 漏洞来传播。

4. UNIX/Linux 的 SUID 文件安全

在 UNIX/Linux 中，SUID 文件是指被设置成可以带有文件拥有者的身份和权限被执行的可执行文件。因为许多系统安全漏洞存在于 SUID 文件中，SUID 文件已成为系统安全的重大隐患。

5. UNIX/Linux 的恶意代码

同 Windows 系统相比较，UNIX 系统的计算机病毒危害少一些，但仍然存在。其他针对 UNIX 系统的网络蠕虫、特洛伊木马、rootkit 也时有报道。例如，最早的网络蠕虫就是在 UNIX 系统中爆发的。

6. UNIX/Linux 文件系统安全

文件系统是 UNIX/Linux 系统安全的核心，在 UNIX/Linux 中，所有的资源都被看作文件。UNIX/Linux 文件安全是通过“9 bit”位控制的，每个文件有三组权限，一组是文件的拥有者，一组是文件所属组的成员，一组是其他所有用户。文件的权限有：r（读）、w（写）、x（执行）。但是，如果这种控制操作设置不当，就会给系统带来危害。例如，假设/etc/shadow 文件允许任何人可读，就会导致口令信息泄露。

7. UNIX/Linux 网络服务安全

在 UNIX/Linux 系统中，系统提供许多网络服务，例如 finger、R-命令服务等。虽然这些服务能够给工作带来方便，但是也造成系统存在安全隐患。例如，通过 finger 服务可以获取远程 UNIX/Linux 主机的信息，过程如下。

```
$ finger 0@victim.host
Alice         ???       pts/2       Mon 17:18              some.place
Bob           ???       pts/4       <May 13 17:04>         xxx.xxx.xxx.xxx
......
```

8. UNIX/Linux 系统程序漏洞

入侵者一般通过普通账号进入 UNIX/Linux 系统，然后再利用系统的程序漏洞提升权限。下面就是利用 SunOS 5.5 的 eject 程序漏洞获取超级用户权限的例子。

```
$ telnet victim.host           登录主机
Connecting to host victim.host...Connected
UNIX(r) System V Release 4.0 (ox)
login: bob
Password:[bob123]              猜测弱口令
Last login: Mon May 17 17:18:00 from some.place
Sun Microsystems Inc. SunOS 5.5 Generic November 1995
ox%
ox1% cd /tmp; mkdir .X12; cd .X12
ox1% cat eject.c source file
…….
ox1% gcc eject.c -o ej
ox1% ./ej                      缓冲区溢出攻击
Jumping to address 0xdffff678 B[364] E[400] SO[400]
# id
uid=0(root) gid=1(other)       获得超级权限
```

19.3.4 UNIX/Linux 系统安全增强方法和流程

1. UNIX/Linux 系统安全增强方法

同 Windows 系统的安全增强一样，目前，UNIX/Linux 系统的安全增强方法常见的有下面几种：

- 给安全漏洞打补丁；
- 停止不必要的服务；
- 升级或更换软件包；
- 修改系统配置；
- 安装专用的安全工具软件。

2. UNIX/Linux 系统安全增强基本流程

UNIX/Linux 系统安全增强是一件烦琐的事情，同 Windows 系统安全增强类似，其安全增强基本流程如图 19-7 所示。

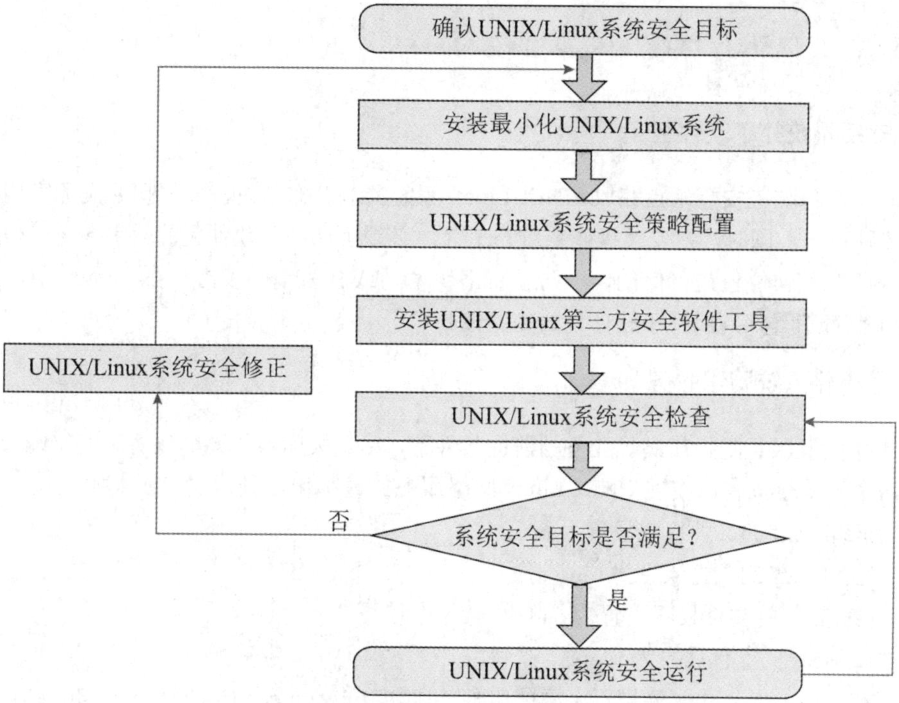

图 19-7　UNIX/Linux 安全增强基本流程示意图

由图 19-7 所知，UNIX/Linux 系统安全加固的步骤如下：

第一步，确认系统的安全目标。实际上，系统的安全目标就是用户根据系统的运行业务而期望的安全要求，包括系统的保密性、完整性、可用性、可控制性、抗抵赖性。

第二步，安装最小化 UNIX/Linux 系统。这一步的任务就是根据系统所要完成的业务，而选择合适的安装包，减少不需要的软件包，以减少安全隐患。

第三步，利用 UNIX/Linux 系统自身的安全机制，配置安全策略，主要有用户及口令、主机信任、文件访问、网络服务、系统审计等。

第四步，在 UNIX/Linux 系统自身的安全机制不行的情况下，利用第三方软件包来增强系统安全。例如，用 SSH 来替换 Telnet。

第五步，利用系统安全测试工具，检查 UNIX/Linux 系统的安全策略的有效性或系统的安全隐患。这些常用的安全工具有端口扫描 Nmap、文件安全配置检查 COPS、口令检查工具 Crack 等。

第六步，根据系统安全测试，重新调整安全策略或安全措施。

第七步，在系统安全检查通过后，UNIX/Linux 系统就开始正常运行。这时，系统需要不定期进行安全监控，包括进程监控、用户监控、网络连接监控、日志分析等，通过安全监控以保持系统安全。

19.3.5 UNIX/Linux 系统安全增强技术

1. 安装系统补丁软件包

及时从应急响应安全站点获取 UNIX/Linux 系统漏洞公布信息，并根据漏洞危害情况，给系统安装补丁包。同时，在安装操作系统补丁前，必须确认补丁软件包的数字签名，检查其完整性，保证补丁软件包是可信的，以防止特洛伊木马或恶意代码攻击。在 Linux 中，可以用 MD5Sum 检查工具来判断补丁软件包的完整性。

2. 最小化系统网络服务

最小化配置服务是指在满足业务的前提条件下，尽量关闭不需要的服务和网络端口，以减少系统潜在的安全危害。实现 UNIX/Linux 网络服务的最小化，具体安全要求如下：

- inetd.conf 的文件权限设置为 600；
- inetd.conf 的文件属主为 root；
- services 的文件权限设置为 644；
- services 的文件属主为 root；
- 在 inetd.conf 中，注销不必要的服务，比如 finger、echo、chargen、rsh、rlogin、tftp 服务；
- 只开放与系统业务运行有关的网络通信端口。

3. 设置系统开机保护口令

在 UNIX/Linux 系统中，用户可以通过特殊的组合键而无须提供用户名和口令，就能以单用户身份进入系统。因此，针对这种威胁，一方面要尽量避免入侵者物理临近系统，另一方面要设置系统开机保护口令，阻止入侵者开机，从而达到保护系统的目的。开机保护口令由 BIOS 程序设置实现，这样当系统启动时，BIOS 程序将提示用户输入密码。

4. 弱口令检查

UNIX/Linux 系统中的弱口令是入侵者进行攻击的切入点，一旦口令被入侵者猜测到，系统就会受到极大的危害。因此，针对弱口令安全隐患，系统管理员通过口令破解工具来检查系统中的弱口令，常用的口令检查工具是 John the Ripper。

John the Ripper 是一个快速的口令破解工具，主要针对 UNIX 下的弱口令，支持的平台有 UNIX、DOS、Linux、Windows。下面举例说明应用 John 工具破解 UNIX 弱口令的过程。在命令行方式下键入 John，可显示它的使用方法，如图 19-8 所示。John 提供多种参数模式来破解口令。可选的参数如下：

- -single：简单破解模式。

- -wordfile：FILE –stdin：字符清单模式，从文件或标准输入中读取字符串。
- -rules：应用字符清单模式时的使能规则。
- -incremental[：MODE]：已选定破解模式的增强方式。
- -external：MODE：扩展模式或字符过滤。
- -restore [：FILE]：继续上次被中断的工作。John 的工作中途被中断后，当前解密的进度存放在 Restore 文件中，可将 Restore 拷贝成一个新文件。如果参数后不带文件名，则 John 默认使用 Restore 文件。
- -makechars：FILE：制作字符表，如指定的文件存在，则会被覆盖。
- -show：显示已经破解的密码。
- -test：测试本机上运行 John 破解密码的速度。
- -users：[-]LOGIN|UID[…]：只破解指定的用户，如 root。
- -groups：[-]GID[…]：只破解指定组里的用户。
- -shells：[-]SHELL[…]：只破解能用 shell 的用户。
- -salts：[-]COUNT：只破解用户名大于 COUNT 的账号。
- -format：NAME：指定破解密码格式名。密码格式名有 DES、BSDI、MD5、BF、AFS、LM。
- -savemem：LEVEL：启用内存保存，保存层次有 1 到 3 三层。

```
C:\WINNT\System32\cmd.exe - john shadow
D:\crack\john-16\run>john

John the Ripper  Version 1.6  Copyright (c) 1996-98 by Solar Designer

Usage: john [OPTIONS] [PASSWORD-FILES]
-single                   "single crack" mode
-wordfile:FILE -stdin     wordlist mode, read words from FILE or stdin
-rules                    enable rules for wordlist mode
-incremental[:MODE]       incremental mode [using section MODE]
-external:MODE            external mode or word filter
-stdout[:LENGTH]          no cracking, just write words to stdout
-restore[:FILE]           restore an interrupted session [from FILE]
-session:FILE             set session file name to FILE
-status[:FILE]            print status of a session [from FILE]
-makechars:FILE           make a charset, FILE will be overwritten
-show                     show cracked passwords
-test                     perform a benchmark
-users:[-]LOGIN|UID[,..]  load this (these) user(s) only
-groups:[-]GID[,..]       load users of this (these) group(s) only
-shells:[-]SHELL[,..]     load users with this (these) shell(s) only
-salts:[-]COUNT           load salts with at least COUNT passwords only
-format:NAME              force ciphertext format NAME (DES/BSDI/MD5/BF/AFS/LM)
-savemem:LEVEL            enable memory saving, at LEVEL 1..3

D:\crack\john-16\run>john passwd
```

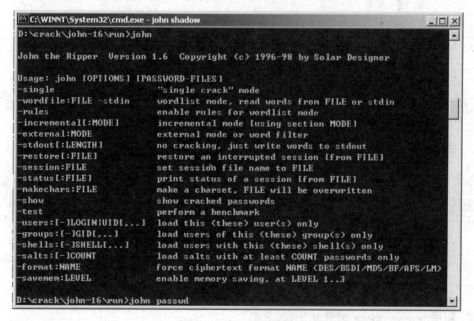

图 19-8　John 软件的帮助信息

将需要的参数提供给 John，执行命令 john.exe password.lst shadow 就可以开始破解，如图 19-9 所示。其中，shadow 是目标 UNIX 系统的加密口令文件 shadow，password.lst 是口令字典文件名。

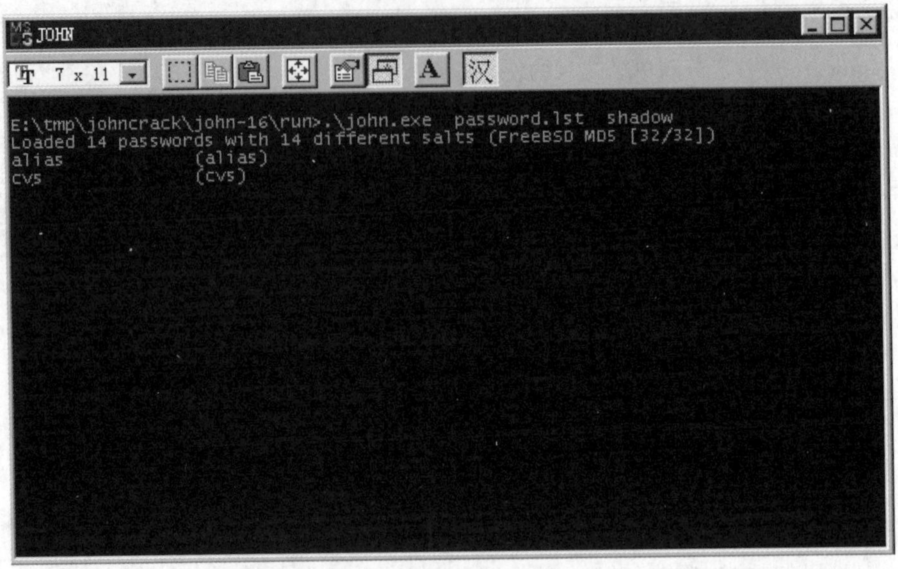

图 19-9 应用 John 工具的口令破解过程示意图

从图 19-9 中可以看到，已经破解了 alias、cvs 用户的口令，他们的口令分别是 alias、cvs，这两个用户的口令与用户名相同。

5. 禁用默认账号

一些 UNIX/Linux 系统带有默认账号，这些默认账号的口令又是为大多数人所知的，极可能成为攻击者进入系统的后门，因而留在系统中极为危险。因此，对这些默认账号最好的安全处理方式是禁用，或者更改口令。

6. 用 SSH 增强网络服务安全

在 UNIX/Linux 系统中，一些网络服务在设计时就缺乏安全考虑，存在安全缺陷，易导致系统受到侵害。例如，远程用户 Telnet 登录传送的账号和密码都是明文，使用普通的 Sniffer 软件就可以截获这些明文信息。而且，系统认证强度小，容易受到重放和完整性攻击。与 Telnet 一样，FTP 有相同的安全问题。目前，针对 Telnet、FTP 的安全，一般采用 SSH （Secure Shell）来增强，SSH 提供认证、加密等安全服务，可以在两台或多台主机之间构造一条加密通道，保证通信安全。

7. 利用 tcp_wrapper 增强访问控制

tcp_wrapper 是 Wietse Venema 开发的一个可用于各种 UNIX 平台的免费软件，tcp_wrapper 正逐渐成为一种标准的 UNIX 安全工具，成为 UNIX 守护程序 inetd 的一个插件。通过 tcp_wrapper，管理员可以设置对 inetd 提供的各种服务进行监控和过滤。

8. 构筑 UNIX/Linux 主机防火墙

目前，支持 UNIX/Linux 系统的防火墙软件包有 ipchains、iptables 以及 netfilter。利用这些防火墙软件包，UNIX/Linux 系统可以过滤掉不需要的通信，而且可以从网络上限制远程访问主机，从而减少系统受到的侵害。

9. 使用 Tripwire 或 MD5Sum 完整性检测工具

当建立新的 UNIX/Linux 系统后，应记录所有系统文件的硬件和软件信息，并形成一个系统文件基准信息库，以便日后检查系统文件的完整性变化，避免恶意程序的植入和修改。利用 Tripwire 或 MD5Sum 软件安全工具可以发现被篡改的文件。

- Tripwire 是最为常用的开放源码的完整性检查工具，它能生成目标文件的完整性标签，并周期性地检查文件是否被更改。
- MD5Sum 是文件完整性检查的有力工具，利用它可以方便地创建长度为 128 位的文件指纹信息，也可以利用它检查文件是否被修改过。

10. 检测 LKM 后门

UNIX/Linux 系统一般都支持 LKM（Loadable Kernel Module）功能，但是留下了一个安全隐患，就是入侵者能编写可加载内核模块，例如 rootkit，从而造成较大的系统危害性。针对 LKM 后门危害，除了利用完整性检查工具外，还可利用专用安全检查工具，例如 Kstat、Chkrootkit、Rootkit Hunter。

11. 系统安全监测

UNIX/Linux 系统的安全是动态的，对运行的系统进行实时监控有利于及时发现安全问题，做出安全应急响应。针对 UNIX/Linux 系统的安全监测，常用的安全工具有 Netstat、lsof、Snort 等。

19.3.6 Linux 安全增强配置参考

Linux 是被广泛应用的系统，其系统安全性日益重要。针对 Linux 的安全问题，下面介绍 Linux 目前主要的安全增强措施和操作。

1. 禁止访问重要文件

对于系统中的某些关键性文件，如 inetd.conf、services 和 lilo.conf 等可修改其属性，防止意外修改和被普通用户查看。

首先改变文件属性为 600：

```
#chmod 600 /etc/inetd.conf
```

保证文件的属主为 root，将其设置为不能改变：

```
#chattr +i /etc/inetd.conf
```

这样，对该文件的任何改变都将被禁止。

只有 root 重新设置复位标志后才能进行修改：

```
#chattr-i /etc/inetd.conf
```

2. 禁止不必要的 SUID 程序

SUID 可以使普通用户以 root 权限执行某个程序，因此应严格控制系统中的此类程序。找出 root 所属的带 s 位的程序：

```
#find / -type f \ (-perm -04000 -o -perm -02000 \) -print|less
```

禁止其中不必要的程序：

```
#chmod a-s program_name
```

3. 为 LILO 增加开机口令

在/etc/lilo.conf 文件中增加选项，从而使 LILO 启动时要求输入口令，以加强系统的安全性。具体设置如下：

```
boot=/dev/had
map=/boot/map
install=/boot/boot.b
time-out=60 #等待一分钟
promp
default=linux
password=<password>
#口令设置
image=/boot/vmlinuz-2.2.14-12
label=linux
initrd=/boot/initrd-2.2.14-12.img
root=/dev/hda6
read-only
```

此时需注意，由于在 LILO 中口令是以明码方式存放的，所以还需要将 lilo.conf 的文件属性设置为只有 root 可以读写：

```
# chmod 600 /etc/lilo.conf
```

当然，还需要进行如下设置，使 lilo.conf 的修改生效：

```
# /sbin/lilo -v
```

4. 设置口令最小长度和最短使用时间

口令是系统中认证用户的主要手段，系统安装时默认的口令最小长度通常为 5，但为保证口令不易被猜测攻击，可增加口令的最小长度至少为 8。为此，需修改文件/etc/login.defs 中的参数 PASS_MIN_LEN。同时应限制口令的使用时间，保证定期更换口令，建议修改参数 PASS_MIN_DAYS。

5. 限制远程访问

在 Linux 中可通过/etc/hosts.allow 和/etc/hosts.deny 这两个文件允许和禁止远程主机对本地服务的访问。

（1）编辑 hosts.deny 文件，加入下列行：

```
#Deny access to everyone.
ALL:ALL@ALL
```

则所有服务对所有外部主机禁止，除非由 hosts.allow 文件指明允许。

（2）编辑 hosts.allow 文件，可加入下列行：

```
#Just an example:
ftp:202.XXX.XXX   YYY.com
```

则将允许 IP 地址为 202.XXX.XXX 和主机名为 YYY.com 的机器作为客户访问 FTP 服务。

（3）设置完成后，可用 tcpdchk 检查设置是否正确。

6. 用户超时注销

如果用户离开时忘记注销账户，则可能给系统安全带来隐患。可修改/etc/profile 文件，保证账户在一段时间没有操作后，自动从系统注销。

编辑文件/etc/profile，在“HISTFILESIZE=”行的下一行增加如下一行：

```
TMOUT=600
```

则所有用户将在 10 分钟无操作后自动注销。

7. 注销时删除命令记录

编辑/etc/skel/.bash_logout 文件，增加如下行：

```
rm -f $HOME/.bash_history
```

这样使得系统中的用户在注销时都会删除其命令记录。如果只需要针对某个特定用户，如 root 用户进行设置，则可只在该用户的主目录下修改/$HOME/.bash_history 文件，增加相同的一行即可。

19.3.7 UNIX/Linux 安全模块应用参考

Linux 安全模块（LSM）为 Linux 内核提供了一个轻量级的、通用目的的访问控制框架，使得很多不同的访问控制模型可以作为可加载模块来实现。LSM 采用了在内核源代码中放置钩子的方法，对内核内部对象的访问进行控制。当用户级进程执行系统调用时，首先查找索引节点，进行错误检查和自主访问控制（DAC），在对索引节点进行访问之前，LSM 钩子调用 LSM 安全模块策略引擎进行安全策略检查，给出是否通过判断，如图 19-10 所示。

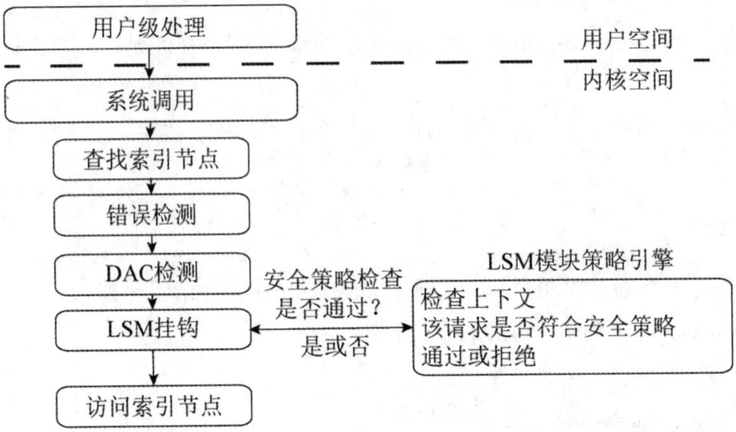

图 19-10 LSM 安全工作过程示意图

通过 LSM，相关安全组织可以根据安全需要开发特定的安全模块，挂接到 Linux 操作系统。目前，采取这种方式来增强 Linux 安全的主要有插件式身份验证模块框架（Pluggable Authentication Modules，PAM）、SELinux 等。

1. PAM

如图 19-11 所示，通过“插件”增加 UNIX/Linux 新的身份验证服务，而无须更改原有的系统登录服务，例如 Login、FTP 和 Telnet。同时，可以使用 PAM 将 UNIX/Linux 登录与其他安全机制（例如 Kerberos）集成在一起。

2. SELinux

SELinux 是 Security Enhanced Linux 的缩写，采用 Flask 体系增强 Linux 访问控制，如图 19-12 所示。SELinux 安全体系由策略和实施组成，策略封装在安全服务器中，实施由对象管理器具体执行。

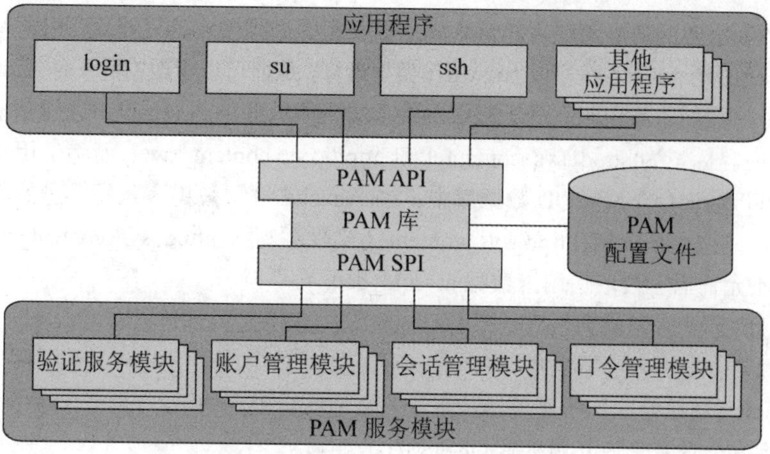

图 19-11 PAM 安全结构示意图

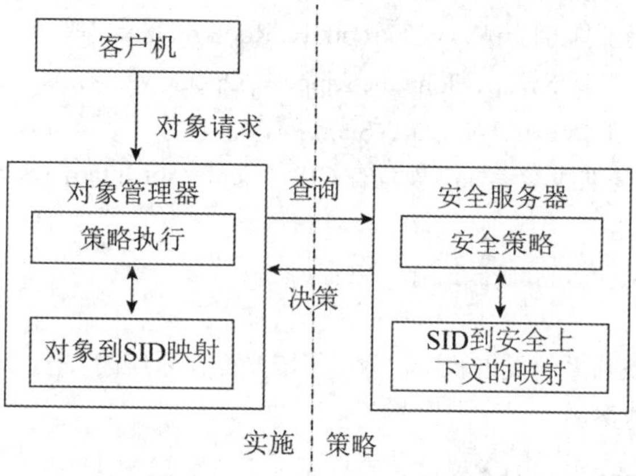

图 19-12 SELinux 安全体系结构示意图

SELinux 的安全服务器采取混合的安全策略，主要包括类型实施 （Type Enforcement）、基于角色的访问控制 （Role-Based Access Control）和可选的多级别安全性（Optional Multilevel Security）。SELinux 通过设置标记和安全策略规则实施 Linux 系统的强制访问控制。其中，SELinux 系统定义用户对应相应角色，每个主体都有一个域（domain），每个客体都有一个类型（type）。SELinux 的安全策略以规则形式表达。格式如下：

```
(allow | auditallow | dontaudit) src type target type:classes permissions;
```

例如， SELinux 的 passwd 规则定义如下：

```
allow passwd_t shadow_t : file
{ create ioctl read getattr lock write setattr append link unlink rename };
```

该规则的表示含义是：允许具有 passwd_t 域类型的进程读取、写入和创建具有 shadow_t 类型的文件，其目的是 passwd 程序以 passwd_t 类型运行，从而可以更改密码文件（/ etc / shadow）。

SELinux 的强制访问控制有利于减缓网络攻击影响。假如将 Apache 进程标记为 httpd_t，并将 Apache 内容标记为 httpd_sys_content_t 和 httpd_sys_content_rw_t，而将信用卡数据存储在标记为 mysqld_data_t 的 MySQL 数据库中。当 Apache 进程被黑客入侵，虽然黑客可以控制 httpd_t 进程，并被允许读取 httpd_sys_content_t 文件并写入 httpd_sys_content_rw_t。但是，Apache 进程不允许黑客读取信用卡数据 mysqld_data_t。

19.3.8 UNIX/Linux 系统典型安全工具与参考规范

UNIX/Linux 系统常应用于服务器，常见的典型安全工具如下：

- 远程安全登录管理开源工具 OpenSSH；
- 系统身份认证增强开源工具 Kerberos；
- 系统访问控制增强开源工具 SELinux、iptables、TCP Wrappers 等；
- 恶意代码查杀工具 ClamAV、Chkrootkit、Rootkit Hunter 等；
- 系统安全检查工具 Nmap、John the Ripper、OpenVAS 等；
- 系统安全监测工具 lsof、Netstat、Snort 等。

UNIX/Linux 安全基准线参考标准规范有 CIS（Center for Internet Security）、SANS 等。

19.4 国产操作系统安全分析与防护

本节阐述了国产操作系统发展状况，分析了国产操作系统的安全问题，给出了国产操作系统安全增强措施及参考案例。

19.4.1 国产操作系统概况

国产操作系统一般是指由国家自主研发力量研制的操作系统，具有较强的可控性和安全性。国产操作系统厂商在开源操作系统 Linux 等的基础上，经过长期研发，能够对开源操作系统进行深度分析以及安全增强，具有安全漏洞挖掘分析和修补能力。

1999 年，国家质量技术监督局发布了国家标准《计算机信息系统　安全保护等级划分准则》（GB 17859—1999），为计算机信息系统安全保护能力划分了等级。该标准已于 2001 年起强制执行。国内早期的安全操作系统为安胜操作系统，该操作系统 V1.0 于 2001 年 2 月 20 日首家通过了中国国家信息安全产品测评认证中心的测评认证，获得国家信息安全产品型号认证。目前，国内初步形成了操作系统系列产品，包括桌面操作系统、通用操作系统、高级操作系统、安全操作系统、增强安全操作系统以及面向移动设备操作系统。形成了以中科方德、中标麒麟、北京凝思科技、普华、深度 Linux 等为代表的操作系统厂商，推动了国产操作系统研发和服务的发展。此外，新型的国产操作系统还有华为鸿蒙操作系统、阿里飞天云操作系统。国产操作系统相关产品已在能源、金融、交通、政府、央企、互联网等行业领域应用。基于国产操作系统的产业生态正在逐步形成。

19.4.2 国产操作系统安全分析

国产操作系统基于开源软件 Linux 进行研制开发，其安全性与 Linux 紧密相关。同时，由于国产操作系统配套的相关软件包或硬件不可避免地存在安全隐患，这也对国产化操作系统构成了安全威胁。国产操作系统主要面临的安全风险分析如下。

1. Linux 内核的安全风险

内核漏洞类型主要有输入验证错误、缓冲区溢出错误、边界条件错误、访问验证错误、异常条件处理错误、环境错误、配置错误、条件竞争错误、设计错误等。

2. 自主研发系统组件的安全

因为软件的复杂性，国产操作系统自主研发系统组件可能存在安全漏洞，导致操作系统面临安全风险。

3. 依赖第三方系统组件的安全

国产操作系统所依赖的第三方系统组件存在安全漏洞，引发操作系统安全风险问题。例如，根据 CVE-2018-1111 的描述，NetworkManager 的相关脚本中存在安全缺陷，可以导致恶意 DHCP 服务器或攻击者在本地网络中欺骗 DHCP 响应，在操作系统中以 root 特权执行任意命令。该漏洞对国产操作系统有安全影响。

4. 系统安全配置的安全

对国产操作系统的安全配置不当，构成系统安全威胁。常见的安全配置不当包括未启用系统安全功能、设置弱口令、开放过多的服务端口、使用非安全远程登录工具等。

5. 硬件的安全

国产操作系统受制于硬件而产生的安全问题。例如，根据 CVE-2017-5715、CVE-2017-5753、CVE-2017-5754 的描述，熔断漏洞利用 CPU 乱序执行技术的设计缺陷，破坏了内存隔离机制，使恶意程序可越权访问操作系统内存数据，造成敏感信息泄露。幽灵漏洞利用了 CPU 推测执行技术的设计缺陷，破坏了不同应用程序间的逻辑隔离，使恶意应用程序可能获取其他应用程序的私有数据，造成敏感信息泄露。该漏洞对国产操作系统有安全影响。

19.4.3 国产操作系统安全增强措施

国产操作系统在自主可控、安全可信方面，对开源操作系统 Linux 进行安全增强，从多个方面对 Linux 操作系统提供安全保障，包括管理员分权、最小特权、结合角色的基于类型的访问控制、细粒度的自主访问控制、多级安全（即禁止上读下写）等多项安全功能，从内核到应用提供全方位的安全保护。中标麒麟、中科方德等厂商研发的国产操作系统通过了国家标准《信息安全技术　操作系统安全技术要求（GB/T 20272—2019）》中规定的第三级、第四级认证。下面简要给出典型的安全操作系统分析实例。

1. 中科方德方舟安全操作系统

中科方德方舟安全操作系统以安全性为主要特征，通过了公安部信息安全产品检测中心的检测，满足《信息安全技术　操作系统安全技术要求（GB/T 20272—2019）》中第四级——结构化保护级的要求，并获得销售许可证。方德方舟操作系统通过对服务器操作系统自底向上进行结构化设计和实现优化，保证服务器在可控、安全、高效状态下运行，能够为政府、军工、金融、证券、涉密等领域的用户提供自主可控的基础计算平台。方德方舟安全操作系统的安全体系结构如图 19-13 所示。

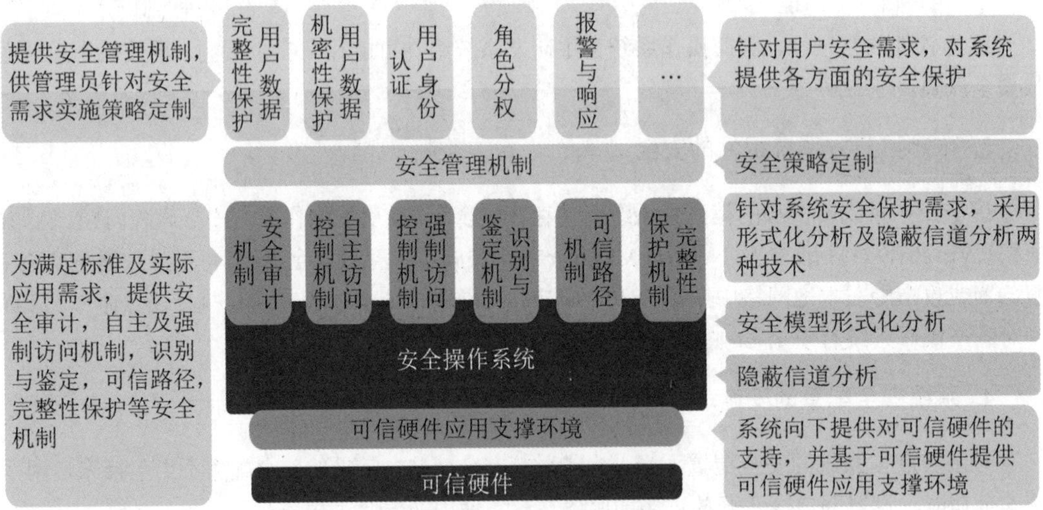

图 19-13　方德方舟安全操作系统安全体系结构示意图

方德方舟安全操作系统的安全特点主要如下。

1）基于三权分立的管理机制

根据管理员在系统运行过程中的职责范围和最小特权原则，将普通操作系统中超级管理员的权限分配给系统管理员、安全管理员、审计管理员，并形成相互制约关系，防止管理员的恶意或偶然操作引起系统安全问题。

2）强化的身份标识与认证机制

为系统中的所有用户提供身份标识和认证机制，用户的身份标识在系统的整个生命周期内可以唯一地标识用户的身份，采用强化的口令管理及基于数字证书认证机制，实现对用户身份的真实性鉴别。

3）综合应用多种安全策略，提高系统的安全性

系统通过数据所有者自身定义的访问控制策略与主客体集中控制和授权机制相结合的方式，实现“最小特权”，防止数据访问范围扩大，保证系统数据的机密性和完整性，从而有效提供系统的安全性。

4）基于内核层的安全审计

用户所有的操作和各种应用程序（包括恶意的）的操作，都一定要通过操作系统的内核才能作用，因此，在系统内核层进行的审计，是不可能被绕过的。

5）支持各类通用软件，具有良好的软硬件兼容性

与国内外主流中间件厂商、数据库厂商、服务器整机厂商进行测试适配与兼容性互认证，保证良好的软硬件兼容性。

2. 中标麒麟安全操作系统

中标麒麟安全操作系统基于 LSM 机制的 SELinux 安全子系统框架，提供三权分立机制权限集管理功能和统一的安全管理中心 SMC，支持安全管理模式切换，针对特定应用的安全策略定制；提供核心数据加密存储、双因子认证、高强度访问控制、进程级最小权限、网络安全防护、细粒度的安全审计、安全删除、可信路径、TCM 支持等多项安全功能；提供可持续性的安全保障；兼容主流的软硬件；为用户提供全方位的操作系统和应用安全保护，防止关键数据被篡改、被窃取，系统免受攻击，保障关键应用安全、可控和稳定地对外提供服务。

3. 中标麒麟可信操作系统

中标麒麟可信操作系统结合可信计算技术和操作系统安全技术，通过信任链的建立及传递实现对平台软硬件的完整性度量。中标麒麟可信操作系统的主要功能如下：

- 提供基于三权分立机制的多项安全功能（身份鉴别、访问控制、数据保护、安全标记、可信路径、安全审计等）和统一的安全控制中心。
- 支持国内外可信计算规范（TCM/TPCM、TPM2.0）。
- 支持国家密码管理部门发布的 SM2、SM3、SM4 等国密算法；兼容主流的软硬件和自主 CPU 平台。
- 提供可持续性的安全保障，防止软硬件被篡改和信息被窃取，系统免受攻击。

19.5 本章小结

本章首先阐述了操作系统安全的概念及相关安全需求、安全机制、安全技术；然后分析了 Windows 操作系统、UNIX/Linux 操作系统面临的安全问题，并分别给出了 Windows、UNIX/Linux 操作系统的安全增强方法以及基本操作流程；最后，介绍了国产操作系统的发展状况及安全增强措施。

第 20 章　数据库系统安全

20.1　数据库安全概况

本节主要阐述数据库系统安全的概念，分析数据库的安全威胁和安全隐患，给出数据库常见的安全需求。

20.1.1　数据库安全概念

数据库是网络信息系统的基础性软件，承载着各种各样的数据，成为应用系统的支撑平台。国外主流的数据库系统有 MS SQL 、MySQL、Oracle、DB2 等，国产数据库系统主要有人大金仓、达梦等。数据库安全是指数据库的机密性、完整性、可用性能够得到保障，其主要涉及数据库管理安全、数据安全、数据库应用安全以及数据库运行安全。目前，许多关键信息基础设施基于数据库系统，如国家的人口基础信息库、法人单位基础信息库、自然资源和空间地理基础信息库、宏观经济数据库等基础性数据库都与数据库安全紧密相关，数据库安全运行及数据安全可直接影响国家安全、社会安全和经济安全。对于公司企业来说，客户数据的丢失导致品牌的损害、竞争中处于劣势以及法律责任。随着数据库应用的普及和数据价值的凸显，数据库系统安全风险日益增加，有关数据库的网络安全事件时有出现，加强数据库安全管理和保护成为网络安全的重要工作之一。

20.1.2　数据库安全威胁

数据库所处的环境日益开放，所面临的数据库安全威胁日益增多，主要阐述如下：

（1）授权的误用（Misuses of Authority）。合法用户越权获得他们不应该获得的资源，窃取程序或存储介质，修改或破坏数据。授权用户将自身的访问特权不适当地授予其他用户，导致系统安全策略受到威胁，使用户数据泄露。

（2）逻辑推断和汇聚（Logical Inference and Aggregation）。利用逻辑推理，把不太敏感的数据结合起来可以推断出敏感信息。进行逻辑推断也可能要用到某些数据库系统以外的知识。与逻辑推断紧密相关的是数据汇聚安全问题，即个别的数据项是不敏感的，但是当足够多的个别数据值收集在一起时，就成为敏感的数据集。

（3）伪装（Masquerade）。攻击者假冒用户身份获取数据库系统的访问权限。

（4）旁路控制（Bypassing Controls）。在数据库设置后门，绕过数据库系统的安全访问控制机制。

（5）隐蔽信道（Covert Channels）。通常储存在数据库中的数据经由合法的数据信道被取出。与正常的合法信道相反，隐蔽信道利用非正常的通信途径传输数据以躲避数据库安全机制的控制，如共享内存、临时文件。

（6）SQL 注入攻击（SQL Injection）。攻击者利用数据库应用程序的输入未进行安全检查的漏洞，欺骗数据库服务器执行恶意的 SQL 命令。SQL 注入攻击常常导致数据库信息泄露，甚至会造成数据系统的失控。

（7）数据库口令密码破解。利用口令字典或手动猜测数据库用户密码，以达到非授权访问数据库系统的目的。互联网常见的黑客攻击技术手段有“撞库”，其技术原理就是通过收集互联网已泄露的用户+口令密码信息，生成对应的字典表，尝试批量登录其他网站后，得到一系列可以登录的用户。

（8）硬件及介质攻击。对数据库系统相关的设备和存储介质的物理攻击。

20.1.3　数据库安全隐患

1. 数据库用户账号和密码隐患

虽然多数数据库提供基本安全功能，但是没有机制来限制用户必须选择健壮的密码。多数数据库系统有公开的默认账号和默认密码。例如，Oracle 系统有超过 10 个特殊的默认用户账号和密码，并且有特定的密码来管理一些数据库操作，如数据库的启动、控制网络监听进程和远程数据库登录特权。许多账号都能给入侵者完全访问数据库的机会，更严重的是，系统密码有些就储存在操作系统中的普通文本文件中。以 Oracle 数据库为例，其安全隐患如下：

- Oracle 内部密码，储存在 strXXX.cmd 文件中，其中 XXX 是 Oracle 系统 ID 和 SID，默认是“ORCL”。这个密码用于数据库启动进程，提供完全访问数据库资源。这个文件在 Windows NT 中需要设置权限。
- Oracle 监听进程密码，保存在文件“listener.ora”（保存着所有的 Oracle 执行密码）中，用于启动和停止 Oracle 的监听进程。这就需要设置一个健壮的密码来代替默认的，并且必须对访问设置权限。入侵者可以通过这个弱点进行 DoS 攻击。
- Oracle 的“orapw”文件权限控制，Oracle 内部密码和账号密码允许 SYSDBA 角色保存在“orapw”文本文件中，该文件的访问权限应该被限制。即使加密，也能被入侵者暴力破解。

2. 数据库系统扩展存储过程隐患

多数数据库系统提供了“扩展存储过程”的服务以满足数据库管理，但是这也成为数据库系统的后门。对于 Sybase 和 SQL Server 的账号“sa”，入侵者可以执行“扩展存储过程”来获得系统权限。只要登录为“sa”，就可以使用扩展存储过程 xp_cmdshell，这允许 Sybase 和 SQL Server 用户执行操作系统命令。

3. 数据库系统软件和应用程序漏洞

软件程序漏洞造成数据安全机制或 OS 安全机制失效，攻击者可以获取远程访问权限。例如，“黛蛇”（Dasher.B）蠕虫。该蠕虫可以针对微软 MS04-045、MS04-039 漏洞或利用 SQL 溢出工具进行攻击。

4. 数据库系统权限分配隐患

数据库管理员分配给用户的权限过大，导致用户误删除数据库系统数据，或者泄露数据库敏感数据。

5. 数据库系统用户安全意识薄弱

数据库系统用户选择弱口令或者口令保管不当都会给攻击者提供进入系统的机会。例如，在操作系统中，留下历史记录，泄露操作人员的数据库密码。

6. 网络通信内容是明文传递

利用数据库和应用程序之间网络通信内容未经加密的漏洞，网络窃听者窃取诸如应用程序特定数据或数据库登录凭据等敏感数据。

7. 数据库系统安全机制不健全

数据库提供的安全机制不健全，导致安全策略无法实施。一些数据库不提供管理员账号重命名、登录时间限制、账号锁定。例如，MS SQL Server 不能删除账号 sa，且 sa 默认空口令。黑客无须口令就能直接登录并控制 MS SQL Server。典型的安全事件就是 Slammer Worm，该蠕虫利用 MS SQL Server 的 sa 默认空口令漏洞进行攻击。

20.1.4 数据库安全需求

数据库系统的安全目标是保护数据库系统的安全运行及数据资源的安全性。通常来说，数据库的安全需求主要如下。

1. 数据库标识与鉴别

标识与鉴别用于数据库用户身份识别和认证，用户只有通过认证后才能对数据库对象进行操作。

2. 数据库访问控制

对数据资源及系统操作进行访问授权及违规控制。数据库系统一般提供自主访问控制、强制访问控制、角色访问控制等多种访问控制模式。

3. 数据库安全审计

数据库系统提供安全审计机制，按照审计安全策略，对相关的数据库操作进行记录，形成数据库审计文件。审计记录的主要信息包括审计的操作类型、执行操作的用户标识、操作的时间、客体对象等用户行为相关信息。

4. 数据库备份与恢复

数据库系统具有数据库备份与恢复机制，当数据库系统出现故障时，可以实现对备份数据的还原以及利用数据库日志进行数据库恢复重建。

5. 数据库加密

为阻止直接利用操作系统工具窃取或篡改数据库文件内容，数据库具有数据加密机制，能够对数据库中的敏感数据进行加密处理，并提供密钥管理服务。授权管理员无法对授权用户加密存储的数据进行正常解密，从而保证了用户数据的机密性。通过数据库加密，数据库的备份内容成为密文，从而能减少因备份介质失窃或丢失而造成的损失。

6. 资源限制

资源限制防止授权用户无限制地使用数据库服务器处理器（CPU）、共享缓存、数据库存储介质等数据库服务器资源，限制每个授权用户/授权管理员的并行会话数等功能。避免数据库系统遭受拒绝服务攻击。

7. 数据库安全加固

对数据库系统进行安全漏洞检查和修补，防止安全漏洞引入数据库系统。

8. 数据库安全管理

数据库系统提供安全集中管理机制，实现数据库的安全策略集中配置和管理。

20.2 数据库安全机制与实现技术

本节主要介绍数据库的安全机制以及相关实现技术，包括标识和鉴别、访问控制、安全审计、数据加密等。

20.2.1 数据库安全机制

数据库系统是一个复杂性高的基础性软件，其安全机制主要有标识和鉴别、访问控制、安全审计、备份与恢复、数据加密、资源限制、安全加固、安全管理等。这些安全机制用于保障数据库系统的安全运行、数据资源安全以及系统容灾备份。其中，各安全机制的功能如表 20-1 所示。

表 20-1　数据库安全机制及功能

安全机制名称	安　全　功　能
标识与鉴别	用户属性定义、用户-主体绑定、鉴别失败处理、秘密的验证、鉴别的时机、多重鉴别机制设置等
访问控制	会话建立控制、系统权限设置、数据资源访问权限设置
安全审计	审计数据产生、用户身份关联、安全审计查阅、限制审计查阅、可选审计查阅、选择审计事件
备份与恢复	备份和恢复策略设置、备份数据的导入和导出
数据加密	加密算法参数设置、密钥生成和管理、数据库加密和解密操作
资源限制	持久存储空间分配最高配额、临时存储空间分配最高配额、特定事务持续使用时间或未使用时间限制
安全加固	漏洞修补、弱口令限制
安全管理	安全角色配置、安全功能管理

20.2.2　数据库加密

数据库加密是指对数据库存储或传输的数据进行加密处理，以密文形式存储或传输，防止数据泄密，保护敏感数据的安全性。数据库加密方式主要分为两种类型：一是与数据库网上传输的数据，通常利用 SSL 协议来实现；二是数据库存储的数据，通过数据库存储加密来实现。按照加密组件与数据库管理系统的关系，数据库存储加密可以分成两种加密方式：库内加密和库外加密。库内加密是指在 DBMS 内部实现支持加密的模块，如图 20-1 所示。

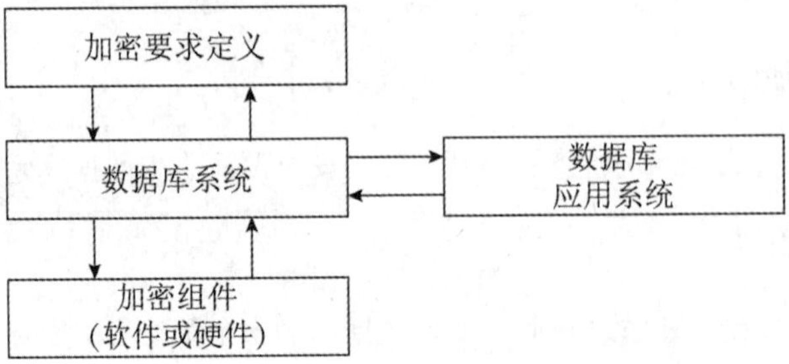

图 20-1　数据库库内加密示意图

库外加密指在 DBMS 范围之外，由专门的加密部件完成加密/解密操作，如图 20-2 所示。

数据库存储加密的常用技术方法有基于文件的数据库加密技术、基于记录的数据库加密技术、基于字段的数据库加密技术。其中，基于文件的数据库加密技术将数据库文件作为整体，对整个数据库文件进行加密，形成密文来保证数据的机密性。基于记录的数据库加密技术将数据库的每一个记录加密成密文并存放于数据库文件中。基于字段的数据库加密技术加密数据库的字段，以不同记录的不同字段为基本加密单元进行加密。

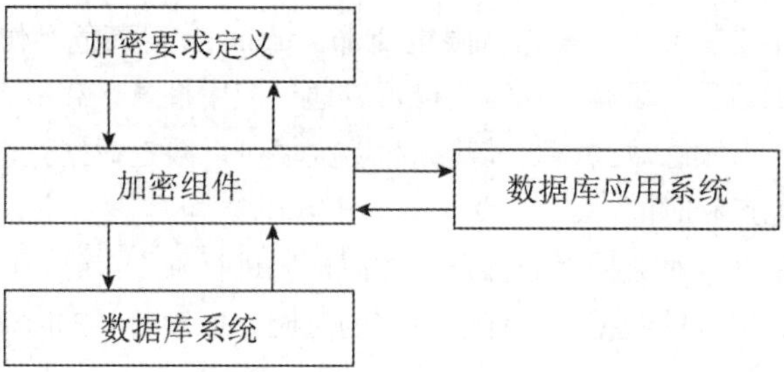

图 20-2　数据库库外加密示意图

20.2.3　数据库防火墙

数据库防火墙如图 20-3 所示，其通过 SQL 协议分析，根据预定义的禁止和许可策略让合法的 SQL 操作通过，阻断非法违规操作，形成数据库的外围防御圈，实现 SQL 危险操作的主动预防、实时审计。面对来自外部的入侵行为，数据库防火墙提供 SQL 注入禁止和数据库虚拟补丁包功能。通过虚拟补丁包，数据库系统不用升级、打补丁，即可完成对主要数据库漏洞的防控。

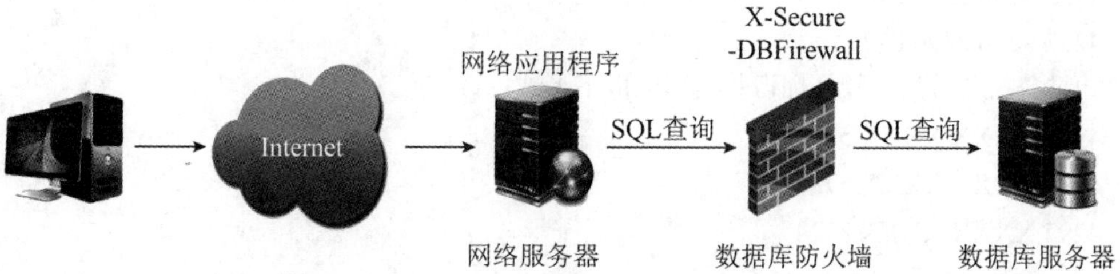

图 20-3　数据库防火墙示意图

数据库防火墙的安全作用主要如下：

（1）屏蔽直接访问数据库的通道。数据库防火墙部署介于数据库服务器和应用服务器之间，屏蔽直接访问的通道，防止数据库隐通道对数据库的攻击。

（2）增强认证。应用程序对数据库的访问，必须经过数据库防火墙和数据库自身两层身份认证。

（3）攻击检测。可实时检测用户对数据库进行的 SQL 注入和缓冲区溢出攻击，并报警或者阻止攻击行为，记录攻击操作发生的时间、来源 IP、登录数据库的用户名、攻击代码等详细信息。

（4）防止漏洞利用。捕获和阻断数据库漏洞攻击行为，如利用 SQL 注入特征库可以捕获和阻断数据库 SQL 注入行为。实现虚拟化补丁，保护有漏洞的数据库系统。

（5）防止内部高危操作。系统维护人员、外包人员、开发人员等具有直接访问数据库的权限，可能有意无意地进行高危操作对数据造成破坏。通过数据库防火墙可以限定更新和删除影响行、限定无 Where 的更新和删除操作、限定 drop、truncate 等高危操作避免大规模损失。

（6）防止敏感数据泄露。黑客、开发人员可以通过应用批量下载敏感数据，内部维护人员可以远程或本地批量导出敏感数据。通过数据库防火墙可以限定数据查询和下载数量、限定敏感数据访问的用户、地点和时间。

（7）数据库安全审计。对数据库服务器的访问情况进行独立审计，审计信息可以包括用户名、程序名、IP 地址、请求的数据库、连接建立的时间、连接断开的时间、通信量大小、执行结果等信息。

20.2.4 数据库脱敏

数据库脱敏是指利用数据脱敏技术将数据库中的数据进行变换处理，在保持数据按需使用目标的同时，又能避免敏感数据外泄。数据脱敏指按照脱敏规则对敏感数据进行的变换，去除标识数据，数据实现匿名化处理，从而实现敏感数据的保护。目前，常见的数据脱敏技术方法有屏蔽、变形、替换、随机、加密，使得敏感数据不泄露给非授权用户或系统。例如，假设物品标识数据如下：

4346 6454 0020 5379

4493 9238 7315 5787

4297 8296 7496 8724

通过替换脱敏后，物品标识数据变成以下形式：

4346 XXXX XXXX 5379

4493 XXXX XXXX 5787

4297 XXXX XXXX 8724

20.2.5 数据库漏洞扫描

数据库漏洞扫描模拟黑客使用的漏洞发现技术，对目标数据库的安全性尝试进行安全探测分析，收集数据库漏洞的详细信息，分析数据库系统的不安全配置，检查有弱口令的数据库用户。通过数据库漏洞扫描，跟踪监控数据库安全危险状态变化，建立数据库安全基线，防止数据库安全危险恶化。数据库漏洞扫描的商业产品有 NGSSQuirrel for Oracle、xSecure-DBScan 等。其中，NGSSQuirrel for Oracle 可以检查几千个可能存在的安全威胁、补丁状况、对象和权限信息、登录和密码机制、存储过程以及启动过程。NGSSQuirrel 提供强大的密码审计功能，包括字典和暴力破解模式。

20.3 Oracle 数据库安全分析与防护

本节主要介绍 Oracle 数据库的概况，分析了其安全机制，给出 Oracle 数据库的增强技术方法和最佳实践。

20.3.1　Oracle 概况

Oracle 公司于 1979 年首先推出基于 SQL 标准的关系型数据库产品，可在多种硬件平台上运行，支持多种操作系统。Oracle 遵守数据存取语言、操作系统、用户接口和网络通信协议的工业标准。目前，Oracle 数据库系统广泛应用在国内关键信息基础设施中，因此 Oracle 数据库的安全非常重要。

20.3.2　Oracle 数据库安全分析

Oracle 数据库提供认证、访问控制、特权管理、透明加密等多种安全机制和技术。

（1）用户认证。Oracle 数据库的认证机制多样，除了 Oracle 数据库认证外，还集成支持操作系统认证、网络认证、多级认证、SSL 认证。Oracle 数据库的认证方式采用“用户名+口令”，具有口令加密、账户锁定、口令生命期和过期、口令复杂度验证等安全功能。对于数据库管理员认证，Oracle 数据库要求进行特别认证，支持强认证、操作系统认证、口令文件认证。网络认证支持第三方认证、PKI 认证、远程认证等。

（2）访问控制。Oracle 数据库内部集成网络访问控制和数据对象授权控制。比如，可以配置 Oracle 的限制访问数据库机器的 IP 地址。Oracle 数据库提供细粒度访问控制（Fine-Grained Access Control），如针对 select、insert、update、delete 等操作，可以使用不同的策略。

（3）保险库。Oracle 数据库建立数据库保险库（Database Vault，DV）机制，该机制用于保护敏感数据，具有防止数据系统未授权变更、多因素可信授权、职责隔离、最小化特权的功能。DV 机制通过设置安全域（Realm）和命令规则（Command Rules）对特权进行控制。如图 20-4 所示，数据管理员（DBA）禁止操作 HR 安全域。

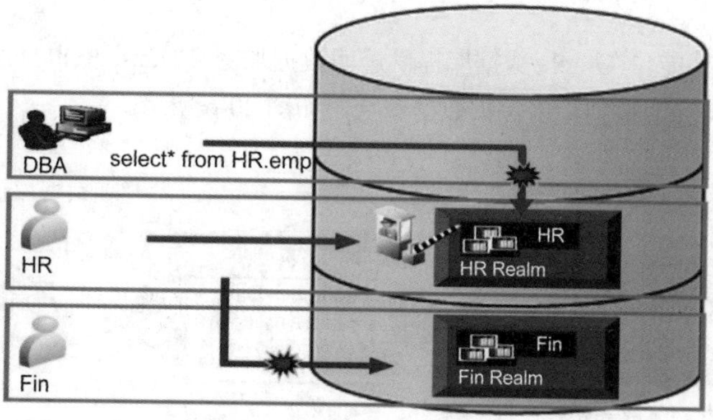

图 20-4　Oracle 数据库 DV 应用示意图

DV 机制的命令控制可阻止未授权命令操作，如 drop table、alter system。

（4）安全审计和数据库防火墙。Oracle 数据库具有对其内部所有发生的活动进行审计的能力，如图 20-5 所示。Oracle 数据库可审计的活动有 3 种类型：登录尝试、数据库活动和对象存取。Oracle 数据库防火墙提供了 SQL 语法分析引擎，检查进入数据库的 SQL 语句，精确地确定是否允许、记录、警告、替换或阻止 SQL。Oracle 数据防火墙支持白名单、黑名单和基于例外名单的策略。白名单就是数据库防火墙认可的 SQL 语句。黑名单是指数据库不允许含有特定用户、IP 地址或特定类型的 SQL 语句。基于例外名单的策略则提供安全策略设置的灵活性，可以覆盖白名单或黑名单策略，例外安全策略可以基于 SQL 类别、时间、应用、用户和 IP 地址等属性来实施。

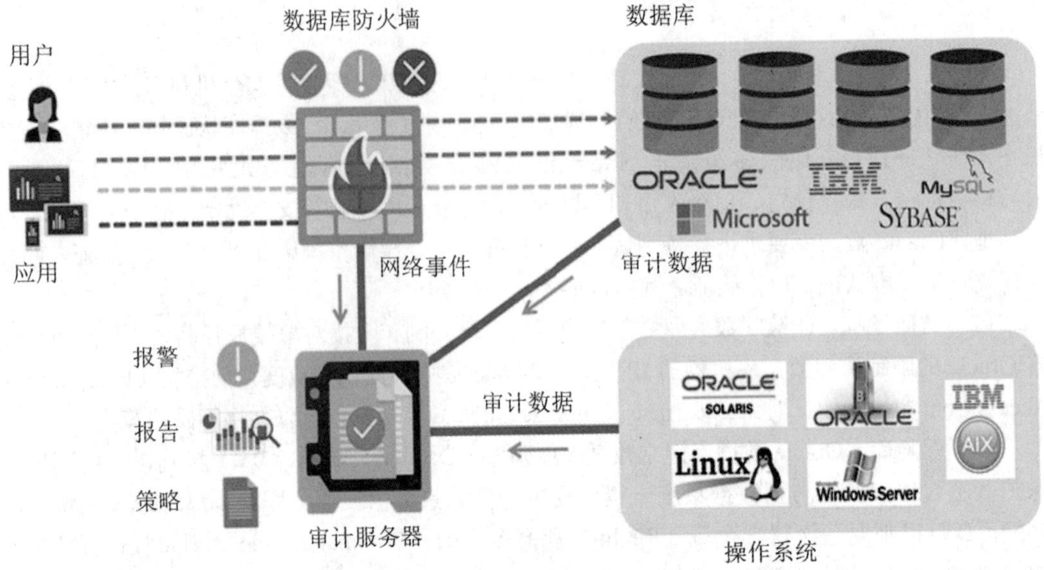

图 20-5 Oracle 安全审计和数据库防火墙机制示意图

（5）高级安全功能。 Oracle 数据库提供透明数据加密（Transparent Data Encryption）和数据屏蔽（Data Masking）机制，以保护数据安全，如图 20-6 所示。

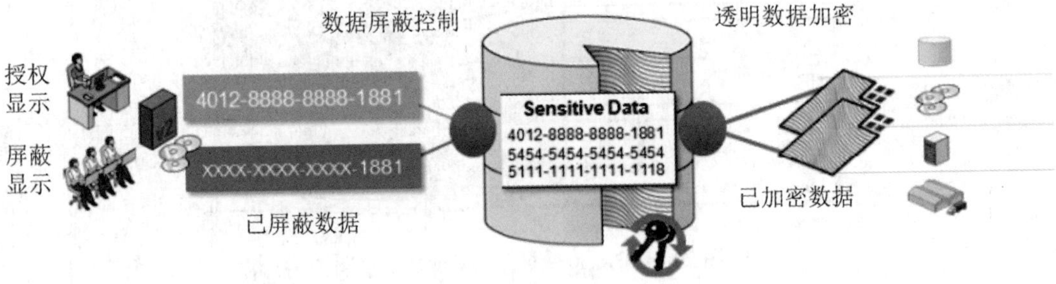

图 20-6 Oracle 数据库提供透明数据加密和数据屏蔽机制示意图

Oracle 数据库系统的透明数据加密可以阻止攻击者绕过数据库，是为了避免攻击者强制从存储设备上读取敏感信息而提出的安全技术方案，如图 20-7 所示。

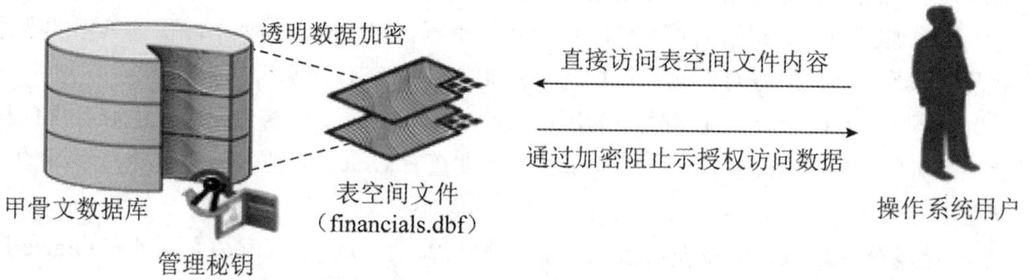

图 20-7　Oracle 数据库强制读取数据攻击示意图

20.3.3　Oracle 安全最佳实践

（1）增强 Oracle 数据库服务器的操作系统安全。最小化系统服务，安装最新补丁，关闭不需要的网络通信端口。

（2）最小化安装 Oracle，删除不必要的组件。采用满足需求的最小安装，随着版本的不断升级，Oracle 的功能也越来越多，整个系统越来越复杂，因此安全威胁也越来越大。根据需求只安装所需内容，可以降低数据库安全风险。

（3）安装最新的安全补丁。Oracle 的安全漏洞还是非常多的，一个比较安全的办法是时刻关注 Oracle 的安全公告，并及时安装安全补丁。

（4）删除或修改默认的用户名和密码。Oracle 的默认安装会建立很多默认的用户名和密码，而大部分的数据库管理员都不清楚到底有多少数据库用户，从而留下了很大的安全隐患。

（5）启用认证机制。Oracle 支持多种认证方式，为了安全，必须启用认证机制，防止非法用户访问数据库。

（6）设置好的口令密码策略。在 Oracle 中，可以通过修改用户概要文件来设置密码的安全策略，可以自定义密码的复杂度。其中，概要文件设置了多项密码安全策略，如最大错误登录次数、口令失效锁定时间、口令有效时间、口令复杂检查等。

（7）设置最小化权限。采用最小授权原则，给用户尽量少的权限。撤销 Public 组的一些不必要的权限，严格限制以下程序包的权限：

- UTL_FILE：该程序包允许 Oracle 用户读取服务器上的文件。如果设置错误，可能会得到任何文件。
- UTL_HTTP：该程序包允许 Oracle 用户通过 HTTP 访问外部资源，包括恶意的 Web 代码和文件。
- UTL_TCP：该程序包允许 Oracle 通过 TCP 建立连接，从而从网络上得到可执行文件。
- UTL_SMTP：该程序包允许 Oracle 通过 SMTP 方式进行通信，从而转发关键文件。

（8）限制连接 Oracle 的 IP 地址。由于 Oracle 的 TNS 监听器有许多安全漏洞，其中的一些漏洞甚至能让入侵者得到操作系统的超级用户权限，或者能修改数据库中的数据。因此，在打补丁的同时限制连接的 IP，避免攻击者的 IP 访问到数据库。

（9）传输加密。Oracle 采用的是 TNS 协议传输数据，在传输过程中不能保证其中的数据不被窃听乃至修改，因此最好对传输进行加密。例如，采用 SSL 加密机制。

（10）启用 Oracle 审计。记录所有的用户失败访问和分析安全事件日志。加强数据库日志的记录，特别是审核数据库登录“失败”事件，定期查看 Oracle 日志，检查是否有可疑的登录事件发生。

（11）定期查看 Oracle 漏洞发布信息，及时修补漏洞。Oracle 漏洞公布网址有 Oracle 厂商自身、应急响应部门、安全专业服务公司等。

（12）实施 Oracle 灾备计划。监测 Oracle 的安全运行，定期对数据库数据进行备份。针对 Oracle 的可能安全事件，制定安全应急预案。

20.3.4 Oracle 漏洞修补

Oracle 数据库的安全漏洞近几年相继出现。Oracle 公司建立关键补丁更新包（Critical Patch Updates）服务，简称 CPU。CPU 是有关 Oracle 产品的安全补丁修补集，如表 20-2 所示。

表 20-2 Oracle 数据库关键补丁更新包

关键补丁更新	最新版本/日期
Critical Patch Update - April 2020	Rev7，18 May 2020
Critical Patch Update - January 2020	Rev 7，20 April 2020
Critical Patch Update - October 2019	Rev 3，22 January 2020

CPU 根据 CVSS（Common Vulnerability Scoring System）评估 Oracle 的安全漏洞风险级别，安全漏洞记分满分为 10 分，一般得分越高，风险越大。Oracle 数据库的安全漏洞风险矩阵如表 20-3 所示。

表 20-3 Oracle 数据库的安全漏洞风险矩阵表

CVE 编号	组件	特权要求	协议	远程利用认证要求	CVSS3.0 得分	影响版本
CVE-2020-2737	Core RDBMS	创建会话、执行目录角色特权	Oracle Net	否	6.4	11.2.0.4，12.1.0.2，12.2.0.1，18c，19c
CVE-2019-2853	Oracle Text	创建会话	Oracle Net	否	7.3	11.2.0.4，12.1.0.2，12.2.0.1，18c，19c

20.4　MS SQL 数据库安全分析与防护

本节主要介绍 MS SQL 数据库的概况，分析其安全机制，给出 MS SQL 数据库的增强技术方法和最佳实践。

20.4.1　MS SQL Server 概况

Microsoft SQL Server 起源于 Sybase，是基于 Windows NT 结构的大型关系型数据库管理系统，是业界领先的数据库管理系统之一，应用非常广泛，是微软的核心产品组成部分。

20.4.2　MS SQL 安全分析

MS SQL Server 提供的安全机制主要包括如下几个方面：

（1）用户身份认证。MS SQL Server 支持 Windows 认证（Windows Authentication）和混合认证两种方式。Windows 认证是默认认证方式，SQL Server 信任特定的 Windows 用户账户和组账户，可以直接登录访问 SQL Server。

（2）访问控制。SQL Server 采用基于角色的访问控制机制。其中，SQL Server 的角色分为三种类型，即固定服务器角色（Fixed Server Roles）、固定数据库角色（Fixed Database Roles）和应用角色（Application Roles）。每个角色赋予一定的权限。

（3）数据库加密。SQL 保密 Server 提供 Transact-SQL 函数、非对称密钥、对称密钥、证书、透明数据加密机制。MS SQL Server 2008 提供透明数据库加密服务。透明加密使用不同密钥对不同敏感数据进行加密处理，其中密钥类型有服务主密钥、数据库主密钥、数据库密钥，各密钥的使用如图 20-8 所示。

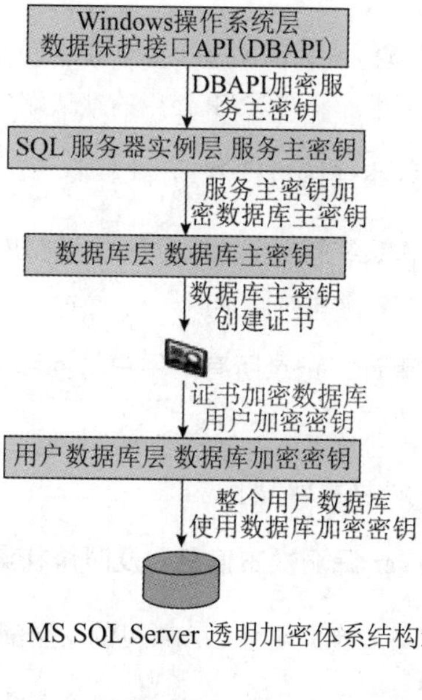

图 20-8　MS SQL Server 透明加密体系结构示意图

（4）备份、恢复机制。任何系统不可能达到数据不丢失或损坏，数据库系统提供备份和恢复机制。备份机制主要支持静态备份和动态备份。SQL Server 有四种备份方案：文件和文件组备份、事务日志备份、完全备份、差异备份。而恢复机制有三种模型：简单恢复、完全恢复和批量日志记录恢复。SQL Server 系统可运用 Transact-SQL 语句或企业管理器实现数据的恢复或备份操作。

（5）安全审计。作为美国政府 C2 级认证的要求，MS SQL Server 内置了审计机制，这个机制包含了多个组件，综合利用这些组件将可以审计所有的权限使用。

20.4.3 MS SQL Server 安全最佳实践

1. 设置好的数据库密码安全策略

数据库账号的密码设置简单或为空对于数据库系统的安全威胁极大，例如 MS SQL Slammer 就是利用管理员 sa 密码为空进行攻击。

2. 加强扩展存储过程管理，删除不必要的存储过程

SQL Server的系统存储过程容易被利用来提升权限或进行破坏。为保护SQL Server的安全，删除不必要的存储过程。例如，xp_cmdshell 是数据库留给操作系统的。

3. 网上数据加密传输

SQL Server 使用的 Tabular Data Stream 协议用明文传输数据，容易导致数据库敏感数据网上泄露，建议使用 SSL 协议。

4. 修改数据库默认的 TCP/IP 端口号

更改 SQL Server 原默认的 1433 端口，减少攻击者获取数据库端口信息。在实例属性中选择网络配置中的 TCP/IP 协议的属性，将 TCP/IP 使用的默认端口变为其他端口。

5. 对 SQL 数据库访问的网络连接进行 IP 限制

通过防火墙或 Windows 操作系统的安全功能对 SQL 数据库 IP 连接进行限制，只保证授权的 IP 能够访问，降低数据库的网络安全威胁来源。

6. 启用 SQL Server 日志审计，记录所有的用户访问和分析安全事件日志

加强数据库日志的记录，特别是审核数据库登录事件的“失败和成功”，定期查看 SQL Server 日志，检查是否有可疑的登录事件发生。

7. 定期查看 MS SQL Server 漏洞发布信息，及时修补漏洞

及时获取 MS SQL Server 的安全漏洞信息，常见的安全漏洞网址主要包括 Microsoft 厂商

自身、应急响应机构、安全厂商等。及时安装最新的 Windows 补丁包 和 SQL Server Service Pack，减少攻击者利用已知安全漏洞的机会。

8. 保证 MS SQL Server 的操作系统安全

安全增强 MS SQL Server 的操作系统，降低来自操作系统的安全威胁。

9. MS SQL Server 安全检测，制定安全容灾备份计划

监测 MS SQL Server 的安全运行，定期将数据库数据进行备份。

20.4.4　MS SQL Server 漏洞修补

已公布的 MS SQL Server 的 CVE 安全漏洞主要是拒绝服务、代码执行、溢出、特权获取。最严重的安全漏洞是 CVE-2002-0721，按照 CVSS 漏洞计分，该漏洞得分为 10 分。Microsoft SQL Server 7.0 和 SQL Server 2000 安装了与帮助功能相关的扩展存储过程，该过程允许非特权用户或远程攻击者通过 xp_execresultset、xp_printstatements、xp_displayparamstmt 以管理员权限运行。针对安全漏洞问题处置，微软公司设立了微软安全响应中心 （Microsoft Security Response Center，MSRC）。MSRC 每月发布安全公告以解决安全漏洞问题，并将公布漏洞利用指数，该指数分成四级，即 0-检测到被利用、1-可能被利用、2-不太可能被利用和 3-不可能被利用。

20.5　MySQL 数据库安全分析与防护

本节主要介绍 MySQL 数据库的概况，分析其安全机制，给出 MySQL 数据库的增强技术方法和最佳实践。

20.5.1　MySQL 概况

MySQL 是网络化的关系型数据库系统，具有功能强、使用简便、管理方便、运行速度快等优点，用户可利用许多语言编写访问 MySQL 数据库的程序，特别是与 PHP、Apache 组合，广泛应用在互联网领域。

20.5.2　MySQL 安全分析

MySQL 提供的安全机制主要包括如下内容：

- 用户身份认证。MySQL 支持用户名/口令认证方式。
- 访问授权。MySQL 具有 5 个授权表：user、db、host、tables_priv 和 columns_priv。通过授权表，MySQL 提供非常灵活的安全机制。 MySQL 具有 grant 和 revoke 命令，可以用来创建和删除用户权限，便于分配用户权限。MySQL 管理员可以用 grant 和 revoke 来创建用户、授权和撤权、删除用户。

- 安全审计。MySQL 内置了审计机制，可以记录 MySQL 的运行状况。

20.5.3 MySQL 安全最佳实践

1. MySQL 安装

建立单独启动 MySQL 的用户和组。 安装最新的 MySQL 软件包，选择合适的静态参数编译 MySQL 数据库。

2. 建立 MySQL Chrooting 运行环境

形成“沙箱”保护机制，增强系统抗渗透能力。

3. 关闭 MySQL 的远程连接

关闭 MySQL 的默认监听端口 3306，避免增加 MySQL 的远程攻击风险。由于 MySQL 本地程序可以通过 mysql.sock 来连接，不需要远程连接，且 MySQL 的备份通常使用 SSH 来执行。

4. 禁止 MySQL 导入本地文件

禁止 MySQL 中用“LOAD DATA LOCAL INFILE”命令。防范攻击者利用此命令把本地文件读到数据库中，阻止用户非法获取敏感信息。

5. 修改 MySQL 的 root 用户 ID 和密码

```
/usr/local/mysql/bin/mysql -u root
mysql> SET PASSWORD FOR root@localhost=PASSWORD('new_password');
```

6. 删除 MySQL 的默认用户和 db

删除 MySQL 的默认数据库 test。除了 root 用户外，其他的用户都去掉。

7. 更改 MySQL 的 root 用户名，防止口令暴力破解

```
mysql> update user set user="mydbadmin" where user="root";
mysql> flush privileges;
```

8. 建立应用程序独立使用数据库和用户账号

建立应用程序所需要的所有数据库和账号，要求这些账号只能访问应用程序用到的数据库，限制访问 MySQL 数据库和任何系统，不能够拥有特权，如 FILE、GRANT、ACTER、SHOW DATABASE、RELOAD、SHUTDOWN、PROCESS、SUPER 等。

9. 安全监测

安全监控 MySQL 数据库运行，及时修补 MySQL 数据库漏洞。

10. 安全备份

定期备份 MySQL 数据库系统及数据。

20.5.4　MySQL 漏洞修补

MySQL 的安全漏洞主要类型是拒绝服务、代码执行、溢出、逃避、特权获取等。因此，要及时安装 MySQL 漏洞补丁包，防止漏洞被利用。

20.6　国产数据库安全分析与防护

本节阐述了国产数据库系统的发展状况，分析了国产数据库的安全问题，给出了国产数据库系统安全增强措施及参考案例。

20.6.1　国产数据库概况

国产数据库是指由国家自主研发力量研制的数据库系统，具有较强的可控性和安全性。现已形成神舟数据、人大金仓、达梦等传统数据库以及中科院软件所安捷实时数据库。国产数据库产品已经广泛使用在国家电网、国土资源、审计、铁路系统、电力、银行、通信等关键信息基础设施领域。围绕数据库安全，我国制定了国家标准《信息安全技术　数据库管理系统安全技术要求》（GB/T 20273—2019），该标准规定了数据库管理系统的五个安全等级及其所需要的安全技术要求。

20.6.2　国产数据库安全分析

国产数据库系统主要面临的安全风险分析如下。

1. 国产数据库安全漏洞

因为数据库的复杂性和软件编程安全问题，国产数据库的设计和代码实现可能存在安全漏洞，导致国产数据库面临安全风险。例如，达梦数据库服务器存在越权访问漏洞（漏洞编号：CNVD-2017-31606），攻击者可利用漏洞非法获取拥有数据库最高权限的 DBA 角色权限，进而实现对整个数据库的控制，包括增、删、改、查等各类关键操作，通过恶意篡改数据将造成应用系统瘫痪或直接的经济损失，甚至可以获取数据库中的核心数据资产。南大通用 GBASE 数据库存在拒绝服务漏洞（漏洞编号：CNVD-2016-09750），南大通用 GBASE 数据库 8.3 版本存在拒绝服务漏洞，任意用户登录上 GBASE 后调用 astest 函数使用特定参数，最终会导致 GBASE 用尽所有内存而宕机，攻击者可利用该漏洞导致拒绝服务。

2. 国产数据库依赖第三方系统组件的安全

国产数据库所依赖的第三方系统组件存在安全漏洞引发的安全风险问题。例如 Open SSL 协议安全漏洞，该漏洞对国产数据库网络传输数据有安全影响。

3. 国产数据库系统安全配置的安全

对国产数据库系统的安全敏感配置不当，构成系统安全威胁。常见的安全配置不当包括未启用国产数据库安全功能、设置数据库弱口令、开放过多的服务端口、使用非安全远程登录工具等。

4. 国产数据库支持平台的安全

国产数据库受制于操作系统而产生的安全问题。例如，操作系统的安全问题导致数据库文件被窃取或破坏，甚至失去控制。

20.6.3 国产数据库安全增强措施

1. 国产数据库安全漏洞挖掘及扫描

同国外数据库的安全一样，国产数据库也存在安全漏洞问题。借鉴国外数据库的安全经验，开展国产数据库安全漏洞分析，及时发现安全隐患。目前，国内公司安华金和建立了数据库攻防实验室，开展了国产数据库安全挖掘研究工作。同时，安华金和研发了支持国产数据库的漏洞扫描工具，可以检查国产数据库漏洞信息。

2. 国产数据库加密

达梦数据库管理系统（DM）数据存储加密解决方案是达梦针对高度机密信息系统的数据保密性需求提供的一个安全解决方案，以填补传统数据库加密设计的缺陷。达梦数据库管理系统提供了内部算法加密、第三方软硬件存储加密和透明加密、半透明加密、非透明加密等一套使用方便、灵活可靠的信息存储加密功能，为保证关键数据的安全提供了强大的支撑环境。DM 数据库实现了密码引擎，能够将外部密码设备抽象为一组调用接口，对其进行管理与调用，从而实现第三方的密码设备、密码算法调用的支持，如图 20-9 所示。

达梦数据库高级加密包提供了数据库层面的加解密机制，提供标准的 JDBC、ODBC、ADO.NET 等数据库访问接口，存储加密和通信加密的加、解密过程对应用完全透明。

3. 国产安全数据库

人大金仓数据库 KingbaseES 安全版是遵照安全数据库国家标准 GB/T 20273—2019 的第四级技术要求，参考业内安全模型自主研发的，如图 20-10 所示。金仓数据库产品实现多重身份鉴别、入侵检测与报警、可信路径、推理控制、形式化证明、隐蔽信道分析等第四级技术要求，并通过公安部第四级产品检验，获得销售许可。

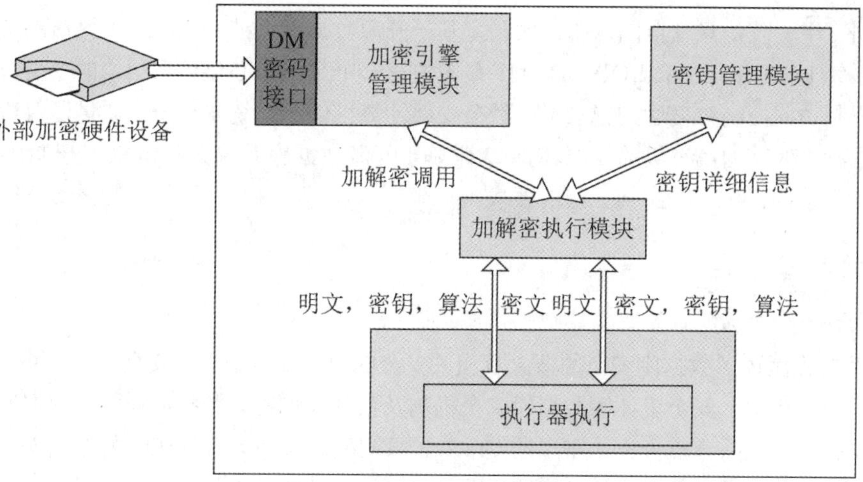

图 20-9　达梦数据库加密示意图

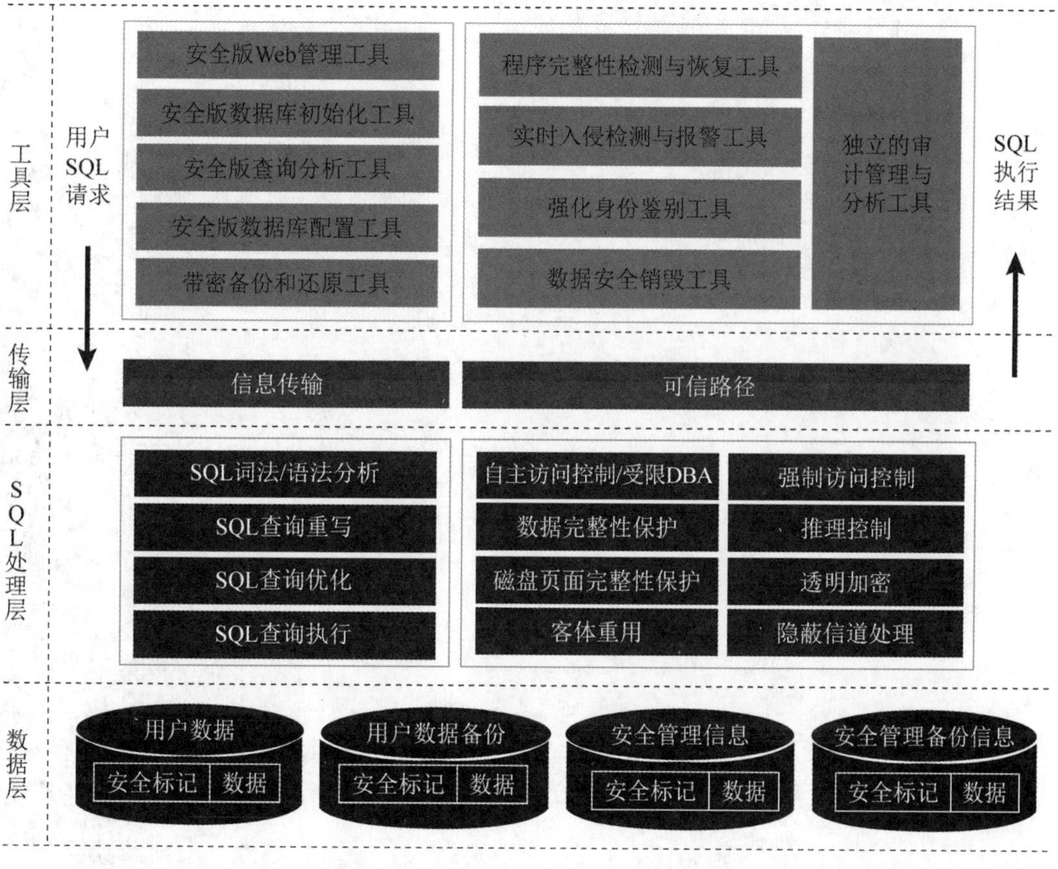

图 20-10　人大金仓数据库结构示意图

此外，中科院信息安全国家重点实验室基于开源数据库系统 PostgreSQL，研制了安全数据库管理系统 LOIS SDBMS。LOIS SDBMS 是国内第一个采用核心化体系结构的安全数据库管理系统，强制访问控制粒度达到记录级。经公安部计算机信息系统安全产品质量监督检验中心评测达到国标 17859 的第三级的要求。南京大学基于开源数据库系统 PostgreSQL 研制了 Softbase，经评测达到了国标 17859 的第三级的要求。

20.7 本章小结

本章首先阐述了数据库安全的概念及相关安全威胁、安全隐患、安全需求，并分析了标识与鉴别、访问控制、安全审计等数据库安全机制及数据库加密、数据库脱敏、数据库防火墙等相关实现技术；然后重点分析了常用的 Oracle、MS SQL Server、MySQL 等数据库安全实现案例，给出了这些数据库的安全最佳实践以及安全漏洞修补相关知识和方法；最后，对国产数据库的概念和常见数据库产品类型进行了阐述，简要地对国产数据库进行了安全分析，给出了国产数据库安全增强措施。

第 21 章　网络设备安全

21.1　网络设备安全概况

网络设备安全是网络信息系统安全保障的基础，本节主要分析交换机、路由器等主要网络安全设备所面临的安全威胁。

21.1.1　交换机安全威胁

交换机是构成网络的基础设备，主要的功能是负责网络通信数据包的交换传输。目前，工业界按照交换机的功能变化，将交换机分为第一代交换机、第二代交换机、第三代交换机、第四代交换机、第五代交换机。其中，集线器是第一代交换机，工作于 OSI（开放系统互联参考模型）的物理层，主要功能是对接收到的信号进行再生整形放大，延长网络通信线路的传输距离，同时，把网络中的节点汇聚到集线器的一个中心节点上。集线器会把收到的报文向所有端口转发。第二代交换机又称为以太网交换机，工作于 OSI 的数据链路层，称为二层交换机。二层交换机识别数据中的 MAC 地址信息，并根据 MAC 地址选择转发端口。第三代交换机通俗地称为三层交换机，针对 ARP/DHCP 等广播报文对终端和交换机的影响，三层交换机实现了虚拟网络（VLAN）技术来抑制广播风暴，将不同用户划分为不同的 VLAN，VLAN 之间的数据包转发通过交换机内置的硬件路由查找功能完成。三层交换机工作于 OSI 模型的网络层。第四代交换机为满足业务的安全性、可靠性、QoS 等需求，在第二、第三代交换机功能的基础上新增业务功能，如防火墙、负载均衡、IPS 等。这些功能通常由多核 CPU 实现。第五代交换机通常支持软件定义网络（SDN），具有强大的 QoS 能力。目前，交换机设备的国内代表厂商主要有华为、锐捷、中兴、华三等，国外代表厂商主要有思科（Cisco）、Juniper 等。交换机面临的网络安全威胁主要有如下几个方面。

1. MAC 地址泛洪

MAC 地址泛洪（Flooding）攻击通过伪造大量的虚假 MAC 地址发往交换机，由于交换机的地址表容量的有限性，当交换机的 MAC 地址表被填满之后，交换机将不再学习其他 MAC 地址，从而导致交换机泛洪转发。

2. ARP 欺骗

攻击者可以随时发送虚假 ARP 包更新被攻击主机上的 ARP 缓存，进行地址欺骗，干扰交换机的正常运行。

3. 口令威胁

攻击者利用口令认证机制的脆弱性，如弱口令、通信明文传输、口令明文存储等，通过口令猜测、网络监听、密码破解等技术手段获取交换机口令认证信息，从而非授权访问交换机设备。

4. 漏洞利用

攻击者利用交换机的漏洞信息，导致拒绝服务、非授权访问、信息泄露、会话劫持。

21.1.2 路由器安全威胁

路由器不仅是实现网络通信的主要设备之一，而且也是关系全网安全的设备之一，它的安全性、健壮性将直接影响网络的可用性。无论是攻击者发动 DoS、DDoS 攻击，还是网络蠕虫爆发，路由器往往会首当其冲地受到冲击，甚至导致路由器瘫痪，从而造成网络不可用。路由器面临的网络安全威胁主要有以下几个方面。

1. 漏洞利用

网络设备厂商的路由器漏洞被攻击者利用，导致拒绝服务、非授权访问、信息泄露、会话劫持、安全旁路。

2. 口令安全威胁

路由器的口令认证存在安全隐患，导致攻击者可以猜测口令，监听口令，破解口令文件。

3. 路由协议安全威胁

路由器接收恶意路由协议包，导致路由服务混乱。例如，BGP 前缀劫持攻击（BGP prefix hijacking attack）、BGP AS 路径欺骗攻击（ BGP AS path spoofing attack），两者的攻击过程分别如图 21-1 和图 21-2 所示。

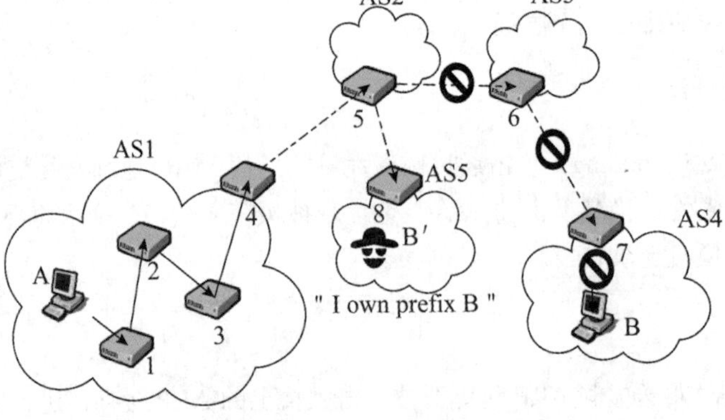

图 21-1　BGP 前缀劫持攻击示意图

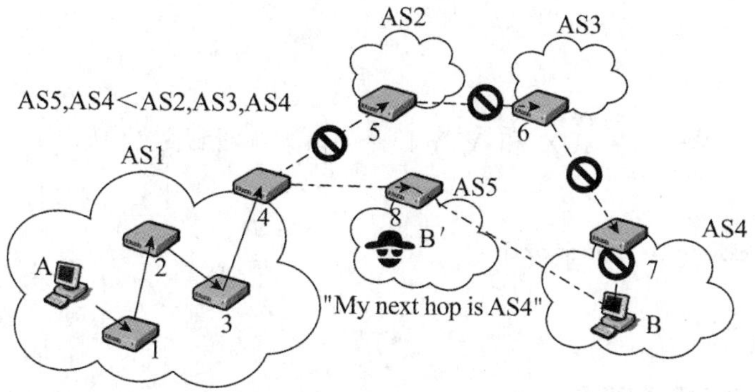

图 21-2　BGP AS 路径欺骗攻击示意图

4. DoS/DDoS 威胁

攻击者利用 TCP/IP 协议漏洞或路由器的漏洞，对路由器发起拒绝服务攻击。攻击方法有两种：一是发送恶意数据包到路由器，致使路由器处理数据不当，导致路由器停止运行或干扰正常运行。二是利用僵尸网络制造大的网络流量传送到目标网络，导致路由器处理瘫痪。

5. 依赖性威胁

攻击者破坏路由器所依赖的服务或环境，导致路由器非正常运行。例如，破坏路由器依赖的认证服务器，导致管理员无法正常登录到路由器。

21.2　网络设备安全机制与实现技术

网络设备是网络安全的重要保护对象， 其安全性涉及整个网络系统。目前，交换机、路由器通常提供身份认证、访问控制、信息加密、安全通信以及审计等安全机制，以保护网络设备的安全性。本节将阐述网络设备常见的安全机制。

21.2.1　认证机制

为防止网络设备滥用，网络设备对用户身份进行认证。用户需要提供正确口令才能使用网络设备资源。目前，市场上的网络设备提供 Console 口令、AUX 口令、VTY 口令、user 口令、privilege-level 口令等多种形式的口令认证。以路由器为例，Console 口令的使用过程如下：

```
Router#config terminal
Enter configuration commands, one per line. End with CNTL/Z.
Router(config)#line console 0
Router(config-line)#login
Router(config-line)#password console-password
```

```
Router(config-line)#^Z
Router#
```

网络设备对于 Console、AUX 和 VTY 口令的口令认证配置文件如下：

```
line con 0
 password console-password
 login
line aux 0
 password aux-password
 login
line vty 0 4
 password vty-password
 login
```

为了便于网络安全管理，交换机、路由器等网络设备支持 TACACS+（Terminal Access Controller Access Control System）认证、RADIUS（Remote Authentication Dial In User Service）认证。TACACS+认证的过程如图 21-3 所示。

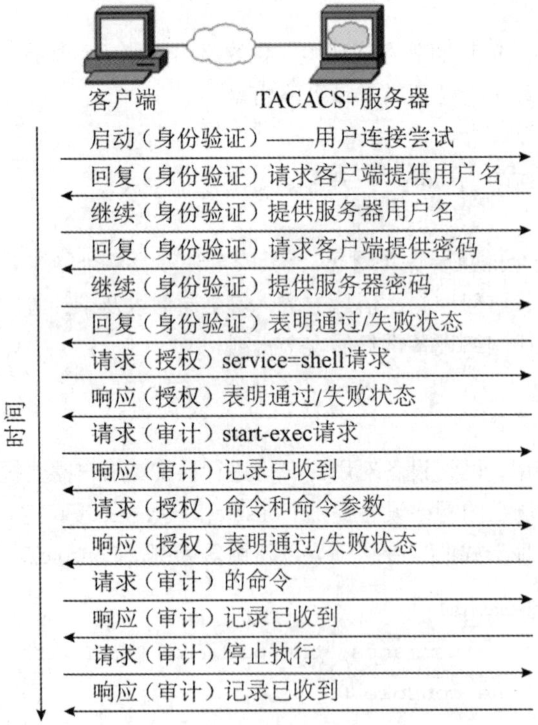

图 21-3 TACACS+认证示意图

假定服务器的密钥是 MyTACACSkey，配置网络设备使用 TACACS+服务器的步骤如下：

（1）使用 aaa new-model 命令启用 AAA；

（2）使用 tacacs-server host 命令指定网络设备能用的 TACACS+服务器；

（3）使用 tacacs-server key 命令告知网络设备 TACACS+服务器的密钥；

（4）定义默认的 AAA 认证方法，并将本地认证作为备份；

（5）配置使用 AAA 认证方法。

现以路由器通过 AUX、VTY 使用 TACACS+进行认证为例，其中，TACACS+服务器的 IP 地址为 X.Y.Z.10，服务器的密钥是 MyTACACSkey。其配置过程如下所示：

```
Router#config terminal
Enter configuration commands, one per line. End with CNTL/Z.
Router(config)#aaa new-model
Router(config)#tacacs-server host X.Y.Z.10
Router(config)#tacacs-server key MyTACACSkey
Router(config)#aaa authentication login default group tacacs+ local
Router(config)#line aux 0
Router(config-line)#login authentication default
Router(config-line)#exit
Router(config)#line vty 0 4
Router(config-line)#login authentication default
Router(config-line)#^Z
Router#
```

TACACS+要求用户提供用户名和口令进行认证，认证通过后再进行授权操作和审计。相比于 TACACS+，RADIUS 的认证过程简单，如图 21-4 所示。

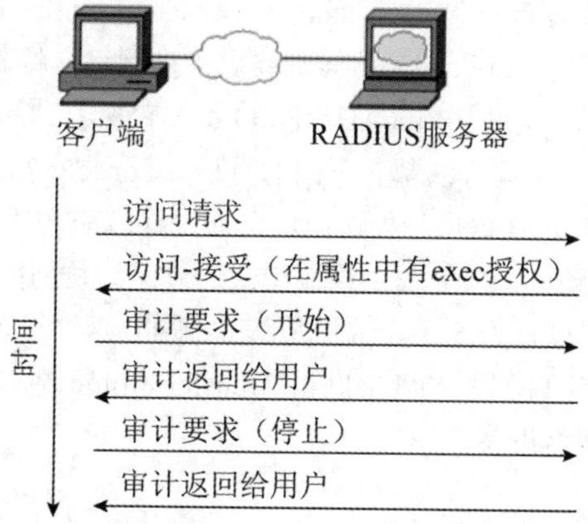

图 21-4　RADIUS 认证示意图

配置网络设备使用 RADIUS 认证的步骤如下：

（1）使用 aaa new-model 命令启用 AAA；

（2）使用 radius-server host 命令指定网络设备能用的 RADIUS 服务器；

（3）使用 radius-server key 命令告知网络设备 RADIUS 服务器的密钥；

（4）定义默认的 AAA 认证方法，并将本地认证作为备份；

（5）配置使用 AAA 认证方法。

现以路由器通过 VTY 使用 RADIUS 进行认证为例，其中，RADIUS 服务器的 IP 地址为 X.Y.Z.5，服务器的密钥是 MyRADIUSkey，其配置过程如下所示：

```
Router#config terminal
Enter configuration commands, one per line. End with CNTL/Z.
Router(config)#aaa new-model
Router(config)#radius-server host X.Y.Z.5
Router(config)#radius-server key MyRADIUSkey
Router(config)#aaa authentication login default group radius local
Router(config)#line con 0
Router(config-line)#login authentication default
Router(config-line)#exit
Router(config)#line vty 0 4
Router(config-line)#login authentication default
Router(config-line)#^Z
Router#
```

21.2.2 访问控制

网络设备的访问可以分为带外（out-of-band）访问和带内（in-band）访问。带外（out-of-band）访问不依赖其他网络，而带内（in-band）访问则要求提供网络支持。网络设备的访问方法主要有控制端口（Console Port）、辅助端口（AUX Port）、VTY、HTTP、TFTP、SNMP。Console、AUX 和 VTY 称为 line。每种访问方法都有不同的特征。Console Port 属于默认设置访问，要求物理上访问网络设备。AUX Port 提供带外访问，可通过终端服务器或调制解调器 Modem 连接到网络设备，管理员可远程访问。VTY 提供终端模式通过网络访问网络设备，通常协议是 Telnet 或 SSH2。VTY 的数量一般设置为 5 个，编号是从 0 到 4。网络设备也支持使用 HTTP 协议进行 Web 访问。网络设备使用 TFTP （Trivial File Transfer Protocol）上传配置文件。SNMP 提供读或读写访问几乎所有的网络设备。

1. CON 端口访问

为了进一步严格控制 CON 端口的访问，限制特定的主机才能访问路由器，可做如下配置，其指定 X.Y.Z.1 可以访问路由器：

```
Router(Config)#Access-list 1 permit X.Y.Z.1
Router(Config)#line con 0
Router(Config-line)#Transport input none
Router(Config-line)#Login local
Router(Config-line)#Exec-timeoute 5 0
Router(Config-line)#access-class 1 in
Router(Config-line)#end
```

2. VTY 访问控制

为保护 VTY 的访问安全，网络设备配置可以指定固定的 IP 地址才能访问，并且增加时间约束。例如，X.Y.Z.12、X.Y.Z.5 可以通过 VTY 访问路由器，则可以配置如下：

```
Router#config terminal
Enter configuration commands, one per line. End with CNTL/Z.
Router(config)#access-list 10 permit X.Y.Z.12
Router(config)#access-list 10 permit X.Y.Z.5
Router(config)#access-list 10 deny any
Router(config)#line vty 0 4
Router(config-line)#access-class 10 in
Router(config-line)#^Z
Router#
```

超时限制配置如下：

```
Router#config terminal
Enter configuration commands, one per line. End with CNTL/Z.
Router(config)#service tcp-keepalives-in
Router(config)#line vty 0 4
Router(config-line)#exec-timeout 5 0
Router(config-line)#^Z
Router#
```

3. HTTP 访问控制

限制指定 IP 地址可以访问网络设备。例如，只允许 X.Y.Z.15 路由器，则可配置如下：

```
Router#config terminal
```

```
Enter configuration commands, one per line. End with CNTL/Z.
Router(config)#access-list 20 permit X.Y.Z.15
Router(config)#access-list 20 deny any
Router(config)#ip http access-class 20
Router(config)#^Z
Router#
```

除此之外，强化 HTTP 认证配置信息如下：

```
Router#config terminal
Enter configuration commands, one per line. End with CNTL/Z.
Router(config)#ip http authentication type
Router(config)#^Z
Router#
```

其中，**type** 可以设为 enable、local、tacacs 或 aaa。

4. SNMP 访问控制

为避免攻击者利用 Read-only SNMP 或 Read/Write SNMP 对网络设备进行危害操作，网络设备提供了 SNMP 访问安全控制措施，具体如下：

一是 SNMP 访问认证。当通过 SNMP 访问网络设备时，网络设备要求访问者提供社区字符串（community strings）认证，类似口令密码。如下所示，路由器设置 SNMP 访问社区字符串。

（1）设置只读 SNMP 访问模式的社区字符串。

```
Router#config terminal
Enter configuration commands, one per line. End with CNTL/Z.
Router(config)#snmp-server community UnGuessableStringReadOnly RO
Router(config)#^Z
```

（2）设置读/写 SNMP 访问模式的社区字符串。

```
Router#config terminal
Enter configuration commands, one per line. End with CNTL/Z.
Router(config)#snmp-server community UnGuessableStringWriteable RW
Router(config)#^Z
```

二是限制 SNMP 访问的 IP 地址。如下所示，只有 X.Y.Z.8 和 X.Y.Z.7 的 IP 地址对路由器进行 SNMP 只读访问。

```
Router#config terminal
```

```
Enter configuration commands, one per line. End with CNTL/Z.
Router(config)#access-list 6 permit X.Y.Z.8
Router(config)#access-list 6 permit X.Y.Z.7
Router(config)#access-list 6 deny any
Router(config)#snmp-server community UnGuessableStringReadOnly RO 6
Router(config)#^Z
```

三是关闭 SNMP 访问。如下所示，网络设备配置 no snmp-server community 命令关闭 SNMP 访问。

```
Router#config terminal
Enter configuration commands, one per line. End with CNTL/Z.
Router(config)#no snmp-server community UnGuessableStringReadOnly RO
Router(config)#^Z
```

5. 设置管理专网

远程访问路由器一般是通过路由器自身提供的网络服务来实现的，例如 Telnet、SNMP、Web 服务或拨号服务。虽然远程访问路由器有利于网络管理，但是在远程访问的过程中，远程通信时的信息是明文，因而，攻击者能够监听到远程访问路由器的信息，如路由器的口令。为增强远程访问的安全性，应建立一个专用的网络用于管理设备，如图 21-5 所示。

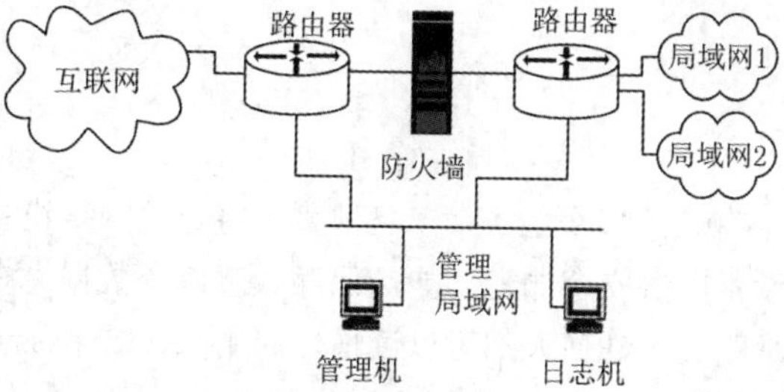

图 21-5　建立专用的网络用于管理路由器示意图

同时，网络设备配置支持 SSH 访问，并且指定管理机器的 IP 地址才可以访问网络设备，从而降低网络设备的管理风险，具体方法如下：

（1）将管理主机和路由器之间的全部通信进行加密，使用 SSH 替换 Telnet。

（2）在路由器设置包过滤规则，只允许管理主机远程访问路由器。例如以下路由器配置可以做到：只允许 IP 地址是 X.Y.Z.6 的主机有权访问路由器的 Telnet 服务。

```
Router(config)#access-list 99 permit X.Y.Z.6 log
Router(config)#access-list 99 deny  any log
Router(config)#line vty 0 4
```

```
Router(config-line)#access-class 99 in
Router(config-line)#exec-timeout 5 0
Router(config-line)#login local
Router(config-line)#transport input telnet
Router(config-line)#exec
Router(config-line)#end
Router#
```

6. 特权分级

针对交换机、路由器潜在的操作安全风险，交换机、路由器提供权限分级机制，每种权限级别对应不同的操作能力。在Cisco网络设备中，将权限分为0～15共16个等级，0为最低等级，15为最高等级。等级越高，操作权限就越多，具体配置如下：

```
Router>show privilege
Current privilege level is 1
Router>enable 5
Password: level-5-password
Router#show privilege
Current privilege level is 5
Router#
```

21.2.3 信息加密

网络设备配置文件中有敏感口令信息，一旦泄露，将导致网络设备失去控制。为保护配置文件的敏感信息，网络设备提供安全加密功能，保存敏感口令数据。未启用加密保护的时候，配置文件中的口令信息是明文，任何人都可以读懂。启用service password-encryption配置后，对口令明文信息进行加密保护，如表21-1所示。

表21-1 网络设备口令信息加密前后对照示意表

状　态	网络设备配置文件信息
加密前	username jdoe password 0 **jdoe-password** username rsmith password 0 **rsmith-password** … password **console-password**
加密后	username jdoe　password 7 **09464A061C480713181F13253920** username rsmith　password 7 **095E5D0410111F5F1B0D17393C2B3A37** … password 7 **110A160B041D0709493A2A373B243A3017**

21.2.4　安全通信

网络设备和管理工作站之间的安全通信有两种方式：一是使用 SSH；二是使用 VPN。

1. SSH

为了远程访问安全，网络设备提供 SSH 服务以替换非安全的 Telnet，其配置步骤如下：

（1）使用 hostname 指定设备名称。

（2）使用 ip domain-name 配置设备域。

（3）使用 crypto key generate rsa 生成 RSA 加密密钥。建议最小密钥大小为 1024 位。

（4）使用 ip ssh 设置 SSH 访问。

（5）使用 transport input 命令配置使用 SSH。

如下所示，是在路由器 RouterOne 上设置 SSH 访问，VTY 配置成只允许 SSH 访问。

```
Router#config terminal
Enter configuration commands, one per line. End with CNTL/Z.
Router(config)#hostname RouterOne
RouterOne(config)#ip domain-name mydomain.com
RouterOne(config)#crypto key generate rsa
The name for the keys will be: RouterOne
Choose the size of the key modulus in the range of 360 to 2048 for your
 General Purpose Keys. Choosing a key modulus greater than 512 may take
 a few minutes.
How many bits in the modulus [512]: 1024
Generating RSA keys ...
[OK]
RouterOne(config)#ip ssh time-out 60
RouterOne(config)#ip ssh authentication-retries 2
RouterOne(config)#line vty 0 4
RouterOne(config-line)#transport input ssh
RouterOne(config-line)#^Z
RouterOne#
```

2. IPSec VPN

网络设备若支持 IPSec，则可以保证管理工作站和网络设备的网络通信内容是加密传输的，其主要配置步骤如下：

（1）设置 ISAKMP 预共享密钥；

（2）创建可扩展的 ACL；

（3）创建 IPSec transforms；

（4）创建 crypto map；

（5）应用 crypto map 到路由接口。

假设管理工作站的 IP 地址是 X.Y.Z.10，网络设备是路由器 RouterOne，则路由器的 IPsec 配置过程如表 21-2 所示。

表 21-2　IPsec 配置过程示意表

过程步骤	配 置 内 容
设置 ISAKMP	RouterOne#config terminal Enter configuration commands，　one per line. End with CNTL/Z. RouterOne（config）#crypto isakmp policy 10 RouterOne（config-isakmp）#authentication pre-share RouterOne（config-isakmp）#^Z
创建可扩展的 ACL	RouterOne#config terminal Enter configuration commands，　one per line. End with CNTL/Z. RouterOne（config）#access-list 150 permit ip host X.Y.Z.10 host RouterOne RouterOne（config）#access-list 150 deny ip any any RouterOne（config）#^Z
创建 IPSec transforms	RouterOne#config terminal Enter configuration commands，　one per line. End with CNTL/Z. RouterOne（config）#crypto ipsec transform-set TransOne ah-md5-hmac esp-des RouterOne（cfg-crypto-trans）#^Z
创建 crypto map	RouterOne#config terminal Enter configuration commands，　one per line. End with CNTL/Z. RouterOne（config）#crypto map MyMapOne 10 ipsec-isakmp RouterOne（config-crypto-map）#set peer X.Y.Z.10 RouterOne（config-crypto-map）#set transform-set TransOne RouterOne（config-crypto-map）#match address 150 RouterOne（config-crypto-map）#^Z
应用 crypto map 到路由接口	RouterOne#config terminal Enter configuration commands，　one per line. End with CNTL/Z. RouterOne（config）#int Serial 0/1 RouterOne（config-if）#crypto map MyMapOne RouterOne（config-if）#^Z

21.2.5　日志审计

网络运行中会发生很多突发情况，通过对网络设备进行审计，有利于管理员分析安全事件。网络设备提供控制台日志审计（Console logging）、缓冲区日志审计（Buffered logging）、终端审计（Terminal logging）、SNMP traps、AAA 审计、Syslog 审计等多种方式。

由于网络设备的存储信息有限，一般是建立专用的日志服务器，并开启网络设备的 Syslog 服务，接收网络设备发送出的报警信息。如图 21-6 所示，图中日志服务器负责存放路由器 1 和路由器 2 的审计记录。

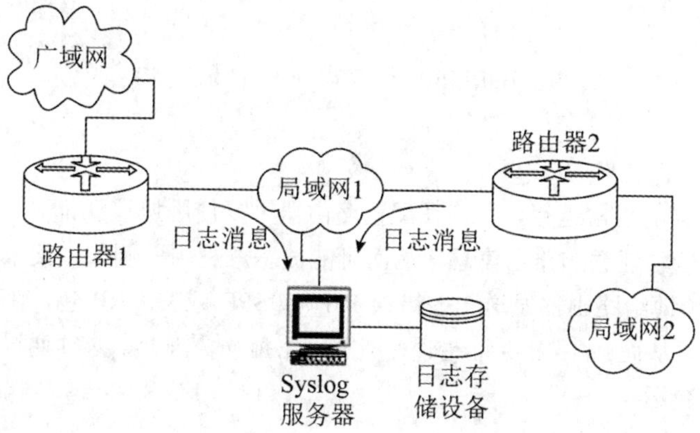

图 21-6　路由器审计信息管理配置示意图

21.2.6　安全增强

为了增强网络设备的抗攻击性，网络设备提供服务关闭及恶意信息过滤等功能，以提升网络设备的自身安全保护能力。

1. 关闭非安全的网络服务及功能

网络设备自身提供许多网络服务，例如 Telnet、Finger、HTTP 等。这些服务虽然给管理带来了方便，但也留下了安全隐患。为了增强网络设备的安全，减少网络攻击面，网络设备应尽量不提供网络服务，或者关闭危险的网络服务，或者限制网络服务范围。

2. 信息过滤

过滤恶意路由信息，控制网络的垃圾信息流。

```
Router(Config)# access-list 10 deny 192.168.1.0 0.0.0.255
Router(Config)# access-list 10 permit any
```

禁止路由器接收更新 192.168.1.0 网络的路由信息。

```
Router(Config)# router ospf 100
Router(Config-router)# distribute-list 10 in
```

禁止路由器转发传播 192.168.1.0 网络的路由信息。

```
Router(Config)# router ospf 100
Router(Config-router)# distribute-list 10 out
```

禁止默认启用的 ARP-Proxy，避免引起路由表的混乱。

```
Router(Config)# no ip proxy-arp
Router(Config-if)# no ip proxy-arp
```

3. 协议认证

为保证路由协议的正常运行，用户在配置路由器时要使用协议认证。如果不是这样，路由器就会来者不拒，接收任意的路由信息，从而可能被恶意利用。例如，某个人使用一些 RIP 或 OSPF 软件，或简单地给路由器发送一些错误 RIP、OSPF 或 EIGRP 包，那么路由器会得到一些错误的路由信息，从而产生 IP 寻址错误，造成网络瘫痪。因此，必须通过一些安全措施来实现路由器的协议安全运行。

1）启用 OSPF 路由协议的认证

```
Router(Config)# router ospf 100
Router(Config-router)#network 192.168.100.0 0.0.0.255 area 100
! 启用MD5认证。
! area area-id authentication 启用认证,是明文密码认证。
! area area-id authentication message-digest
Router(Config-router)# area 100 authentication message-digest
Router(Config)# exit
Router(Config)# interface eth0/1
! 启用MD5密钥Key为routerospfkey。
! ip ospf authentication-key key 启用认证密钥,但会是明文传输。
! ip ospf message-digest-key key-id(1-255) md5 key
Router(Config-if)# ip ospf message-digest-key 1 md5 routerospfkey
```

2）RIP 协议的认证

只有 RIP-V2 支持，RIP-V1 不支持。建议启用 RIP-V2，并且采用 MD5 认证。普通认证同样是明文传输的。

```
Router(Config)# config terminal
! 启用设置密钥链
Router(Config)# key chain mykeychainname
Router(Config-keychain)# key 1
! 设置密钥字串
Router(Config-leychain-key)# key-string MyFirstKeyString
Router(Config-keyschain)# key 2
Router(Config-keychain-key)# key-string MySecondKeyString
```

```
! 启用 RIP-V2
Router(Config)# router rip
Router(Config-router)# version 2
Router(Config-router)# network 192.168.100.0
Router(Config)# interface eth0/1
! 采用 MD5 模式认证,并选择已配置的密钥链
Router(Config-if)# ip rip authentication mode md5
Router(Config-if)# ip rip anthentication key-chain mykeychainname
```

3）启用 IP Unicast Reverse-Path Verification

能够检查源 IP 地址的准确性，从而可以防止一定的 IP Spooling。但是它只能在启用 CEF（Cisco Express Forwarding）的路由器上使用。

```
Router# config t
! 启用 CEF
Router(Config)# ip cef
! 启用 Unicast Reverse-Path Verification
Router(Config)# interface eth0/1
Router(Config)# ip verify unicast reverse-path
```

21.2.7　物理安全

物理安全是网络设备安全的基础，物理访问必须得到严格控制。物理安全的策略主要如下：

- 指定授权人安装、卸载和移动网络设备；
- 指定授权人进行维护以及改变网络设备的物理配置；
- 指定授权人进行网络设备的物理连接；
- 指定授权人进行网络设备的控制台使用以及其他的直接访问端口连接；
- 明确网络设备受到物理损坏时的恢复过程或者出现网络设备被篡改配置后的恢复过程。

21.3　网络设备安全增强技术方法

本节内容为交换机和路由器的安全增强技术方法。

21.3.1　交换机安全增强技术方法

1. 配置交换机访问口令和 ACL，限制安全登录

目前，交换机提供了多种用户登录、访问设备的方式，主要有通过 Console 端口、AUX 端

口、SNMP 访问、Telnet 访问、SSH 访问、HTTP 访问等方式。为增强交换机的访问安全，交换机支持 ACL 访问和口令认证安全控制，防止非法用户登录访问交换机设备。交换机的安全访问控制分为两级：

（1）第一级通过控制用户的连接实现。配置交换机 ACL 对登录用户进行过滤，只有合法用户才能和交换机设备建立连接。

（2）第二级通过用户口令认证实现。连接到交换机设备的用户必须通过口令认证才能真正登录到设备。为防止未授权用户的非法侵入，必须在不同登录和访问的用户界面设置口令，同时设置登录和访问的默认级别和切换口令。

通过配置 ACL 对登录用户进行过滤控制，可以在进行口令认证之前将一些恶意或者不合法的连接请求过滤掉，保证交换机设备的安全。

2. 利用镜像技术监测网络流量

以太网交换机提供基于端口和流量的镜像功能，即可将指定的 1 个或多个端口的报文或数据包复制到监控端口，用于报文的分析和监视、网络检测和故障排除。

3. MAC 地址控制技术

可以通过设置端口上最大可以通过的 MAC 地址数量、MAC 地址老化时间，来抑制 MAC 攻击。

（1）设置最多可学习到的 MAC 地址数。

通过设置以太网端口最多学习到的 MAC 地址数，用户可以控制以太网交换机维护的 MAC 地址表的表项数量。如果用户设置的值为 count，则该端口学习到的 MAC 地址条数达到 count 时，该端口将不再对 MAC 地址进行学习。缺省情况下，交换机对于端口最多可以学习到的 MAC 地址数目没有限制。

（2）设置系统 MAC 地址老化时间。

设置合适的老化时间可以有效实现 MAC 地址老化的功能。用户设置的老化时间过长或者过短，都可能导致以太网交换机广播大量找不到目的 MAC 地址的数据报文，进而影响交换机的运行性能。如果用户设置的老化时间过长，以太网交换机可能会保存许多过时的 MAC 地址表项，从而耗尽 MAC 地址表资源，导致交换机无法根据网络的变化更新 MAC 地址表。如果用户设置的老化时间太短，以太网交换机可能会删除有效的 MAC 地址表项。一般情况下，推荐使用老化时间 age 的默认值 300 秒。

4. 安全增强

安全增强的作用在于减少交换机的网络攻击威胁面，提升抗攻击能力。方法主要包括关闭交换机不必要的网络服务、限制安全远程访问、限制控制台的访问、启动登录安全检查、安全审计等安全增强措施。现以思科交换机安全增强为例，安全配置如下：

（1）关闭不需要的网络服务。

```
# no ip http server
# no ip http secure-server
# no service dhcp
# no cpd run
# no lldp run global
# no ip bootp server
# no ip domain-lookup
# no ip source-route
```

（2）创建本地账号。

```
# username netadmin privilege 15 secret 1111
# enable secret 2222
# service password-encryption
# aaa new-model
# aaa authentication login default local-case
# aaa local authentication attempts max-fail 10
```

（3）启用 SSH 服务。

```
# ip domain-name techspacekh.com
# crypto key generate rsa modulus 2048
# ip ssh version 2
# ip ssh time-out 30
# ip ssh logging events
# ip ssh maxstartups 10
# ip ssh authentication-retries 5
```

（4）限制安全远程访问。

```
# ip access-list standard ACL-SSH
    permit 10.10.20.0 0.0.0.255 log
    deny any log
# line vty 04
    transport input ssh
    access-class ACL-SSH in
```

```
    exec-timeout 15
```

（5）限制控制台的访问。

```
# line con 0
  exec-timeout 15
  no privilege level 15
```

（6）启动登录安全检查。

```
# login block-for 300 attempts 5 within 120
# login delay 2
# login on-failure log
# login on-success log
```

（7）安全审计。
将审计信息发送到日志服务器。

```
# logging buffered 16000 informational
# logging X.Y.Z.5
# logging source-interface Loopback 0
# service timestamps debug datetime msec localtime show-timezone
# service timestamps log datetime msec localtime show-timezone
```

（8）限制 SNMP 访问。

```
# ip access-list standard ACL-SNMP
   permit X.Y.Z.6
   deny any log
# snmp-server community T@s9aMon RO ACL-SNMP
# snmp-server location DC
```

（9）安全保存交换机 IOS 软件镜像文件。

```
# ip scp server enable
# copy scp://username@ X.Y.Z.20/home/techspacekh/file.txt flash:

# configuration mode exclusive auto
```

```
# secure boot-image
# secure boot-config
```

（10）关闭不必要的端口。

```
# int range fa0/1 - 48
   switchport port-security maximum 2
   switchport port-security aging time 10
   switchport port-security aging type inactivity
   switchport port-security
```

（11）关闭控制台及监测的审计。

```
# no logging console
# no logging monitor
```

（12）警示信息。

```
#banner login #
 UNAUTHORIZED ACCESS TO THIS DEVICE IS PROHIBITED! You must have explicit
permission to access or configure this system.
 All activities performed on this system may be logged, and violations of this
policy may result in disciplinary action, and may be reported to law enforcement.
 Use of this system shall constitute consent to monitoring.
 #
 # banner motd #
 AUTHORIZED ACCESS ONLY! If you are not an authorized user, disconnect
IMMEDIATELY! All connections are monitored and recorded.
 #
```

21.3.2 路由器安全增强技术方法

1. 及时升级操作系统和打补丁

路由器的操作系统（IOS）是路由器最核心的部分，及时升级操作系统能有效地修补漏洞、获取新功能并提高性能。

2. 关闭不需要的网络服务

路由器虽然可以提供BOOTP、Finger、NTP、Echo、Discard、Chargen、CDP等网络服务，

然而这些服务会给路由器造成安全隐患，为了安全，建议关闭这些服务。下面是一些关闭路由器危险的网络服务的操作方法：

（1）禁止 CDP（Cisco Discovery Protocol）。

```
Router(Config)#no cdp run
Router(Config-if)# no cdp enable
```

（2）禁止其他的 TCP、UDP Small 服务。

```
Router(Config)# no service tcp-small-servers
Router(Config)# no service udp-small-servers
```

（3）禁止 Finger 服务。

```
Router(Config)# no ip finger
 Router(Config)# no service finger
```

（4）禁止 HTTP 服务。

```
Router(Config)# no ip http server
```

（5）禁止 BOOTP 服务。

```
Router(Config)# no ip bootp server
```

（6）禁止从网络启动和自动从网络下载初始配置文件。

```
Router(Config)# no boot network
Router(Config)# no service config
```

（7）禁止 IP Source Routing。

```
Router(Config)# no ip source-route
```

（8）禁止 ARP-Proxy 服务。

```
Router(Config)# no ip proxy-arp
Router(Config-if)# no ip proxy-arp
```

（9）明确地禁止 IP Directed Broadcast。

```
Router(Config)# no ip directed-broadcast
```

（10）禁止 IP Classless。

```
Router(Config)# no ip classless
```

（11）禁止 ICMP 协议的 IP Unreachables、Redirects、Mask Replies。

```
Router(Config-if)# no ip unreacheables
Router(Config-if)# no ip redirects
Router(Config-if)# no ip mask-reply
```

（12）禁止 SNMP 协议服务。
在禁止时必须删除一些 SNMP 服务的默认配置，或者需要访问列表来过滤。

```
Router(Config)# no snmp-server community public Ro
Router(Config)# no snmp-server community admin RW
Router(Config)# no access-list 70
Router(Config)# access-list 70 deny any
Router(Config)# snmp-server community MoreHardPublic Ro 70
Router(Config)# no snmp-server enable traps
Router(Config)# no snmp-server system-shutdown
Router(Config)# no snmp-server trap-anth
Router(Config)# no snmp-server
Router(Config)# end
```

（13）禁止 WINS 和 DNS 服务。

```
Router(Config)# no ip domain-lookup
```

3. 明确禁止不使用的端口

```
Router(Config)# interface eth0/3
Router(Config)# shutdown
```

4. 禁止 IP 直接广播和源路由

在路由器的网络接口上禁止 IP 直接广播，可以防止 smurf 攻击。禁止 IP 直接广播的配置方法如下：

```
router#interface  eth  0/0
router#no ip  directed-broadcast
```

另外，为了防止攻击利用路由器的源路由功能，也应对其禁止使用，其配置方法是：

```
router#no  ip source-route
```

5. 增强路由器 VTY 安全

路由器给用户提供虚拟终端（VTY）访问，用户可以使用 Telnet 从远程操作路由器。为了保护路由器的虚拟终端安全使用，要求用户必须提供口令认证，并且限制访问网络区域或者主机。例如，路由器 south 的安全配置如下：

```
South(config)# line vty 0 4
South(config-line)# login
South(config-line)# password Soda-4-J1MMY
South(config-line)# access-class 2 in
South(config-line)# transport input telnet
South(config-line)# exit
South(config)# no access-list 92
South(config)# access-list 92 permit X.Y.Z.0 0.0.0.255
```

路由器 south 通过上述安全配置，用户只有提供正确的口令才能访问 VTY，并且只能从网络 X.Y.Z 登录。

6. 阻断恶意数据包

网络攻击者经常通过构造一些恶意数据包来攻击网络或路由器，为了阻断这些攻击，路由器利用访问控制来禁止这些恶意数据包通行。常见的恶意数据包有以下类型：

- 源地址声称来自内部网；
- loopback 数据包；
- ICMP 重定向包；
- 广播包；
- 源地址和目标地址相同。

下面是一个名为 North 的路由器的安全配置，其作用是阻断恶意数据包，配置信息如下：

```
North(config)#no access-list 107
North(config)#!block internal addresses coming from outside
North(config)#access-list 107 deny ip X.2.0.0 0.0.255.255 any log
North(config)#access-list 107 deny ip X.1.0.0 0.0.255.255  any log
North(config)#!block bogus loopback addresses
North(config)#access-list 107 deny  ip 127.0.0.1 0.0.0.255 any log
```

```
North(config)#!block multicast
North(config)#access-list 107 deny ip 224.0.0.0 0.0.255.255 any
North(config)#!block broadcast
North(config)#access-list 107 deny  ip host 0.0.0.0  any  log
North(config)#!block ICMP redirects
North(config)#access-list 107  deny icmp any any  redirect log
North(config)#interface  eth0/0
North(config-if)#ip access-group 107 in
```

7. 路由器口令安全

口令是保护路由器安全的有效方法，但是一旦口令信息泄露就会危及路由器安全。因此，路由器的口令存放应是密文。在路由器配置时，使用 Enable secret 命令保存口令密文，配置操作如下：

```
Router#Enable secret  2Many-Routes-4-U
```

8. 传输加密

启用路由器的 IPSec 功能，对路由器之间传输的信息进行加密。借助 IPSec，路由器支持建立虚拟专用网（VPN），因而可以用在公共 IP 网络上确保数据通信的保密性。由于 IPSec 的部署简便，只须安全通道两端的路由器支持 IPSec 协议即可，几乎不需要对网络现有的基础设施进行变动。

9. 增强路由器 SNMP 的安全

修改路由器设备厂商的 SNMP 默认配置，对于其 public 和 private 的验证字一定要设置好，尤其是 private 的，一定要设置一个安全的、不易猜测的验证字，因为入侵者知道了验证字，就可以通过 SNMP 改变路由器的配置。

21.4　网络设备常见漏洞与解决方法

本节内容首先分析网络设备常见的安全漏洞，然后给出安全漏洞的解决方法。

21.4.1　网络设备常见漏洞

根据已经公开的 CVE 漏洞信息，思科、华为等网络设备厂商的路由器、交换机等产品不同程度地存在安全漏洞，常见的安全漏洞主要如下：

（1）拒绝服务漏洞。拒绝服务漏洞将导致网络设备停止服务，危害网络服务可用性。例如，思科 Catalyst 交换机的 HTTP 服务器不当处理 TCP Socket，允许远程攻击者通过将恶意数据包发送到 80 或 443 端口导致拒绝服务。

（2）跨站伪造请求 CSRF（Cross-Site Request Forgery）。根据 CVE-2018-0255 信息，思科

IE 2000 系列交换机存在此类漏洞。

（3）格式化字符串漏洞。 CVE-2018-0175 信息显示 Cisco IOS 软件、Cisco IOS XE 软件、Cisco IOS XR 软件存在此类漏洞。

（4）XSS（Cross—Site Scripting）。CVE-2016-6404 信息显示思科 IOS 15.5（2）T 版本和 IOS XE 中的 Cisco IOx Local Manager 中的 Web 框架中存在此类漏洞。

（5）旁路（Bypass something）。旁路漏洞绕过网络设备的安全机制，使得安全措施没有效果。CVE-2015-6366 信息显示 Cisco IOS 15.2（04）M6 版本和 15.4（03）S 版本中存在此类漏洞可绕过流量限制。CVE-2017-3216 信息显示华为基于 MediaTek SDK （libmtk）的 WiMAX 路由器存在认证绕过漏洞。

（6）代码执行（Code Execution）。该类漏洞使得攻击者可以控制网络设备，导致网络系统失去控制，危害性极大。CVE-2000-0945 信息显示思科 Catalyst 3500 XL 交换机的 Web 配置接口允许远程攻击者不需要认证就执行任意命令。

（7）溢出（Overflow）。该类漏洞利用后可以导致拒绝服务、特权或安全旁路。CVE-2006-4650 漏洞信息显示，Cisco IOS 12.0、12.1、12.2 处理 GRE IP 不当，存在整数溢出，攻击者可以注入构造特殊包到路由队列，从而引发路由 ACL 被旁路。

（8）内存破坏 （Memory Corruption）。内存破坏漏洞利用常会对路由器形成拒绝服务攻击。CVE-2010-0576 漏洞信息显示，Cisco IOS 12.4 对 Multi Protocol Label Switching （MPLS）包处理不当，导致攻击者远程构造恶意包干扰思科相关的网络设备的运行，形成拒绝服务。

21.4.2 网络设备漏洞解决方法

1. 及时获取网络设备漏洞信息

确认当前网络设备的 IOS 的版本号，然后对照网络设备厂商的安全建议资料库或 CVE 漏洞信息库，检查该设备是否存在漏洞。目前，国内外网络设备主要厂商都公布本公司的产品漏洞信息。如图 21-7 所示，该图是 Cisco 公司网站公布的漏洞信息。

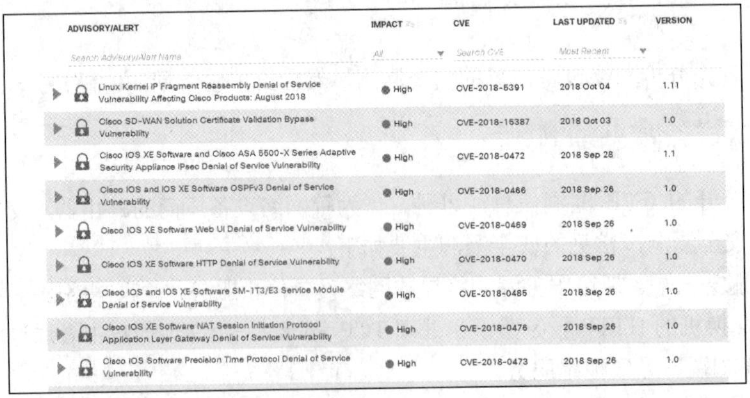

ADVISORY/ALERT	IMPACT	CVE	LAST UPDATED	VERSION
Search Advisory/Alert Name	All	Search CVE	Most Recent	
Linux Kernel IP Fragment Reassembly Denial of Service Vulnerability Affecting Cisco Products: August 2018	High	CVE-2018-5391	2018 Oct 04	1.11
Cisco SD-WAN Solution Certificate Validation Bypass Vulnerability	High	CVE-2018-15387	2018 Oct 03	1.0
Cisco IOS XE Software and Cisco ASA 5500-X Series Adaptive Security Appliance IPsec Denial of Service Vulnerability	High	CVE-2018-0472	2018 Sep 28	1.1
Cisco IOS and IOS XE Software OSPFv3 Denial of Service Vulnerability	High	CVE-2018-0466	2018 Sep 26	1.0
Cisco IOS XE Software Web UI Denial of Service Vulnerability	High	CVE-2018-0469	2018 Sep 26	1.0
Cisco IOS XE Software HTTP Denial of Service Vulnerability	High	CVE-2018-0470	2018 Sep 26	1.0
Cisco IOS and IOS XE Software SM-1T3/E3 Service Module Denial of Service Vulnerability	High	CVE-2018-0485	2018 Sep 26	1.0
Cisco IOS XE Software NAT Session Initiation Protocol Application Layer Gateway Denial of Service Vulnerability	High	CVE-2018-0476	2018 Sep 26	1.0
Cisco IOS Software Precision Time Protocol Denial of Service Vulnerability	High	CVE-2018-0473	2018 Sep 26	1.0

图 21-7 Cisco 公司网站公布的漏洞信息示意图

华为 PSIRT 负责接受、处理和公开披露华为产品和解决方案相关的安全漏洞，同时华为 PSIRT 是公司对漏洞信息进行披露的唯一出口。华为鼓励漏洞研究人员、行业组织、政府机构和供应商主动将与华为产品相关的安全漏洞报告给华为 PSIRT。如图 21-8 所示，该图是华为公司公布的其产品相关的漏洞信息。

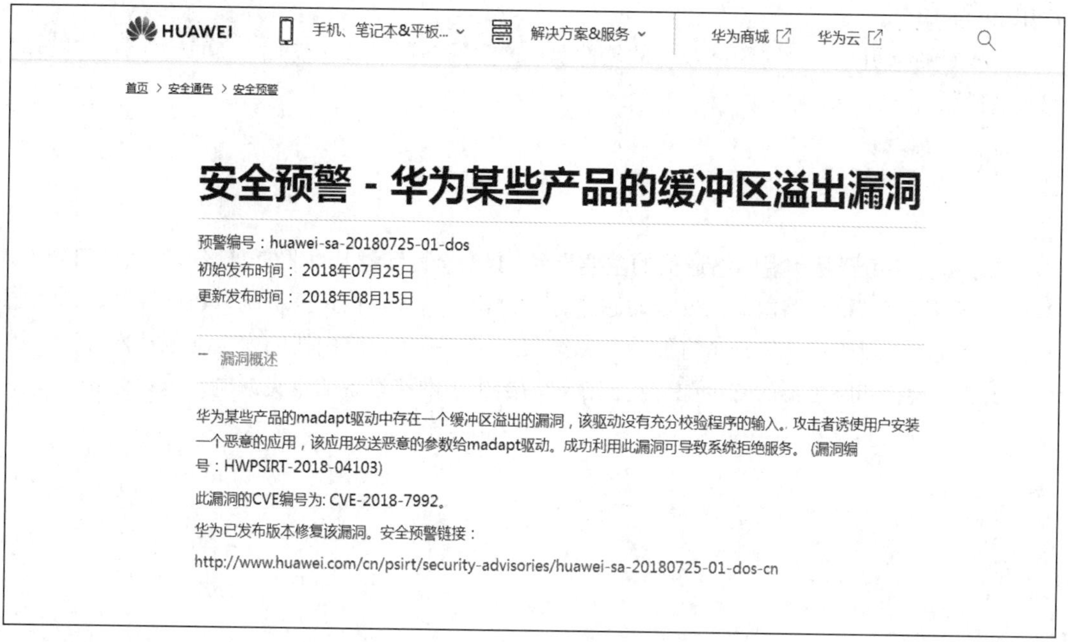

图 21-8　华为公司公布的漏洞信息示意图

2. 网络设备漏洞扫描

网络设备的漏洞对网络系统来说，是一个安全隐患。通过对网络设备的漏洞扫描，可以获知网络设备的漏洞状况，以便采取安全修补措施。目前，用于网络设备漏洞扫描的软件主要有以下几种：

（1）端口扫描工具。利用 Nmap 工具，可以查看网络设备开放的端口或服务。

（2）通用漏洞扫描器。使用 Shadow Scanner、OpenVAS、Metasploit 可以发现网络设备漏洞。

（3）专用漏洞扫描器。Cisco Torch、CAT（Cisco Auditing Tool）可以检查 Cisco 路由设备常见的漏洞。

3. 网络设备漏洞修补

网络设备安全漏洞的处理方法如下：

（1）修改配置文件。用户调整网络设备配置就可修补漏洞，常见漏洞是默认口令、开放不必要的服务、敏感数据未加密等。

（2）安全漏洞利用限制。针对网络设备的安全漏洞触发条件，限制漏洞利用条件。例如，利用网络设备访问控制，限制远程计算机访问网络设备。

（3）服务替换。针对网络设备的非安全服务，使用安全服务替换。如使用 SSH 替换 Telnet。启用 IPSec 服务。

（4）软件包升级。针对网络设备的软件实现产生的漏洞，通过获取厂商的软件包，升级网络设备的软件。

21.5 本章小结

交换机、路由器是实现网络通信的主要设备，其安全性和健壮性将直接影响网络的可用性。本章主要围绕交换机、路由器的安全问题进行了讨论，内容包括认证机制、访问控制、信息加密、安全通信、日志审计等几个方面，并总结归纳了交换机、路由器的安全增强技术方法；然后给出了交换机和路由器的安全配置实例；最后给出了网络设备的常见漏洞及解决方法。

第 22 章　网站安全需求分析与安全保护工程

22.1　网站安全威胁与需求分析

网站安全保护是网络安全的重要工作之一，本节主要阐述网站安全的相关概念、网站安全问题分析、网站安全需求。

22.1.1　网站安全概念

网站是一个基于 B/S 技术架构的综合信息服务平台，主要提供网页信息及业务后台对外接口服务，如图 22-1 所示。一般网站涉及网络通信、操作系统、数据库、Web 服务器软件、Web 应用、浏览器、域名服务以及 HTML、XML、SSL、Web Services 等相关协议，同时，网站还有防火墙、漏洞扫描、网页防篡改等相关的安全措施。

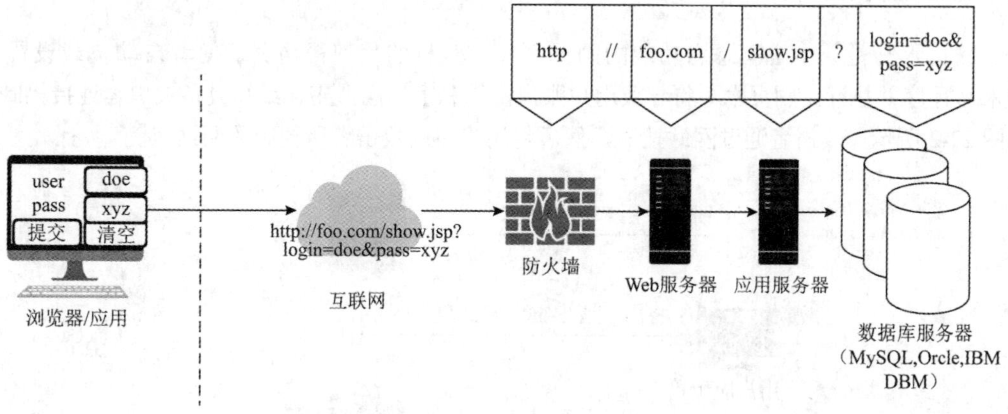

图 22-1　网站组成结构示意图

网站安全主要是有关网站的机密性、完整性、可用性及可控性。网站的机密性是指网站信息及相关数据不被授权查看或泄露。网站的完整性是指网站的信息及数据不能非授权修改，网站服务不被劫持。网站的可用性是指网站可以持续为相关用户提供不中断的服务的能力，满足用户的正常请求服务。网站的可控性是指网站的责任主体及运营者对网站的管理及控制的能力，网站不能被恶意利用。

22.1.2 网站安全分析

网站已经成为各单位开展业务工作的平台，也是对外服务的窗口，其安全性日益受到关注。目前，网站面临多个方面的安全威胁，其主要威胁如下。

1. 非授权访问

网站的认证机制的安全缺陷导致网站服务及信息被非授权访问。攻击者通过口令猜测及“撞库”攻击技术手段，获取网站用户的访问权限。

2. 网页篡改

网站相关的组件存在安全隐患，被攻击者利用，恶意篡改网页。例如，网页上传文件功能存在漏洞，攻击者利用该漏洞把相关的网页信息替换。或者网站服务器的操作系统存在远程访问漏洞，攻击者进入网站服务器，修改网页文件。

3. 数据泄露

网站的访问控制措施不当，导致外部非授权用户获取敏感数据。例如，Web应用程序存在SQL注入漏洞，攻击者可以从外部将网站的后台数据库下载。

4. 恶意代码

网页木马是一个含有恶意功能的网页文件，其目的是使得网页访问者自动下载设置好的木马程序并执行。网页木马将导致用户账户密码私密信息泄露、终端设备被黑客连接控制。如图22-2所示，攻击者通过网站挂马，然后将用户引向攻击者所控制的网站。

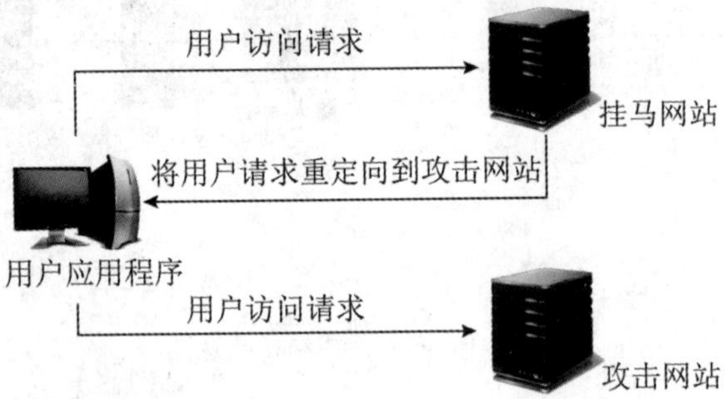

图22-2 基于网站挂马攻击用户示意图

5. 网站假冒

攻击者通过网站域名欺骗、网站域名劫持、中间人等技术手段，诱骗网站用户访问以获取敏感信息或提供恶意服务。例如，攻击者伪造某个网上银行域名，用户不知真假，却按银行要求输入账号和密码，攻击者从而获取银行账号信息。网络钓鱼者利用代理技术，操纵网络通信服务，如图 22-3 所示。当客户与真实的服务器通信时都要通过钓鱼者控制的服务器，因此客户的秘密信息都被钓鱼者获取。

图 22-3　“中间人攻击”钓鱼示意图

6. 拒绝服务

攻击利用目标网站的带宽资源有限性以及 TCP/IP 协议的安全缺陷，针对目标网站发起 DDoS/DoS 攻击，使得用户无法正常访问网站服务。常见的网站拒绝服务攻击技术有 UDP 洪水（UDP Flood）、ICMP 洪水（ ICMP Flood）、SYN 洪水（ SYN　Flood）、HTTP 洪水（HTTP Flood）。攻击者利用专用拒绝服务工具发起攻击。

7. 网站后台管理安全威胁

网站后台管理是网站的控制中心，一旦失去控制，网站的安全就难以保障。网站后台管理的安全主要涉及管理员账号安全性、后台管理程序安全性、内部管理权限安全性。常见的后台管理问题包括以下几个方面：

（1）网站管理员身份及密码被窃取。

后台管理页面缺少安全限制，外部任何人都可以访问和尝试登录，导致管理员的口令被猜测。

（2）后台管理网页存在安全漏洞。

管理认证应用程序缺少安全性输入检查，导致 SQL 注入攻击，或者存在认证旁路。

（3）内部管理权限分配不合理。

网站安全管理没有细分系统管理、网页发布、安全审计等角色，导致管理员权限过于集中，形成内部安全隐患。

22.1.3　网站安全需求

网站安全需求涉及多个方面，主要包括物理环境、网络通信、操作系统、数据库、应用服务器、Web 服务软件、Web 应用程序、数据等安全威胁防护。同时，网站运行维护需要建立一个相应的组织管理体系以及相应的安全运维工具和平台。网站作为一个业务运行承载平台，其相关业务必须符合国家法律政策要求，如内容安全、等级保护、安全测评以及数据存储安全要求。

22.2 Apache Web 安全分析与增强

Apache Httpd 是常用的构建网站服务器的软件，简称 Apache Web。本节主要分析 Apache Web 的安全性及安全机制，然后给出 Apache Web 的安全增强措施。

22.2.1 Apache Web 概述

Apache Httpd 是一个用于搭建 Web 服务器的开源软件，目前应用非常广泛。最新的 Apache 可以到官方网址找到。该站点包含了 Apache Httpd 的最新稳定版、最新发行测试版、补丁程序、第三方提供的模块等。Apache Httpd 配置文件如下。

1. httpd.conf

httpd.conf 是 Apache 的主配置文件，httpd 程序启动时会先读取 httpd.conf。该文件设定 Apache 服务器一般的属性、端口、执行者身份等。

2. conf/srm.conf

conf/srm.conf 是数据配置文件，在这个文件中主要设置 WWW Server 读取文件的目录、目录索引时的画面、CGI 执行时的目录等。srm.conf 不是必需的，可以完全在 httpd.conf 里设定。

3. conf/access.conf

access.conf 负责基本的读取文件控制，限制目录所能执行的功能及访问目录的权限，设置 access.conf 不是必需的，可以在 httpd.conf 里设定。

4. conf/mime.conf

mime.conf 设定 Apache 所能辨别的 MIME 格式，一般而言，无须动此文件。若要增加 MIME 格式，可参考 srm.conf 中 AddType 的语法说明。

22.2.2 Apache Web 安全分析

Apache Web 主要面临以下安全威胁。

1. Apache Web 软件程序威胁

Apache 软件包自身存在安全隐患。攻击者利用 Apache 软件程序漏洞来攻击网站，特别是一些具有缓冲区溢出漏洞的程序。攻击者编写的一些漏洞利用程序，使得 Apache 服务失去控制，一旦缓冲区溢出成功，攻击者可以执行其恶意指令。

2. Apache Web 软件配置威胁

攻击者利用 Apache 网站管理配置漏洞，访问网站敏感信息。典型实例有目录索引（Directory Indexing）、资源位置预测（Predictable Resource Location）、信息泄露（Information Leakage）。

3. Apache Web 安全机制威胁

攻击者利用 Apache 安全机制的漏洞，进行攻击非授权访问的 Apache 服务，典型实例有口令暴力攻击（Brute Force）、授权不当（Insufficient Authorization）、弱口令恢复验证（Weak Password Recovery Validation）。

4. Apache Web 应用程序威胁

攻击者利用 Apache 应用程序漏洞来攻击网站，攻击者编写的一些漏洞利用程序，使得 Apache 服务失去控制，攻击者可以执行其恶意指令。典型实例有 SQL 注入、输入验证错误（Input Validation Error）。

5. Apache Web 服务通信威胁

Apache 一般情况下使用的 HTTP 协议是明文传递的，攻击者可以通过监听手段获取 Apache 服务器和浏览器之间的通信内容。

6. Apache　Web 服务内容威胁

攻击者利用网站服务的漏洞，修改网页信息或者发布虚假信息。典型实例有网页恶意篡改和网络钓鱼。

7. Apache Web 服务器拒绝服务威胁

攻击者通过某些手段使服务器拒绝对 HTTP 应答。这使得 Apache 对系统资源（CPU 时间和内存）需求剧增，最终造成系统变慢甚至完全瘫痪。

22.2.3　Apache Web 安全机制

Apache Web 主要有以下安全机制。

1. Apache Web　本地文件安全

Apache 安装后默认设置的文件属主和权限是比较合理与安全的，具体如下。如果本地用户比较多，可以按照手册的要求稍做修改。

```
# chown -R root.root /usr/local/apache
# chmod 511 /usr/local/apache/bin/httpd
```

```
# chmod 600 /usr/local/apche/logs/*log
```

2. Apache Web 模块管理机制

Apache 软件体系采用模块化结构，这使得 Apache 的功能可以灵活配置。当 Apache 服务不需要某项功能时，就可以通过配置方式，禁止相应的模块。例如，通过配置可以关闭 SSL 模块功能，具体如下：

```
# SSL_BASE=../your_open ssl_home \
    ./configure \
    --enable-module=so \
    --enable-module=ssl \
    --disable-module=negotiation \
    --disable-module=status \
    --disable-module=include \
    --disable-module=autoindex \
    --disable-module=asis \
    --disable-module=imap \
    --disable-module=actions \
    --disable-module=userdir \
    --disable-module=alias \
    --disable-module=auth \
    --disable-module=setenvif \
```

在 Apache 安全配置过程中，Apache 模块化控制机制可以非常好地适应安全需求的变化，用户可以卸载或增强某项功能。

3. Apache Web 认证机制

Apache 提供了非常简单方便的用户认证机制。比如，若要对/user/local/apache/htdocs/secret 目录进行访问控制，则认证启用过程如下。

第一步，在 Apache 的配置文件 httpd.conf 里加入以下内容：

```
<Directory "usr/local/apache/htdocs/secret">
    Options Indexed FollowSymLinks MultiViews
    AllowOverride AuthConfig
    Order allow ,deny
    Allow from all
< /Directory >
```

第二步，在/user/local/apache/htdocs/secret 目录下建立文件.htaccess，文件内容如下：

```
AuthName "private"
AuthType Basic
AuthUserFile /usr/local/apache/conf/passwd
Require valid-user
```

第三步，用 Apache 提供的 htpasswd 命令来创建用户，具体如下：

```
# /usr/local/apache/bin/htpasswd -c /usr/local/apache/conf/passwd testuser
```

其中，-c 表示是新建口令文件，另外再添加用户就不需要使用-c 参数了。上面的.htaccess 文件最后一行定义了 Require valid-user，它的意思是允许所有合法用户。

4. 连接耗尽应对机制

网站最容易受到攻击，当攻击者发起大量 http 连接，但不发送任何数据，而是等待超时，将造成 Apache 服务器达到最大客户连接限制，从而造成其他正常的用户无法再正常访问网站。此时 Apache 的 access_log 里会出现大量错误信息，出错 408（请求超时）的日志，内容如下。如果网站服务器的内存和 swap 空间比较少，甚至会导致一些服务器崩溃。

```
192.168.0.1 - - [12/Mar/2006:01:12:34 +0800] "-" 408 -
192.168.0.1 - - [12/Mar/2006:01:12:35 +0800] "-" 408 -
192.168.0.1 - - [12/Mar/2006:01:12:35 +0800] "-" 408 -
```

针对这种类型的攻击，Apache 软件提供以下几种解决方法：

（1）减少 Apache 超时（Timeout）设置、增大 MaxClients 设置。例如，修改 httpd.conf 配置文件，具体如下：

```
Timeout 30
MaxClients 256
```

但是，MaxClients 设置得越大，则要求内存也越大，否则可能会由于进程过多导致内存占满。

（2）限制同一 IP 的最大连接数。

除了用防火墙流量限制功能来完成这项工作外，还可以使用 xinetd 来启动 Apache，xinetd 中有一个参数 per_source 可以进行设置。但是，对于访问量大的 Web 服务器，使用 xinetd 可能会造成性能下降。由于这种全连接攻击无法伪造 IP，源 IP 总是真实的，所以，可以通过防火墙或路由器来屏蔽该攻击源 IP 的访问。

（3）多线程下载保护机制。

用户多线程下载对服务器的负载非常重，可能会导致服务器僵死。比较简单的解决方法是根据 User_Agent 判断，把已知的多线程工具都禁止掉。

5. Apache Web 自带的访问机制

基于 IP 地址或域名的访问控制是 Apache 提供的一种根据客户机的 IP 地址或域名信息进行网站访问授权控制的措施。Apache 的 access.conf 文件负责设置文件的访问权限，可以实现互联网域名和 IP 地址的访问控制。它包含一些指令，控制允许什么用户访问 Apache 目录。最佳安全配置首先把 deny from all 设为初始化指令，然后再使用 allow from 指令打开访问权限。例如，如果允许 192.168.X.Y 到 192.168.X.X 的主机访问，则可以配置如下：

```
order deny,allow
deny from all
allow from pair 192.168.X.0/255.255.255.0
```

6. Apache Web 审计和日志

Apache 提供一个记录所有访问请求的机制，而且错误的请求也会记录。这些请求记录存放在 access.log 和 error.log 两个文件中，其中：

- access.log 记录对 Web 站点的每个进入请求。
- error.log 记录产生错误状态的请求。

7. Apache Web 服务器防范 DoS

Apache 服务器对拒绝服务攻击的防范主要通过软件 Apache DoS Evasive Maneuvers Module 来实现。该软件可以快速拒绝来自相同地址对同一 URL 的重复请求，通过查询内部一张各个子进程的 Hash 表来实现。

22.2.4 Apache Web 安全增强

Apache Web 的安全增强措施主要如下。

1. 及时安装 Apache Web 补丁

网站管理员要经常关注 Apache 官方网址公布的 HTTP 服务器软件包缺陷修正和升级信息，及时升级系统或添加补丁。使用最高和最新安全版本可以加强 Apache Web 软件的安全性。

2. 启用.htaccess 文件保护网页

.htaccess 文件是 Apache 服务器上的一个配置文件。.htaccess 的功能包括设置网页密码、设置发生错误时出现的文件、改变首页的文件名（如 index.html）、禁止读取文件名、重新导向文件、加上 MIME 类别、禁止列目录下的文件等。

3. 为 Apache Web 服务软件设置专门的用户和组

按照最小特权原则，给 Apache Web 服务程序分配一个合适的权限，让其能够完成 Web 服务。必须保证 Apache 使用一个专门的用户和用户组，不要使用系统预定义的账号，比如 nobody 用户和 nogroup 用户组。

4. 隐藏 Apache Web 软件的版本号

通常来说软件的漏洞信息和特定版本是相关的，因此，版本号对黑客来说是最有价值的。默认情况下，系统会把 Apache 的版本系统模块都显示出来。Apache Web 软件包版本号的屏蔽方法是，修改配置文件 httpd.conf，找到关键字 ServerSignature 和 ServerTokens，将其参数设定为 ServerSignature Off 和 ServerTokens Prod，然后重新启动 Apache 服务器。

5. Apache Web 目录访问安全增强

对于可以访问的 Web 目录，要使用相对安全的途径进行访问，不要让用户查看到任何目录索引列表，具体要求如下：

（1）设定禁止使用目录索引文件。Apache 服务器在接收到用户对一个目录的访问请求时，会查找 DirectoryIndex 指令指定的目录索引文件。默认情况下该文件是 index．html。如果该文件不存在，那么 Apache 会创建动态列表为用户显示该目录的内容。通常这样的设置会暴露 Web 站点结构，因此需要修改配置文件禁止显示动态目录索引。按如下方式修改配置文件 httpd.conf：

```
Options -Indexes FollowSymLinks
```

Options 指令通知 Apache 禁止使用目录索引。FollowSymLinks 表示不允许使用符号链接。

（2）禁止默认访问。首先禁止默认访问，只对指定目录开启访问权限，如果允许访问 /var/www/html 目录，使用如下设定：

```
Order deny,allow
Allow from all
```

（3）禁止用户重载。禁止用户对目录配置文件（.htaccess）进行重载（修改），使用如下设定：

```
AllowOverride None
```

6. Apache Web 文件目录保护

Apache Web 文件目录安全设置可以通过操作系统来实现，对于不同的目录，最佳安全实践如下。

（1）ServerRoot 保存配置文件（conf 子目录）、二进制文件和其他服务器配置文件。conf 的属主和权限设置如下：

```
# chown -R root:webadmin /usr/local/apache/conf
# chmod -R 600 /usr/local/apache/conf
# chmod 664 /usr/local/apche/conf/password
```

（2）DocumentRoot 保存 Web 站点的内容，包括 HTML 文件和图片等。DocumentRoot 的属主和权限设置如下：

```
# chown -R root:webdev /usr/local/apache/htdocs
# chmod -R 664 /usr/local/apache/htdocs
```

（3）Apache 服务器 CGI 目录的属主和权限设置如下：

```
# chown -R root:webadmin /usr/local/apache/cgi-bin
# chmod -R 555 /usr/local/apache/cgi-bin
```

（4）Apache 服务器执行目录的属主和权限设置如下：

```
# chown -R root:webadmin /usr/local/apache/bin
# chmod -R 550 /usr/local/apache/ bin
```

（5）Apache 服务器日志目录的属主和权限设置如下：

```
# chown -R root:webadmin /usr/local/apache/logs
# chmod -R 664 /usr/local/apache/ logs
```

7. 删除 Apache Web 默认目录或不必要的文件

Apache 默认目录或不必要的文件通常会给 Apache 服务器带来安全威胁，为了增强 Apache 的安全，建议将其删除。Apache 需要删除的默认目录或不必要的文件如下：

- Apache 源代码文件；
- 默认 HTML 文件；
- CGI 程序样例；
- 默认用户文件。

8. 使用第三方软件安全增强 Apache Web 服务

（1）构建 Apache Web 服务器"安全沙箱"。

所谓"安全沙箱"是指通过 chroot 机制来更改某个软件运行时所能看到的根目录，即将某软件运行限制在指定目录中，保证该软件只能对该目录及其子目录的文件有所动作，从而保证整个服务器的安全。这样即使被破坏或侵入，服务器的整体也不会受到损害。可以用 jail 软件包来帮助简化建立 Apache Web chroot 安全机制。

（2）使用 Open SSL 增强 Apache Web 安全通信。

使用具有 SSL（安全套接字层协议）功能的 Web 服务器，可以提高 Apache 网站的安全。SSL 使用加密方法来保护 Web 服务器和浏览器之间的信息流。SSL 不仅用于加密在互联网上传递的数据流，而且还提供双方身份验证。这种特性使得 SSL 适用于那些交换重要信息的活动，如电子商务和基于 Web 的邮件。

（3）增强 Apache Web 服务器访问控制。

使用 TCP Wrappers 强化 Apache Web 服务器访问控制，如图 22-4 所示。

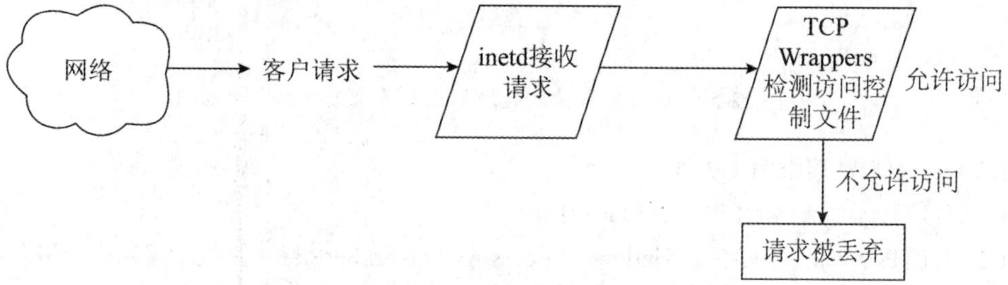

图 22-4　TCP Wrappers 访问控制过程示意图

部署 TCP Wrappers 的 Web 服务器，可以通过配置 TCP Wrappers 的 hosts.allow、hosts.deny 文件，指定 IP 地址访问特定的服务。

22.3　IIS 安全分析与增强

IIS 是 Microsoft 公司提供的 Web 服务器软件。本节首先分析 IIS 的安全性问题和安全机制，然后给出 IIS 的安全增强措施。

22.3.1　IIS 概述

IIS（Internet Information Services）是 Microsoft 公司的 Web 服务软件的简称，主要提供 Web 服务。IIS 从最初的 1.0 版本已经发展到 10.0 版本。IIS 由若干个组件构成，每个组件负责相应的功能，协同处理 HTTP 请求过程，如图 22-5 所示。

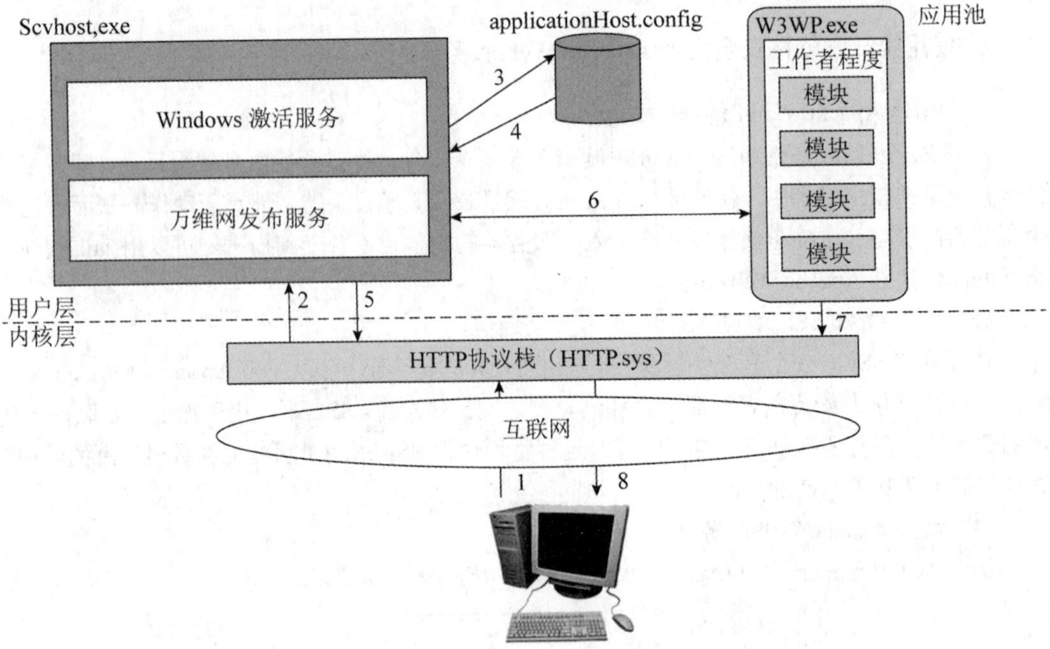

图 22-5　IIS 各组件协同处理 HTTP 请求过程示意图

IIS 处理 HTTP 请求的步骤如下：

（1）HTTP.sys 接收到客户的 HTTP 请求；

（2）HTTP. sys 联系 WAS（Windows Process Activation Service），从配置库中获取信息；

（3）WAS 从配置库 applicationHost.config 中请求配置信息；

（4）WWW Service 接收配置信息，例如应用池和站点配置；

（5）WWW Service 使用这些配置信息设置 HTTP. sys；

（6）WAS 针对请求，为应用池启动工作进程；

（7）工作进程处理请求和返回 HTTP. sys 的响应；

（8）客户接收到响应。

22.3.2　IIS 安全分析

IIS 经历了许多安全网络攻击，归纳起来，IIS 的典型安全威胁如下：

- **非授权访问**。攻击者通过 IIS 的配置失误或系统漏洞，如弱口令，非法访问 IIS 的资源，甚至获取系统控制权。
- **网络蠕虫**。攻击者利用 IIS 服务程序缓冲区溢出漏洞，构造网络蠕虫攻击。例如，“红色代码”网络蠕虫。
- **网页篡改**。攻击者利用 IIS 网站的漏洞，恶意修改 IIS 网站的页面信息。

- **拒绝服务**。攻击者通过某些手段使 IIS 服务器拒绝对 HTTP 应答，引起 IIS 对系统资源需求的剧增，最终造成系统变慢，甚至完全瘫痪。例如，分布式拒绝服务攻击（DDoS）。
- **IIS 软件漏洞**。IIS 的 CVE 漏洞涉及拒绝服务、代码执行、溢出、特权提升、安全旁路、XSS、内存破坏、信息泄露等。

22.3.3　IIS 安全机制

IIS 的安全机制主要包括 IIS 认证机制、IIS 访问控制、IIS 日志审计。

1. IIS 认证机制

IIS 支持多种认证方式，主要包括如下内容：

- 匿名认证（Anonymous Authentication），当其他认证措施都缺失的时候，实施匿名认证。
- 基本验证（Basic Authentication），提供基本认证服务。
- 证书认证（Certificate Mapping Authentication），实施基于活动目录（Active Directory）的证书认证。
- 数字签名认证（Digest Authentication），实施数字签名认证。
- IIS 证书认证（IIS Certificate Mapping Authentication），实施按照 IIS 配置开展的证书认证。
- Windows 认证（Windows Authentication），集成（NTLM）身份验证。

2. IIS 访问控制

IIS 具有请求过滤（Request Filtering）、URL 授权控制（URL Authorization）、IP 地址限制（IP Restriction）、文件授权等访问控制措施。通过 URL 扫描可以设置许可的文件以及限制的恶意字符串。基于 IP 地址的访问控制是 IIS 提供的一种根据客户机的 IP 地址信息进行网站访问授权的机制。例如，当网站管理员发现来自某些 IP 地址的用户具有攻击倾向，或者网站管理员希望仅有来自特定 IP 地址的用户才能够访问网站，这时候就可以启用基于 IP 地址的访问控制。

IIS 集成了多种访问控制措施来保护网站资源，各种访问控制机制协同保证站点安全。当站点接到来自用户浏览器的访问请求时，IIS 的访问控制过程如图 22-6 所示。

IIS 的访问控制流程分为以下步骤：

（1）用户浏览器所在计算机的 IP 地址是否限制？如果来自受限 IP，访问将被拒绝；否则进入下一步验证。

（2）用户身份验证是否通过？对于非匿名访问的站点，要对用户进行账号验证，如果使用非法账号，访问将被拒绝；否则进入下一步验证。

（3）在 IIS 中指定的 Web 权限是否允许用户访问？如果用户试图进行未授权的访问，访问将被拒绝；否则进入下一步验证。

（4）用户正在进行的操作请求是否符合相应 Web 文件或文件夹的 NTFS 许可权限？如果不符合，访问将被拒绝；如果符合，则允许访问。

（5）用户通过上述访问控制措施就可以访问其请求的资源。

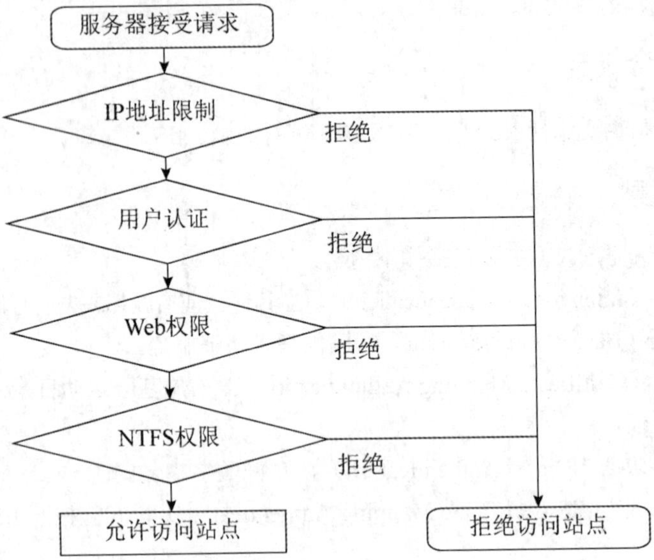

图 22-6　IIS 访问控制流程示意图

3. IIS 日志审计

IIS 设置的日志审计机制，能够记录 Web 访问情况。此外，与 IIS 相关的日志审计还有操作系统、数据库、应用服务。

22.3.4　IIS 安全增强

IIS 的安全增强措施主要有如下几个方面。

1. 及时安装 IIS 补丁

IIS 的安全漏洞威胁到 IIS 的网站服务，网站维护人员要及时获取 IIS 相关漏洞信息，具体可关注微软公司设立的安全响应中心（Microsoft Security Response Center）发布的信息。

2. 启用动态 IP 限制（Dynamic IP Restrictions）

IIS 启用动态 IP 限制功能，用于减缓拒绝服务攻击及暴力口令猜测攻击，如图 22-7 所示。

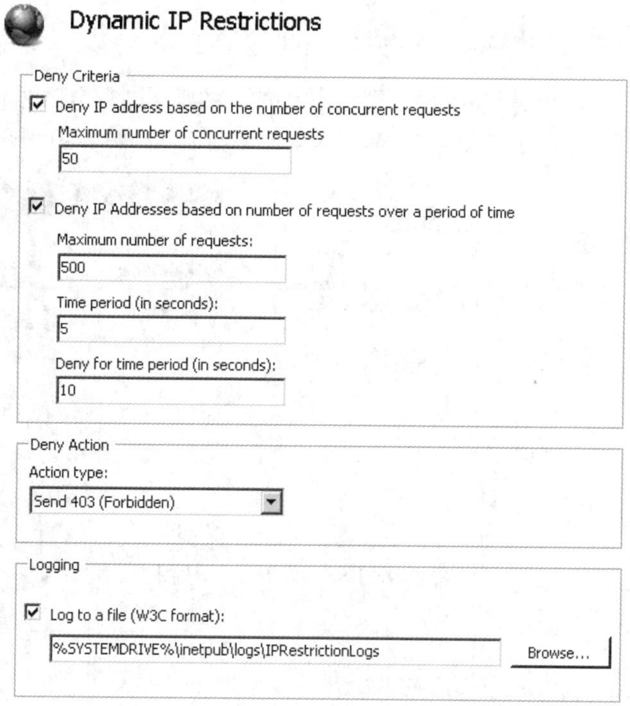

图 22-7　动态 IP 限制界面示意图

3. 启用 URLScan

IIS 启用 URLScan 限制特定的 HTTP 请求，可以防止有危害的 HTTP 请求危及网站的应用。

4. 启用 IIS Web 应用防火墙（Web Application Firewall）

ThreatSentry 4 是 IIS 的 Web 应用防火墙，可以识别和阻挡 SQL 注入、DoS、CSRF/XSRF、XSS 等 Web 应用威胁，如图 22-8 所示。同时，它还提供基于行为的入侵防护（Behavior-based Intrusion Prevention）以识别零日攻击与目标定向攻击。

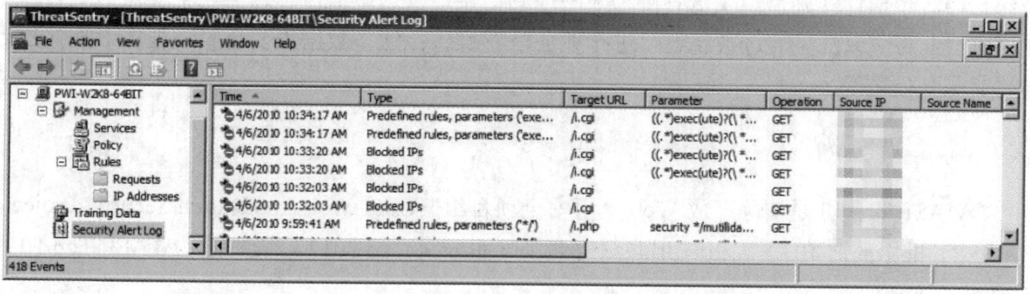

图 22-8　ThreatSentry 4 Web 应用防火墙安全报警界面示意图

5. 启用 SSL 服务

IIS 的网站信息传递在通常情形下是明文传递的，敏感网站数据在网上传输的时候容易泄露。启用 IIS SSL 服务后，可以保障 IIS Web 网络通信安全，如图 22-9 所示。

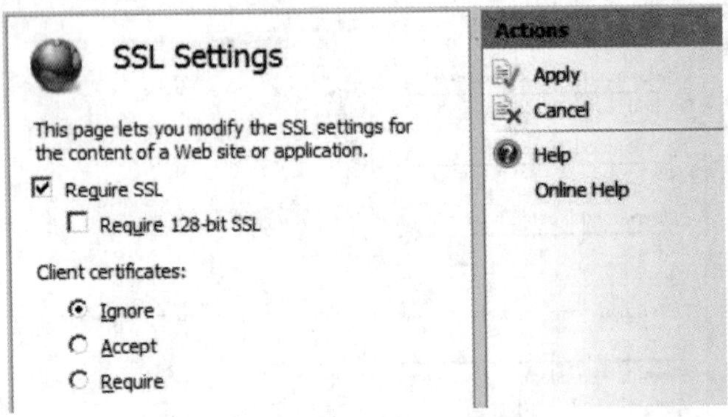

图 22-9 IIS 设置 SSL 示意图

22.4 Web 应用漏洞分析与防护

网站安全与 Web 应用安全紧密相关，本节分析 Web 应用安全问题，然后给出常见的应用漏洞防护方法。

22.4.1 Web 应用安全概述

Web 应用安全是网站安全的重要组成部分。目前，由于 Web 应用编程及程序语言的安全问题，Web 应用系统存在多种安全隐患。常见的 Web 安全漏洞有两个方面：一是技术安全漏洞，其漏洞来源是因为技术处理不当而产生的安全隐患，如 SQL 注入漏洞、跨站脚本（XSS）、恶意文件执行、非安全对象引用等。二是业务逻辑安全漏洞，其漏洞来源于业务工作流程及处理上因安全考虑不周或处理不当而产生的安全隐患。如用户找回密码缺陷，攻击者可重置任意用户密码；短信炸弹漏洞，攻击者可无限制地利用接口发送短信，恶意消耗企业短信资费，骚扰用户；业务登录凭证验证被绕过，进行业务敏感操作；业务数据未安全验证证实，直接进行电子交易和处理等。

22.4.2 OWASP Top 10

OWASP Top 10 是国际开放 Web 应用安全项目组（Open Web Application Security Project, OWASP）推出的前 10 个 Web 应用漏洞排名。下面分别介绍 2017 年版本的 OWASP Top 10 的漏洞情况。

1. A1-注入漏洞（Injection）

将不受信任的数据作为命令或查询的一部分发送到解析器时，导致产生注入漏洞，如 SQL 注入漏洞、NoSQL 注入漏洞、OS 注入漏洞和 LDAP 注入漏洞。攻击者构造恶意数据输入诱使解析器在没有适当授权的情况下执行非预期命令或访问数据。该漏洞的出现场景举例如下：

场景 1：SQL 注入漏洞。

```
<?php

if (isset($_GET['Submit']))
{

    // Retrieve data
    $id = $_GET['id'];

    $getid = "SELECT first_name, last_name FROM users WHERE user_id = '$id'";
    $result = mysql_query($getid) or die('<pre>' . mysql_error() . '</pre>');

    $num = mysql_numrows($result);

    $i = 0;

    while ($i < $num)
    {

        $first = mysql_result($result, $i, "first_name");
        $last = mysql_result($result, $i, "last_name");

        echo '<pre>';
        echo 'ID: ' . $id . '<br>First name: ' . $first . '<br>Surname: ' . $last;
        echo '</pre>';

        $i++;
    }
}
?>
```

场景 2：NoSQL 注入。

```
$m = new Mongo();
$db = $m->cmsdb;
$collection = $db->user;
$js = "function() {
  return this.username == '$username' & this.password == '$password'; }";
$obj = $collection->findOne(array('$where' => $js));
if (isset($obj["uid"]))
{
  $logged_in=1;
}
else
{
  $logged_in=0;
}
```

场景 3：OS 注入漏洞。

```
int main(int argc, char** argv) {
  char cmd[CMD_MAX] = "/usr/bin/cat ";
  strcat(cmd, argv[1]);
  system(cmd);
}
```

场景4：LDAP注入漏洞。

用户获得授权查询某些地区的销售部门：

```
(| (department=Bejing sales))
```

攻击者将提交的参数Beijing sales替换为Shenzhen sales （department=*），*字符为LDAP的通配符，变化后为：

```
(| (department=Shenzhen sales) (department=*))
```

2. A2-遭受破坏的认证（Broken Authentication）

Web应用程序存在不限制身份验证尝试、Web会话令牌泄露、Web应用会话超时设置不正确、Web应用口令复杂性不高和允许使用历史口令等问题，从而导致Web应用认证机制受到破坏。攻击者能够破译密码、密钥或会话令牌，或者利用其他开发缺陷来暂时性或永久性地冒充其他用户的身份。

3. A3-敏感数据暴露漏洞（Sensitive Data Exposure）

许多Web应用程序和API都无法正确保护敏感数据，例如，财务数据、医疗数据和PII数据。攻击者可以通过窃取或修改未加密的数据来实施信用卡诈骗、身份盗窃或其他犯罪行为。未加密的敏感数据容易受到破坏，因此，我们需要对敏感数据加密。这些数据包括传输过程中的数据、存储的数据及浏览器的交互数据。该漏洞的出现场景举例如下：

场景1：一个应用程序使用自动化的数据加密系统加密信用卡信息，并存储在数据库中。但是，当数据被检索时被自动解密，这就使得SQL注入漏洞能够以明文形式获得所有信用卡卡号。

场景2：一个网站上对所有网页没有使用或强制使用TLS，或者使用弱加密。攻击者通过监测网络流量（如：不安全的无线网络），将网络连接从HTTPS降级到HTTP，就可以截取请求并窃取用户会话cookie。之后，攻击者可以复制用户cookie并成功劫持经过认证的用户会话、访问或修改用户个人信息。除此之外，攻击者还可以更改所有传输过程中的数据，例如：转款的接收者。

4. A4-XML外部实体引用漏洞（XML External Entities，XXE）

许多较早的或配置错误的XML处理器评估了XML文件中的外部实体引用。攻击者可以利用外部实体窃取使用URI文件处理器的内部文件和共享文件、监听内部扫描端口、执行远程代码和实施拒绝服务攻击。该漏洞的出现场景举例如下：

场景1：攻击者尝试从服务端提取数据。

```
<?xml version="1.0" encoding="ISO-8859-1"?>
```

```
<!DOCTYPE foo [
<!ELEMENT foo ANY >
<!ENTITY xxe SYSTEM "file:///etc/passwd" >]>
<foo>&xxe;</foo>
```

场景 2：攻击者通过将上面的实体行更改为以下内容来探测服务器的专用网络。

```
<!ENTITY xxe SYSTEM"https://192.168.X.Y/private" >]>
```

5. A5-受损害的访问控制漏洞（Broken Access Control）

未对通过身份验证的用户实施恰当的访问控制，导致访问控制失效。攻击者可以利用这些漏洞访问未经授权的功能或数据。例如，访问其他用户的账户、查看敏感文件、修改其他用户的数据、更改访问权限等。

6. A6-安全配置错误（Security Misconfiguration）

安全配置错误包括不安全的默认配置、不完整的临时配置、开源云存储、错误的 HTTP 标头配置以及包含敏感信息的详细错误信息。例如，目录列表在服务器端未被禁用，导致攻击者能列出目录列表；应用程序服务器附带了未从产品服务器中删除的应用程序样例，而这些样例应用程序具有已知的安全漏洞，从而给攻击者提供了漏洞利用机会，给 Web 服务器带来安全风险。

7. A7-跨站脚本漏洞（Cross-Site Scripting，XSS）

当应用程序的新网页中包含不受信任的、未经恰当验证或转义的数据时，或者使用可以创建 HTML 或 JavaScript 的浏览器 API 更新现有的网页时，就会出现 XSS 缺陷。XSS 让攻击者能够在受害者的浏览器中执行脚本，并劫持用户会话、破坏网站或将用户重定向到恶意站点。

8. A8-非安全反序列化漏洞（Insecure Deserialization）

非安全的反序列化会导致远程代码执行。即使反序列化缺陷不会导致远程代码执行，攻击者也可以利用它们来执行攻击，包括重播攻击、注入攻击和特权升级攻击。

9. A9-使用含有已知漏洞的组件（Using Components with Known Vulnerabilities）

组件（例如：库、框架和其他软件模块）拥有和应用程序相同的权限。Web 应用程序中含有已知漏洞的组件被攻击者利用，可能会造成严重的数据丢失或服务器接管。同时，使用含有已知漏洞的组件的应用程序和 API 可能会破坏应用程序防御，造成各种攻击并产生严重影响。

10. A10-非充分的日志记录和监控（Insufficient Logging and Monitoring）

不充分的日志记录和监控，以及事件响应缺失或无效的集成，使攻击者能够进一步攻击系统，保持攻击活动连续性或转向更多系统，以及篡改、提取或销毁数据。该漏洞的出现场景举例如下：

场景 1：未记录可审计性事件，如登录、登录失败和高额交易。

场景 2：没有利用应用系统和 API 的日志信息来监控可疑活动。

场景 3：没有定义合理的告警阈值和制定响应处理流程。

场景 4：对于实时或准实时的攻击，应用程序无法检测、处理和告警。

场景 5：日志信息仅在本地存储。

22.4.3 Web 应用漏洞防护

Web 应用漏洞防护的常见方法有 SQL 注入漏洞分析与防护、文件上传漏洞分析与防护和跨站脚本攻击。

1. SQL 注入漏洞分析与防护

SQL 注入攻击（SQL Injection Attack）主要指利用连接后台数据库中的 Web 应用程序漏洞，插入恶意 SQL 语句，以实现对数据库的攻击。例如，假设某网站有如下服务：

```
http://duck/index.asp?category=food
```

其后台对应的 Web 程序如下：

```
v_cat = request ("category")
sqlstr="SELECT * FROM product WHERE Category='" & v_cat & "'"
set rs=conn.execute (sqlstr)
```

正常情况下，数据库对外部查询请求对应的执行程序是：

```
SELECT * FROM product WHERE Category='food'
```

此时，查询用户只能得到 food 相关的信息。但是，如果一个恶意的用户提交如下请求：

```
http://duck/index.asp?category=food' or 1=1--
```

这时候，数据库对外部查询请求对应的执行程序是：

```
SELECT * FROM product WHERE Category='food' or 1=1--'
```

查询用户通过该 SQL 语句不仅得到 food 的相关信息，而且得到 product 表的所有信息。

SQL 注入攻击的主要特点是攻击者通过利用 Web 应用程序中未对程序变量进行安全过滤处理，在输入程序变量的参数时，故意构造特殊的 SQL 语句，让后台的数据库执行非法指令，从而可以操控数据库内容，达到攻击目的。SQL 注入攻击的防范方法如下：

（1）对应用程序输入进行安全过滤。对网站应用程序的输入变量进行安全过滤与参数验证，禁止一切非预期的参数传递到后台数据库服务器。安全过滤方法有两种：

- 建立程序输入黑名单。拒绝已知的恶意输入，如 insert、update、delete、or、drop 等。
- 建立程序输入白名单。只接收已知的正常输入，如在一些表单中允许数字和大、小写字母等。

（2）设置应用程序最小化权限。SQL 注入攻击用 Web 应用程序权限对数据库进行操作，如果最小化设置数据库和 Web 应用程序的执行权限，就可以阻止非法 SQL 执行，减少攻击的破坏影响。同时，对于 Web 应用程序与数据库的连接，建立独立的账号，使用最小权限执行数据库操作，避免应用程序以 DBA 身份与数据库连接，以免给攻击者可乘之机。

（3）屏蔽应用程序错误提示信息。SQL 注入攻击是一种尝试攻击技术，攻击者会利用 SQL 执行尝试反馈信息来推断数据库的结构以及有价值的信息。在默认情况下，数据库查询和页面执行中出错的时候，用户浏览器上将会出现错误信息，这些信息包括了 ODBC 类型、数据库引擎、数据库名称、表名称、变量、错误类型等诸多内容，如图 22-10 所示。

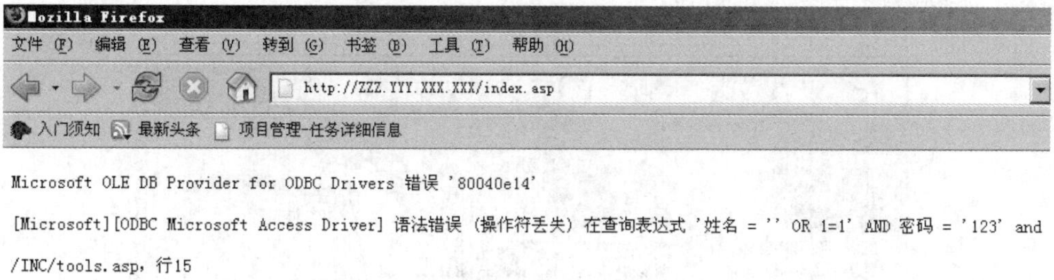

图 22-10　应用程序错误信息显示示意图

因此，针对这种情况，应用程序应屏蔽掉错误信息显示到浏览器上，从而可以避免入侵者获取数据库内部信息。

（4）对开源 Web 应用程序做安全适应性改造。利用开源网站应用程序进行安全增强，避免攻击者无须猜测就可以知道网站后台数据库的类型以及各种表结构，进而较容易地进行 SQL 注入攻击。

2. 文件上传漏洞分析与防护

文件上传漏洞是指由于 Web 应用程序代码未对用户提交的文件进行严格的分析和检查，攻击者可以执行上传文件，从而获取网站控制权限，如建立 Web Shell。针对文件上传漏洞的防护措施如下：

- 将上传目录设置为不可执行，避免上传文件远程触发执行。
- 检查上传文件的安全性，阻断恶意文件上传。

3. 跨站脚本攻击

跨站脚本攻击（Cross-Site Scripting Attacks）利用网站中的漏洞，在 URL 注入一些恶意的脚本，欺骗用户。典型的攻击方式有以下几种模式：

（1）HTML 内容替换，如下所示：

```
http：//mybank.com/ebanking?URL=http：//evilsite.com/phishing/fakepage.htm
```

（2）嵌入脚本内容，如下所示：

```
http：//mybank.com/ebanking?page=1&client=<SCRIPT>evilcode...
```

（3）强制网页加载外部的脚本，如下所示：

```
http：//mybank.com/ebanking?page=1&response=evilsite.com%21evilcode.js&go=2
```

钓鱼者使用跨站脚本攻击，控制服务终端用户的浏览器的内容显示，从而可以实施钓鱼者的意图，如图 22-11 所示。

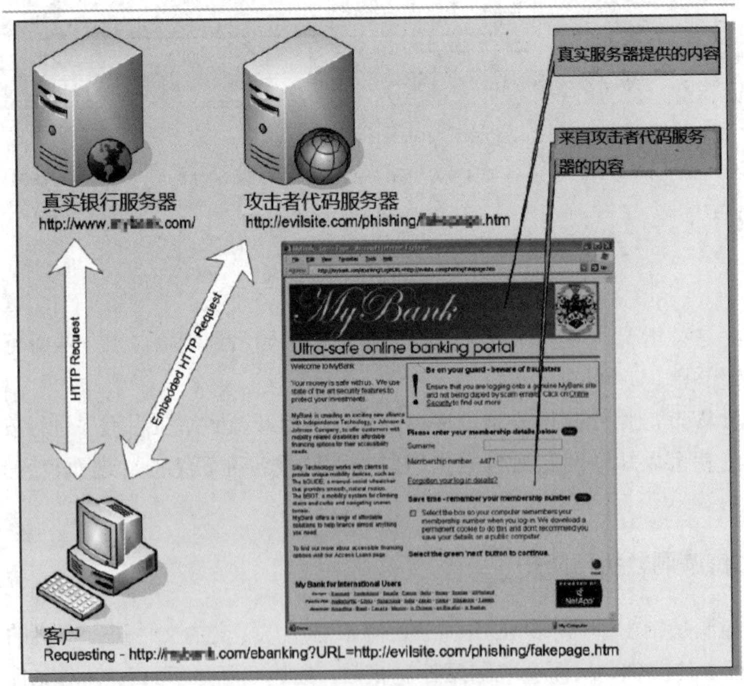

图 22-11 跨站脚本攻击示意图

22.5 网站安全保护机制与技术方案

网站安全保护涉及操作系统、数据库、Web 应用程序、网络通信、用户等多个构成组件，本节主要给出网站常见的安全保护机制，以及网站构成组件的安全加固措施、网站攻击防护和监测方法。

22.5.1 网站安全保护机制

网站除了物理环境安全保护外，基本安全保护机制还包括身份鉴别、访问控制、内容安全、数据安全、安全防护、安全审计与监控、应急响应和灾备、合规管理、安全测评等。

1. 身份鉴别

针对网站的相关资源用户，采用用户身份标识和鉴别的安全措施，防止非授权用户访问重要资源。常见的身份鉴别技术措施有用户名/口令、U 盾、人脸识别以及基于证书的统一用户身份管理。

2. 访问控制

网站访问控制的目的是防止非授权的用户访问网站资源。常见的网站访问控制技术措施是防火墙、数据加密以及操作系统、数据库、Web 软件、Web 应用程序等内置的访问控制措施综合集成实现。例如，通过防火墙，可以对列入 IP 地址黑名单的网站访问者进行阻断，而保留白名单访问通道。

3. 网站内容安全

网站内容安全的目标是确保网站符合所在区域的法律法规及政策要求，避免网站被恶意攻击者利用。网站内容安全的技术措施主要是网站文字内容安全检查、网页防篡改、敏感词汇过滤。

4. 网站数据安全

网站数据安全的目标是确保网站所承载的数据资源的安全性，防止数据泄露、完整性破坏以及用户隐私泄露。网站数据安全的技术措施主要有用户数据隔离、数据加密、SSL、数据备份以及隐私保护。

5. 网站安全防护

网站安全防护的目标是增强网站的抗攻击能力，能够识别 Web 攻击类型及阻断攻击行为，包括非授权访问防护、暴力破解防护、Webshell 识别和拦截、目录遍历防护、SQL 注入攻击防护。能够支持 DDoS 清洗，应能够正常防御 SYN Flood、ACK Flood、ICMP Flood、UDP Flood、

HTTP Flood、DNS Flood、CC 攻击等拒绝服务类攻击。

6. 网站安全审计与监控

网站安全审计与监控的目标是掌握网站的安全及运行状况，保留相关日志数据，提供事后攻击取证及应急恢复指导。网站安全审计与监控的安全技术措施主要有 SysLog、Web 流量截取、网页篡改或挂马检查、Web 入侵监测、电子取证等。

7. 网站应急响应

网站应急响应的目标是针对网站意外事故，提供应急响应服务，保障网站的持续运行及相关资源的安全性。网站应急响应的技术措施主要有网页防篡改、网站域名服务灾备、网络流量清洗、灾备中心、网络攻击取证等。

8. 网站合规管理

网站合规管理的目标是确保网站符合相关规定要求，保证网站的合法性。网站合规管理包括网站备案、网站防伪标识、网站等保测评等。

9. 网站安全测评

网站安全测评的目标是应及时有效地发现安全隐患，指导安全整改直至符合标准测评，避免重大网站安全事件出现。网站安全测评的技术措施主要有漏洞扫描、渗透测试、代码审核、风险分析等。

10. 网站安全管理机制

网站安全管理机制的目标是确保网站的安全利益相关者能承担网站安全责任，落实网站安全措施，持续改进网站安全管理工作。网站安全管理机制主要包括网站安全保障工作的总体方针和安全策略，建立网站建设、网站运维、网站内容、网站域名、网站应急预案等方面的安全管理制度，应确保各项安全管理制度的有效执行、及时修订完善。

22.5.2 网站构成组件安全加固

网站是一个综合信息服务平台，其安全性与构成组件紧密相关，一个组件的安全会影响网站的整体安全。网站安全加固主要有以下几个方面：

- 操作系统安全加固；
- 数据库系统安全加固；
- Web 服务器软件安全加固；
- Web 应用程序安全加固；
- Web 通信安全加固；

- 网站域名服务安全加固；
- 网站后台管理安全加固。

其中，安全加固最佳实践参考是 CIS 标准规范。

22.5.3　网站攻击防护及安全监测

1. 防火墙

防火墙是网站安全的第一道技术屏障，主要用于限制来自某些特定 IP 地址的网站连接请求，阻止常见的 Web 应用攻击及 Web Services 攻击。目前，可以使用的防火墙技术主要有包过滤防火墙、Web 应用防火墙。其中，包过滤防火墙只能基于 IP 层过滤网站恶意包，Web 应用防火墙针对 80、443 端口、Web Services 攻击。开源 Web 防火墙有 ModSecurity，商业 Web 防火墙公司有杭州安恒、天融信、华为等。

2. 漏洞扫描

用漏洞扫描工具定期对网站服务器进行漏洞扫描，及时发现网站的安全漏洞，产生漏洞评估报告，以指导网站管理员对网站服务器进行升级或修改安全配置。网站漏洞扫描技术主要有端口扫描、Web 漏洞扫描、WebShell 恶意代码检测。针对网站的开源漏洞扫描工具有 Nikto 、Httprint、 WebScarab、WireShark，商业化漏洞扫描工具有 AIScanner 安全检测系统、明鉴 Web 应用弱点扫描器、明鉴 WebShellScanner 网页后门检查工具、IBM 公司 AppScan 等。例如，利用明鉴 WebShellScanner，可以检测网页木马，如图 22-12 所示。

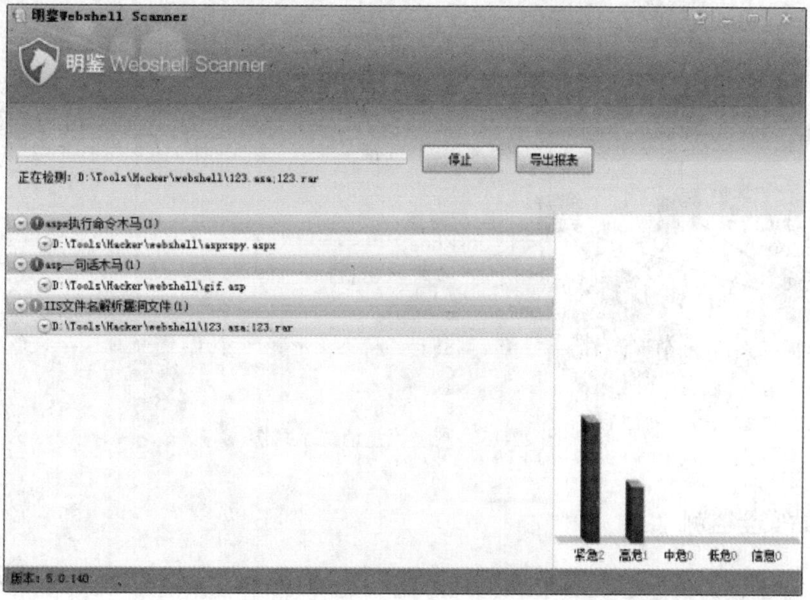

图 22-12　检测网页木马示意图

3. 网站防篡改

网站防篡改的实现技术主要有两类：一是利用操作系统的文件调用事件来检测网页文件的完整性变化，以此防止网站被非授权修改；二是利用密码学的单向函数检测网站中的文件是否发生了改变。若检测到网页受到非法修改，则启动网页恢复机制，自动地用正常的页面文件替换已破坏的页面。

4. 网络流量清洗

网络流量清洗是指通过基于网络流量的异常监测技术手段，将对目标网络攻击的 DoS、DDoS 等恶意网络流量过滤掉，同时把正常的流量转发到目标网络中，如图 22-13 所示。

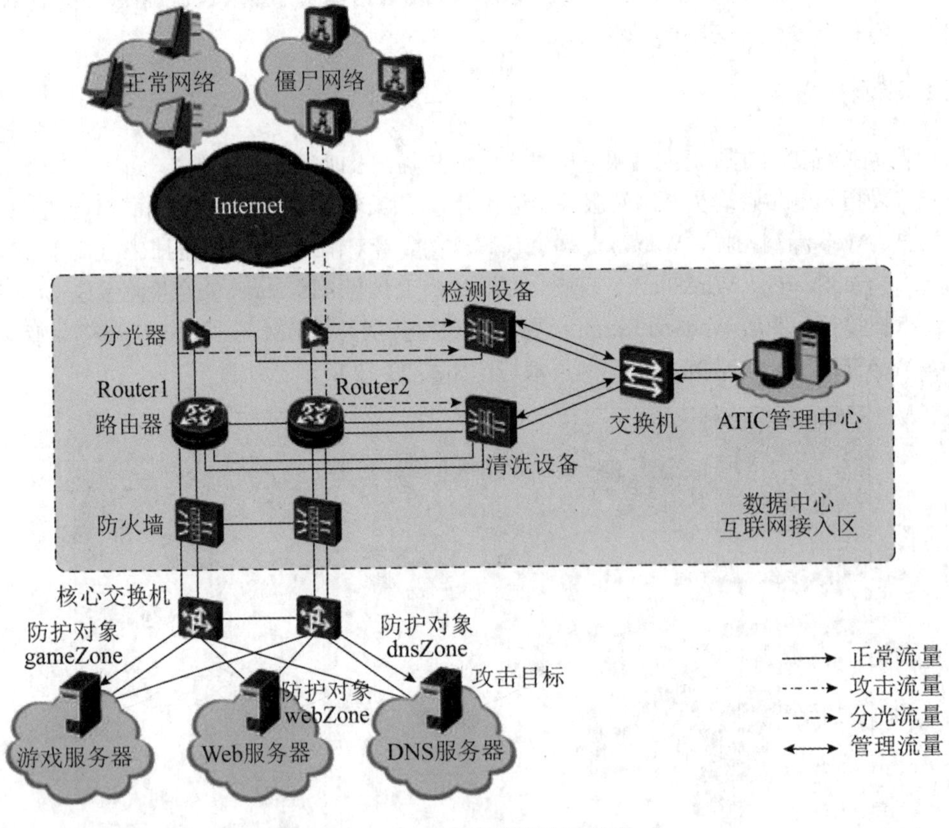

图 22-13 网络流量清洗示意图

5. 网站安全监测

网站安全监测的目标是掌握网站的安全状态，类似天气预报系统，以便于网站管理人员及时处置安全事件，网站安全监测的主要内容如下：

- 网站安全漏洞监测。通过漏洞数据库信息查找匹配及漏洞扫描，获取网站相关操作系统、数据库、应用系统、Web 软件等的安全漏洞情况。
- 网站挂马监测。通过网页爬虫及恶意代码检测技术，对网站的网页进行安全检查，以确认网页是否存在 Web Shell 或恶意链接 URL。
- 网站 ICP 备案监测。通过获取网站的首页信息，检查网站的 ICP 备案号。
- 网站合规性监测。通过获取网站的页面信息，利用关键词匹配及敏感词分析技术，监测网站合规性。
- 网站性能监测。通过分析网页请求信息及网站运行日志数据，获取网站的性能。
- 网站 DNS 监测。监测网站的域名和 IP 地址对应关系、DNS 服务软件版本、DNS 的安全威胁。
- 网站入侵检测。通过 IDS/IPS 监测正在进行的网站攻击行为，记录黑客的来源及攻击方法。

22.6　网站安全综合应用案例分析

本节给出政务网站安全保护和网上银行安全保护参考案例。

22.6.1　政务网站安全保护

网站安全保护涉及国家法律法规、政策文件、组织管理、标准规范、运行环境、产品技术、应用开发、安全测评、应急响应等多个方面的内容。目前，针对政府网站，国家颁布了《关于加强政府网站域名管理的通知》《政府网站发展指引》《关于加强党政机关网站安全管理的通知》《信息安全技术 政府门户网站系统安全技术指南》（GB/T 31506—2015）等。其中，GB/T 31506—2015 提出政府门户网站系统安全技术措施要求，如表 22-1 所示。

表 22-1　政府门户网站系统安全技术措施表

<table>
<tr><th colspan="2">层 面 防 护</th><th colspan="4">整 体 防 护</th></tr>
<tr><td>网站层</td><td>Web 应用安全
域名安全</td><td rowspan="5">运行支撑</td><td rowspan="5">攻击防范</td><td rowspan="5">安全监控</td><td rowspan="5">应急响应</td></tr>
<tr><td>数据层</td><td>内容发布及数据安全</td></tr>
<tr><td>主机层</td><td>服务器安全
管理终端安全</td></tr>
<tr><td>网络层</td><td>边界安全</td></tr>
<tr><td>物理层</td><td>物理安全</td></tr>
</table>

政府网站的信息安全等级原则上不应低于二级。三级网站每年应测评一次，二级网站每两年应测评一次。网络安全公司针对政府网站的保护要求，给出相应的解决方案。以天融信公司的安全方案为例，如图 22-14 所示。

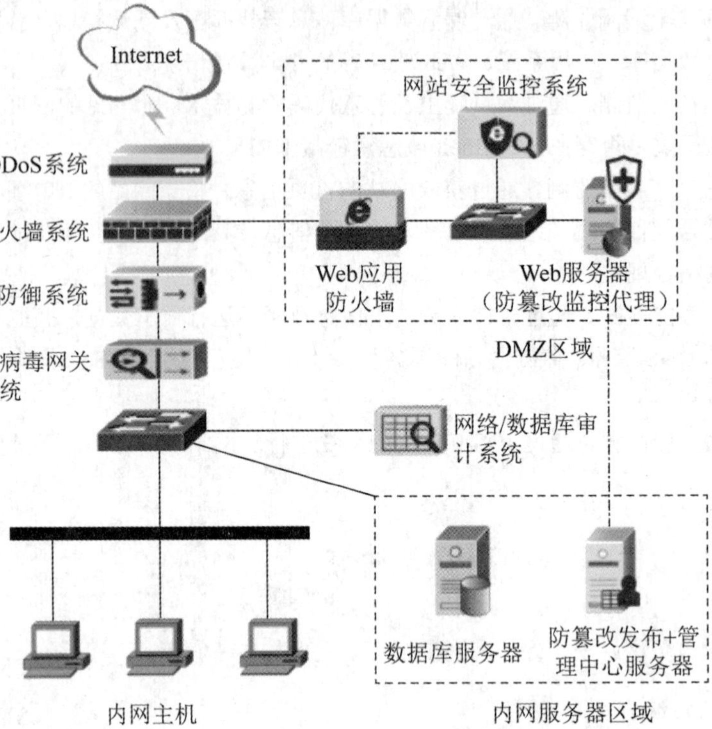

图 22-14 政府网站安全防护方案示意图

政府网站安全防护方案如下：

（1）DDoS 防御。在政务网站与互联网边界处部署防 DDoS 攻击系统，用于防护来自互联网的拒绝服务攻击。

（2）网络访问控制。利用防火墙进行访问控制，防止不必要的服务进入政务网站系统，减少被攻击的可能性。

（3）网页防篡改。在 Web 服务器上部署网页防篡改系统，针对 Web 应用网页和文件进行防护。

（4）网站应用防护。通过 Web 应用防火墙代理互联网客户端对 Web 服务器的所有请求，清洗异常流量，有效控制政务网站应用的各类安全威胁。

（5）入侵防御和病毒防护。通过入侵防御系统和防病毒网关系统实现对非法入侵行为和网络病毒的有效检测和阻断。

（6）网络/数据库审计。通过网络/数据库审计系统实现对政务网站访问行为和网站后台数据库的访问行为进行监控、记录和审计。

（7）网站安全监控。通过网站安全监控系统实现漏洞扫描、网页木马监测、网页篡改监测、网页敏感信息监测等功能，同时系统与 Web 应用防火墙进行联动，进一步提升政府网站的全防护能力。

22.6.2 网上银行安全保护

随着互联网的发展，网上银行、手机银行成为银行新的服务形态，极大地方便了客户。与此同时，由于开放了互联网络中流动的大量金融交易数据及客户隐私信息，网上银行、手机银行容易成为非法入侵和恶意攻击的对象，网上银行业务面临更多的安全风险。为此，国家各部门不断推出各种监管要求，及与之相关的法律、法规与行业监管指引，如《网上银行系统信息安全通用规范》。针对网站通信的安全问题，各银行都采取加密方式保护客户敏感信息。以中国工商银行为例，当单击网银相关服务的时候， 网站开启安全通信的方式，如图 22-15 所示。

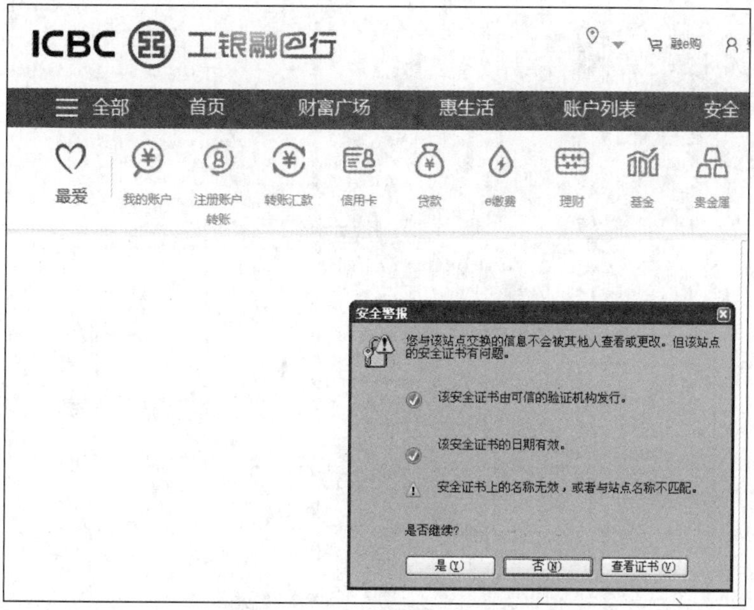

图 22-15 网上银行安全通信示意图

为提升用户账号的安全，网上银行使用验证码，防止用户密码暴力猜测攻击，如图 22-16 所示。

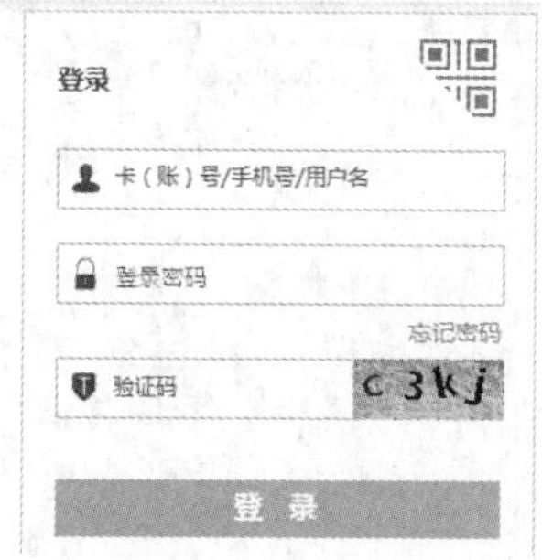

图 22-16 网上银行账户认证安全增强示意图

22.7 本章小结

本章首先叙述了网站安全的概念及相关安全威胁、安全需求，并分析了 Apache Httpd、IIS 等 Web 服务器软件的安全机制和安全增强措施；然后针对 Web 应用的安全问题，给出了常见的Web 应用安全漏洞的形成原因及防护方法；最后，对网站安全保护机制与技术方案进行了分析，给出网站安全综合应用案例。

第 23 章　云计算安全需求分析与安全保护工程

23.1　云计算安全概念与威胁分析

云计算是新一代信息技术的代表之一，本节首先阐述云计算的基本概念，然后分析云计算面临的安全问题，及云计算的安全要求。下面分别讲述。

23.1.1　云计算基本概念

在传统计算环境下，用户构建一个新的应用系统，需要做大量繁杂的工作，如采购硬件设备、安装软件包、编写软件，同时计算资源与业务发展难以灵活匹配，信息系统项目建设周期长。随着网络信息科技的发展，人们实际上希望一种简捷、灵活多变的计算环境，如同电力服务的计算资源平台。云计算就是在这样的需求驱动下而产生的一种计算模式。云计算通过虚拟化及网络通信技术，提供一种按需服务、弹性化的 IT 资源池服务平台，如图 23-1 所示。

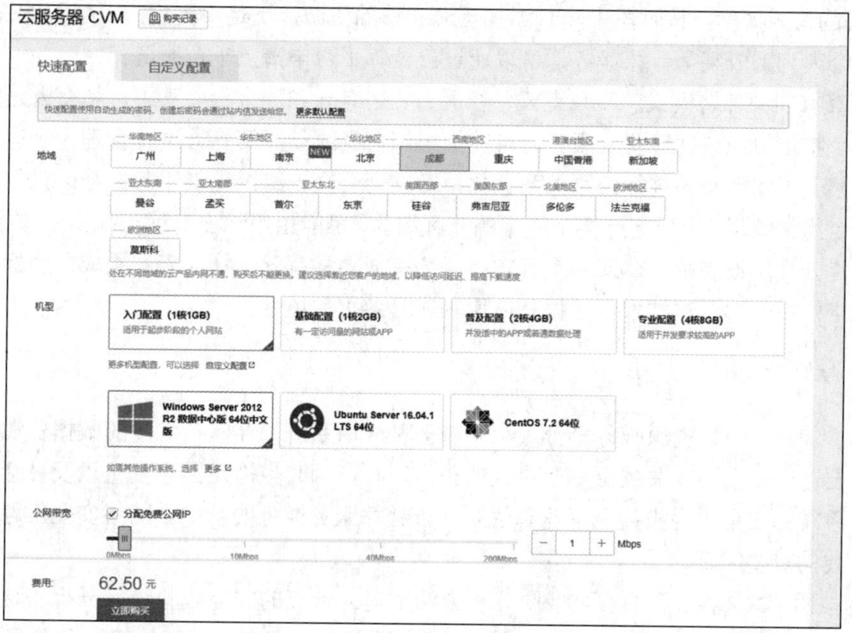

图 23-1　云计算服务提供示意图

云计算的主要特征如下。

1. IT 资源以服务的形式提供

IT 资源以一种服务产品的形式提供，满足用户按需使用、计量付费的要求。目前，云计算常见的服务有基础设施即服务 IaaS、平台即服务 PaaS、软件即服务 SaaS、数据即服务 DaaS、存储即服务 STaaS。

2. 多租户共享 IT 资源

"多租户"是指所提供的信息服务支持多个组织或个人按需租赁。"多租户"还意味着云计算系统应对租户间信息服务实现隔离，包括功能隔离、性能隔离和故障隔离。

3. IT 资源按需定制与按用付费

在云计算方式下，用户不必建设自己的数据中心和 IT 支撑资源系统，只须根据其自身实际的资源需求向云计算服务商按需定制或者单独购买，实现即付即用和按需定制，从而让云服务供应商能够实现科学化的 IT 资源配置，更好地实现规模效益和控制边际成本获益，从而有利于云用户消费者以更低廉的价格得到更大价值的服务和应用。

4. IT 资源可伸缩性部署

大多数应用对计算、存储和网络带宽的使用的规模、时间不尽相同，存在需求差异。通过对 IT 资源的有效调度，按时段来随时添加资源和移除资源，满足不同用户对资源的弹性要求。例如，一个人为完成某个计算任务，可以通过云计算平台申请上千台服务器。

云计算有四种部署模式，即私有云、社区云、公有云和混合云。其中，私有云是指云计算设施为某个特定组织单独运营云服务，可能由组织自身或委托第三方进行管理；公有云指云计算设施被某一组织拥有并进行云服务商业化，对社会公众、组织提供服务；社区云是指云计算设施由多个组织共享，用于支持某个特定的社区团体，可能由组织自身或委托第三方进行管理；混合云是指云计算设施由两个或多个云实体（公有云、私有云、社区云）构成，经标准化或合适的技术绑定在一起，该技术使数据和应用程序具备可移植性。

23.1.2 云计算安全分析

云计算是一个 IT 资源服务平台，承载着多种应用系统，存储了大量的数据资源，其安全性至关重要。云安全不仅关系企事业单位的正常运行，同时也涉及国家安全以及社会影响，保障云计算系统的安全成为相关企事业单位开展云计算服务业务的基础。网络安全问题成为云计算服务发展的重要因素。

下面按照"端-管-云"的安全威胁分析方法，对云计算的安全威胁进行分析。这里"端"是指使用云计算服务的终端设备或用户端，"管"是指连接用户端和云计算平台的网络，"云"就是云计算服务平台。

1. 云端安全威胁

云终端是用户使用云计算服务的终端设备，云终端的安全性直接影响云服务的安全体验。云终端用户在使用云计算服务的过程中，云用户设置弱的口令，导致云用户的账号被劫，或者黑客攻击终端平台，假冒云用户。云终端设备存在安全漏洞，导致黑客入侵终端。云用户使用云终端时，暴露用户的个人隐私信息，如用户所在的地理位置、用户的行为特征等。

2. 云“管”安全威胁

网络是云计算平台连接云用户的管道，云计算平台通过网络把云服务传递到云用户。然而，在网络通信过程中，网络可能面临的安全威胁有网络监听、网络数据泄露、中间人攻击、拒绝服务等，从而导致云计算平台出现安全问题。例如，攻击者通过入侵控制云计算平台的域名服务、入口网站，以劫持云平台的网络入口，从而让云计算平台无法有效提供云服务。攻击者利用云服务的通信协议明文传递信息的安全隐患，获取云用户的秘密信息。恶意的云用户把网卡设置为混杂模式，窃听其他云用户的网络通信内容。攻击者利用 TCP/IP 协议漏洞，实施同步风暴、ICMP 风暴、UDP 风暴等拒绝服务攻击。

3. 云计算平台安全威胁

云计算平台汇聚大量的应用系统及数据资源，已成为国家关键信息基础设施。云计算平台面临的网络安全威胁日益频繁和复杂，其主要网络安全威胁如下。

1）云计算平台物理安全威胁

云计算促进了各种资源的集中化，极易形成物理环境单点安全高风险。云计算平台一旦遭受物理安全威胁，后果可能是灾难性的。国外 Amazon 的数据中心曾被雷电击中，导致云服务器停止运行。交换机、服务器等硬件失效导致云数据不能被访问。美国云存储供应商 Swissdisk 遭受硬件失效，拒绝用户访问他们自己的数据。国外云安全事件调查表明，硬件失效的安全事件数占到云安全事件的 10%。

2）云计算平台服务安全威胁

云计算平台提供的服务对用户来说是透明的，但云用户无法掌握技术细节、基础设施的配置情况、系统管理方式等具体情况。云计算平台服务的安全性依赖于云服务商的安全管理及维护。云计算平台常常面临的网络安全威胁是云服务安全漏洞，导致云客户信息泄露、虚拟机安全不可信任、虚拟机逃逸、非安全的云服务 API 接口、侧信道攻击等。2005 年 1 月，研究者发现了 Gmail 邮件服务安全漏洞，使得用户名和密码很容易被盗窃，导致外来者可以窥探用户的电子邮件。云计算平台安全管理不善和安全防护措施不到位，导致虚拟镜像操作系统存在漏洞。例如 Guest OS 本身存在安全漏洞，就会形成 Guest OS 镜像污染，安全危害将从单个虚拟主机扩散到计算池、存储池，甚至整个云数据中心，如图 23-2 所示。

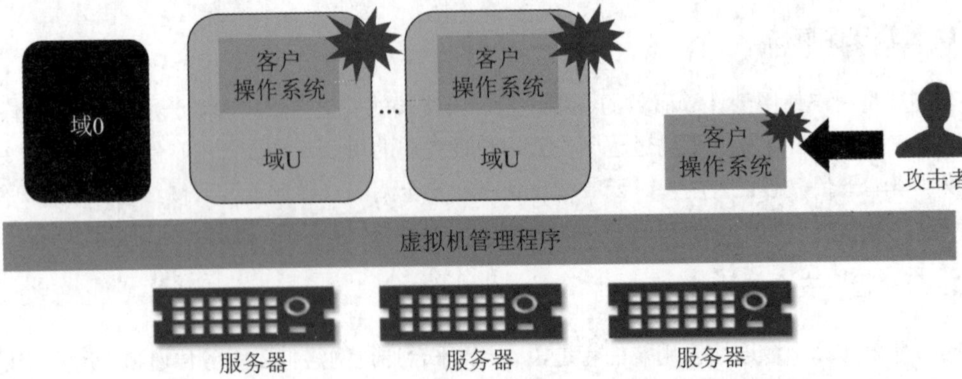

图 23-2　客户操作系统镜像污染示意图

目前云计算平台的操作系统（Hyervisor）XEN、KVM、OpenStack、VMware 等存在未知漏洞，攻击者有可能通过虚拟机漏洞攻击而获取云平台的管理员权限，如图 23-3 所示。

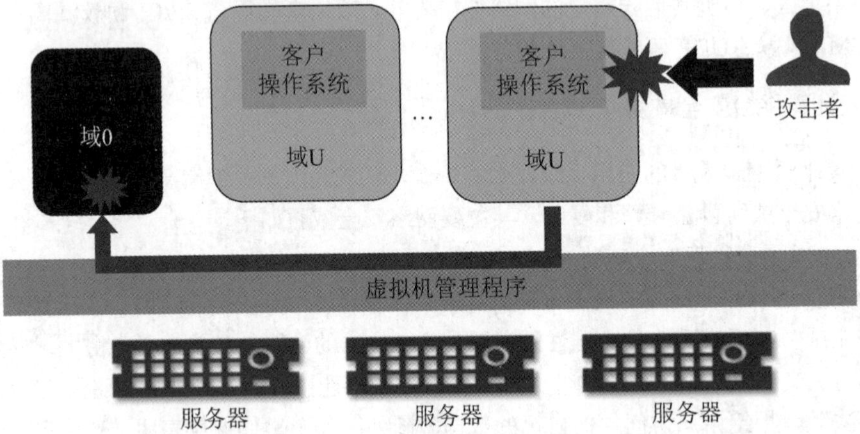

图 23-3　虚拟机逃逸攻击示意图

2012 年 ACM CCS 国际网络安全会议上，研究人员发表的一篇论文 *Cross-VM Side Channels and Their Use to Extract Private Keys* 中提出如何使用虚拟机构筑侧信道提取在同一服务器上的其他虚拟机的私钥。

3）云平台资源滥用安全威胁

公共云计算平台为恶意人员提供了便利的沟通、协同和分析云服务的途径，使其成为网络犯罪的资源池。攻击者利用云服务平台的虚拟主机漏洞，非法入侵云平台的虚拟主机，构造僵尸网络，发动拒绝服务攻击，如图 23-4 所示。针对云平台存储服务安全管理缺陷，利用云存储保存网络犯罪信息。

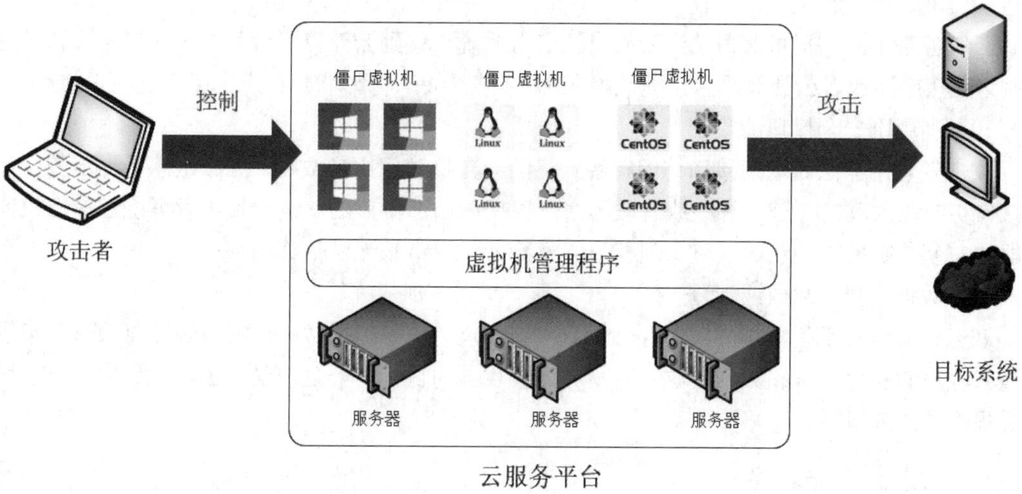

图 23-4　基于云平台虚拟机僵尸网络的攻击示意图

4）云计算平台运维及内部安全威胁

云提供商的内部工作人员违反安全规定或误操作，导致数据丢失和泄露、云计算平台服务非正常关闭等安全事件时有发生。调查表明，数据丢失和泄露是云计算服务的前三大安全威胁之一。与云提供者出现合作争议或非盈利性云服务可能造成云服务终止，造成数据丢失和业务中断。

5）数据残留

云租户的大量数据存放在云计算平台上的存储空间中，如果存储空间回收后剩余信息没有完全清除，存储空间再分配给其他云租户使用容易造成数据泄露。当云租户退出云服务时，由于云服务方没有完全删除云租户的数据，包括备份数据等，带来数据安全风险。

6）过度依赖

由于缺乏统一的标准和接口，不同云计算平台上的云租户数据和应用系统难以相互迁移，同样也难以从云计算平台迁移回云租户的数据中心。另外，云服务方出于自身利益考虑，往往不愿意为云租户的数据和应用系统提供可移植能力。这种对特定云服务方的过度依赖可能导致云租户的应用系统随云服务方的干扰或停止服务而受到影响，也可能导致数据和应用系统迁移到其他云服务方的代价过高。

7）利用共享技术漏洞进行的攻击

由于云服务是多租户共享，如果云租户之间的隔离措施失效，一个云租户有可能侵入另一个云租户的环境，或者干扰其他云租户应用系统的运行。而且，很有可能出现专门从事攻击活动的人员绕过隔离措施，干扰、破坏其他云租户应用系统的正常运行。

8）滥用云服务

面向公众提供的云服务可向任何人提供计算资源，如果管控不严格，不考虑使用者的目的，很可能被攻击者利用，如通过租用计算资源发动拒绝服务攻击。

9）云服务中断

云服务基于网络提供服务，当云租户把应用系统迁移到云计算平台后，一旦与云计算平台的网络连接中断或者云计算平台出现故障，造成服务中断，将影响云租户应用系统的正常运行。

10）利用不安全接口的攻击

攻击者利用非法获取的接口访问密钥，将能够直接访问用户数据，导致敏感数据泄露；通过接口实施注入攻击，进行篡改或者破坏用户数据；通过接口的漏洞，攻击者可绕过虚拟机监视器的安全控制机制，获取系统管理权限，将给云租户带来无法估计的损失。

11）数据丢失、篡改或泄露

在云计算环境下，数据的实际存储位置可能在境外，易造成数据泄露。云计算系统聚集了大量云租户的应用系统和数据资源，容易成为被攻击的目标。一旦遭受攻击，会导致严重的数据丢失、篡改或泄露。

23.1.3 云计算安全要求

传统计算平台的安全主要包括物理和环境安全、网络和通信安全、设备和计算安全、数据安全和应用安全。在云计算环境中，除了传统的安全需求外，新增的安全需求主要是多租户安全隔离、虚拟资源安全、云服务安全合规、数据可信托管、安全运维及业务连续性保障、隐私保护等。同时，由于云计算系统承载着不同用户的应用和数据，相比于传统计算平台的安全，其安全运维要求更高，两者对比如表23-1所示。

表23-1 传统安全与云计算安全对比

安全要求项类型	传统计算安全	云计算安全
物理和环境安全	√	√
网络和通信安全	√	√
设备和计算安全	√	√
数据安全	√	√
应用安全	√	√
虚拟资源安全		√
云服务安全合规		√
多租户安全隔离		√
数据可信托管		√
隐私保护	√	√
安全运维	√	√

23.2 云计算服务安全需求

本节阐述云计算服务的安全需求，主要包括云计算技术安全需求、云计算安全合规需求、云计算隐私保护需求。

23.2.1　云计算技术安全需求

按照上述“端-管-云”的安全威胁分析方法，云计算平台的技术安全需求主要分成三个部分。

1. 云端安全需求分析

云端的安全目标是确保云用户能够获取可信云服务。云端的安全需求主要涉及云用户的身份标识和鉴别、云用户资源访问控制、云用户数据安全存储以及云端设备及服务软件安全。

2. 网络安全通信安全需求分析

网络安全通信的安全目标是确保云用户及时访问云服务以及网上数据及信息的安全性。实现网络安全通信的技术包括身份认证、密钥分配、数据加密、信道加密、防火墙、VPN、抗拒绝服务等。

3. 云计算平台安全需求分析

云计算平台的安全目标是确保云服务的安全可信性和业务连续性。云计算平台的安全需求主要有物理环境安全、主机服务器安全、操作系统、数据库安全、应用及数据安全、云操作系统安全、虚拟机安全和多租户安全隔离等。

23.2.2　云计算安全合规需求

云计算平台使得网络、计算、存储、数据、应用、服务等资源大规模汇聚，成为国家、城市及行业领域的关键信息基础设施。相比于传统计算模式，云计算的网络安全风险更大。为此，国内外相关机构都相继颁布相关政策及标准规范，用以指导云计算平台的建设和运营。

1. 云计算安全国际管理标准规范

2009 年 4 月，云安全联盟（Cloud Security Alliance，CSA）非赢利性组织在美国旧金山 RSA 大会上正式成立。云安全联盟的目的是促进应用最佳实践，为云计算提供安全保障。该联盟发布了一份云计算关键领域安全指南，最新版本为 4.0，指南的内容涉及云计算概念和体系架构、治理和企业风险管理、法律问题（合同和电子举证）、合规性和审计管理、信息治理、管理平面和业务连续性、基础设施安全、虚拟化及容器技术、事件响应、通告和补救、应用安全、数据安全和加密、身份、授权和访问管理、安全即服务、相关技术等各领域的安全知识。

2. 云计算安全国内管理标准规范

2012 年，国务院发布的《国务院关于大力推进信息化发展和切实保障信息安全的若干意见》指出：“严格政府信息技术服务外包的安全管理，为政府机关提供服务的数据中心、云计算服务平台等要设在境内。”除此之外，相关部门相继颁发了云计算服务安全相关管理要求和标准规范，现列举如下：

（1）《关于加强党政部门云计算服务网络安全管理的意见》。

该意见明确了党政部门云计算服务网络安全管理的基本要求，即安全管理责任不变、数据归属关系不变、安全管理标准不变、敏感信息不出境。同时要求建立云计算服务安全审查机制，对为党政部门提供云计算服务的服务商，参照有关网络安全国家标准，组织第三方机构进行网络安全审查，重点审查云计算服务的安全性、可控性。

（2）《云计算服务安全评估办法》。

云计算服务安全评估重点评估内容包括：云平台管理运营者（以下简称“云服务商”）的征信、经营状况等基本情况；云服务商人员背景及稳定性，特别是能够访问客户数据、能够收集相关元数据的人员；云平台技术、产品和服务供应链安全情况；云服务商安全管理能力及云平台安全防护情况；客户迁移数据的可行性和便捷性；云服务商的业务连续性；其他可能影响云服务安全的因素。

（3）《信息安全技术　云计算服务安全指南》（GB/T 31167—2014）。

该指南给出云计算的风险管理、规划准备、选择服务商与部署、运行监管、退出服务等方面的具体要求。

（4）《信息安全技术　云计算服务安全能力要求》（GB/T 31168—2014）。

本标准描述了以社会化方式为特定客户提供云计算服务时，云服务商应具备的安全技术能力，提出十类安全要求，即系统开发与供应链安全、系统与通信保护、访问控制、配置管理、维护、应急响应与灾备、审计、风险评估与持续监控、安全组织与人员、物理与环境安全。

（5）《信息安全技术 网络安全等级保护基本要求 第2部分：云计算安全扩展要求》（GA/T 1390.2—2017）。

该标准规定了不同安全保护等级云计算平台及云租户业务应用系统的安全保护要求，标准适用于指导分等级的非涉密云计算平台及云租户业务应用系统的安全建设和监督管理。

（6）其他。

《信息安全技术　政府网站云计算服务安全指南》《信息安全技术 网站安全云防护平台技术要求》《信息安全技术 数据出境安全评估指南（征求意见稿）》《信息安全技术 云计算服务运行监管框架》等。

23.2.3　云计算隐私保护需求

云计算平台承载着大量数据，涉及个人用户隐私信息。例如，身份证号码、电话号码、QQ号码、设备信息、位置信息、云服务日志信息等，因而云计算个人数据安全保护至关重要。云计算个人数据安全隐私保护要求主要如下：

（1）数据采集。

明确个人信息采集范围和用途，告知用户相关安全风险。

（2）数据传输。

敏感个人数据网络传输采用加密安全措施，防止网络通信过程信息泄露。

（3）数据存储。

采用加密、认证、访问控制、备份等多种措施保护好敏感个人数据安全，避免数据泄露。个人数据信息按照规定保留相应时间。

（4）数据使用。

制定相应特权管理、个人信息披露等安全控制策略规则，采用实名认证、安全标记、特权控制等措施，限制个人数据使用范围、人员，防止内部人员滥用和非正当披露个人信息。

（5）数据维护。

制定敏感个人数据安全生命周期管理流程，安全管理制度和措施符合国家网络安全管理法律法规政策要求，相关人员签订保密协议，敏感个人数据按规清除。

（6）数据安全事件处置。

制订针对个人信息安全事件的应急预案，阻止安全事件扩大。

23.3　云计算安全保护机制与技术方案

云计算被列为网络安全等级保护 2.0 的重要保护对象，本节主要内容是云计算的安全防护对象、云计算的安全机制、云计算的安全管理、云计算的安全运维。

23.3.1　云计算安全等级保护框架

根据网络安全等级保护 2.0 的要求，对云计算实施安全分级保护，共分成五个级别。等级保护标准首先要求保证云计算基础设施位于中国境内，并从技术、管理两方面给出具体规定。围绕“一中心，三重防护”的原则，构建云计算安全等级保护框架，如图 23-5 所示。其中，一个中心是指安全管理中心；三重防护包括安全计算环境、安全区域边界和安全通信网络。

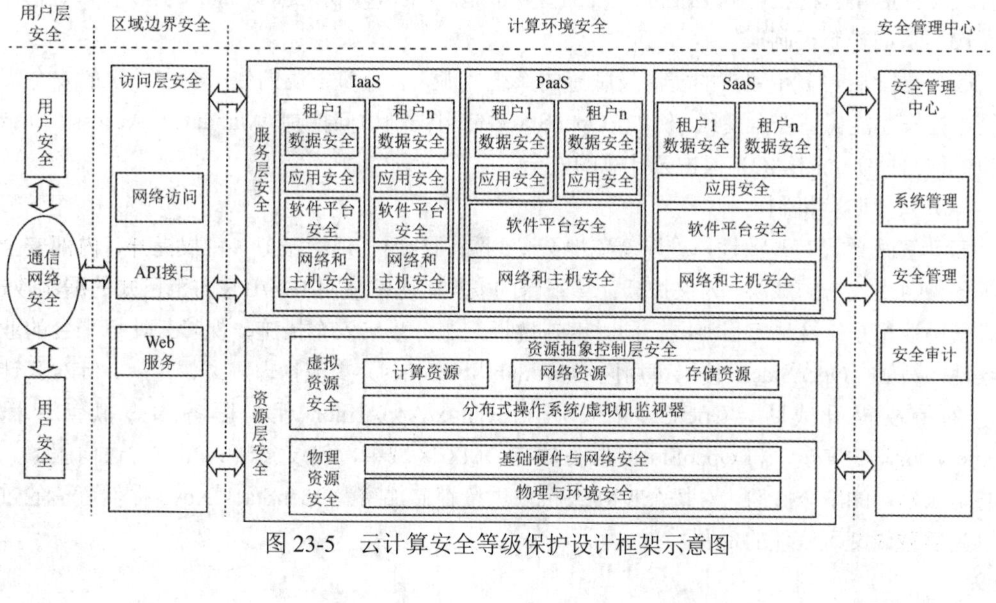

图 23-5　云计算安全等级保护设计框架示意图

23.3.2 云计算安全防护

云计算平台是综合复杂的信息系统，涉及物理和环境安全、网络和通信安全、设备和计算安全、应用和数据安全。云计算安全保障综合集成了不同的网络安全技术，构成多重网络安全机制，如表 23-2 所示。

表 23-2 云计算平台技术措施等级保护要求

保护对象类型	安 全 措 施 内 容
物理和环境安全	物理位置选择、物理访问控制、防盗窃和防破坏、防雷击、防火、防水和防潮、防静电、温湿度控制、电力供应、电磁防护
网络和通信安全	网络架构、通信传输、边界防护、访问控制、入侵防范、恶意代码防范、安全审计、集中管控
设备和计算安全	身份鉴别、访问控制、安全审计、入侵防范、恶意代码防范、资源控制、镜像和快照保护
应用和数据安全	身份鉴别、访问控制、安全审计、软件容错、资源控制、接口安全、数据完整性、数据保密性、数据备份恢复、剩余信息保护、个人信息保护

常见的云计算网络安全机制如下：

（1）身份鉴别认证机制。

身份鉴别认证机制解决云计算中各种身份标识及鉴别问题。云计算提供商通常使用用户名/口令认证。除此之外，云用户身份认证技术还有强制密码策略、多因子认证、Kerberos。

（2）数据完整性机制。

云计算平台及云计算服务过程中涉及大量的数据处理，例如，一台虚拟机对应一个文件。云租户把数据托管到云平台，要求云服务商提供高安全保障，确保数据能用，而且能够防止数据受到损害。数字签名是保护云计算数据完整性的重要措施。例如，OpenStack Glance 提供镜像签名。

（3）访问控制机制。

云平台承载着多个租户的资源及敏感的系统资源，云计算资源的使用要在一定的安全规则下经过授权才能保证安全使用。例如，OpenStack 使用强制访问控制（Mandatory Access Control）和角色访问控制（RBAC）保护云计算的安全。

（4）入侵防范机制。

云计算平台具有开放性，难以避免地会受到漏洞利用、拒绝服务、特权提升、内部安全威胁等各种网络攻击的威胁。为保护云计算平台的安全，通常使用 IDS/IPS 防范已知的漏洞攻击，或者采用沙箱系统检测零日漏洞。同时部署抗拒绝服务攻击安全措施，保障云计算平台的业务连续性。例如，OpenStack 使用可用区（Availability Zones）实现物理隔离、冗余。针对云计算平台的特权提升威胁，OpenStack 使用 SELinux/AppArmor 保护服务和虚拟管理程序（Hypervisor）的安全，将 OpenStack 服务放在 DMZ 区域中，仅仅允许 API 方式访问服务。为了防范云租户的安全威胁，对每个 VM 或租户进行存储加密。OpenStack Nova 提供可信的过滤器以为负载调度可信任的资源。

（5）安全审计机制。

云计算平台对安全日志进行集中管理，以便于事后分析问题。

（6）云操作系统安全增强机制。

目前，商业和开源的云操作系统难以避免地存在安全漏洞，甚至有些漏洞将导致虚拟机逃逸。为此，针对虚拟机管理程序（Hypervisor）的安全问题，提供热补丁修复、恶意程序检测，以防止云操作系统的漏洞被利用而危及整个云计算平台的安全。

23.3.3 云计算安全管理

根据网络安全等级保护的要求，云计算平台安全组织管理的内容要求主要如表 23-3 所示。

表 23-3　云计算平台安全组织管理保障措施等级保护要求

安全管理类型	安 全 管 理 要 求
安全策略和管理制度	安全策略、管理制度制定和发布、评审和修订
安全管理机构和人员	岗位设置、人员配备、授权和审批、沟通和合作、审核和检查、人员录用、人员离岗、安全意识教育和培训、外部人员访问管理
安全管理对象	系统定级和备案、安全方案设计、产品采购和使用、自行软件开发、外包软件开发、工程实施、测试验收、系统交付、等级测评、服务供应商选择、云服务商选择、供应链管理

23.3.4 云计算安全运维

根据等级保护要求，云计算安全运维的等级保护内容主要有云计算环境与资产运维管理、云计算系统安全漏洞检查与风险分析、云计算系统安全设备及策略维护、云计算系统安全监管、云计算系统安全监测与应急响应，具体要求如表 23-4 所示。

表 23-4　云计算服务安全运维保障要求

要 求 类 型	内　　容
云计算环境与资产运维管理	环境管理、资产管理、介质管理、数据管理
云计算系统安全漏洞检查与风险分析	安全漏洞监测、安全漏洞扫描、安全合规检查、安全风险分析
云计算系统安全设备及策略维护	网络和系统安全管理、恶意代码防范管理、密码管理、设备维护管理、配置管理、变更管理
云计算系统安全监管	云计算系统安全测评、外包运维管理
云计算系统安全监测与应急响应	监控和审计管理、应急预案管理、安全事件处置、备份与恢复管理

常见的云计算安全运维的安全措施如下：

（1）云计算安全风险评估机制。

持续分析云计算平台的资产清单、安全脆弱性、安全威胁以及安全措施，对云计算平台安全进行定量定性风险分析，掌握云计算平台的风险。

（2）云计算内部安全防护机制。

针对云计算平台的运维安全风险，采用身份强认证、安全操作审计、远程安全登录等措施保护运维操作的安全性。云计算平台通常采用多因素认证、堡垒机、SSH、VPN等安全措施，强化运维操作的安全保护。

（3）云计算网络安全监测机制。

通过收集云计算平台的网络流量、系统日志、安全漏洞等数据，分析云计算平台的网络安全状况及演变趋势。

（4）云计算应急响应机制。

针对云计算平台潜在的网络安全事件，事先制定应急响应预案。常见的安全事件有端口扫描、暴力破解、恶意代码、拒绝服务、数据泄露、漏洞利用和DNS劫持等。对于云计算平台来说，重点是保障平台的可用性及数据安全，能够抵御拒绝服务攻击，防止云租户的数据丢失和泄露。

（5）云计算容灾备份机制。

云计算平台承载大量应用，其业务的安全持续运营至关重要。安全事件导致停机事件时有报道。为此，建立异构云容灾备份机制非常重要，工业界常采用“两地三中心”的容灾机制。其中，两地是指同城、异地；三中心是指生产中心、同城容灾中心、异地容灾中心。

23.4 云计算安全综合应用案例分析

根据公开资料，本节给出工业界阿里云、腾讯云、华为云等云计算的安全应用参考案例。同时，综合分析工业界关于云计算隐私保护的技术措施。

23.4.1 阿里云安全

本节内容来自阿里云网站公布的资料。阿里云致力于以在线公共服务的方式，提供安全、可靠的计算和数据处理能力，让计算和人工智能成为普惠科技。此外，阿里云为全球客户部署200多个飞天数据中心，通过底层统一的飞天操作系统，为客户提供全球独有的混合云体验。目前，阿里云是通过了公安部等级保护测评的云计算系统，获得了云安全国际认证金牌（CSA STAR Certification）、ISO 27001信息安全管理体系国际认证。根据已公开的资料，阿里云的安全体系结构如图23-6所示。

针对云安全，阿里云建立了安全防护机制、监控机制、审计机制、身份认证机制以及安全运维机制，如图23-7所示。

面对云上租户的安全需求，阿里云提供云盾、DDoS高防IP、Web应用防火墙、态势感知、SSL证书、云防火墙、加密服务、实人认证等多种云安全服务产品。

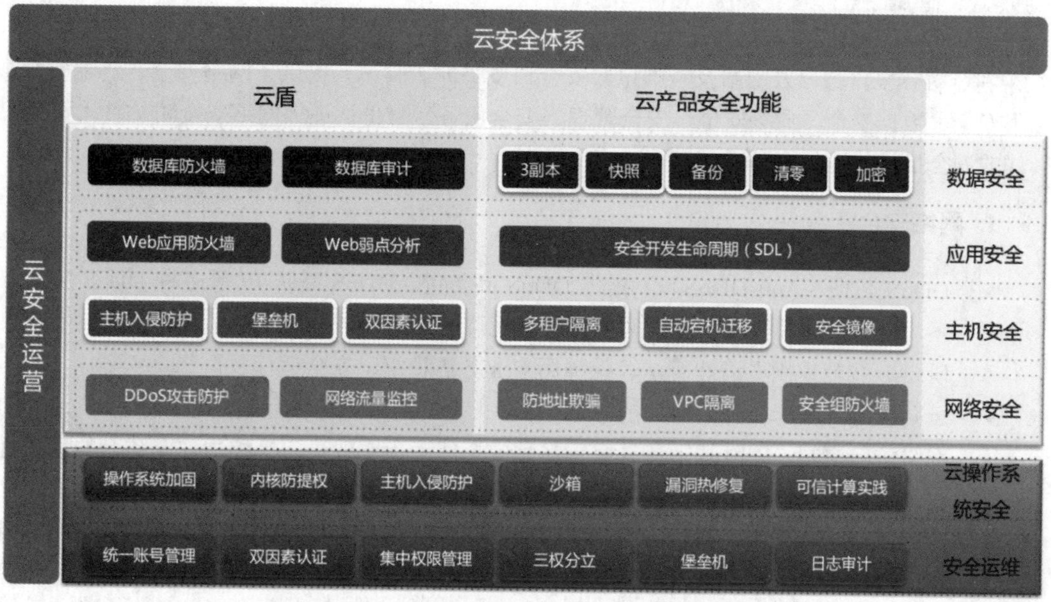

图 23-6　阿里云安全体系结构示意图

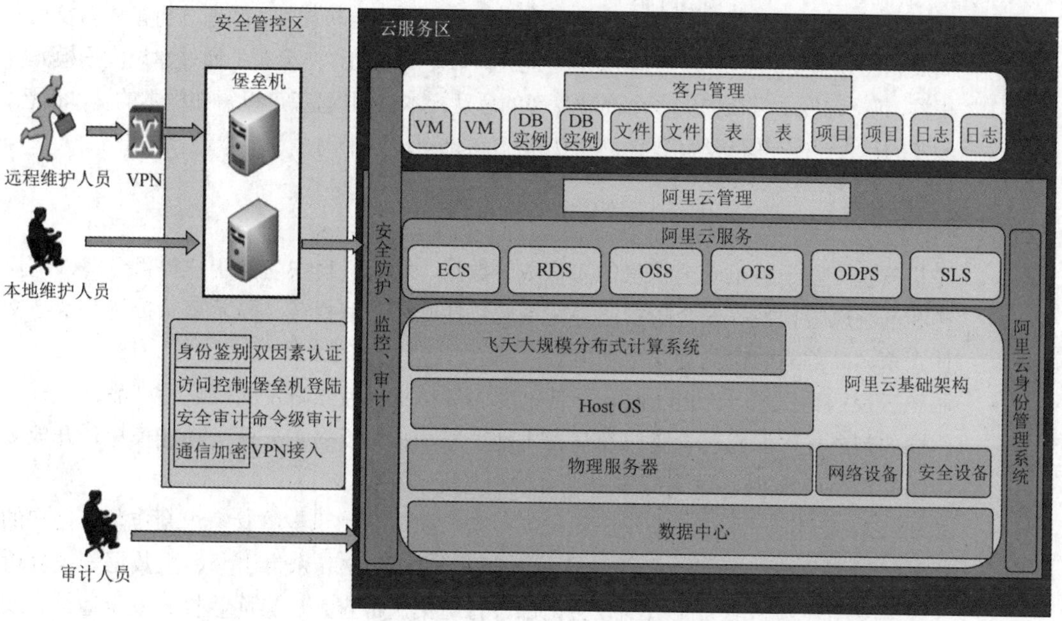

图 23-7　阿里云安全机制示意图

23.4.2 腾讯云安全

本节内容来自腾讯云网站及《腾讯云安全白皮书》。腾讯云提供了网络安全、终端安全、应用安全、数据安全、业务安全、安全管理、安全服务、身份认证等网络安全防护技术体系，具体的安全措施描述如下。

1. 网络安全

- DDoS 防护（Anti-DDoS）。提供 DDoS 高防包、DDoS 高防 IP 等多种 DDoS 解决方案，应对 DDoS 攻击问题。通过充足、优质的 DDoS 防护资源，结合持续进化的“自研+AI 智能识别”清洗算法，保障用户业务的稳定、安全运行。
- 云防火墙。基于公有云环境的 SaaS 化防火墙，为用户提供互联网边界、VPC 边界的网络访问控制，同时基于流量嵌入多种安全能力，实现访问管控与安全防御的集成化与自动化。
- 网络入侵防护系统。通过旁路部署方式，无变更无侵入地对网络 4 层会话进行实时阻断，并提供了阻断 API，方便其他安全检测类产品调用；此外，网络入侵防护系统提供全量网络日志存储和检索、安全告警、可视化大屏等功能，解决等保合规、日志审计、行政监管以及云平台管控等问题。
- 腾讯云样本智能分析平台。依靠深度沙箱中自研的动态分析模块、静态分析模块以及稳定高效的任务调度框架，实现自动化、智能化、可定制化的样本分析；通过建设大规模分析集群，包括深度学习在内的多个高覆盖率的恶意样本检测模型，可以得知样本的基本信息、触发的行为、安全等级等信息，从而精准高效地对现网中的恶意样本进行打击。

2. 终端安全

- 主机安全。基于腾讯安全积累的海量威胁数据，利用机器学习为用户提供黑客入侵检测和漏洞风险预警等安全防护服务，主要包括密码破解拦截、异常登录提醒、木马文件查杀、高危漏洞检测等安全功能。
- 腾讯云反病毒引擎（Antivirus）。腾讯反病毒实验室独立研发的反病毒产品，运行于终端的判毒程序，其包含腾讯反病毒本地引擎和腾讯反病毒云两大功能模块，开放多个功能性接口 SDK，可支持多种平台使用且无须联网。
- 腾讯终端安全管理系统。基于腾讯 20 年安全积累和腾讯电脑管家十余年数亿用户的产品、运营与技术沉淀，将百亿量级云查杀病毒库、AI 杀毒引擎、大数据安全分析引擎等安全技术和能力应用到政企内部，打造集病毒查杀、桌面管控、安全运维、安全检测与响应等新一代的一体化的终端安全解决方案。
- 腾讯云零信任无边界访问控制系统（Zero Trust Access Control system，ZTAC）。依赖终端安全、身份安全、链路安全三大核心能力，实现终端在任意网络环境中安全、稳定、高效地访问企业资源及数据。

- 移动终端安全管理系统。用户可以根据自身需求，集中管理、配置和保护终端设备、应用程序及移动数据，提高 IT 管理效率，保障移动环境安全。

3. 应用安全

- 腾讯云 Web 应用防火墙。解决腾讯云内及云外用户应对 Web 攻击、入侵、漏洞利用、挂马、篡改、后门、爬虫、域名劫持等网站及 Web 业务安全防护问题。通过部署腾讯云网站管家服务，将 Web 攻击威胁压力转移到腾讯云网站管家防护集群节点，分钟级获取腾讯 Web 业务防护能力，保护组织网站及 Web 业务安全运营。
- 腾讯应用级智能网关。基于零信任策略，对企业应用和服务提供集中管控，统一防控和统一审计，保障企业应用和服务更安全、更可靠。
- 漏洞扫描服务。用于监测网站漏洞的安全服务，提供 7×24 小时准确、全面的漏洞监测服务，并提供专业的修复建议，从而避免漏洞被黑客利用，影响资产安全。
- 移动应用安全。涵盖应用加固、安全测评、兼容性测试、盗版监控、崩溃监测、安全组件等服务。
- 手游安全。具备 24 小时安全保障能力，支持手游厂商快速应对手游作弊、手游篡改破解等常见的游戏安全问题。

4. 业务安全

- 天御借贷反欺诈。识别银行、证券、保险等金融行业的欺诈风险。通过腾讯云的人工智能和机器学习能力，准确识别恶意用户与行为，解决客户在支付、借贷、理财、风控等业务环节遇到的欺诈威胁，提升风险识别能力。
- 保险反欺诈。通过 AI 人工智能风控模型，准确定位在申保、核保、理赔等业务环节中所遇到的欺诈威胁。
- 登录保护服务。针对网站和 App 的用户登录场景，实时检测是否存在盗号、撞库等恶意登录行为，发现异常登录，降低恶意用户登录风险。
- 腾讯云验证码。基于十道安全栅栏，为网页、App、小程序开发者打造立体、全面的人机验证，最大限度地保护注册登录、活动秒杀、点赞发帖、数据保护等各大场景下的业务安全。
- 腾讯云活动防刷。针对电商、O2O、P2P、游戏、支付等行业在促销活动中遇到“羊毛党”恶意刷取优惠福利的行为，通过防刷引擎，精准识别出“薅羊毛”恶意行为的活动防刷服务，避免了企业被刷带来的巨大经济损失。
- 注册保护服务。针对网站、App 的线上注册场景，遇到“恶意注册”“小号注册”“注册器注册”等恶意行为，提供基于天御 DNA 算法的恶意防护引擎，从账号、设备和行为三个维度有效识别“恶意注册”，从“源头”上防范业务风险。

- 营销风控服务。通过腾讯安全风控模型和 AI 关联算法，快速识别恶意请求，精准打击"羊毛党"，提升资金使用效率，还原数据真实性。
- 文本内容安全服务。使用了深度学习技术，可有效识别涉黄、涉政、涉恐等有害内容，支持用户配置词库，打击自定义的违规文本。通过 API 接口，能检测内容的危险等级，对于高危部分直接过滤，可疑部分人工复审，从而节省审核人力，防范业务风险。
- 图片内容安全。能精准识别涉黄、涉恐、涉政等有害内容，支持配置图片黑名单，打击自定义的违规类型。识别结果分为正常、可疑与违规三部分，建议放行正常的图片，人工审查可疑的图片，屏蔽违规的图片，节省人力成本，提高审核效率。
- 营销号码安全。提供一站式、精准的号码安全感知保护及预防服务，涵盖号码安全防护、风险号码识别及恶意呼叫治理等多领域能力。
- 业务风险情报。提供全面、实时、精准的业务风险情报服务。通过简单的 API 接入，即可获取业务中 IP、号码、App、URL 等的画像数据，对其风险进行精确评估，做到对业务风险、黑产攻击实时感知、评估、应对、止损。

5. 数据安全

- 腾讯云堡垒机。结合堡垒机与人工智能技术，为企业提供运维人员操作审计，对异常行为进行告警，防止内部数据泄密。
- 腾讯云数据安全审计。基于人工智能的数据库安全审计系统，可挖掘数据库运行过程中各类潜在风险和隐患，为数据库安全运行保驾护航。
- 数据安全治理中心。通过数据资产感知与风险识别，对企业云上敏感数据进行定位与分类分级，并帮助企业针对风险问题设置数据安全策略，提高防护措施有效性。
- 敏感数据处理（Data Mask，DMask）。提供敏感数据脱敏与水印标记工具服务，可为数据系统中的敏感信息进行脱敏处理并在泄露时提供追溯依据。
- 云加密机。基于国密局认证的物理加密机（Hardware Security Module，HSM），利用虚拟化技术，提供弹性、高可用、高性能的数据加解密、密钥管理等云上数据安全服务；符合国家监管合规要求，满足金融、互联网等行业加密需求，保障业务数据隐私安全。

6. 安全管理

- 安全运营中心（Security Operation Center，SOC）。腾讯云原生的统一安全运营与管理平台，提供资产自动化盘点、互联网攻击面测绘、云安全配置风险检查、合规风险评估、流量威胁感知、泄漏监测、日志审计与检索调查、安全编排与自动化响应及安全可视等能力，帮助云上用户实现事前安全预防，事中事件监测与威胁检测，事后响应处置的一站式、可视化、自动化的云上安全运营管理。
- 安全运营中心（私有云）。以安全检测为核心，以事件关联分析、腾讯威胁情报为重点，以 3D 可视化为特色，以可靠服务为保障，可针对企业面临的外部攻击和内部潜在风险进行深度检测，为企业提供及时的安全告警。适用于多种安全运营管理场景，通过海量数据多维度分析、及时预警，对威胁及时做出智能处置，实现全网安全态势可知、可见、可控的闭环。

- 密钥管理系统。让用户创建和管理密钥，保护密钥的保密性、完整性和可用性，满足用户多应用多业务的密钥管理需求，符合监管和合规要求。
- 凭据管理系统。提供凭据的创建、检索、更新、删除等全生命周期的管理服务，结合资源级角色授权轻松实现对敏感凭据的统一管理。针对敏感配置、敏感凭据硬编码带来的泄露风险问题，用户或应用程序可通过调用 Secrets Manager API 来检索凭据，有效避免程序硬编码和明文配置等导致的敏感信息泄密以及权限失控带来的业务风险。

7. 安全服务

- 专家服务。由专业的安全专家团队提供安全咨询、网站渗透测试、应急响应等保合规等服务。
- 公共互联网威胁量化评估。提供实时的、客观的网络安全风险量化与风险评估的服务，通过微信小程序能够直观呈现企业网络安全指数、安全等级及详细安全问题等信息。
- 威胁情报云查服务。提供威胁情报（IoC）查询服务、IP/Domain/文件等信誉查询服务。
- 网络资产风险监测系统。能够对网络设备及应用服务的可用性、安全性与合规性等进行定期的安全扫描、持续性的风险预警和漏洞检测，并且提供专业的修复建议，降低安全风险。

8. 用户身份验证

腾讯云拥有海量的数据分析和人脸、图片的训练集；腾讯云提供身份证 OCR、人脸比对、活体检测等技术，能在线实现用户身份秒级确认，有效解决高风险行业线下复杂的身份验证问题，满足核身要求极高的业务场景需求，其安全机制如图 23-8 所示。

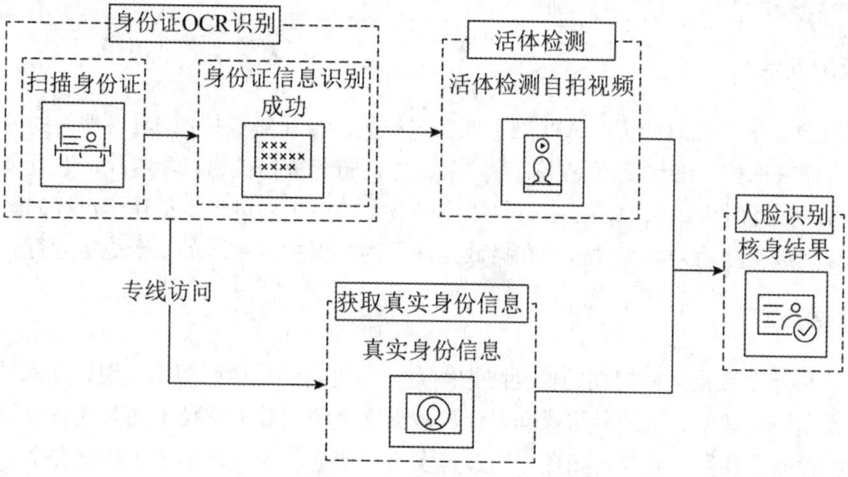

图 23-8　腾讯云人脸核身安全机制示意图

23.4.3 华为云安全

本节内容来自华为云网站公布的资料和《华为云数据安全白皮书》。华为云提供云计算、云存储、云网络、云安全、云数据库、云管理与部署应用等 IT 基础设施云服务，让客户像用水用电一样使用 ICT 服务。为保护云安全，华为云构建了芯片、平台、系统、应用、数据、开发、生态、隐私等安全防护技术体系，具体技术措施描述如下。

1. 芯片级可信计算和安全加密

华为公司推出支持国密算法的可信服务器和可信云平台解决方案。基于可信计算模块芯片，华为云具备对云平台主机进行完整性度量及提供更多安全特性的能力，降低云主机的软硬件被篡改的风险，满足更高的安全需求。华为云基于 Intel SGX 技术，构建芯片级、轻量型的密钥管理和数据加密能力。一方面，摆脱对传统硬件存储模块（HSM）的依赖；另一方面，通过芯片级的安全环境进行高性能加解密运算，有效降低明文内存泄露风险，确保使用中的数据安全。

2. 平台安全

华为云统一虚拟化平台（UVP），直接运行于物理服务器之上，通过对服务器物理资源的抽象，在单个物理服务器上构建多个同时运行、相互隔离的虚拟机执行环境。UVP 基于硬件辅助虚拟化技术提供虚拟化能力，为虚拟机提供高效的运行环境，并且保证虚拟机运行在合法的空间内，避免虚拟机对 UVP 或其他虚拟机发起非授权访问。

3. 系统安全

华为 EulerOS 通过了公安部信息安全技术操作系统安全技术要求四级认证。EulerOS 能够提供可配置的加固策略、内核级 OS 安全能力等各种安全技术以防止入侵，保障客户的系统安全。

4. 应用安全

各应用通过华为公司自研的 API 网关向客户提供标准化集成接口，具备严格的身份认证及鉴权、传输加密保护、细粒度流量控制等安全能力，防范数据被窃取和嗅探。并且，华为云通过深度学习、运行时应用保护、去中心化认证等技术的运用，进一步打造用户行为画像、业务风险控制等高级安全能力，实时监控和拦截异常行为，保护应用服务安全稳定运行。

5. 数据安全

华为云构建全数据生命周期的安全防护能力。通过自动化敏感数据发现、动态数据脱敏、高性能低成本数据加密、快速异常操作审计、数据安全销毁等多项技术的研究与应用，实现数据在创建、存储、使用、共享、归档、销毁等多个环节的管控，保障云上数据安全。具体的数据安全机制主要有数据隔离、数据加密、数据冗余。

- 数据隔离。华为云各服务产品和组件实现了隔离机制，避免客户间有意或无意的非授权访问、篡改等行为，降低数据泄露风险。以数据存储为例，华为云的块存储、对象存储、文件存储等服务均将客户数据隔离作为重要特性，服务设计的实现因服务而异。如块存储，数据隔离以卷（云硬盘）为单位进行，每个卷都关联了一个客户标识，挂载该卷的虚拟机也必须具有同样的客户标识，才能完成卷的挂载，确保客户数据隔离。
- 数据加密。华为云的多个服务采用与数据加密服务（DEW）集成的设计，方便客户管理密钥，客户可以通过简单的加密设置，实现数据的存储加密。DEW 已经支持对象存储、云硬盘、云镜像、云数据库和弹性文件存储等多个服务，并且数量还在不断增加，极大地方便了数据加密操作。华为云服务为客户提供控制台和 API 两种访问方式，均采用加密传输协议构建安全的传输通道，有效地降低数据在网络传输过程中被网络嗅探的风险。
- 数据冗余。华为云数据存储采用多副本备份和纠删码设计，通过冗余和校验机制来判断数据的损坏并快速进行修复，确保即使一定数量的物理设备发生故障也不会影响业务的运行，使华为云存储服务的可靠性达到业界先进水平。例如对象存储服务的数据持久性高达 99. 9999999999%（12 个 9）。

6. 开发安全

华为云通过完善的制度和流程以及自动化的平台和工具，对软硬件全生命周期进行端到端的管理，全生命周期包括安全设计、安全编码和测试、安全验收和发布、漏洞管理等环节，具体措施内容阐述如下。

1）安全设计

华为云及相关云服务遵从安全及隐私设计原则和规范、法律法规要求，根据业务场景、数据流图、组网模型进行威胁分析。威胁分析首先基于引导分析威胁库、消减库、安全设计方案库，然后给出对应的安全设计方案。所有的威胁消减措施将转换为安全需求、安全功能，并根据公司的测试用例库完成安全测试用例的设计，确保落地，以保障产品、服务的安全。

2）安全编码和测试

华为云严格遵从华为公司对内发布的多种编程语言的安全编码规范。开发人员在上岗编码前均须通过对应规范的学习和考试。同时使用静态代码扫描工具例行检查，其结果数据进入云服务工具链，以评估编码的质量。所有云服务在发布前，均须完成静态代码扫描的告警清零，有效降低上线时编码相关的安全问题。华为云将安全设计阶段识别出的安全需求、攻击者视角的渗透测试用例、业界标准等作为检查项，开发配套的安全测试工具，在云服务发布前进行多轮安全测试，确保发布的云服务满足安全要求。

3）安全验收和发布

云平台版本、重要云服务上线前，需要通过华为公司全球网络安全与用户隐私保护官和首席法务官的严格审查，针对所服务区域的安全隐私要求的合规性进行分析、判断，确保华为云以及华为开发的云服务满足各区域法律法规和客户安全需求。

4）漏洞管理

华为云构建了完善的漏洞管理体系，实现漏洞感知、漏洞处置、漏洞披露等全流程的跟踪与管理，确保云平台各服务产品和组件的漏洞得到及时的发现与修复，降低漏洞被恶意利用所带来的风险。

7. 生态安全

华为云基于严进宽用的原则，保障开源及第三方软件的安全引入和使用。华为云对引入的开源及第三方软件制订了明确的安全要求和完善的流程控制方案，在选型分析、安全测试、代码安全、风险扫描、法务审核、软件申请和软件退出等环节，均实施严格的管控。例如在选型分析环节，增加开源软件选型阶段的网络安全评估要求，严管选型。在使用中，须将第三方软件作为服务或解决方案的一部分开展相应活动，并重点评估开源及第三方软件和自研软件的结合点，或解决方案中使用独立的第三方软件是否会引入新的安全问题。华为云将网络安全能力前置到社区，在出现开源漏洞问题时，依托华为云对开源社区的影响力，第一时间发现漏洞并修复。漏洞响应时，须将开源及第三方软件作为服务和解决方案的一部分开展测试，验证开源及第三方软件已知漏洞是否修复，并在服务的 Release notes 里体现开源及第三方软件的漏洞修复列表。

8. 隐私保护

华为云各服务产品的设计遵循《隐私保护设计规范》，该规范建立了隐私基线、维护隐私的完整性和指导隐私风险分析，制定对应措施并作为需求落入服务产品开发设计流程。

此外，针对云用户的安全需求，华为云提供 DDoS 高防、Anti-DDoS 流量清洗、数据库安全服务 DBSS、数据加密服务、企业主机安全、容器安全服务、安全专家服务、SSL 证书管理、云堡垒机、漏洞扫描服务、Web 应用防火墙 WAF 等安全服务。

23.4.4 微软 Azure 云安全

由世纪互联运营的国内公有云平台 Microsoft Azure，与全球其他地区由微软运营的 Azure 服务在物理上和逻辑上独立，采用微软服务于全球的 Azure 技术，为客户提供全球一致的服务质量保障，其主要网络安全措施描述如下。

1. 数据存储安全

所有客户数据、处理这些数据的应用程序，以及承载世纪互联在线服务的数据中心，全部位于中国境内。

2. 业务连续性保障

位于中国东部和中国北部的数据中心在距离相隔 1000km 以上的地理位置提供异地复制，为 Azure 服务提供了业务连续性支持，实现了数据的可靠性。

3. 物理环境安全

所有数据中心选取国内电信运营商的顶级数据中心，在绿色节能的基础上，采用 N+1 或者 2N 路不间断电源保护。此外还有大功率柴油发电机为数据中心提供后备电力，配有现场柴油存储和就近加油站的供油协议作为保障。

数据中心机房内均设有架空地板，冷通道封闭，与后端制冷系统、冷机、冷却塔和冰池形成高效冷却循环，为机房内运行的服务器提供稳定适合的环境，并配有新风系统，可在天气条件适合时最大限度地降低数据中心的 PUE 。

4. 隐私保护

客户全权管理自己的客户数据以及权限，决定客户数据的存储位置。未经批准任何人都无法使用客户数据。不同租户的客户数据在逻辑上进行了彻底的隔离，客户数据不会被用于广告宣传或者其他商业目的。

5. 合规性

满足国际和行业特定标准 ISO/IEC 27001 ，公安部信息系统安全等级保护评定第三级备案，以及多项可信云服务认证。

6. 基础结构安全

Azure 采用一系列可靠的安全技术和实践，确保 Azure 基础结构能够应对攻击，保护用户对 Azure 环境的访问，并通过加密通信、威胁管理和缓解实践（包括定期渗透测试）来帮助保障客户数据的安全。主要网络安全技术措施如下：

- 密钥保管库。保护云应用程序和服务使用的加密密钥及其他密文密码。
- Azure Active Directory。集成本地部署 Azure Active Directory 以实现跨云应用程序的单一登录。
- 应用程序网关。提供高可用的 HTTP 负载均衡、Web 应用程序防火墙等服务，多实例网关可实现 99.9%持续运行时间。
- VPN 网关。提供行业标准的站点到站点 IPSec VPN，随处进行站点到站点的 VPN 访问。VPN 网关提供 99.9%运行时间的服务级别协议保证，支持从任何位置连接到 Azure 的虚拟网络或虚拟机。

7. 数据服务保障

通过安全技术和流程确保客户数据的机密性、完整性和可用性，提供有财务保障的最高达 99.99% 的月度服务级别协议以及最多 6 个数据备份。

23.4.5 云计算隐私保护

云计算隐私保护是云计算服务商所面临的公共安全问题。以下按照隐私保护责任主体，整理了国内外云计算隐私保护的安全措施，具体如下。

1. 云计算服务提供方的个人隐私保护措施

- 个人信息备份保管。服务器多备份、密码加密等安全措施，防止信息泄露、毁损、丢失。
- 建立严格的管理制度和流程以保障个人信息安全。通过严格限制访问信息的人员范围，并进行审计，要求相关人员遵守保密义务。
- 建立信息安全合规机制与开展安全认证。通过国际和国内的安全认证，强化和规范个人信息安全保护，如 ISO 27018 公有云个人信息保护认证、网络安全等级保护认证、ISO 27001 信息安全管理体系认证等。
- 强化身份验证和访问控制。在访问、修改和删除相关信息时，要求进行身份验证，以保障账户安全。基于法律法规要求，某些请求可能无法进行响应，部分信息可能无法访问、修改和删除。
- 限制个人信息存储地理位置。收集信息保存在位于国内的服务器。
- 个人信息留存管理。仅提供服务期间保留个人的信息，保留时间不会超过满足相关使用目的所必需的时间。基于法律法规要求及合法权益保护、社会公共利益等原因可较长时间保留个人信息。

2. 用户个人隐私保护措施

- 加强用户自我保护意识。不随意向任何第三人提供账号密码等个人信息。
- 个人信息收集符合性监督。发现违反法律法规的规定或者双方的约定收集、使用个人信息的，主动要求服务方删除。
- 个人信息更正。发现收集、存储的个人信息有错误的，且无法自行更正的，可以要求服务方更正。
- 个性化服务选择。个人用户可以根据自身利益，通过浏览器设置拒绝或管理 Cookies。

3. 个人信息安全事件应急响应措施

针对个人信息安全事件，制定应急响应预案。例如，腾讯云将按照《国家网络安全事件应急预案》等有关规定及时上报，并以发送邮件、推送通知、公告等形式告知云用户相关情况，并向其给出安全建议。

23.5　本章小结

本章首先介绍了云计算的概念及相关安全威胁、安全需求；然后分析了云计算的安全合规要求，给出了云计算安全保护机制和相关技术；最后，以阿里云、腾讯云、华为云等为案例，对云安全措施实现进行简要分析。

第 24 章　工控安全需求分析与安全保护工程

24.1　工控系统安全威胁与需求分析

工业自动化控制系统一般简称为工业控制系统或工控系统，其已经被列为网络安全等级保护 2.0 的重要保护对象。随着工业互联网的推进，工控网络安全的重要性日益明显，是工业生产安全的重要保障。

本节主要内容包括工业控制系统的概念、工业控制系统基本组成、工业控制系统安全威胁分析、工业控制系统安全隐患类型、工业控制系统安全需求分析。下面分别进行阐述。

24.1.1　工业控制系统概念及组成

工业控制系统是由各种控制组件、监测组件、数据处理与展示组件共同构成的对工业生产过程进行控制和监控的业务流程管控系统。工业控制系统通常简称工控系统（ICS）。工控系统通常分为离散制造类和过程控制类两大类，控制系统包括 SCADA 系统、分布式控制系统（DCS）、过程控制系统（PCS）、可编程逻辑控制器（PLC）、远程终端（RTU）、数控机床及数控系统等。

1. SCADA 系统

SCADA 是 Supervisory Control And Data Acquisition 的缩写，中文名称是数据采集与监视控制系统，其作用是以计算机为基础对远程分布运行的设备进行监控，功能主要包括数据采集、参数测量和调节。SCADA 系统一般由设在控制中心的主终端控制单元（MTU）、通信线路和设备、远程终端单位（RTU）等组成，系统作用主要是对多层级、分散的子过程进行数据采集和统一调度管理，如图 24-1 所示。

2. 分布式控制系统（DCS）

DCS 是 Distribution Control System 的缩写。DCS 是基于计算机技术对生产过程进行分布控制、集中管理的系统。DCS 系统一般包括现场控制级、系统控制级和管理级两/三个层次，现场控制级主要是对单个子过程进行控制，系统控制级主要是对多个密切相关的过程进行数据采集、记录、分析和控制，并通过统一的人机交互处理实现过程的集中控制和展示，系统项目管理器实现组态的配置和分发，并有统一的对外数据接口，如图 24-2 所示。

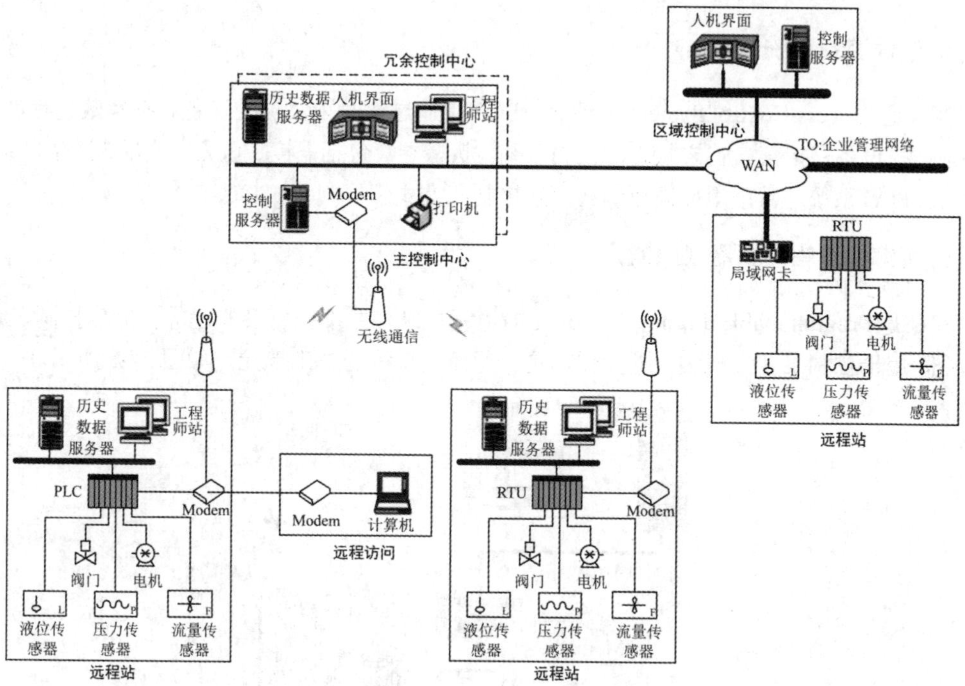

图 24-1　SCADA 系统示意图

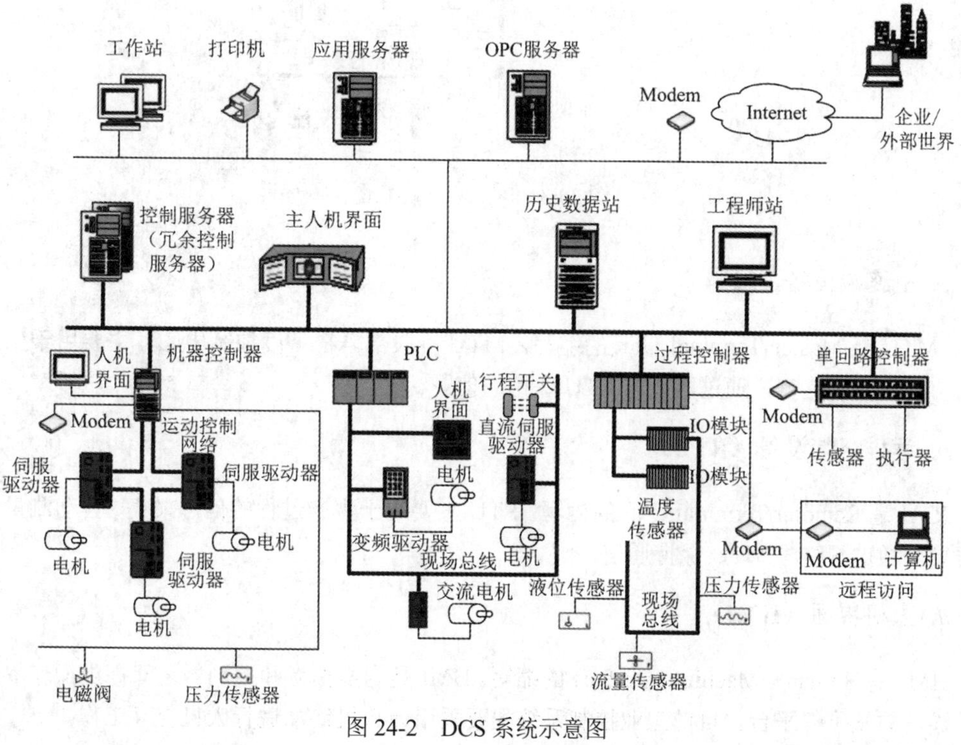

图 24-2　DCS 系统示意图

3. 过程控制系统（PCS）

PCS 是 Process Control System 的缩写。PCS 是通过实时采集被控设备状态参数进行调节，以保证被控设备保持某一特定状态的控制系统。状态参数包括温度、压力、流量、液位、成分、浓度等。PCS 系统通常采用反馈控制（闭环控制）方式。

4. 可编程逻辑控制器（PLC）

PLC 是 Programmable Logic Controller 的缩写。PLC 主要执行各类运算、顺序控制、定时等指令，用于控制工业生产装备的动作，是工业控制系统的基础单元，如图 24-3 所示。

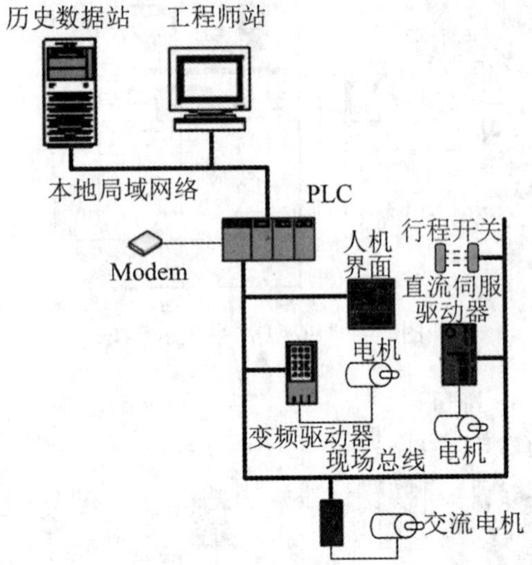

图 24-3　PLC 系统示意图

5. 主终端设备（MTU）

MTU 是 Master Terminal Unit 的缩写。MTU 一般部署在调度控制中心，主要用于生产过程的信息收集和监测，通过网络与 RTU 保持通信。

6. 远程终端设备（RTU）

RTU 是 Remoter Terminal Unit 的缩写。RTU 主要用于生产过程的信息采集、自动测量记录和传导，通过网络与 MTU 保持通信。

7. 人机界面（HMI）

HMI 是 Human—Machine Interface 的缩写。HMI 是为操作者和控制器之间提供操作界面和数据通信的软硬件平台。目前工业控制系统主要采用计算机终端进行人机交互工作。

8. 工控通信网络

工控通信网络是各种工业控制设备及组成单元的连接器，传统工业通信网络一般采取专用的协议来构建，形成封闭网络。常见的工控专用协议有 OPC、 Modbus、DNP3 等，工业通信网络类型有 DCS 主控网络、SCADA 远程网络、现场控制级通信网络等类型。随着互联网技术的应用发展，TCP/IP 协议也逐步应用到工业控制系统，如智能设备、智能楼宇、智能工厂等控制系统。

24.1.2　工业控制系统安全威胁分析

随着信息化和工业化融合的不断深入，工业控制系统的数字化、网络化、智能化日益明显。与此同时，工业控制系统的安全威胁活动也日趋频繁。2010 年首次发现针对工控系统实施破坏的恶意代码 Stuxnet（简称“震网”病毒）。“震网”病毒利用了微软操作系统至少 4 个 0-day 漏洞，攻击伊朗核电站西门子公司的 SIMATIC WinCC 系统，其主要目的是掩盖发生故障的情况以造成管理部门决策误判，使伊朗核电站的离心机运行失控。根据已发生的典型事件看，工控系统的安全威胁主要来自五个方面。

1. 自然灾害及环境

洪水、雷电、台风等是工业控制系统常见的自然灾害威胁，特别是分布在室外的工业控制设备。

2. 内部安全威胁

人为错误或疏忽大意，如命令输入错误、操作不当，导致工业控制设备安全失效。

3. 设备功能安全故障

工业控制设备的质量不合格，导致设备功能无法正常执行，从而产生故障，例如磁盘故障、服务器硬件故障。

4. 恶意代码

随着工业控制网络的开放性增加，恶意代码成为工业控制系统面临的安全挑战难题，常见的恶意代码有网络蠕虫、特洛伊木马、勒索软件等。根据研究，针对 PLC 攻击的网络蠕虫已经出现，简称 PLC Worm。

5. 网络攻击

由于工业控制系统的高价值性，常常是网络攻击者重要的目标对象。例如，网络安全威胁组织 Dragonfly 针对电力运营商、主要发电企业、石油管道运营商和能源工业设备供货商进行网络间谍活动。

24.1.3 工业控制系统安全隐患类型

工业控制系统是由传统IT技术及控制技术综合形成的复杂系统，除了传统IT系统的安全隐患外，工业控制系统还具有其特定的安全隐患，主要安全隐患分析如下。

1. 工控协议安全

工控协议设计之初，缺乏安全设计，无安全认证、加密、审计。 例如，仅需要使用一个合法的 Modbus 地址和合法的功能码即可建立一个 Modbus 会话。工控通信明文传递信息，数据传输缺乏加密措施，地址和命令明文传输，可以很容易地捕获和解析。

2. 工控系统技术产品安全漏洞

PLC、SCADA 、HMI、DCS 等相关工控技术产品存在安全漏洞。西门子、施耐德、研华、罗克韦尔、欧姆龙等产品相继报告存在安全漏洞。

3. 工控系统基础软件安全漏洞

工控系统通用操作系统、嵌入式操作系统、实时数据库等存在安全漏洞。

4. 工控系统算法安全漏洞

工控系统控制算法存在安全缺陷。例如状态估计算法缺失容忍攻击保护，从而导致状态估计不准确。

5. 工控系统设备固件漏洞

工控系统设备固件存在安全缺陷，例如 BIOS 漏洞。

6. 工控系统设备硬件漏洞

工控系统设备硬件存在安全缺陷，例如 CPU 漏洞。

7. 工控系统开放接入漏洞

传统工控系统在无物理安全隔离措施的情况下接入互联网，工控设备暴露在公共的网络中，从而带来新的安全问题。如 DDoS/DoS 拒绝服务攻击、漏洞扫描、敏感信息泄露、恶意代码网上传播等。互联网上有专用的工控设备扫描平台 Shodan，可以实时发现在线的工控设备及漏洞信息，如图 24-4 所示。

图 24-4　Shodan 界面示意图

8. 工控系统供应链安全

工控系统依赖多个厂商提供设备和后续服务保障，供应链安全直接影响工控系统的安全稳定运行。一旦某个关键设备或组件无法提供服务支撑，工控系统就很有可能中断运行。

24.1.4　工业控制系统安全需求分析

工业控制系统的安全除了传统 IT 的安全外，还涉及控制设备及操作安全。传统 IT 网络信息安全要求侧重于“保密性——完整性——可用性”需求顺序，而工控系统网络信息安全偏重于“可用性——完整性——保密性”需求顺序。由于工业控制系统安全事关生产安全、经济发展、社会稳定和国家安全，因此必须重点加强保护，国家网络安全等级保护 2.0 标准已将工控系统列为等级保护对象。工控系统的网络信息安全主要有技术安全要求和管理安全要求两方面。其中，技术安全要求主要包含安全物理环境、安全通信网络、安全区域边界、安全计算环境、安全管理中心；管理安全要求主要包含安全管理制度、安全管理机构、安全管理人员、安全建设管理、安全运维管理。详细内容可以参看《信息安全技术 网络安全等级保护基本要求》（GB/T　22239—2019）、《信息安全技术 网络安全等级保护基本要求 第 5 部分：工业控制系统安全扩展要求》（GA/T 1390.5—2017）、《工业控制系统信息安全防护指南》（工业和信息化部印发）。

工控系统的安全保护需求不同于普通 IT 系统，要根据工控业务的重要性和生产安全，划分安全区域、确定安全防护等级，然后持续提升工控设备、工控网络和工控数据的安全保护能力。工控相关安全措施必须符合国家法律政策及行业主管的安全管理要求，满足国家工控安全标准规范或国际工控安全标准规范。其中，知名的工控安全国际标准为 IEC 62443 系列标准，共有以下 12 个文档：

- IEC 62443-1-1《术语、概念和模型》；
- IEC 62443-1-2《术语和缩略语》；

- IEC 62443-1-3《系统信息安全符合性度量》；
- IEC 62443-2-1《建立工业自动化控制系统信息安全程序》；
- IEC 62443-2-2《运行工业自动化控制系统信息安全程序》；
- IEC 62443-2-3《工业自动化控制系统环境中的补丁更新管理》；
- IEC 62443-2-4《对工业自动化控制系统制造商信息安全政策与实践的认证》；
- IEC 62443-3-1《工业自动化控制系统信息安全技术》；
- IEC 62443-3-2《区域和通道的信息安全保障等级》；
- IEC 62443-3-3《系统信息安全要求和信息安全保障等级》；
- IEC 62443-4-1《产品开发要求》；
- IEC 62443-4-2《对工业自动化控制系统产品的信息安全技术要求》。

24.2 工控系统安全保护机制与技术

本节介绍工业控制系统安全保护机制，主要包括物理及环境安全防护、安全分区及边界保护、身份认证与访问控制、远程访问安全、恶意代码防范、数据安全、网络安全监测与应急响应、安全管理等。同时，给出了工业控制系统安全产品技术。

24.2.1 物理及环境安全防护

物理及环境安全是工控系统的安全基础。为保护工业控制系统的物理及环境安全，《工业控制系统信息安全防护指南》要求如下：

- 对重要工程师站、数据库、服务器等核心工业控制软硬件所在区域采取访问控制、视频监控、专人值守等物理安全防护措施。
- 拆除或封闭工业主机上不必要的 USB、光驱、无线等接口。若确需使用，通过主机外设安全管理技术手段实施严格访问控制。

24.2.2 安全边界保护

为确保有安全风险的区域隔离及安全控制管理，工业企业应将工业控制系统划分为若干安全域。一般来说，工业控制系统的开发、测试和生产应分别提供独立环境，避免把开发、测试环境中的安全风险引入生产系统。

工业企业针对不同的安全域实现安全隔离及防护。其中，安全隔离类型分为物理隔离、网络逻辑隔离等方式。常见的工业控制边界安全防护设备包括工业防火墙、工业网闸、单向隔离设备及企业定制的边界安全防护网关等。工业企业按照实际情况，在不同安全区域边界之间部署边界安全防护设备，实现安全访问控制，阻断非法网络访问。

如图 24-5 所示，工控防火墙将运营管理层与监督控制层进行安全逻辑隔离。

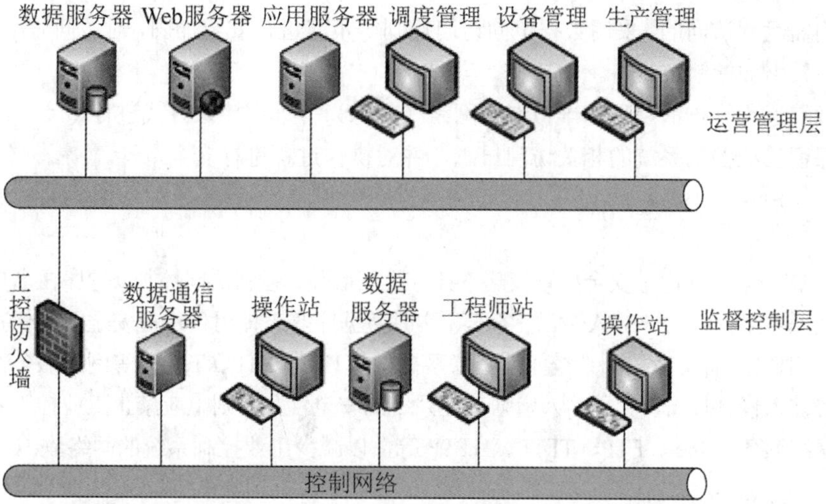

图 24-5　运营管理层网络与监督控制层网络之间安全隔离示意图

24.2.3　身份认证与访问控制

身份认证与访问控制是工业控制系统的安全基础。目前，常见的认证技术手段有口令密码、USB-Key、智能卡、人脸、指纹、虹膜等。为防范口令撞库攻击及敏感认证信息泄露影响，不同系统和网络环境下禁止使用相同的身份认证证书信息，减小身份信息暴露后对系统和网络的影响。对于工业控制设备、SCADA 软件、工业通信设备等设定不同强度的登录账户及密码，并进行定期更新，避免使用默认口令或弱口令。针对内部威胁，工业企业的安全权限管理应遵循最小特权原则，对工业控制系统中的系统账户权限分配最小化，避免权限过多，防止特权滥用。

《工业控制系统信息安全防护指南》对身份认证提出要求，具体内容如下：

（1）在工业主机登录、应用服务资源访问、工业云平台访问等过程中使用身份认证管理。对于关键设备、系统和平台的访问采用多因素认证。

（2）合理分类设置账户权限，以最小特权原则分配账户权限。

（3）强化工业控制设备、SCADA 软件、工业通信设备等的登录账户及密码，避免使用默认口令或弱口令，定期更新口令。

（4）加强对身份认证证书信息的保护力度，禁止在不同系统和网络环境下共享。

24.2.4　远程访问安全

远程访问为工业企业的管理及维护提供方便，但与此同时也引入网络安全问题，威胁者可以利用远程访问的安全缺陷入侵工控系统。《工业控制系统信息安全防护指南》要求如下：

- 原则上严格禁止工业控制系统面向互联网开通 HTTP、FTP、Telnet 等高风险通用网络服务。

- 确需远程访问的，采用数据单向访问控制等策略进行安全加固，对访问时限进行控制，并采用加标锁定策略。
- 确需远程维护的，采用虚拟专用网络（VPN）等远程接入方式进行。
- 保留工业控制系统的相关访问日志，并对操作过程进行安全审计。

24.2.5 工控系统安全加固

工控系统安全加固通过安全配置策略、身份认证增强、强制访问控制、程序白名单控制等多种技术措施，对工程师站、SCADA 服务器、实时数据库等工控组件进行安全增强保护，减少系统攻击面。例如， 若工业控制系统面向互联网提供 HTTP、FTP、Telnet 等网络服务，易导致工业控制系统被入侵、攻击、利用。为增强工控系统的安全性，原则上应禁止工业控制系统开启高风险通用网络服务 Telnet、FTP、TFTP、HTTP 等，以减少工业控制系统的网络攻击途径。

24.2.6 工控安全审计

工业企业部署安全审计设备，如图 24-6 所示。通过审计系统保留工业控制系统设备、应用等访问日志，并定期进行备份，通过审计人员账户、访问时间、操作内容等日志信息，追踪定位非授权访问行为。

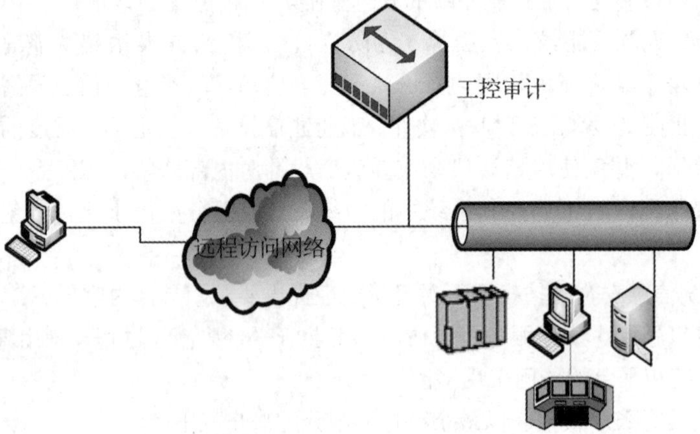

图 24-6 工控安全审计示意图

24.2.7 恶意代码防范

恶意代码对工业控制系统的安全构成极大威胁，如震网病毒、火焰病毒。《工业控制系统信息安全防护指南》对恶意代码防范的相关安全要求如下：

（1）在工业主机上采用经过离线环境中充分验证测试的防病毒软件或应用程序白名单软件，只允许经过工业企业自身授权和安全评估的软件运行。

（2）工业企业需要建立工业控制系统防病毒和恶意软件入侵管理机制，对工业控制系统及临时接入的设备采用必要的安全预防措施。安全预防措施包括定期扫描病毒和恶意软件、定期更新病毒库、查杀临时接入设备（如临时接入 U 盘、移动终端等外设）等。

（3）密切关注重大工控安全漏洞及其补丁发布，及时采取补丁升级措施。在补丁安装前，需对补丁进行严格的安全评估和测试验证。

24.2.8　工控数据安全

工业生产数据是工业企业的核心资源，常见的工业数据类型有研发数据（研发设计数据、开发测试数据等）、生产数据（控制信息、工况状态、工艺参数、系统日志等）、运维数据（物流数据、产品售后服务数据等）、管理数据（系统设备资产信息、客户与产品信息、产品供应链数据、业务统计数据等）、外部数据（与其他主体共享的数据等）。工业生产数据的安全目标是保障数据全生命周期的可用性、完整性、保密性和时效性，防止遭受未授权泄露、修改、移动、销毁，特别是防止实时数据延缓滞后。

为保护好工业生产数据，国家工业和信息化部颁发《工业数据分类分级指南（试行）》和《工业控制系统信息安全防护指南》。针对数据安全，指南要求对数据进行分类分级管理，具体防护措施相关要求如下：

（1）对静态存储和动态传输过程中的重要工业数据进行保护，根据风险评估结果对数据信息进行分级分类管理。工业企业应对静态存储的重要工业数据进行加密存储，设置访问控制功能，对动态传输的重要工业数据进行加密传输，使用 VPN 等方式进行隔离保护，并根据风险评估结果，建立和完善数据信息的分级分类管理制度。

（2）定期备份关键业务数据。工业企业应对关键业务数据，如工艺参数、配置文件、设备运行数据、生产数据、控制指令等进行定期备份。

（3）对测试数据进行保护。工业企业应对测试数据，包括安全评估数据、现场组态开发数据、系统联调数据、现场变更测试数据、应急演练数据等进行保护，如签订保密协议、回收测试数据等。

24.2.9　工控安全监测与应急响应

网络安全监测与应急响应是工业控制系统的安全措施。在工业控制网络中部署网络安全监测设备，可以及时发现网络攻击行为，如病毒、木马、端口扫描、暴力破解、异常流量、异常指令、伪造工控协议包等，对网络攻击和异常行为进行识别、报警、记录。同时，针对工业控制潜在的安全事件，制定工控安全事件应急响应预案，预案应包括应急计划的策略和规程、应急计划培训、应急计划测试与演练、应急处理流程、事件监控措施、应急事件报告流程、应急支持资源、应急响应计划等内容。目前，《工业控制系统信息安全防护指南》针对网络安全监测与应急响应的相关要求如下：

（1）在工业控制网络部署网络安全监测设备，及时发现、报告并处理网络攻击或异常行为。

（2）在重要工业控制设备前端部署具备工业协议深度包检测功能的防护设备，限制违法操作。

（3）制订工控安全事件应急响应预案，当遭受安全威胁导致工业控制系统出现异常或故障时，应立即采取紧急防护措施，防止事态扩大，并逐级报送直至属地省级工业和信息化主管部门，同时注意保护现场，以便进行调查取证。

（4）定期对工业控制系统的应急响应预案进行演练，必要时对应急响应预案进行修订。

（5）对关键主机设备、网络设备、控制组件等进行冗余配置。

为指导做好工业控制系统信息安全事件应急管理相关工作，保障工业控制系统信息安全，2017年工业和信息化部发布了《工业控制系统信息安全事件应急管理工作指南》。

24.2.10 工控安全管理

网络安全管理是工业控制系统的必要安全措施，技术安全实施依赖于安全管理到位。目前，国家《工业控制系统信息安全防护指南》针对安全管理的相关要求包括资产管理、安全软件选择与管理、配置和补丁管理、供应链管理等，其具体要求如下：

（1）建设工业控制系统资产清单，明确资产责任人，以及资产使用及处置规则。工业企业应建设工业控制系统资产清单，包括信息资产、软件资产、硬件资产等。明确资产责任人，建立资产使用及处置规则，定期对资产进行安全巡检，审计资产使用记录，并检查资产运行状态，及时发现风险。

（2）对关键主机设备、网络设备、控制组件等进行冗余配置。工业企业应根据业务需要，针对关键主机设备、网络设备、控制组件等配置冗余电源、冗余设备、冗余网络等。

（3）安全软件选择与管理。一是在工业主机上采用经过离线环境中充分验证测试的防病毒软件或应用程序白名单软件，只允许经过工业企业自身授权和安全评估的软件运行。其中，离线环境指的是与生产环境物理隔离的环境。验证和测试内容包括安全软件的功能性、兼容性及安全性等。二是建立防病毒和恶意软件入侵管理机制，对工业控制系统及临时接入的设备采取病毒查杀等安全预防措施。

（4）配置和补丁管理。一是做好工业控制网络、工业主机和工业控制设备的安全配置，建立工业控制系统配置清单，定期进行配置审计。配置清单主要包括虚拟局域网隔离、端口禁用等工业控制网络安全配置，远程控制管理、默认账户管理等工业主机安全配置，口令策略合规性等工业控制设备安全配置。二是对重大配置变更制定变更计划并进行影响分析，配置变更实施前进行严格安全测试。其中，重大配置变更是指重大漏洞补丁更新、安全设备的新增或减少、安全域的重新划分等。同时，应对变更过程中可能出现的风险进行分析，形成分析报告，并在离线环境中对配置变更进行安全性验证。三是密切关注重大工控安全漏洞及其补丁发布，及时采取补丁升级措施。在补丁安装前，需对补丁进行严格的安全评估和测试验证。工业企业应密切关注CNVD、CNNVD等漏洞库及设备厂商发布的补丁。当重大漏洞及其补丁发布时，根据企业自身情况及变更计划，在离线环境中对补丁进行严格的安全评估和测试验证，对通过安全评估和测试验证的补丁及时升级。

（5）供应链管理。一是选择工业控制系统规划、设计、建设、运维或评估等服务商时，优先考虑具备工控安全防护经验的企事业单位，以合同等方式明确服务商应承担的信息安全责任和义务。二是以保密协议的方式要求服务商做好保密工作，防范敏感信息外泄。保密协议中应约定保密内容、保密时限、违约责任等内容，防范工艺参数、配置文件、设备运行数据、生产数据、控制指令等敏感信息外泄。

（6）落实责任。通过建立工控安全管理机制、成立信息安全协调小组等方式，明确工控安全管理责任人，落实工控安全责任制，部署工控安全防护措施。工业企业应建立健全工控安全管理机制，明确工控安全主体责任，成立由企业负责人牵头的，由信息化、生产管理、设备管理等相关部门组成的工业控制系统信息安全协调小组，负责工业控制系统全生命周期的安全防护体系建设和管理，制定工业控制系统安全管理制度，部署工控安全防护措施。

24.2.11　工控安全典型产品技术

工业控制系统的安全产品技术除了传统的 IT 安全产品技术外，相关安全厂商也根据工业控制系统环境的特殊要求，研发了相关工控安全产品技术，主要有防护类型、物理隔离类型、检查类型、审计与监测类型、运维和风险管控类型等。

1. 防护类型

工控系统防护类型技术产品较多，典型技术产品有工控防火墙、工控加密、工控用户身份认证、工控可信计算、系统安全加固等。其中，工控防火墙区别于传统防火墙，工控防火墙对进入工业控制系统中的网络数据包进行深度分析，可以解读工控协议数据包内容，从而可以在网络上实现对 IP、工控协议功能码、操作行为等的访问控制；工控加密有 VPN、加密机、数据加密工具等；工控用户身份认证有传统的口令认证、双因素认证以及基于人脸、指纹、虹膜的生物认证等产品技术；工控可信计算采取密码、硬件安全等技术，提供可信的工控计算环境和网络通信，保护工控主机安全可信，工控设备网络连接可信；系统安全加固针对工控主机和终端设备的安全不足，采取身份增强认证、强制访问控制、应用程序白名单、安全配置、恶意代码防护等综合技术，保护工控主机安全。

2. 物理隔离类型

针对工控系统的不同安全区域，为实现更强的安全保护，通过物理隔离技术防止不同安全域的非安全通信。常见技术产品有网闸、正反向隔离装置等。

3. 审计与监测类型

工控安全审计与监测类型产品技术用于掌握工控系统的安全状态，主要产品有工控安全审计和工控入侵检测系统。其中，工控安全审计产品技术通过采集、存储工控系统日志信息，分析系统异常事件，对于出现的违背安全策略的操作进行告警，并提供安全事件发生场景还原及电子取证服务；工控入侵检测系统（IDS）通过对工控系统数据包的深度解析或系统日志关联分析，利用基于特征或异常检测来发现攻击工控系统的行为，实现工控安全威胁监测。

4. 检查类型

工控安全检查类型产品技术主要有工控漏洞扫描、工控漏洞挖掘、工控安全基线检查等。其中，工控漏洞扫描主要针对工控系统设备、操作系统、工控软件等进行安全漏洞检查，以发现安全漏洞。工控漏洞挖掘则利用协议分析、软件逆向分析、模糊安全测试等技术手段，实现对工控系统安全漏洞的发现。工控安全基线检查则根据工控安全策略、工控安全标准规范、工控安全最佳实践等要求，对工控系统的安全进行合规检查。

5. 运维和风险管控类型

工控运维和风险管控类型产品技术主要有工控堡垒机、工控风险管理系统等。其中，工控堡垒机可以用于集中管理工控设备的运行维护和运维过程审计，减少安全隐患；工控风险管理系统则用于管理工控系统的资产、安全威胁、安全漏洞及潜在安全影响。

24.3 工控系统安全综合应用案例分析

本节给出电力、水厂、厂商等工控系统安全实施参考案例。

24.3.1 电力监控系统安全总体方案

本案例来自国家工业控制系统信息安全相关标准和管理政策文件。工业控制系统在电力行业应用广泛，其安全性十分重要。国家相关部门颁布一系列安全管理规定，如《电力监控系统安全防护规定》（国家发改委令第14号）、《电力行业信息系统安全等级保护基本要求》（电监信息〔2012〕62号）、《电力行业网络与信息安全管理办法》（国能安全〔2014〕317号）、《电力行业信息安全等级保护管理办法》（国能安全〔2014〕318号）。电力监控系统的安全策略是“安全分区、网络专用、横向隔离、纵向认证”，如图24-7所示。

1. 安全分区

电力监控系统的安全区域主要分成生产控制大区和管理信息大区。其中，生产控制大区又细分为控制区和非控制区，管理信息大区分为若干业务安全区。控制区与非控制区之间应采用逻辑隔离措施，实现两个区域的逻辑隔离、报文过滤、访问控制等功能，其访问控制规则应当正确有效。生产控制大区应当选用安全可靠的硬件防火墙，其功能、性能、电磁兼容性必须经过国家相关部门的检测认证。

2. 网络专用

电力监控系统的调度控制网络采用专用网络，以满足电力控制实时性及高可信要求。

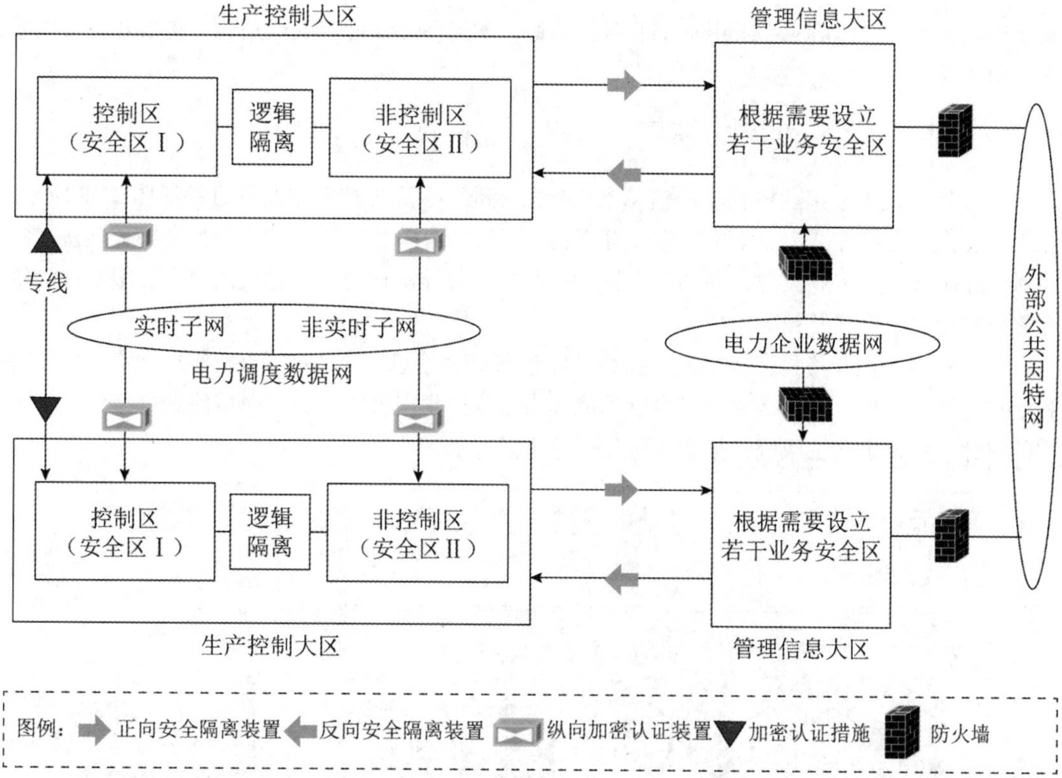

图 24-7　电力监控系统安全防护示意图

3. 横向隔离

横向隔离是电力二次安全防护体系的横向防线。采用不同强度的安全设备隔离各安全区，在生产控制大区与管理信息大区之间必须设置经国家指定部门检测认证的电力专用横向单向安全隔离装置，隔离强度应当接近或达到物理隔离。电力专用横向单向安全隔离装置作为生产控制大区与管理信息大区之间必备的边界防护措施，是横向防护的关键设备。生产控制大区内部的安全区之间应当采用具有访问控制功能的网络设备、防火墙或者相当功能的设施，实现逻辑隔离。安全接入区与生产控制大区相连时，应当采用电力专用横向单向安全隔离装置进行集中互联。

4. 纵向认证

纵向加密认证是电力监控系统安全防护体系的纵向防线。采用认证、加密、访问控制等技术措施实现数据的远方安全传输以及纵向边界的安全防护。对于重点防护的调度中心、发电厂、变电站，在生产控制大区与广域网的纵向连接处应当设置经过国家指定部门检测认证的电力专用纵向加密认证装置或者加密认证网关及相应设施，实现双向身份认证、数据加密和访问控制。

安全接入区内纵向通信应当采用基于非对称密钥技术的单向认证等安全措施，重要业务可以采用双向认证。

24.3.2 水厂工控安全集中监控

本案例来自国家工业控制系统信息安全相关标准。水厂工控安全监管过程如图 24-8 所示。在工业交换机旁路部署工业集中监控管理平台，通过私有安全协议建立安全加密的长连接，实现对工业防火墙及工业监控设备的集中管理和监控。对异常行为、恶意代码攻击、威胁行为管理等可实现集中管理及预防。

在工业以太网交换机及控制网交换机旁路部署 ICS 信息安全监控设备，实现网络结构风险和活动的即时可见，对网络中的可疑行为或攻击行为产生报警。同时，对网络通信行为进行翔实的审计记录，定期生成统计报表，可用于分析及展示。

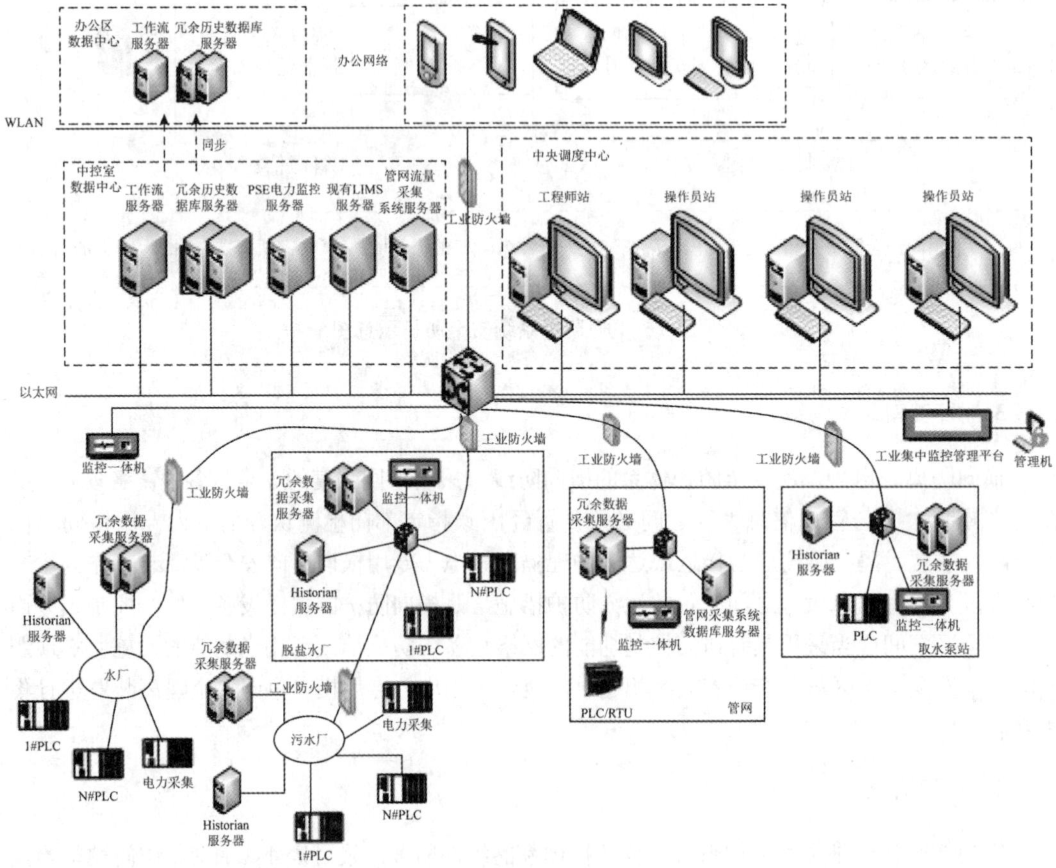

图 24-8 水厂工控安全监管示意图

24.3.3 工控安全防护厂商方案

本案例来自青岛某企业。根据某客户工业控制系统的应用环境需求，需要提供专业化的适用于工控环境的相关安全防护及安全加固产品，全面护航工业控制系统信息安全，如图 24-9 所示。

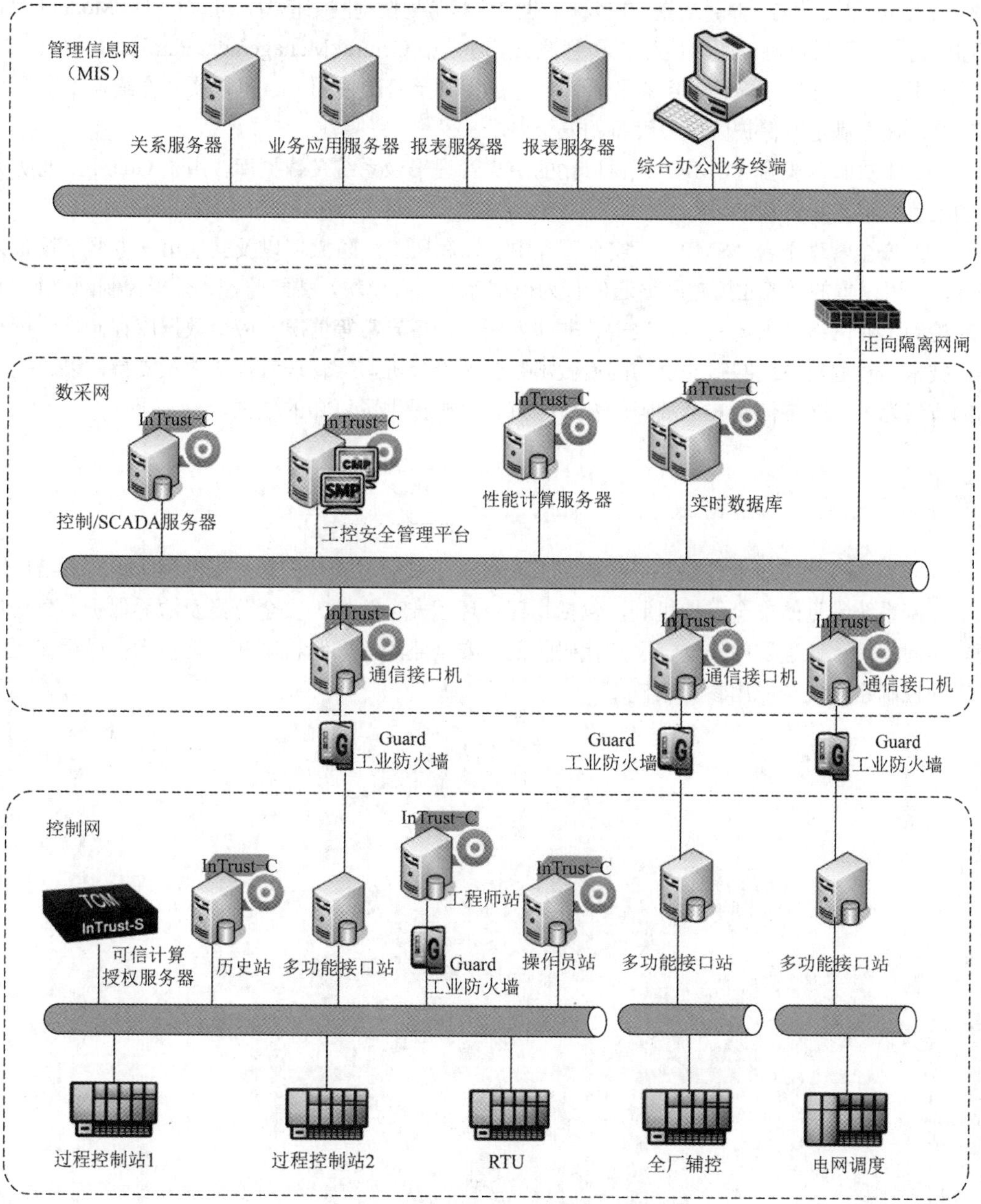

图 24-9　工控安全系统架构示意图

该方案主要包含以下几部分：

（1）InTrust 工控可信计算安全平台：可信计算与系统加固，可信计算技术在工控安全领域的创新应用，中国自主的可信计算模块及加密算法，智能的可信度量与管控白名单，提高系统免疫力，阻止一切非可信进程运行，抗病毒、抗恶意攻击。

（2）Guard 工业防火墙：内置 50 多种工业协议和常规控制网络模型，可对 OPC、Modbus TCP 等通信提供基于工业协议的深度检查和管控。同时采用 Central Management Platform（CMP，中央管理平台）进行集中配置、组态和管理（可远程甚至跨国使用），可以实时在线调整安全配置策略，使之满足所保护区域及设备的安全要求。

（3）中央管理平台（CMP）：窗口化的中央管理平台系统及数据库，用于 Guard 工业防火墙的配置、组态和管理。

（4）安全管理平台（SMP）：安全管理中心以底层工业防火墙以及其他第三方网络设备为探针，利用内置的"工业控制网络通信行为模型库"核心模块，智能监控、分析控制网络行为，及时检测工业网络中出现的工业攻击、非法入侵、设备异常等情况，应用数据库存储、分析和挖掘技术，对危及系统网络安全的因素做出智能预警分析，给管理者提供决策支持，以总揽大局的方式为工厂网络信息安全故障的及时排查、分析提供了可靠的依据。

24.4 本章小结

本章首先阐述了工业控制系统的概念及相关安全威胁、安全隐患、安全需求；然后给出了工业控制系统常见的安全保护机制，包括物理及环境安全防护、安全分区及边界保护、身份认证与访问控制、运程访问安全、恶意代码防范、安全监测等安全机制和实现技术；最后，提供了工业控制系统安全应用参考案例。

第 25 章　移动应用安全需求分析与安全保护工程

25.1　移动应用安全威胁与需求分析

本节内容首先阐述移动应用系统的组成，然后分析移动应用面临的安全威胁。下面分别进行叙述。

25.1.1　移动应用系统组成

随着移动互联网技术的发展，智能手机在工作、生活中越来越重要，人们已经普遍使用智能手机上网、通信、支付、办公等。相关基于智能手机的移动应用系统也快速发展，其基本组成如图 25-1 所示，包括三个部分：一是移动应用，简称 App；二是通信网络，包括无线网络、移动通信网络及互联网；三是应用服务端，由相关的服务器构成，负责处理来自 App 的相关信息或数据。

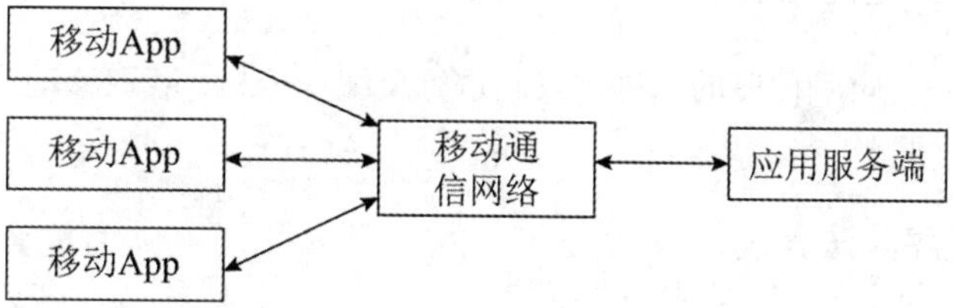

图 25-1　移动应用系统组成示意图

25.1.2　移动应用安全分析

近年来移动应用使用广泛，相关应用涉及个人敏感信息和关键业务操作。与此同时，移动应用相关的安全问题日益频繁，如用户信息泄露、移动恶意代码等，移动应用面临各种各样的网络安全威胁。移动应用的安全威胁主要有以下类型。

1. 移动操作系统平台安全威胁

移动应用的安全性依赖于移动操作系统。目前，市场上主要的移动操作系统是苹果公司的 iOS 操作系统与 Google 公司开源的 Android 操作系统。根据 CVE 公开漏洞信息，移动操作系统都不同程度地存在漏洞。例如，iOS 的“1970”漏洞，该漏洞在搭载 64 位处理器的 iOS 8 至

iOS 9.3beta3 的系统设备上，通过设置系统时间为 1970 年 5 月及更早的日期，触发漏洞导致手机重启后不能正常使用。

2. 无线网络攻击

攻击者利用移动应用程序依赖的无线网络通信环境或网络服务的安全隐患，实施通信内容监听、假冒基站、网络域名欺诈、网络钓鱼等攻击活动。目前，移动应用面临 WiFi、蓝牙（Bluetooth）、NFC 等多种无线攻击安全威胁。WiFi“钓鱼”是移动应用安全威胁常见的形式，攻击者通过一台可控的路由器发射无线信号，可以监控连接到该路由器的智能设备，分析智能设备与服务器通信的数据包，修改服务器返回的网页，甚至还可以伪装成受害者与服务器通信。

3. 恶意代码

针对智能手机的恶意代码行为呈上升趋势，常见的恶意行为有流氓行为、资费消耗、恶意扣费、隐私窃取、远程控制、诱骗欺诈、系统破坏、恶意传播等。例如，DroidDream 恶意软件采取了把自己隐藏到其他应用程序中的方式，DroidDream 一旦入侵成功，随后就会从被攻击的手机中收集和传输用户的敏感信息，利用系统漏洞获取 root 权限，然后从网上下载一些其他安装包，最终完全入侵手机并控制手机；BaseBridge 是一款恶意扣费类软件，其把自己嵌入合法应用程序中，还能够强制关闭某些安全防护软件。

4. 移动应用代码逆向工程

攻击者通过对移动应用程序的二进制代码进行反编译分析，获取移动应用源代码的关键算法思路或窃取敏感数据。

5. 移动应用程序非法篡改

攻击者利用安全工具，非法篡改移动应用程序，实现恶意的攻击，窃取用户信息。

25.2 Android 系统安全与保护机制

本节内容阐述 Android 系统的组成概况，然后分析 Android 系统的安全机制。下面分别进行叙述。

25.2.1 Android 系统组成概要

Android 是一个开源的移动终端操作系统，其系统结构组成如图 25-2 所示，共分成 Linux 内核层（Linux Kernel）、系统运行库层（Libraries 和 Android Runtime）、应用程序框架层（Application Framework）和应用程序层（Applications）。

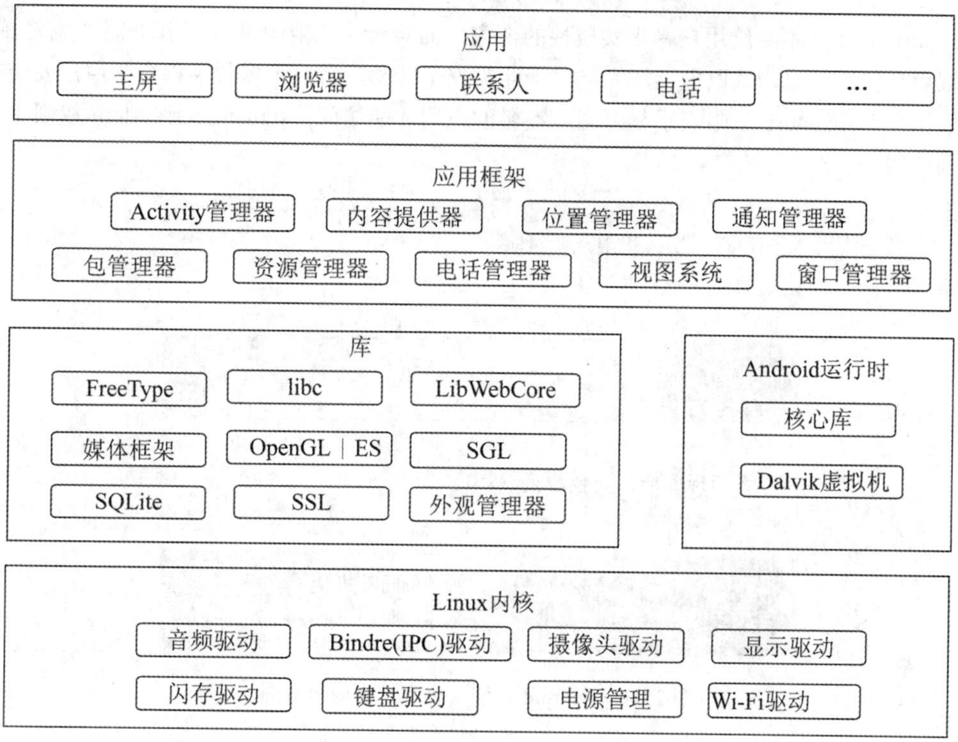

图 25-2　Android 系统架构示意图

Android 系统的各层都面临着不同程度的安全威胁。其中， Android 系统的基础层安全威胁来自 Linux 内核攻击，目前，Linux 内核漏洞时有出现，内核漏洞常常导致攻击者能够获得系统最高权限，严重危及 Android 整体系统的安全。Android 系统成为恶意代码利用的重点目标，常见的形式有 APK 重打包（repackaging）、更新攻击、诱惑下载、提权攻击、远程控制、恶意付费、敏感信息搜集。

25.2.2　Android 系统安全机制

为保护 Android 系统及应用终端平台安全，Android 系统在内核层、系统运行库层、应用程序框架层以及应用程序层等各个层面采取了相应的安全措施，以尽可能地保护移动用户数据、应用程序和设备安全，如图 25-3 所示。

1. 权限声明机制

权限声明机制，为操作权限和对象之间设定了一些限制，只有把权限和对象进行绑定，才可以有权操作对象。当然，权限声明机制还制定了不同级别不同的认证方式的制度。在默认情况下 Android 应用程序不会被授予权限，其权限分配根据 Android 应用 APK 安装包中的 Manifest 文件确定。应用程序层的权限包括 normal 权限、dangerous 权限、signature 权限、signatureOrSystem

权限。normal 权限不会给用户带来实质性的伤害；dangerous 权限可能会给用户带来潜在威胁，如读取用户位置信息，读取电话簿等，对于此类安全威胁，目前大多数手机会在用户安装应用时提醒用户；signature 权限表示具有同一签名的应用才能访问；signatureOrSystem 权限主要由设备商使用。

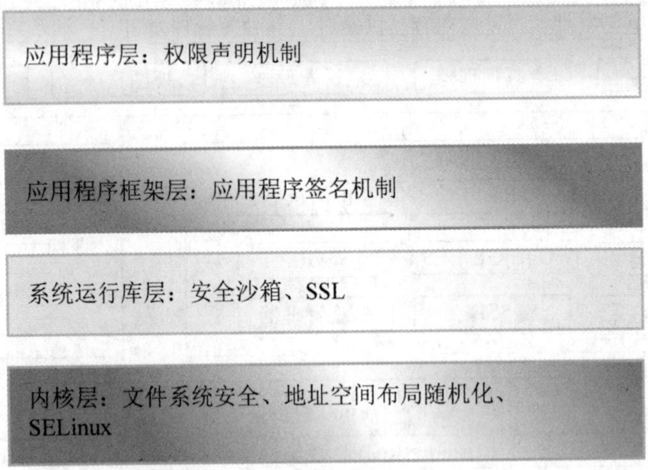

图 25-3　Android 系统安全系统结构示意图

2. 应用程序签名机制

Android 将应用程序打包成.APK 文件，应用程序签名机制规定对 APK 文件进行数字签名，用来标识相应应用程序的开发者和应用程序之间存在信任关系。所有安装到 Android 系统中的应用程序都必须拥有一个数字证书，此数字证书用于标识应用程序的作者和应用程序之间的信任关系。

3. 沙箱机制

沙箱隔离机制使应用程序和其相应运行的 Dalvik 虚拟机都运行在独立的 Linux 进程空间，不与其他应用程序交叉，实现完全隔离，如图 25-4 所示。Android 沙箱的本质是为了实现不同应用程序和进程之间的互相隔离，即在默认情况下，应用程序没有权限访问系统资源或其他应用程序的资源。每个 App 和系统进程都被分配唯一并且固定的 User ID，这个 UID 与内核层进程的 UID 对应。每个 App 在各自独立的 Dalvik 虚拟机中运行，拥有独立的地址空间和资源。运行于 Dalvik 虚拟机中的进程必须依托内核层 Linux 进程而存在，因此 Android 使用 Dalvik 虚拟机和 Linux 的文件访问控制来实现沙箱机制，任何应用程序如果想要访问系统资源或者其他应用程序的资源，必须在自己的 Manifest 文件中进行声明权限或者共享 UID。

4. 网络通信加密

Android 支持使用 SSL/TSL 协议对网络数据进行传输加密，以防止敏感数据泄露。

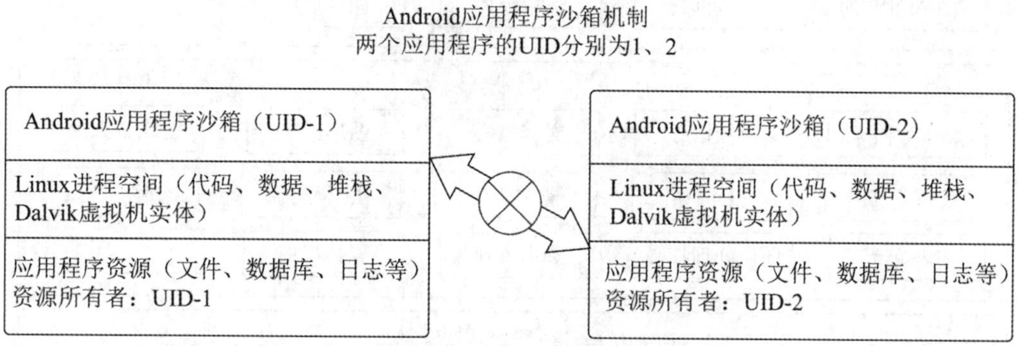

图 25-4　Android 应用沙箱机制示意图

5. 内核安全机制

Android 系统的内核层采用分区和 Linux ACL 权限控制机制。Linux ACL 权限控制机制是指每个文件的访问控制权限都由其拥有者、所属的组、读写执行三个方面共同控制。文件在创建时被赋予了不同的应用程序 ID，只有拥有相同应用程序 ID 或被设置为全局可读写才能够被其他应用程序所访问。每个应用均具有自己的用户 ID，有自己的私有文件目录。在系统运行时，最外层的安全保护由 Linux 提供，其中 system.img 所在的分区是只读的，不允许用户写入，data.img 所在的分区是可读写的，用于存放用户的数据。

除了 Linux 常见的安全措施外，Android 后续版本不断增强抗攻击安全机制，在 Android 2.3 版本之后增加了基于硬件的 NX（No eXecute）支持，不允许在堆栈中执行代码。在 Android 4.0 之后，增加了“地址空间布局随机化（Address Space Layout Randomization，ASLR）”功能，防止内存相关的攻击。Android 进一步支持具有强制访问控制功能的 SELinux，防止内核级提权攻击。

25.3　iOS 系统安全与保护机制

本节内容阐述 iOS 系统的组成概况，然后分析 iOS 系统的安全机制。

25.3.1　iOS 系统组成概要

苹果公司建立以 iOS 平台为核心的封闭的生态系统，iOS 的智能手机操作系统的原名为 iPhoneOS，其核心与 Mac OS X 的核心同样都源自 Apple Darwin。iOS 的系统架构如图 25-5 所示，其分为四个层次：核心操作系统层（Core OS Layer）、核心服务层（Core Services Layer）、媒体层（Media Layer）和可触摸层（Cocoa Touch Layer）。

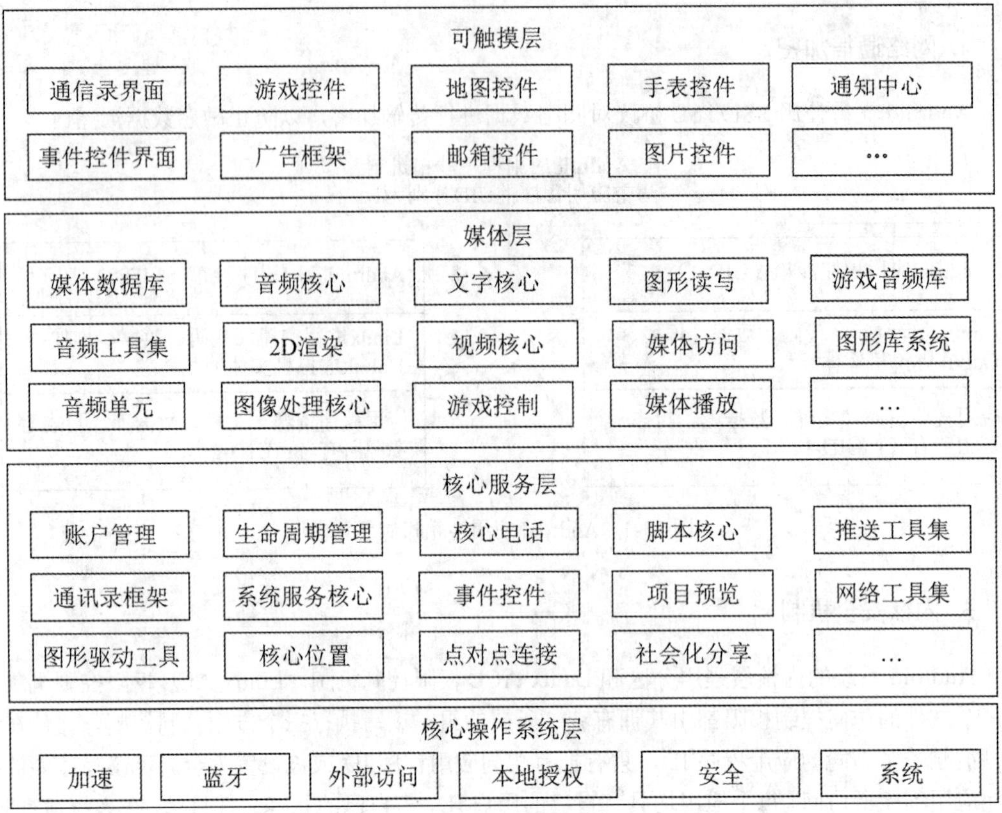

图 25-5　iOS 系统架构示意图

- **可触摸层**。为应用程序开发提供了各种常用的框架并且大部分框架与界面有关，负责用户在 iOS 设备上的触摸交互操作。
- **媒体层**。提供应用中视听方面的技术，如图形图像相关的 Core Graphics、Core Image、GLKit、OpenGL ES、Core Text 等，声音相关的 Core Audio、OpenAL、AV Foundation，视频相关的 Core Media、Media Player 框架，音视频传输的 AirPlay 框架等。
- **核心服务层**。提供给应用所需要的基础的系统服务，如账户、数据存储、网络连接、地理位置、运动框架等。
- **核心操作系统层**。提供本地认证、安全、外部访问、系统等服务。

25.3.2　iOS 系统安全机制

iOS 平台的安全架构可以分为硬件、固件、软件，如图 25-6 所示。

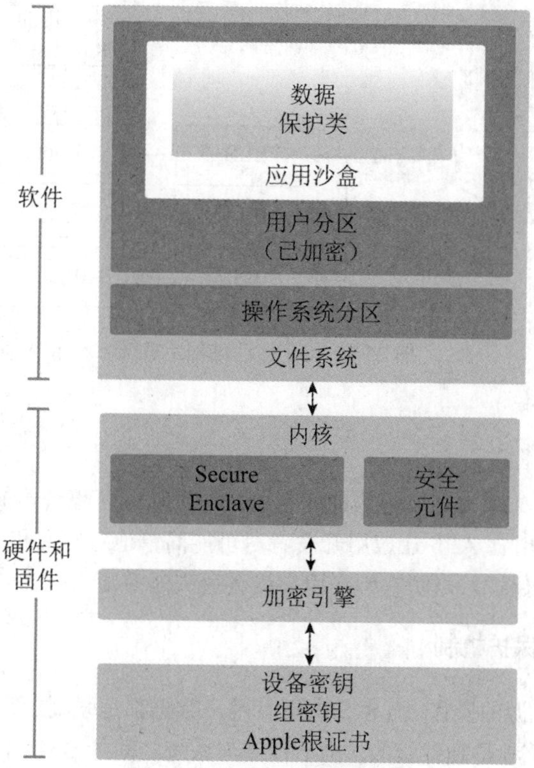

图 25-6　iOS 安全架构示意图

硬件、固件层由设备密钥、设备组密钥、苹果根认证、加密引擎、内核组成。Secure Enclave 是苹果高版本 A 系列处理器中的协处理器，独立于应用处理器之外，提供所有加密操作。

软件层则由文件系统、操作系统分区、用户分区、应用沙盒及数据保护类构成。

苹果基于这一整体安全架构，集成了多种安全机制，共同保护 iOS 平台的安全性，主要安全机制如下。

1. 安全启动链

iOS 平台的安全依赖于启动链的安全，为防止黑客攻击启动过程，iOS 启动过程使用的组件要求完整性验证，确保信任传递可控。iOS 启动过程如图 25-7 所示。

打开 iOS 设备后，其应用处理器会立即执行只读内存（也称为引导 ROM）中的代码。这些不可更改的代码是在制造芯片时设置好的，为隐式受信任代码。引导 ROM 代码包含苹果根 CA 公钥，该公钥用于验证底层引导加载程序（LLB）是否经过苹果签名，以决定是否允许其加载。引导路径从引导 ROM 出来之后分叉为两条执行路径：一条是普通引导；另一条则是设备固件更新模式，这个模式用于更新 iOS 镜像。

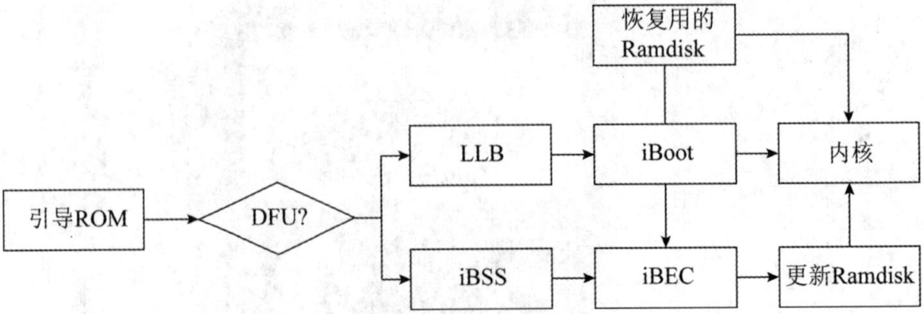

图 25-7 iOS 启动过程示意图

2. 数据保护

针对移动设备因丢失或被窃取导致的泄露数据的风险，苹果公司的 iOS 4 提供了数据保护 API（Data Protection API）。API 让应用开发者尽可能简单地对文件和 keychain 项中存储的敏感用户数据施以足够的保护，以防它们在用户设备丢失时被泄露。

3. 数据的加密与保护机制

加解密是耗时耗能源的操作，而 iOS 内所有用户数据都是强制加密的，加密功能不能关闭。苹果的 AES 加解密引擎都是硬件级的，位于存储与系统之间的 DMA 内，所有进出存储的数据都要经过硬件的加密与解密，这样提供了较高的效率与性能。除此之外，iOS 提供了名为 File Data Protection 的数据保护方法。所有文件在加密时使用的 key 都是不同的，这些 key 被称作 Profile Key，存储于 Metafile 内。

4. 地址空间布局随机化

iOS 引入地址空间布局随机化（ASLR）安全保护技术，利用 ASLR 技术，确保 iOS 的二进制文件、库文件、动态链接文件、栈和堆内存地址的位置是随机分布的，从而增强抗攻击能力。

5. 代码签名

为防止应用攻击，iOS 系统要求所有可执行程序必须使用苹果公司发放的证书签名。

6. 沙箱机制

iOS 为限制恶意代码执行所造成的破坏，提供 iOS 沙箱机制，通过沙箱机制，可以限制进程的恶意行为。

25.4　移动应用安全保护机制与技术方案

本节内容首先阐述移动应用 App 的安全风险，然后给出移动应用 App 的安全加固措施及安全检测方法。

25.4.1　移动应用 App 安全风险

移动应用 App 是指运行在智能设备终端的客户端程序，其作用是接收和响应移动用户的服务请求，是移动服务界面窗口。由于移动应用 App 安装在用户的智能设备上（通常为智能手机），很容易遭受到反编译、调试、篡改、数据窃取等安全威胁。

25.4.2　移动应用 App 安全加固

为保护移动应用 App 的安全性，通常采用防反编译、防调试、防篡改、防窃取等多种安全保护措施。

1. 防反编译

对移动应用程序文件进行加密处理，防止攻击者通过静态的反编译工具，获取到应用的源代码。除了加密措施之外，还可以对移动应用程序进行代码混淆，增加破解者阅读代码的难度。常见的混淆方法有名字混淆、控制混淆、计算混淆等。例如，将移动应用 App 程序中有明确含义的变量替换成无意义变量，在移动应用 App 程序中插入无关的代码，修改计算等式。

2. 防调试

动态调试利用调试器启动或附加应用程序，可对应用程序运行时的情况进行控制，可以在某一行代码上设置断点，使进程能够停在指定代码行，并实时显示进程当前的状态，甚至可通过改变特定使用目的寄存器值来控制进程的执行。通过调试器，可以获取应用程序运行时的所有信息。

为防止应用程序动态调试，应用程序设置调试检测功能，以触发反调试安全保护措施，如清理用户数据、报告程序所在设备的情况、禁止使用某些功能甚至直接退出运行。

3. 防篡改

通过数字签名和多重校验的防护手段，验证移动应用程序的完整性，防范移动应用程序 APK 被二次打包以及盗版。

4. 防窃取

对移动应用相关的本地数据文件、网络通信等进行加密，防止数据被窃取。

国内 App 安全加固商用工具主要有腾讯乐固、360 加固和梆梆加固，详细情况可参看相关公司的网站。除了商业工具外，也有免费的安全工具，如 ProGuard。ProGuard 是一个压缩、优化和混淆 Java 字节码文件的免费工具，可以删除无用的类、字段、方法和属性。删除没用的注释，最大限度地优化字节码文件，还可以使用简短的、无意义的名称来重命名已经存在的类、字段、方法和属性。

25.4.3 移动应用 App 安全检测

随着移动应用 App 的应用普及，其安全威胁活动日益频繁，攻击者对目标移动应用 App 进行破解、重新打包，对移动服务端进行安全渗透，盗取用户敏感信息和数据。针对移动应用 App 的安全性进行检测十分必要。常见的移动应用 App 网络安全检测内容如下：

- 身份认证机制检测；
- 通信会话安全机制检测；
- 敏感信息保护机制检测；
- 日志安全策略检测；
- 交易流程安全机制检测；
- 服务端鉴权机制检测；
- 访问控制机制检测；
- 数据防篡改能力检测；
- 防 SQL 注入能力检测；
- 防钓鱼安全能力检测；
- App 安全漏洞检测。

Android 移动应用安全测试工具有许多，常见的是进程注入工具 Inject、HijackActivity 劫持检测工具、Jeb 静态逆向分析工具、APK 反编译和打包工具 apktool、数据抓包工具 Tcpdump/Wireshark、Android Hook 框架 Xposed、基于代理实现的抓包和分析工具 Burpsuite、静态分析工具 Androguard、安卓 APK 文件数据流分析工具 FlowDroid、安卓应用逆向工具 Android Killer 等。

为保护个人信息安全，规范 App 的应用，国家有关部门已发布了《信息安全技术 移动互联网应用程序（App）收集个人信息基本规范（草案）》。其中，针对 Android 6.0 及以上的可收集个人信息的权限，给出了服务类型的最小必要权限参考范围，具体要求是：①地图导航：位置权限、存储权限；②网络约车：位置权限、拨打电话权限；③即时通信：存储权限；④博客论坛：存储权限；⑤网络支付：存储权限；⑥新闻资讯：无；⑦网上购物：无；⑧短视频：存储权限；⑨快递配送：无；⑩餐饮外卖：位置权限、拨打电话权限；⑪交通票务：无；⑫婚恋相亲：存储权限；⑬求职招聘：存储权限；⑭金融借贷：存储权限；⑮房屋租售：存储权限；⑯二手车交易：存储权限；⑰运动健身：位置权限、传感器权限；⑱问诊挂号：存储权限；⑲网页浏览器：无；⑳输入法：无；㉑安全管理：存储权限、获取应用账户、读取电话状态权限、短信权限。

25.5　移动应用安全综合应用案例分析

根据公开资料，本节给出金融移动安全、运营商移动安全、移动办公安全等参考案例。

25.5.1　金融移动安全

移动金融为用户提供了更加便利、快捷的金融服务。与此同时，移动金融引发大量黑客攻击活动，常见的安全风险有木马控制用户手机、钓鱼 App 捕获用户账户信息、窃取转移用户资金等。围绕金融类 App 的安全防护，梆梆安全等网络安全厂商提供的 App 安全保护方案内容如下。

1. 实施移动 App 安全开发管理

针对金融业务安全性需求提供咨询服务，帮助客户了解潜在安全风险、优化业务设计。在 App 设计时，考虑应用安全问题。开展移动安全编程培训，培养安全意识。App 增加安全防护功能，提供安全软键盘、防界面劫持、短信保护、清场等安全 SDK 和组件。对移动应用源代码进行安全性检查及风险排查，减少 App 代码安全漏洞，及早发现金融业务安全风险。

2. 移动 App 网络通信内容安全加密保护

针对移动 App 应用通信协议进行加密保护，防止应用通信协议被逆向分析，防止各类刷单、非授权客户端访问行为。对本地文件进行加密保护。

3. 移动 App 安全加固

对 App 进行安全加固，如 dex 加密、smali 流程混淆、so 文件加密、关键函数加密、增加反调试和反编译功能。

4. 移动 App 安全测评

对移动应用进行渗透性测试服务，挖掘移动应用的安全漏洞，避免安全风险。参照《电子银行业务管理办法》《电子银行安全评估指引》《中国金融移动支付　客户端技术规范》《中国金融移动支付　应用安全规范》等安全标准及信息安全等级保护标准等要求进行合规性核查，避免移动应用合规风险。

5. 移动 App 安全监测

- 钓鱼监测及响应。对 App 的仿冒、钓鱼应用进行钓鱼监测及响应，及时通知用户，并快速联系渠道下架仿冒、钓鱼应用 App，避免安全影响。
- App 漏洞监测及响应。监测移动设备、移动应用、服务器等新增、突发漏洞，及时规避漏洞风险。

- 盗版监测及响应。监测 App 应用分发渠道上出现的盗版应用，随时进行盗版下架处理。
- 移动威胁安全态势感知。捕获针对 App 的攻击行为，提供可视化数据分析平台及实时安全防控技术。

25.5.2 运营商移动安全

运营商移动应用安全主要面临的安全威胁如下：

- **账号、密码窃取**。通过病毒、木马、社工库收集、字典破解性猜测等方式，非法获得用户账号及密码。
- **漏洞利用**。黑客及非法利益团体，通过系统漏洞侵入运营商服务器。
- **恶意代码**。将病毒、木马、逻辑炸弹、恶意扣费等恶意代码捆绑在移动应用上，通过运营商网络向普通用户扩散。
- **数据窃取**。利用非法手段窃取、盗用运营商用户重要数据。
- **恶意刷量、刷单**。利用运营商用户数据监管漏洞，伪造大量虚假身份/盗用真实用户身份进行自动化大批量的刷单、刷量。
- **拒绝服务攻击**。非法用户利用拒绝服务手段攻击系统。
- **计费 SDK 破解**。通过反编译、破解等手段，屏蔽、破解运营商的移动应用计费 SDK。
- **钓鱼攻击**。通过仿冒正版的钓鱼移动应用程序，截获、捕捉用户输入数据，非法入侵用户互联网账户系统。
- **社工库诈骗**。通过盗版、高仿应用收集用户信息，以及泄露的其他社工库，对用户实施诈骗。

针对运营商移动应用安全问题，梆梆安全等网络安全厂商提供的 App 安全保护方案如下：

- 加固运营商 App，以及通过运营商应用市场推广的所有第三方 App。
- 对提交到运营商应用市场的第三方 App 提供病毒、木马、恶意代码查杀服务。
- 对运营商的计费 SDK 提供基于防调、防改、防破解的加固保护服务。
- 对运营商的通信协议、证书进行加密。
- 提供基于移动应用的威胁态势感知服务，实时预警接入网络的异常流量、入侵攻击、风险 App 等。

25.5.3 移动办公安全

移动办公主要面临以下风险：

- 设备丢失。操控丢失设备接入企业内网，窃取企业机密数据，破坏后台系统。
- 信息泄露。存储在本地设备中的敏感数据丢失或被窃取，导致信息泄露。
- 恶意攻击。植入恶意程序，对组织机构服务器进行入侵攻击。
- 共享访问。员工分享设备、账号密码，泄露组织机构机密信息。

- WiFi 监听。接入钓鱼热点，通信数据被劫持监听。

针对移动办公安全问题，天融信、梆梆安全、360 等各网络安全厂商提出移动设备安全接入、移动设备安全管理、移动恶意代码防范、移动 App 安全加固等技术方案。现以 360 移动终端安全管理系统方案为例，其方案描述如下。

360 天机移动终端安全管理系统包括安全管理平台和移动客户端两个部分，通过管理平台对装有移动客户端的终端进行安全管理，提供对终端外设管理、配置推送、系统参数调整等服务，同时结合管理员可控的安全策略机制，实现更全面的安全管控特性，解决了组织机构在移动办公过程中遇到的数据安全以及设备管理的问题，如图 25-8 所示。

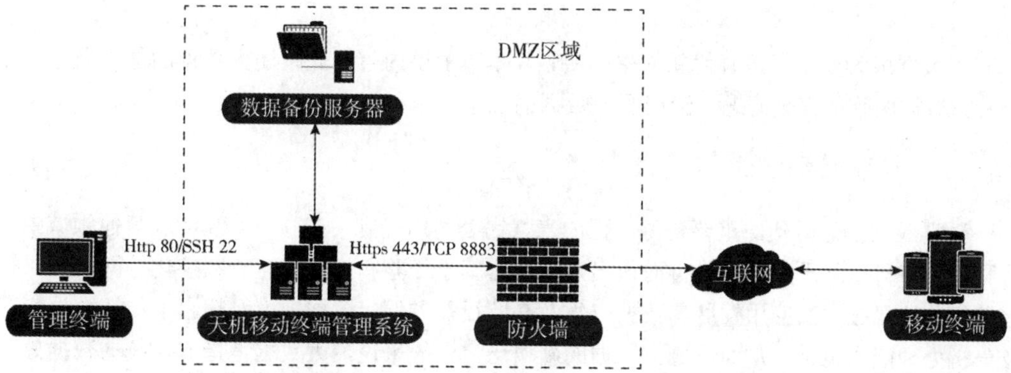

图 25-8　360 天机移动终端安全管理系统部署示意图

25.6　本章小结

本章首先介绍了移动应用系统的组成及相关安全威胁，并分析了 Android 系统的组成与安全机制、iOS 系统的组成与安全机制；然后简要归纳总结了移动应用 App 的安全风险问题，给出了其相应的安全保护措施、安全检测内容及工具；最后，以金融移动安全、运营商移动安全、移动办公安全为案例，给出了移动应用安全措施实施参考。

第 26 章　大数据安全需求分析与安全保护工程

26.1　大数据安全威胁与需求分析

大数据成为数字经济时代新的生产要素，本节主要内容首先阐述大数据的基本概念，然后分析大数据面临的安全问题，给出了大数据的安全需求。

26.1.1　大数据相关概念发展

数据成为信息时代的重要资源。正如麦肯锡公司所提到，在商业、经济及其他领域中，经营和决策将日益基于数据和分析而作出，而并非基于经验和直觉。随着数字化、网络化、智能化等相关信息技术的应用发展，数据产生及获取日益方便，数据规模已超出了传统数据库存储及分析处理能力范围，从而形成大数据的新概念。一般来说，大数据是指非传统的数据处理工具的数据集，具有海量的数据规模、快速的数据流转、多样的数据类型和价值密度低等特征。大数据的种类和来源非常多，包括结构化、半结构化和非结构化数据。

大数据正在逐步影响着国家治理、城市发展、企业生产、商业变革以及个人生活。目前，国内大数据仍处于发展阶段，各地区、各部门及机构都积极开展大数据的应用开发，抢占发展先机。有关大数据的新兴网络信息技术应用不断出现，主要包括大规模数据分析处理、数据挖掘、分布式文件系统、分布式数据库、云计算平台、互联网和存储系统。

26.1.2　大数据安全威胁分析

随着大数据的应用推进，各种各样的数据被汇聚和大量集中，大数据发展与应用面临着复杂严峻的安全挑战。

1. “数据集”安全边界日渐模糊，安全保护难度提升

多源、海量、异构、分布存储等大数据新技术导致数据集的安全边界日渐模糊，造成基于网络安全边界的安全防护措施难以完全有效。数据交易和共享促使数据流动日益频繁，静态安全措施难以完全满足数据安全保障要求。复杂分布式计算环境使得网络攻击的影响增大，单个节点遭受侵害影响整个系统安全，例如数据存储设备、域名服务器、认证服务器等。

2. 敏感数据泄露安全风险增大

数据丢失或被盗取，有可能影响国家安全、社会安全和经济安全。对于公司企业来说，客户数据的丢失导致品牌的损害、竞争中处于劣势，以及严重法律责任。蕴含着海量数据和潜在价值的大数据成为网络攻击的首要目标。近年来频繁爆发邮箱账号、社保信息、银行卡号等数据大量被窃的安全事件。

3. 数据失真与大数据污染安全风险

攻击者利用数据输入或数据平台缺陷，构造恶意数据并将其注入数据处理系统中，干扰数据处理系统的正常运行或误导计算。例如，网络水军发送虚假评论数据，通过伪造数据来制造假象，对数据分析人员进行诱导，导致数据分析错误的结果，给相关机构带来损失。典型事例有电商产品的评分、网站访问流量、网页虚假排名等。另一方面，数据获取隐患也会导致人工智能的安全问题。

4. 大数据处理平台业务连续性与拒绝服务

随着大数据的应用普及，许多关键业务依赖于大数据处理平台的连续稳定运行。例如，电商服务平台、金融服务平台等。恶意攻击者利用数据处理平台的漏洞，发起拒绝服务攻击，导致用户无法正常访问数据资源，从而中断业务运营。

5. 个人数据广泛分布于多个数据平台，隐私保护难度加大

目前，个人数据广泛分布于互联网电商平台、定位导航、铁路公路售票、民航票务、快递物流跟踪、网约车服务平台、旅游服务平台以及微信社交平台中。这些个人数据蕴含公民身份信息、位置信息、行程信息、物品运输信息，已成为国内外黑市交易的“黄金数据”，诱使非法个人或组织进行数据贩卖以牟取暴利，直接危害个人的经济利益与人身安全，严重阻碍大数据产业的健康发展。多源数据汇聚、共享融合使得用户的隐私保护技术受到挑战，个人敏感数据在采集、传输、存储、处理、发布、使用等环节存在数据泄露的风险。例如，个人身份证号码信息暴露在公共互联网中；授权用户通过授权访问的数据集进行推导分析获取非授权的信息。

6. 数据交易安全风险

数据交易是指数据供方和需方之间以数据商品作为交易对象，进行的以货币交换数据商品，或者以数据商品交换数据商品的行为。数据交易促进商业合作，但也形成潜在的安全风险。如非法数据交易、虚假数据交易、交易服务不完整、交易数据汇聚导致敏感数据泄露、跨境数据流动安全等安全风险。

7. 大数据滥用

万物互联，不同数据集之间蕴含潜在关联关系。随着大数据分析技术发展、数据的不断累积，大数据分析可以发现更多、更深入的关联关系。例如，利用大数据技术和不同的生命科学相关大数据，可以开发针对特定人群的生物病毒，容易对群体的生命安全产生重大威胁。综合关联分析微信图片数据、智能手机位置数据，可以识别到自然人，挖掘出个人隐私信息。

26.1.3 大数据安全法规政策

国内近几年已经发布了多项大数据安全保护相关的政策法规文件。

1. 《气象资料共享管理办法》

2001 年 11 月，中国气象局发布的《气象资料共享管理办法》（中国气象局令第 4 号）规定，用户不得直接将其从各级气象主管机构获得的气象资料，用作向外分发或供外部使用的数据库、产品和服务的一部分，也不得间接用作生成它们的基础。

2. 《中国人民银行关于银行业金融机构做好个人金融信息保护工作的通知》

该通知规定，在中华人民共和国境内收集的个人金融信息的储存、处理和分析应当在中国境内进行。除法律法规及中国人民银行另有规定外，银行业金融机构不得向境外提供境内个人金融信息。

3. 《全国人民代表大会常务委员会关于加强网络信息保护的决定》

该决定要求，国家保护能够识别公民个人身份和涉及公民个人隐私的电子信息。网络服务提供者和其他企业事业单位应当采取技术措施和其他必要措施，确保信息安全，防止在业务活动中收集的公民个人电子信息泄露、毁损、丢失。在发生或者可能发生信息泄露、毁损、丢失的情况时，应当立即采取补救措施。

4. 《电信和互联网用户个人信息保护规定》

该规定于 2013 年由中华人民共和国工业和信息化部公布，明确了电信业务经营者、互联网信息服务提供者收集、使用用户个人信息的规则和信息安全保障的措施要求。

5. 《中华人民共和国消费者权益保护法（2013 修正）》

《中华人民共和国消费者权益保护法（2013 修正）》于 2014 年正式实施。该法明确了消费者享有个人信息依法得到保护的权利，同时要求经营者采取技术措施和其他必要措施，确保信息安全，防止消费者个人信息泄露、丢失。

6. 《地图管理条例》

2015 年 11 月，国务院第 111 次常务会议通过《地图管理条例》，要求互联网地图服务单位应当将存放地图数据的服务器设在中华人民共和国境内，并制定互联网地图数据安全管理制度和保障措施。

7.《中华人民共和国网络安全法》

2016 年，全国人民代表大会常务委员会发布了《中华人民共和国网络安全法》。其中要求网络运营者采取数据分类、重要数据备份和加密等措施，防止网络数据泄漏或者被窃取、篡改，加强对公民个人信息的保护，防止公民个人信息被非法获取、泄露或者非法使用。要求关键信息基础设施的运营者在中华人民共和国境内存储公民个人信息等重要数据，因业务需要确需向境外提供的，应当按照国家网信部门会同国务院有关部门制定的办法进行安全评估；法律、行政法规另有规定的，依照其规定。

8.《网络预约出租汽车经营服务管理暂行办法》

该办法于 2016 年 7 月由交通运输部、工业和信息化部、公安部、商务部、工商总局、质检总局、国家网信办联合发布，明确要求平台在网络安全与信息安全方面遵守国家有关规定，在提供服务的过程中采集的个人信息和生成的业务数据，应当在中国内地存储和使用，保存期限不少于 2 年；除法律法规另有规定外，个人信息与业务数据不得外流。

9.《网络出版服务管理规定》

该规定由国家新闻出版广电总局、工业和信息化部公布，于 2016 年 3 月 10 日起施行，明确要求图书、音像、电子、报纸、期刊出版单位必须将从事网络出版服务所需的必要的技术设备、相关服务器和存储设备存放在中华人民共和国境内。

10.《人口健康信息管理办法（试行）》

该办法于 2014 年由国家卫生计生委印发，规定不得将人口健康信息在境外的服务器中存储，不得托管、租赁在境外的服务器。

11.《保险公司开业验收指引》

该指引于 2011 年由中国保险监督管理委员会印发，要求业务数据、财务数据等重要数据应存放在中国境内，且具有独立的数据存储设备以及相应的安全防护和异地备份措施。

12.《保险机构信息化监管规定（征求意见稿）》

2015 年中国保险监督管理委员会发布《保险机构信息化监管规定（征求意见稿）》，规定数据来源于中华人民共和国境内的，数据中心的物理位置应当位于境内。外资保险机构信息系统所载数据移至中华人民共和国境外的，应当符合我国有关法律法规。

针对数据安全问题，国际上各个国家及相关组织都提出了相应管理规定。其中，欧盟颁布实施了《一般数据保护法案》（General Data Protection Regulation，GDPR）。GDPR 对于业务范围涉及欧盟成员国领土及其公民的企业都具有约束力。

26.1.4 大数据安全需求分析

大数据安全需求涉及多个方面，主要内容如下。

1. 大数据自身安全

大数据应用依赖于可信的数据。目前，基于数据驱动的安全威胁已经出现，如虚假的数据可以干扰机器学习。大数据安全涉及数据的采集、存储、使用、传输、共享、发布、销毁等全生命周期的多个方面，具体安全包括数据的真实性、实时性、机密性、完整性、可用性、可追溯性。

2. 大数据安全合规

建立大数据安全合规管理机制，满足不同国家和地区、行业部门的数据安全政策法规要求。

3. 大数据跨境安全

随着跨境电商、跨境交易等国际应用发展，数据跨境流动成为必然。目前，不同国家和地区的数据保护法规对数据跨境流动的要求存在差异性。例如，俄罗斯明确提出俄罗斯公民的数据应在俄罗斯境内更新后方可传到海外进行处理；欧盟颁布了《一般数据保护法案》（General Data Protection Regulation，GDPR）。数据跨境安全合规成为国际业务必须解决的问题，主要包括数据物理存储位置、跨境数据流动安全要求等。

4. 大数据隐私保护

针对大数据涉及的敏感个人信息，需要相应的隐私保护技术，防止个人敏感数据泄露。

5. 大数据处理平台安全

按照数据处理过程，大数据处理平台涉及物理环境、网络通信、操作系统、数据库、应用系统、数据存储。

6. 大数据业务安全

大数据产业应用的发展促进了数据流动和共享，需要新的数据安全措施保护数据的安全流动和共享，防止数据扩散、数据滥用问题。需要部署大数据业务安全管理措施，建立数据滥用监测机制、数据受控使用机制，防止数据非法交易及恶意滥用。

7. 大数据安全运营

建立大数据运营安全机制，如大数据分类分级、大数据安全服务、大数据平台的安全维护。

26.2 大数据安全保护机制与技术方案

大数据被列为网络安全等级保护2.0的重要保护对象，本节主要内容是大数据安全防护对象，主要包括大数据自身及其平台、业务、隐私、运营等方面的安全保护技术。

26.2.1　大数据安全保护机制

大数据安全保护是一个综合的、复杂性的安全工程，涉及数据自身安全、数据处理平台安全、数据业务安全、数据隐私安全、数据运营安全以及数据安全法律政策与标准规范。围绕大数据的安全保护， 常见的基本安全机制主要有数据分类分级、数据源认证、数据溯源、数据用户标识和鉴别、数据资源访问控制、数据隐私保护、数据备份与恢复、数据安全审计与监测、数据安全管理等。

26.2.2　大数据自身安全保护技术

大数据自身安全是指有关数据本身的安全问题，如数据的真实性、数据的完整性、数据的机密性、数据的准确性等。目前，数字签名可以验证数据来源的真实性，Hash 算法用于确保数据的完整性，加密算法则用来保护数据的机密性。

26.2.3　大数据平台安全保护技术

大数据平台涉及物理环境、网络通信、操作系统、数据库、应用系统、数据存储等安全保护。通常采用安全分区、防火墙、系统安全加固、数据防泄露等安全技术用于保护大数据平台。其中，防火墙又可细分为网络防火墙、数据库防火墙、应用防火墙，这些防火墙分别用于大数据平台的安全区域之间隔离及访问控制。

26.2.4　大数据业务安全保护技术

大数据业务安全主要包括业务授权、业务逻辑安全、业务合规性等安全内容。其中，业务授权主要基于角色的访问控制技术，按照业务功能的执行所需要的权限进行分配。业务逻辑安全针对业务流程进行安全控制，避免安全缺陷导致业务失控。业务合规性是指业务满足政策法规及安全标准规范要求。敏感数据安全检查、系统安全配置基准数据监控等技术常用于解决业务合规性安全需求。

26.2.5　大数据隐私安全保护技术

隐私是指与个体相关的非公开的信息。隐私保护成为大数据时代新的安全需求。针对个人信息安全保护，国家颁布了《信息安全技术 个人信息安全规范》（于 2020 年 10 月 1 日实施）等法规政策及标准规范。围绕隐私保护，主要的技术有数据身份匿名、数据差分隐私、数据脱敏、数据加密、数据访问控制等。

26.2.6　大数据运营安全保护技术

大数据运营安全是指大数据平台及数据的运行维护及数据资源经营过程的安全。大数据平台及数据的运行维护包括大数据处理系统的安全维护、安全策略更新及安全设备配置、数据资源容灾备份、安全事件监测与应急响应等。网络入侵检测、网络安全态势感知、网络攻击取证、网络威胁情报分析、安全堡垒机等技术常用于大数据平台运维安全保护。

数据资源经营过程安全涉及数据使用、数据交易、数据跨境流动等安全问题。数据脱敏、数据监控、数据安全网关等常用于数据经营安全保护。

26.2.7 大数据安全标准规范

大数据安全标准规范有利于提升数据安全整体保障能力。全国信息安全标准化技术委员会在2016年成立大数据安全标准特别工作组，主要负责制定和完善我国大数据安全领域标准体系，组织开展大数据安全相关技术和标准研究。目前，已制定的国家标准主要有《信息安全技术 个人信息安全规范》《信息安全技术 大数据服务安全能力要求》《信息安全技术 大数据安全管理指南》《信息安全技术 数据交易服务安全要求》《信息安全技术 个人信息去标识化指南》等。

26.3 大数据安全综合应用案例分析

根据公开资料，本节给出大数据安全应用的相关参考案例。

26.3.1 阿里巴巴大数据安全实践

本节内容来自《大数据安全标准化白皮书（2018版）》。阿里巴巴面向电商行业提供的大数据平台，从业务、数据和生态三个层面来保护数据安全与隐私，如图26-1所示。

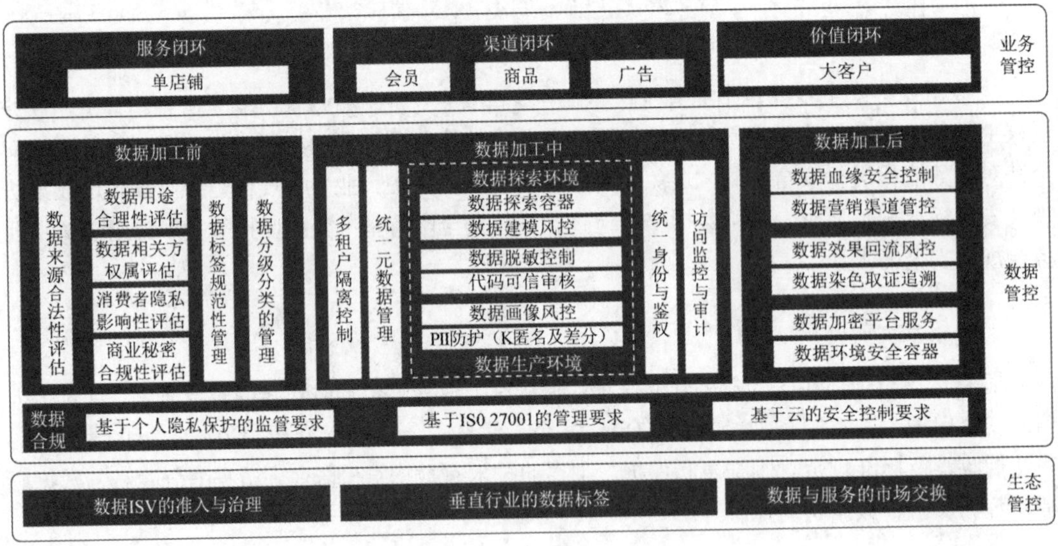

图26-1 阿里巴巴大数据安全体系架构示意图

1. 业务安全管控

在业务模式设计上，大数据安全平台依据电商自身的业务特性和其数据权属关系的边界，建立了以私域数据为基础的店铺内服务闭环、以公域数据为基础的平台内渠道闭环和价值闭环，从而确保了业务整体对数据的授权边界是合理清晰的、对数据的处理逻辑是基于可用不可见的安全原则以及数据的应用产出是基于数据价值而不是裸数据输出的。

2. 数据安全管控

此大数据安全平台基于数据业务链路构建了全面的数据管控体系，主要包括数据加工前、数据加工中、数据加工后、数据合规等方面的数据安全管控，如表 26-1 所示。

表 26-1　阿里巴巴数据安全管控表

数据处理阶段	数据安全措施
数据加工前	数据来源合法性评估、数据用途合理性评估 数据相关方权属评估、消费者隐私评估 商业秘密合规性评估、数据标签规范性管理 数据分级分类的管理
数据加工中	多租户隔离控制、统一元数据管理 数据探索容器、数据建模风控 数据脱敏控制、代码可信审核 数据画像风控、PII 防护（K 匿名和差分） 统一身份与鉴权、访问监控与审计
数据加工后	数据血缘安全控制、 数据营销渠道管控 数据效果回流风控、数据染色取证追溯 数据加密平台服务、数据环境安全容器

除此外，在数据合规层，实施基于个人隐私保护的监管要求、基于 ISO 27001 的管理要求、基于云的安全控制要求，其中主要参考了《信息安全技术 个人信息安全规范（GB/T 35273—2017）》《信息安全技术 大数据服务安全能力要求（GB/T 35274—2017）》《信息安全技术 云计算服务安全能力要求（GB/T 31168—2014）》以及 ISO 27001 系列标准进行实施。

3. 生态安全管控

通过对数据 ISV 的准入准出、基于垂直化行业的标签体系建立以及数据生态的市场管理机制建立，确保业务和安全间找到有效的平衡点。

阿里巴巴形成了以数据生命周期为中心的大数据安全管理理念，如图 26-2 所示。

此安全实践基于《信息安全技术 数据安全能力成熟度模型》来进行，以数据为中心，围绕数据生命周期，对组织机构的数据进行安全保障，有效地控制了数据安全风险，提升了公司自身及生态伙伴的数据安全能力，促进了生态内数据资源的流通与共享，更大地发挥了数据的价值。其中，数据安全能力成熟度模型从组织建设、制度流程、技术工具、人员能力、数据生命周期通用安全等方面评估大数据安全能力成熟度，以便明确大数据安全保障能力的提升方向。

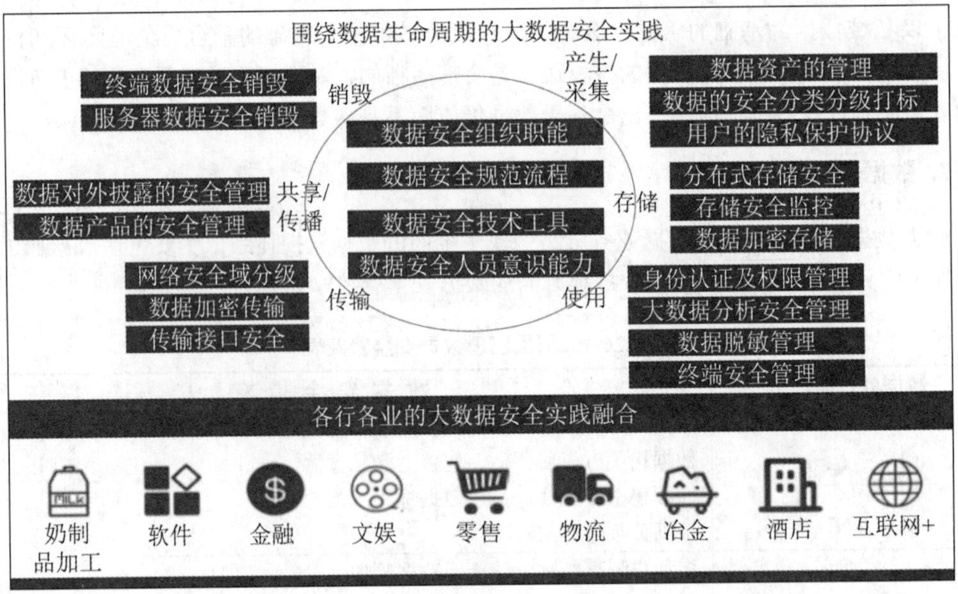

图 26-2　阿里巴巴的大数据生命周期安全实践示意图

26.3.2　京东大数据安全实践

本节内容来自《大数据安全标准化白皮书（2017）》。如图 26-3 所示，京东万象数据服务平台利用区块链技术对流通的数据进行确权溯源，数据买家在数据服务平台上购买的每一笔交易信息都会在区块链中存储起来，数据买家通过获得交易凭证可以看到该笔交易的数字证书以及该笔交易信息在区块链中的存储地址，待买家需要进行数据确权时，登录用户中心进入查询平台，输入交易凭证中的相关信息，查询到存储在区块链中的该笔交易信息，从而完成交易数据的溯源确权。

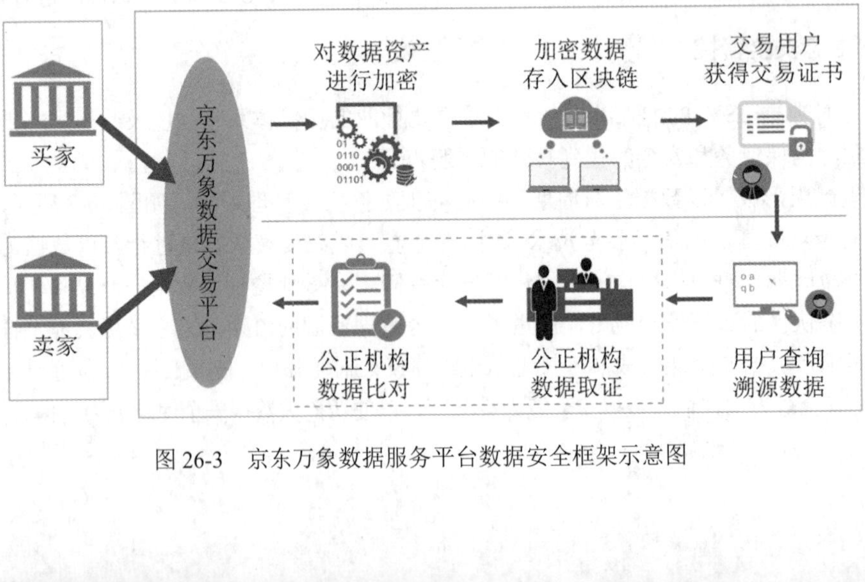

图 26-3　京东万象数据服务平台数据安全框架示意图

26.3.3　上海数据交易中心安全保护

本节内容来自上海数据交易中心网站。2017 年 3 月 11 日，国家发展和改革委员会正式批复成立“大数据流通与交易技术国家工程实验室”，由上海数据交易中心有限公司作为牵头建设单位，其他联合单位有复旦大学、合肥工业大学、中国互联网络信息中心、中国信息通信研究院、中国联通等，其组成框架如图 26-4 所示。

图 26-4　大数据流通与交易技术国家工程实验室组成框架示意图

上海数据交易中心数据生态体系建设如图 26-5 所示，为保护数据交易安全，上海数据交易中心制定规制+技术的模式，即交易规则和技术共同保障交易安全。

其中，公布的上海市数据交易准则有个人数据保护原则、数据互联规则、流通数据处理准则、流通数据禁止清单、交易要素标准体系。

个人数据保护原则的主要内容如下：

- 告知同意原则。初始收集的数据被再次使用或再处理时，如果再使用的目的与初始目的不一致的，则须告知数据主体并取得其同意。如果数据主体不同意的，不得对该个人数据进行任何使用或处理。
- 禁止公开原则。在任何情形下均不得擅自公开、向第三人提供带有身份标识的个人数据。
- 选择退出原则。任何使用个人数据进行的推销、推介和广告活动，应当给予接受人以退出选择。
- 数据正确原则。数据持有人应使个人数据符合处理目的的要求，必要时及时更新和更正。
- 维护权益原则。成员应设立个人隐私投诉机制，积极响应和解决个人投诉。
- 应急补救原则。一旦出现个人数据泄露事故，成员应当及时通知有关个人并采取补救措施，在隐私地位无法恢复时应及时给予赔偿。

流通数据处理基本原则主要如下：

- 保护个人权益原则。保护个人隐私和其他合法权益。

- 诚实守信原则。遵守各种自律规范，忠实履行承诺和协议。
- 保护正当数据权益原则。尊重他人的数据收集和处理劳动成果，维护公平的数据利用秩序。
- 数据安全原则。保障数据收集、存储、传输和使用各个环节的安全，防范数据泄露的风险。

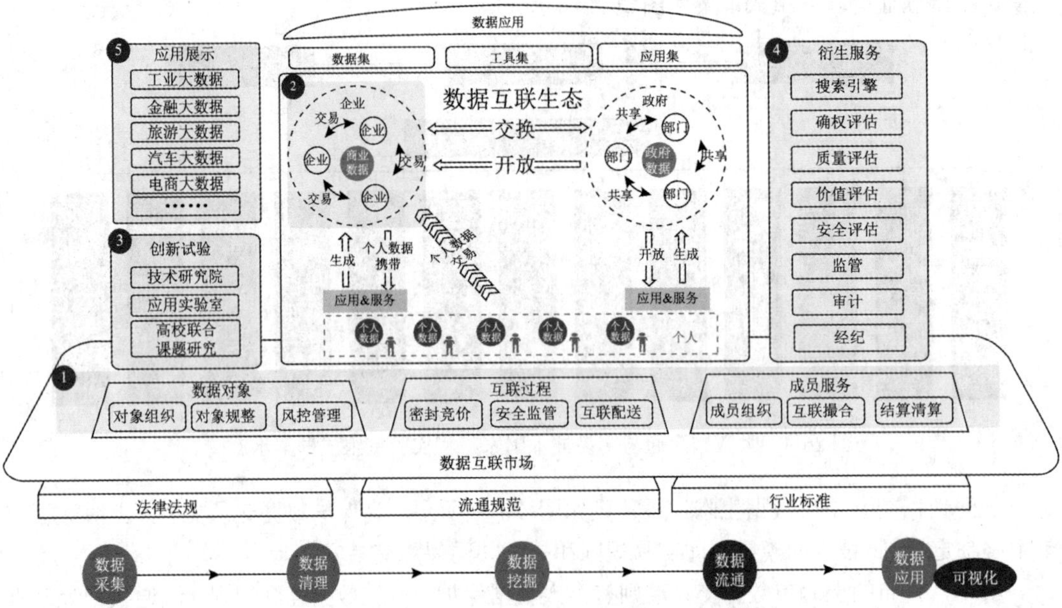

图 26-5　上海数据交易中心数据生态体系示意图

流通数据禁止清单针对的是危害国家安全和社会稳定的、涉及特定个人权益的、涉及特定企业权益的数据。

26.3.4 华为大数据安全实践

本节内容来自《大数据安全标准化白皮书（2017）》。华为大数据分析平台 FusionInsight 基于开源社区软件 Hadoop 进行功能增强，提供企业级大数据存储、查询和分析的统一平台。平台的安全措施主要分析如下。

1. 网络安全

FusionInsight 集群支持通过网络平面隔离的方式保证网络安全。

2. 主机安全

通过对 FusionInsight 集群内节点的操作系统安全加固等手段保证节点正常运行，包括更新最新补丁、操作系统内核安全加固、操作系统权限控制、端口管理、部署防病毒软件等。

3. 用户安全

平台提供身份认证、权限控制、审计控制等安全措施，防止用户假冒、越权、恶意操作等安全威胁。其中，FusionInsight 的身份认证使用 LDAP 作为账户管理系统，并通过 Kerberos 对账户信息进行安全认证；权限控制基于用户和角色的认证统一体系，遵从账户/角色 RBAC（基于角色的访问控制）模型，实现通过角色进行权限管理，对用户进行批量授权管理，降低集群的管理难度；FusionInsight 审计日志中记录了用户操作信息，可以快速定位系统是否遭受恶意的操作和攻击。

4. 数据安全

平台提供集群容灾、备份、数据完整性、数据保密性等安全服务，以保证用户数据的安全。

26.3.5　科学数据安全管理

《科学数据管理办法》由国务院办公厅印发，该办法提出了科学数据安全和保密管理的要求，部分具体要求如下：

- 第二十五条 涉及国家秘密、国家安全、社会公共利益、商业秘密和个人隐私的科学数据，不得对外开放共享；确需对外开放的，要对利用目的、用户资质、保密条件等进行审查，并严格控制知悉范围。
- 第二十六条 涉及国家秘密的科学数据的采集生产、加工整理、管理和使用，按照国家有关保密规定执行。主管部门和法人单位应建立健全涉及国家秘密的科学数据管理与使用制度，对制作、审核、登记、拷贝、传输、销毁等环节进行严格管理。对外交往与合作中需要提供涉及国家秘密的科学数据的，法人单位应明确提出利用数据的类别、范围及用途，按照保密管理规定程序报主管部门批准。经主管部门批准后，法人单位按规定办理相关手续并与用户签订保密协议。
- 第二十七条 主管部门和法人单位应加强科学数据全生命周期安全管理，制定科学数据安全保护措施；加强数据下载的认证、授权等防护管理，防止数据被恶意使用。对于需对外公布的科学数据开放目录或需对外提供的科学数据，主管部门和法人单位应建立相应的安全保密审查制度。
- 第二十八条 法人单位和科学数据中心应按照国家网络安全管理规定，建立网络安全保障体系，采用安全可靠的产品和服务，完善数据管控、属性管理、身份识别、行为追溯、黑名单等管理措施，健全防篡改、防泄露、防攻击、防病毒等安全防护体系。
- 第二十九条 科学数据中心应建立应急管理和容灾备份机制，按照要求建立应急管理系统，对重要的科学数据进行异地备份。

26.3.6 支付卡行业数据安全规范

在国际上，支付卡行业数据安全标准（PCI—DSS）是 PCI 安全标准委员会制定的数据安全规范。PCI—DSS 的规范目标在于严格控制对支付卡持卡人数据的处理、存储和传输，以保障银行卡用户在线交易的安全。PCI—DSS 按每年交易量将商家分为四个等级，对不同等级的商家提出不同强度的安全要求。PCI—DSS 适用于所有涉及信用卡支付的企业。PCI—DSS 包括以下 6 大类要求：

- 构建和维护安全的网络；
- 保护持卡人数据；
- 维护漏洞管理程序；
- 实施严格的存储控制措施；
- 定期监控和测试网络；
- 维护信息安全策略。

26.4 本章小结

本章首先阐述了大数据的概念及相关安全威胁、安全政策法规和安全需求；然后给出了大数据常见的安全机制，主要包括数据分类分级、数据源认证、数据溯源、数据用户标识和鉴别、数据资源访问控制、数据隐私保护、数据备份与恢复、数据安全审计与监测、数据安全管理，并重点分析了大数据自身安全保护、平台安全保护、业务安全保护、隐私安全保护、运营安全保护以及安全标准规范；最后给出了阿里巴巴大数据安全实践、京东大数据安全实践、上海数据交易中心安全保护、华为大数据安全实践、科学数据安全管理、支付卡行业数据安全规范等大数据安全实现案例。

附录A 网络安全产品测评相关标准

1. GB/T 17900—1999《网络代理服务器的安全 技术要求》
2. GB/T 18018—2019《信息安全技术 路由器安全技术要求》
3. GB/T 19713—2005《信息技术 安全技术 公钥基础设施 在线证书状态协议》
4. GB/T 19714—2005《信息技术 安全技术 公钥基础设施 证书管理协议》
5. GB/T 19771—2005《信息技术 安全技术 公钥基础设施 PKI 组件最小互操作规范》
6. GB/T 20272—2019《信息安全技术 操作系统安全技术要求》
7. GB/T 20273—2019《信息安全技术 数据库管理系统安全技术要求》
8. GB/T 20275—2013《信息安全技术 网络入侵检测系统技术要求和测试评价方法》
9. GB/T 20276—2016《信息安全技术 具有中央处理器的 IC 卡嵌入式软件安全技术要求》
10. GB/T 20278—2013《信息安全技术 网络脆弱性扫描产品安全技术要求》
11. GB/T 20279—2015《信息安全技术 网络和终端隔离产品安全技术要求》
12. GB/T 20281—2015《信息安全技术 防火墙安全技术要求和测试评价方法》
13. GB/T 20518—2018《信息安全技术 公钥基础设施 数字证书格式》
14. GB/T 20520—2006《信息安全技术 公钥基础设施 时间戳规范》
15. GB/T 20945—2013《信息安全技术 信息系统安全审计产品技术要求和测试评价方法》
16. GB/T 21028—2007《信息安全技术 服务器安全技术要求》
17. GB/T 21053—2007《信息安全技术 公钥基础设施 PKI 系统安全等级保护技术要求》
18. GB/T 22186—2016《信息安全技术 具有中央处理器的 IC 卡芯片安全技术要求》
19. GB/T 28451—2012《信息安全技术 网络型入侵防御产品技术要求和测试评价方法》
20. GB/T 29244—2012《信息安全技术 办公设备基本安全要求》
21. GB/T 29765—2013《信息安全技术 数据备份与恢复产品技术要求与测试评价方法》
22. GB/T 29766—2013《信息安全技术 网站数据恢复产品技术要求与测试评价方法》
23. GB/T 30272—2013《信息安全技术 公钥基础设施 标准一致性测试评价指南》
24. GB/T 30282—2013《信息安全技术 反垃圾邮件产品技术要求和测试评价方法》
25. GB/T 31499—2015《信息安全技术 统一威胁管理产品技术要求和测试评价方法》
26. GB/T 31505—2015《信息安全技术 主机型防火墙安全技术要求和测试评价方法》
27. GB/T 32917—2016《信息安全技术 WEB 应用防火墙安全技术要求与测试评价方法》
28. GA 216.1—1999《计算机信息系统安全产品部件 第 1 部分：安全功能检测》
29. GA/T 403.2—2014《信息安全技术 入侵检测产品安全技术要求 第 2 部分：主机型产品》

30. GA/T 681—2018《信息安全技术 网关安全技术要求》
31. GA/T 684—2007《信息安全技术 交换机安全技术要求》
32. GA/T 686—2018《信息安全技术 虚拟专用网产品安全技术要求》
33. GA/T 698—2014《信息安全技术 信息过滤产品技术要求》
34. GA/T 754—2008《电子数据存储介质复制工具要求及检测方法》
35. GA/T 755—2008《电子数据存储介质写保护设备要求及检测方法》
36. GA/T 910—2010《信息安全技术 内网主机监测产品安全技术要求》
37. GA/T 911—2019《信息安全技术 日志分析产品安全技术要求》
38. GA/T 912—2018《信息安全技术 数据泄露防护产品安全技术要求》
39. GA/T 913—2019《信息安全技术 数据库安全审计产品安全技术要求》
40. GA/T 987—2019《信息安全技术 USB 移动存储介质管理系统安全技术要求》
41. GA/T 988—2012《信息安全技术 文件加密产品安全技术要求》
42. GA/T 989—2012《信息安全技术 电子文档安全管理产品安全技术要求》
43. GA/T 1105—2013《信息安全技术 终端接入控制产品安全技术要求》
44. GA/T 1106—2013《信息安全技术 电子签章产品安全技术要求》
45. GA/T 1107—2013《信息安全技术 web 应用安全扫描产品安全技术要求》
46. GA/T 1137—2014《信息安全技术 抗拒绝服务攻击产品安全技术要求》
47. GA/T 1138—2014《信息安全技术 主机资源访问控制产品安全技术要求》
48. GA/T 1139—2014《信息安全技术 数据库扫描产品安全技术要求》
49. GA/T 1142—2014《信息安全技术 主机安全检查产品安全技术要求》
50. GA/T 1143—2014《信息安全技术 数据销毁软件产品安全技术要求》
51. GA/T 1144—2014《信息安全技术 非授权外联监测产品安全技术要求》
52. GA/T 1177—2014《信息安全技术 第二代防火墙安全技术要求》
53. GA/T 1346—2017《信息安全技术 云操作系统安全技术要求》
54. GA/T 1347—2017《信息安全技术 云存储系统安全技术要求》
55. GA/T 1348—2017《信息安全技术 桌面云系统安全技术要求》
56. GA/T 1350—2017《信息安全技术 工业控制系统安全管理平台安全技术要求》
57. GA/T 1358—2018《信息安全技术 网页防篡改产品安全技术要求》
58. GA/T 1359—2018《信息安全技术 信息资产安全管理产品安全技术要求》
59. GA/T 1392—2017《信息安全技术 主机文件监测产品安全技术要求》
60. GA/T 1393—2017 《信息安全技术 主机安全加固系统安全技术要求》
61. GA/T 1394—2017《信息安全技术 运维安全管理产品安全技术要求》
62. GA/T 1396—2017《信息安全技术 网站内容安全检查产品安全技术要求》
63. GA/T 1397—2017《信息安全技术 远程接入控制产品安全技术要求》
64. GA/T 1398—2017 《信息安全技术 文档打印安全监控与审计产品安全技术要求》
65. GA/T 1454—2018《信息安全技术 网络型流量控制产品安全技术要求》

附录 B　公共互联网网络安全突发事件应急预案

1. 总则

1.1　编制目的

建立健全公共互联网网络安全突发事件应急组织体系和工作机制，提高公共互联网网络安全突发事件综合应对能力，确保及时有效地控制、减轻和消除公共互联网网络安全突发事件造成的社会危害和损失，保证公共互联网持续稳定运行和数据安全，维护国家网络空间安全，保障经济运行和社会秩序。

1.2　编制依据

《中华人民共和国突发事件应对法》《中华人民共和国网络安全法》《中华人民共和国电信条例》等法律法规和《国家突发公共事件总体应急预案》《国家网络安全事件应急预案》等相关规定。

1.3　适用范围

本预案适用于面向社会提供服务的基础电信企业、域名注册管理和服务机构（以下简称域名机构）、互联网企业（含工业互联网平台企业）发生网络安全突发事件的应对工作。

本预案所称网络安全突发事件，是指突然发生的，由网络攻击、网络入侵、恶意程序等导致的，造成或可能造成严重社会危害或影响，需要电信主管部门组织采取应急处置措施予以应对的网络中断（拥塞）、系统瘫痪（异常）、数据泄露（丢失）、病毒传播等事件。

本预案所称电信主管部门包括工业和信息化部及各省（自治区、直辖市）通信管理局。

工业和信息化部对国家重大活动期间网络安全突发事件应对工作另有规定的，从其规定。

1.4　工作原则

公共互联网网络安全突发事件应急工作坚持统一领导、分级负责；坚持统一指挥、密切协同、快速反应、科学处置；坚持预防为主，预防与应急相结合；落实基础电信企业、域名机构、互联网服务提供者的主体责任；充分发挥网络安全专业机构、网络安全企业和专家学者等各方面力量的作用。

2. 组织体系

2.1 领导机构与职责

在中央网信办统筹协调下，工业和信息化部网络安全和信息化领导小组（以下简称部领导小组）统一领导公共互联网网络安全突发事件应急管理工作，负责特别重大公共互联网网络安全突发事件的统一指挥和协调。

2.2 办事机构与职责

在中央网信办下设的国家网络安全应急办公室统筹协调下，在部领导小组统一领导下，工业和信息化部网络安全应急办公室（以下简称部应急办）负责公共互联网网络安全应急管理事务性工作；及时向部领导小组报告突发事件情况，提出特别重大网络安全突发事件应对措施建议；负责重大网络安全突发事件的统一指挥和协调；根据需要协调较大、一般网络安全突发事件应对工作。

部应急办具体工作由工业和信息化部网络安全管理局承担，有关单位明确负责人和联络员参与部应急办工作。

2.3 其他相关单位职责

各省（自治区、直辖市）通信管理局负责组织、指挥、协调本行政区域相关单位开展公共互联网网络安全突发事件的预防、监测、报告和应急处置工作。

基础电信企业、域名机构、互联网企业负责本单位网络安全突发事件预防、监测、报告和应急处置工作，为其他单位的网络安全突发事件应对提供技术支持。

国家计算机网络应急技术处理协调中心、中国信息通信研究院、中国软件评测中心、国家工业信息安全发展研究中心（以下统称网络安全专业机构）负责监测、报告公共互联网网络安全突发事件和预警信息，为应急工作提供决策支持和技术支撑。

鼓励网络安全企业支撑参与公共互联网网络安全突发事件应对工作。

3. 事件分级

根据社会影响范围和危害程度，公共互联网网络安全突发事件分为四级：特别重大事件、重大事件、较大事件、一般事件。

3.1 特别重大事件

符合下列情形之一的，为特别重大网络安全事件：

（1）全国范围大量互联网用户无法正常上网；

（2）.CN 国家顶级域名系统解析效率大幅下降；

（3）1 亿以上互联网用户信息泄露；

（4）网络病毒在全国范围大面积爆发；
（5）其他造成或可能造成特别重大危害或影响的网络安全事件。

3.2　重大事件

符合下列情形之一的，为重大网络安全事件：
（1）多个省大量互联网用户无法正常上网；
（2）在全国范围有影响力的网站或平台访问出现严重异常；
（3）大型域名解析系统访问出现严重异常；
（4）1千万以上互联网用户信息泄露；
（5）网络病毒在多个省范围内大面积爆发；
（6）其他造成或可能造成重大危害或影响的网络安全事件。

3.3　较大事件

符合下列情形之一的，为较大网络安全事件：
（1）1个省内大量互联网用户无法正常上网；
（2）在省内有影响力的网站或平台访问出现严重异常；
（3）1百万以上互联网用户信息泄露；
（4）网络病毒在1个省范围内大面积爆发；
（5）其他造成或可能造成较大危害或影响的网络安全事件。

3.4　一般事件

符合下列情形之一的，为一般网络安全事件：
（1）1个地市大量互联网用户无法正常上网；
（2）10万以上互联网用户信息泄露；
（3）其他造成或可能造成一般危害或影响的网络安全事件。

4. 监测预警

4.1　事件监测

基础电信企业、域名机构、互联网企业应当对本单位网络和系统的运行状况进行密切监测，一旦发生本预案规定的网络安全突发事件，应当立即通过电话等方式向部应急办和相关省（自治区、直辖市）通信管理局报告，不得迟报、谎报、瞒报、漏报。

网络安全专业机构、网络安全企业应当通过多种途径监测、收集已经发生的公共互联网网络安全突发事件信息，并及时向部应急办和相关省（自治区、直辖市）通信管理局报告。

报告突发事件信息时，应当说明事件发生时间、初步判定的影响范围和危害、已采取的应急处置措施和有关建议。

4.2 预警监测

基础电信企业、域名机构、互联网企业、网络安全专业机构、网络安全企业应当通过多种途径监测、收集漏洞、病毒、网络攻击最新动向等网络安全隐患和预警信息，对发生突发事件的可能性及其可能造成的影响进行分析评估；认为可能发生特别重大或重大突发事件的，应当立即向部应急办报告；认为可能发生较大或一般突发事件的，应当立即向相关省（自治区、直辖市）通信管理局报告。

4.3 预警分级

建立公共互联网网络突发事件预警制度，按照紧急程度、发展态势和可能造成的危害程度，公共互联网网络突发事件预警等级分为四级：由高到低依次用红色、橙色、黄色和蓝色标示，分别对应可能发生特别重大、重大、较大和一般网络安全突发事件。

4.4 预警发布

部应急办和各省（自治区、直辖市）通信管理局应当及时汇总分析突发事件隐患和预警信息，必要时组织相关单位、专业技术人员、专家学者进行会商研判。

认为需要发布红色预警的，由部应急办报国家网络安全应急办公室统一发布（或转发国家网络安全应急办公室发布的红色预警），并报部领导小组；认为需要发布橙色预警的，由部应急办统一发布，并报国家网络安全应急办公室和部领导小组；认为需要发布黄色、蓝色预警的，相关省（自治区、直辖市）通信管理局可在本行政区域内发布，并报部应急办，同时通报地方相关部门。对达不到预警级别但又需要发布警示信息的，部应急办和各省（自治区、直辖市）通信管理局可以发布风险提示信息。

发布预警信息时，应当包括预警级别、起始时间、可能的影响范围和造成的危害、应采取的防范措施、时限要求和发布机关等，并公布咨询电话。面向社会发布预警信息可通过网站、短信、微信等多种形式。

4.5 预警响应

4.5.1 黄色、蓝色预警响应

发布黄色、蓝色预警后，相关省（自治区、直辖市）通信管理局应当针对即将发生的网络安全突发事件的特点和可能造成的危害，采取下列措施：

（1）要求有关单位、机构和人员及时收集、报告有关信息，加强网络安全风险的监测；

（2）组织有关单位、机构和人员加强事态跟踪分析评估，密切关注事态发展，重要情况报部应急办；

（3）及时宣传避免、减轻危害的措施，公布咨询电话，并对相关信息的报道工作进行正确引导。

4.5.2 红色、橙色预警响应

发布红色、橙色预警后，部应急办除采取黄色、蓝色预警响应措施外，还应当针对即将发

生的网络安全突发事件的特点和可能造成的危害，采取下列措施：

（1）要求各相关单位实行 24 小时值班，相关人员保持通信联络畅通；

（2）组织研究制定防范措施和应急工作方案，协调调度各方资源，做好各项准备工作，重要情况报部领导小组；

（3）组织有关单位加强对重要网络、系统的网络安全防护；

（4）要求相关网络安全专业机构、网络安全企业进入待命状态，针对预警信息研究制定应对方案，检查应急设备、软件工具等，确保处于良好状态。

4.6 预警解除

部应急办和省（自治区、直辖市）通信管理局发布预警后，应当根据事态发展，适时调整预警级别并按照权限重新发布；经研判不可能发生突发事件或风险已经解除的，应当及时宣布解除预警，并解除已经采取的有关措施。相关省（自治区、直辖市）通信管理局解除黄色、蓝色预警后，应及时向部应急办报告。

5. 应急处置

5.1 响应分级

公共互联网网络安全突发事件应急响应分为四级：Ⅰ级、Ⅱ级、Ⅲ级、Ⅳ级，分别对应已经发生的特别重大、重大、较大、一般事件的应急响应。

5.2 先行处置

公共互联网网络安全突发事件发生后，事发单位在按照本预案规定立即向电信主管部门报告的同时，应当立即启动本单位应急预案，组织本单位应急队伍和工作人员采取应急处置措施，尽最大努力恢复网络和系统运行，尽可能减少对用户和社会的影响，同时注意保存网络攻击、网络入侵或网络病毒的证据。

5.3 启动响应

Ⅰ级响应根据国家有关决定或经部领导小组批准后启动，由部领导小组统一指挥、协调。

Ⅱ级响应由部应急办决定启动，由部应急办统一指挥、协调。

Ⅲ级、Ⅳ级响应由相关省（自治区、直辖市）通信管理局决定启动，并负责指挥、协调。

启动Ⅰ级、Ⅱ级响应后，部应急办立即将突发事件情况向国家网络安全应急办公室等报告；部应急办和相关单位进入应急状态，实行 24 小时值班，相关人员保持联络畅通，相关单位派员参加部应急办工作；视情在部应急办设立应急恢复、攻击溯源、影响评估、信息发布、跨部门协调、国际协调等工作组。

启动Ⅲ级、Ⅳ级响应后，相关省（自治区、直辖市）通信管理局应及时将相关情况报部应急办。

5.4 事态跟踪

启动Ⅰ级、Ⅱ级响应后，事发单位和网络安全专业机构、网络安全企业应当持续加强监测，跟踪事态发展，检查影响范围，密切关注舆情，及时将事态发展变化、处置进展情况、相关舆情报部应急办。省（自治区、直辖市）通信管理局立即全面了解本行政区域受影响情况，并及时报部应急办。基础电信企业、域名机构、互联网企业立即了解自身网络和系统受影响情况，并及时报部应急办。

启动Ⅲ级、Ⅳ级响应后，相关省（自治区、直辖市）通信管理局组织相关单位加强事态跟踪研判。

5.5 决策部署

启动Ⅰ级、Ⅱ级响应后，部领导小组或部应急办紧急召开会议，听取各相关方面情况汇报，研究紧急应对措施，对应急处置工作进行决策部署。

针对突发事件的类型、特点和原因，要求相关单位采取以下措施：带宽紧急扩容、控制攻击源、过滤攻击流量、修补漏洞、查杀病毒、关闭端口、启用备份数据、暂时关闭相关系统等；对大规模用户信息泄露事件，要求事发单位及时告知受影响的用户，并告知用户减轻危害的措施；防止发生次生、衍生事件的必要措施；其他可以控制和减轻危害的措施。

做好信息报送。及时向国家网络安全应急办公室等报告突发事件处置进展情况；视情况由部应急办向相关职能部门、相关行业主管部门通报突发事件有关情况，必要时向相关部门请求提供支援。视情况向外国政府部门通报有关情况并请求协助。

注重信息发布。及时向社会公众通告突发事件情况，宣传避免或减轻危害的措施，公布咨询电话，引导社会舆论。未经部应急办同意，各相关单位不得擅自向社会发布突发事件相关信息。

启动Ⅲ级、Ⅳ级响应后，相关省（自治区、直辖市）通信管理局组织相关单位开展处置工作。处置中需要其他区域提供配合和支持的，接受请求的省（自治区、直辖市）通信管理局应当在权限范围内积极配合并提供必要的支持；必要时可报请部应急办予以协调。

5.6 结束响应

突发事件的影响和危害得到控制或消除后，Ⅰ级响应根据国家有关决定或经部领导小组批准后结束；Ⅱ级响应由部应急办决定结束，并报部领导小组；Ⅲ级、Ⅳ级响应由相关省（自治区、直辖市）通信管理局决定结束，并报部应急办。

6. 事后总结

6.1 调查评估

公共互联网网络安全突发事件应急响应结束后，事发单位要及时调查突发事件的起因（包括直接原因和间接原因）、经过、责任，评估突发事件造成的影响和损失，总结突发事件防范和应急处置工作的经验教训，提出处理意见和改进措施，在应急响应结束后 10 个工作日内形成总结报告，报电信主管部门。电信主管部门汇总并研究后，在应急响应结束后 20 个工作日内形成报告，按程序上报。

6.2　奖惩问责

工业和信息化部对网络安全突发事件应对工作中作出突出贡献的先进集体和个人给予表彰或奖励。

对不按照规定制定应急预案和组织开展演练，迟报、谎报、瞒报和漏报突发事件重要情况，或在预防、预警和应急工作中有其他失职、渎职行为的单位或个人，由电信主管部门给予约谈、通报或依法、依规给予问责或处分。基础电信企业有关情况纳入企业年度网络与信息安全责任考核。

7. 预防与应急准备

7.1　预防保护

基础电信企业、域名机构、互联网企业应当根据有关法律法规和国家、行业标准的规定，建立健全网络安全管理制度，采取网络安全防护技术措施，建设网络安全技术手段，定期进行网络安全检查和风险评估，及时消除隐患和风险。电信主管部门依法开展网络安全监督检查，指导督促相关单位消除安全隐患。

7.2　应急演练

电信主管部门应当组织开展公共互联网网络安全突发事件应急演练，提高相关单位网络安全突发事件应对能力。基础电信企业、大型互联网企业、域名机构要积极参与电信主管部门组织的应急演练，并应每年组织开展一次本单位网络安全应急演练，应急演练情况要向电信主管部门报告。

7.3　宣传培训

电信主管部门、网络安全专业机构组织开展网络安全应急相关法律法规、应急预案和基本知识的宣传教育和培训，提高相关企业和社会公众的网络安全意识和防护、应急能力。基础电信企业、域名机构、互联网企业要面向本单位员工加强网络安全应急宣传教育和培训。鼓励开展各种形式的网络安全竞赛。

7.4　手段建设

工业和信息化部规划建设统一的公共互联网网络安全应急指挥平台，汇集、存储、分析有关突发事件的信息，开展应急指挥调度。指导基础电信企业、大型互联网企业、域名机构和网络安全专业机构等单位规划建设本单位突发事件信息系统，并与工业和信息化部应急指挥平台实现互联互通。

7.5 工具配备

基础电信企业、域名机构、互联网企业和网络安全专业机构应加强对木马查杀、漏洞检测、网络扫描、渗透测试等网络安全应急装备、工具的储备，及时调整、升级软件硬件工具。鼓励研制开发相关技术装备和工具。

8. 保障措施

8.1 落实责任

各省（自治区、直辖市）通信管理局、基础电信企业、域名机构、互联网企业、网络安全专业机构要落实网络安全应急工作责任制，把责任落实到单位领导、具体部门、具体岗位和个人，建立健全本单位网络安全应急工作体制机制。

8.2 经费保障

工业和信息化部为部应急办、各省（自治区、直辖市）通信管理局、网络安全专业机构开展公共互联网网络安全突发事件应对工作提供必要的经费保障。基础电信企业、域名机构、大型互联网企业应当安排专项资金，支持本单位网络安全应急队伍建设、手段建设、应急演练、应急培训等工作开展。

8.3 队伍建设

网络安全专业机构要加强网络安全应急技术支撑队伍建设，不断提升网络安全突发事件预防保护、监测预警、应急处置、攻击溯源等能力。基础电信企业、域名机构、大型互联网企业要建立专门的网络安全应急队伍，提升本单位网络安全应急能力。支持网络安全企业提升应急支撑能力，促进网络安全应急产业发展。

8.4 社会力量

建立工业和信息化部网络安全应急专家组，充分发挥专家在应急处置工作中的作用。从网络安全专业机构、相关企业、科研院所、高等学校中选拔网络安全技术人才，形成网络安全技术人才库。

8.5 国际合作

工业和信息化部根据职责建立国际合作渠道，签订国际合作协议，必要时通过国际合作应对公共互联网网络安全突发事件。鼓励网络安全专业机构、基础电信企业、域名机构、互联网企业、网络安全企业开展网络安全国际交流与合作。

9. 附则

9.1　预案管理

本预案原则上每年评估一次，根据实际情况由工业和信息化部适时进行修订。

各省（自治区、直辖市）通信管理局要根据本预案，结合实际制定或修订本行政区域公共互联网网络安全突发事件应急预案，并报工业和信息化部备案。

基础电信企业、域名机构、互联网企业要制定本单位公共互联网网络安全突发事件应急预案。基础电信企业、域名机构、大型互联网企业的应急预案要向电信主管部门备案。

9.2　预案解释

本预案由工业和信息化部网络安全管理局负责解释。

9.3　预案实施时间

本预案自印发之日（2017 年 11 月 14 日）起实施。2009 年 9 月 29 日印发的《公共互联网网络安全应急预案》同时废止。

参 考 文 献

[1] 国家互联网信息办公室. 国家网络空间安全战略[EB/OL]. [2016-12-27]. http://www.cac.gov.cn/2016-12/27/c_1120195926.htm.

[2] 蒋建春，冯登国. 网络入侵检测原理与技术[M]. 北京：国防工业出版社，2001.

[3] 卿斯汉，蒋建春. 网络攻防技术原理与实战[M]. 北京：科学出版社，2004.

[4] 冯登国，吴文玲. 分组密码的设计与分析[M]. 北京：清华大学出版社，2000.

[5] 冯登国，裴定一. 密码学导引[M]. 北京：科学出版社，1999.

[6] 蒋建春.面向网络环境的信息安全对抗理论及关键技术研究[D]. 北京：中国科学院研究生院（软件研究所），2004.

[7] 卿斯汉，刘文清，温红子，等. 操作系统安全[M]. 北京：清华大学出版社，2004.

[8] 戴宗坤，唐三平. VPN 与网络安全[M]. 北京：金城出版社，2000.

[9] 全国信息安全标准化技术委员会. 计算机信息系统 安全保护等级划分准则：GB 17859—1999[S]. 北京：中国标准出版社，1999.

[10] 全国信息安全标准化技术委员会. 信息技术 安全技术 信息技术安全评估准则 第 1 部分：简介和一般模型：GB/T 18336.1—2015[S]. 北京：中国标准出版社，2015.

[11] 全国信息安全标准化技术委员会. 信息技术 安全技术 信息技术安全评估准则 第 2 部分：安全功能组件：GB/T 18336.2—2015[S]. 北京：中国标准出版社，2015.

[12] 全国信息安全标准化技术委员会. 信息技术 安全技术 信息技术安全评估准则 第 3 部分：安全保障组件：GB/T 18336.3—2015[S]. 北京：中国标准出版社，2015.

[13] 加瑟.计算机安全的技术与方法[M]. 吴亚非，等译. 北京：电子工业出版社，1992.

[14] 克里斯托弗，道尔顿，奥斯曼奥卢. 安全体系结构的设计、部署与操作[M]. 常晓波，杨剑峰，译. 北京：清华大学出版社，2003.

[15] 蒋平.数字取证[M]. 北京：清华大学出版社，2007.

[16] 沈昌祥，张焕国，冯登国，等. 信息安全综述[J].中国科学（E 辑：信息科学），2007（2）.

[17] 刘海峰，李媛，毛东军，等. 政务信息系统安全测评应用指南[M]. 北京：中国标准出版社，2013.

[18] IBM.IBM Security Vulnerability Management(PSIRT)[EB/OL]. [2020-5]. https://www.ibm.com/security/secure-engineering/process.html.

[19] Oracle.Oracle Critical Patch Update Advisory - April 2020[EB/OL]. [2020-4]. https://www.oracle.com/security-alerts/cpuapr2020.html.

[20] ISO.Red Hat Enterprise Linux 7 Hardening Checklist[EB/OL]. [2015-06-23]. https://wikis.utexas.edu/display/ISO/Red+Hat+Enterprise+Linux+7+Hardening+Checklist.

[21] 全国信息安全标准化技术委员会. 信息安全技术 网络安全等级保护安全设计技术要求：GB/T 25070—2019[S]. 北京：中国标准出版社，2019.

[22] 国家信息安全漏洞共享平台. [EB/OL]. [2020-5]. https://www.cnvd.org.cn.

[23] 国家互联网应急中心. 2018 年我国互联网网络安全态势综述[R/OL]. [2019-04-16]. http://www.cac.gov.cn/2019-04/17/c_1124379080.htm.

[24] 360 互联网安全中心，360 威胁情报中心. 全球关键信息基础设施网络安全状况分析报告[R/OL]. [2017-04-25]. http://zt.360.cn/1101061855.php?dtid=1101062514&did=490419375.

[25] 全国信息安全标准化技术委员会，大数据安全标准特别工作组. 大数据安全标准化白皮书（2018 版）[R/OL]. [2018-04-16]. http://www.cesi.cn/201804/3789.html.

[26] 全国信息安全标准化技术委员会，大数据安全标准特别工作组. 人工智能安全标准化白皮书（2019 版）[R/OL]. [2019-11-1]. http://www.cesi.ac.cn/201911/5733.html.

[27] 冯登国. 大数据安全与隐私保护[M]. 北京：清华大学出版社，2018.

[28] 全国信息安全标准化技术委员会，鉴别与授权工作组. 电子认证2.0 白皮书(2018 版)[R/OL]. [2018-04-16]. http://www.cesi.cn/201804/3788.html.

[29] 北航-梆梆车联网安全研究院，交通运输部公路科学研究院，普华永道.智能交通网络安全实践指南. [R/OL]. [2018-07]. https://www.bangcle.com/upload/file/20180918/15372627278842.pdf.

[30] 周虎生，文伟平，尹亮，等. Windows 7 操作系统关键内存防攻击研究[J]. 信息网络安全，2011（7）.

[31] 文伟平. 恶意代码机理与防范技术研究[D]. 北京：中国科学院研究生院（软件研究所），2005.

[32] Tresys Technology.SELinux Policy Concepts and Overview[EB/OL].[2020-5].http://www.cse.psu.edu/~trj1/cse543-f07/slides/03-PolicyConcepts.pdf.

[33] NIST. Cybersecurity Framework Version[EB/OL].[2020-5].https://www.nist.gov/cyberframework/framework.

[34] 曹雅斌，苗春雨.网络安全应急响应[M]. 北京：电子工业出版社，2020.